STEAM EDUCATION SERIES

융합교육 시리즈 11

나눗셈 프랙탈 디자인을 만나다

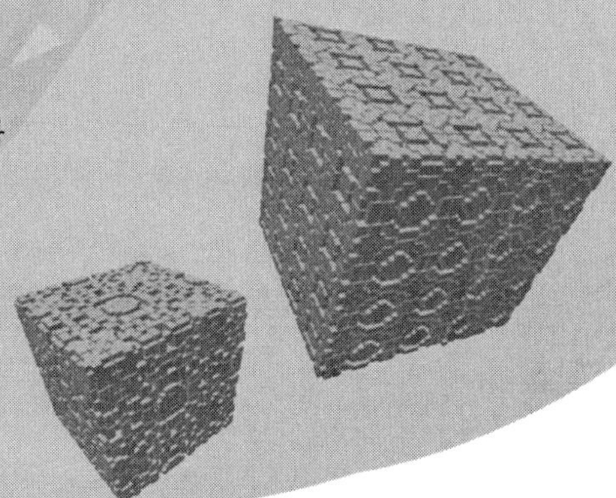

안대영 지음

KYOWOOSA 교우사

머리말

프랙탈은 자연을 탐구하는 수학이다. 자연에서 나타나는 자기닮음의 현상을 수학적으로 탐구하는 학문이다. 프랙탈은 자기닮음을 기본으로 한다. 프랙탈을 생성하는 방법은 여러 가지 있지만, 여기서는 대수적인 방법으로 프랙탈을 생성하는 것을 다룬다. 나눗셈을 이용하여 프랙탈을 생성하는 방법을 다루고 있다.

프랙탈을 왜 배워야 하는가? 수학은 왜 배워야 하는가? 항상 수학을 하면서 우리가 자신에게 또는 수학을 잘 하는 사람에게 묻는 질문이다. 답이 있을까? 답은 있어야만 하는가? 무엇 때문에 사는가? 답은 있는 것일까? 답을 알면 달라지는 것이 있을까?

우리는 너무 본질적인 물음의 답을 얻고자 한다. 우주의 근원을 빅뱅이나, 평행우주론으로 설명한다. 수긍이 가지 않는다. 본질을 찾는 것의 어려움이다. 들에 핀 꽃이나, 정원의 풀을 보자. 그들이 본질을 찾고 고민하고 생각하지 않는다. 그냥 시간을 보내고 그 속에서 의미를 생각하지 않을까?

수학이란 학문을 통해 무엇을 가르쳐야 하고, 무엇을 배워야 하고, 규정 짓은 모든 것을 다시 생각해 보자. 배움을 통해 기본적인 사고의 힘을 길러주고, 논리적인 사고력을 키워주기 위해 너무나 많은 수학을 배우고 있다. 그렇다. 주어진 길이기에 걸어가는 것이다. 목적이 없어도 그냥 가는 것이다. 수학을 많이 배웠다고 그 인생이 더 풍부해 질 수 있을까. 그럴 수도 있겠지만 반대 일 수도 있다. 살아가는 방식이 고립적인 것을 좋아할 수도, 함께 어울리기를 좋아할 수도 있다. 이 책은 어울림에 대한 책이다. 수학이 미술과 함께 어울려 춤추기를 바라는 마음이다.

이 책은 나눗셈 프랙탈이다. 나눗셈 프랙탈은 테셀레이션의 느낌을 가질 수 있다. 일반적인 프랙탈은 곱셈을 통하여 1단계에서 선택되지 않으면 다음 단계에서도 선택되지 않는다. 나눗셈 프랙탈은 다시 기회가 주어진다. 모두가 평등의 세상에서 다시 태어난다.

1부는 덧셈을 2로 나눈 나머지를 다룬다. 2단계에서 Mod(x+y, 2)를 사용한다.

1장은 나눗셈-나눗셈 프랙탈이다. 주어진 1단계의 프랙탈에 대해 2단계의 프랙탈은 나눗셈을 이용한다. 3단계의 프랙탈은 1단계 프랙탈과 2단계 프랙탈의 나눗셈의 나머지를 이용한다.

2장은 나눗셈-덧셈 프랙탈이다. 주어진 1단계의 프랙탈에 대해 2단계의 프랙탈은 나눗셈을 이용한다. 3단계의 프랙탈은 1단계 프랙탈과 2단계 덧셈 프랙탈을 이용한다.

3장은 나눗셈-뺄셈 프랙탈이다. 주어진 1단계의 프랙탈에 대해 2단계의 프랙탈은 나눗셈을 이용한다. 3단계의 프랙탈은 1단계 프랙탈과 2단계 뺄셈 프랙탈을 이용한다.

4장은 나눗셈-곱셈 프랙탈이다. 주어진 1단계의 프랙탈에 대해 2단계의 프랙탈은 나눗셈을 이용한다. 3단계의 프랙탈은 1단계 프랙탈과 2단계 곱셈 프랙탈을 이용한다.

2부는 2단계 나눗셈 프랙탈을 만드는 과정에서 Mod(2x-y, 2)를 사용한다.

프랙탈과 함께 하는 시간을 통해 여러분이 행복함을 가지는 시간이 되길 바랍니다. 수학을 통해 행복과 아름다움을 함께 할 공간을 마련해 주신 오판근 사장님과 편집관계자 여러분의 노고에 감사드립니다. 늘 같은 마음으로 함께 해 준 아내에게도 감사드립니다.

2015년 4월

안대영

차례

Part 1 Mod(x+y, 2)

4장 나눗셈-곱셈 프랙탈 디자인 / 126

Part 2 Mod(2x−y, 2)

5장 나눗셈-나눗셈 프랙탈 디자인 / 167

6장 나눗셈-덧셈 프랙탈 디자인 / 212

7장 나눗셈-뺄셈 프랙탈 디자인 / 249

8장 나눗셈-곱셈 프랙탈 디자인 / 288

PART 1

Mod(x+y, 2)

제 1 장

나눗셈-나눗셈 프랙탈 디자인

1 나눗셈-나눗셈 프랙탈 디자인

나눗셈-나눗셈 프랙탈은 2단계와 3단계 프랙탈을 만들때 나머지를 이용한다.

(1) 1단계 프랙탈

① 나눗셈 프랙탈은 덧셈 프랙탈을 2로 나눈 나머지를 이용한다. 1단계의 프랙탈이 다음과 같이 주어져 있다.

0	0	0
0	1	0
0	0	0

(2) 2단계 나눗셈 프랙탈

① 왼쪽은 1단계 프랙탈 각 셀을 9번씩 반복하였다. 오른쪽은 1단계 프랙탈 전체를 9번 반복하였다.

0	0	0	0	0	0	0	0	0
0	0	0	0	0	0	0	0	0
0	0	0	0	0	0	0	0	0
0	0	0	1	1	1	0	0	0
0	0	0	1	1	1	0	0	0
0	0	0	1	1	1	0	0	0
0	0	0	0	0	0	0	0	0
0	0	0	0	0	0	0	0	0
0	0	0	0	0	0	0	0	0

0	0	0	0	0	0	0	0	0
0	1	0	0	1	0	0	1	0
0	0	0	0	0	0	0	0	0
0	0	0	0	0	0	0	0	0
0	1	0	0	1	0	0	1	0
0	0	0	0	0	0	0	0	0
0	0	0	0	0	0	0	0	0
0	1	0	0	1	0	0	1	0
0	0	0	0	0	0	0	0	0

② 두 개의 대응하는 수의 합을 구해보자. 오른쪽의 결과를 살펴보자. 2로 나눈 나머지를 구한다. 오른쪽 맨 가운데 값은 2이다. 2로 나눈 나머지 0을 구한다.

0+0	0+0	0+0	0+0	0+0	0+0	0+0	0+0	0+0
0+0	0+1	0+0	0+0	0+1	0+0	0+0	0+1	0+0
0+0	0+0	0+0	0+0	0+0	0+0	0+0	0+0	0+0
0+0	0+0	0+0	1+0	1+0	1+0	0+0	0+0	0+0
0+0	0+1	0+0	1+0	1+1	1+0	0+0	0+1	0+0
0+0	0+0	0+0	1+0	1+0	1+0	0+0	0+0	0+0
0+0	0+0	0+0	0+0	0+0	0+0	0+0	0+0	0+0
0+0	0+1	0+0	0+0	0+1	0+0	0+0	0+1	0+0
0+0	0+0	0+0	0+0	0+0	0+0	0+0	0+0	0+0

0	0	0	0	0	0	0	0	0
0	1	0	0	1	0	0	1	0
0	0	0	0	0	0	0	0	0
0	0	0	1	1	1	0	0	0
0	1	0	1	2→0	1	0	1	0
0	0	0	1	1	1	0	0	0
0	0	0	0	0	0	0	0	0
0	1	0	0	1	0	0	1	0
0	0	0	0	0	0	0	0	0

(3) 3단계 나눗셈 프랙탈

① 같은 방법으로 3단계의 덧셈 프랙탈을 만들 수 있다. 1단계의 각 셀을 81번 반복하였다.

0	0	0	0	0	0	0	0	0	0	0	0	0	0	0	0	0	0	0	0	0	0	0	0	0	0	0
0	0	0	0	0	0	0	0	0	0	0	0	0	0	0	0	0	0	0	0	0	0	0	0	0	0	0
0	0	0	0	0	0	0	0	0	0	0	0	0	0	0	0	0	0	0	0	0	0	0	0	0	0	0
0	0	0	0	0	0	0	0	0	0	0	0	0	0	0	0	0	0	0	0	0	0	0	0	0	0	0
0	0	0	0	0	0	0	0	0	0	0	0	0	0	0	0	0	0	0	0	0	0	0	0	0	0	0
0	0	0	0	0	0	0	0	0	0	0	0	0	0	0	0	0	0	0	0	0	0	0	0	0	0	0
0	0	0	0	0	0	0	0	0	0	0	0	0	0	0	0	0	0	0	0	0	0	0	0	0	0	0
0	0	0	0	0	0	0	0	0	0	0	0	0	0	0	0	0	0	0	0	0	0	0	0	0	0	0
0	0	0	0	0	0	0	0	0	0	0	0	0	0	0	0	0	0	0	0	0	0	0	0	0	0	0
0	0	0	0	0	0	0	0	0	1	1	1	1	1	1	1	1	1	0	0	0	0	0	0	0	0	0
0	0	0	0	0	0	0	0	0	1	1	1	1	1	1	1	1	1	0	0	0	0	0	0	0	0	0
0	0	0	0	0	0	0	0	0	1	1	1	1	1	1	1	1	1	0	0	0	0	0	0	0	0	0
0	0	0	0	0	0	0	0	0	1	1	1	1	1	1	1	1	1	0	0	0	0	0	0	0	0	0
0	0	0	0	0	0	0	0	0	1	1	1	1	1	1	1	1	1	0	0	0	0	0	0	0	0	0
0	0	0	0	0	0	0	0	0	1	1	1	1	1	1	1	1	1	0	0	0	0	0	0	0	0	0
0	0	0	0	0	0	0	0	0	1	1	1	1	1	1	1	1	1	0	0	0	0	0	0	0	0	0
0	0	0	0	0	0	0	0	0	1	1	1	1	1	1	1	1	1	0	0	0	0	0	0	0	0	0
0	0	0	0	0	0	0	0	0	1	1	1	1	1	1	1	1	1	0	0	0	0	0	0	0	0	0
0	0	0	0	0	0	0	0	0	0	0	0	0	0	0	0	0	0	0	0	0	0	0	0	0	0	0
0	0	0	0	0	0	0	0	0	0	0	0	0	0	0	0	0	0	0	0	0	0	0	0	0	0	0
0	0	0	0	0	0	0	0	0	0	0	0	0	0	0	0	0	0	0	0	0	0	0	0	0	0	0
0	0	0	0	0	0	0	0	0	0	0	0	0	0	0	0	0	0	0	0	0	0	0	0	0	0	0
0	0	0	0	0	0	0	0	0	0	0	0	0	0	0	0	0	0	0	0	0	0	0	0	0	0	0
0	0	0	0	0	0	0	0	0	0	0	0	0	0	0	0	0	0	0	0	0	0	0	0	0	0	0
0	0	0	0	0	0	0	0	0	0	0	0	0	0	0	0	0	0	0	0	0	0	0	0	0	0	0
0	0	0	0	0	0	0	0	0	0	0	0	0	0	0	0	0	0	0	0	0	0	0	0	0	0	0
0	0	0	0	0	0	0	0	0	0	0	0	0	0	0	0	0	0	0	0	0	0	0	0	0	0	0

② 2단계의 프랙탈 전체를 9번 반복해보자.

0	0	0	0	0	0	0	0	0	0	0	0	0	0	0	0	0	0	0	0	0	0	0	0	0	0	0
0	1	0	0	1	0	0	1	0	0	1	0	0	1	0	0	1	0	0	1	0	0	1	0	0	1	0
0	0	0	0	0	0	0	0	0	0	0	0	0	0	0	0	0	0	0	0	0	0	0	0	0	0	0
0	0	0	1	1	1	0	0	0	0	0	0	1	1	1	0	0	0	0	0	0	1	1	1	0	0	0
0	1	0	1	0	1	0	1	0	0	1	0	1	0	1	0	1	0	0	1	0	1	0	1	0	1	0
0	0	0	1	1	1	0	0	0	0	0	0	1	1	1	0	0	0	0	0	0	1	1	1	0	0	0
0	0	0	0	0	0	0	0	0	0	0	0	0	0	0	0	0	0	0	0	0	0	0	0	0	0	0
0	1	0	0	1	0	0	1	0	0	1	0	0	1	0	0	1	0	0	1	0	0	1	0	0	1	0
0	0	0	0	0	0	0	0	0	0	0	0	0	0	0	0	0	0	0	0	0	0	0	0	0	0	0
0	0	0	0	0	0	0	0	0	0	0	0	0	0	0	0	0	0	0	0	0	0	0	0	0	0	0
0	1	0	0	1	0	0	1	0	0	1	0	0	1	0	0	1	0	0	1	0	0	1	0	0	1	0
0	0	0	0	0	0	0	0	0	0	0	0	0	0	0	0	0	0	0	0	0	0	0	0	0	0	0
0	0	0	1	1	1	0	0	0	0	0	0	1	1	1	0	0	0	0	0	0	1	1	1	0	0	0
0	1	0	1	0	1	0	1	0	0	1	0	1	2	1	0	1	0	0	1	0	1	0	1	0	1	0
0	0	0	1	1	1	0	0	0	0	0	0	1	1	1	0	0	0	0	0	0	1	1	1	0	0	0
0	0	0	0	0	0	0	0	0	0	0	0	0	0	0	0	0	0	0	0	0	0	0	0	0	0	0
0	1	0	0	1	0	0	1	0	0	1	0	0	1	0	0	1	0	0	1	0	0	1	0	0	1	0
0	0	0	0	0	0	0	0	0	0	0	0	0	0	0	0	0	0	0	0	0	0	0	0	0	0	0
0	0	0	0	0	0	0	0	0	0	0	0	0	0	0	0	0	0	0	0	0	0	0	0	0	0	0
0	1	0	0	1	0	0	1	0	0	1	0	0	1	0	0	1	0	0	1	0	0	1	0	0	1	0
0	0	0	0	0	0	0	0	0	0	0	0	0	0	0	0	0	0	0	0	0	0	0	0	0	0	0
0	0	0	1	1	1	0	0	0	0	0	0	1	1	1	0	0	0	0	0	0	1	1	1	0	0	0
0	1	0	1	0	1	0	1	0	0	1	0	1	0	1	0	1	0	0	1	0	1	0	1	0	1	0
0	0	0	1	1	1	0	0	0	0	0	0	1	1	1	0	0	0	0	0	0	1	1	1	0	0	0
0	0	0	0	0	0	0	0	0	0	0	0	0	0	0	0	0	0	0	0	0	0	0	0	0	0	0
0	1	0	0	1	0	0	1	0	0	1	0	0	1	0	0	1	0	0	1	0	0	1	0	0	1	0
0	0	0	0	0	0	0	0	0	0	0	0	0	0	0	0	0	0	0	0	0	0	0	0	0	0	0

③ ①과 ②에서 같은 위치에 대응하는 셀의 합을 2로 나누어 나머지를 입력해보자.

0	0	0	0	0	0	0	0	0	0	0	0	0	0	0	0	0	0	0	0	0	0	0	0	0	0	0
0	1	0	0	1	0	0	1	0	0	1	0	0	1	0	0	1	0	0	1	0	0	1	0	0	1	0
0	0	0	0	0	0	0	0	0	0	0	0	0	0	0	0	0	0	0	0	0	0	0	0	0	0	0
0	0	0	1	1	1	0	0	0	0	0	0	1	1	1	0	0	0	0	0	0	1	1	1	0	0	0
0	1	0	1	0	1	0	1	0	0	1	0	1	0	1	0	1	0	0	1	0	1	0	1	0	1	0
0	0	0	1	1	1	0	0	0	0	0	0	1	1	1	0	0	0	0	0	0	1	1	1	0	0	0
0	0	0	0	0	0	0	0	0	0	0	0	0	0	0	0	0	0	0	0	0	0	0	0	0	0	0
0	1	0	0	1	0	0	1	0	0	1	0	0	1	0	0	1	0	0	1	0	0	1	0	0	1	0
0	0	0	0	0	0	0	0	0	0	0	0	0	0	0	0	0	0	0	0	0	0	0	0	0	0	0
0	0	0	0	0	0	0	0	0	1	1	1	1	1	1	1	1	1	0	0	0	0	0	0	0	0	0
0	1	0	0	1	0	0	1	0	1	0	1	1	0	1	1	0	1	0	1	0	0	1	0	0	1	0
0	0	0	0	0	0	0	0	0	1	1	1	1	1	1	1	1	1	0	0	0	0	0	0	0	0	0
0	0	0	1	1	1	0	0	0	1	1	1	0	0	0	1	1	1	0	0	0	1	1	1	0	0	0
0	1	0	1	0	1	0	1	0	1	0	1	0	1	0	1	0	1	0	1	0	1	0	1	0	1	0
0	0	0	1	1	1	0	0	0	1	1	1	0	0	0	1	1	1	0	0	0	1	1	1	0	0	0
0	0	0	0	0	0	0	0	0	1	1	1	1	1	1	1	1	1	0	0	0	0	0	0	0	0	0
0	1	0	0	1	0	0	1	0	1	0	1	1	0	1	1	0	1	0	1	0	0	1	0	0	1	0
0	0	0	0	0	0	0	0	0	1	1	1	1	1	1	1	1	1	0	0	0	0	0	0	0	0	0
0	0	0	0	0	0	0	0	0	0	0	0	0	0	0	0	0	0	0	0	0	0	0	0	0	0	0
0	1	0	0	1	0	0	1	0	0	1	0	0	1	0	0	1	0	0	1	0	0	1	0	0	1	0
0	0	0	0	0	0	0	0	0	0	0	0	0	0	0	0	0	0	0	0	0	0	0	0	0	0	0
0	0	0	1	1	1	0	0	0	0	0	0	1	1	1	0	0	0	0	0	0	1	1	1	0	0	0
0	1	0	1	0	1	0	1	0	0	1	0	1	0	1	0	1	0	0	1	0	1	0	1	0	1	0
0	0	0	1	1	1	0	0	0	0	0	0	1	1	1	0	0	0	0	0	0	1	1	1	0	0	0
0	0	0	0	0	0	0	0	0	0	0	0	0	0	0	0	0	0	0	0	0	0	0	0	0	0	0
0	1	0	0	1	0	0	1	0	0	1	0	0	1	0	0	1	0	0	1	0	0	1	0	0	1	0
0	0	0	0	0	0	0	0	0	0	0	0	0	0	0	0	0	0	0	0	0	0	0	0	0	0	0

⑥ 계산 결과가 0보다 큰 수에 색을 칠해 보자.

0	0	0	0	0	0	0	0	0	0	0	0	0	0	0	0	0	0	0	0	0	0	0	0	0	0	0
0	1	0	0	1	0	0	1	0	0	1	0	0	1	0	0	1	0	0	1	0	0	1	0	0	1	0
0	0	0	0	0	0	0	0	0	0	0	0	0	0	0	0	0	0	0	0	0	0	0	0	0	0	0
0	0	0	1	1	1	0	0	0	0	0	0	1	1	1	0	0	0	0	0	0	1	1	1	0	0	0
0	1	0	1	0	1	0	1	0	0	1	0	1	0	1	0	1	0	0	1	0	1	0	1	0	1	0
0	0	0	1	1	1	0	0	0	0	0	0	1	1	1	0	0	0	0	0	0	1	1	1	0	0	0
0	0	0	0	0	0	0	0	0	0	0	0	0	0	0	0	0	0	0	0	0	0	0	0	0	0	0
0	1	0	0	1	0	0	1	0	0	1	0	0	1	0	0	1	0	0	1	0	0	1	0	0	1	0
0	0	0	0	0	0	0	0	0	0	0	0	0	0	0	0	0	0	0	0	0	0	0	0	0	0	0
0	0	0	0	0	0	0	0	0	1	1	1	1	1	1	1	1	1	0	0	0	0	0	0	0	0	0
0	1	0	0	1	0	0	1	0	1	0	1	1	0	1	1	0	1	0	1	0	0	1	0	0	1	0
0	0	0	0	0	0	0	0	0	1	1	1	1	1	1	1	1	1	0	0	0	0	0	0	0	0	0
0	0	0	1	1	1	0	0	0	1	1	1	0	0	0	1	1	1	0	0	0	1	1	1	0	0	0
0	1	0	1	0	1	0	1	0	1	0	1	0	1	0	1	0	1	0	1	0	1	0	1	0	1	0
0	0	0	1	1	1	0	0	0	1	1	1	0	0	0	1	1	1	0	0	0	1	1	1	0	0	0
0	0	0	0	0	0	0	0	0	1	1	1	1	1	1	1	1	1	0	0	0	0	0	0	0	0	0
0	1	0	0	1	0	0	1	0	1	0	1	1	0	1	1	0	1	0	1	0	0	1	0	0	1	0
0	0	0	0	0	0	0	0	0	1	1	1	1	1	1	1	1	1	0	0	0	0	0	0	0	0	0
0	0	0	0	0	0	0	0	0	0	0	0	0	0	0	0	0	0	0	0	0	0	0	0	0	0	0
0	1	0	0	1	0	0	1	0	0	1	0	0	1	0	0	1	0	0	1	0	0	1	0	0	1	0
0	0	0	0	0	0	0	0	0	0	0	0	0	0	0	0	0	0	0	0	0	0	0	0	0	0	0
0	0	0	1	1	1	0	0	0	0	0	0	1	1	1	0	0	0	0	0	0	1	1	1	0	0	0
0	1	0	1	0	1	0	1	0	0	1	0	1	0	1	0	1	0	0	1	0	1	0	1	0	1	0
0	0	0	1	1	1	0	0	0	0	0	0	1	1	1	0	0	0	0	0	0	1	1	1	0	0	0
0	0	0	0	0	0	0	0	0	0	0	0	0	0	0	0	0	0	0	0	0	0	0	0	0	0	0
0	1	0	0	1	0	0	1	0	0	1	0	0	1	0	0	1	0	0	1	0	0	1	0	0	1	0
0	0	0	0	0	0	0	0	0	0	0	0	0	0	0	0	0	0	0	0	0	0	0	0	0	0	0

(4) 엑셀을 이용한 나눗셈-나눗셈 프랙탈

① 엑셀에서 2단계와 3단계에서 나눗셈을 이용하여 프랙탈을 만드는 방법을 살펴보자.

0	0	0
0	1	0
0	0	0

0	0	0	0	0	0	0	0	0
0	1	0	0	1	0	0	1	0
0	0	0	0	0	0	0	0	0
0	0	0	1	1	1	0	0	0
0	1	0	1	0	1	0	1	0
0	0	0	1	1	1	0	0	0
0	0	0	0	0	0	0	0	0
0	1	0	0	1	0	0	1	0
0	0	0	0	0	0	0	0	0

0	0	0	0	0	0	0	0	0	0	0	0	0	0	0	0	0	0	0	0	0	0	0	0	0	0	0
0	1	0	0	1	0	0	1	0	0	1	0	0	1	0	0	1	0	0	1	0	0	1	0	0	1	0
0	0	0	0	0	0	0	0	0	0	0	0	0	0	0	0	0	0	0	0	0	0	0	0	0	0	0
0	0	0	1	1	1	0	0	0	0	0	0	1	1	1	0	0	0	0	0	0	1	1	1	0	0	0
0	1	0	1	0	1	0	1	0	0	1	0	1	0	1	0	1	0	0	1	0	1	0	1	0	1	0
0	0	0	1	1	1	0	0	0	0	0	0	1	1	1	0	0	0	0	0	0	1	1	1	0	0	0
0	0	0	0	0	0	0	0	0	0	0	0	0	0	0	0	0	0	0	0	0	0	0	0	0	0	0
0	1	0	0	1	0	0	1	0	0	1	0	0	1	0	0	1	0	0	1	0	0	1	0	0	1	0
0	0	0	0	0	0	0	0	0	0	0	0	0	0	0	0	0	0	0	0	0	0	0	0	0	0	0
0	0	0	0	0	0	0	0	0	1	1	1	1	1	1	1	1	1	0	0	0	0	0	0	0	0	0
0	1	0	0	1	0	0	1	0	1	0	1	1	0	1	1	0	1	0	1	0	0	1	0	0	1	0
0	0	0	0	0	0	0	0	0	1	1	1	1	1	1	1	1	1	0	0	0	0	0	0	0	0	0
0	0	0	1	1	1	0	0	0	1	1	1	0	0	0	1	1	1	0	0	0	1	1	1	0	0	0
0	1	0	1	0	1	0	1	0	1	0	1	0	1	0	1	0	1	0	1	0	1	0	1	0	1	0
0	0	0	1	1	1	0	0	0	1	1	1	0	0	0	1	1	1	0	0	0	1	1	1	0	0	0
0	0	0	0	0	0	0	0	0	1	1	1	1	1	1	1	1	1	0	0	0	0	0	0	0	0	0
0	1	0	0	1	0	0	1	0	1	0	1	1	0	1	1	0	1	0	1	0	0	1	0	0	1	0
0	0	0	0	0	0	0	0	0	1	1	1	1	1	1	1	1	1	0	0	0	0	0	0	0	0	0
0	0	0	0	0	0	0	0	0	0	0	0	0	0	0	0	0	0	0	0	0	0	0	0	0	0	0
0	1	0	0	1	0	0	1	0	0	1	0	0	1	0	0	1	0	0	1	0	0	1	0	0	1	0
0	0	0	0	0	0	0	0	0	0	0	0	0	0	0	0	0	0	0	0	0	0	0	0	0	0	0
0	0	0	1	1	1	0	0	0	0	0	0	1	1	1	0	0	0	0	0	0	1	1	1	0	0	0
0	1	0	1	0	1	0	1	0	0	1	0	1	0	1	0	1	0	0	1	0	1	0	1	0	1	0
0	0	0	1	1	1	0	0	0	0	0	0	1	1	1	0	0	0	0	0	0	1	1	1	0	0	0
0	0	0	0	0	0	0	0	0	0	0	0	0	0	0	0	0	0	0	0	0	0	0	0	0	0	0
0	1	0	0	1	0	0	1	0	0	1	0	0	1	0	0	1	0	0	1	0	0	1	0	0	1	0
0	0	0	0	0	0	0	0	0	0	0	0	0	0	0	0	0	0	0	0	0	0	0	0	0	0	0

② 입력할 부분을 영역설정하고, F2셀에 '=mod(B2+B2,2)'를 입력하자.

	A	B	C	D	E	F	G	H	I	J	K
1											
2		0	0	0		=mod(B2+B2,2)					
3		0	1	0							
4		0	0	0							

③ [Ctrl]를 누른 상태에서 [Enter↵]를 누른다. 아래와 같이 입력된다. 앞 부분은 절대셀로 고정한다. 뒤쪽은 상대셀을 이용한다.

	A	B	C	D	E	F	G	H
1								
2		0	0	0		=MOD(B2+B2,2)	=MOD(B2+C2,2)	=MOD(B2+D2,2)
3		0	1	0		=MOD(B2+B3,2)	=MOD(B2+C3,2)	=MOD(B2+D3,2)
4		0	0	0		=MOD(B2+B4,2)	=MOD(B2+C4,2)	=MOD(B2+D4,2)

④ 위의 과정을 반복하여 2단계의 나머지를 이용한 프랙탈을 만들어 보자. 1행 1열에 있는 0은 각각의 3×3에 대응한다. 9칸씩 영역을 설정한 후, 수식을 입력하고, Ctrl를 누른 상태에서 Enter↵를 누른다.

	B	C	D
2	0	0	0
3	0	1	0
4	0	0	0

	F	G	H	I	J	K
2	=MOD(B2+B2,2)	=MOD(B2+C2,2)	=MOD(B2+D2,2)	=MOD(C2+B2,2)	=MOD(C2+C2,2)	=MOD(C2+D2,2)
3	=MOD(B2+B3,2)	=MOD(B2+C3,2)	=MOD(B2+D3,2)	=MOD(C2+B3,2)	=MOD(C2+C3,2)	=MOD(C2+D3,2)
4	=MOD(B2+B4,2)	=MOD(B2+C4,2)	=MOD(B2+D4,2)	=MOD(C2+B4,2)	=MOD(C2+C4,2)	=MOD(C2+D4,2)
5	=MOD(B3+B2,2)	=MOD(B3+C2,2)	=MOD(B3+D2,2)	=MOD(C3+B2,2)	=MOD(C3+C2,2)	=MOD(C3+D2,2)
6	=MOD(B3+B3,2)	=MOD(B3+C3,2)	=MOD(B3+D3,2)	=MOD(C3+B3,2)	=MOD(C3+C3,2)	=MOD(C3+D3,2)
7	=MOD(B3+B4,2)	=MOD(B3+C4,2)	=MOD(B3+D4,2)	=MOD(C3+B4,2)	=MOD(C3+C4,2)	=MOD(C3+D4,2)
8	=MOD(B4+B2,2)	=MOD(B4+C2,2)	=MOD(B4+D2,2)	=MOD(C4+B2,2)	=MOD(C4+C2,2)	=MOD(C4+D2,2)
9	=MOD(B4+B3,2)	=MOD(B4+C3,2)	=MOD(B4+D3,2)	=MOD(C4+B3,2)	=MOD(C4+C3,2)	=MOD(C4+D3,2)
10	=MOD(B4+B4,2)	=MOD(B4+C4,2)	=MOD(B4+D4,2)	=MOD(C4+B4,2)	=MOD(C4+C4,2)	=MOD(C4+D4,2)

⑤ 3단계 나눗셈 프랙탈도 2단계와 같은 방법으로 입력해 보자. mod( ) 함수는 나머지를 구한다. mod(3,2)=1 이다. 3을 2로 나눈 나머지 1을 나타낸다. 나머지를 이용한 프랙탈은 덧셈을 구한 후 2로 나누어 나머지를 사용하였다.

	B	C	D
2	0	0	0
3	0	1	0
4	0	0	0

	F	G	H	I	J	K	L	M	N
2	0	0	0	0	0	0	0	0	0
3	0	1	0	0	1	0	0	1	0
4	0	0	0	0	0	0	0	0	0
5	0	0	0	1	1	1	0	0	0
6	0	1	0	1	0	1	0	1	0
7	0	0	0	1	1	1	0	0	0
8	0	0	0	0	0	0	0	0	0
9	0	1	0	0	1	0	0	1	0
10	0	0	0	0	0	0	0	0	0

	P	Q	R	S
2	=MOD(B2+F2,2)	=MOD(B2+G2,2)	=MOD(B2+H2,2)	=MOD(B2+I2,2)
3	=MOD(B2+F3,2)	=MOD(B2+G3,2)	=MOD(B2+H3,2)	=MOD(B2+I3,2)
4	=MOD(B2+F4,2)	=MOD(B2+G4,2)	=MOD(B2+H4,2)	=MOD(B2+I4,2)
5	=MOD(B2+F5,2)	=MOD(B2+G5,2)	=MOD(B2+H5,2)	=MOD(B2+I5,2)
6	=MOD(B2+F6,2)	=MOD(B2+G6,2)	=MOD(B2+H6,2)	=MOD(B2+I6,2)
7	=MOD(B2+F7,2)	=MOD(B2+G7,2)	=MOD(B2+H7,2)	=MOD(B2+I7,2)
8	=MOD(B2+F8,2)	=MOD(B2+G8,2)	=MOD(B2+H8,2)	=MOD(B2+I8,2)
9	=MOD(B2+F9,2)	=MOD(B2+G9,2)	=MOD(B2+H9,2)	=MOD(B2+I9,2)
10	=MOD(B2+F10,2)	=MOD(B2+G10,2)	=MOD(B2+H10,2)	=MOD(B2+I10,2)
11	=MOD(B3+F2,2)	=MOD(B3+G2,2)	=MOD(B3+H2,2)	=MOD(B3+I2,2)
12	=MOD(B3+F3,2)	=MOD(B3+G3,2)	=MOD(B3+H3,2)	=MOD(B3+I3,2)
13	=MOD(B3+F4,2)	=MOD(B3+G4,2)	=MOD(B3+H4,2)	=MOD(B3+I4,2)
14	=MOD(B3+F5,2)	=MOD(B3+G5,2)	=MOD(B3+H5,2)	=MOD(B3+I5,2)
15	=MOD(B3+F6,2)	=MOD(B3+G6,2)	=MOD(B3+H6,2)	=MOD(B3+I6,2)
16	=MOD(B3+F7,2)	=MOD(B3+G7,2)	=MOD(B3+H7,2)	=MOD(B3+I7,2)
17	=MOD(B3+F8,2)	=MOD(B3+G8,2)	=MOD(B3+H8,2)	=MOD(B3+I8,2)
18	=MOD(B3+F9,2)	=MOD(B3+G9,2)	=MOD(B3+H9,2)	=MOD(B3+I9,2)
19	=MOD(B3+F10,2)	=MOD(B3+G10,2)	=MOD(B3+H10,2)	=MOD(B3+I10,2)
20	=MOD(B4+F2,2)	=MOD(B4+G2,2)	=MOD(B4+H2,2)	=MOD(B4+I2,2)
21	=MOD(B4+F3,2)	=MOD(B4+G3,2)	=MOD(B4+H3,2)	=MOD(B4+I3,2)
22	=MOD(B4+F4,2)	=MOD(B4+G4,2)	=MOD(B4+H4,2)	=MOD(B4+I4,2)
23	=MOD(B4+F5,2)	=MOD(B4+G5,2)	=MOD(B4+H5,2)	=MOD(B4+I5,2)
24	=MOD(B4+F6,2)	=MOD(B4+G6,2)	=MOD(B4+H6,2)	=MOD(B4+I6,2)
25	=MOD(B4+F7,2)	=MOD(B4+G7,2)	=MOD(B4+H7,2)	=MOD(B4+I7,2)
26	=MOD(B4+F8,2)	=MOD(B4+G8,2)	=MOD(B4+H8,2)	=MOD(B4+I8,2)
27	=MOD(B4+F9,2)	=MOD(B4+G9,2)	=MOD(B4+H9,2)	=MOD(B4+I9,2)
28	=MOD(B4+F10,2)	=MOD(B4+G10,2)	=MOD(B4+H10,2)	=MOD(B4+I10,2)

(5) 엑셀을 이용한 나눗셈-나눗셈 프랙탈 조건부 서식

① 엑셀 메뉴의 [파일][옵션][고급]에서 [0값이 있는 셀에 0표시] 체크를 하지 않는다.

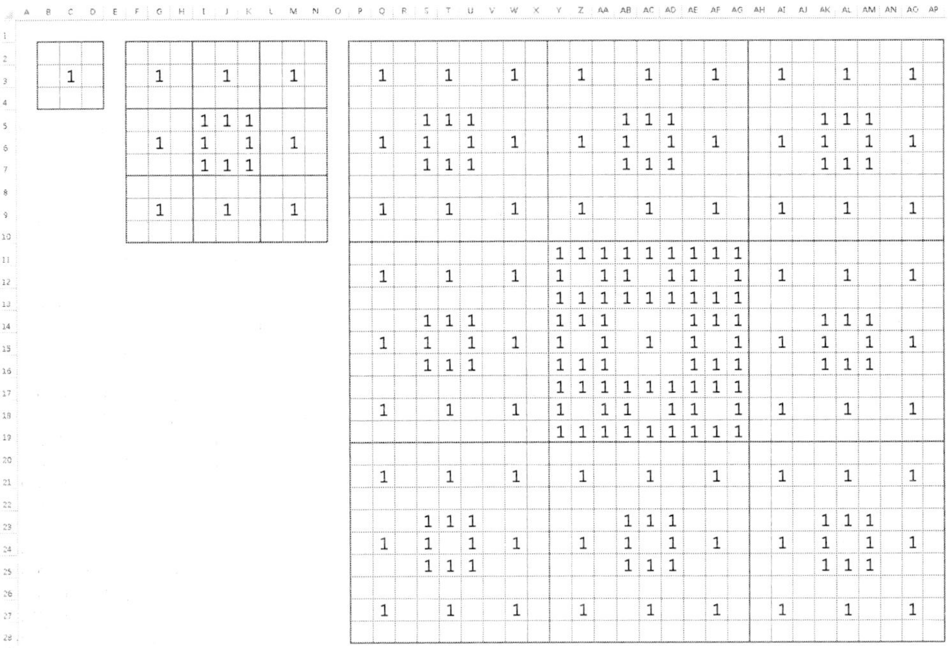

② 엑셀 메뉴의 [홈] [조건부 서식] [셀 강조 규칙]에서 [보다 큼]에서 0보다 큼을 선택한다.

③ 사용자 지정서식에서 원하는 색으로 채워보자.

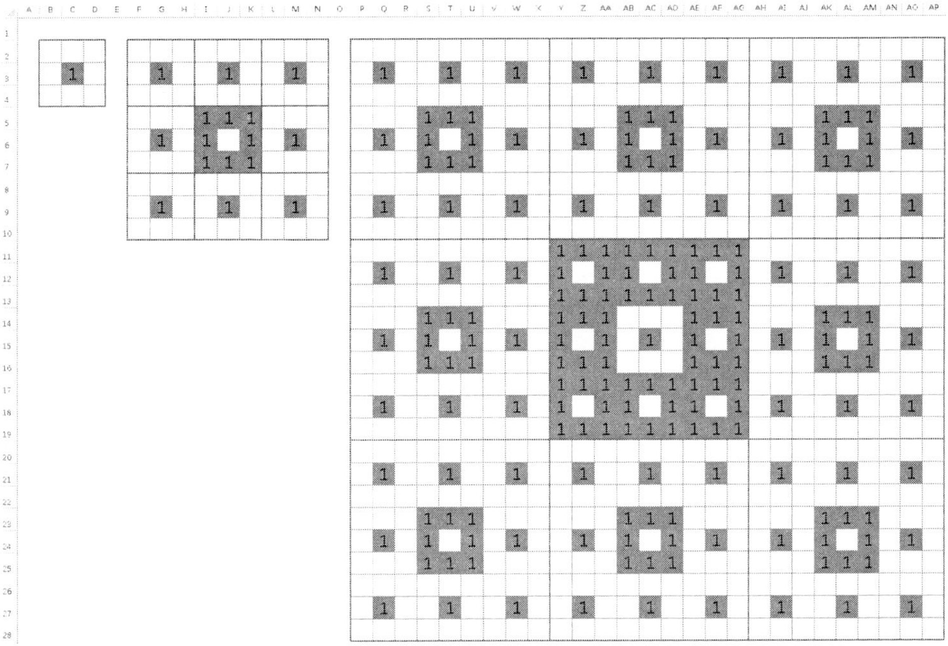

2 3×3 나눗셈-나눗셈 프랙탈

(1) 1단계 1개

① $\log_3 1 = 0$

0	0	0
0	1	0
0	0	0

② $\log_9 1 = 0$

0	0	0	0	0	0	0	0	0
0	1	0	0	1	0	0	1	0
0	0	0	0	0	0	0	0	0
0	0	0	1	1	1	0	0	0
0	1	0	1	0	1	0	1	0
0	0	0	1	1	1	0	0	0
0	0	0	0	0	0	0	0	0
0	1	0	0	1	0	0	1	0
0	0	0	0	0	0	0	0	0

③ $\log_{27} 89 = 1.362$

0	0	0	0	0	0	0	0	0	0	0	0	0	0	0	0	0	0	0	0	0	0	0	0	0	0	0
0	1	0	0	1	0	0	1	0	0	1	0	0	1	0	0	1	0	0	1	0	0	1	0	0	1	0
0	0	0	0	0	0	0	0	0	0	0	0	0	0	0	0	0	0	0	0	0	0	0	0	0	0	0
0	0	0	1	1	1	0	0	0	0	0	0	1	1	1	0	0	0	0	0	0	1	1	1	0	0	0
0	1	0	1	0	1	0	1	0	0	1	0	1	0	1	0	1	0	0	1	0	1	0	1	0	1	0
0	0	0	1	1	1	0	0	0	0	0	0	1	1	1	0	0	0	0	0	0	1	1	1	0	0	0
0	0	0	0	0	0	0	0	0	0	0	0	0	0	0	0	0	0	0	0	0	0	0	0	0	0	0
0	1	0	0	1	0	0	1	0	0	1	0	0	1	0	0	1	0	0	1	0	0	1	0	0	1	0
0	0	0	0	0	0	0	0	0	0	0	0	0	0	0	0	0	0	0	0	0	0	0	0	0	0	0
0	0	0	0	0	0	0	0	0	1	1	1	1	1	1	1	1	1	0	0	0	0	0	0	0	0	0
0	1	0	0	1	0	0	1	0	1	0	1	1	0	1	1	0	1	0	1	0	0	1	0	0	1	0
0	0	0	0	0	0	0	0	0	1	1	1	1	1	1	1	1	1	0	0	0	0	0	0	0	0	0
0	0	0	1	1	1	0	0	0	1	1	1	0	0	0	1	1	1	0	0	0	1	1	1	0	0	0
0	1	0	1	0	1	0	1	0	1	0	1	0	1	0	1	0	1	0	1	0	1	0	1	0	1	0
0	0	0	1	1	1	0	0	0	1	1	1	0	0	0	1	1	1	0	0	0	1	1	1	0	0	0
0	0	0	0	0	0	0	0	0	1	1	1	1	1	1	1	1	1	0	0	0	0	0	0	0	0	0
0	1	0	0	1	0	0	1	0	1	0	1	1	0	1	1	0	1	0	1	0	0	1	0	0	1	0
0	0	0	0	0	0	0	0	0	1	1	1	1	1	1	1	1	1	0	0	0	0	0	0	0	0	0
0	0	0	0	0	0	0	0	0	0	0	0	0	0	0	0	0	0	0	0	0	0	0	0	0	0	0
0	1	0	0	1	0	0	1	0	0	1	0	0	1	0	0	1	0	0	1	0	0	1	0	0	1	0
0	0	0	0	0	0	0	0	0	0	0	0	0	0	0	0	0	0	0	0	0	0	0	0	0	0	0
0	0	0	1	1	1	0	0	0	0	0	0	1	1	1	0	0	0	0	0	0	1	1	1	0	0	0
0	1	0	1	0	1	0	1	0	0	1	0	1	0	1	0	1	0	0	1	0	1	0	1	0	1	0
0	0	0	1	1	1	0	0	0	0	0	0	1	1	1	0	0	0	0	0	0	1	1	1	0	0	0
0	0	0	0	0	0	0	0	0	0	0	0	0	0	0	0	0	0	0	0	0	0	0	0	0	0	0
0	1	0	0	1	0	0	1	0	0	1	0	0	1	0	0	1	0	0	1	0	0	1	0	0	1	0
0	0	0	0	0	0	0	0	0	0	0	0	0	0	0	0	0	0	0	0	0	0	0	0	0	0	0

위의 그림에서 0 부분을 제거한 것이 아래 그림이다.

	1	

	1			1			1	
			1	1	1			
	1		1		1		1	
			1	1	1			
	1			1			1	

	1			1			1			1			1			1			1			1			1	
			1	1	1							1	1	1							1	1	1			
	1		1		1		1			1		1		1		1			1		1		1		1	
			1	1	1							1	1	1							1	1	1			
	1			1			1			1			1			1			1			1			1	
									1	1	1	1	1	1	1	1	1									
	1			1			1		1		1	1		1	1		1		1			1			1	
									1	1	1	1	1	1	1	1	1									
			1	1	1				1	1	1				1	1	1				1	1	1			
	1		1		1		1		1		1		1		1		1		1		1		1		1	
			1	1	1				1	1	1				1	1	1				1	1	1			
									1	1	1	1	1	1	1	1	1									
	1			1			1		1		1	1		1	1		1		1			1			1	
									1	1	1	1	1	1	1	1	1									
	1			1			1			1			1			1			1			1			1	
			1	1	1							1	1	1							1	1	1			
	1		1		1		1			1		1		1		1			1		1		1		1	
			1	1	1							1	1	1							1	1	1			
	1			1			1			1			1			1			1			1			1	

1, 2, 3 단계에서 0보다 큰 수에 색칠해 보자.

① $\log_3 1 = 0$

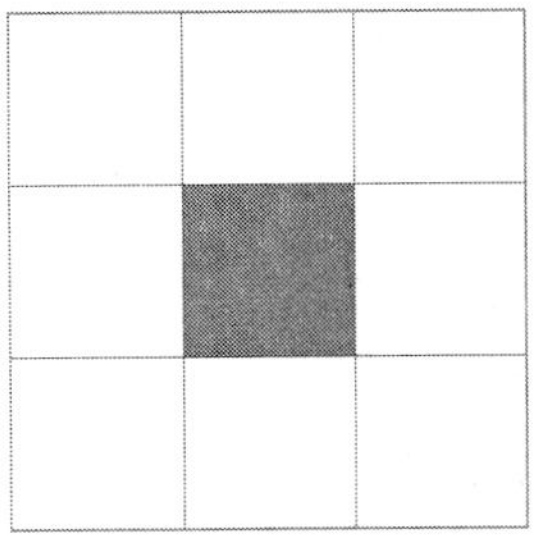

② $\log_9 1 = 0$

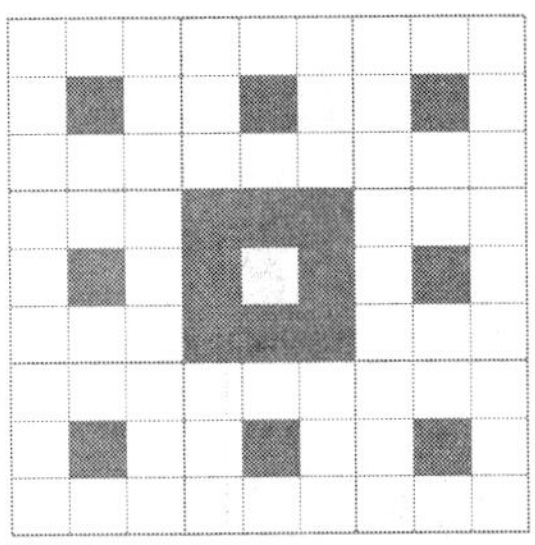

③ $\log_{27} 89 = 1.362$

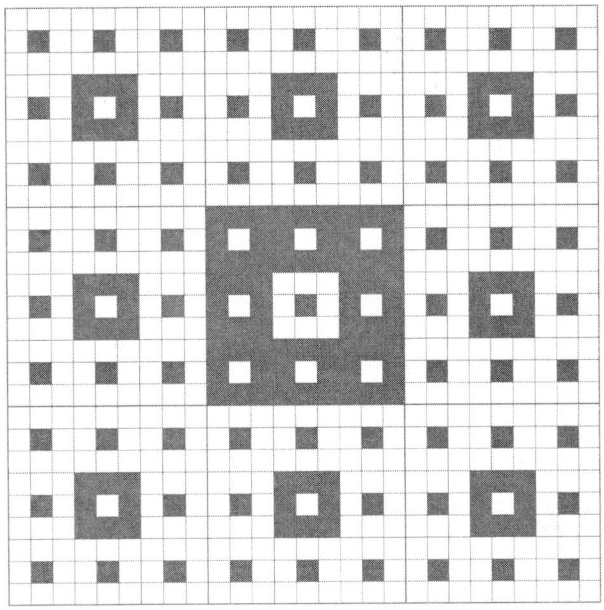

① $\log_3 1 = 0$

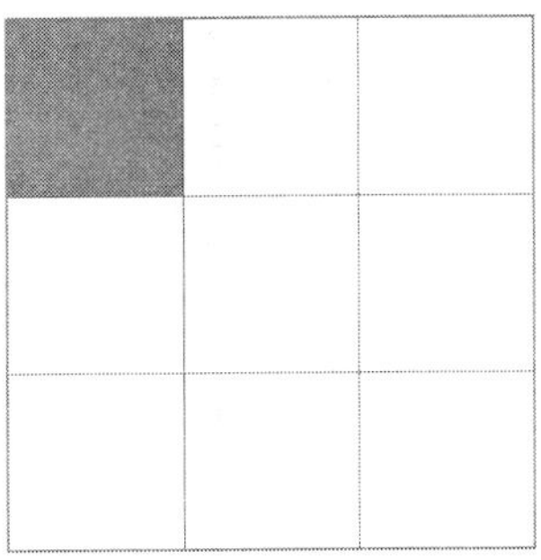

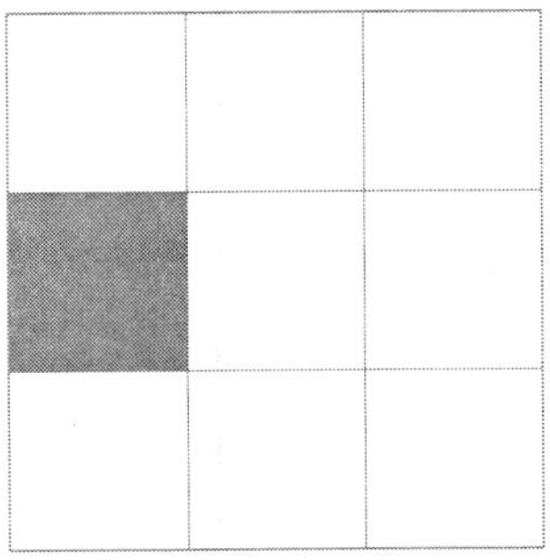

② $\log_9 16 = 1.262$

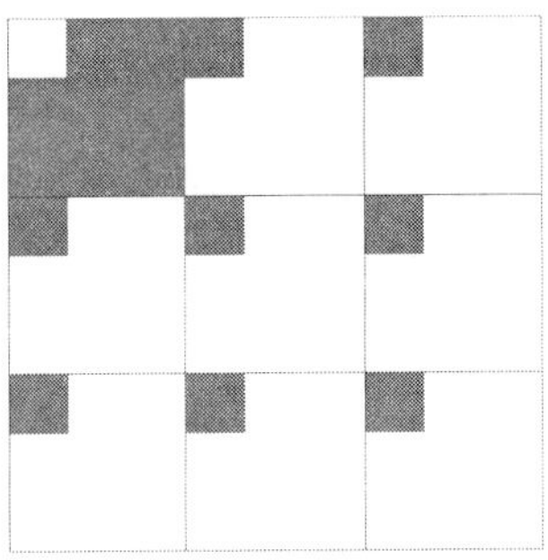

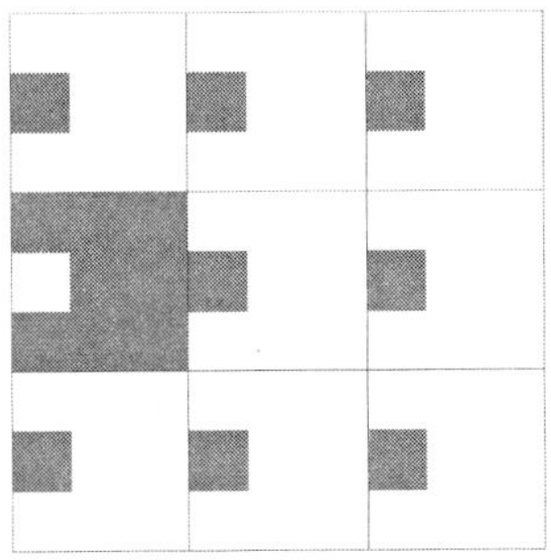

③ $\log_{27} 193 = 1.597$

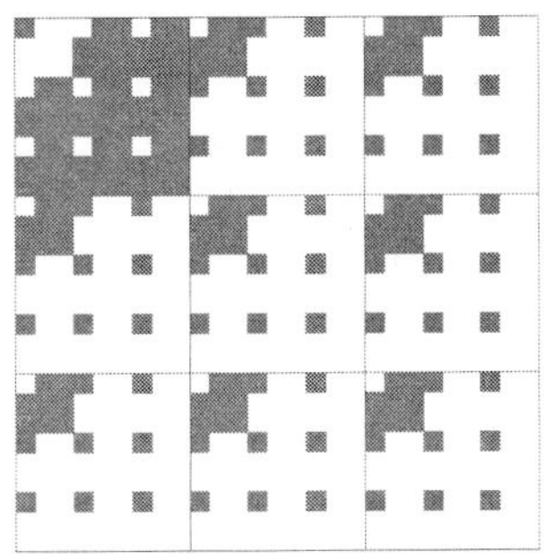

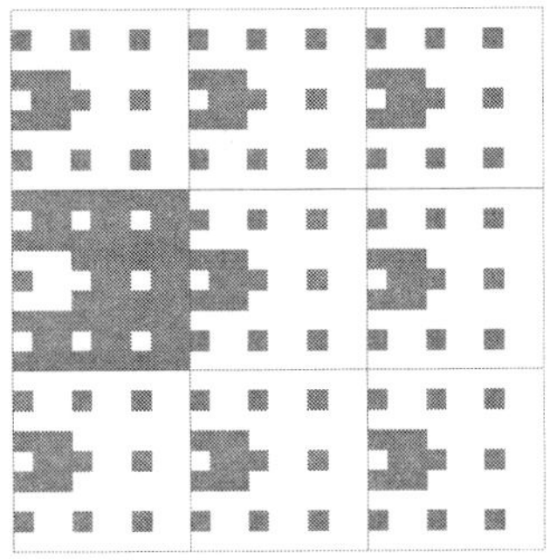

(2) 1단계 2개

① $\log_3 2 = 0.631$	② $\log_9 28 = 1.517$	③ $\log_{27} 302 = 1.733$
	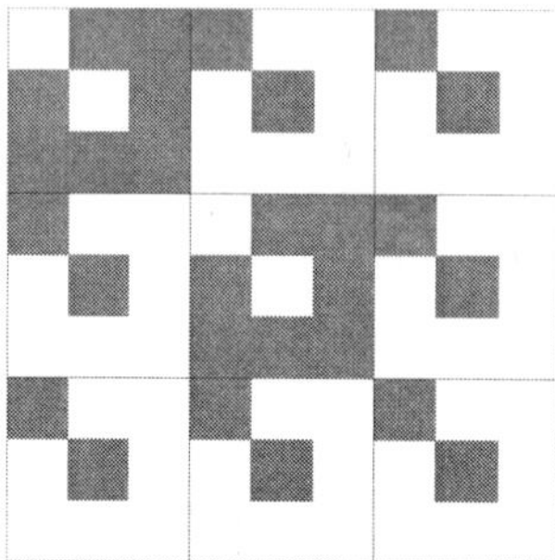	

(3) 1단계 3개

① $\log_3 3 = 1$	② $\log_9 36 = 1.631$	③ $\log_{27} 351 = 1.778$

① $\log_3 3 = 1$	② $\log_9 9 = 1$	③ $\log_{27} 297 = 1.728$
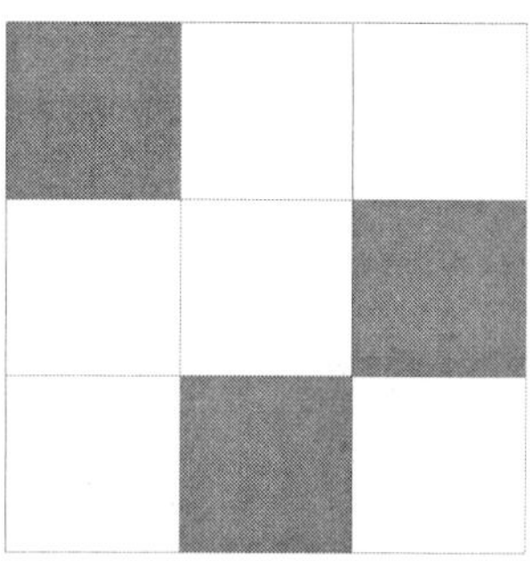	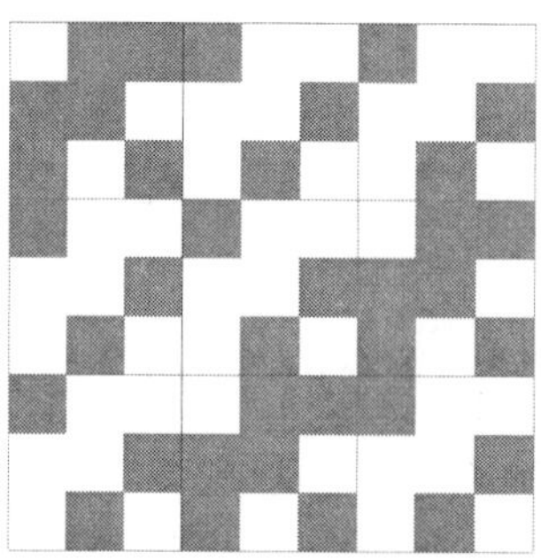	

(4) 1단계 4개

① $\log_3 4 = 1.262$	② $\log_9 40 = 1.679$	③ $\log_{27} 364 = 1.789$
	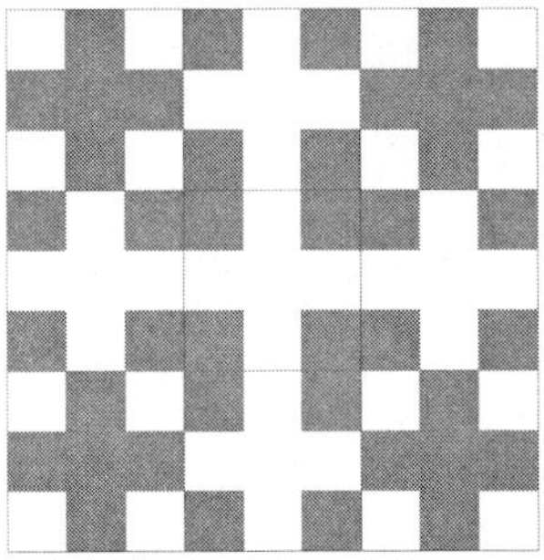	

(5) 1단계 5개

① $\log_3 5 = 1.465$	② $\log_9 40 = 1.679$	③ $\log_{27} 365 = 1.79$
	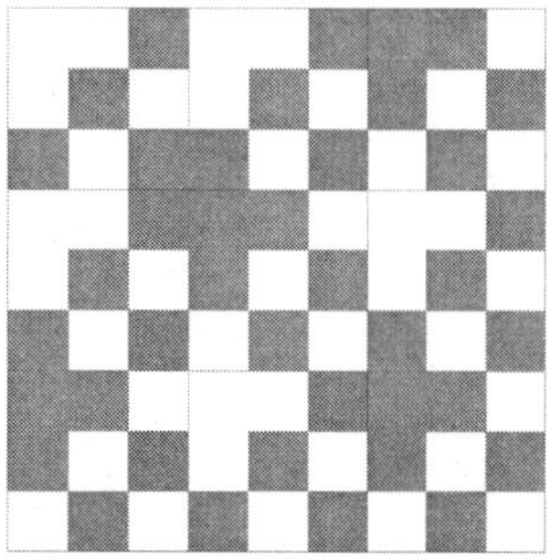	
	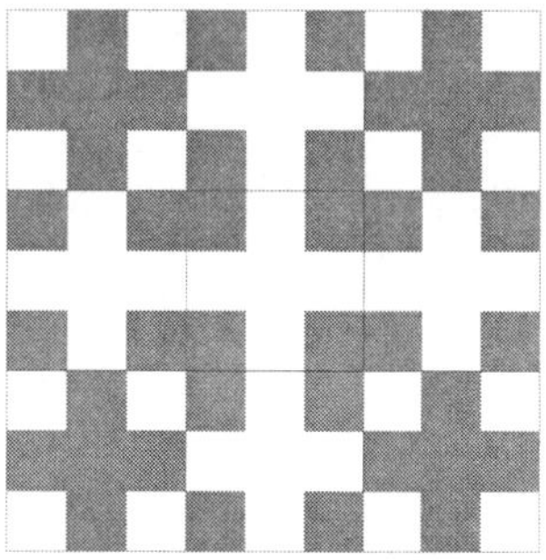	

	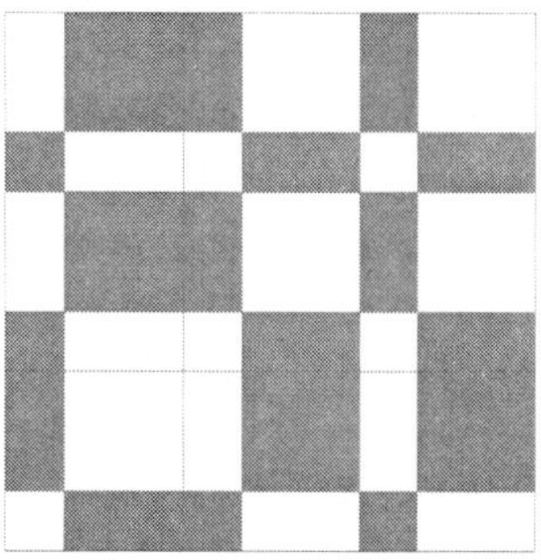	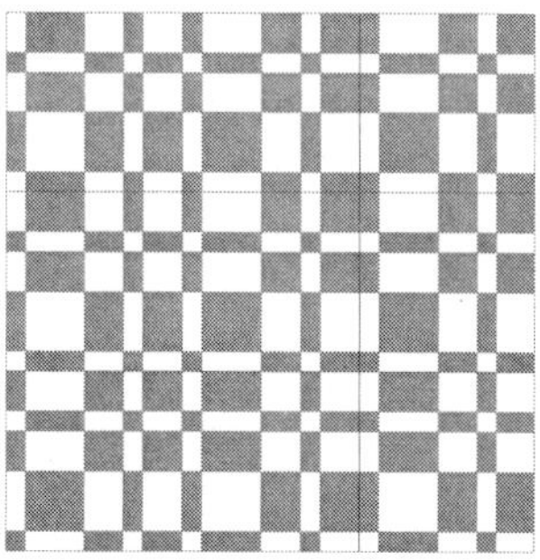

(6) 1단계 6개

① $\log_3 6 = 1.631$	② $\log_9 36 = 1.631$	③ $\log_{27} 378 = 1.801$
	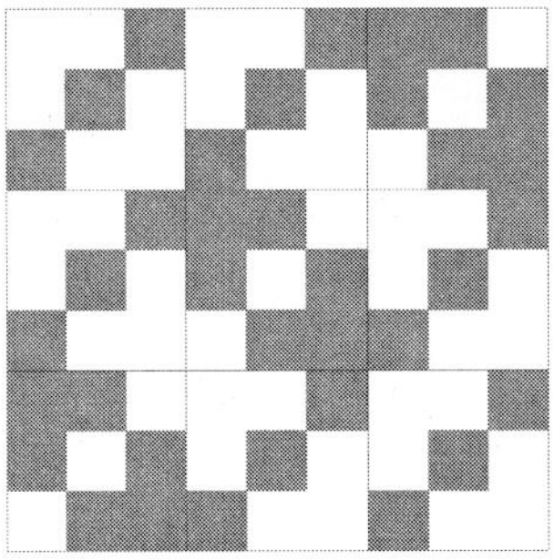	
	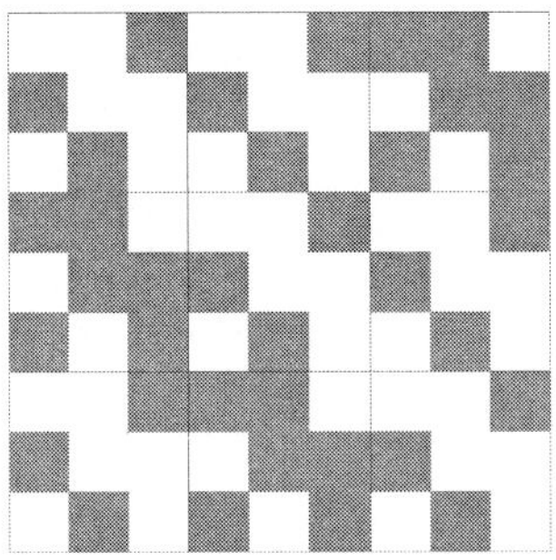	
	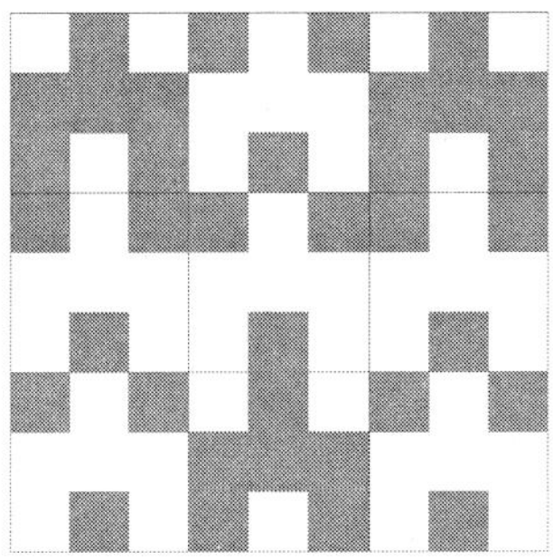	

(7) 1단계 7개

① $\log_3 7 = 1.771$	② $\log_9 28 = 1.517$	③ $\log_{27} 427 = 1.838$
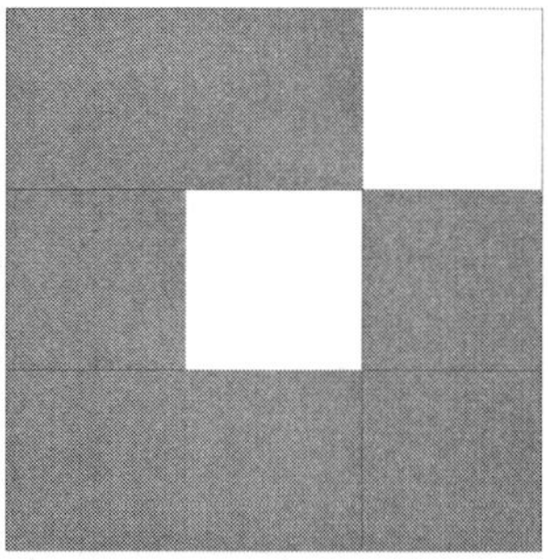	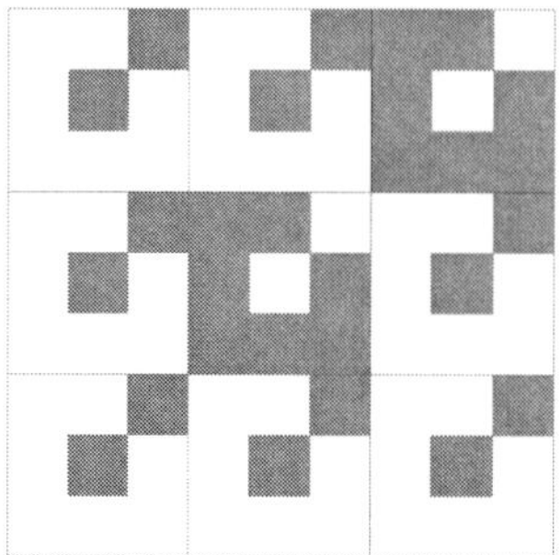	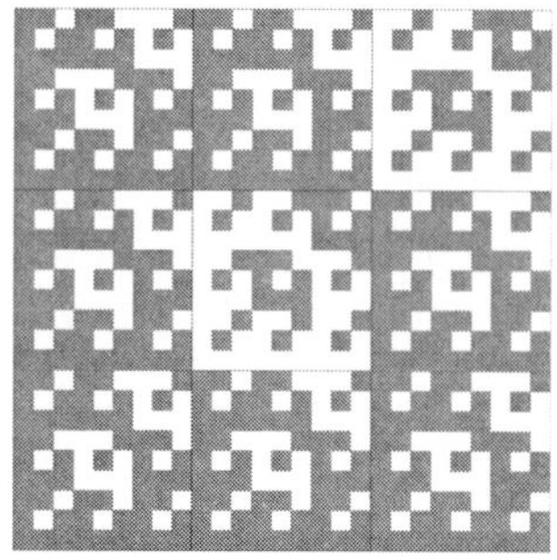
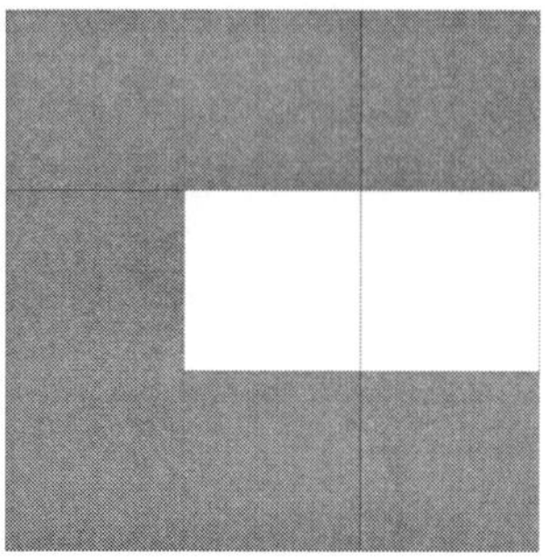	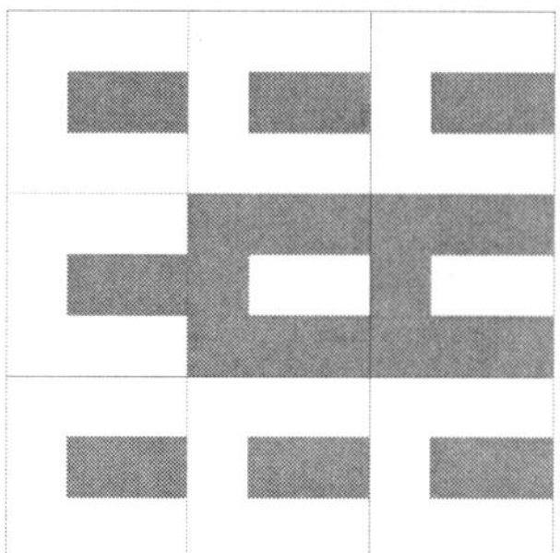	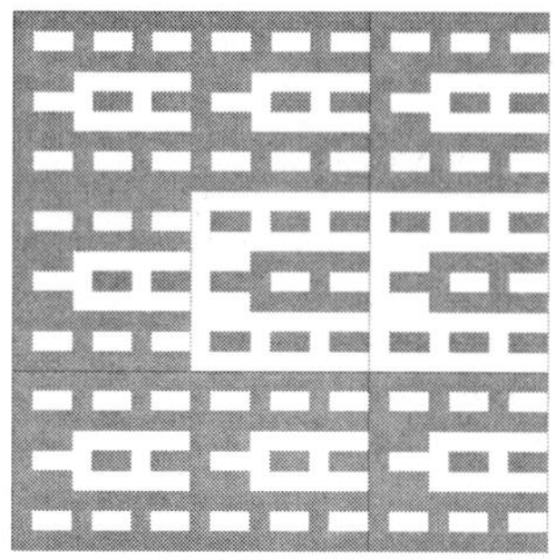
	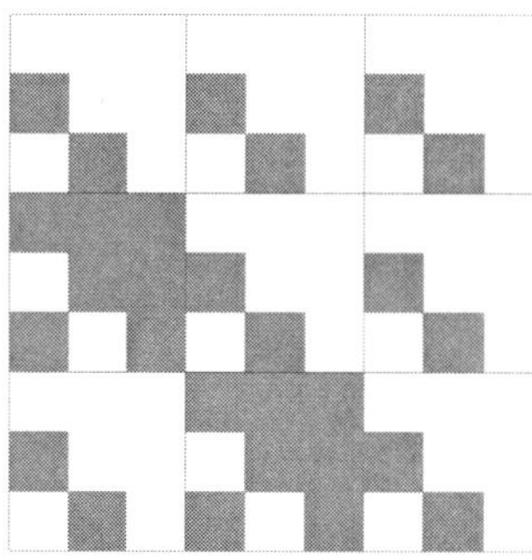	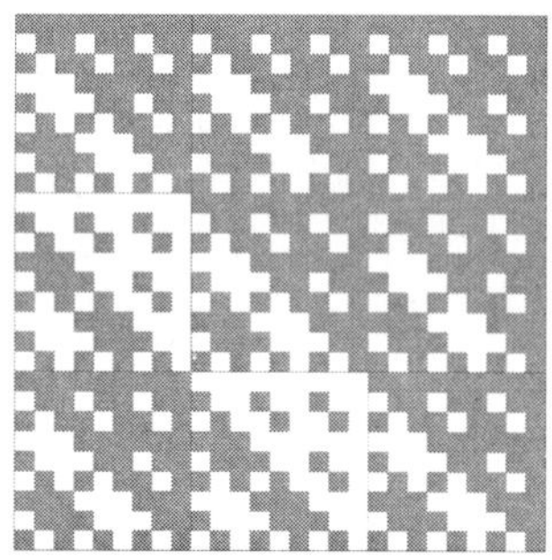
	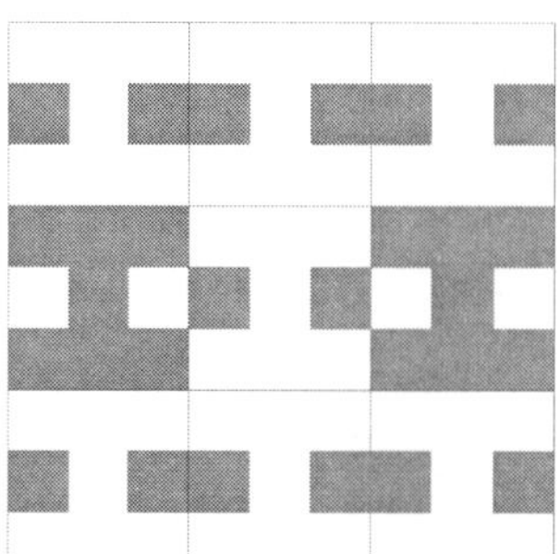	

3 4×4 나눗셈-나눗셈 프랙탈

(1) 1단계 1개

① $\log_4 1 = 0$	② $\log_{16} 270 = 1.346$	③ $\log_{64} 270 = 1.346$
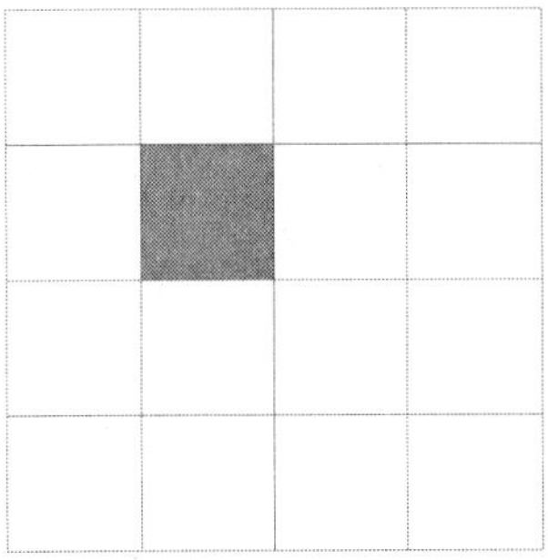	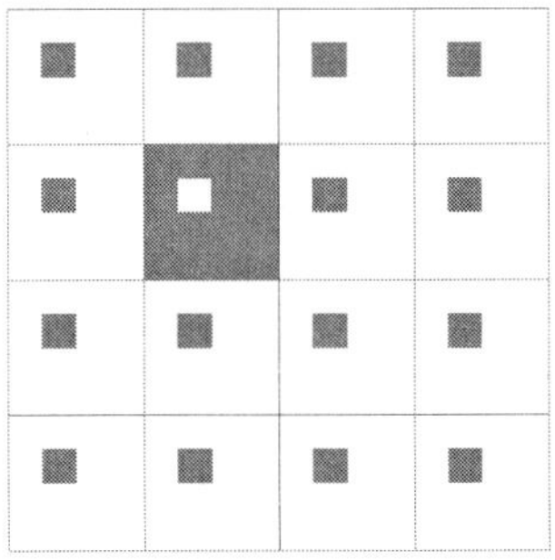	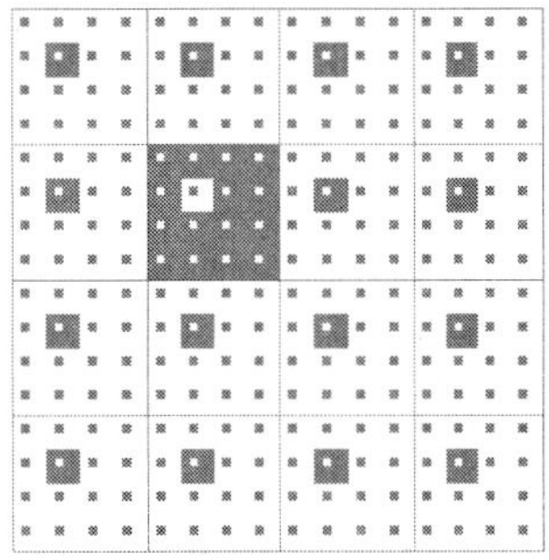

(2) 1단계 2개

① $\log_4 2 = 0.5$	② $\log_{16} 56 = 1.452$	③ $\log_{64} 1184 = 1.702$
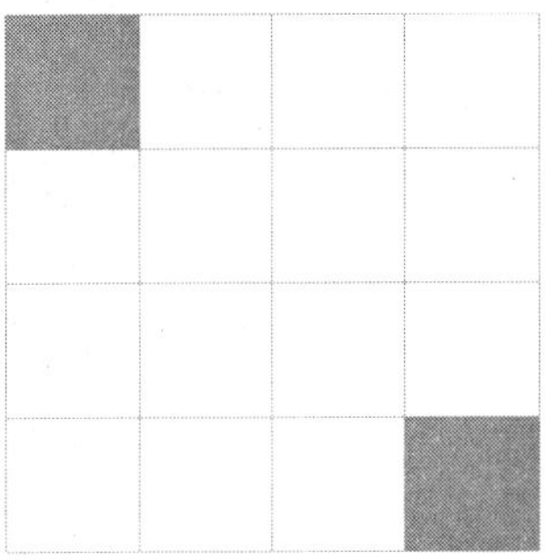	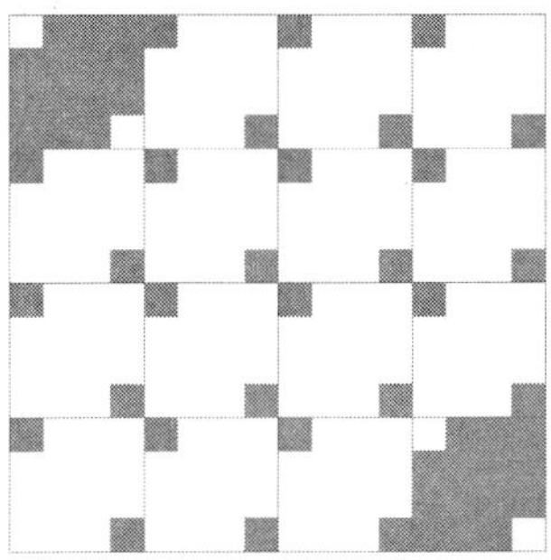	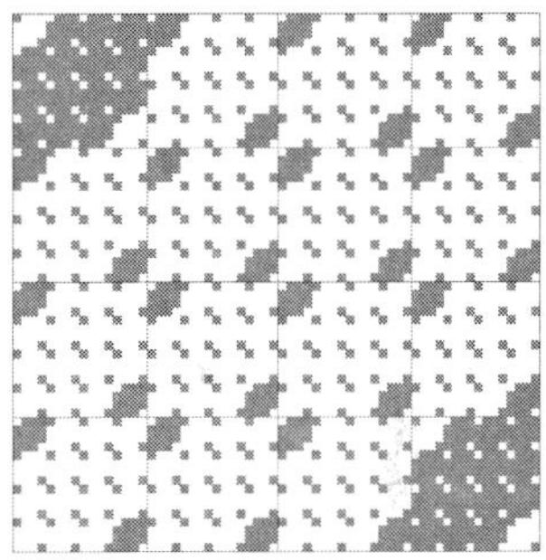

(3) 1단계 3개

① $\log_4 3 = 0.792$	② $\log_9 78 = 1.571$	③ $\log_{64} 1548 = 1.766$
	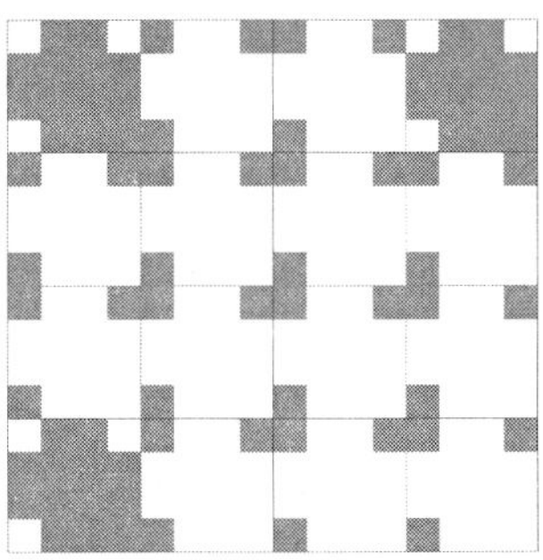	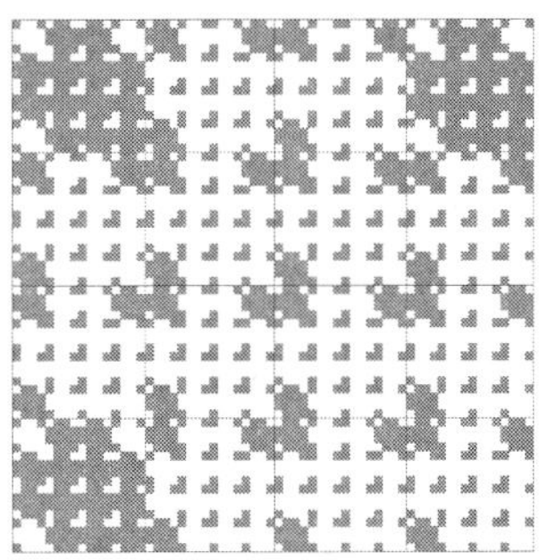

(4) 1단계 4개

① $\log_4 4 = 1$	② $\log_{16} 96 = 1.646$	③ $\log_{64} 1792 = 1.801$
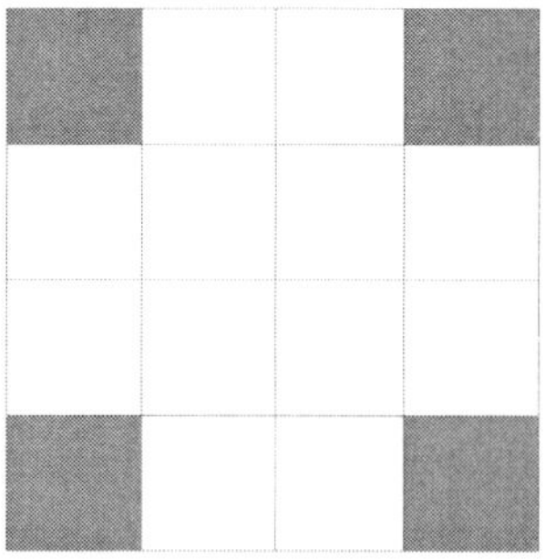	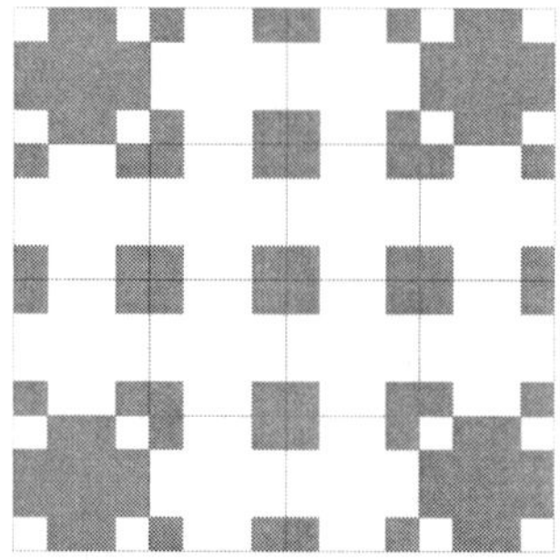	
	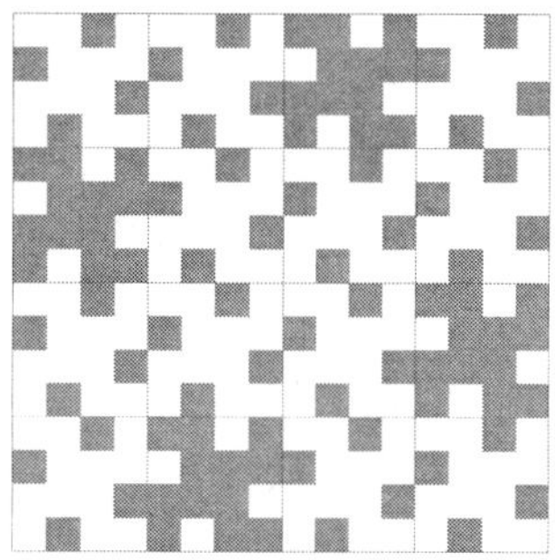	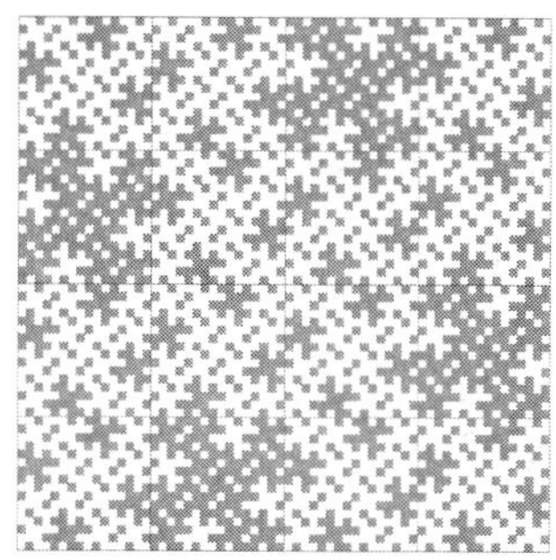
	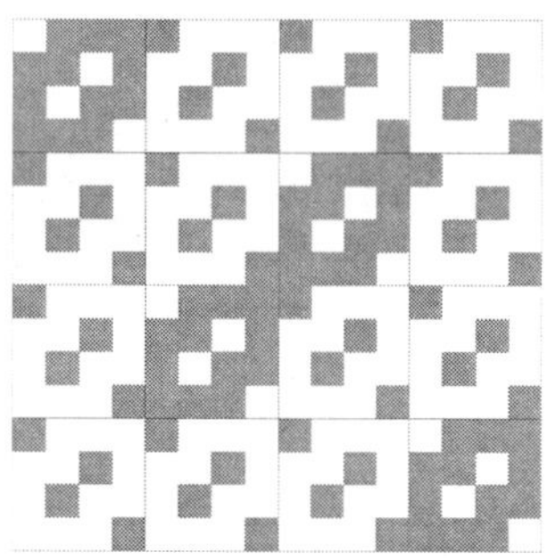	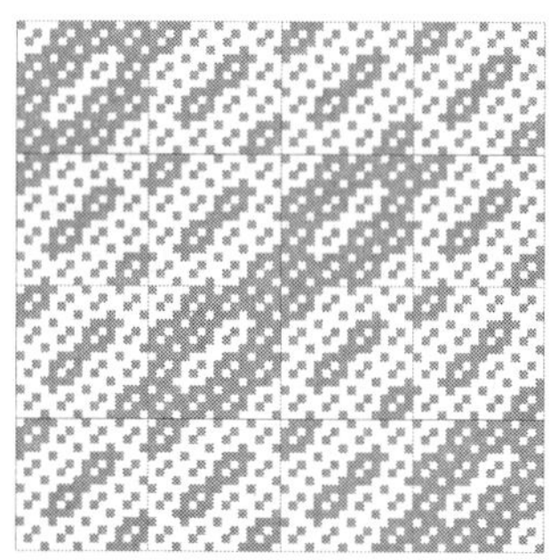
	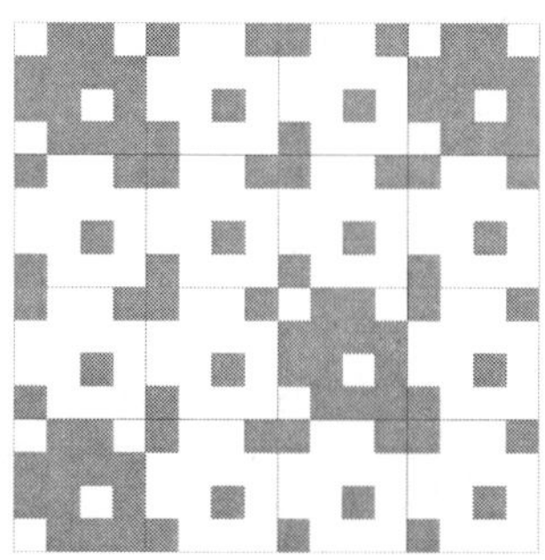	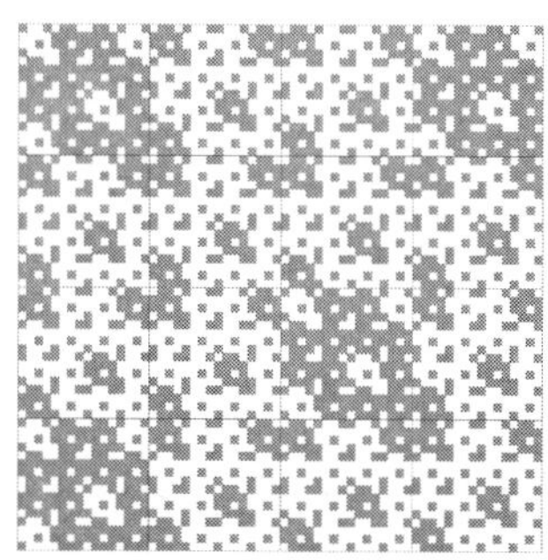

(5) 1단계 8개

① $\log_4 8 = 1.5$	② $\log_{16} 128 = 1.75$	③ $\log_{64} 2048 = 1.833$
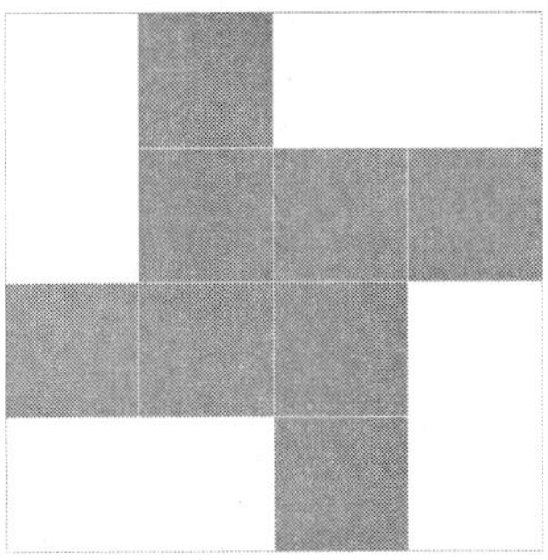		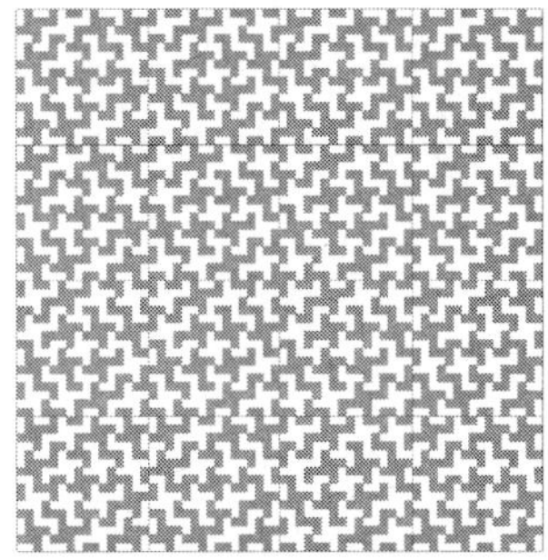
	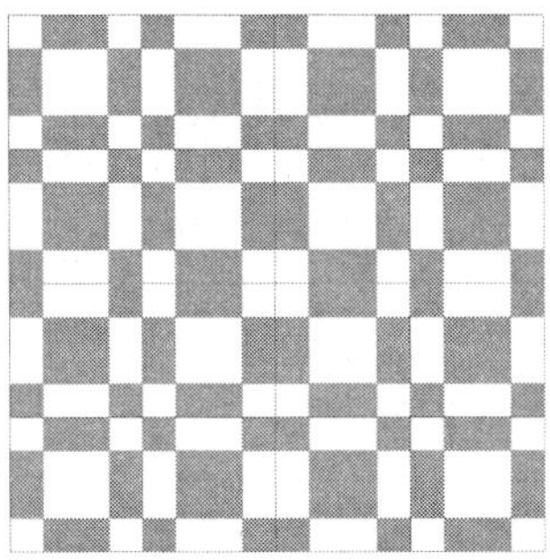	
		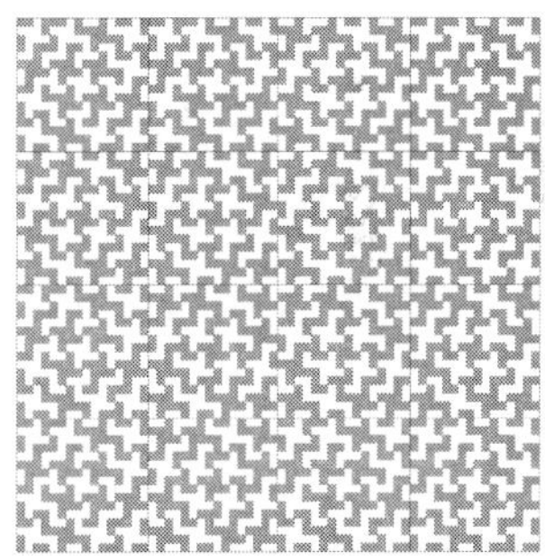
	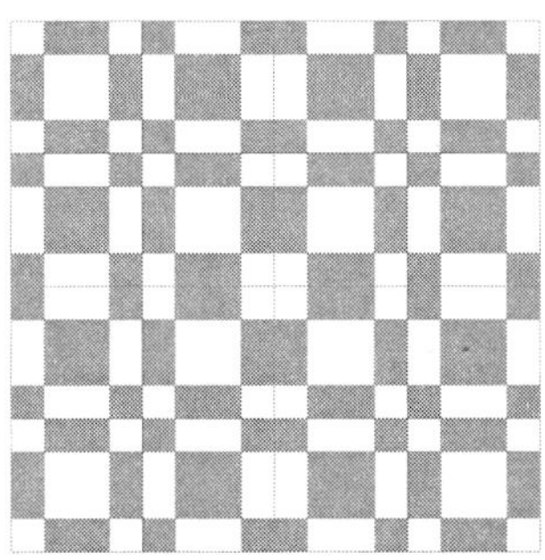	

4 5×5 나눗셈-나눗셈 프랙탈

(1) 1단계 5개

① $\log_5 5 = 1$

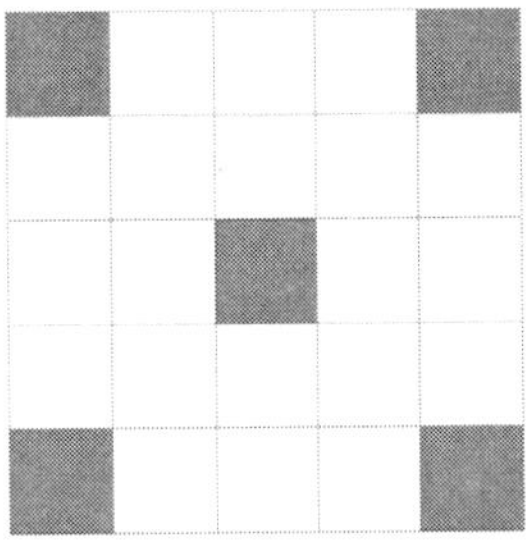

② $\log_{25} 200 = 1.65$

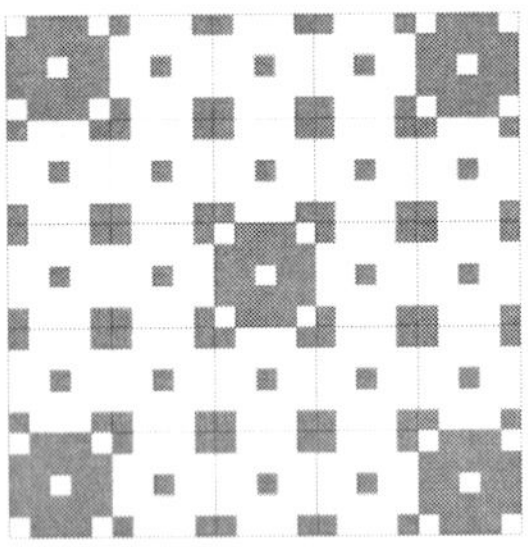

③ $\log_{125} 6215 = 1.806$

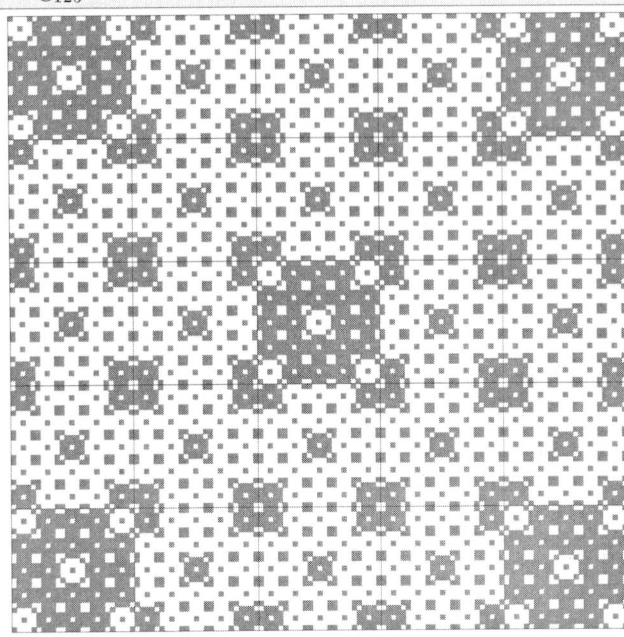

① $\log_5 5 = 1$

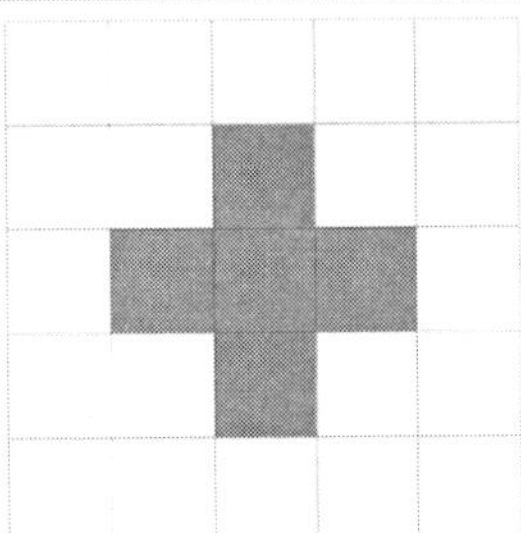

② $\log_{25} 200 = 1.65$

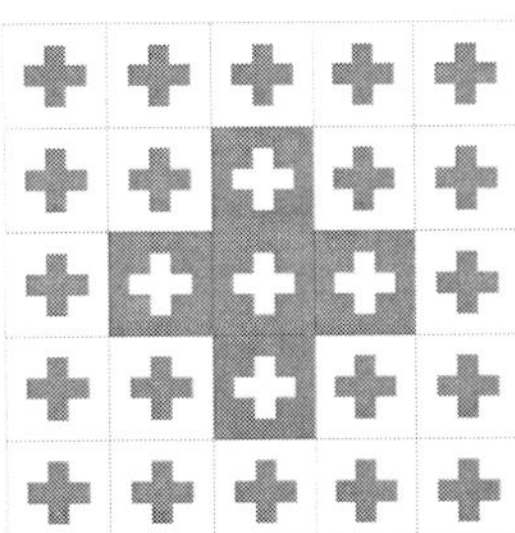

③ $\log_{125} 6215 = 1.806$

① $\log_5 5 = 1$

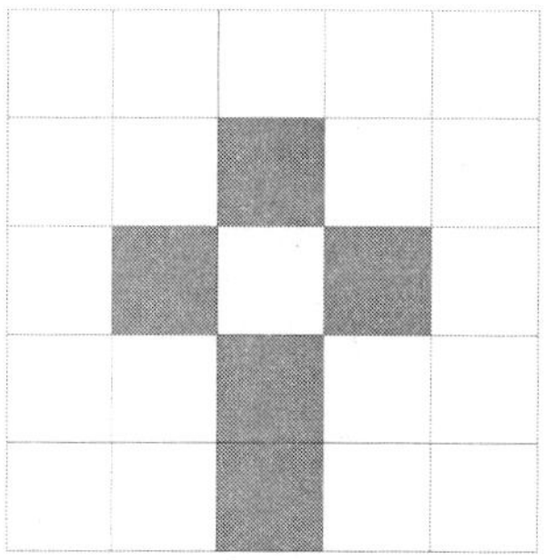

② $\log_{25} 200 = 1.65$

③ $\log_{125} 6215 = 1.806$

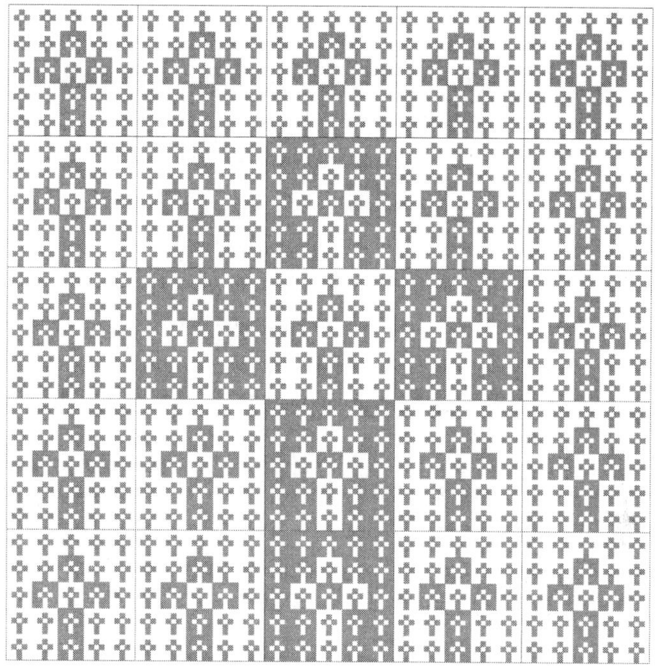

① $\log_5 5 = 1$

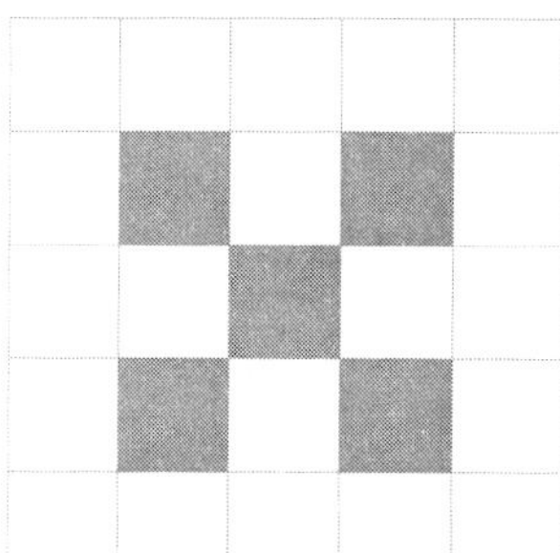

② $\log_{25} 200 = 1.65$

③ $\log_{125} 6215 = 1.806$

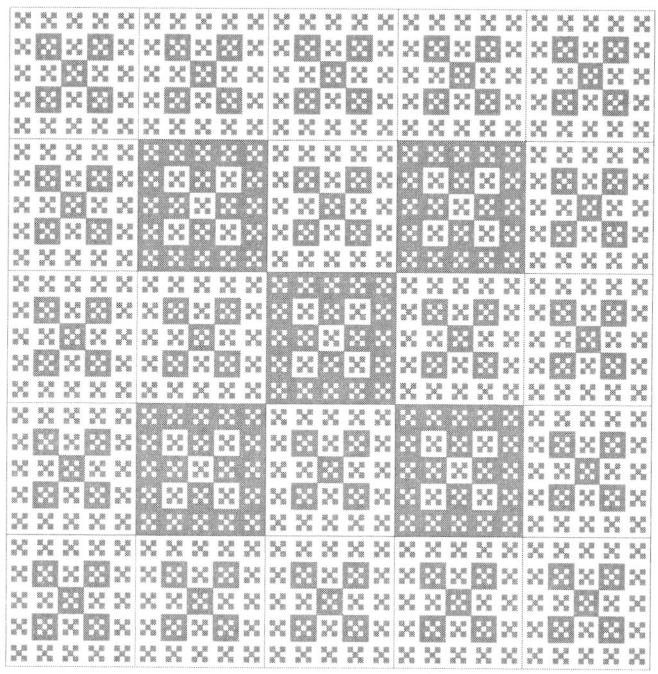

(2) 1단계 8개

① $\log_5 8 = 1.292$

② $\log_{25} 272 = 1.74$

③ $\log_{125} 7448 = 1.847$

① $\log_5 8 = 1.292$

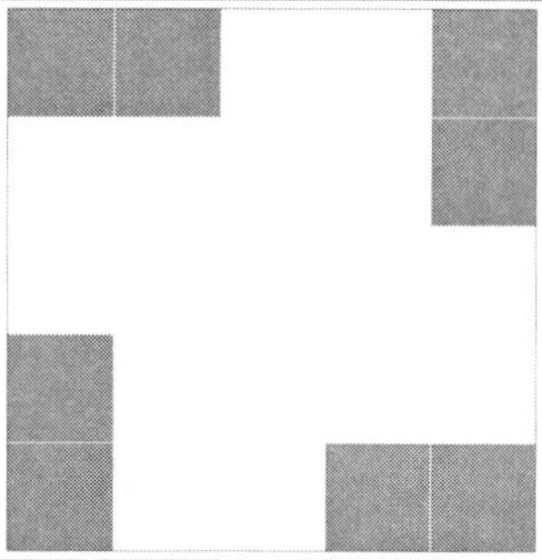

② $\log_{25} 272 = 1.74$

③ $\log_{125} 7448 = 1.847$

① $\log_5 8 = 1.292$

② $\log_{25} 272 = 1.74$

③ $\log_{125} 7448 = 1.847$

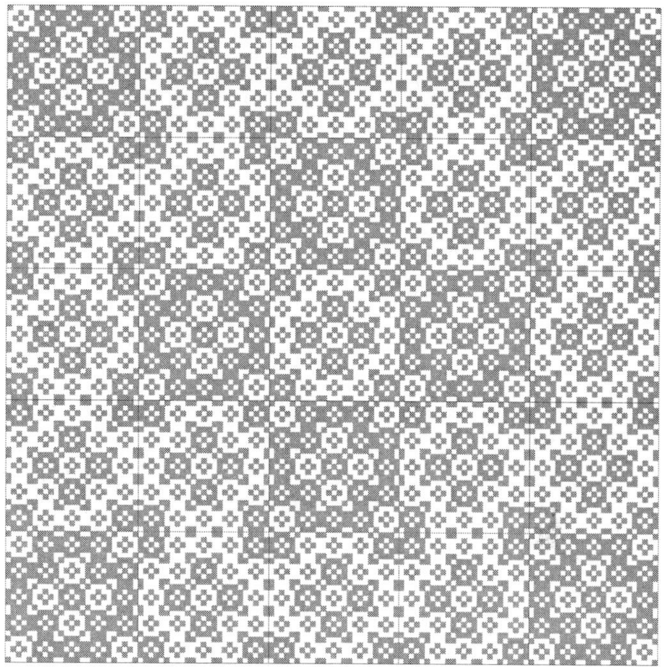

① $\log_5 8 = 1.292$

② $\log_{25} 272 = 1.74$

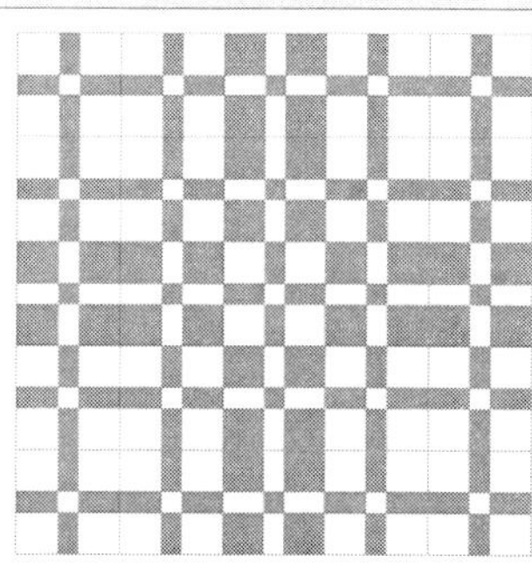

③ $\log_{125} 7448 = 1.847$

① $\log_5 8 = 1.292$

② $\log_{25} 272 = 1.742$

③ $\log_{125} 7448 = 1.847$

① $\log_5 8 = 1.292$

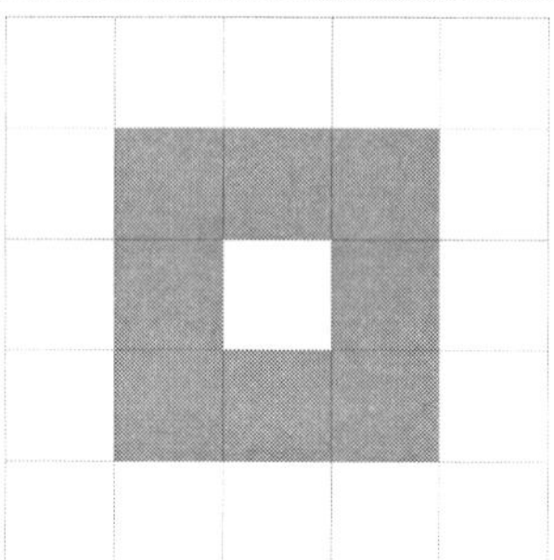

② $\log_{25} 272 = 1.742$

③ $\log_{125} 7448 = 1.847$

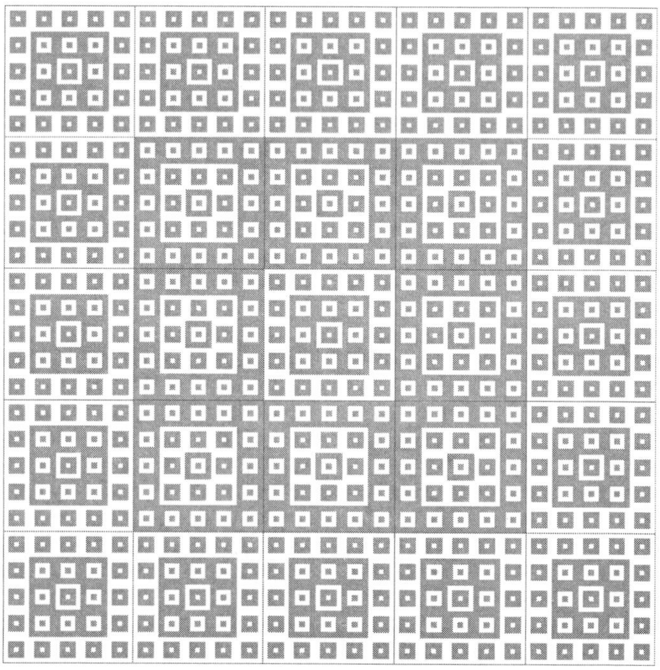

(3) 1단계 9개

① $\log_5 9 = 1.365$

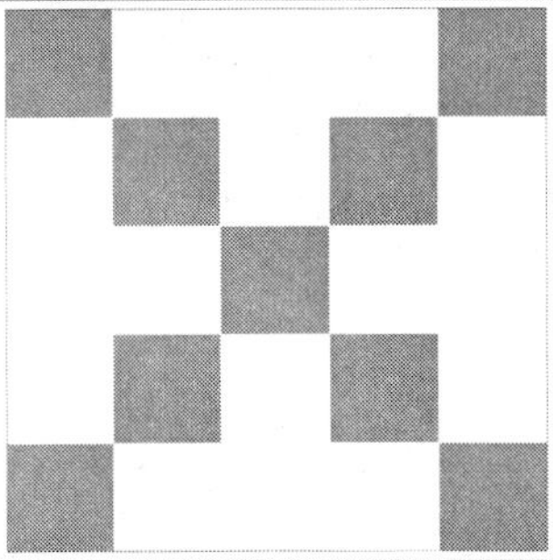

② $\log_{25} 288 = 1.76$

③ $\log_{125} 7641 = 1.852$

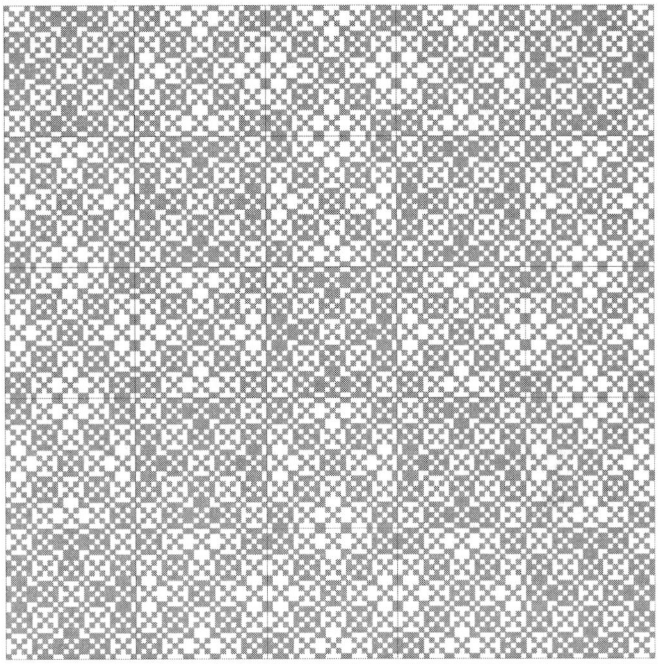

① $\log_5 9 = 1.365$

② $\log_{25} 288 = 1.76$

③ $\log_{125} 7641 = 1.852$

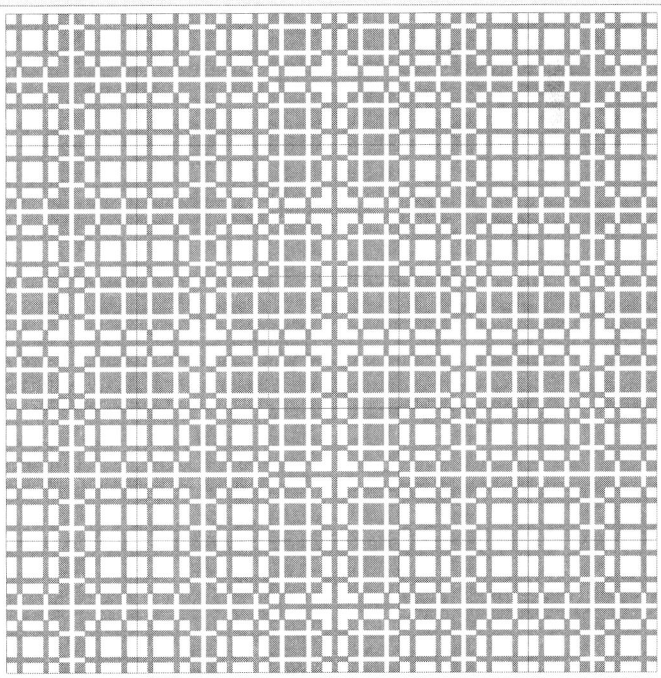

① $\log_5 9 = 1.365$

② $\log_{25} 288 = 1.76$

③ $\log_{125} 7641 = 1.852$

① $\log_5 9 = 1.365$

② $\log_{25} 288 = 1.76$

③ $\log_{125} 7641 = 1.852$

5 6×6 나눗셈-나눗셈 프랙탈

(1) 1단계 2개

① $\log_6 2 = 0.387$	② $\log_{36} 136 = 1.371$
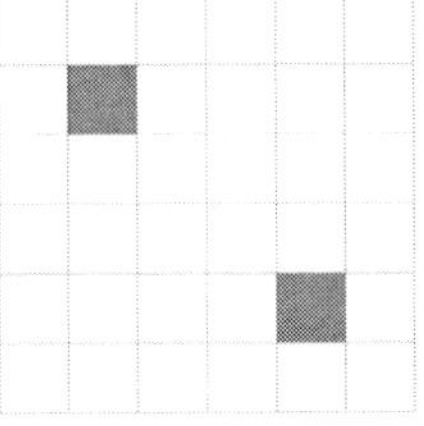	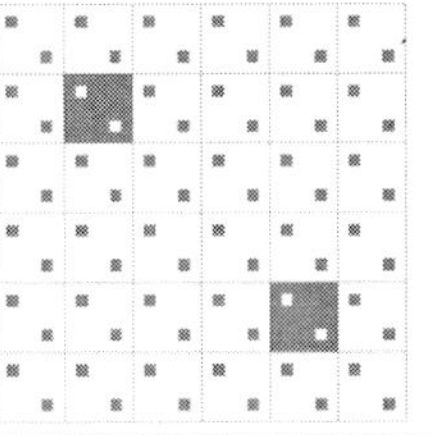

③ $\log_{216} 6944 = 1.646$

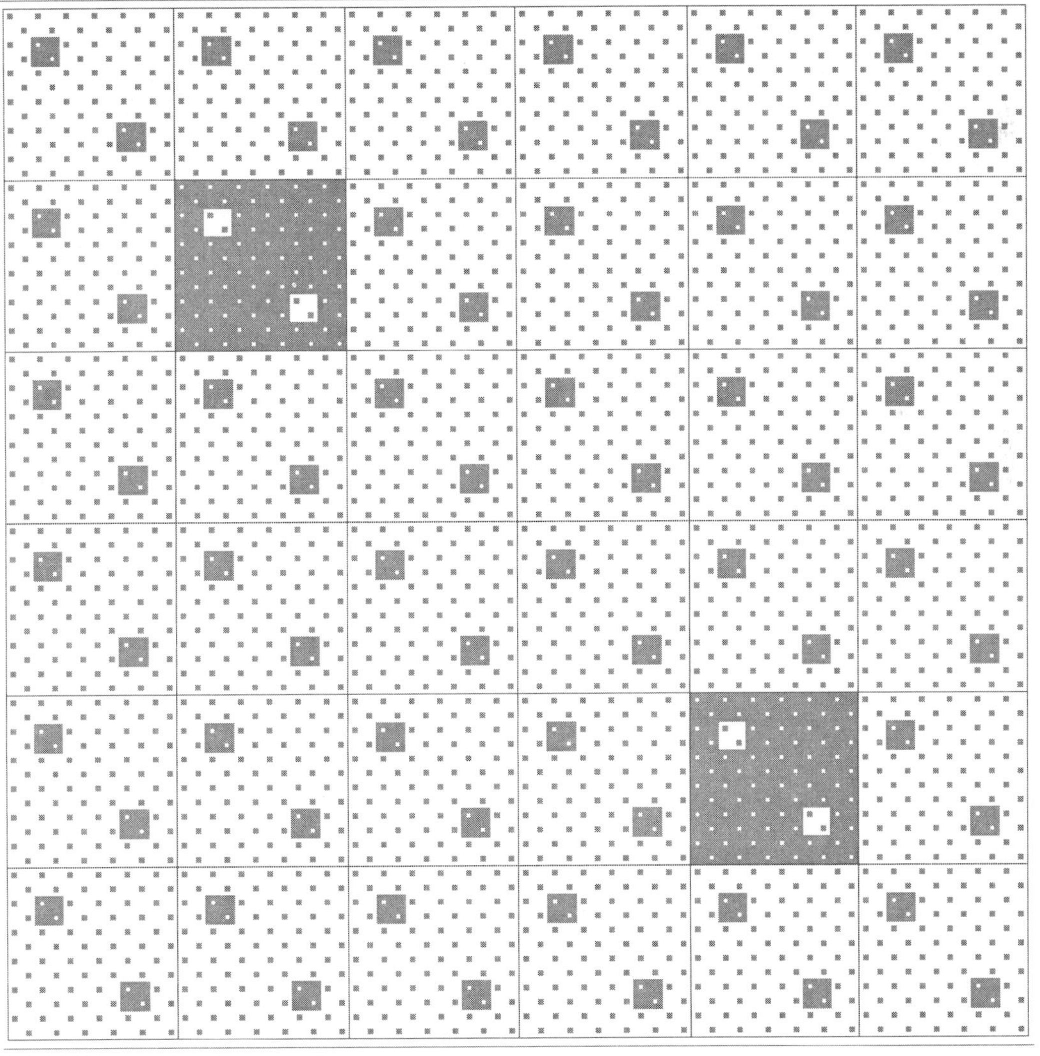

(2) 1단계 4개

① $\log_{6}4 = 0.774$

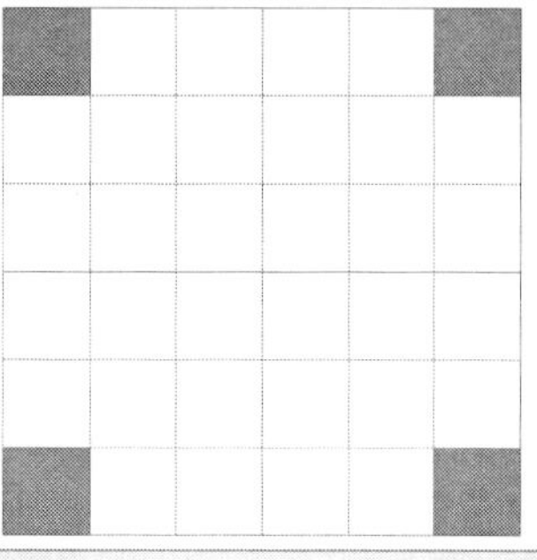

② $\log_{36}256 = 1.547$

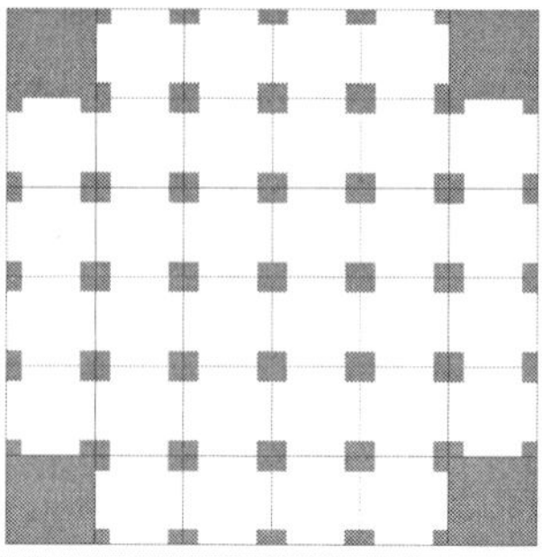

③ $\log_{216}12352 = 1.753$

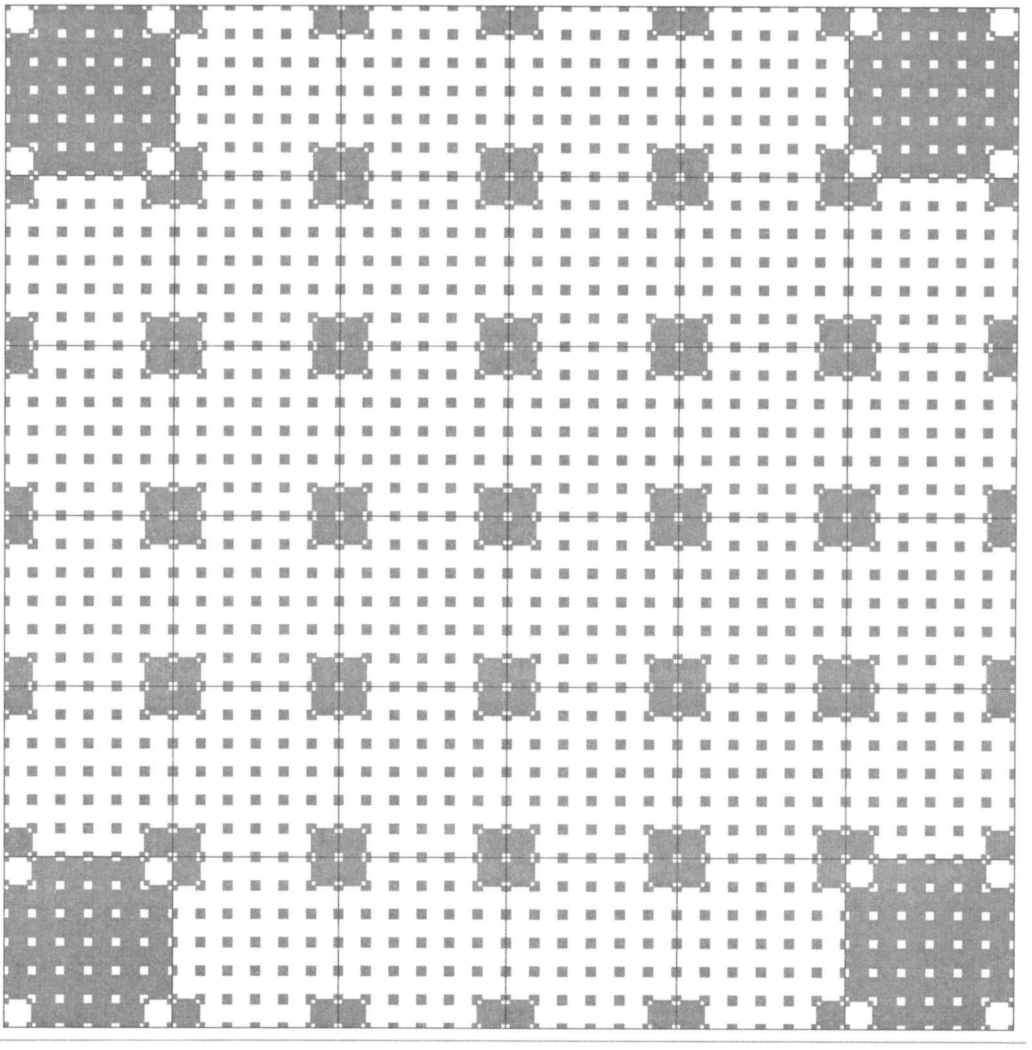

① $\log_6 4 = 0.774$

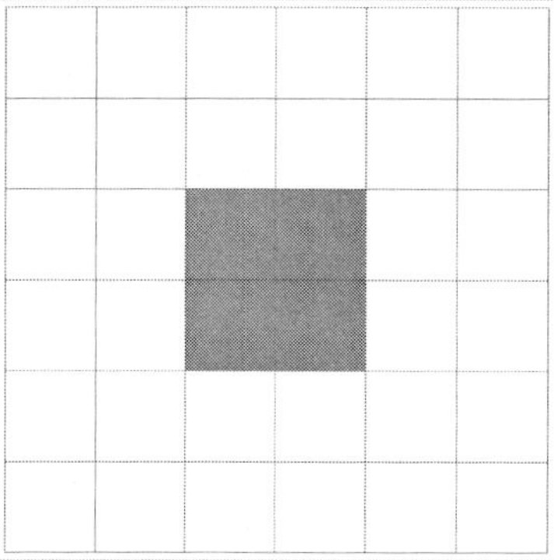

② $\log_{36} 256 = 1.547$

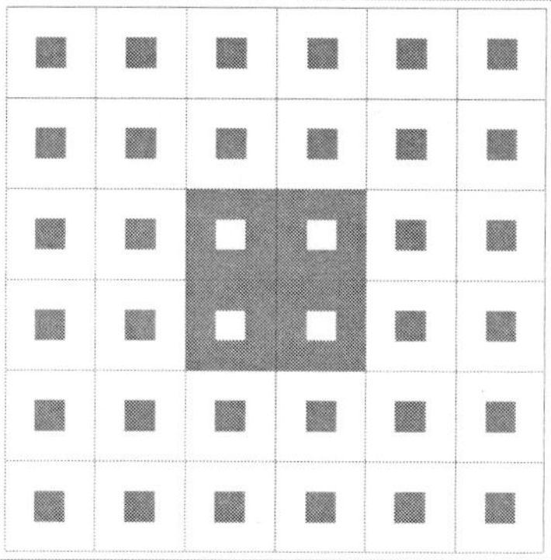

③ $\log_{216} 12352 = 1.753$

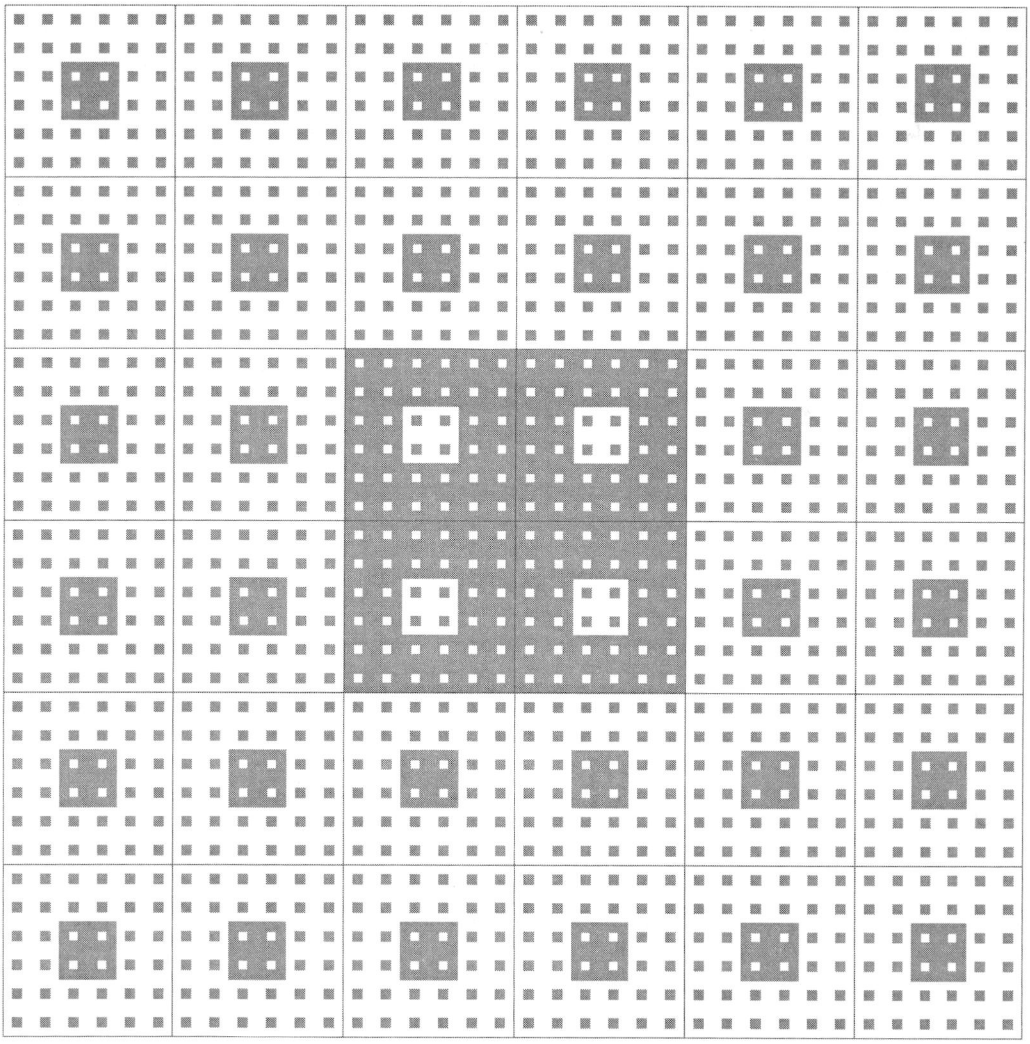

① $\log_6 4 = 0.774$

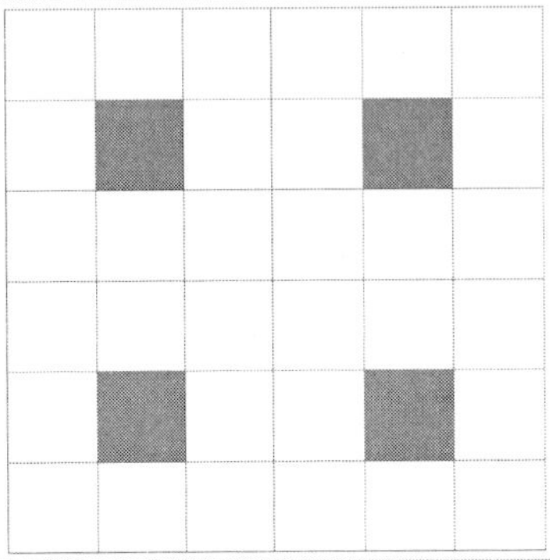

② $\log_{36} 256 = 1.547$

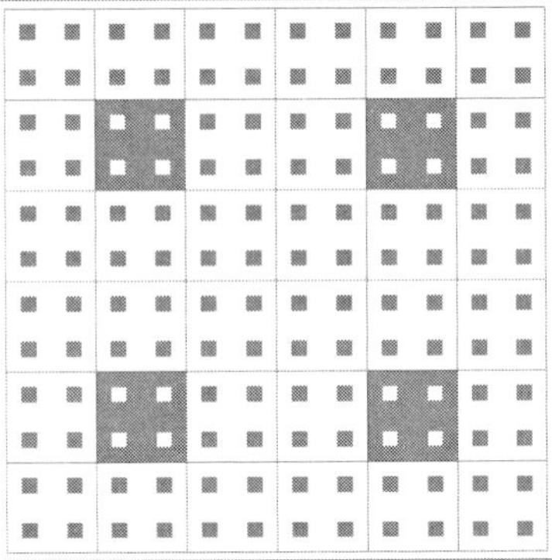

③ $\log_{216} 12352 = 1.753$

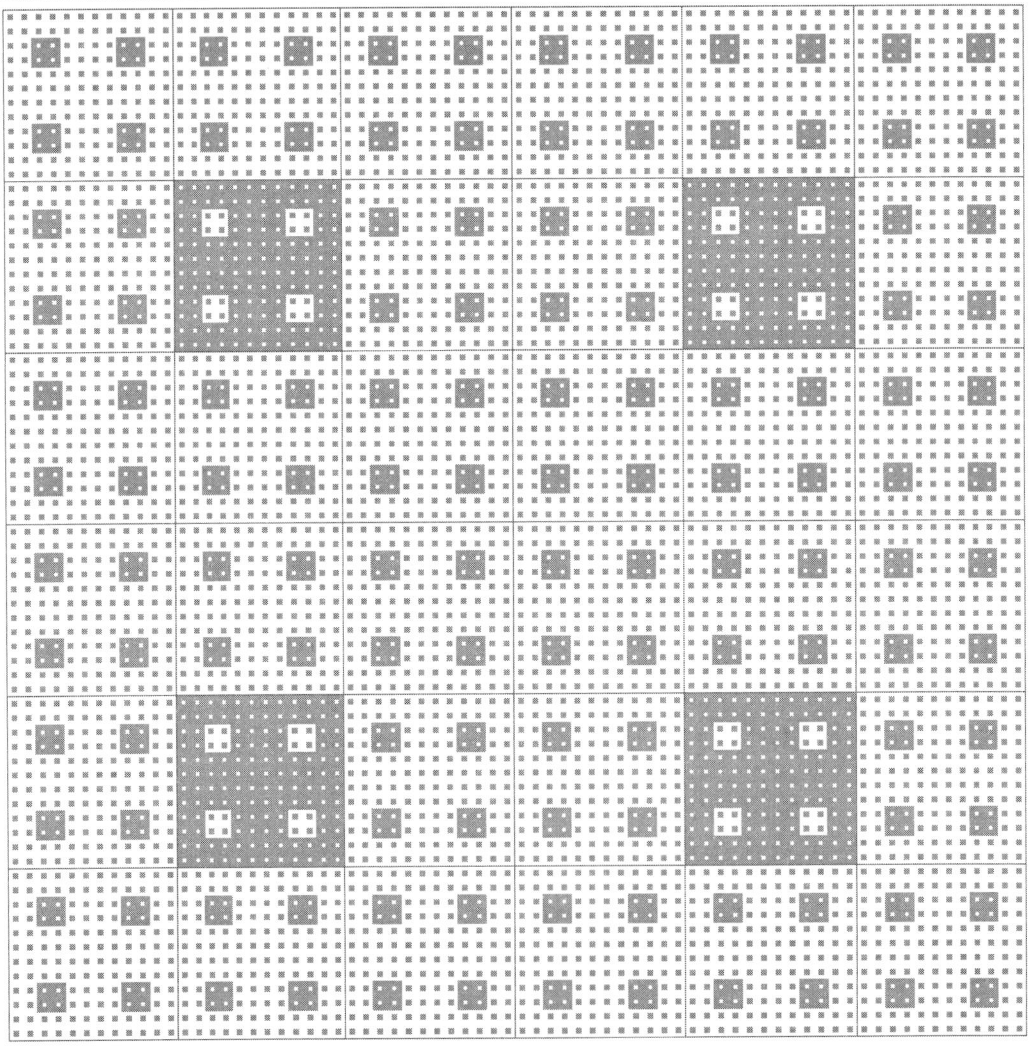

① $\log_6 4 = 0.774$	② $\log_{36} 256 = 1.547$
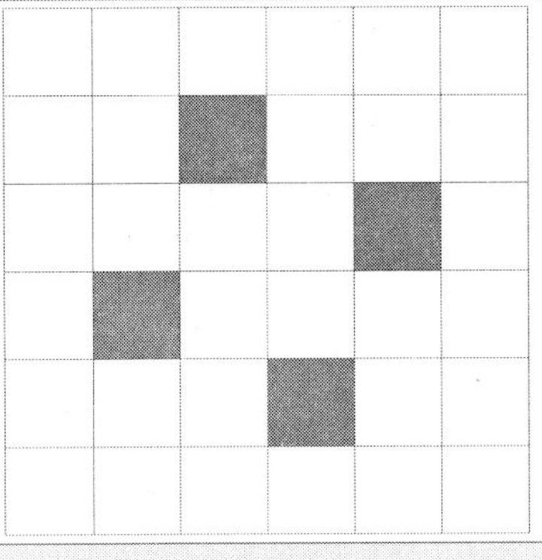	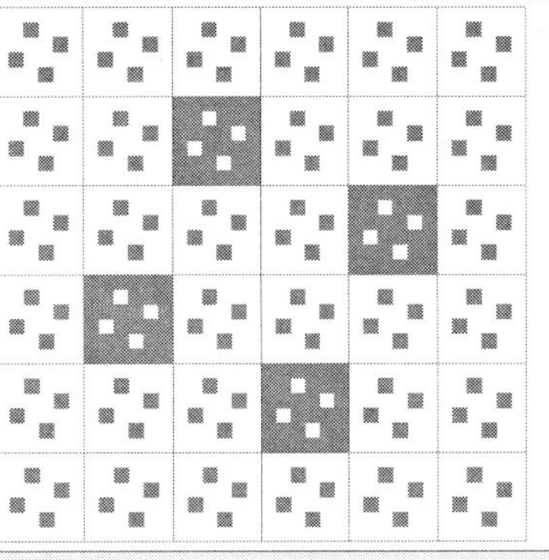

③ $\log_{216} 12352 = 1.753$

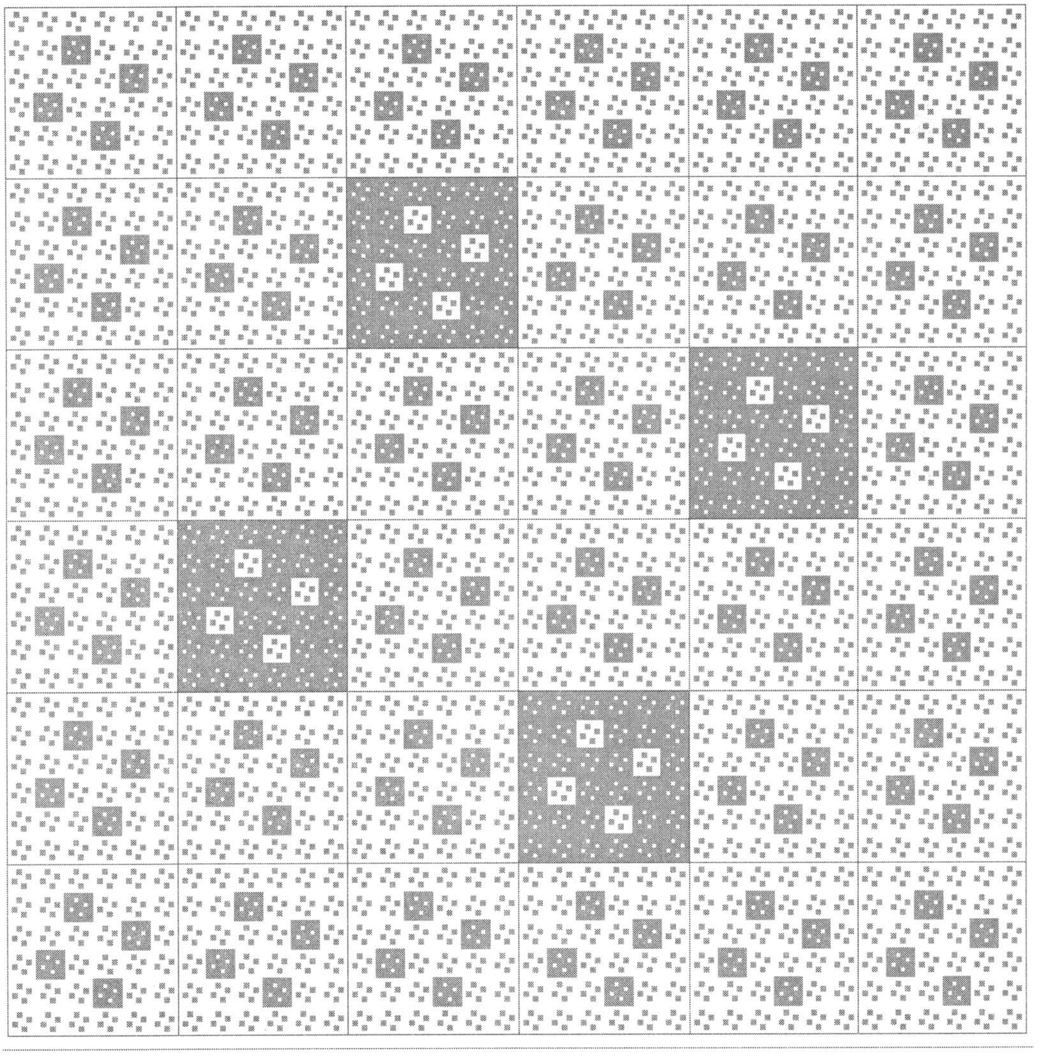

(3) 1단계 8개

① $\log_6 8 = 1.161$	② $\log_{36} 448 = 1.704$
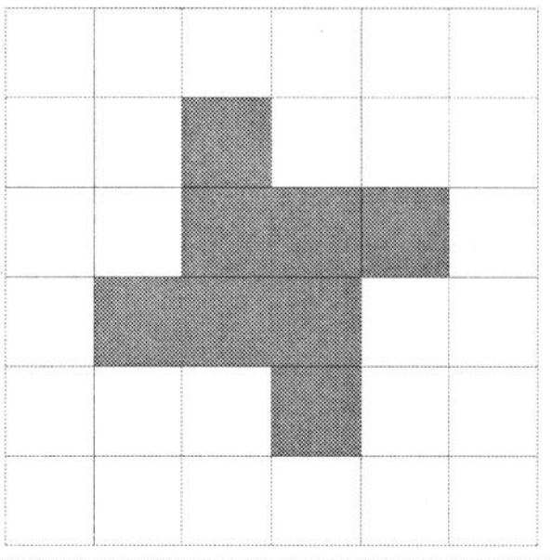	

③ $\log_{216} 19328 = 1.836$

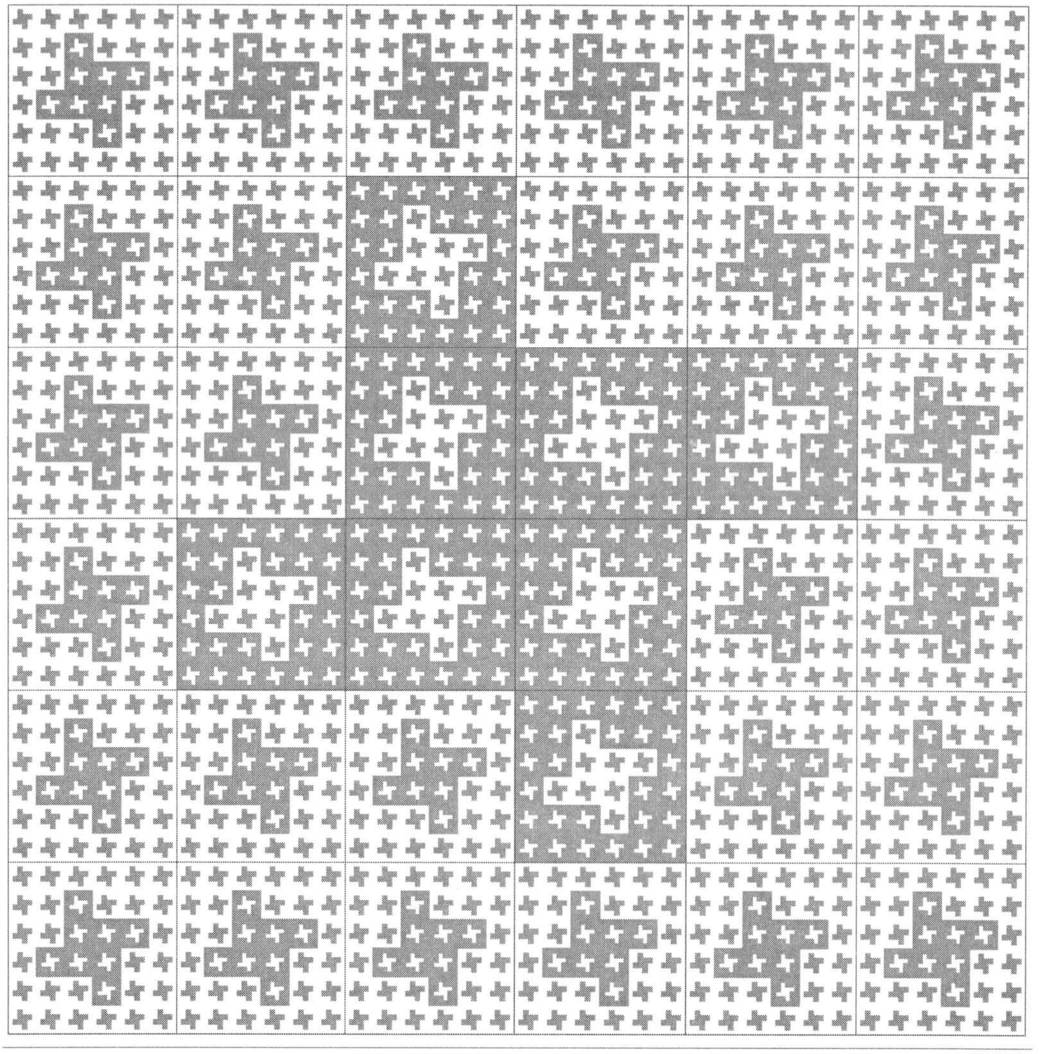

① $\log_6 8 = 1.161$

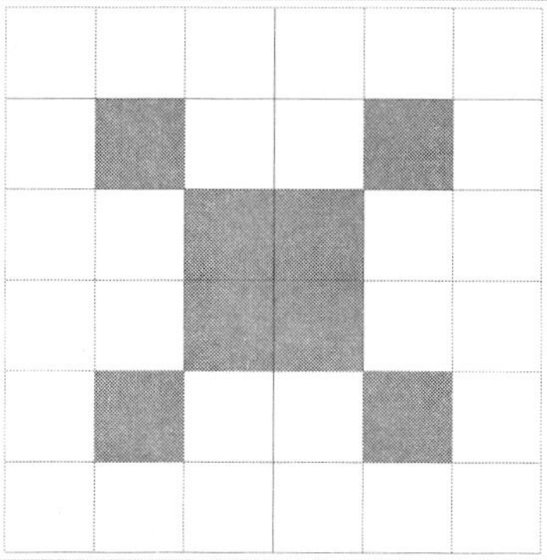

② $\log_{36} 448 = 1.704$

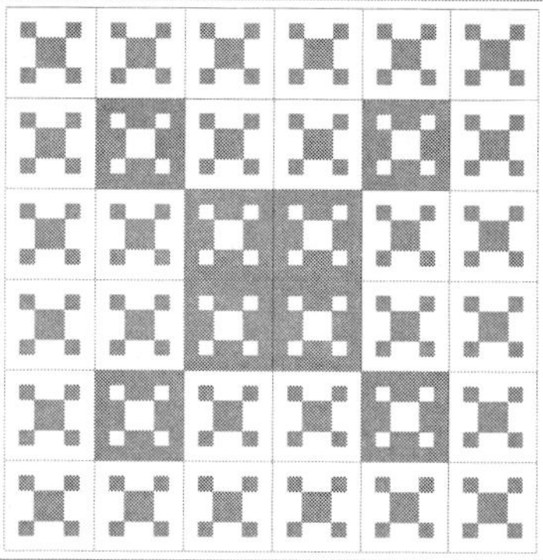

③ $\log_{216} 19328 = 1.836$

① $\log_6 8 = 1.161$

② $\log_{36} 448 = 1.704$

③ $\log_{216} 19328 = 1.836$

① $\log_6 8 = 1.161$

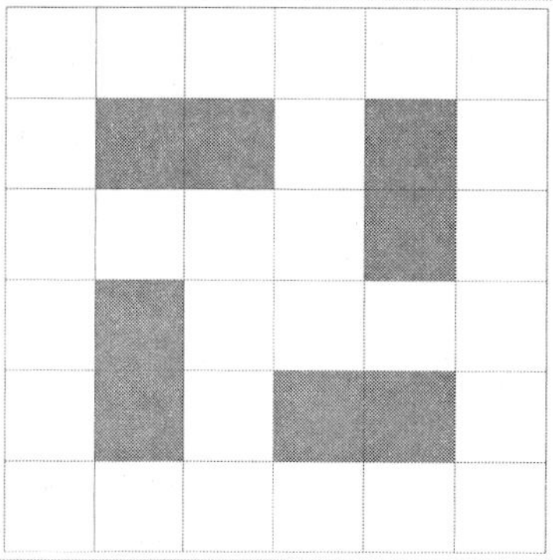

② $\log_{36} 448 = 1.704$

③ $\log_{216} 19328 = 1.836$

① $\log_6 8 = 1.161$

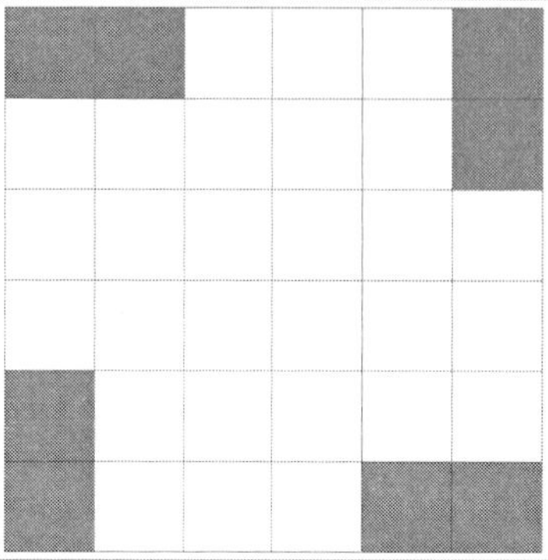

② $\log_{36} 448 = 1.704$

③ $\log_{216} 19328 = 1.836$

① $\log_6 8 = 1.161$

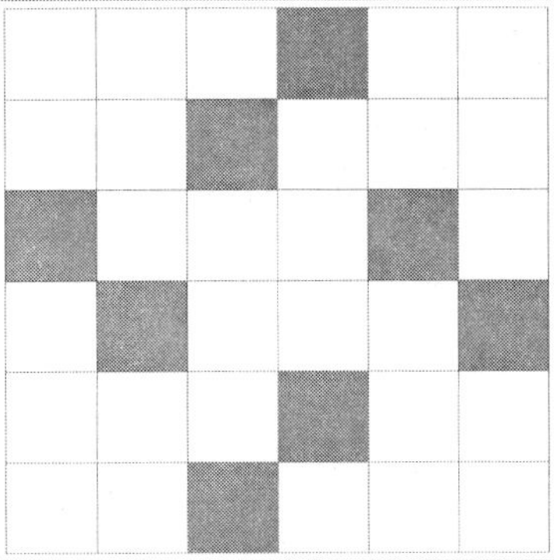

② $\log_{36} 448 = 1.704$

③ $\log_{216} 19328 = 1.836$

(4) 1단계 12개

① $\log_{6}12 = 1.387$	② $\log_{36}576 = 1.774$
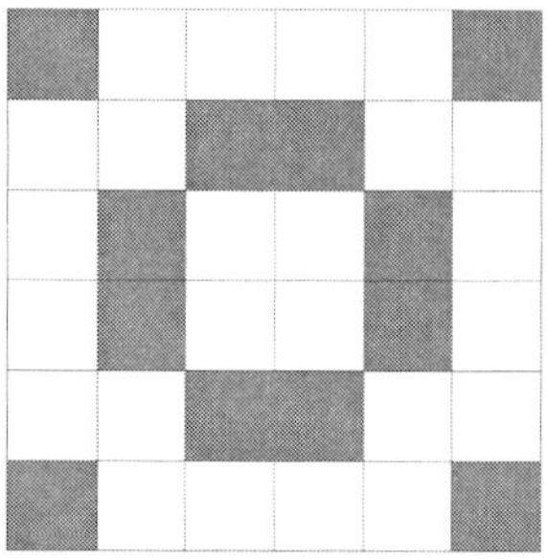	

③ $\log_{216}22464 = 1.864$

① $\log_6 12 = 1.387$	② $\log_{36} 576 = 1.774$
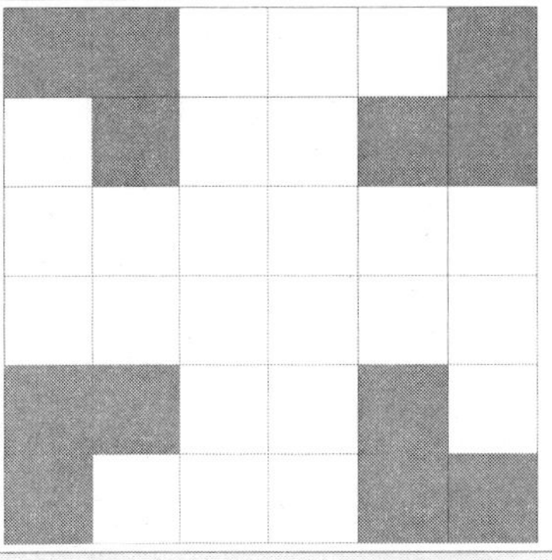	

③ $\log_{216} 22464 = 1.864$

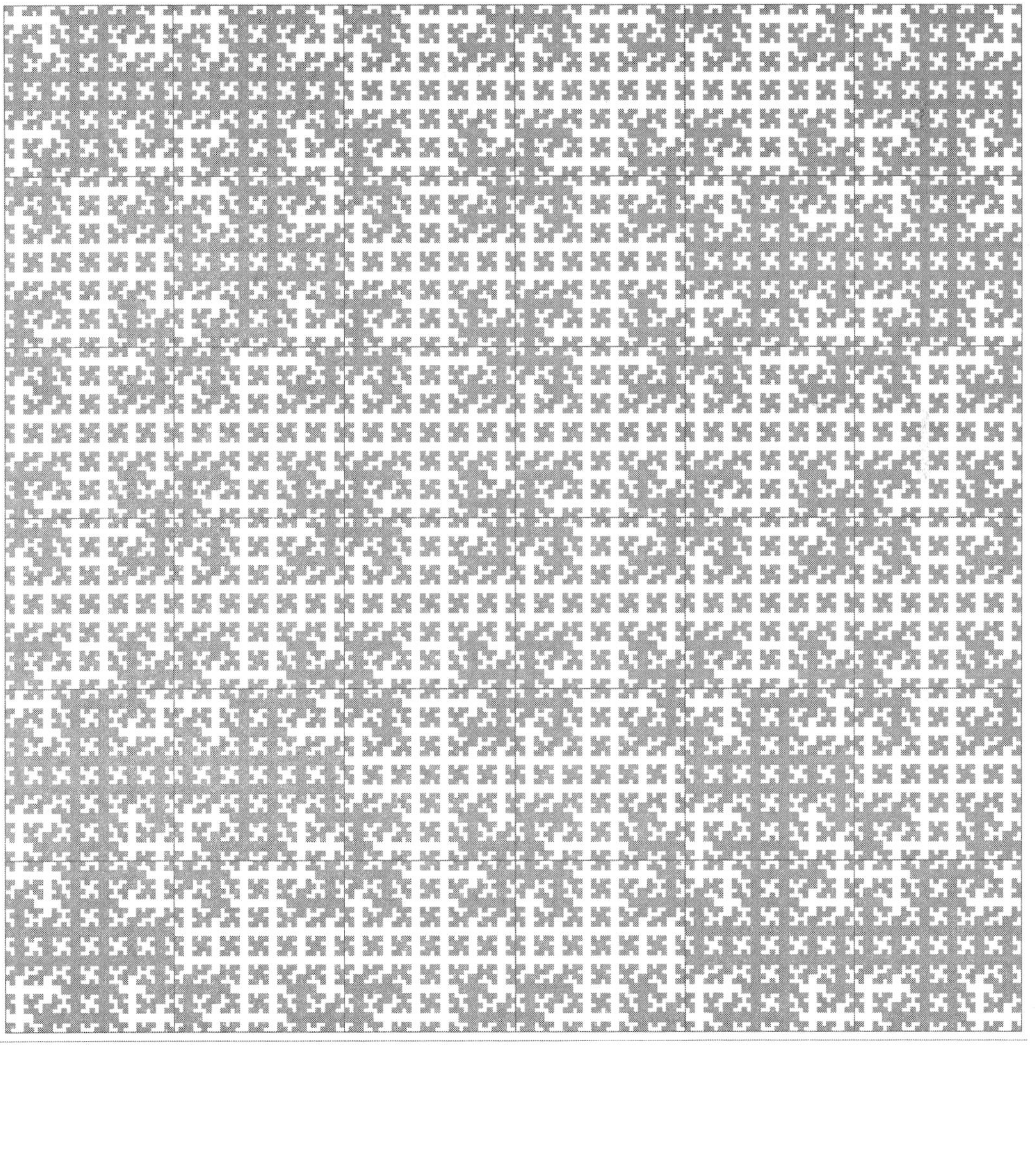

① $\log_6 12 = 1.387$

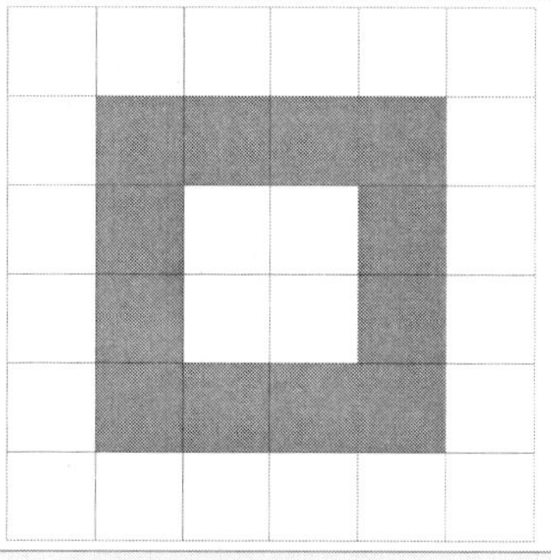

② $\log_{36} 576 = 1.774$

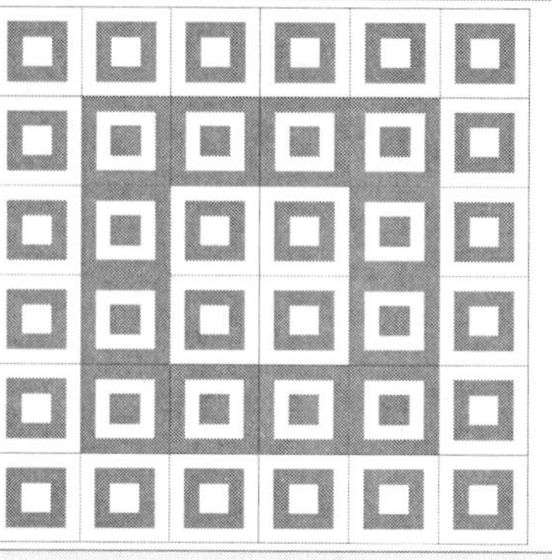

③ $\log_{216} 22464 = 1.864$

① $\log_6 12 = 1.387$

② $\log_{36} 576 = 1.774$

③ $\log_{216} 22464 = 1.864$

① $\log_6 12 = 1.387$

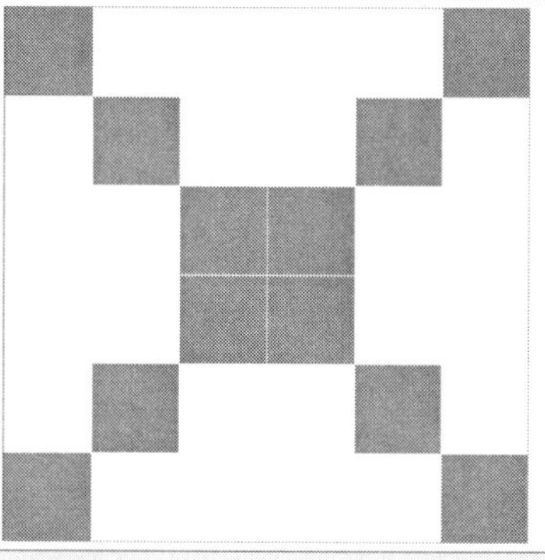

② $\log_{36} 576 = 1.774$

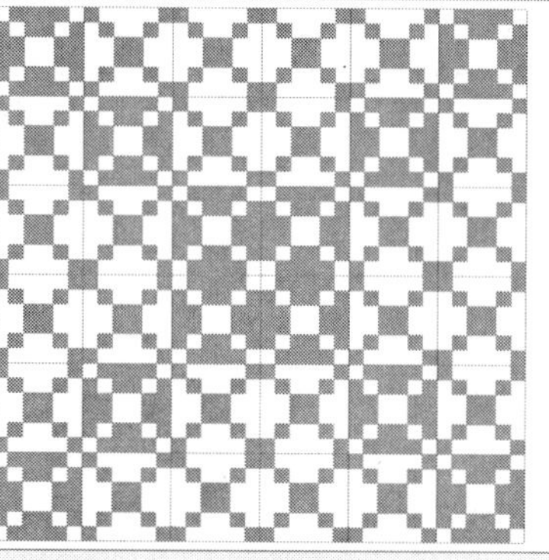

③ $\log_{216} 22464 = 1.864$

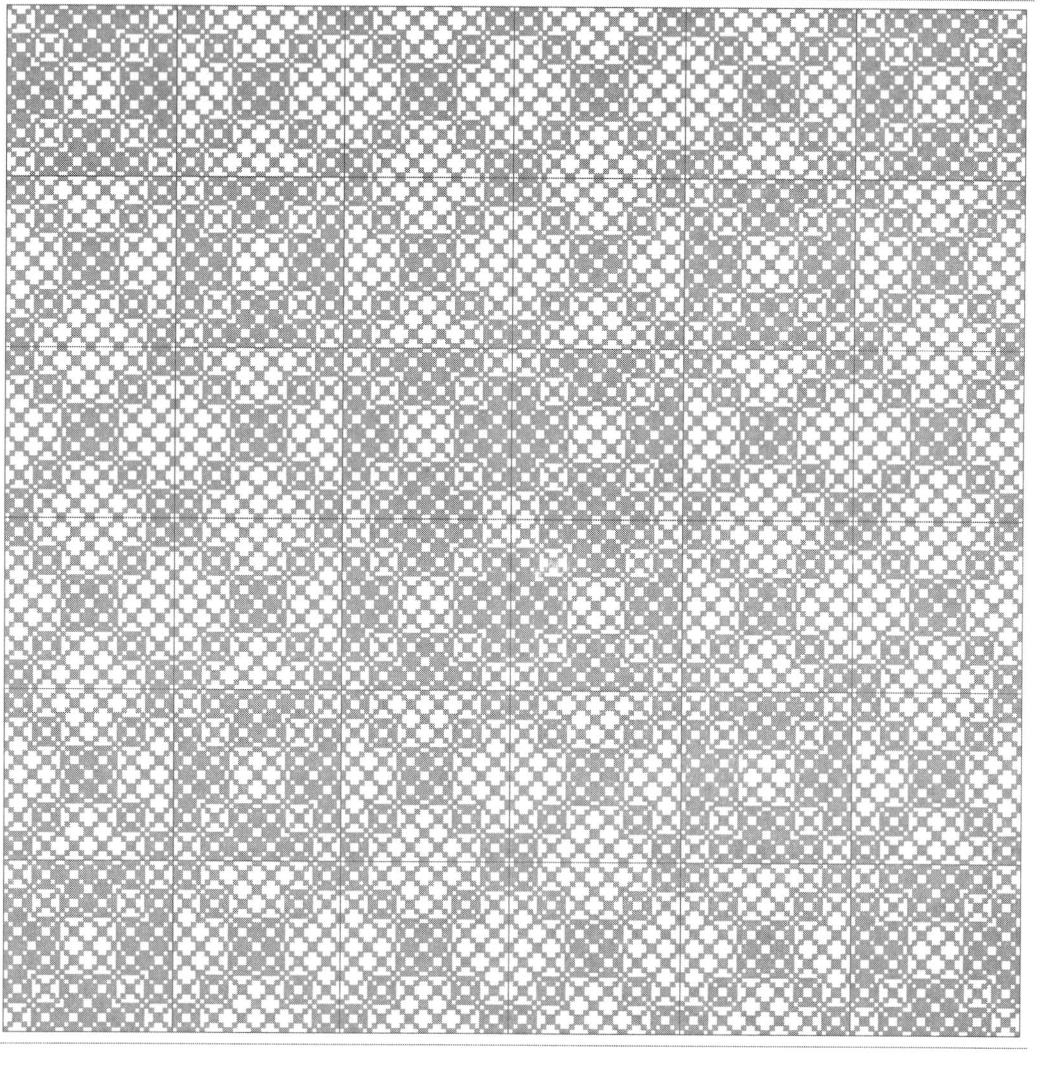

(5) 1단계 16개

① $\log_6 16 = 1.547$

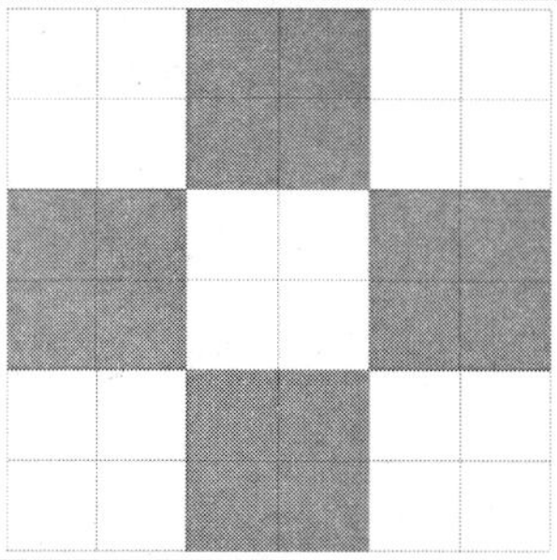

② $\log_{36} 640 = 1.803$

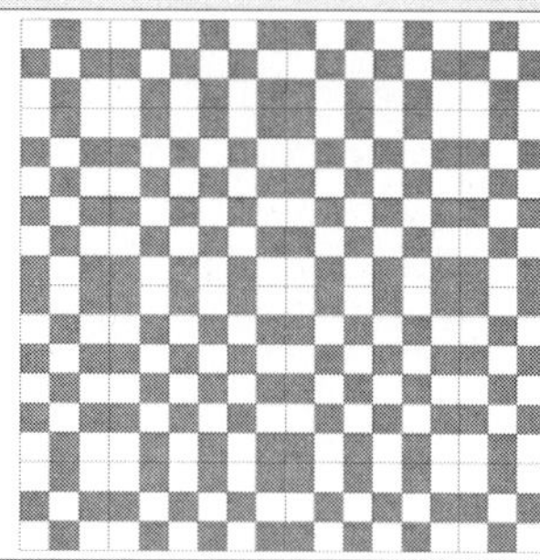

③ $\log_{216} 23296 = 1.871$

① $\log_6 16 = 1.547$

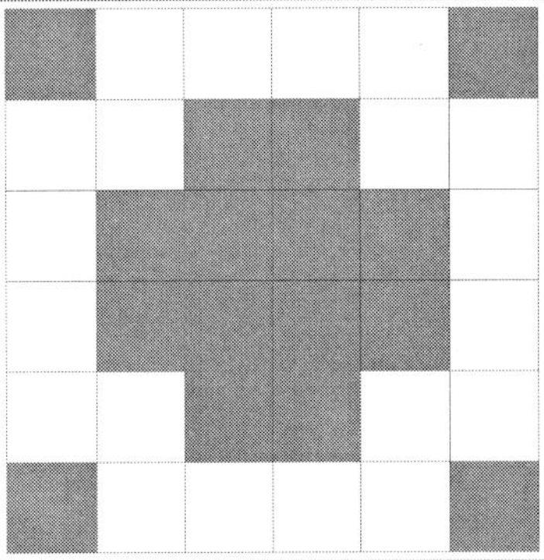

② $\log_{36} 640 = 1.803$

③ $\log_{216} 23296 = 1.871$

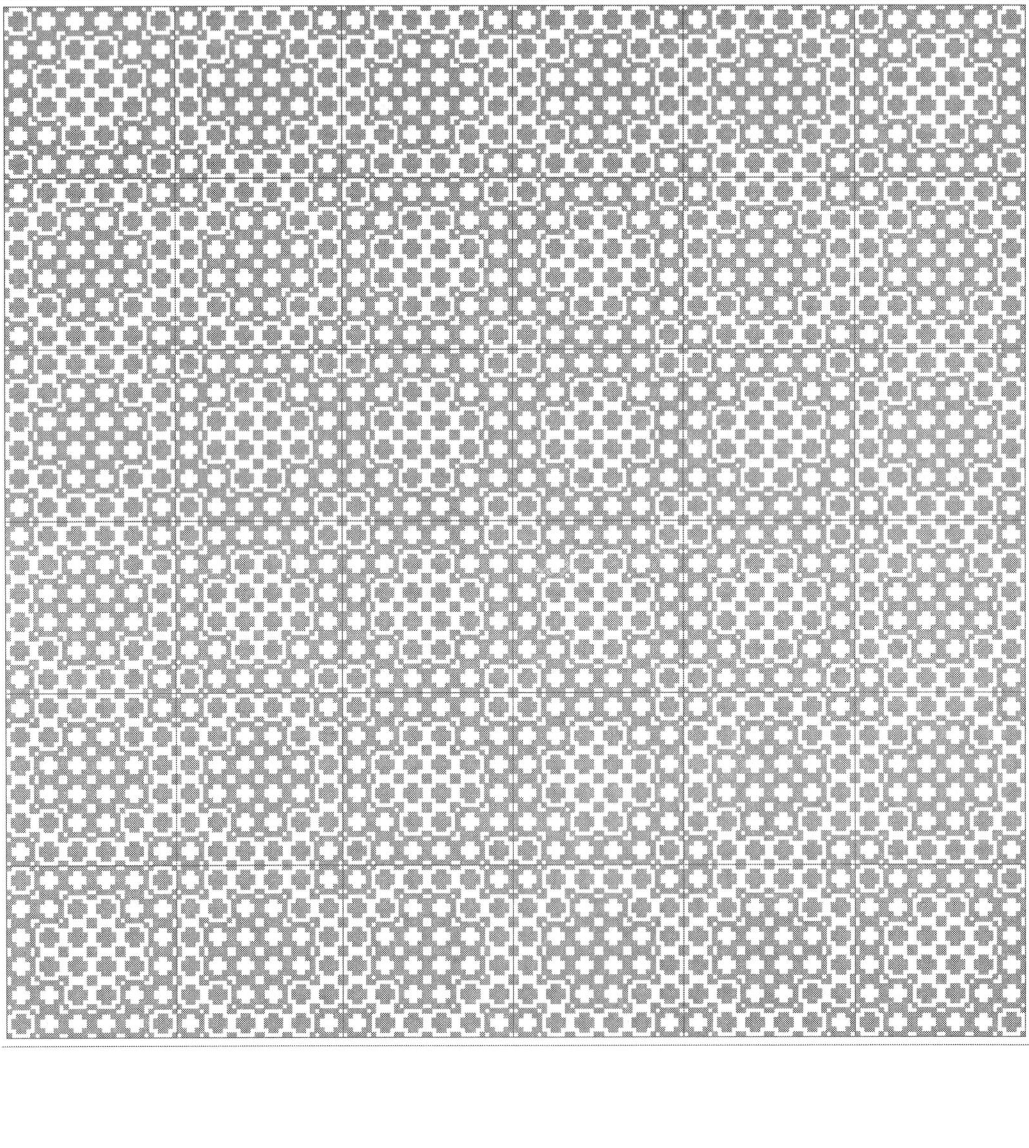

① $\log_6 16 = 1.547$

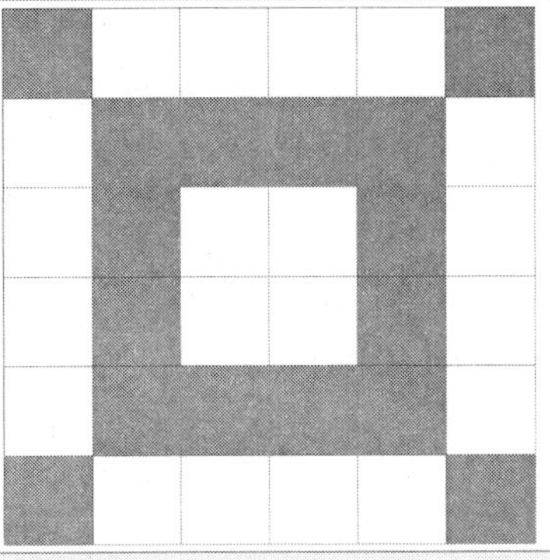

② $\log_{36} 640 = 1.803$

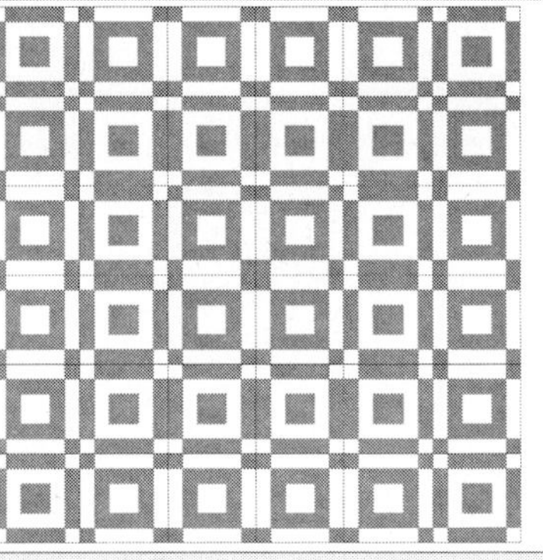

③ $\log_{216} 23296 = 1.871$

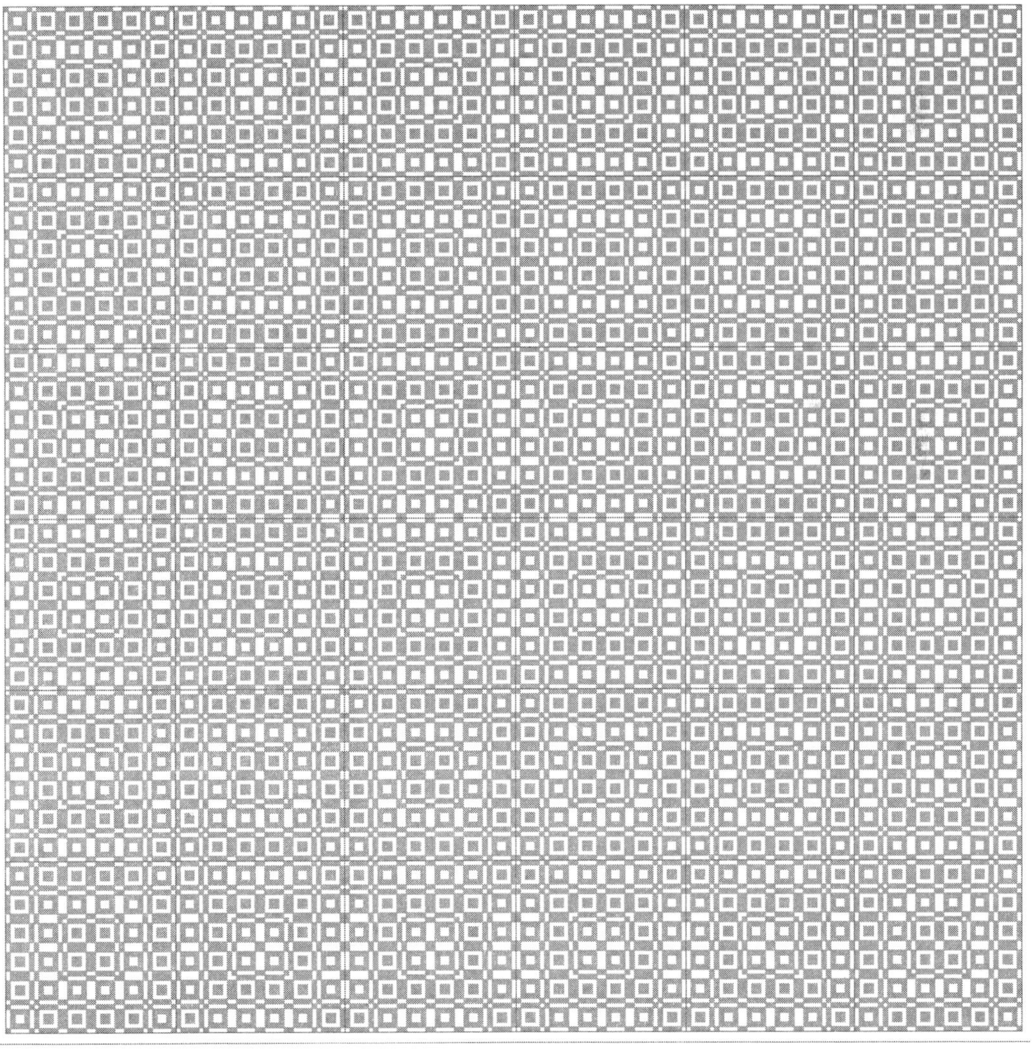

① $\log_6 16 = 1.547$

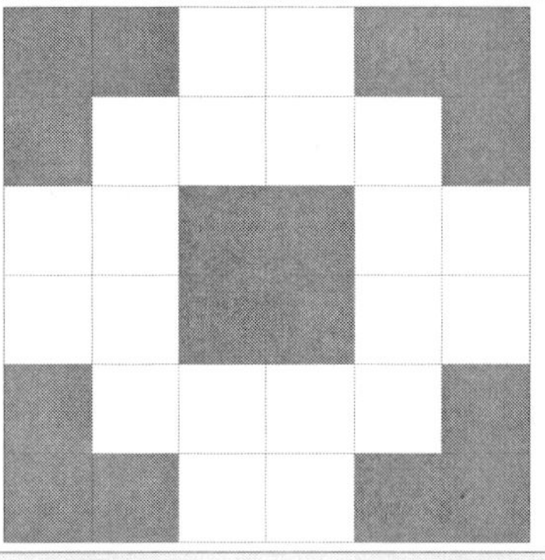

② $\log_{36} 640 = 1.803$

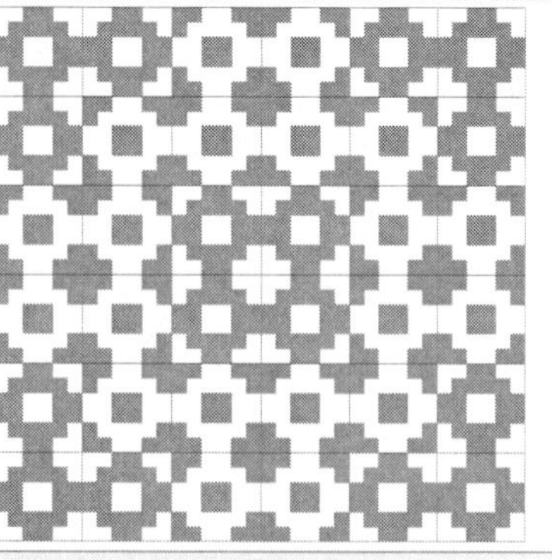

③ $\log_{216} 23296 = 1.871$

(6) 1단계 20개

① $\log_6 20 = 1.672$

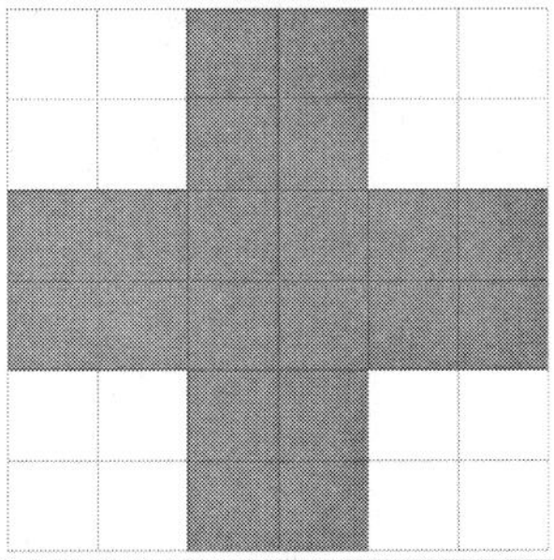

② $\log_{36} 640 = 1.803$

③ $\log_{216} 23360 = 1.871$

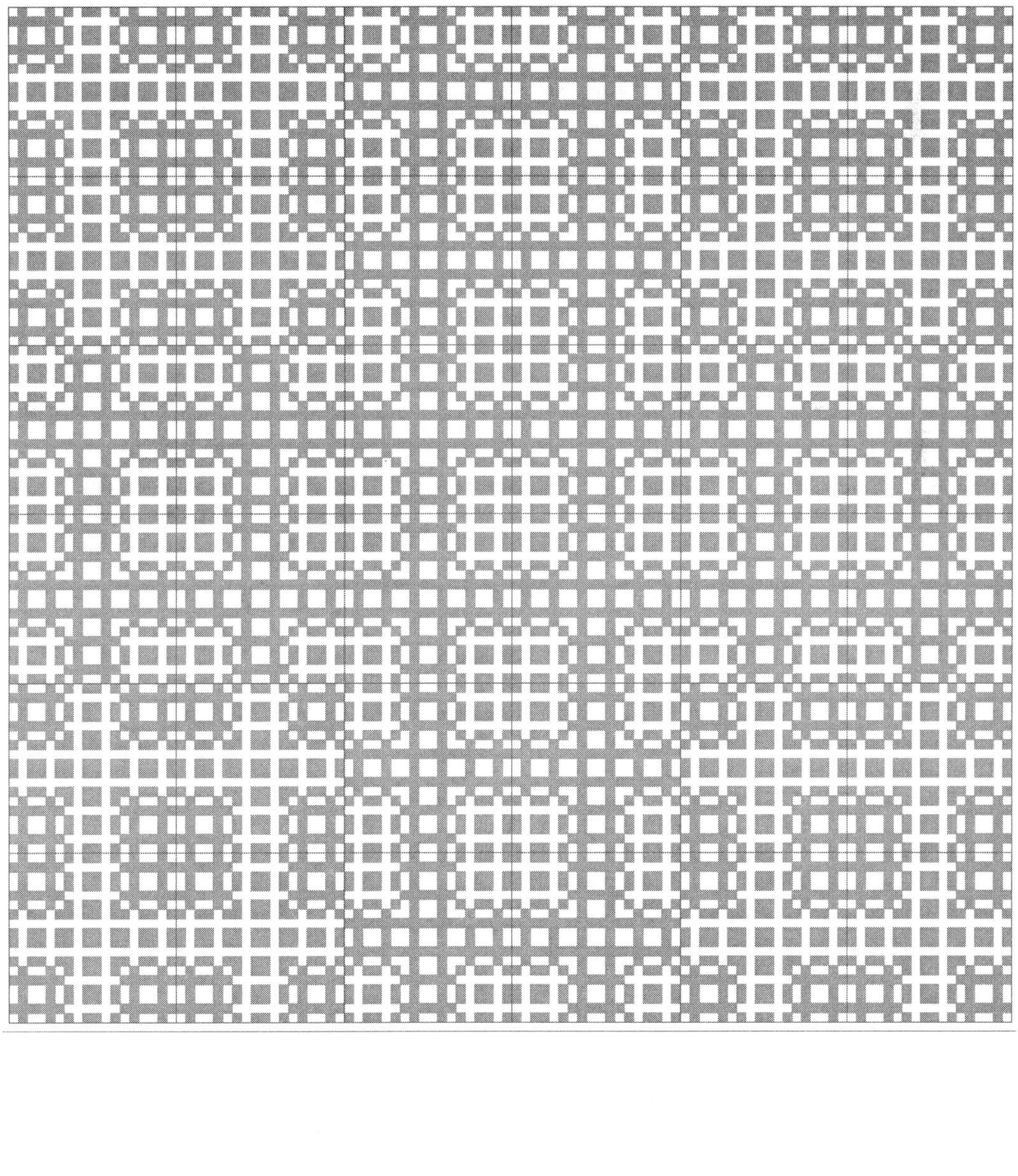

제 2 장

나눗셈-덧셈 프랙탈 디자인

1 3×3 나눗셈-덧셈 프랙탈

(1) 1단계 1개

① $\log_3 1 = 0$	② $\log_9 16 = 1.262$	③ $\log_{27} 209 = 1.261$
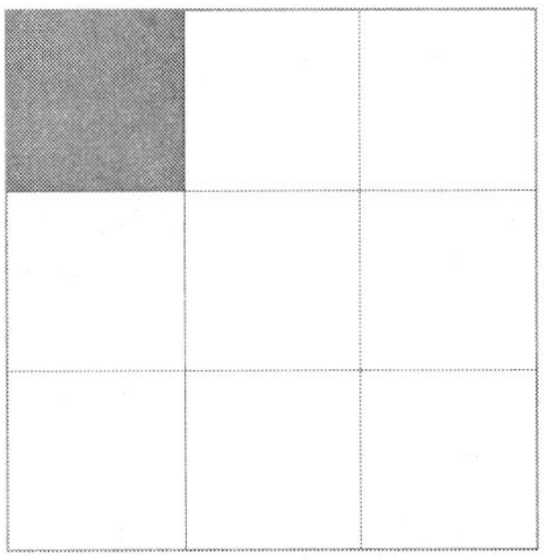	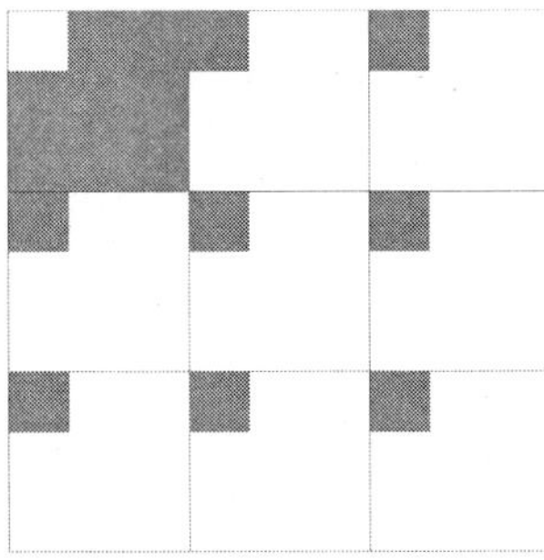	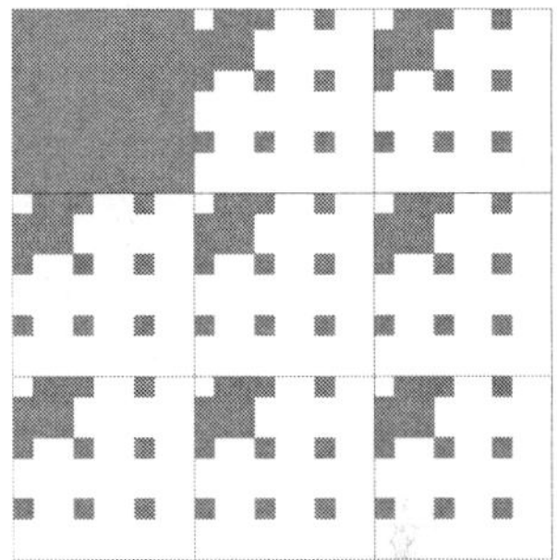
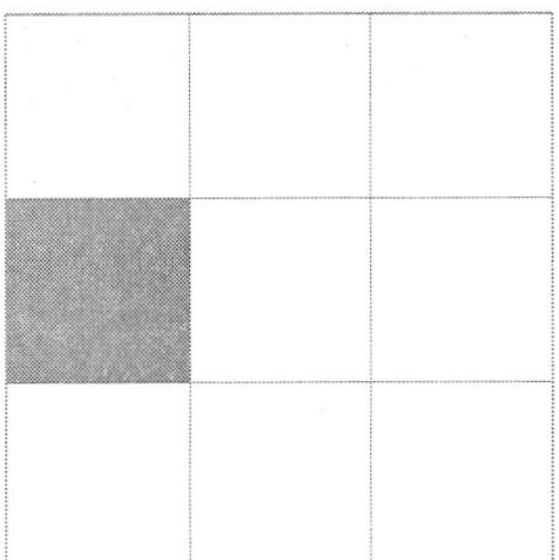	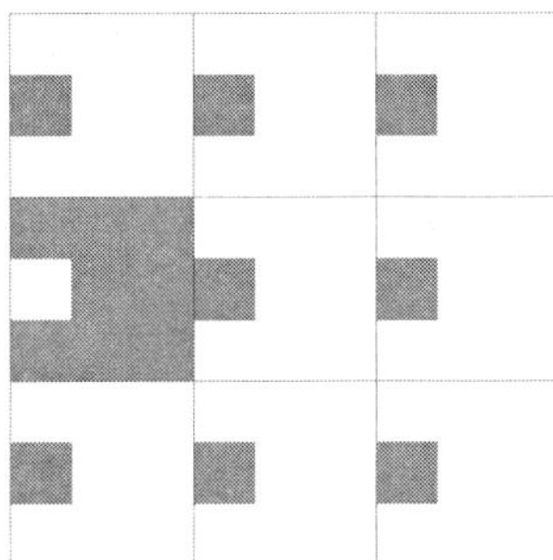	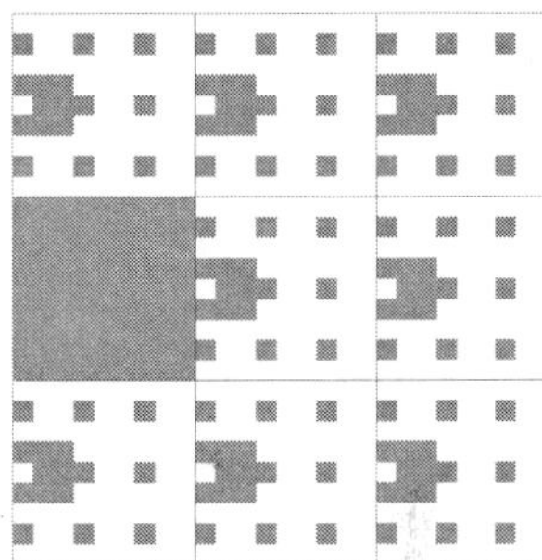

(2) 1단계 2개

① $\log_3 2 = 0.631$	② $\log_9 28 = 1.517$	③ $\log_{27} 358 = 1.784$
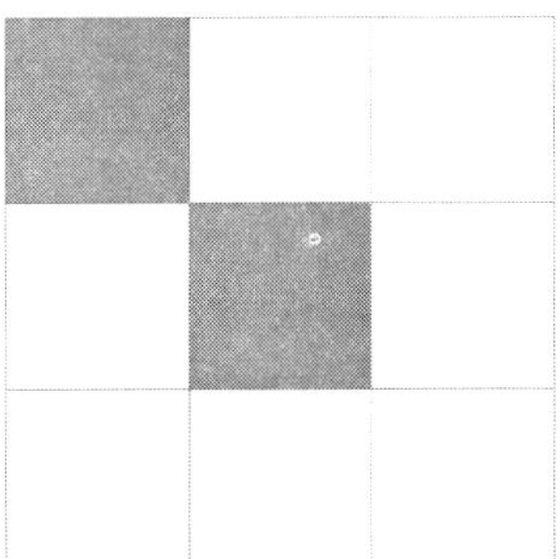		

(3) 1단계 3개

① $\log_3 3 = 1$	② $\log_9 36 = 1.631$	③ $\log_{27} 459 = 1.86$

	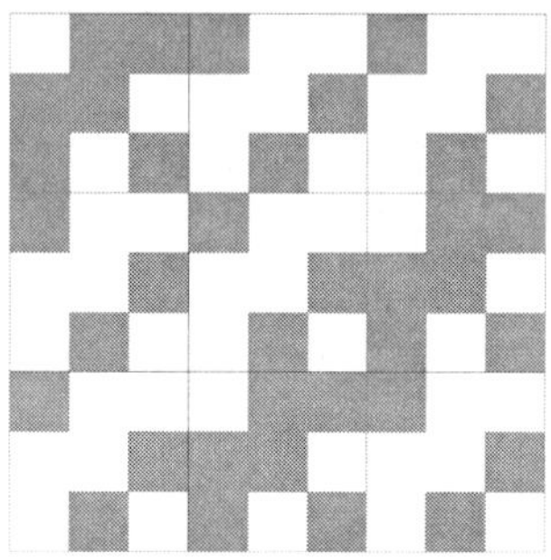	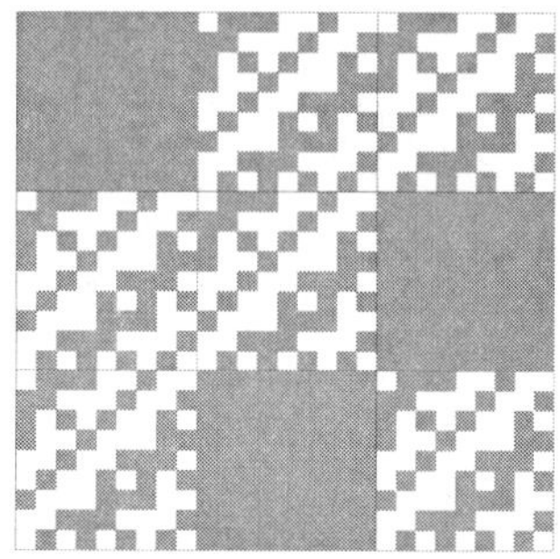

(4) 1단계 4개

① $\log_3 4 = 1.262$	② $\log_9 40 = 1.679$	③ $\log_{27} 524 = 1.9$
	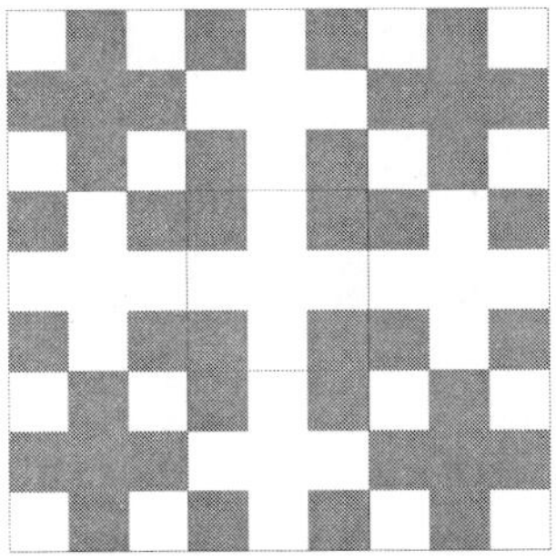	

(5) 1단계 5개

① $\log_3 5 = 1.465$	② $\log_9 40 = 1.679$	③ $\log_{27} 565 = 1.923$
		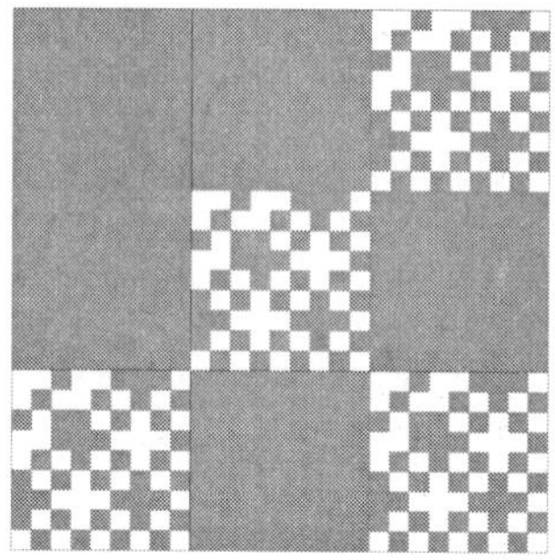
	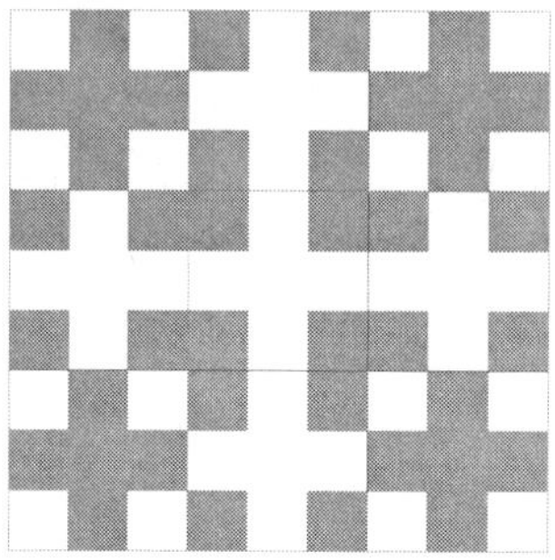	

		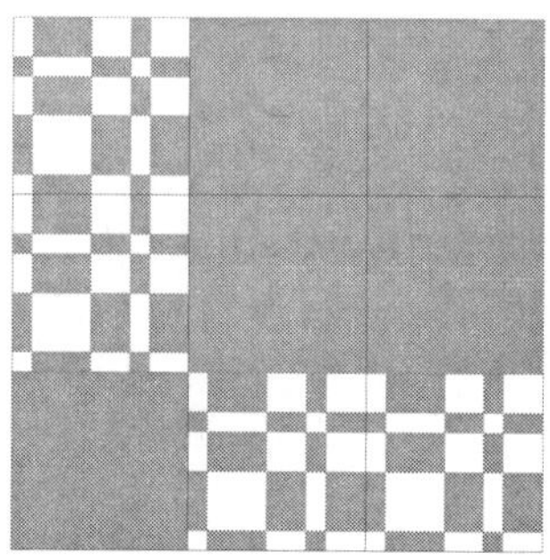

(6) 1단계 6개

① $\log_3 6 = 1.631$	② $\log_9 36 = 1.631$	③ $\log_{27} 594 = 1.938$
	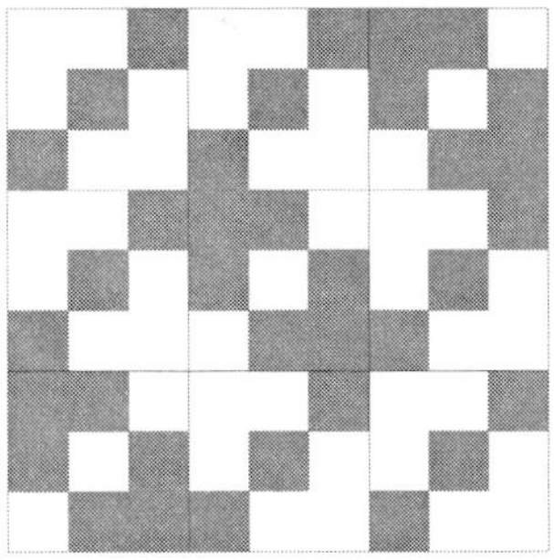	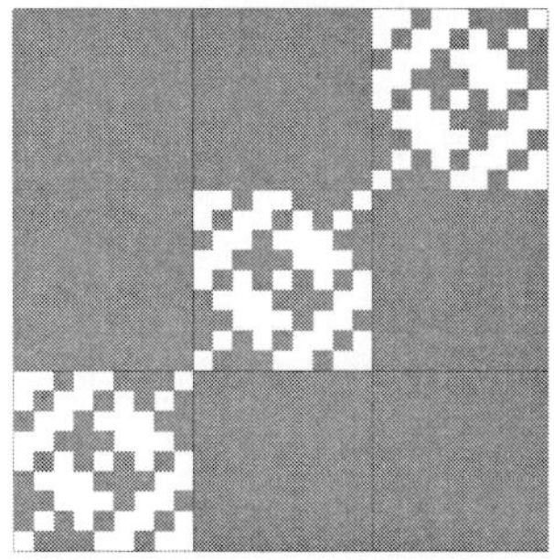
	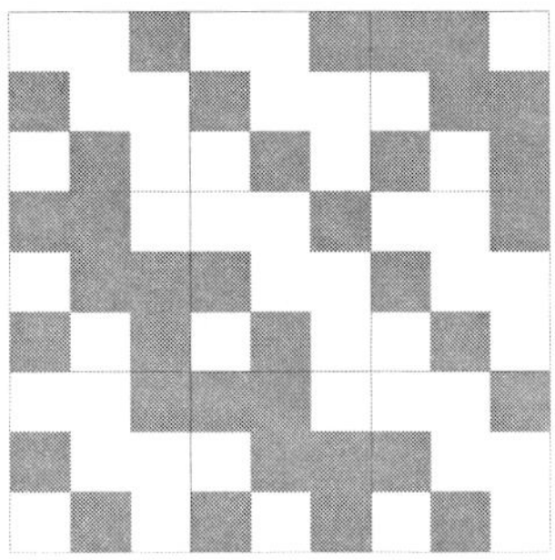	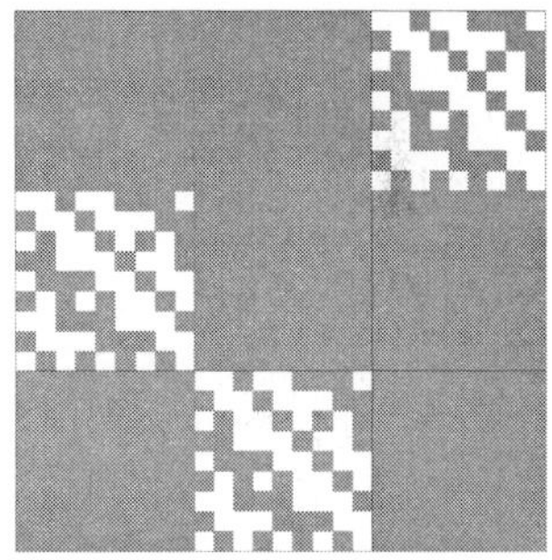

(7) 1단계 7개

① $\log_3 7 = 1.771$	② $\log_9 28 = 1.517$	③ $\log_{27} 623 = 1.952$
	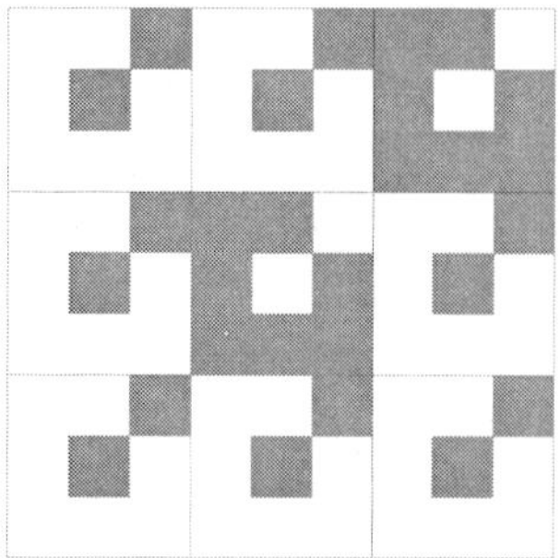	
	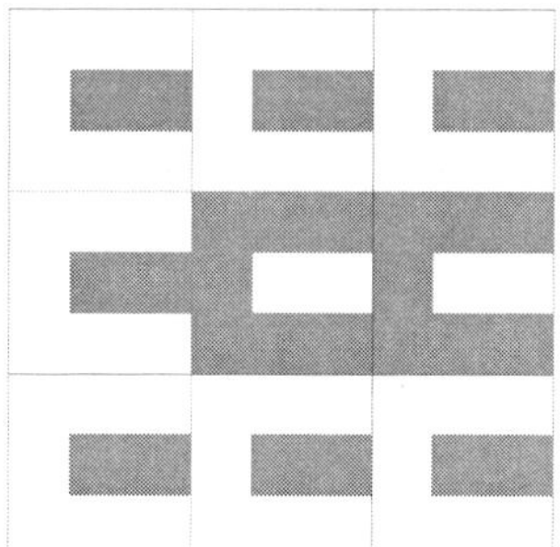	
		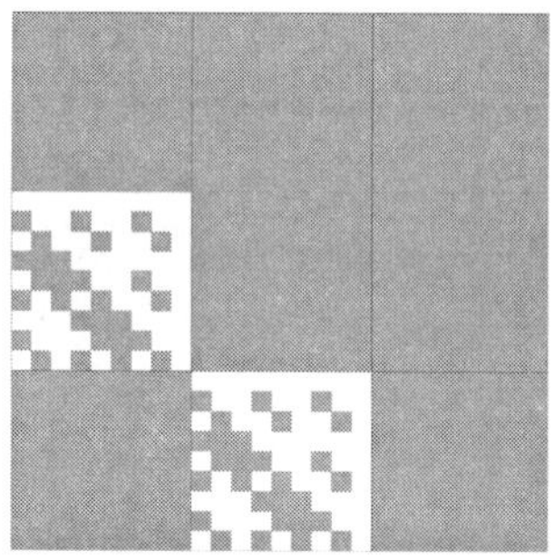
	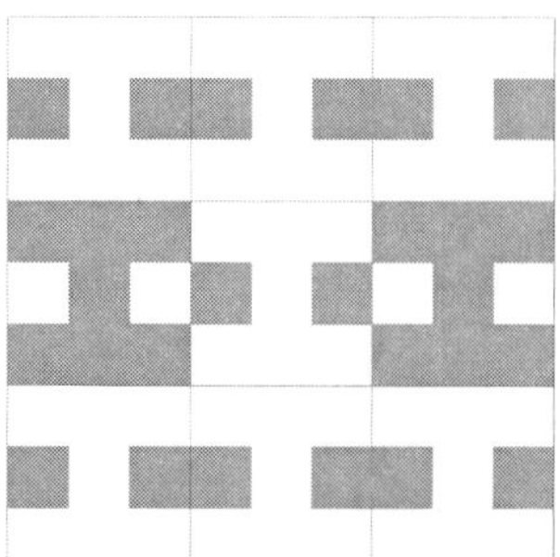	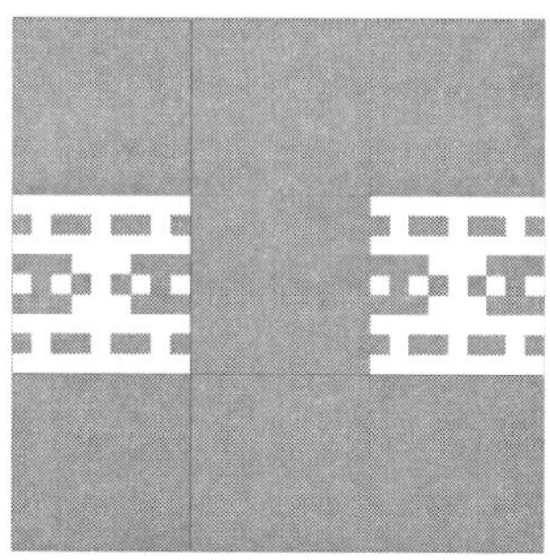

2 4×4 나눗셈-덧셈 프랙탈

(1) 1단계 1개

① $\log_4 1 = 0$	② $\log_{16} 30 = 1.227$	③ $\log_{64} 706 = 1.577$
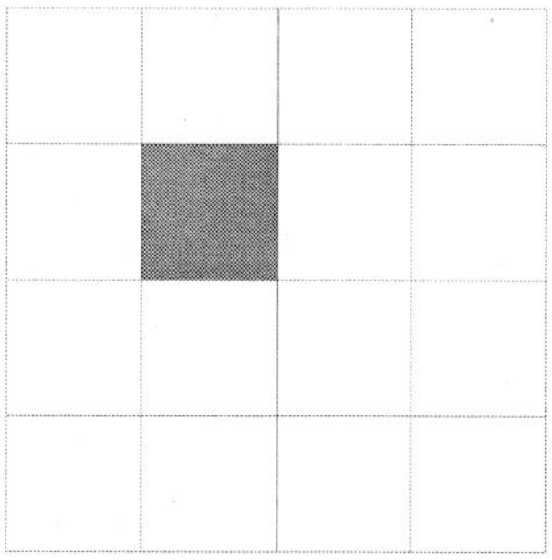	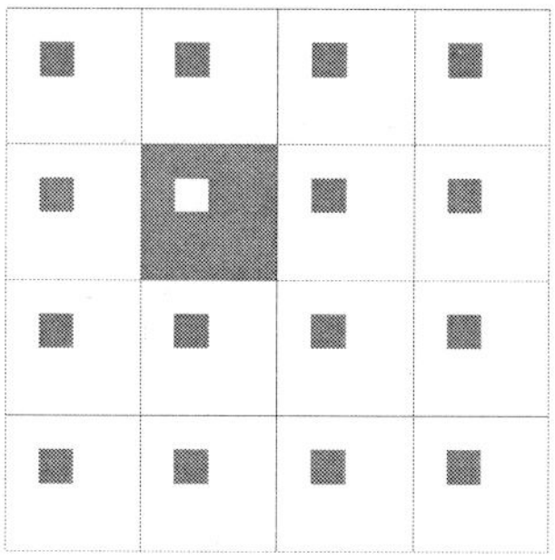	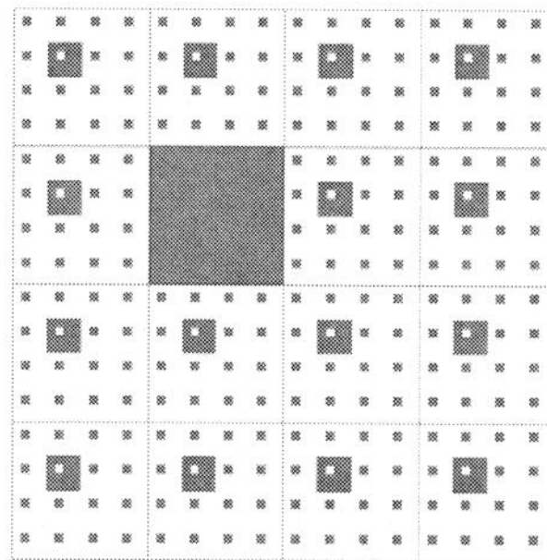

(2) 1단계 2개

① $\log_4 2 = 0.5$	② $\log_{16} 56 = 1.452$	③ $\log_{64} 1296 = 1.723$
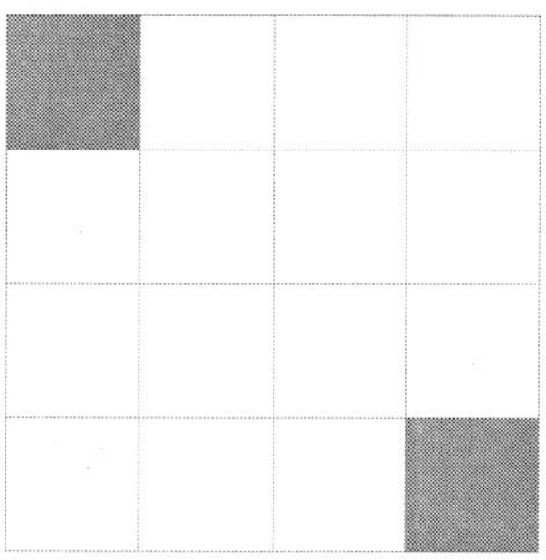	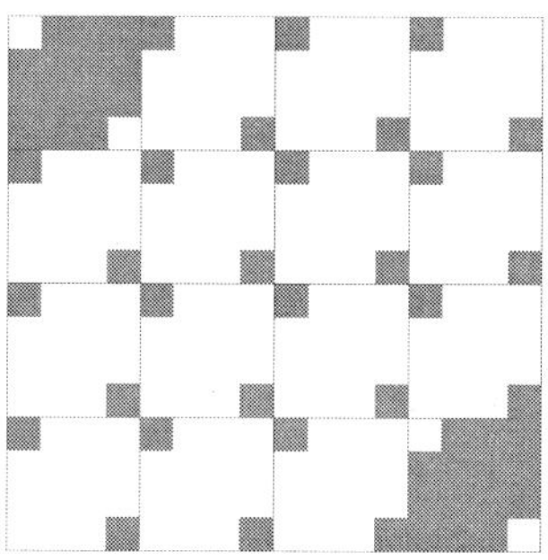	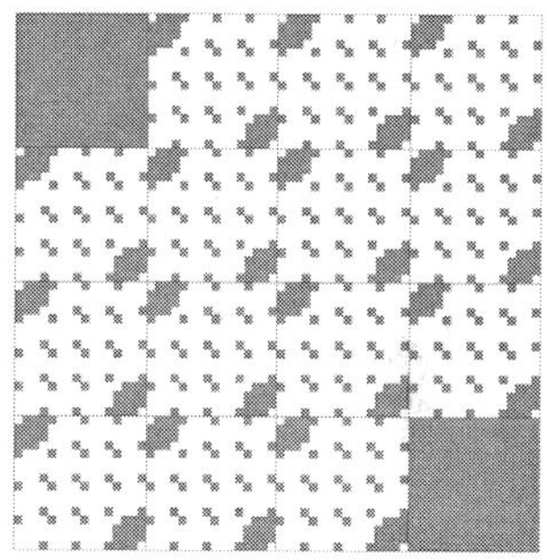

(3) 1단계 3개

① $\log_4 3 = 0.792$	② $\log_9 78 = 1.571$	③ $\log_{64} 1782 = 1.8$
	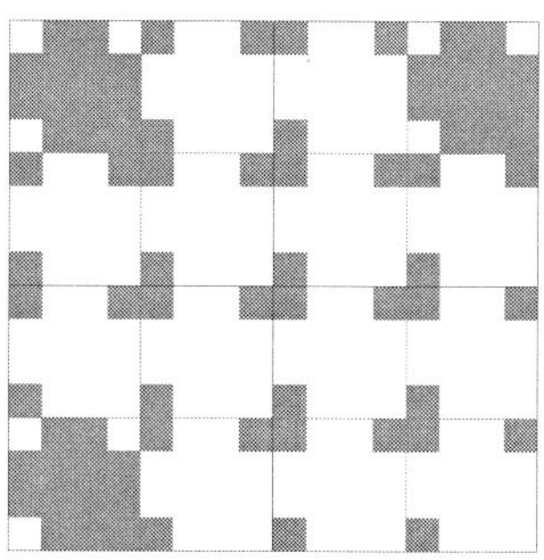	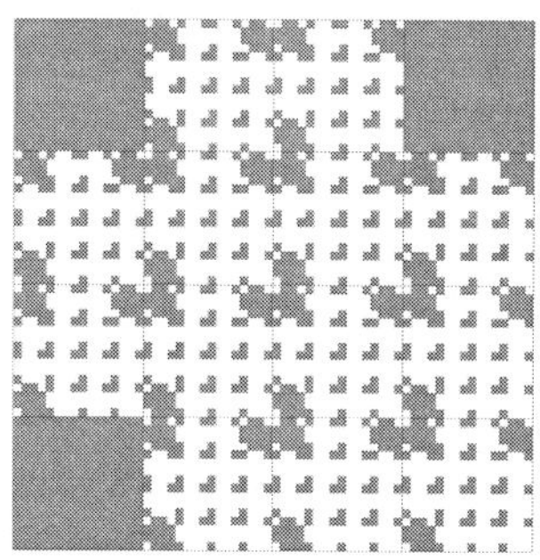

(4) 1단계 4개

① $\log_4 4 = 1$	② $\log_{16} 96 = 1.646$	③ $\log_{64} 2176 = 1.848$
	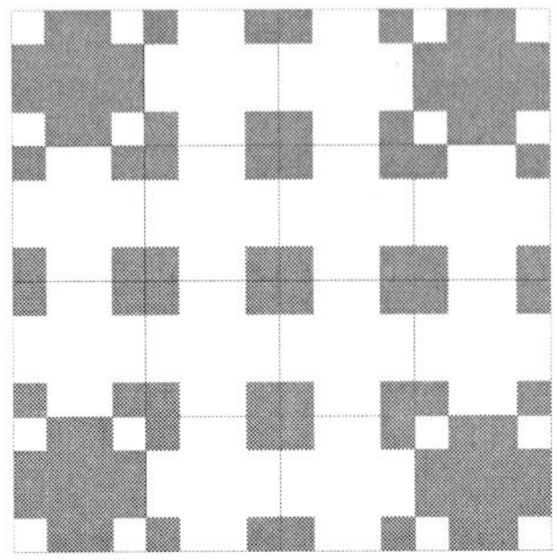	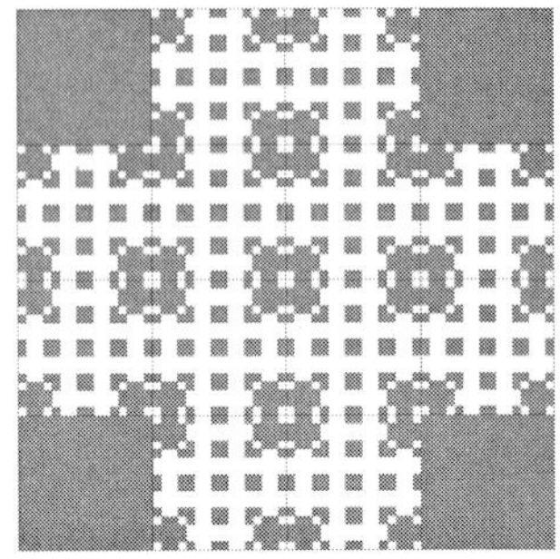
		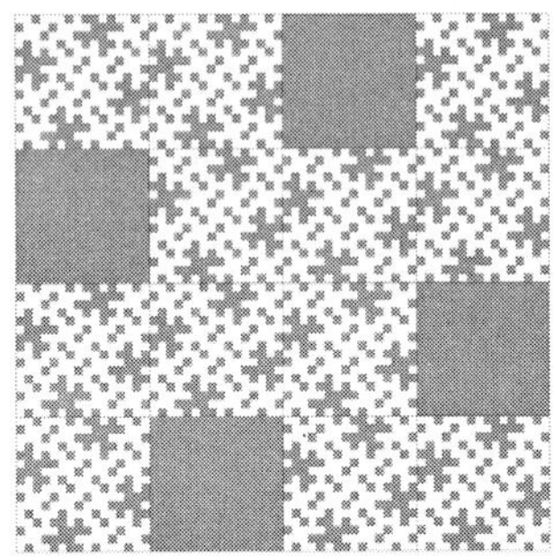
		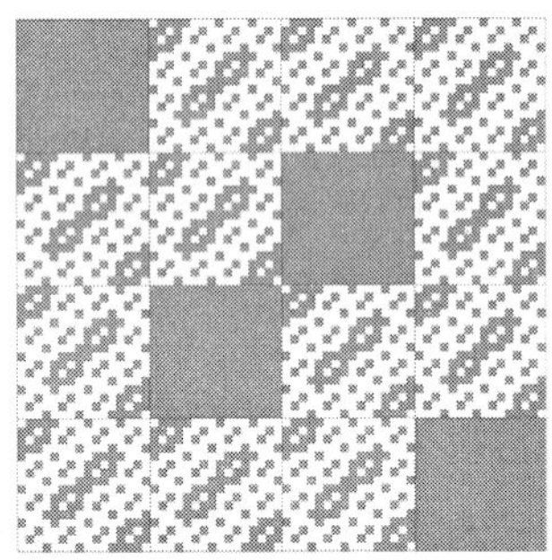
	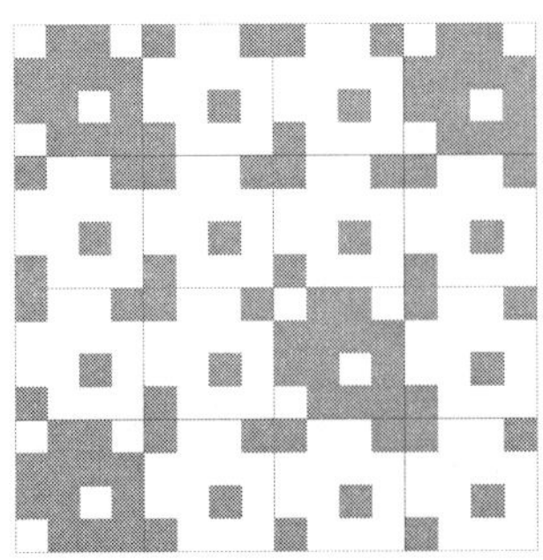	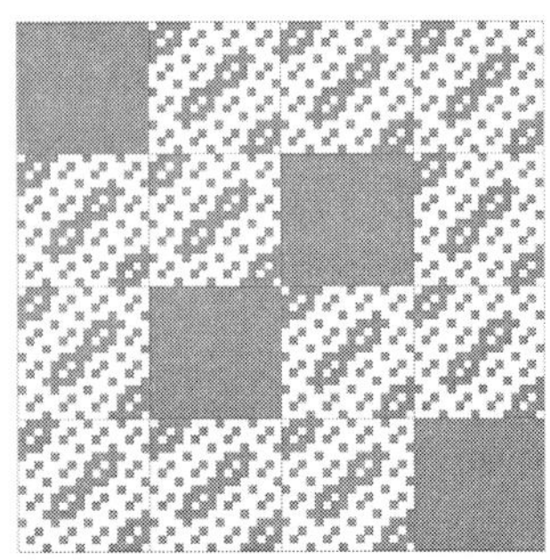

(5) 1단계 8개

① $\log_4 8 = 1.5$	② $\log_{16} 128 = 1.75$	③ $\log_{64} 3072 = 1.931$
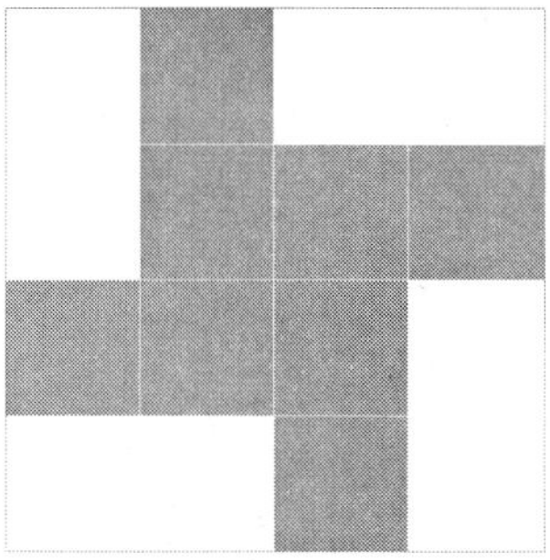		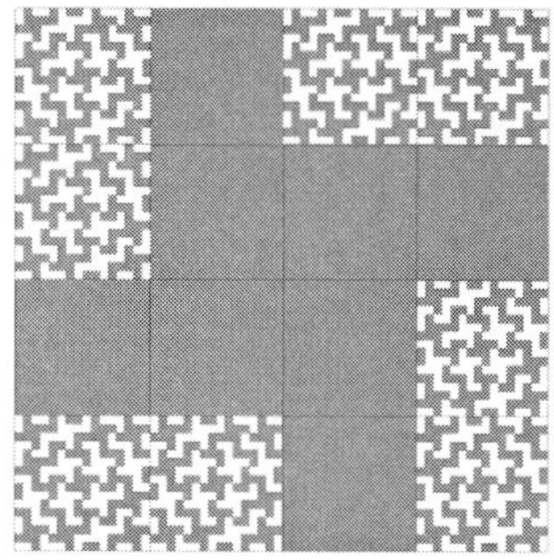
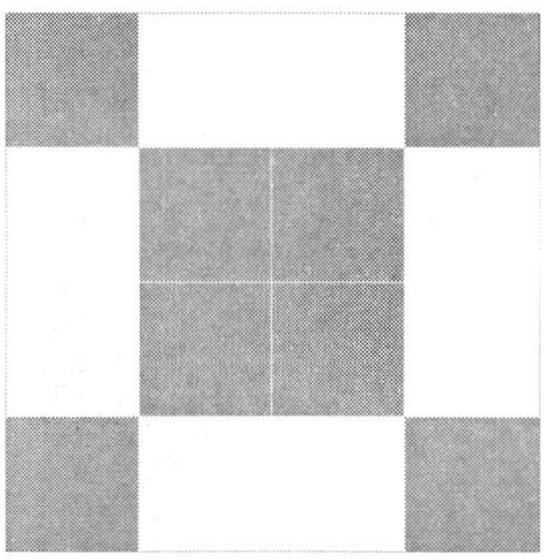	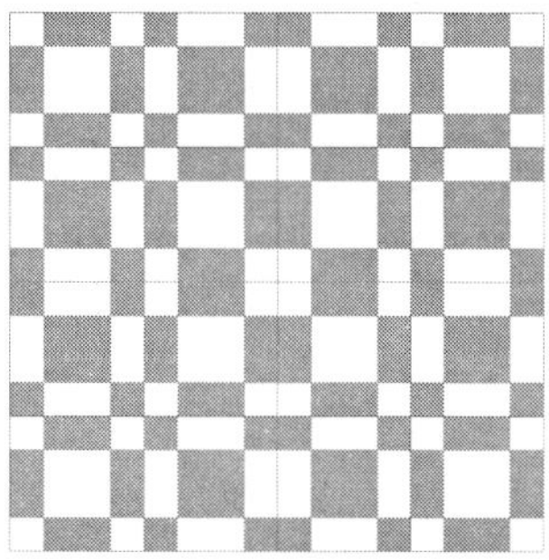	
		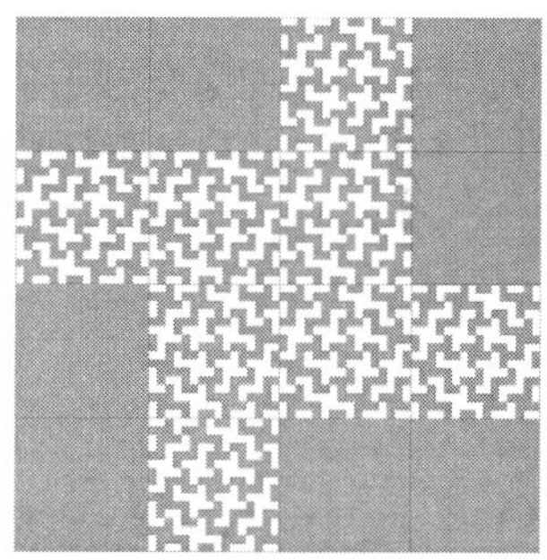
	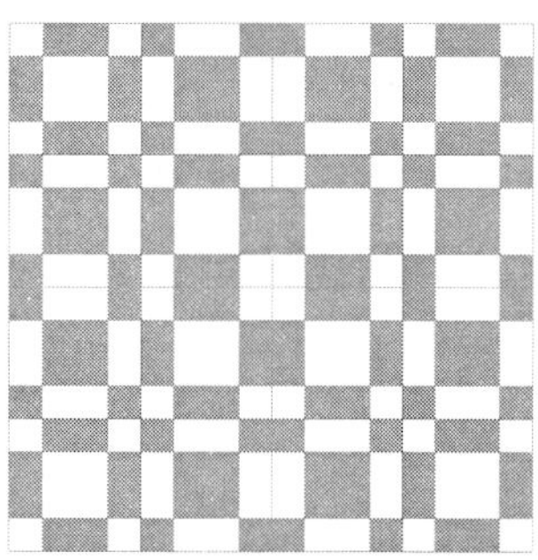	

3 5×5 나눗셈-덧셈 프랙탈

(1) 1단계 5개

① $\log_5 5 = 1$

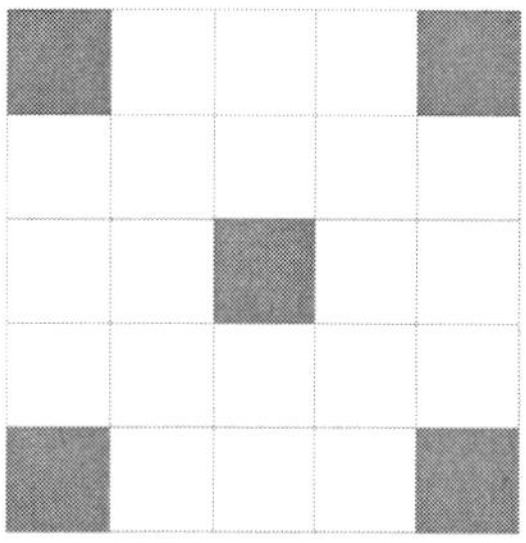

② $\log_{25} 200 = 1.646$

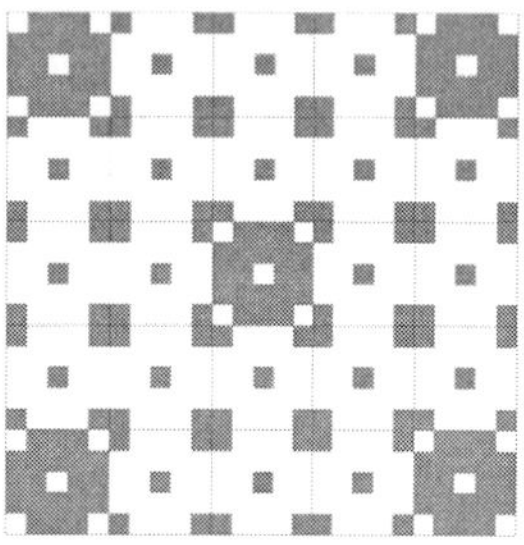

③ $\log_{125} 7125 = 1.837$

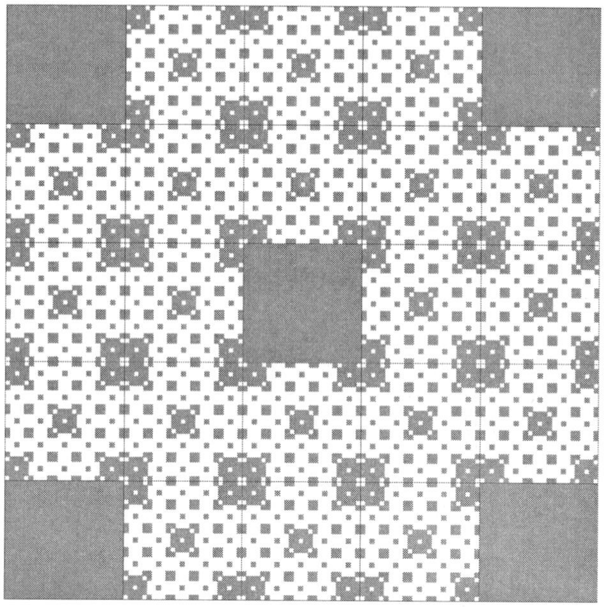

① $\log_5 5 = 1$

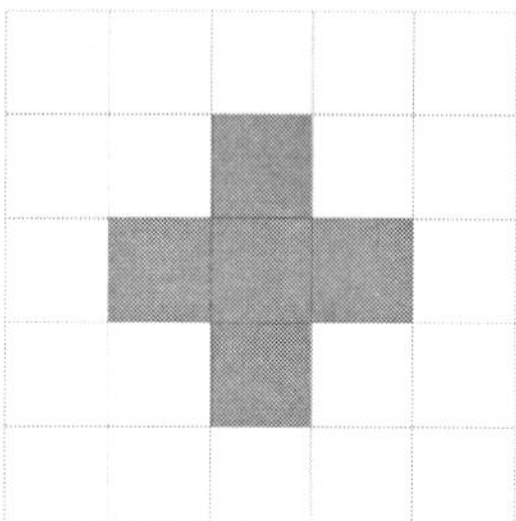

② $\log_{25} 200 = 1.646$

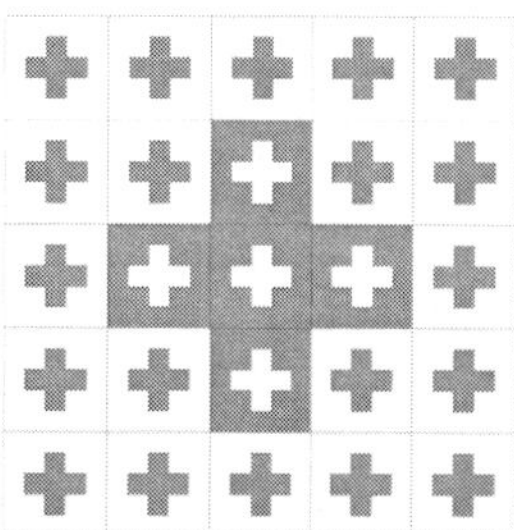

③ $\log_{125} 7125 = 1.837$

① $\log_5 5 = 1$

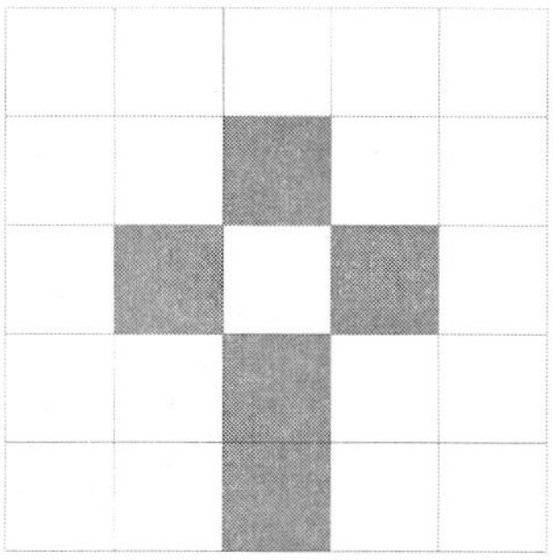

② $\log_{25} 200 = 1.646$

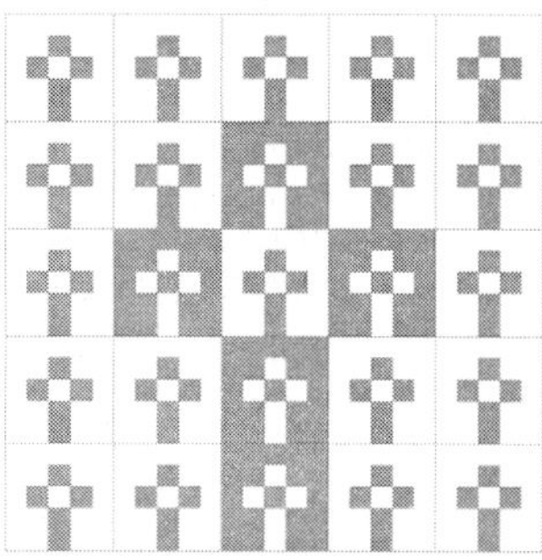

③ $\log_{125} 7125 = 1.837$

① $\log_5 5 = 1$

② $\log_{25} 200 = 1.646$

③ $\log_{125} 7125 = 1.837$

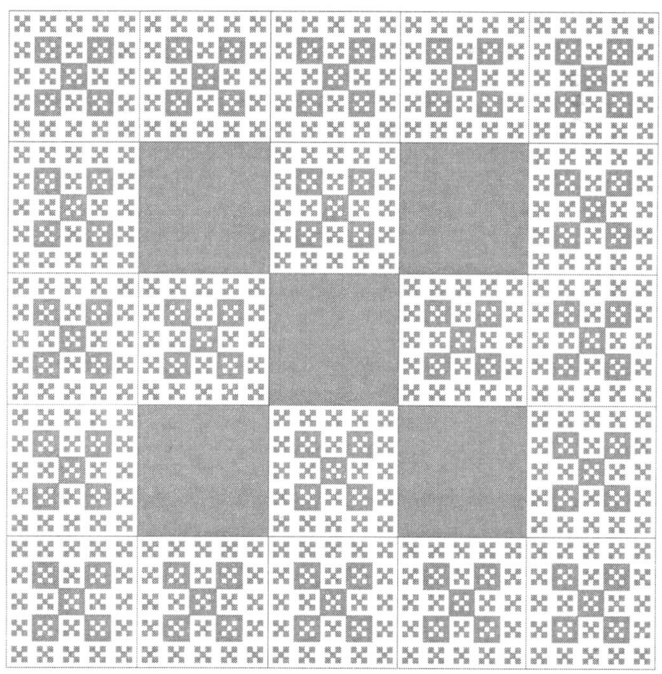

(2) 1단계 8개

① $\log_5 8 = 1.292$

② $\log_{25} 272 = 1.74$

③ $\log_{125} 9624 = 1.9$

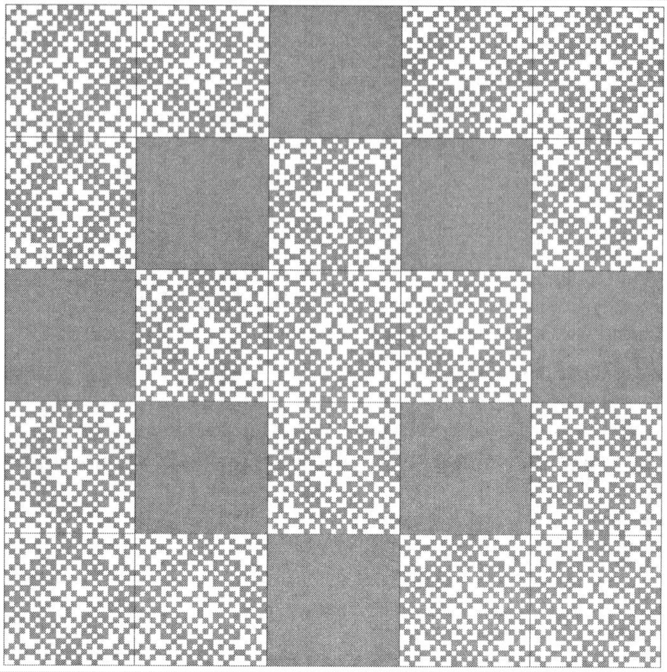

① $\log_5 8 = 1.292$

② $\log_{25} 272 = 1.74$

③ $\log_{125} 9624 = 1.9$

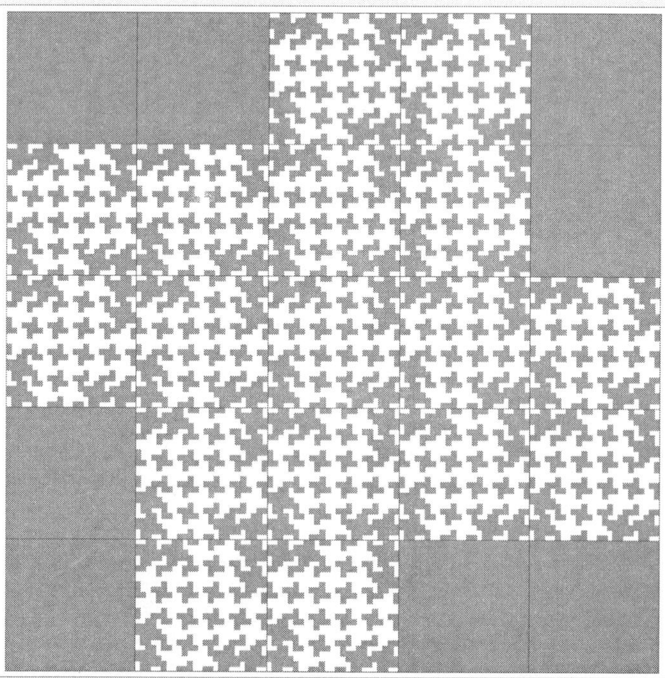

① $\log_5 8 = 1.292$

② $\log_{25} 272 = 1.742$

③ $\log_{125} 9624 = 1.9$

① $\log_5 8 = 1.292$

② $\log_{25} 272 = 1.742$

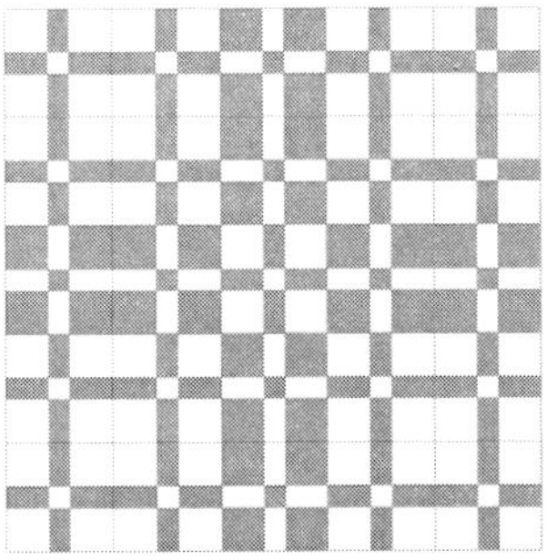

③ $\log_{125} 9624 = 1.9$

① $\log_5 8 = 1.292$

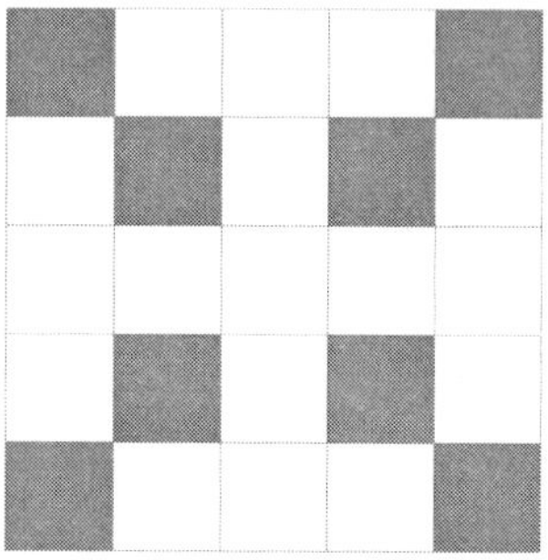

② $\log_{25} 272 = 1.742$

③ $\log_{125} 9624 = 1.9$

① $\log_5 8 = 1.292$

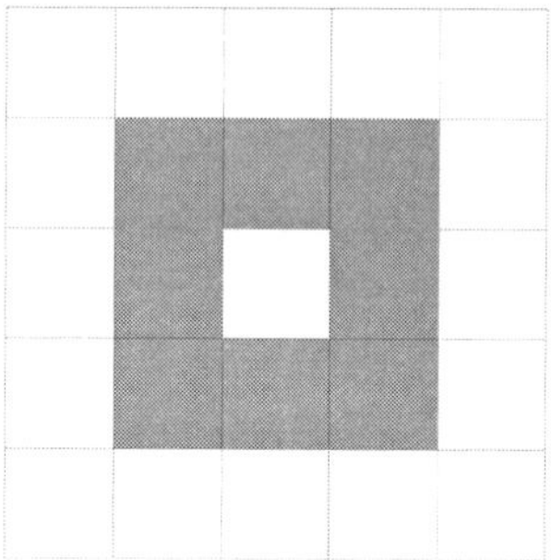

② $\log_{25} 272 = 1.742$

③ $\log_{125} 9624 = 1.9$

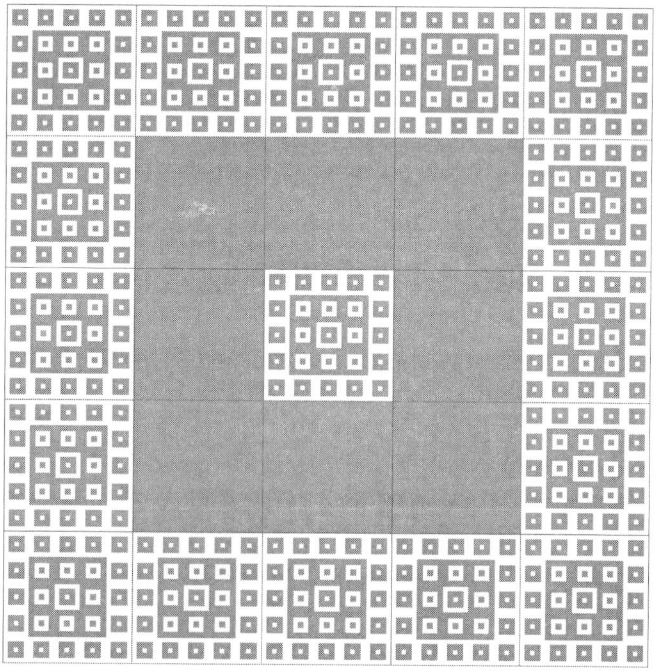

(3) 1단계 9개

① $\log_5 9 = 1.365$

② $\log_{25} 288 = 1.759$

③ $\log_{125} 10233 = 1.912$

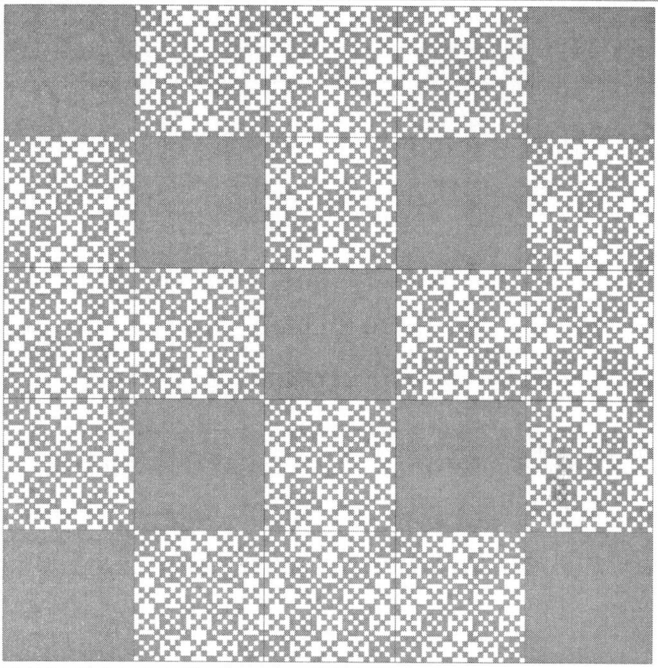

① $\log_5 9 = 1.365$

② $\log_{25} 288 = 1.759$

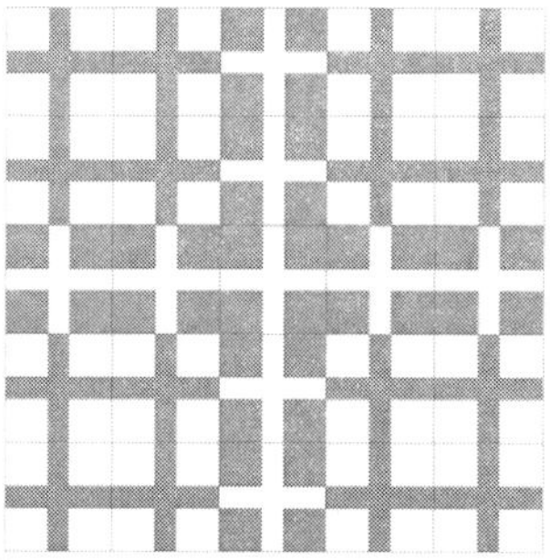

③ $\log_{125} 10233 = 1.912$

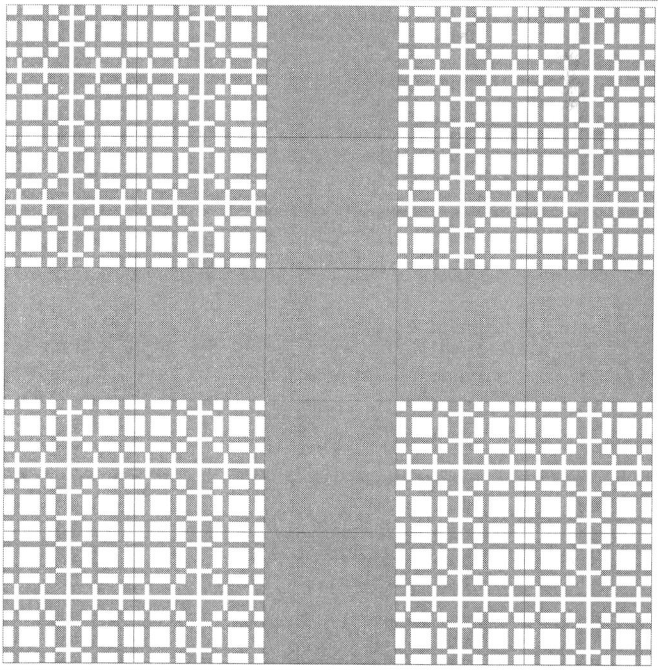

① $\log_5 9 = 1.365$

② $\log_{25} 288 = 1.759$

③ $\log_{125} 10233 = 1.912$

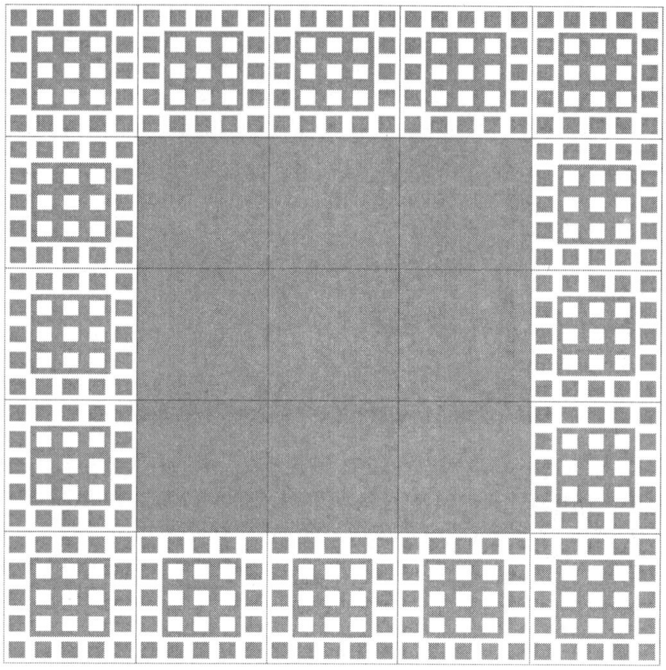

① $\log_5 9 = 1.365$

② $\log_{25} 288 = 1.759$

③ $\log_{125} 10233 = 1.912$

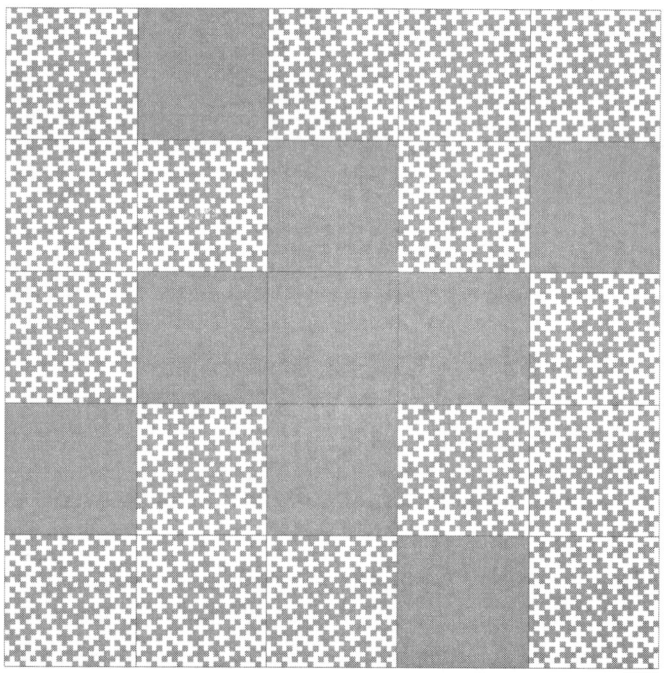

4 6×6 나눗셈-덧셈 프랙탈

(1) 1단계 2개

① $\log_6 2 = 0.387$	② $\log_{36} 136 = 1.371$
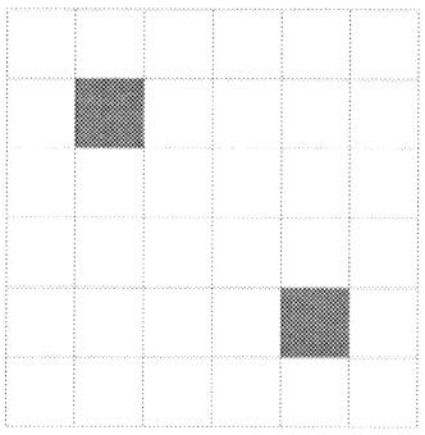	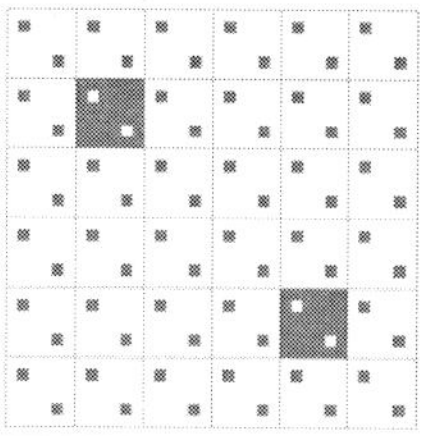

③ $\log_{216} 7216 = 1.653$

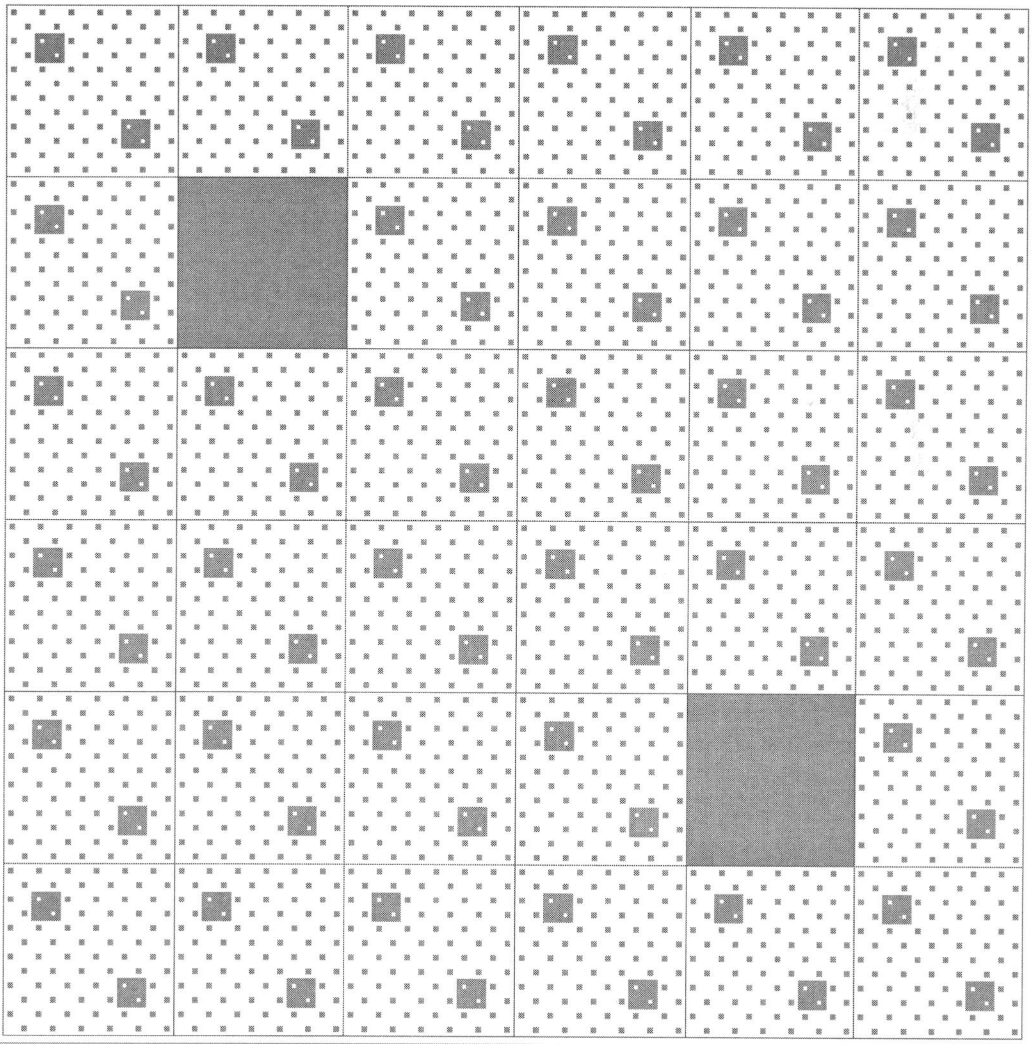

(2) 1단계 4개

① $\log_6 4 = 0.774$

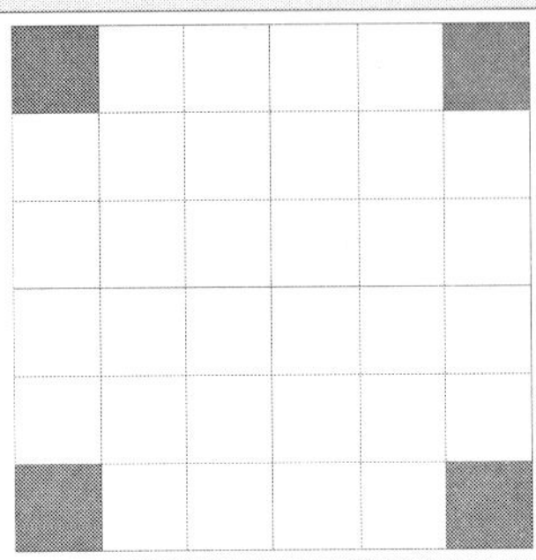

② $\log_{36} 256 = 1.547$

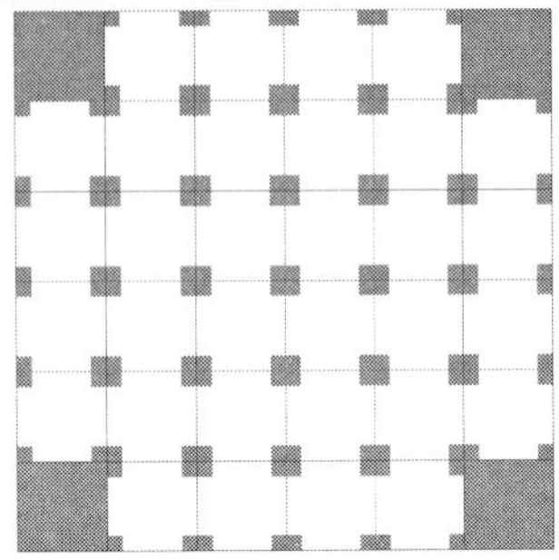

③ $\log_{216} 13376 = 1.768$

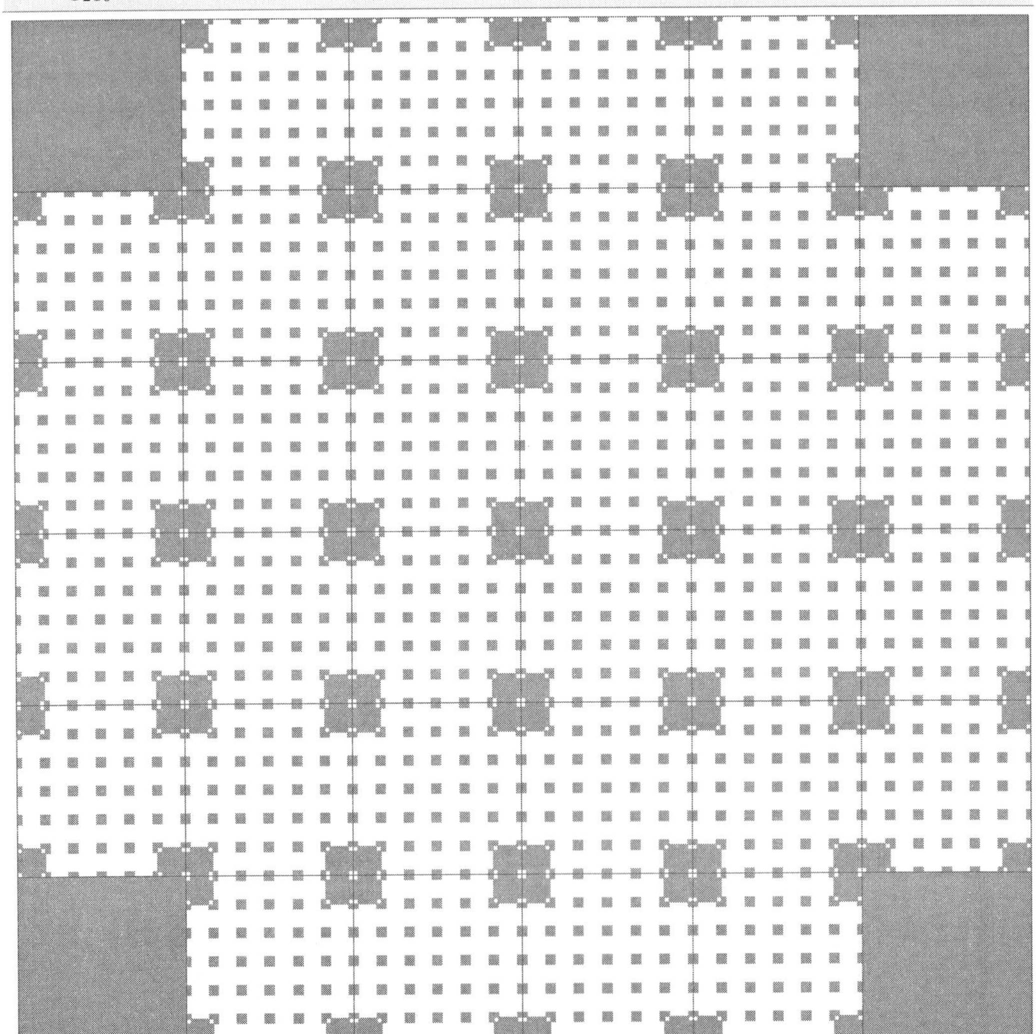

① $\log_6 4 = 0.774$

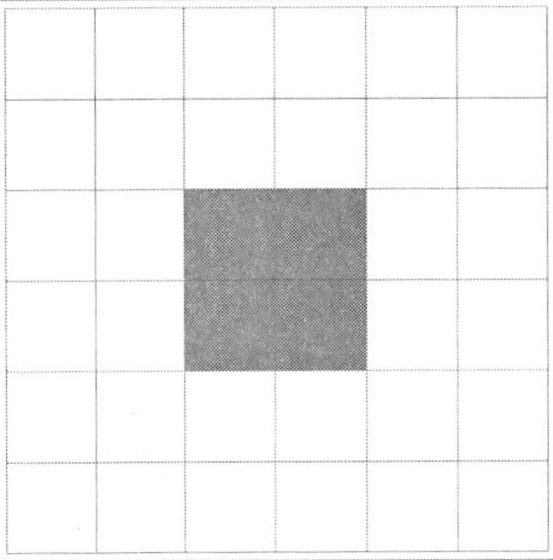

② $\log_{36} 256 = 1.547$

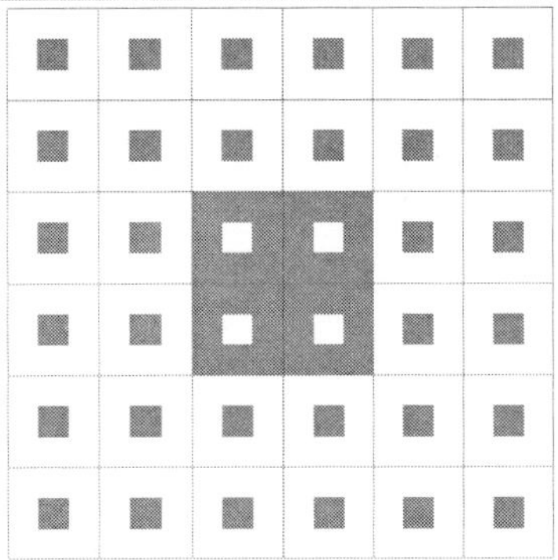

③ $\log_{216} 13376 = 1.768$

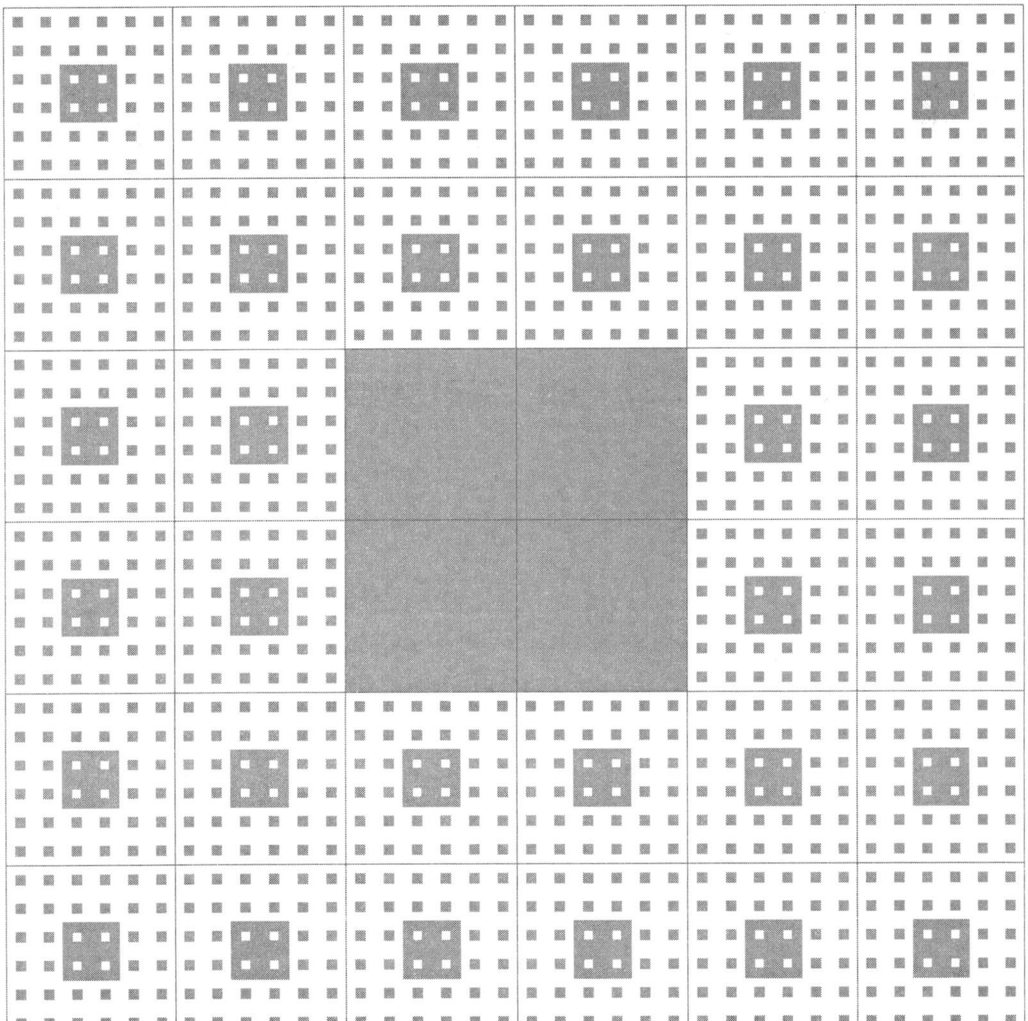

① $\log_6 4 = 0.774$

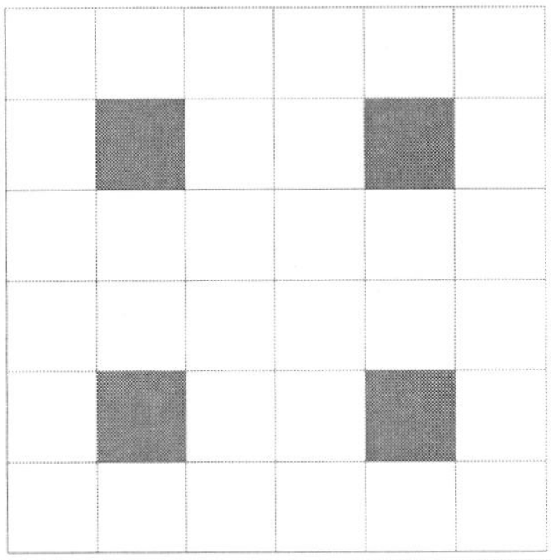

② $\log_{36} 256 = 1.547$

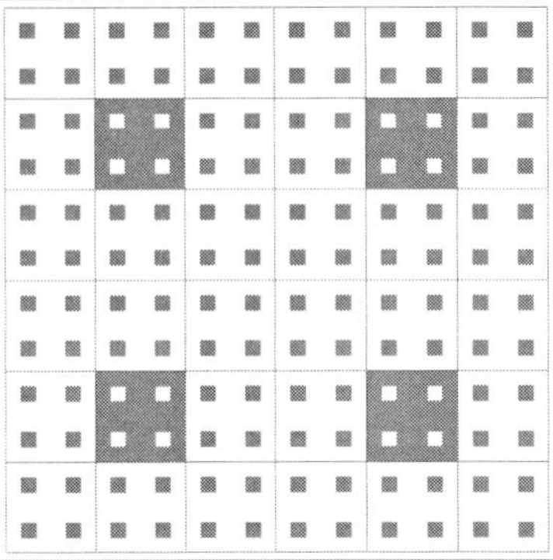

③ $\log_{216} 13376 = 1.768$

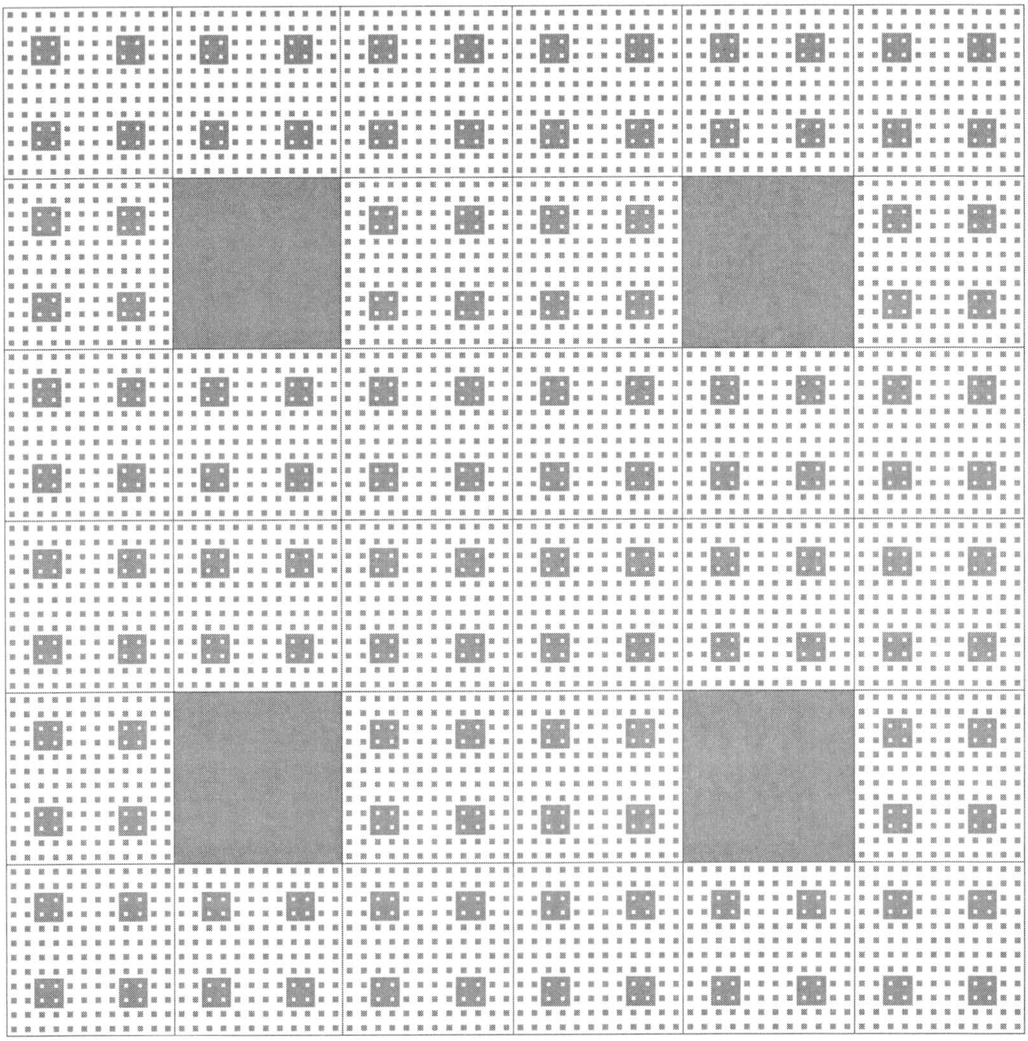

① $\log_6 4 = 0.774$

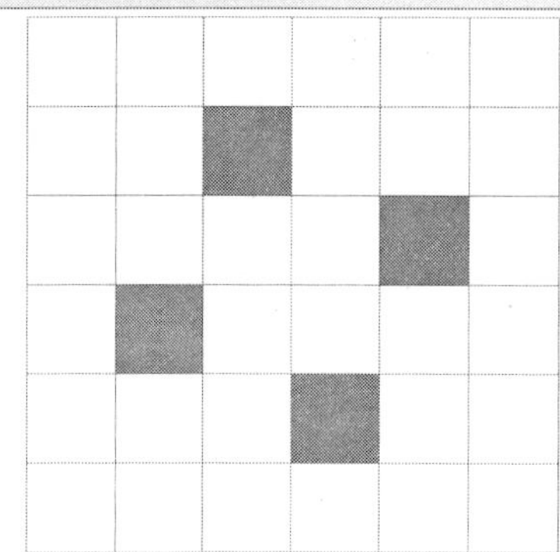

② $\log_{36} 256 = 1.547$

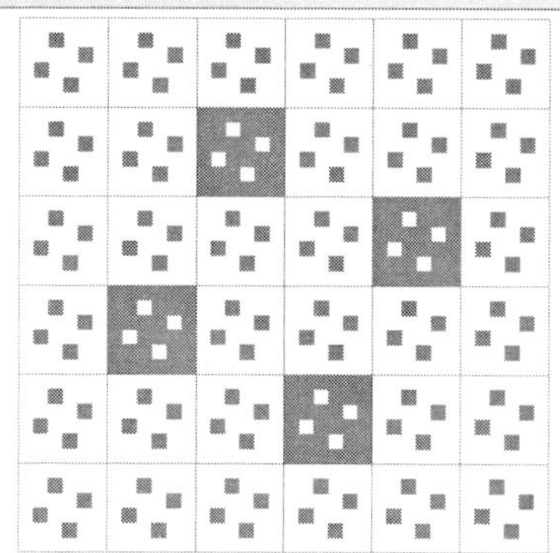

③ $\log_{216} 13376 = 1.768$

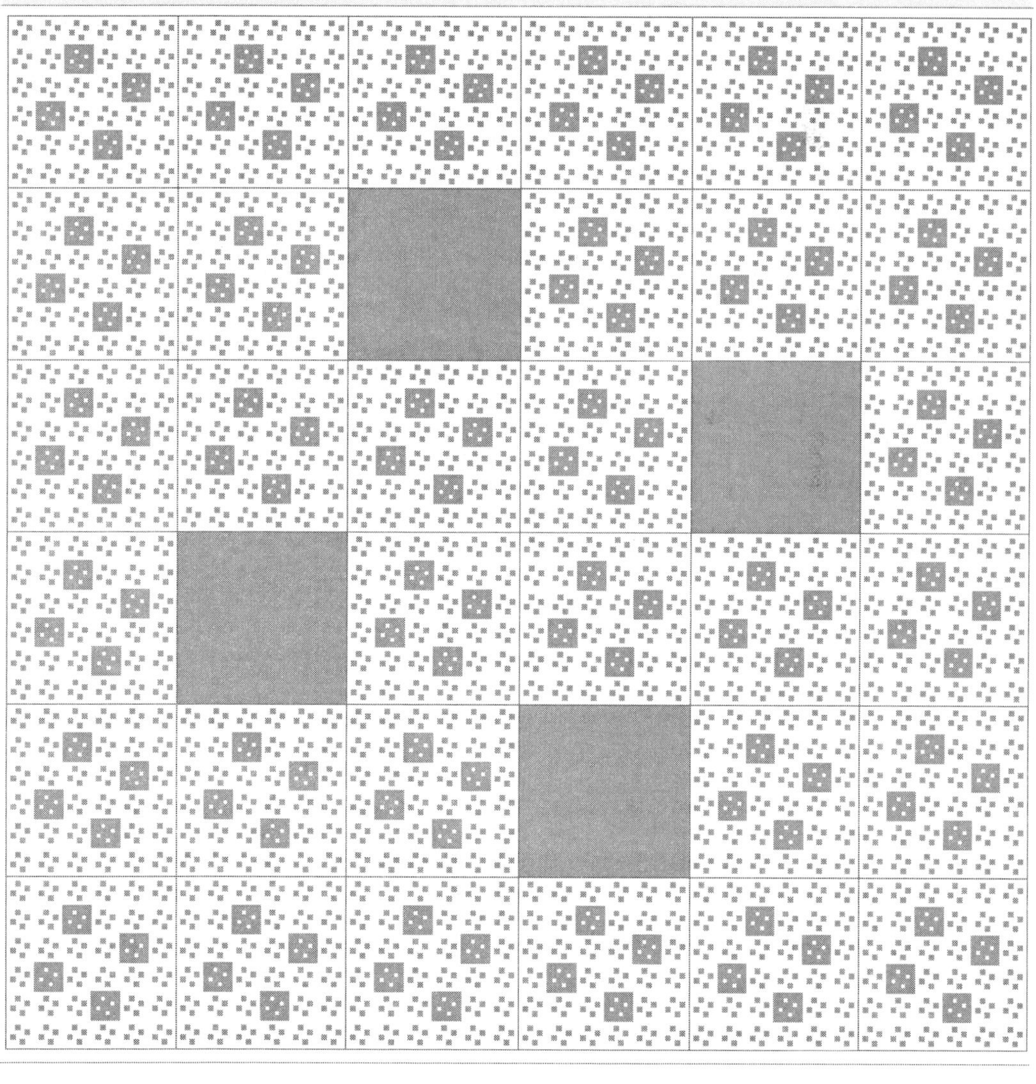

(3) 1단계 8개

① $\log_{6}8 = 1.161$

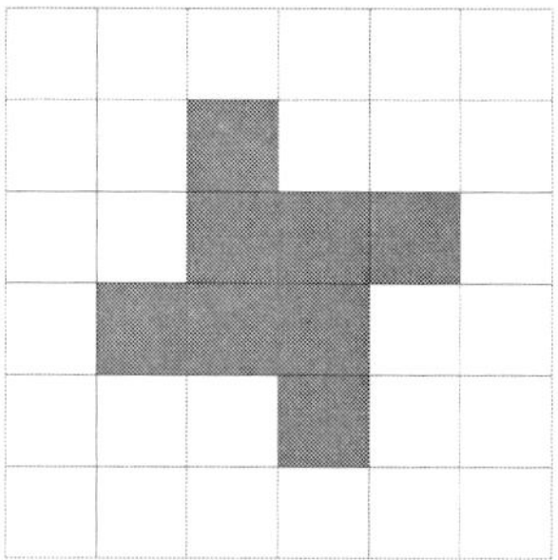

② $\log_{36}448 = 1.704$

③ $\log_{216}22912 = 1.868$

① $\log_6 8 = 1.161$

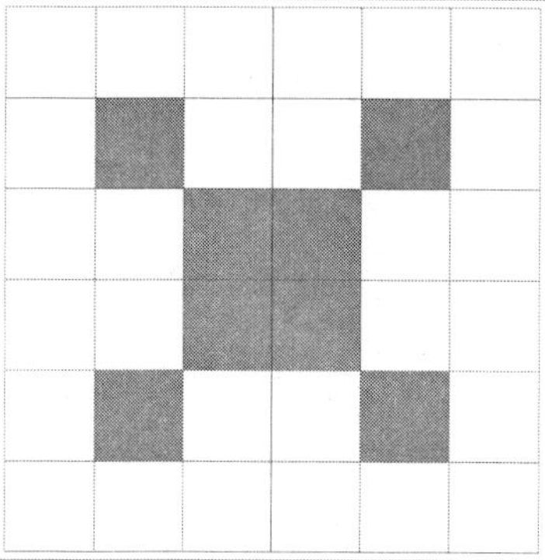

② $\log_{36} 448 = 1.704$

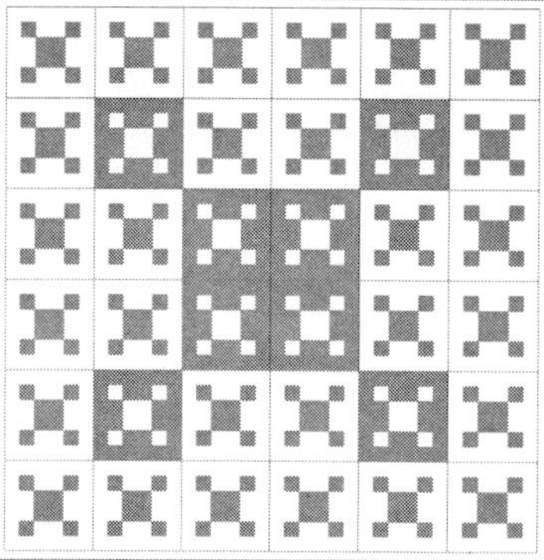

③ $\log_{216} 22912 = 1.868$

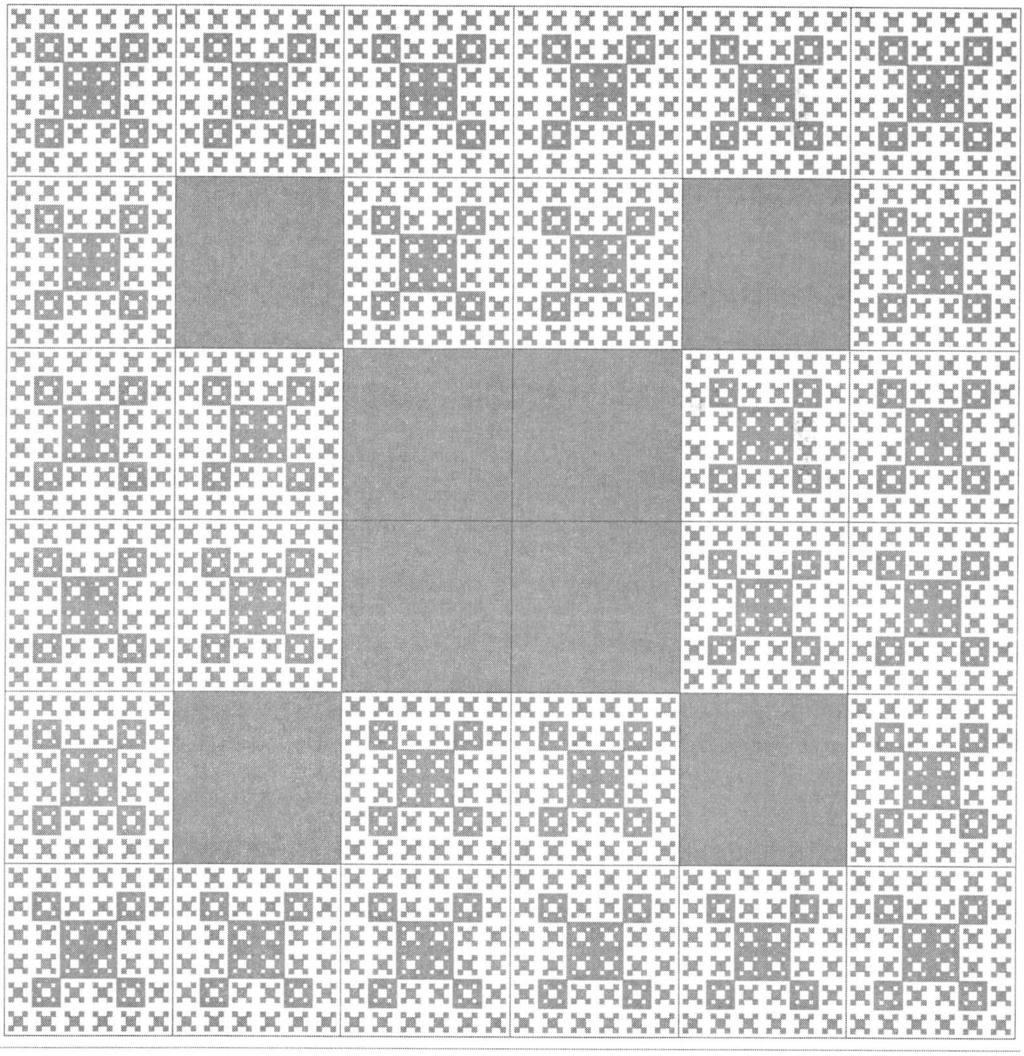

① $\log_6 8 = 1.161$

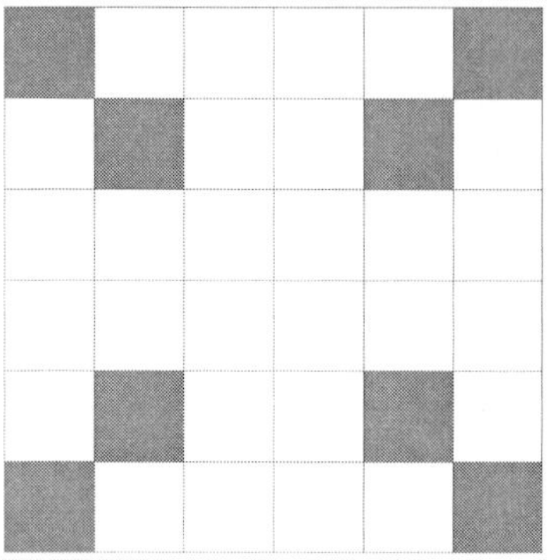

② $\log_{36} 448 = 1.704$

③ $\log_{216} 22912 = 1.868$

① $\log_6 8 = 1.161$

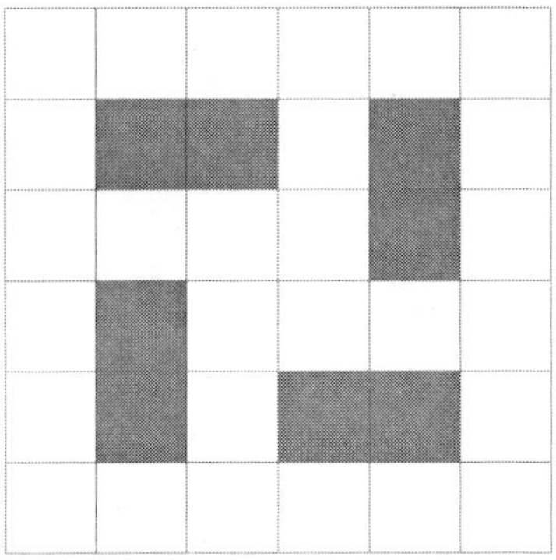

② $\log_{36} 448 = 1.704$

③ $\log_{216} 22912 = 1.868$

① $\log_6 8 = 1.161$

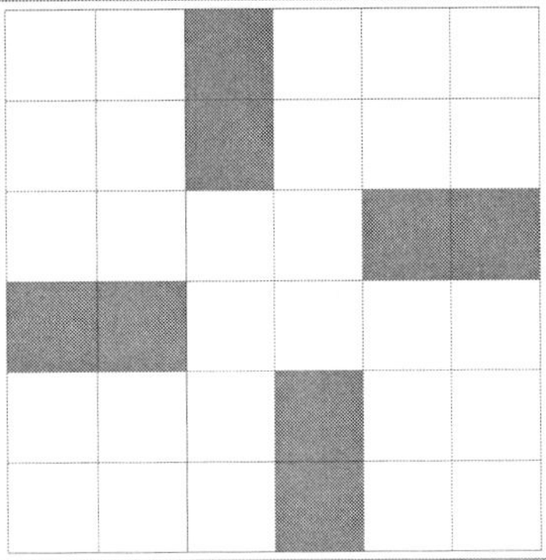

② $\log_{36} 448 = 1.704$

③ $\log_{216} 22912 = 1.868$

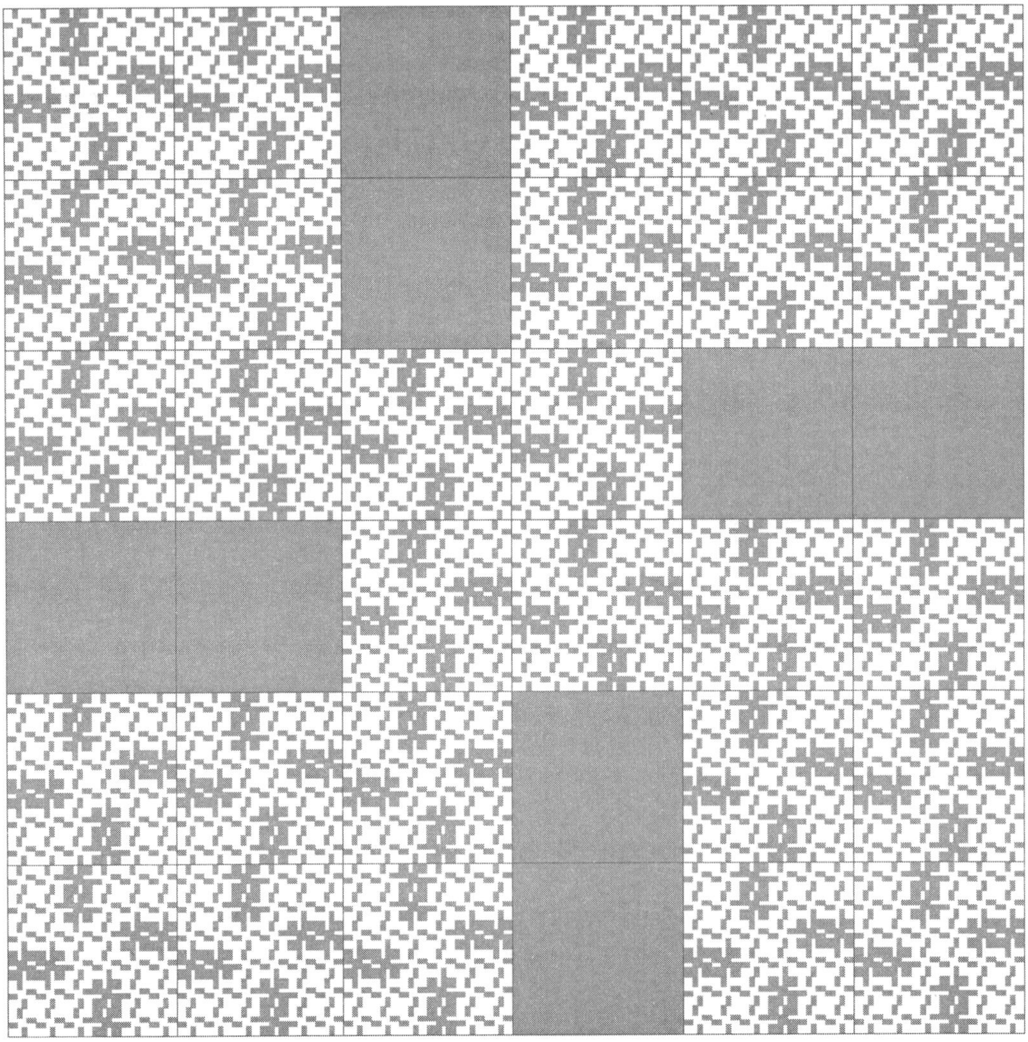

① $\log_6 8 = 1.161$

② $\log_{36} 448 = 1.704$

③ $\log_{216} 22912 = 1.868$

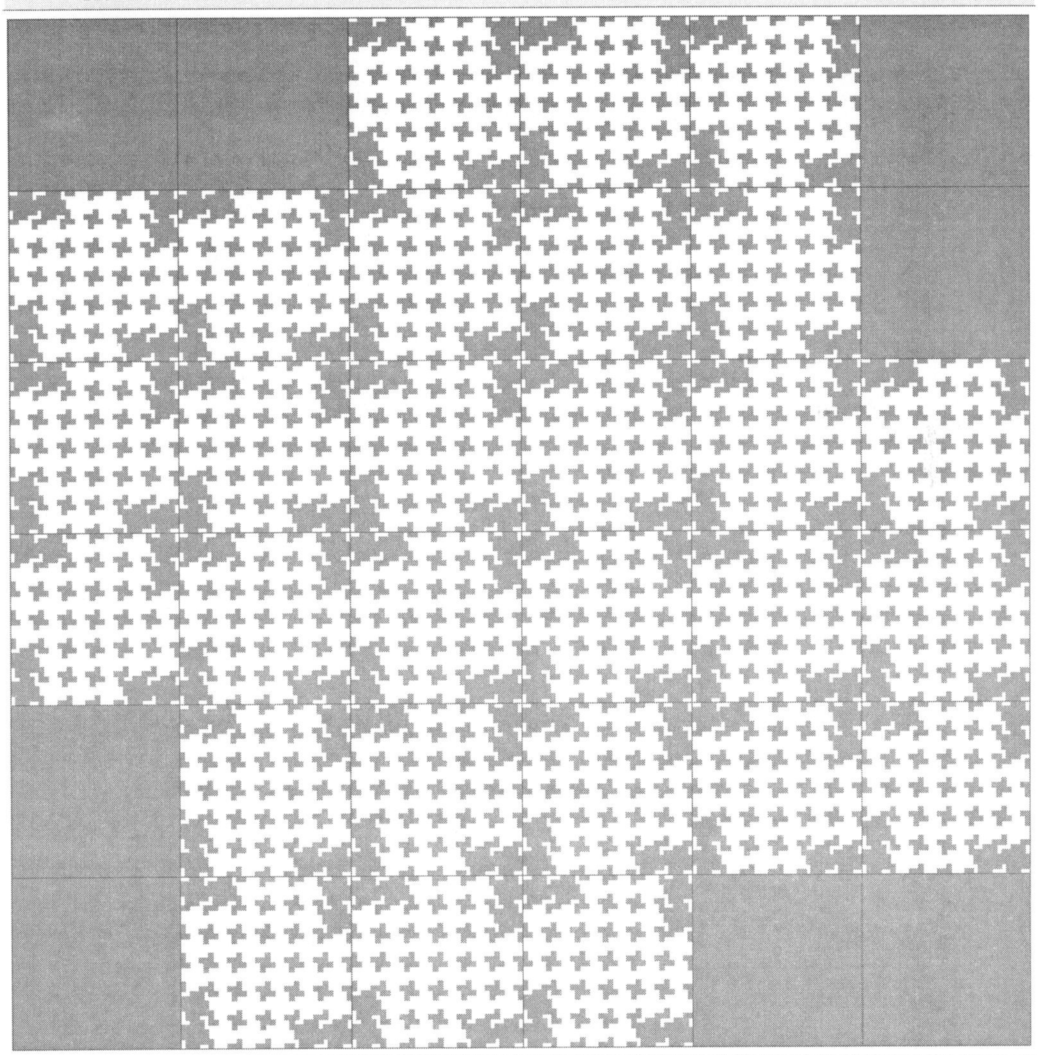

① $\log_6 8 = 1.161$

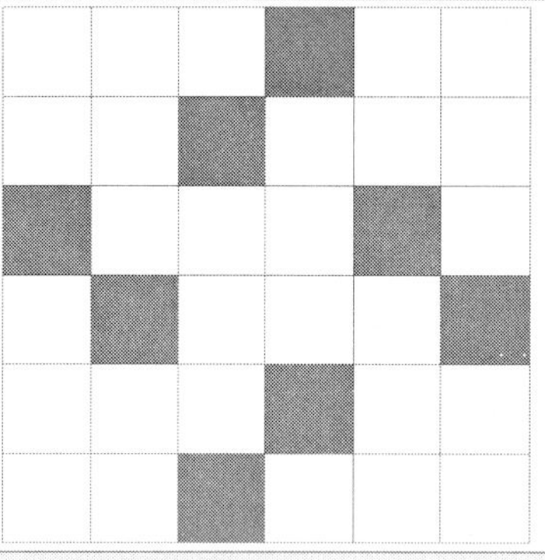

② $\log_{36} 448 = 1.704$

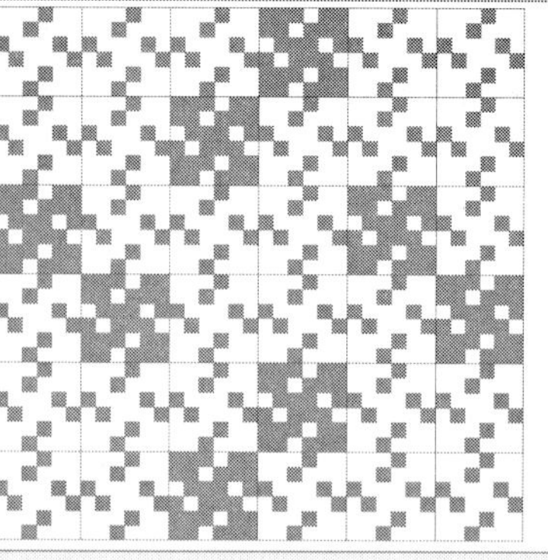

③ $\log_{216} 22912 = 1.868$

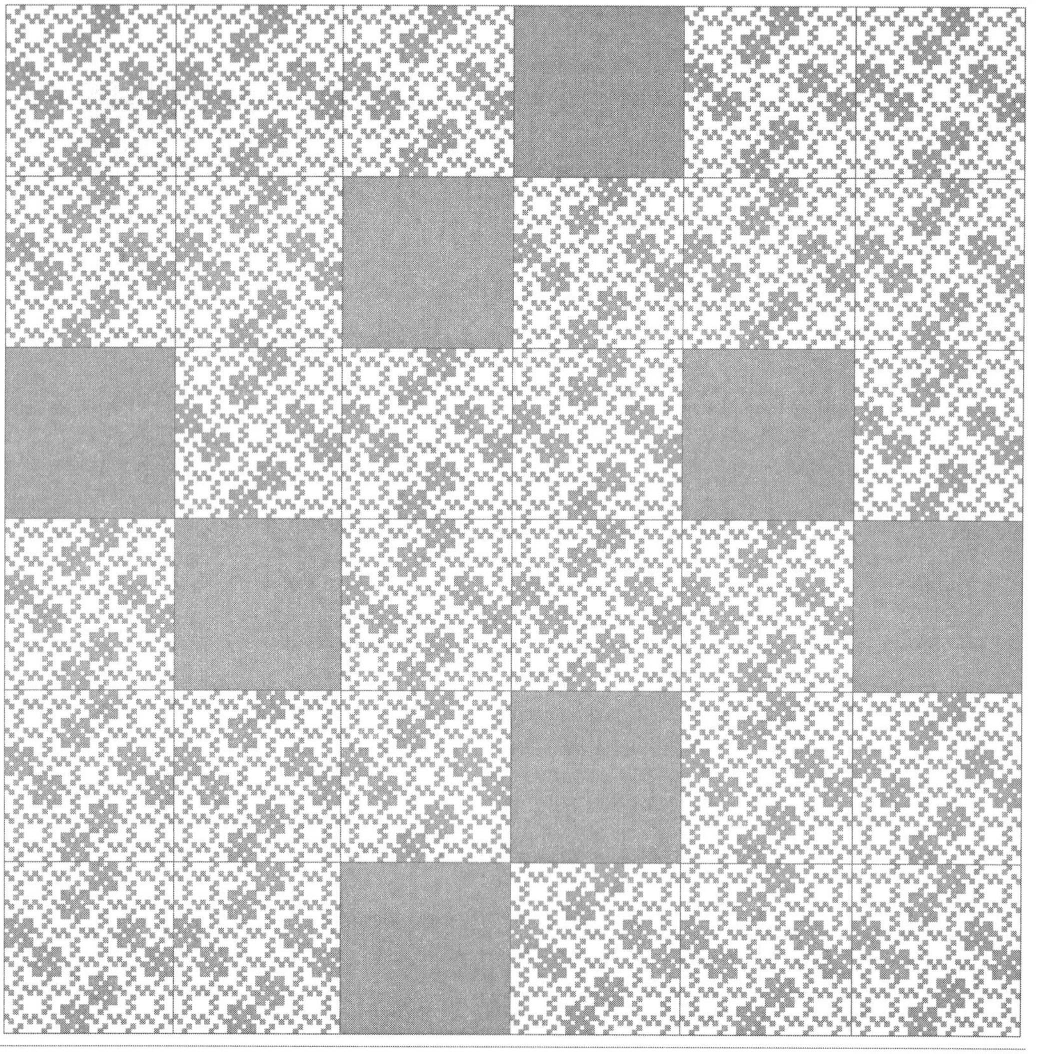

(4) 1단계 12개

① $\log_{6}12 = 1.387$	② $\log_{36}576 = 1.774$
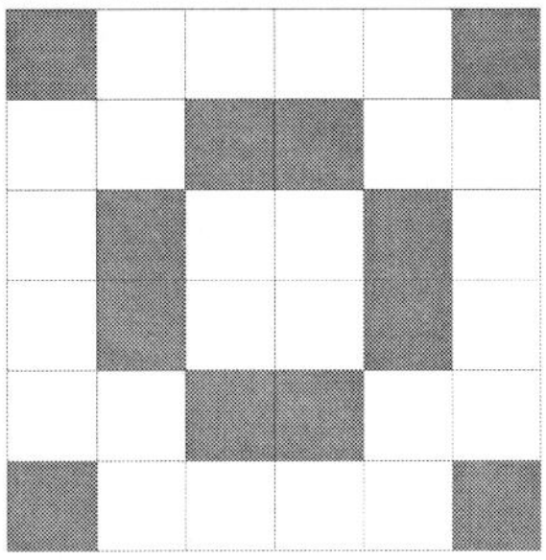	

③ $\log_{216}29376 = 1.914$

① $\log_6 12 = 1.387$

② $\log_{36} 576 = 1.774$

③ $\log_{216} 29376 = 1.914$

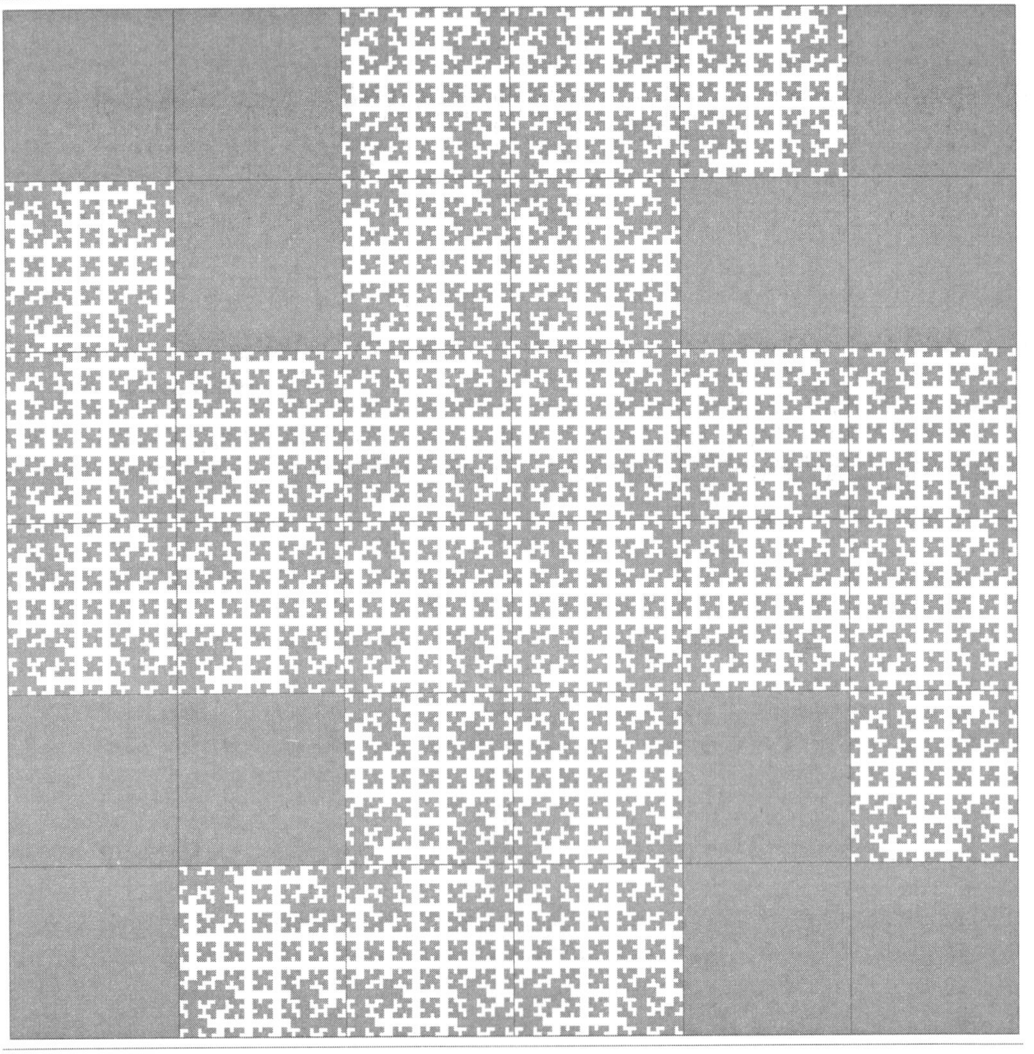

① $\log_{6}12 = 1.387$

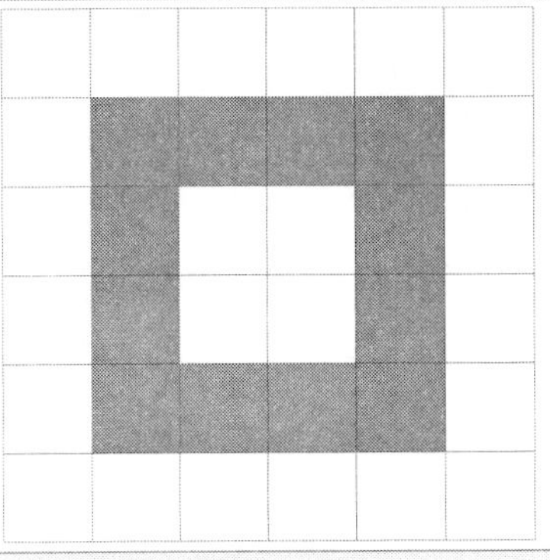

② $\log_{36}576 = 1.774$

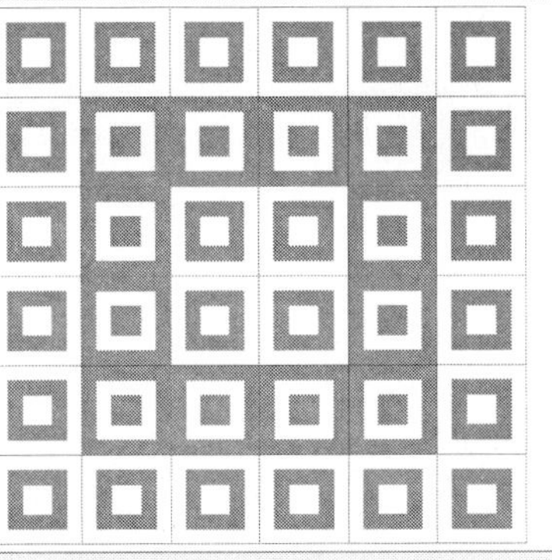

③ $\log_{216}29376 = 1.914$

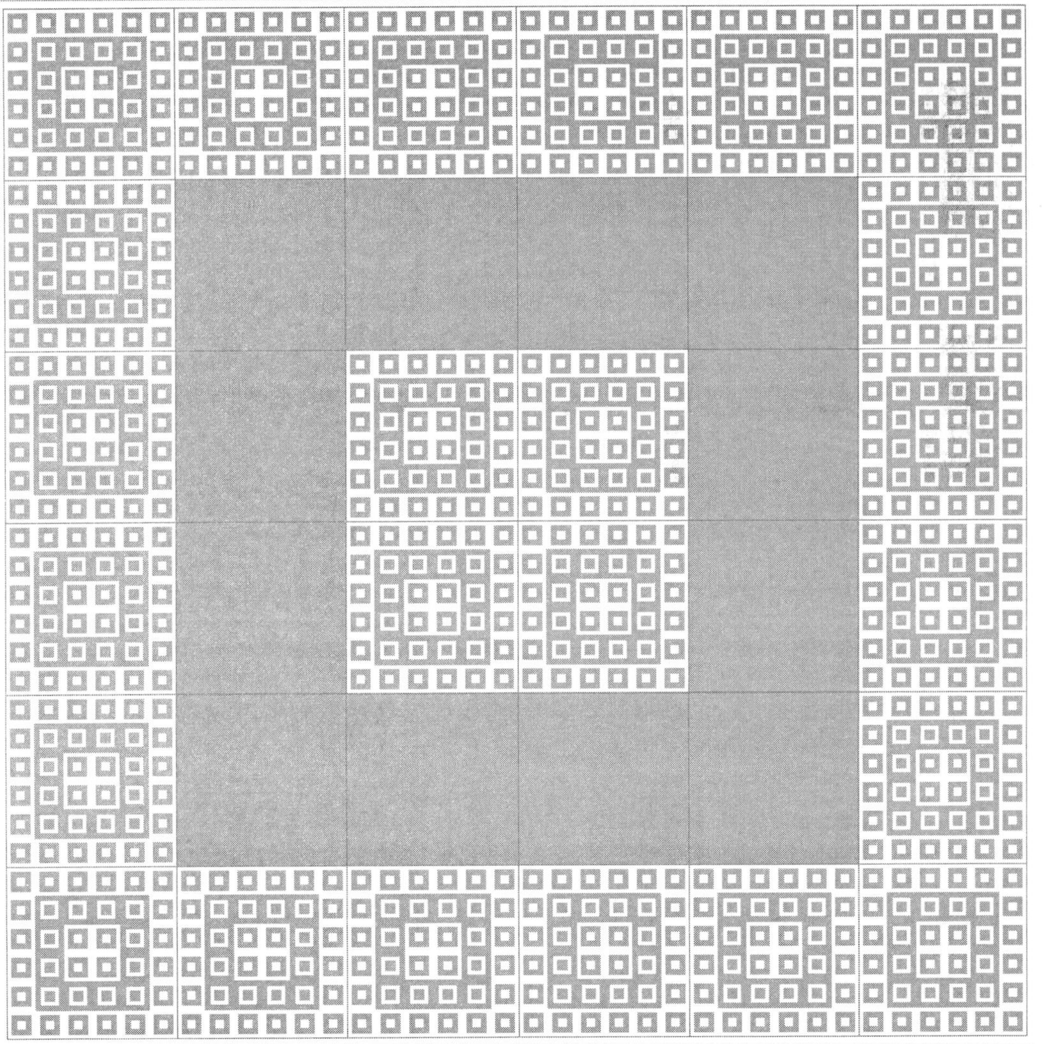

① $\log_6 12 = 1.387$

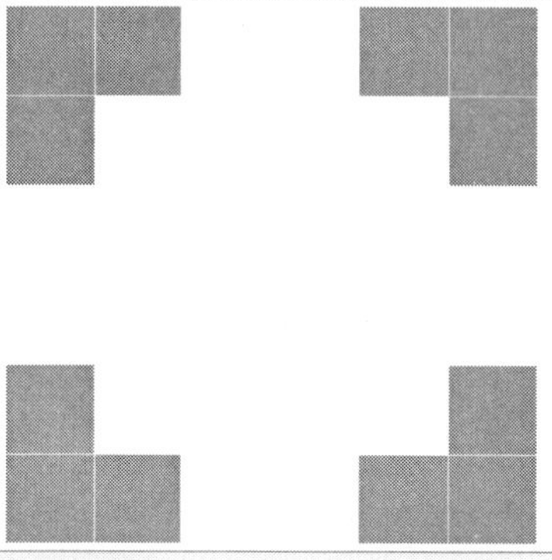

② $\log_{36} 576 = 1.774$

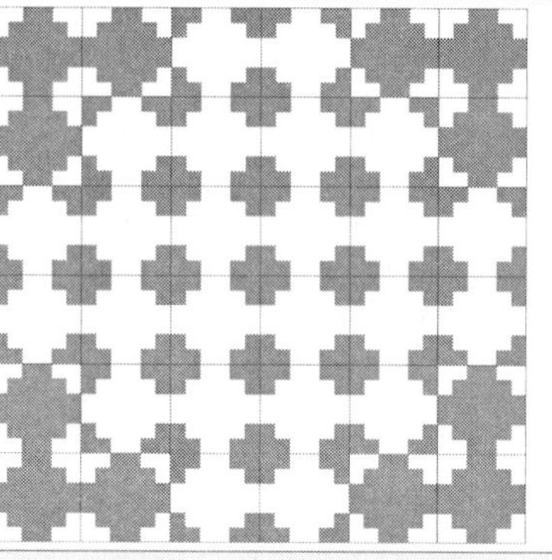

③ $\log_{216} 29376 = 1.914$

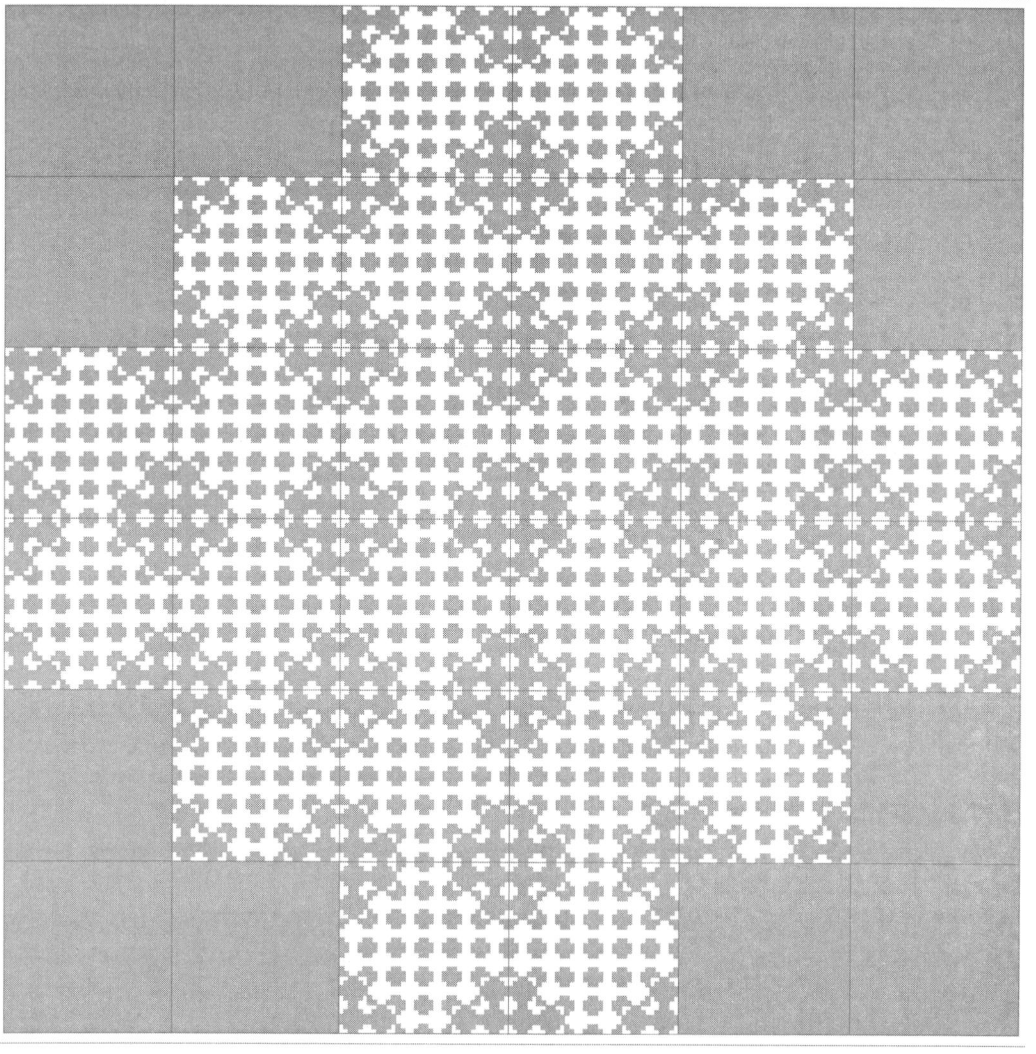

① $\log_6 12 = 1.387$

② $\log_{36} 576 = 1.774$

③ $\log_{216} 29376 = 1.914$

(5) 1단계 16개

① $\log_{6}16 = 1.547$

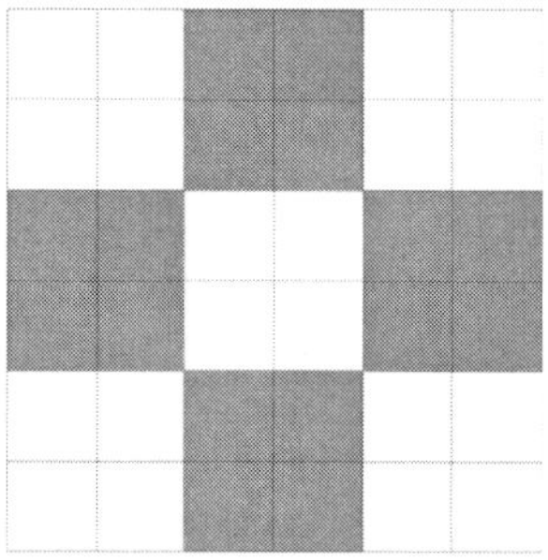

② $\log_{36}640 = 1.803$

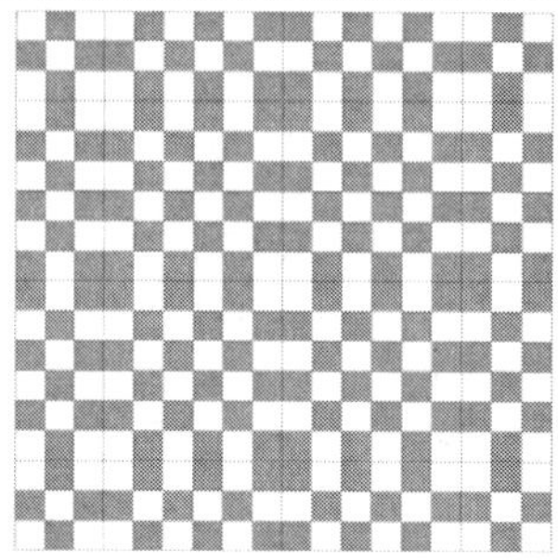

③ $\log_{216}33536 = 1.939$

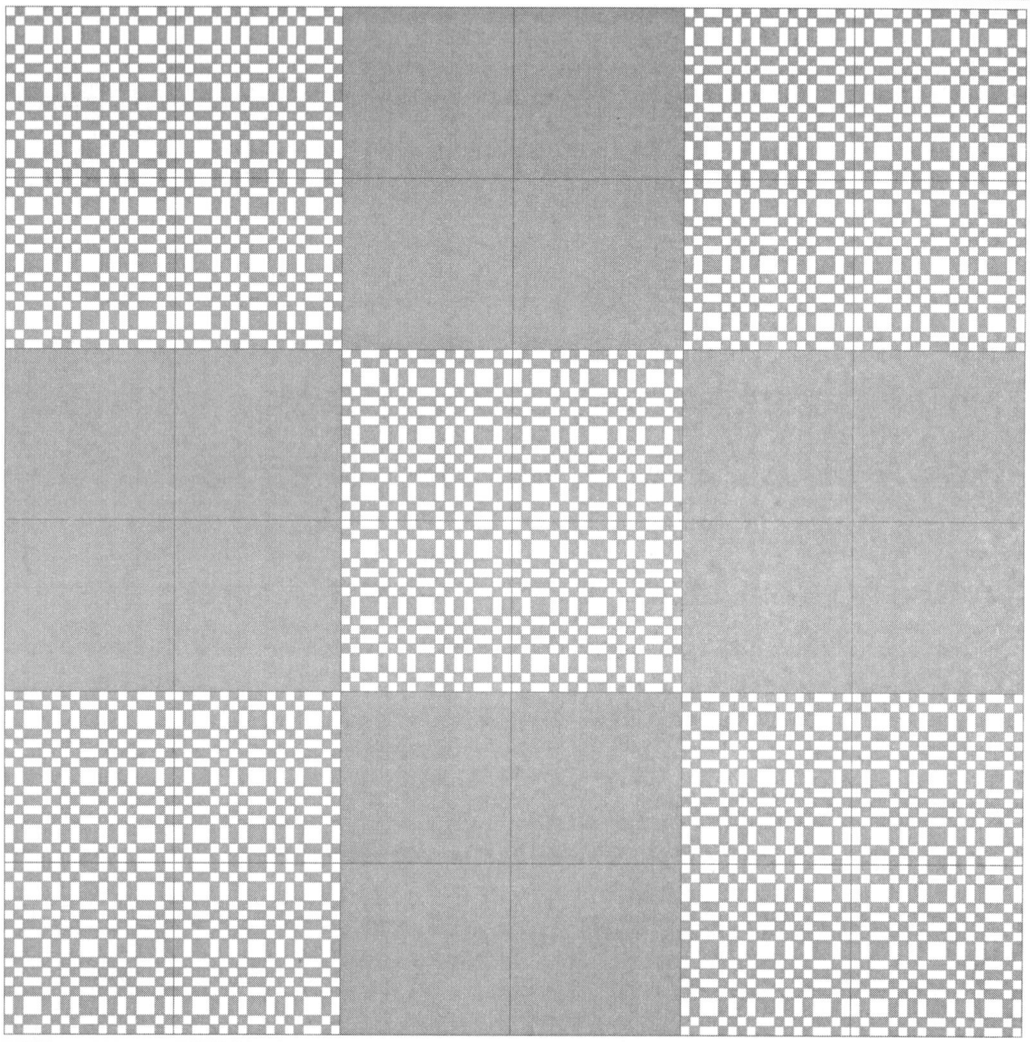

① $\log_6 16 = 1.547$

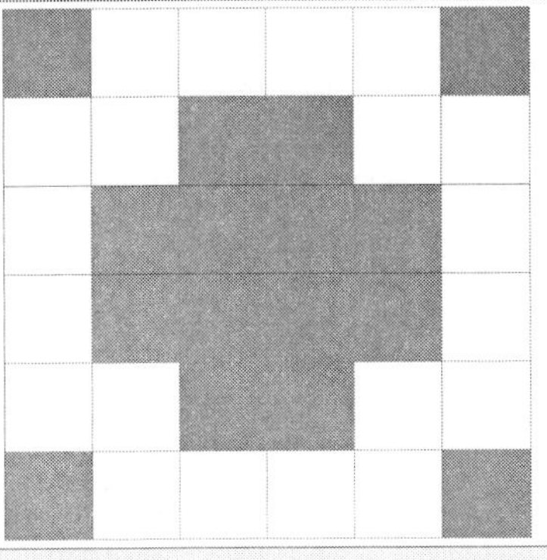

② $\log_{36} 640 = 1.803$

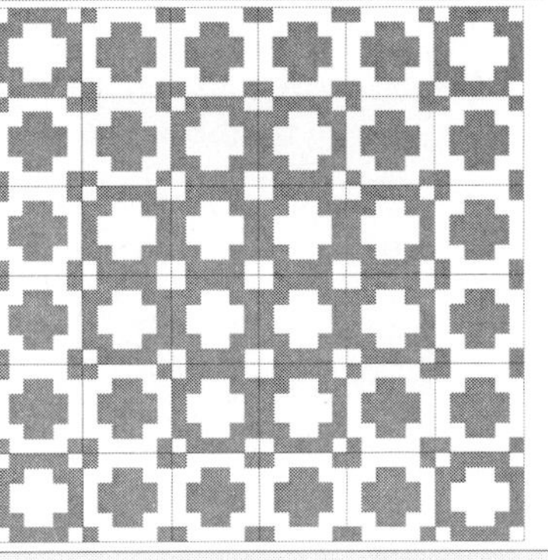

③ $\log_{216} 33536 = 1.939$

① $\log_6 16 = 1.547$

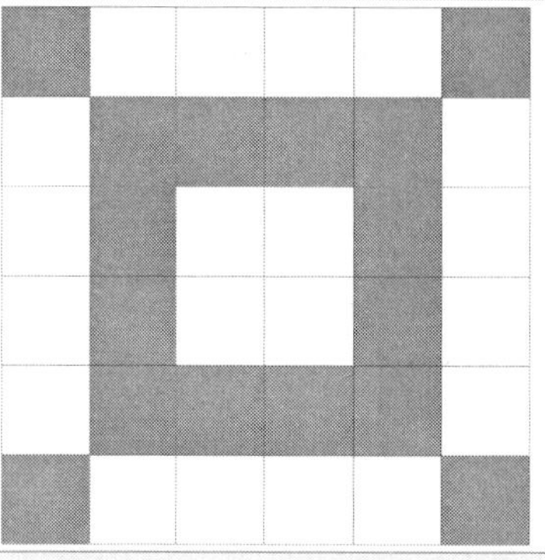

② $\log_{36} 640 = 1.803$

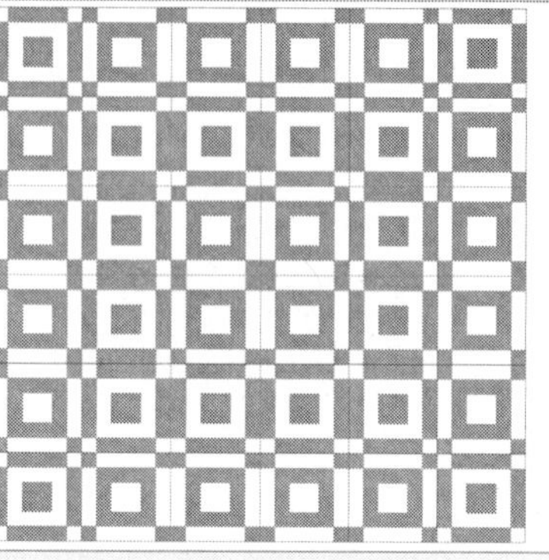

③ $\log_{216} 33536 = 1.939$

① $\log_6 16 = 1.547$

② $\log_{36} 640 = 1.803$

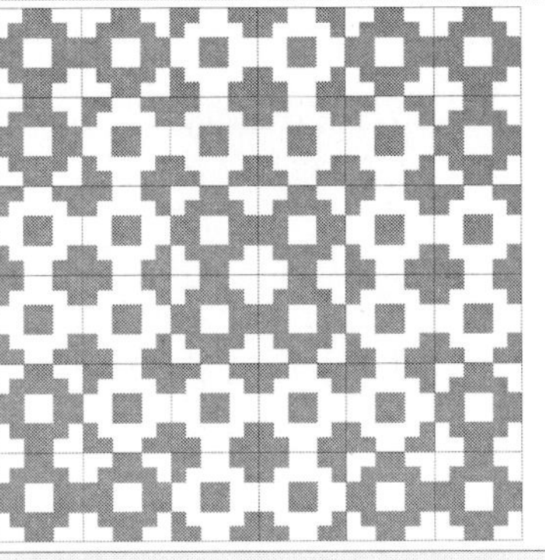

③ $\log_{216} 33536 = 1.939$

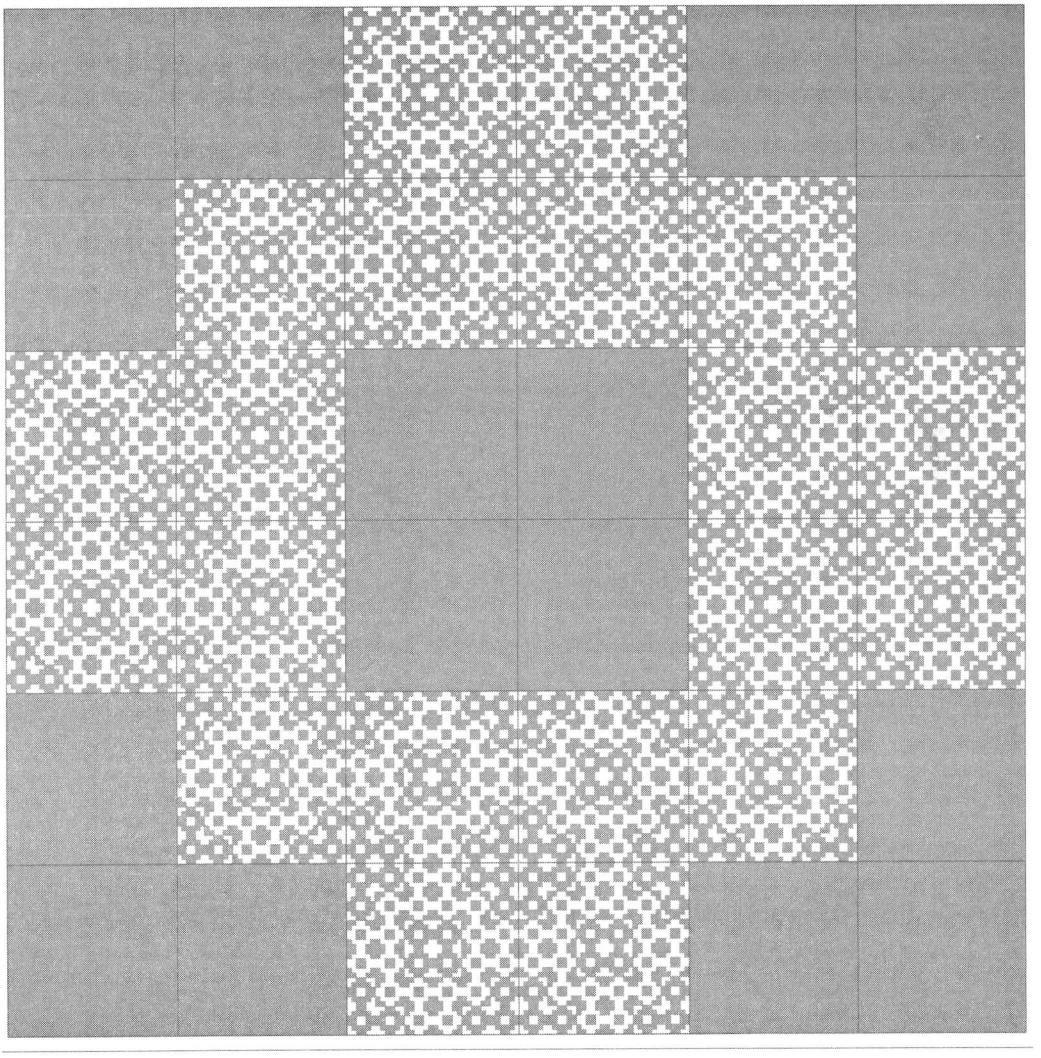

(6) 1단계 20개

① $\log_6 20 = 1.672$

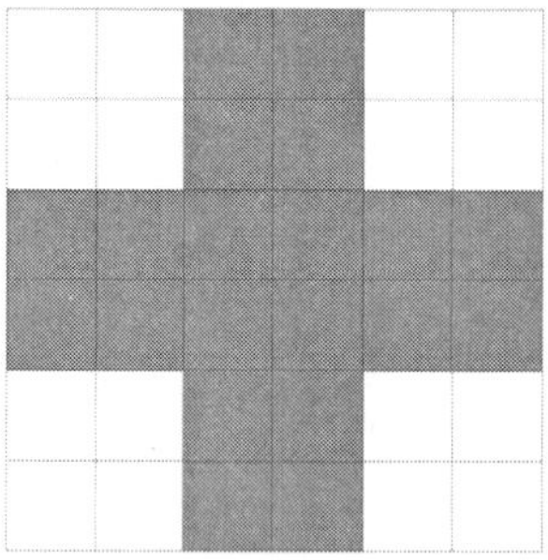

② $\log_{36} 640 = 1.803$

③ $\log_{216} 36160 = 1.953$

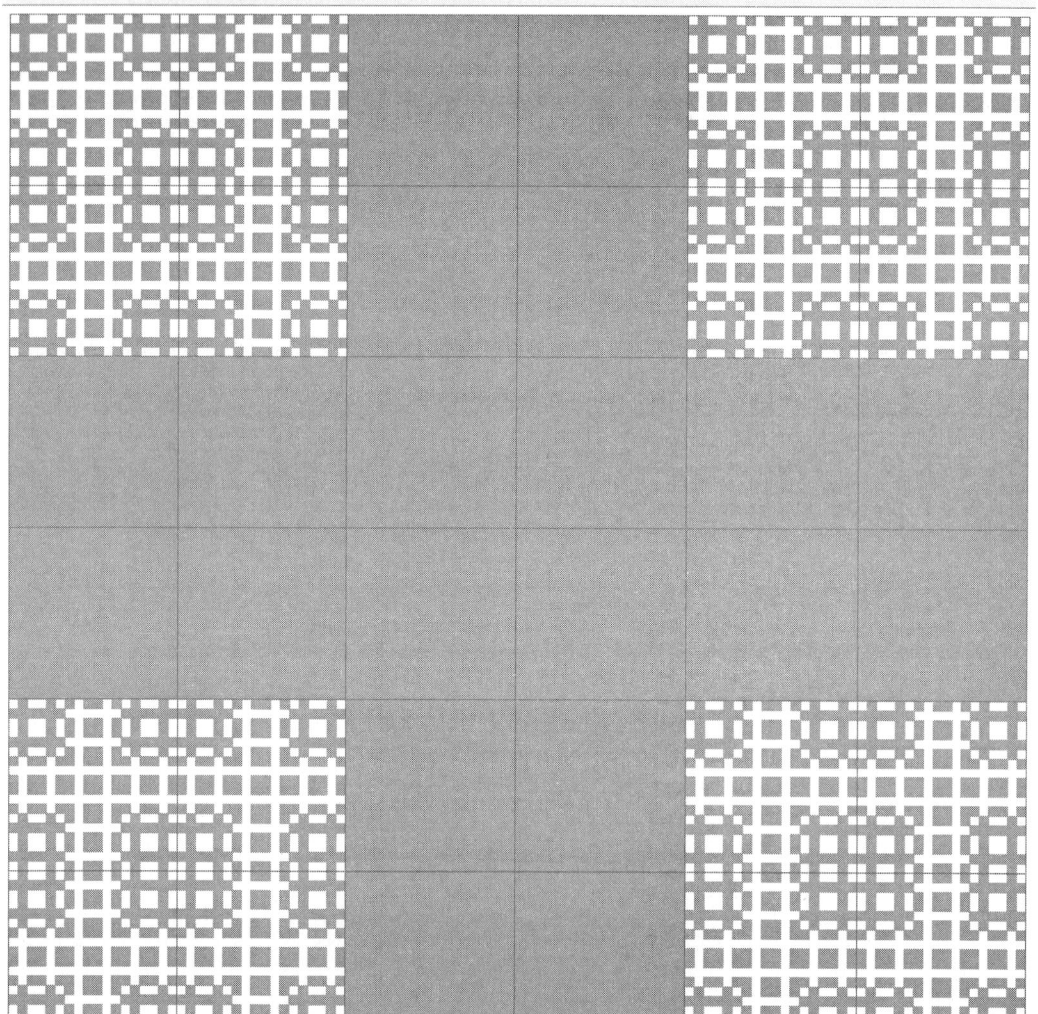

제 3 장

나눗셈-뺄셈 프랙탈 디자인

1 3×3 나눗셈-뺄셈 프랙탈

(1) 1단계 1개

① $\log_3 1 = 0$	② $\log_9 16 = 1.262$	③ $\log_{27} 65 = 1.267$
	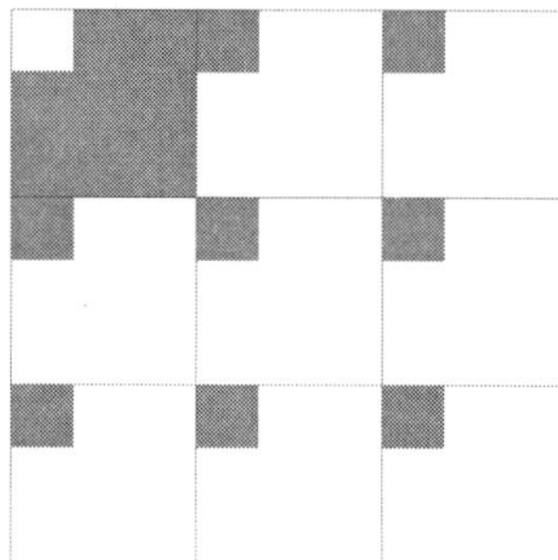	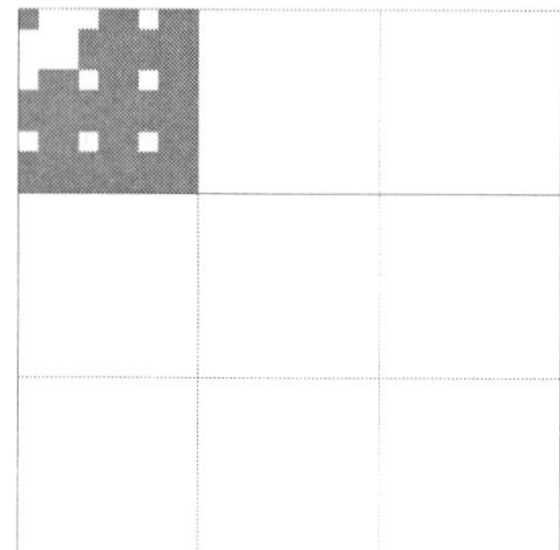

① $\log_3 1 = 0$	② $\log_9 16 = 1.262$	③ $\log_{27} 65 = 1.267$
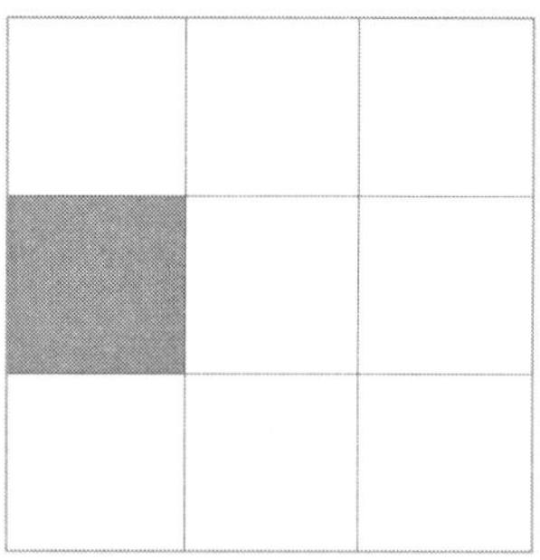	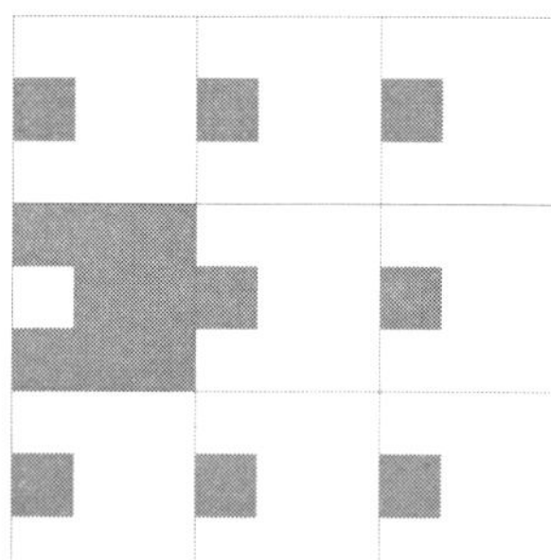	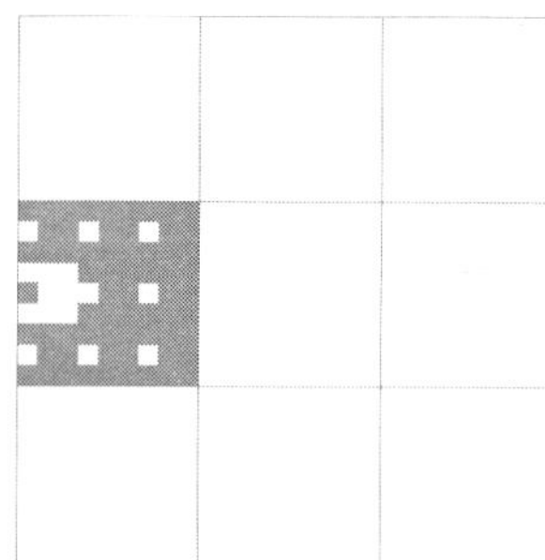

(2) 1단계 2개

① $\log_3 2 = 0.631$	② $\log_9 28 = 1.517$	③ $\log_{27} 106 = 1.415$
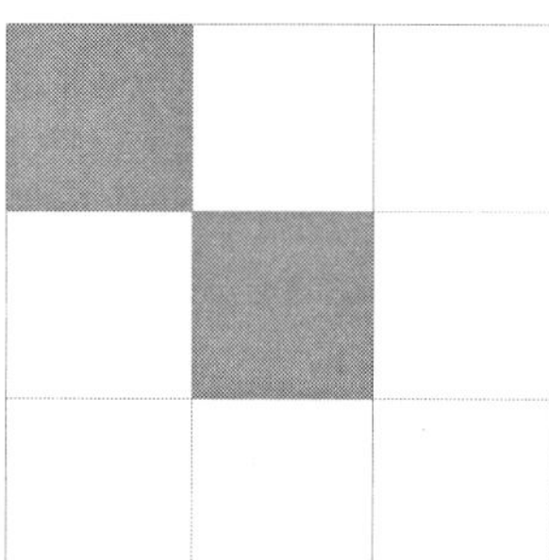	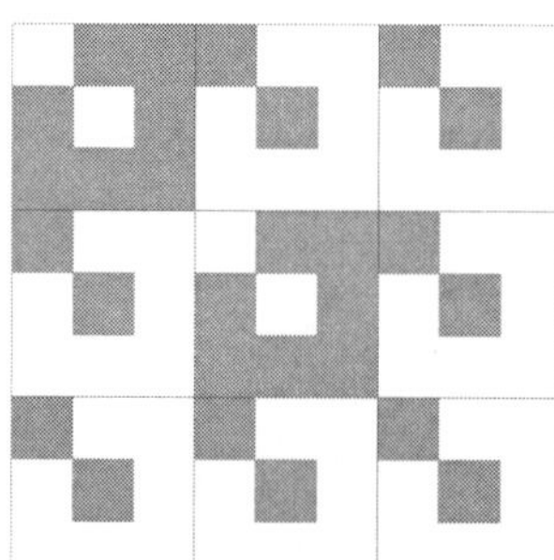	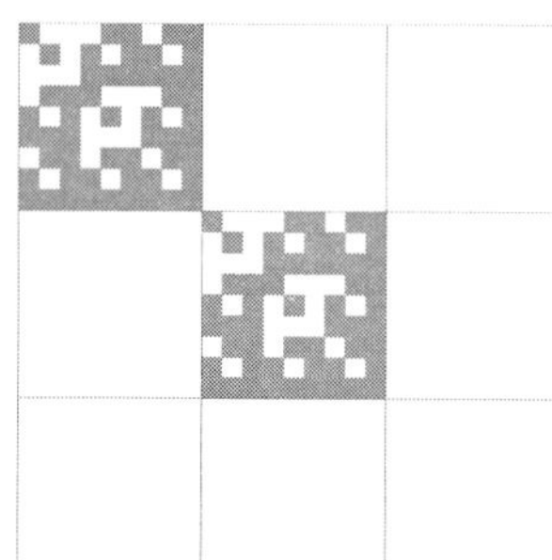

(3) 1단계 3개

① $\log_{3}3 = 1$	② $\log_{9}36 = 1.631$	③ $\log_{27}135 = 1.488$
		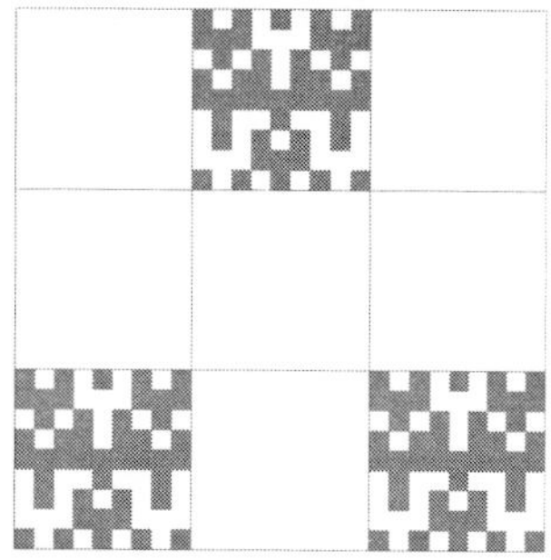
	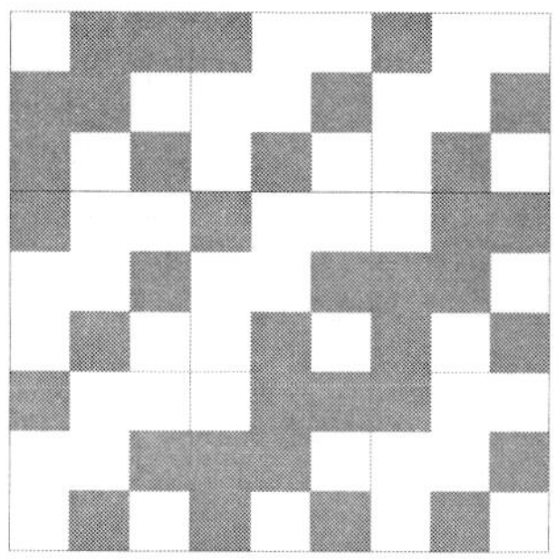	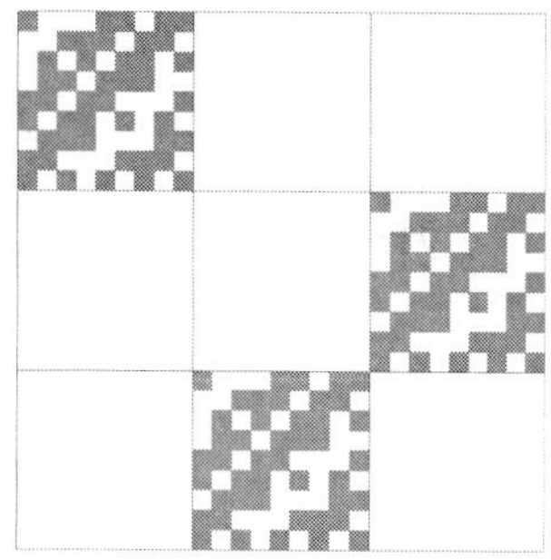

		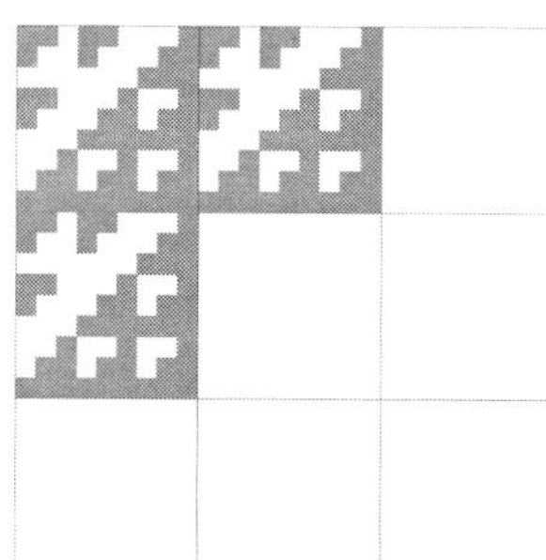

(4) 1단계 4개

① $\log_3 4 = 1.262$	② $\log_9 40 = 1.679$	③ $\log_{27} 164 = 1.547$
	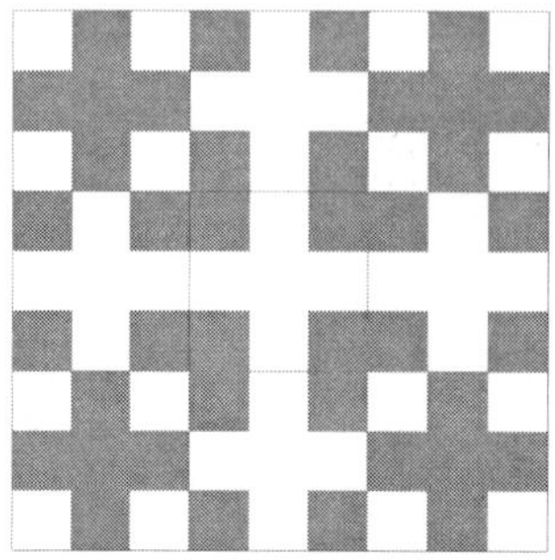	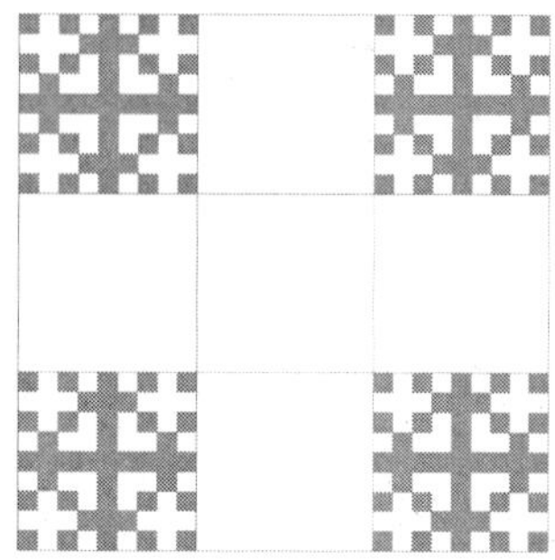
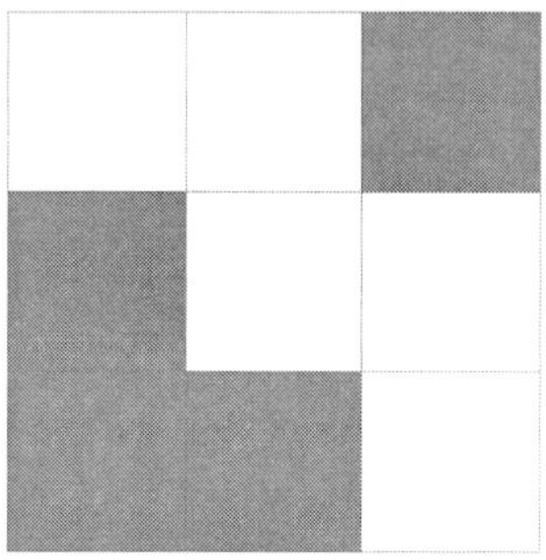		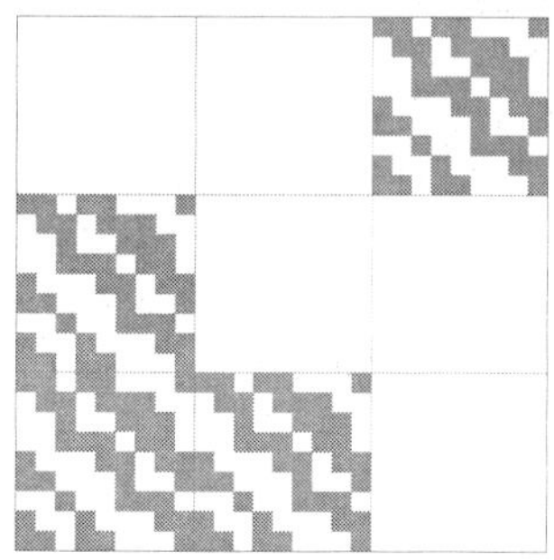
		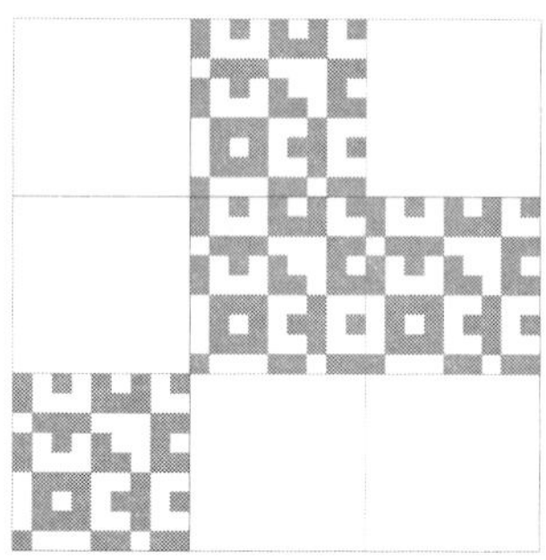
		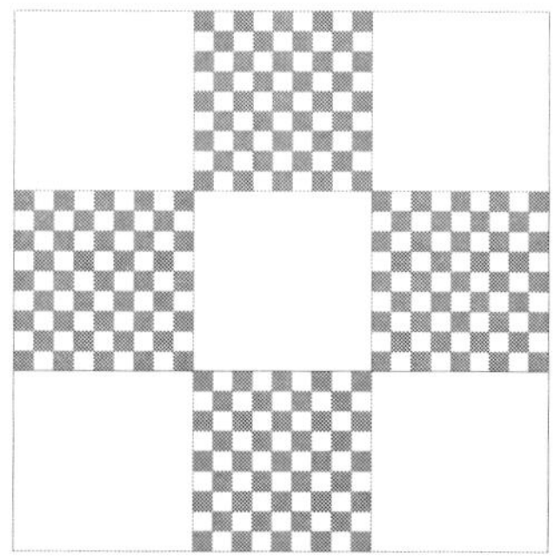

(5) 1단계 5개

① $\log_3 5 = 1.465$	② $\log_9 40 = 1.679$	③ $\log_{27} 205 = 1.615$
		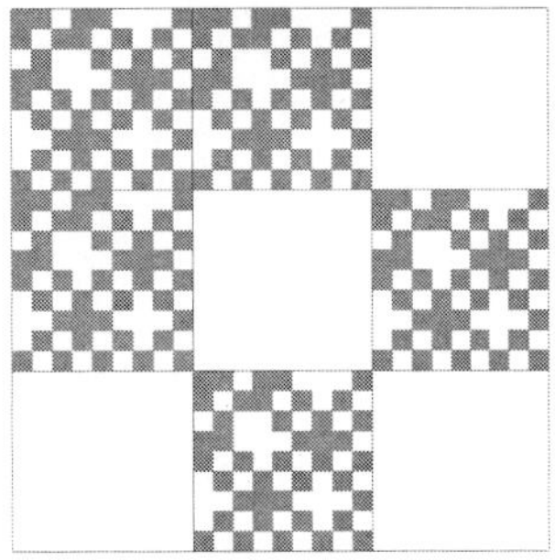
	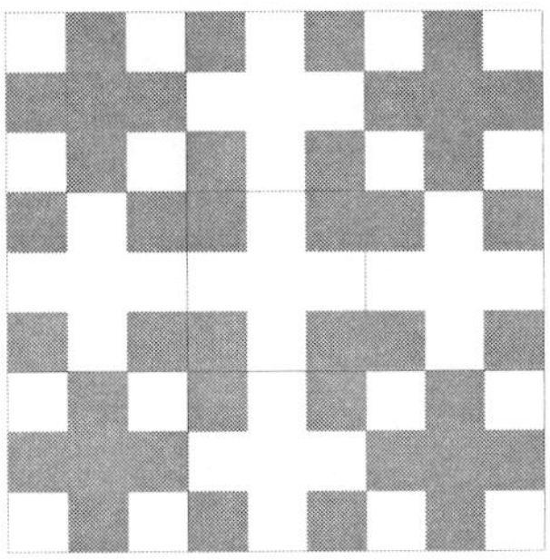	
		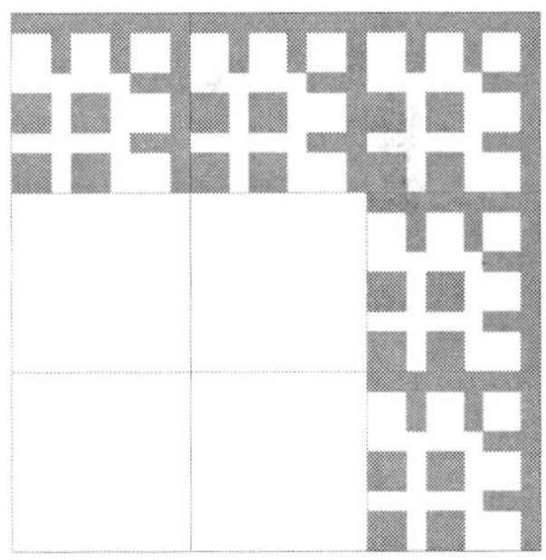
		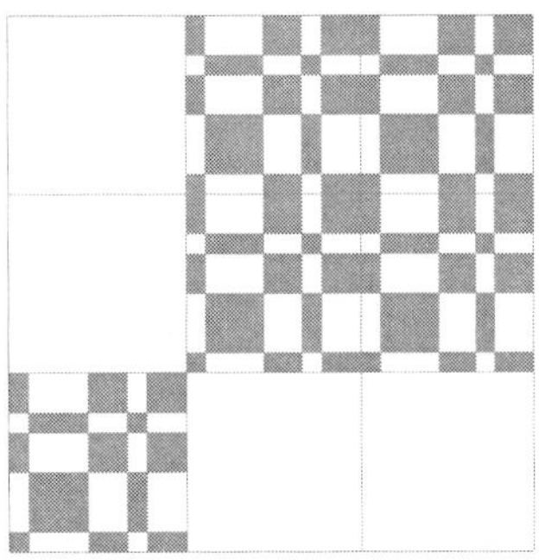

(6) 1단계 6개

① $\log_3 6 = 1.631$	② $\log_9 36 = 1.631$	③ $\log_{27} 270 = 1.699$
	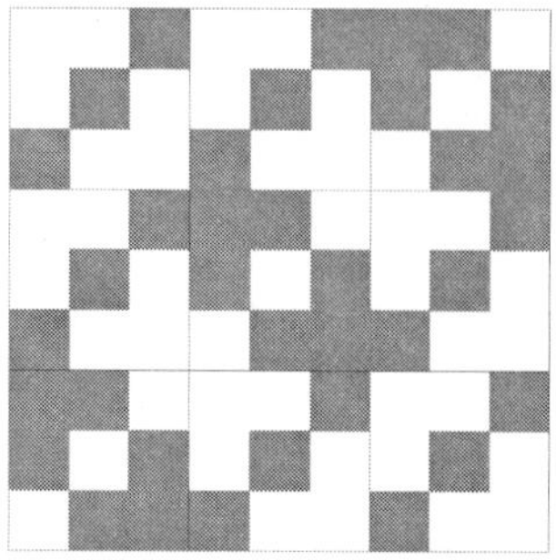	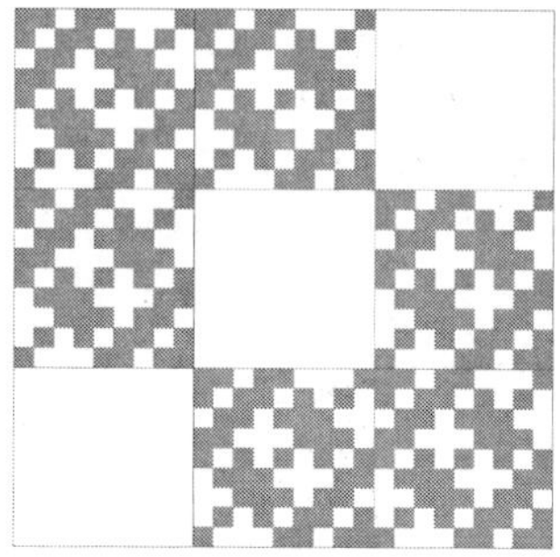
	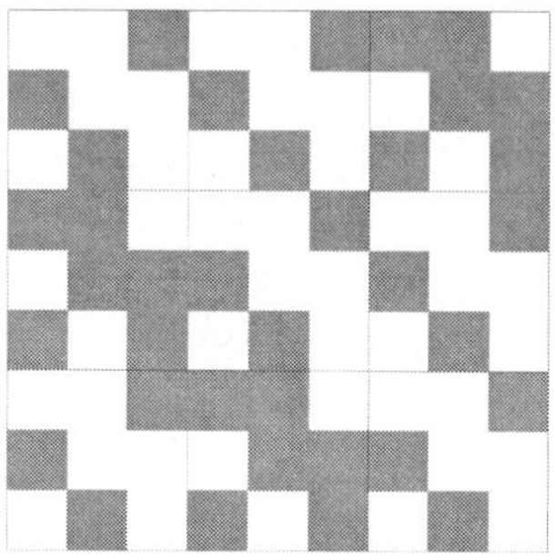	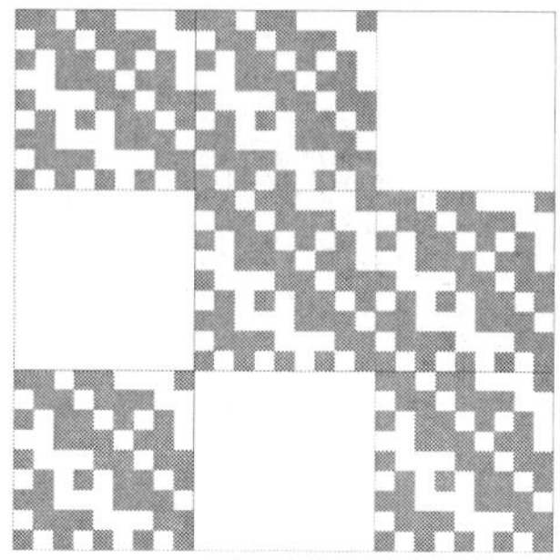
	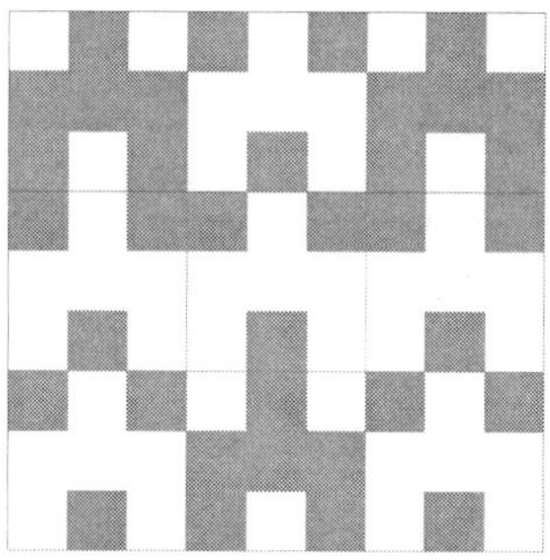	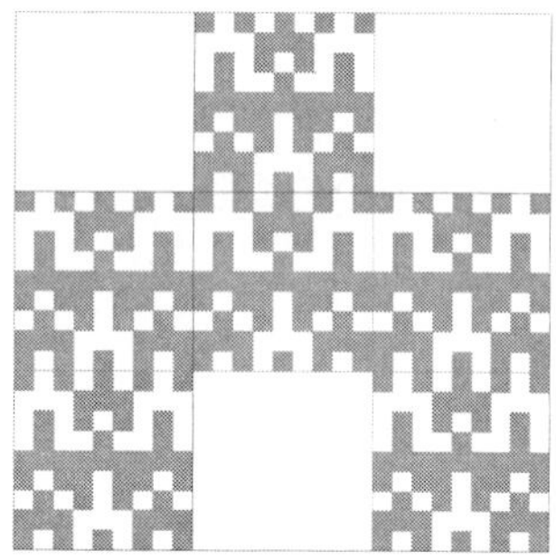
		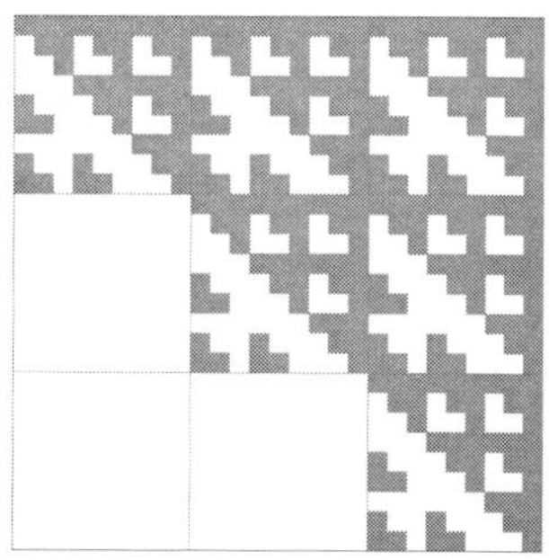

(7) 1단계 7개

① $\log_3 7 = 1.771$	② $\log_9 28 = 1.517$	③ $\log_{27} 371 = 1.795$
	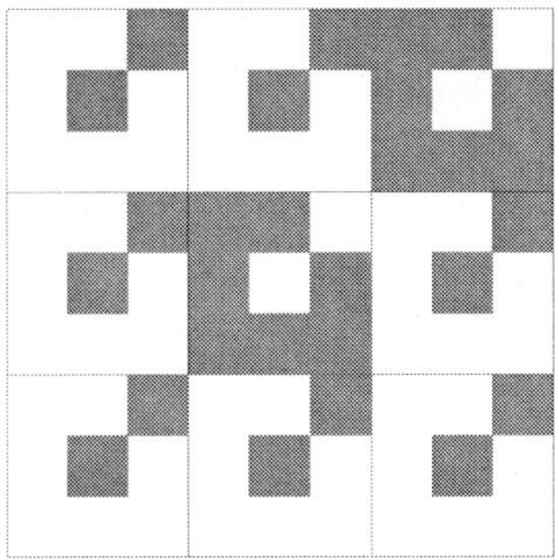	
	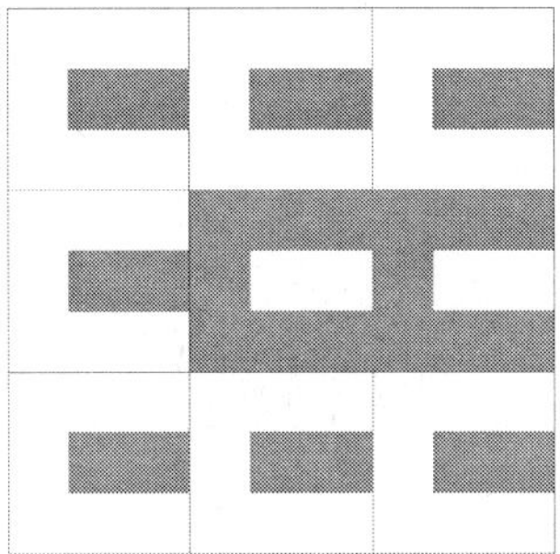	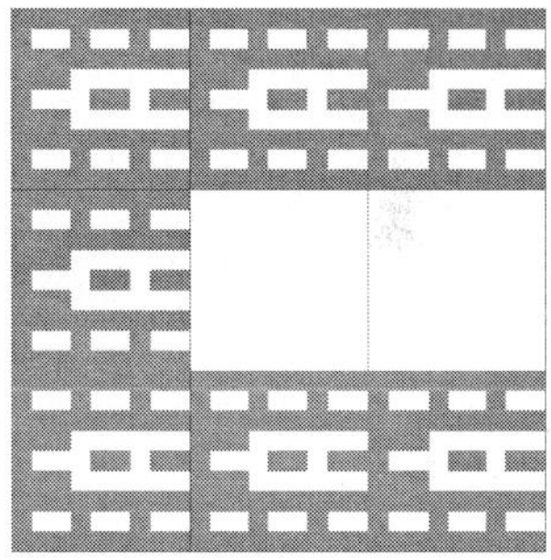
	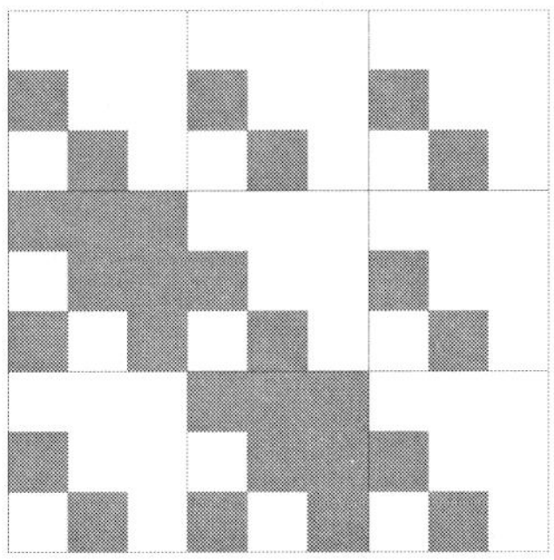	
	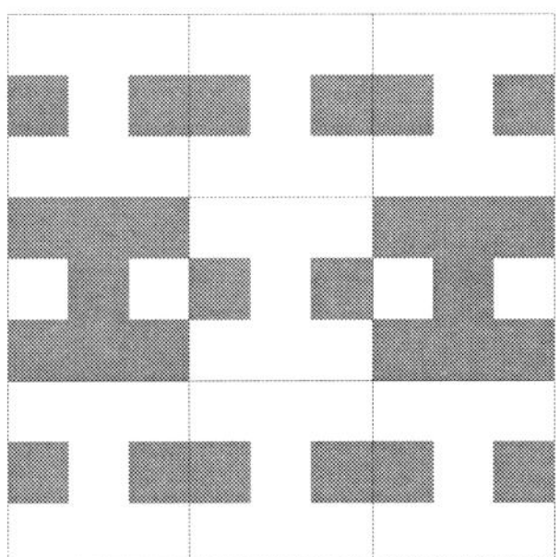	

2 4×4 나눗셈-뺄셈 프랙탈

(1) 1단계 1개

① $\log_4 1 = 0$	② $\log_{16} 30 = 1.227$	③ $\log_{64} 226 = 1.303$
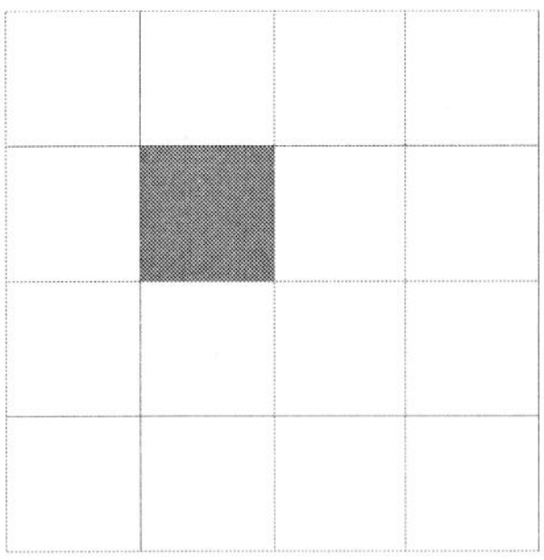	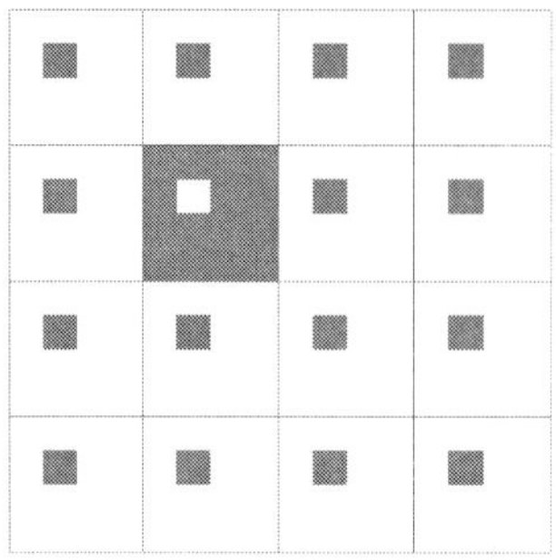	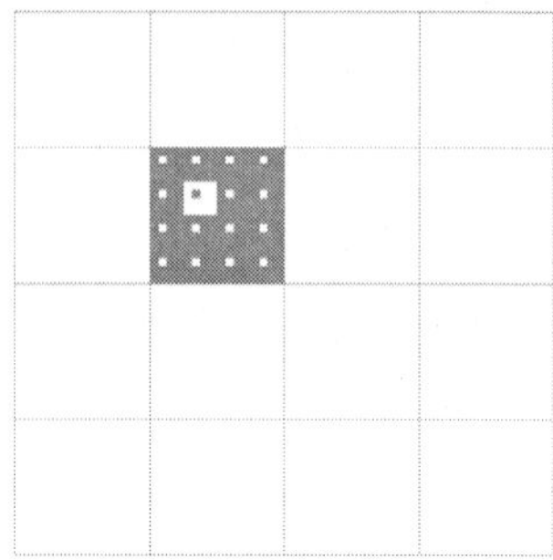

(2) 1단계 2개

① $\log_4 2 = 0.5$	② $\log_{16} 56 = 1.452$	③ $\log_{64} 400 = 1.441$
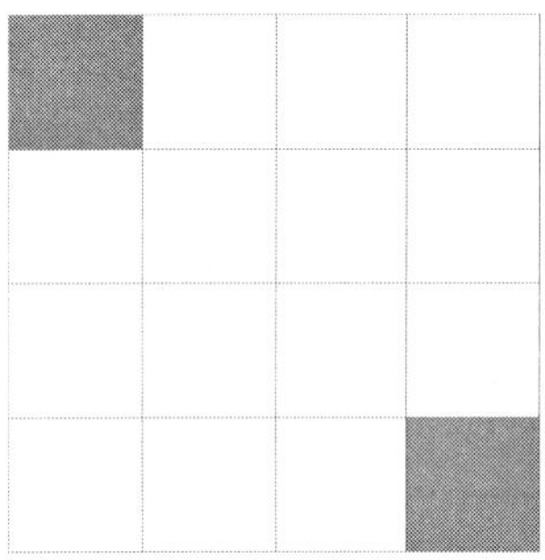	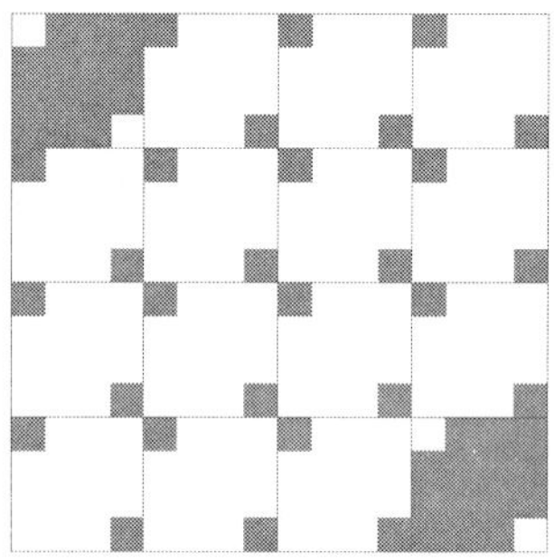	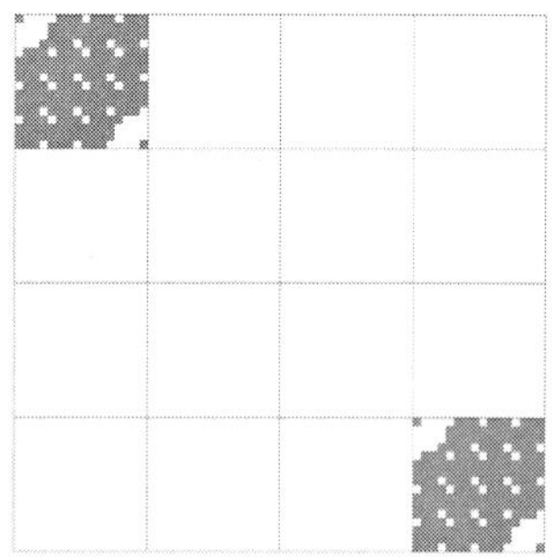

(3) 1단계 3개

① $\log_4 3 = 0.792$	② $\log_9 78 = 1.571$	③ $\log_{64} 534 = 1.51$
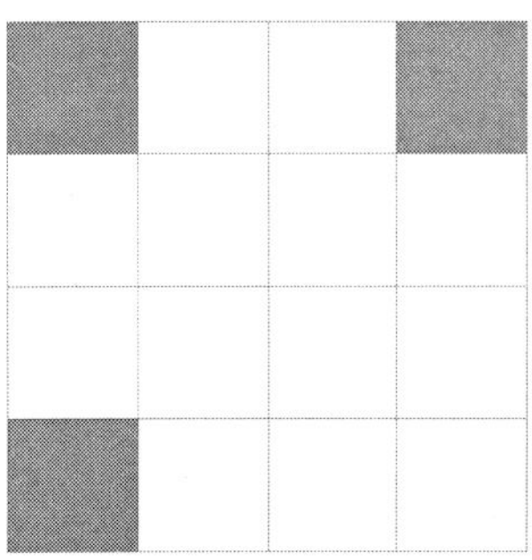	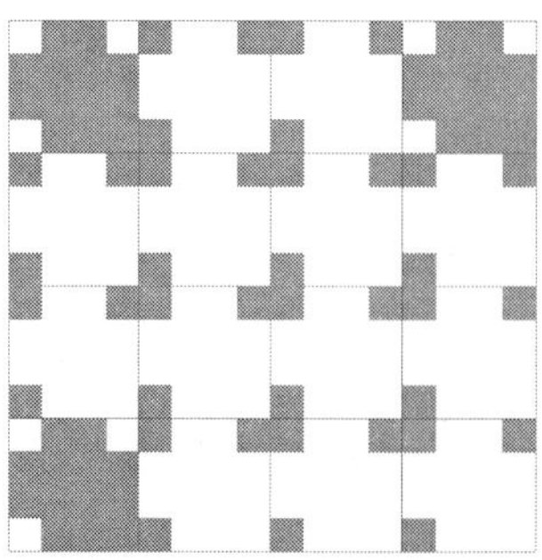	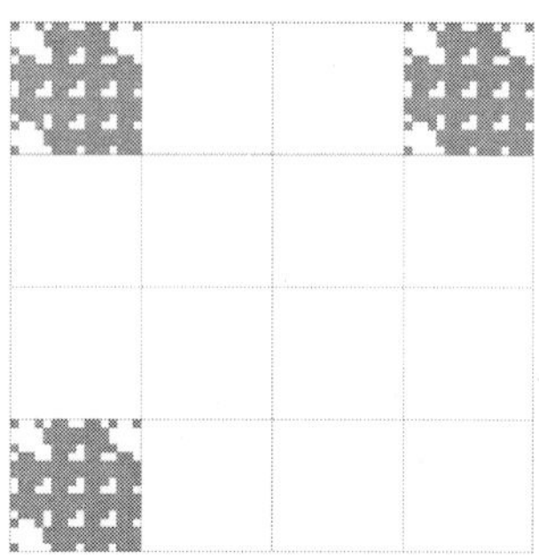

(4) 1단계 4개

① $\log_{4}4=1$	② $\log_{16}96=1.646$	③ $\log_{64}640=1.554$
	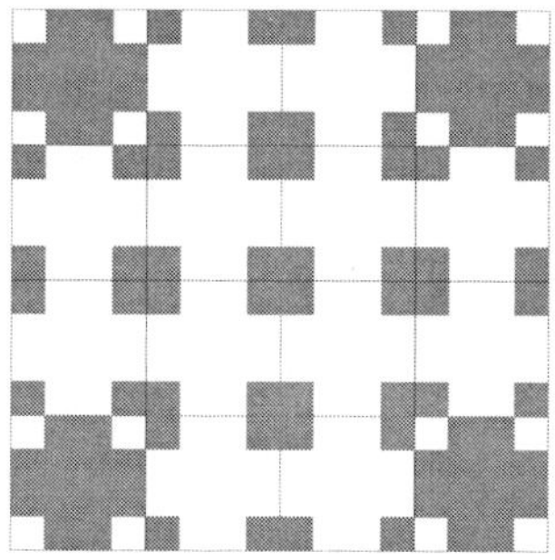	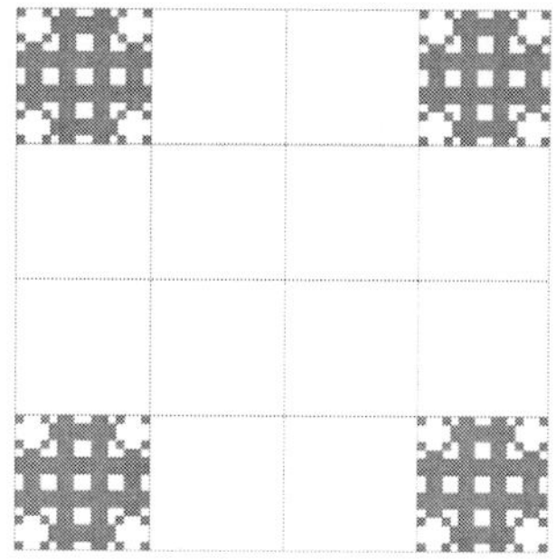
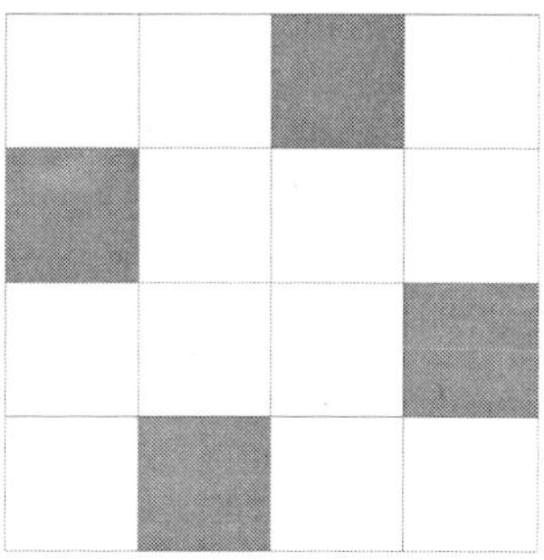		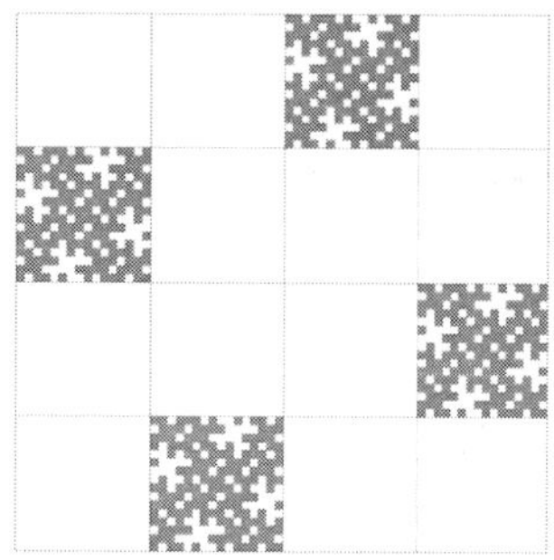
		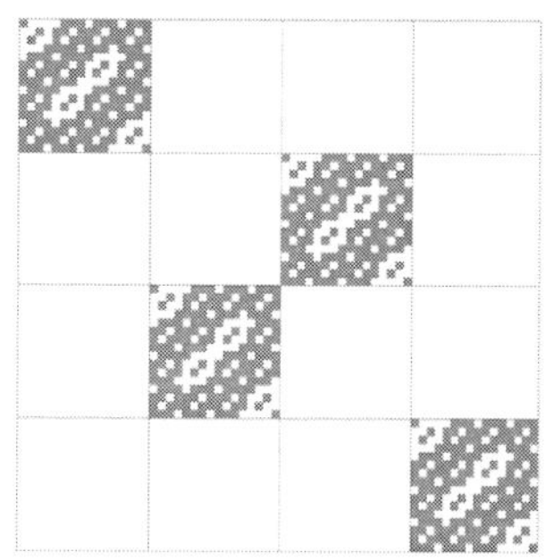
	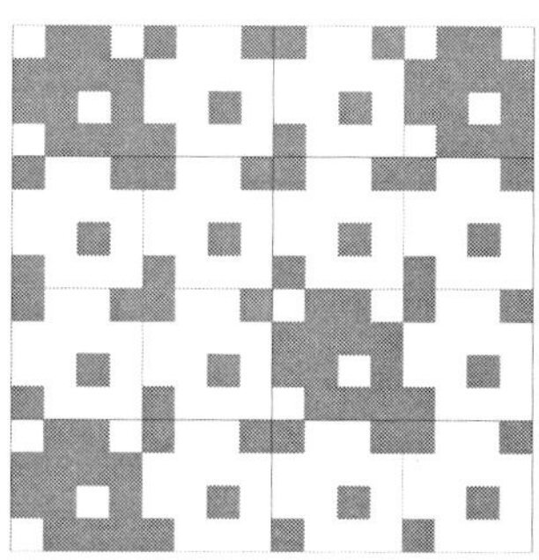	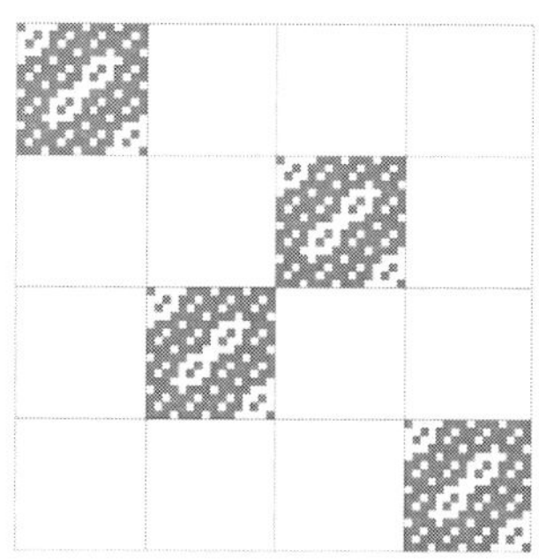

(5) 1단계 8개

① $\log_4 8 = 1.5$	② $\log_{16} 128 = 1.75$	③ $\log_{64} 1024 = 1.667$
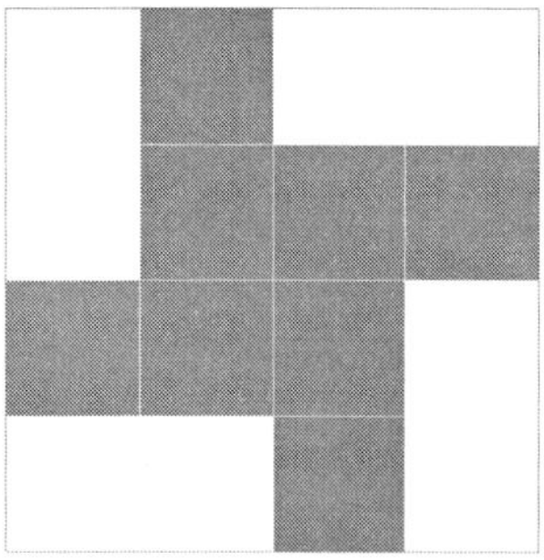		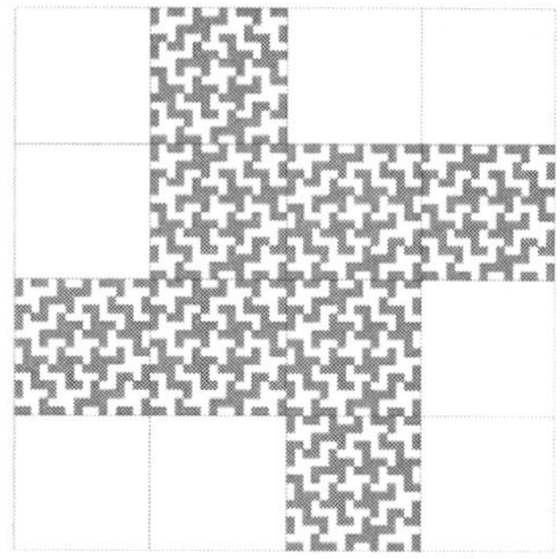
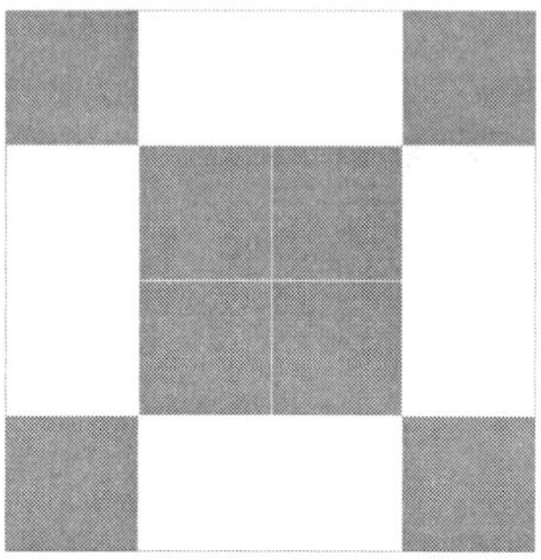	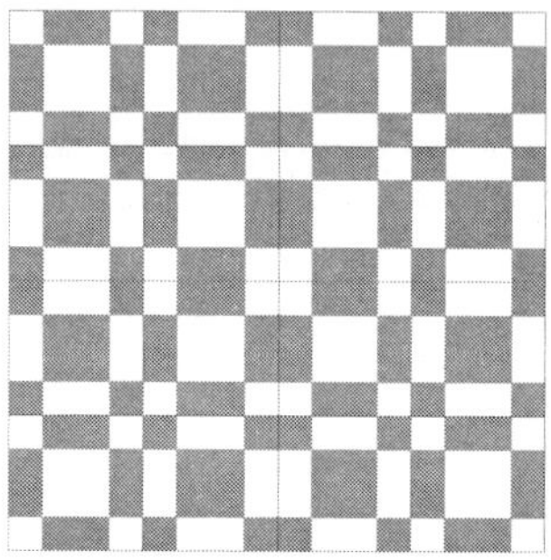	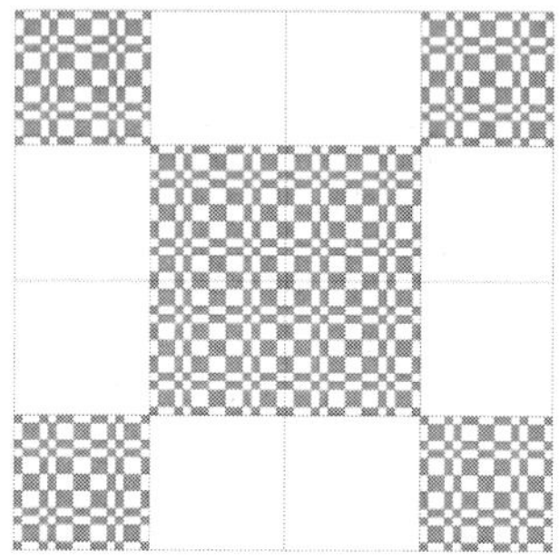
		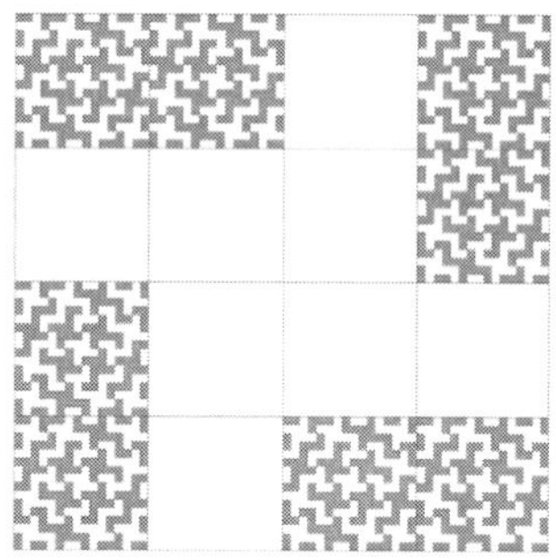
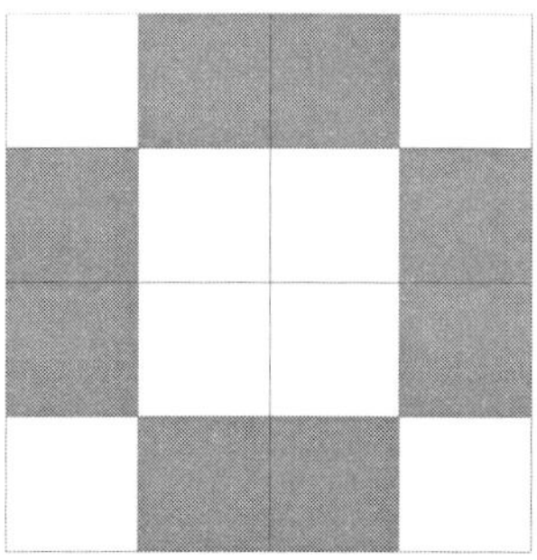	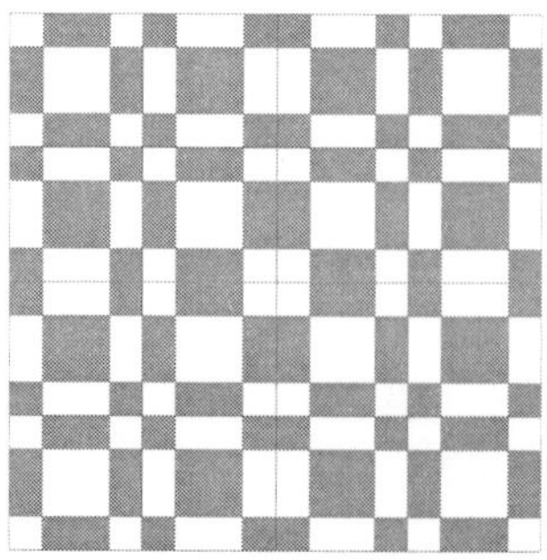	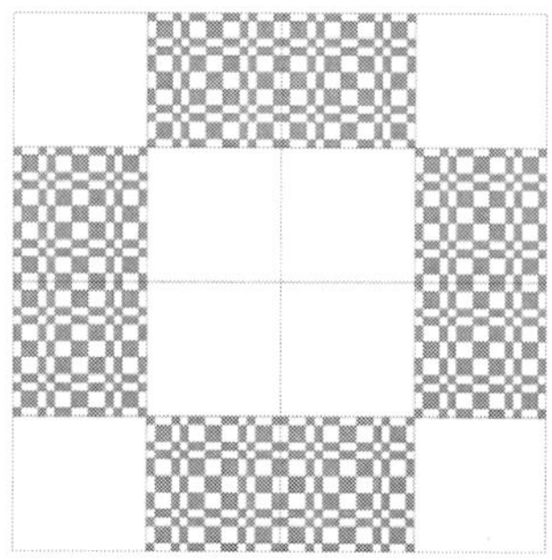

3 5×5 나눗셈-뺄셈 프랙탈

(1) 1단계 5개

① $\log_5 5 = 1$

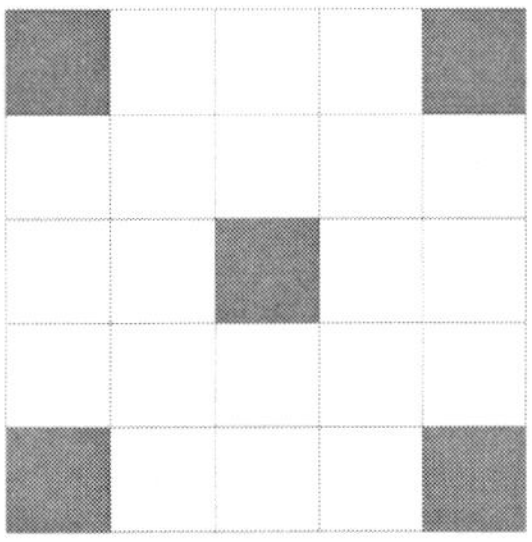

② $\log_{25} 200 = 1.65$

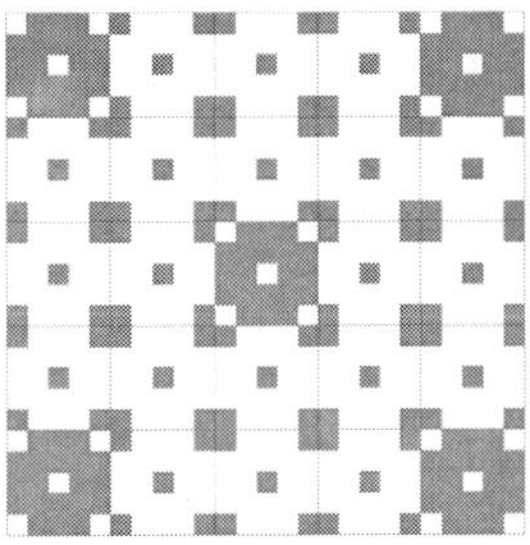

③ $\log_{125} 4069 = 1.721$

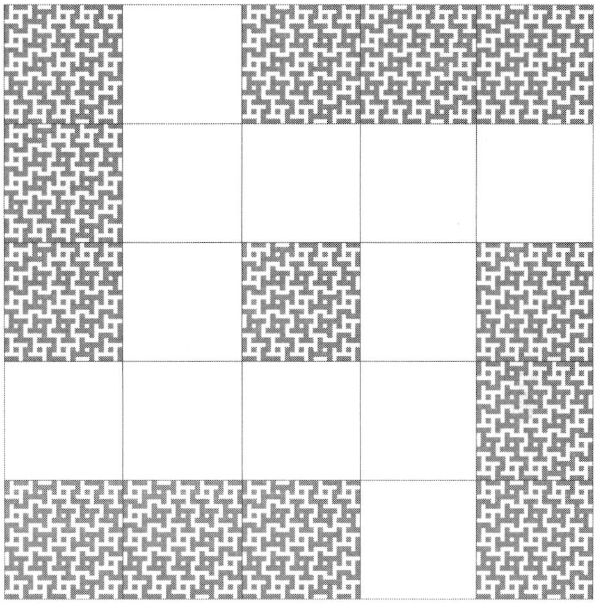

① $\log_5 5 = 1$

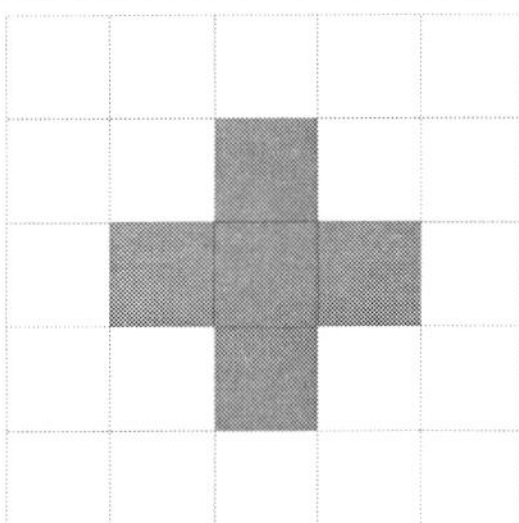

② $\log_{25} 200 = 1.65$

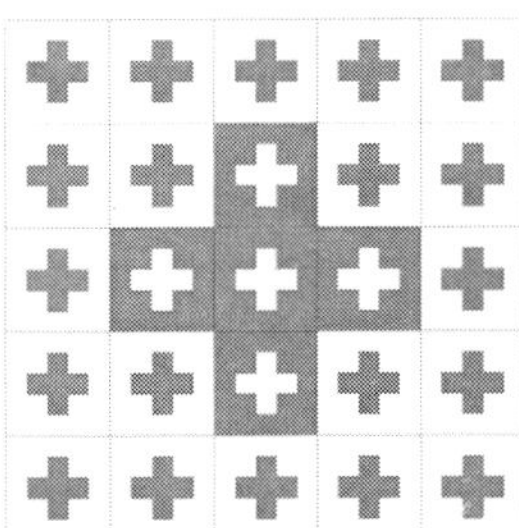

③ $\log_{125} 4069 = 1.721$

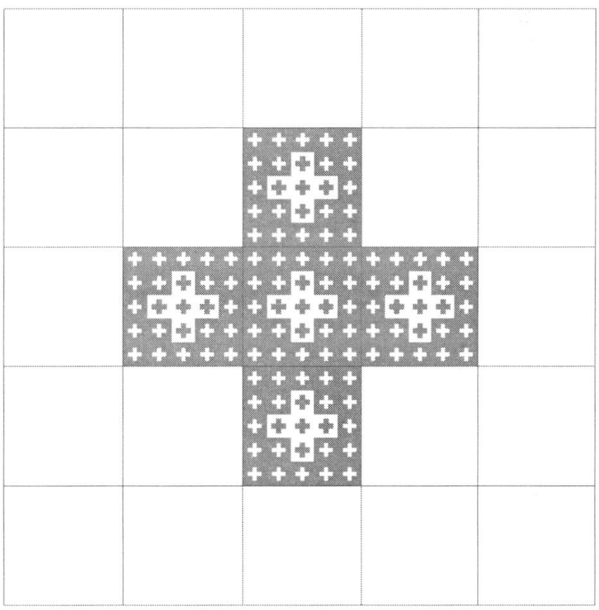

① $\log_5 5 = 1$

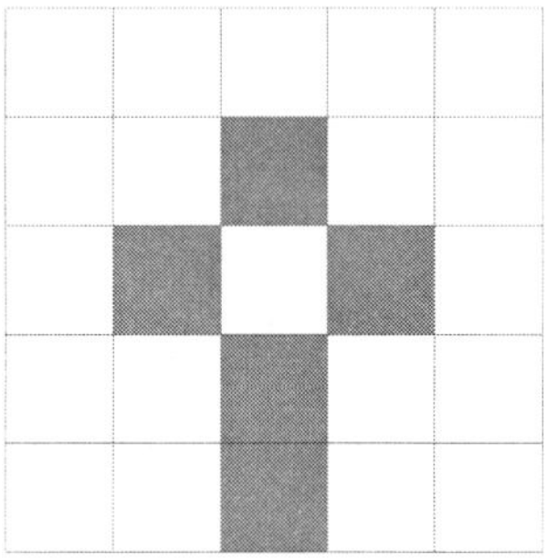

② $\log_{25} 200 = 1.65$

③ $\log_{125} 4069 = 1.721$

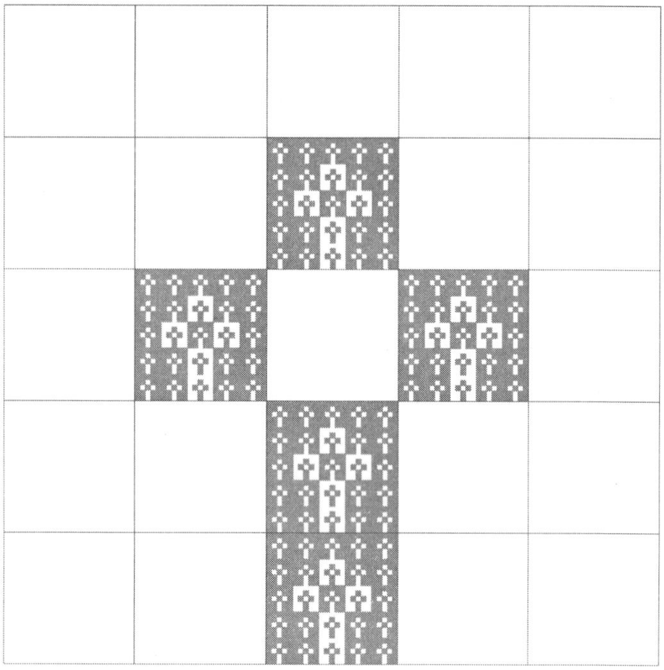

① $\log_5 5 = 1$

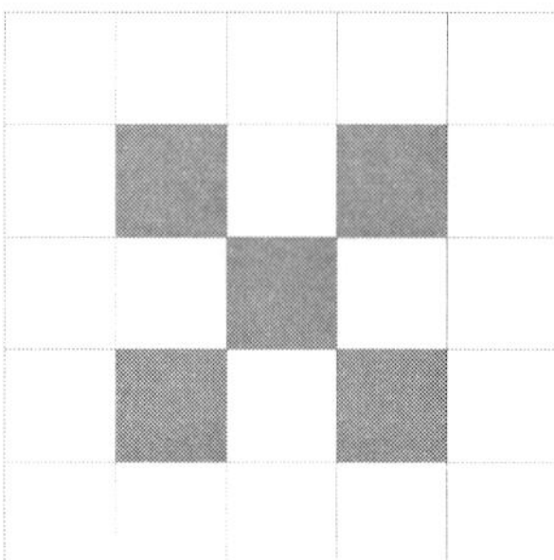

② $\log_{25} 200 = 1.65$

③ $\log_{125} 4069 = 1.721$

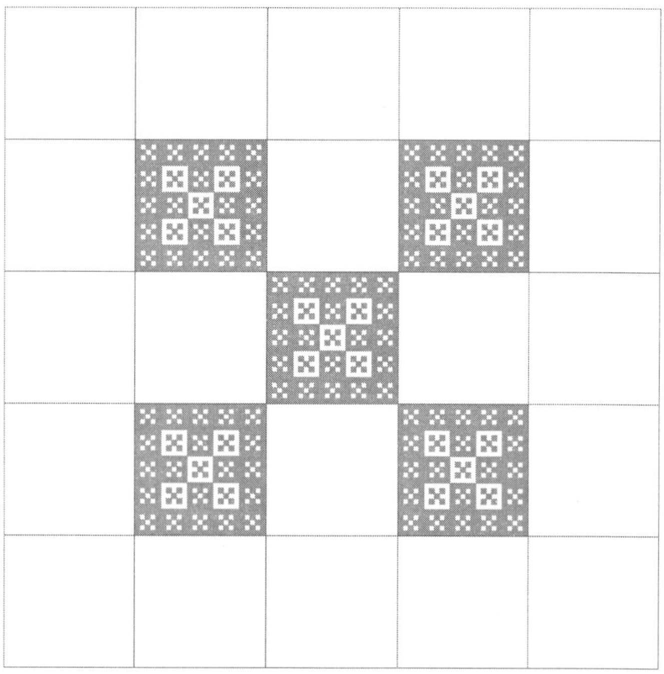

(2) 1단계 8개

① $\log_5 8 = 1.292$

② $\log_{25} 272 = 1.74$

③ $\log_{125} 2824 = 1.646$

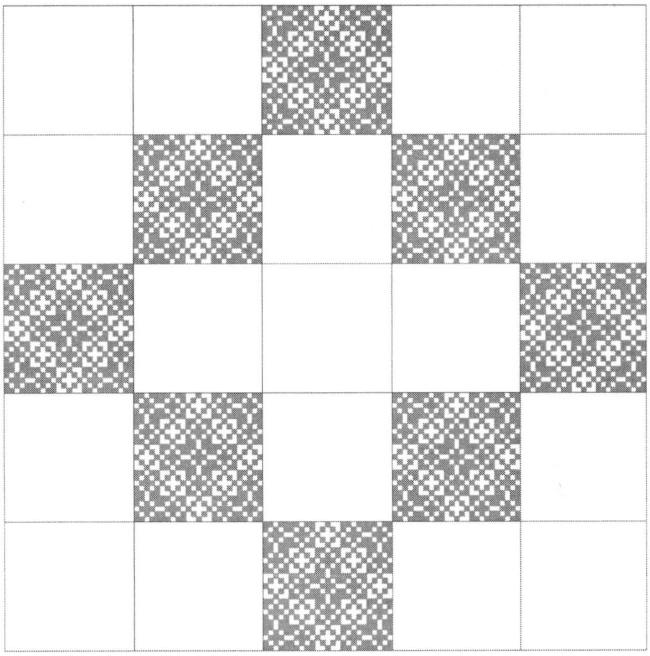

① $\log_5 8 = 1.292$

② $\log_{25} 272 = 1.74$

③ $\log_{125} 2824 = 1.646$

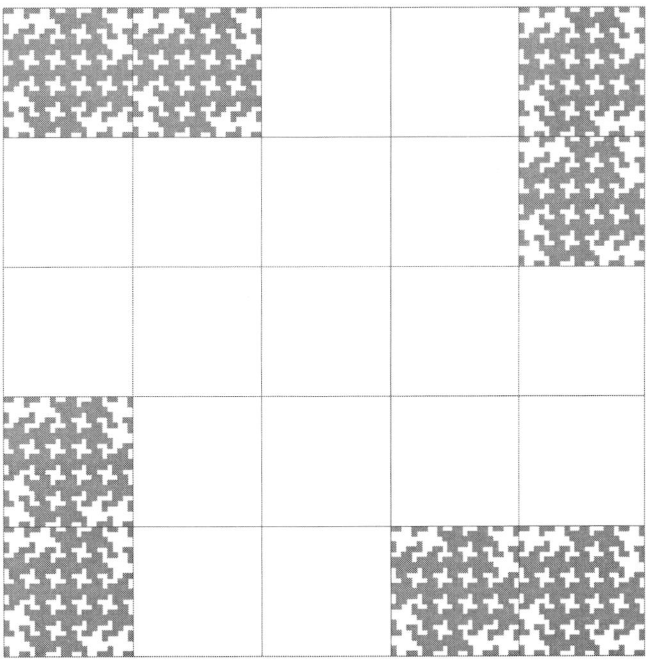

① $\log_5 8 = 1.292$

② $\log_{25} 272 = 1.74$

③ $\log_{125} 2824 = 1.646$

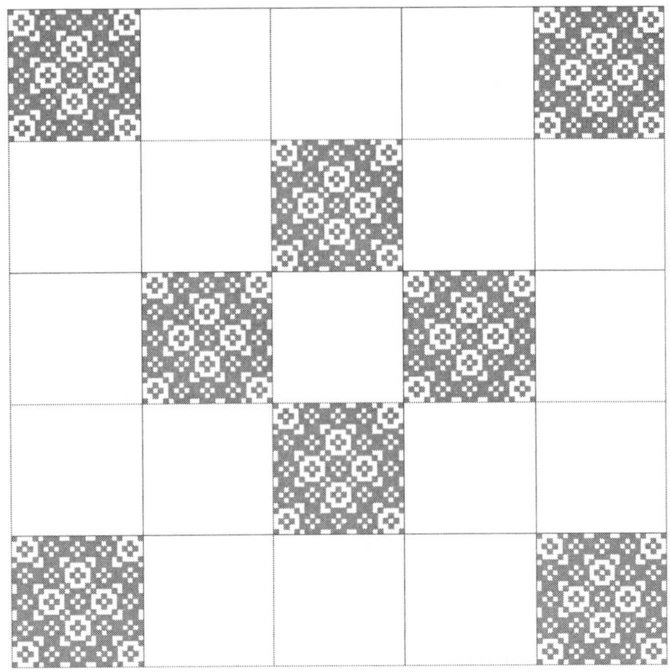

① $\log_5 8 = 1.292$

② $\log_{25} 272 = 1.742$

③ $\log_{125} 2824 = 1.646$

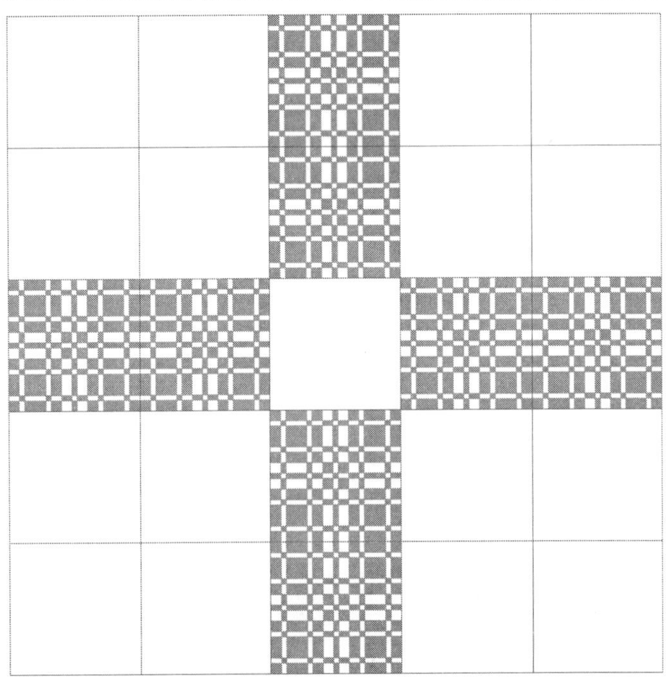

① $\log_5 8 = 1.292$

② $\log_{25} 272 = 1.742$

③ $\log_{125} 2824 = 1.646$

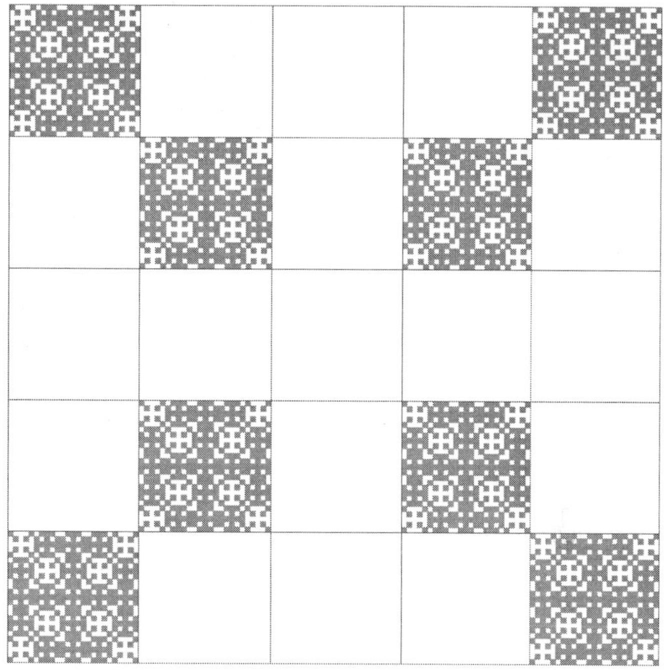

① $\log_5 8 = 1.292$

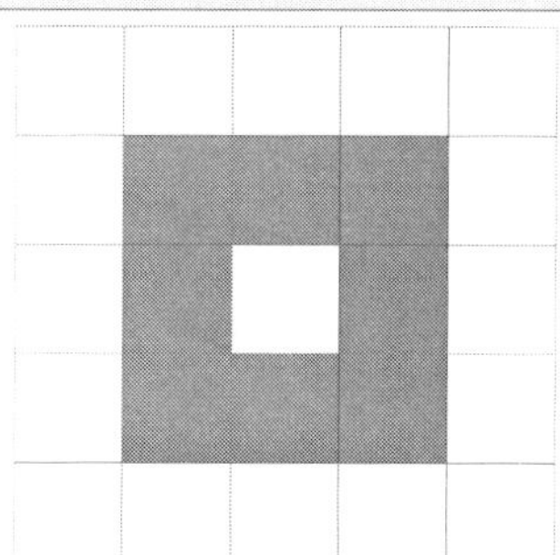

② $\log_{25} 272 = 1.742$

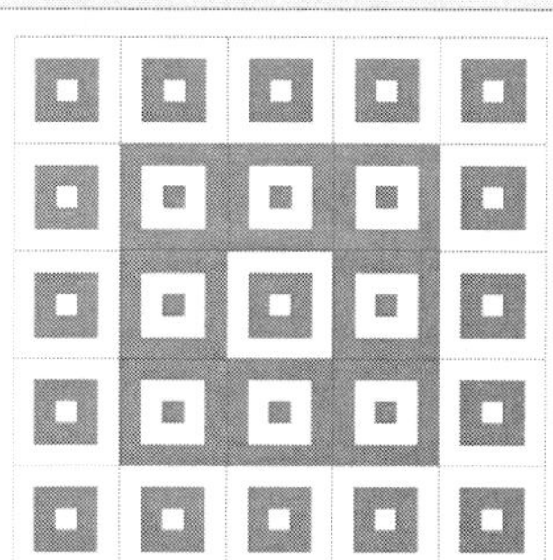

③ $\log_{125} 2824 = 1.646$

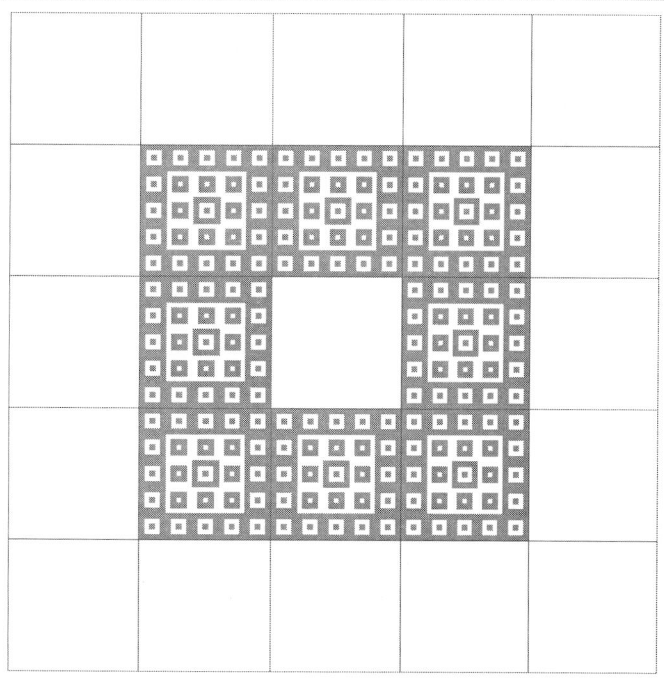

(3) 1단계 9개

① $\log_5 9 = 1.365$

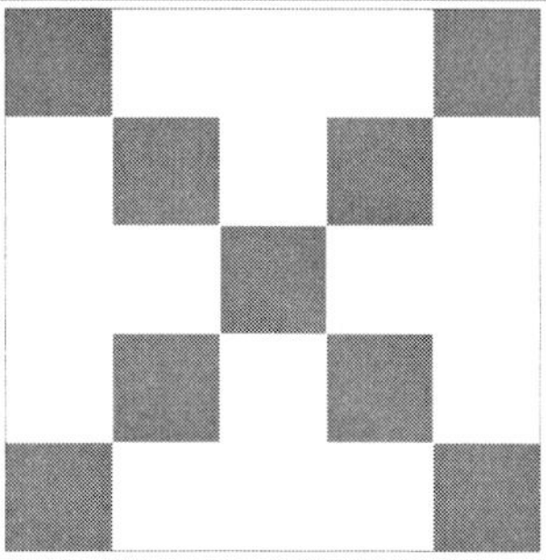

② $\log_{25} 288 = 1.759$

③ $\log_{125} 3033 = 1.66$

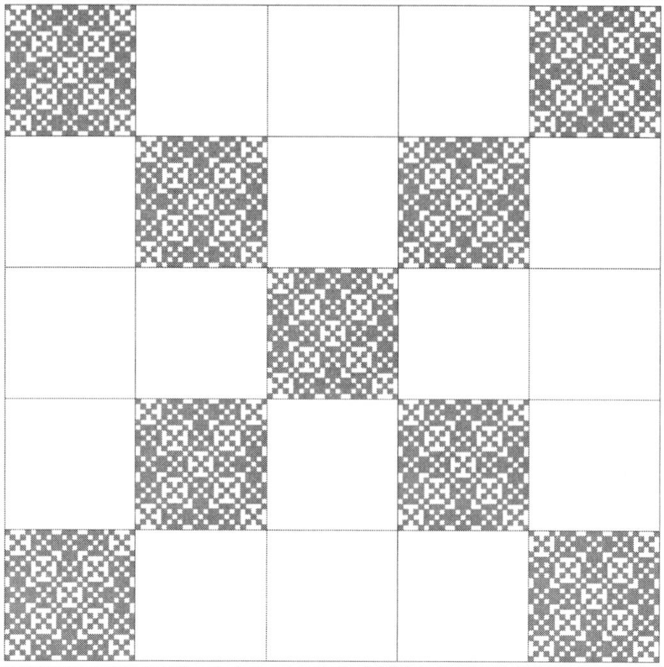

① $\log_5 9 = 1.365$

② $\log_{25} 288 = 1.759$

③ $\log_{125} 3033 = 1.66$

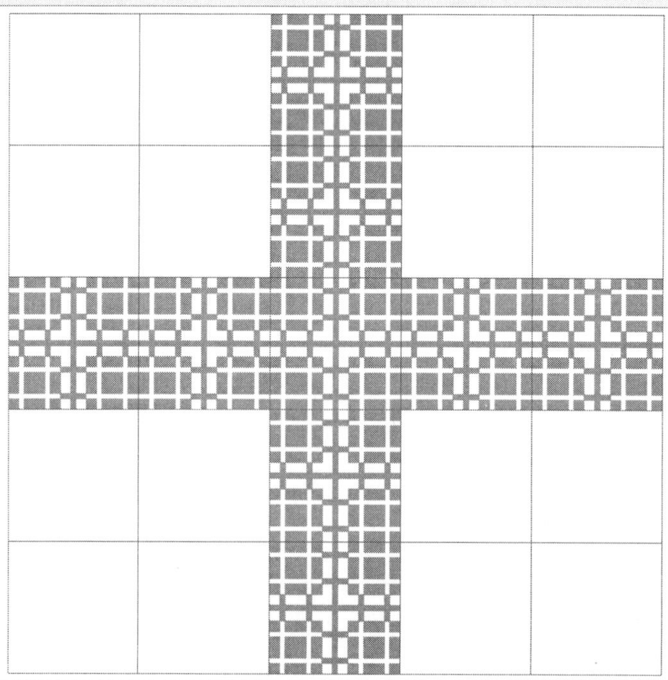

① $\log_5 9 = 1.365$

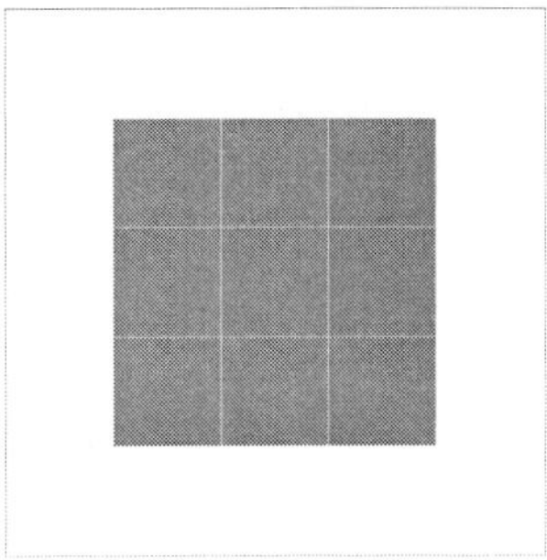

② $\log_{25} 288 = 1.759$

③ $\log_{125} 3033 = 1.66$

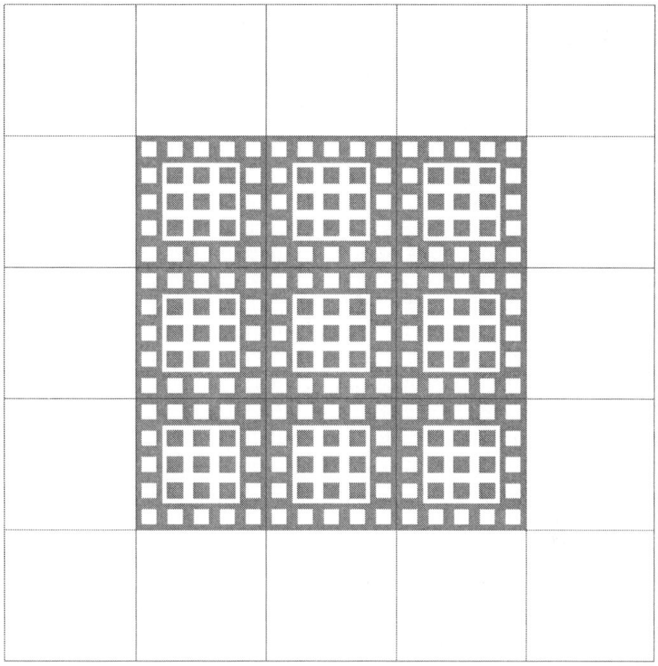

① $\log_5 9 = 1.365$

② $\log_{25} 288 = 1.759$

③ $\log_{125} 3033 = 1.66$

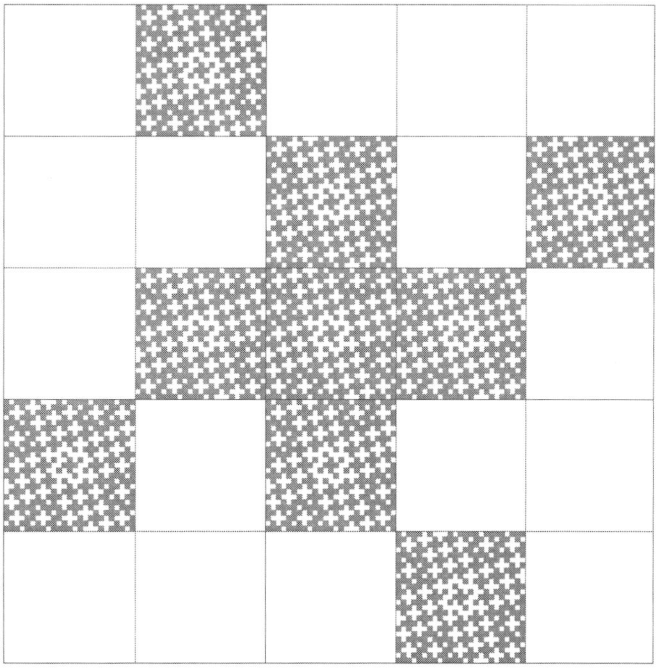

4 6×6 나눗셈-뺄셈 프랙탈

(1) 1단계 2개

① $\log_6 2 = 0.387$

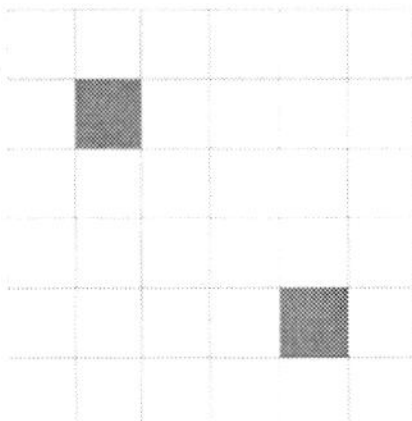

② $\log_{36} 136 = 1.371$

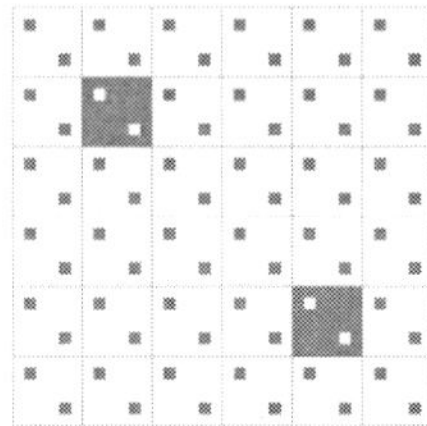

③ $\log_{216} 2320 = 1.442$

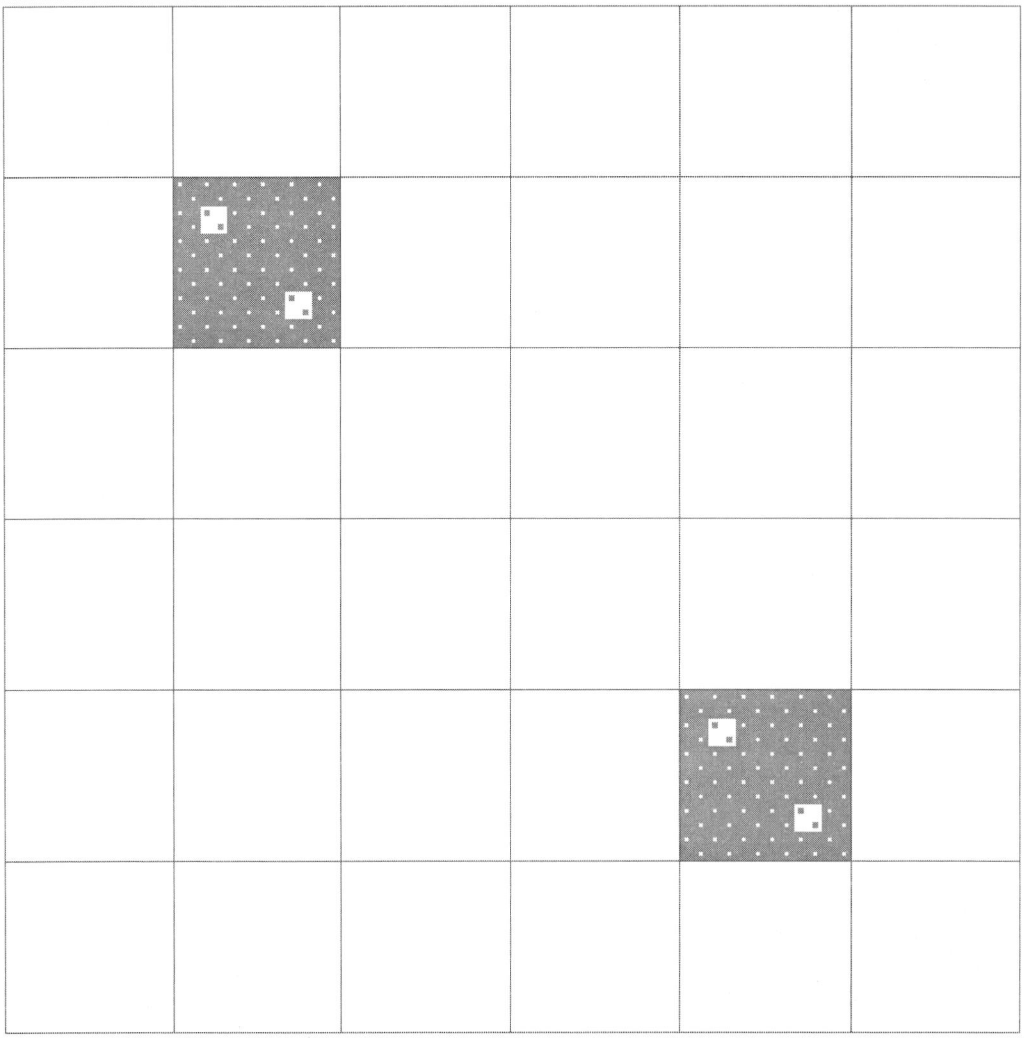

(2) 1단계 4개

① $\log_6 4 = 0.774$	② $\log_{36} 256 = 1.547$
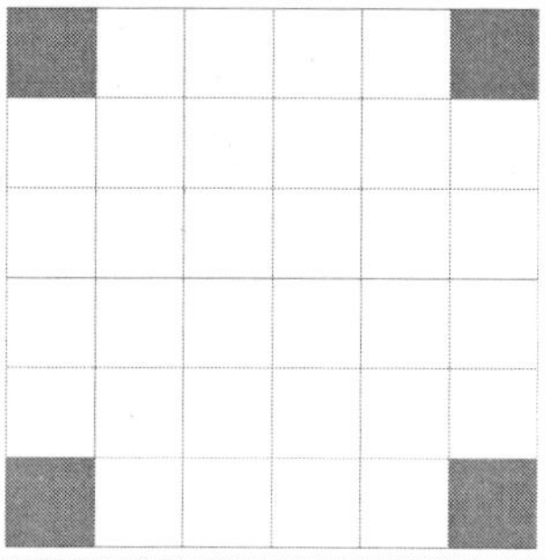	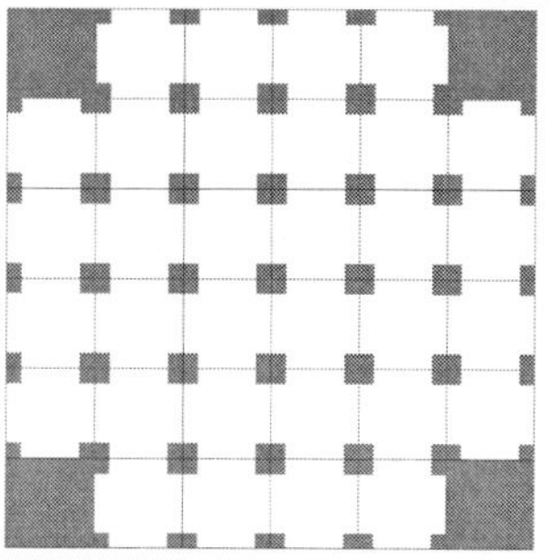

③ $\log_{216} 4160 = 1.55$

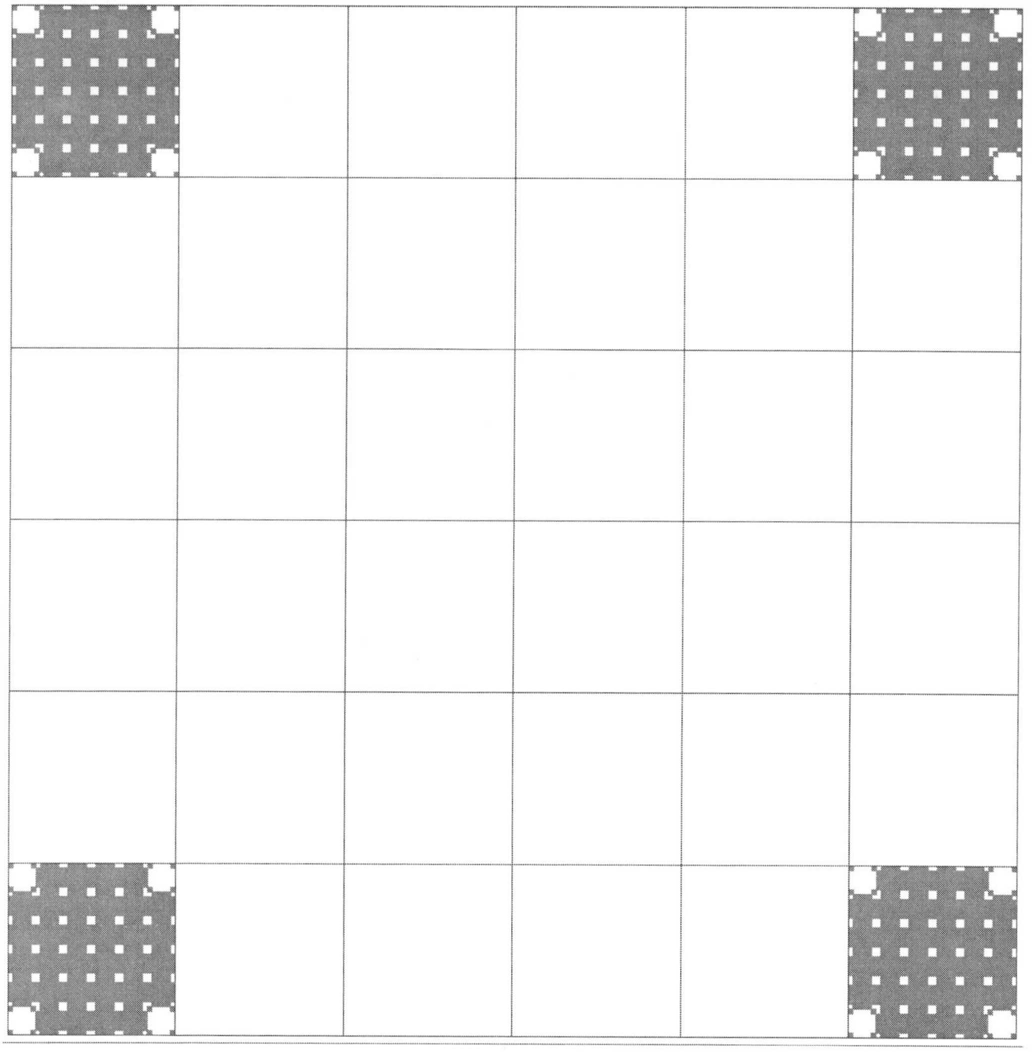

① $\log_6 4 = 0.774$

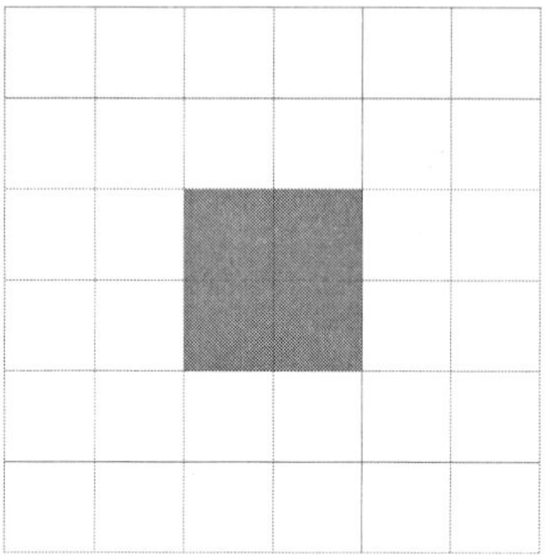

② $\log_{36} 256 = 1.547$

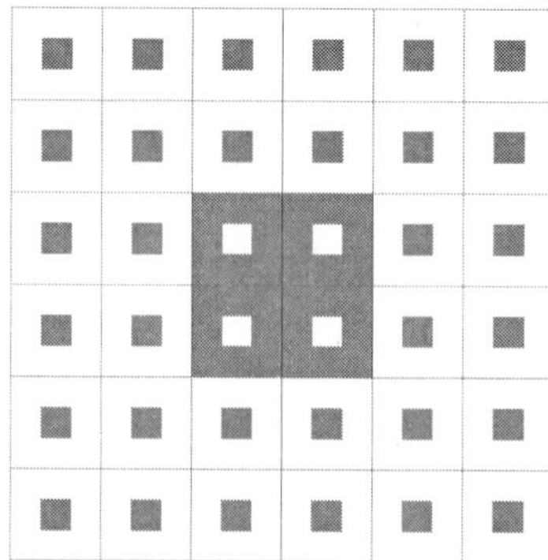

③ $\log_{216} 4160 = 1.55$

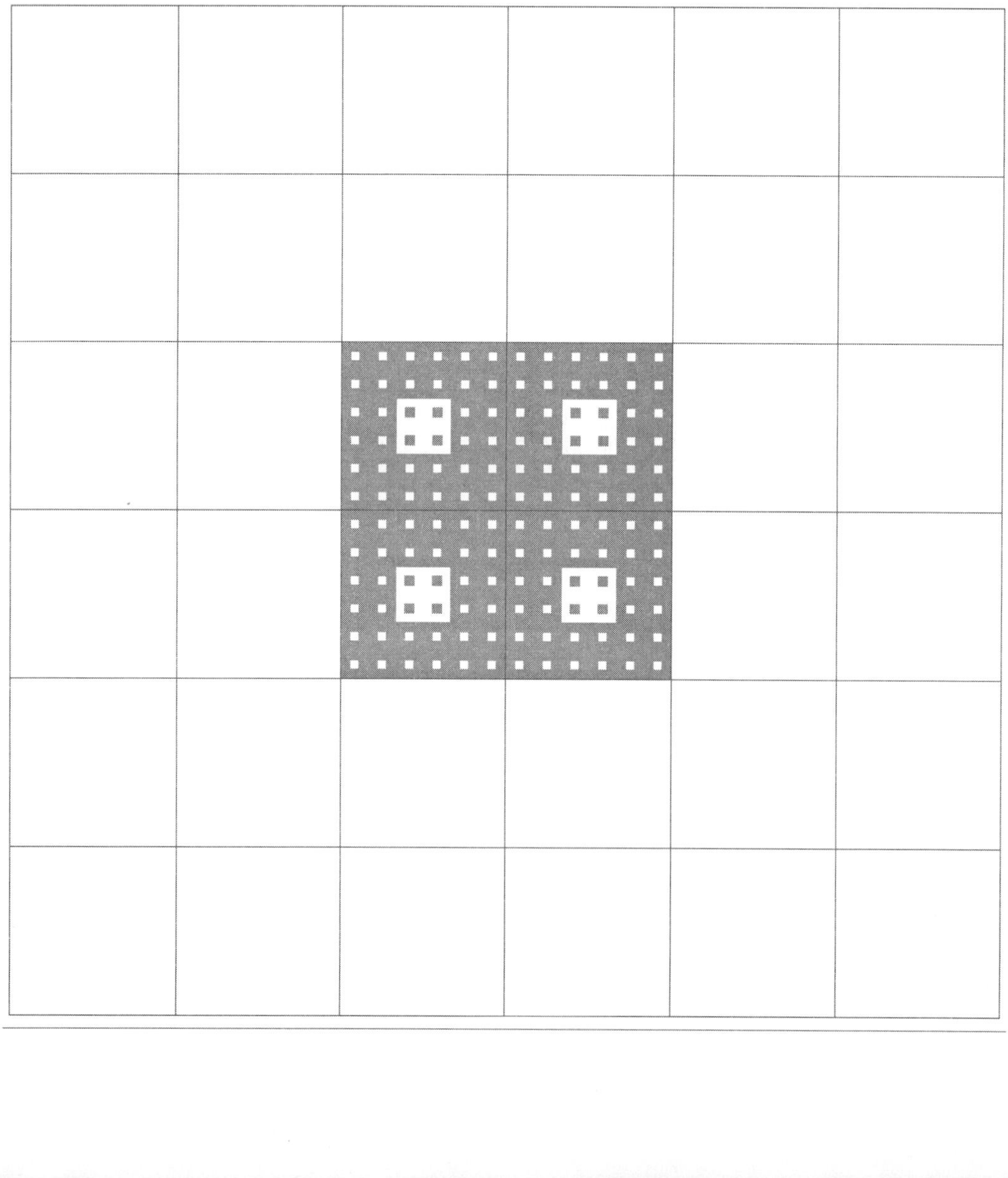

① $\log_6 4 = 0.774$	② $\log_{36} 256 = 1.547$
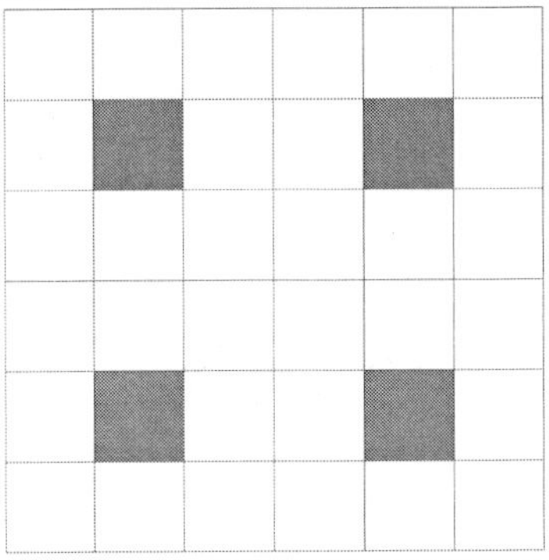	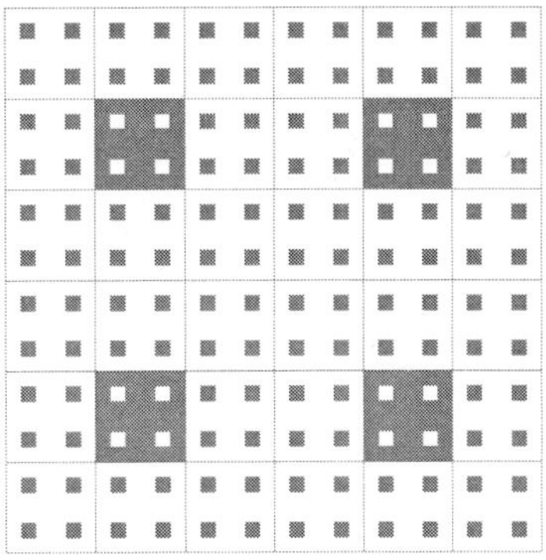

③ $\log_{216} 4160 = 1.55$

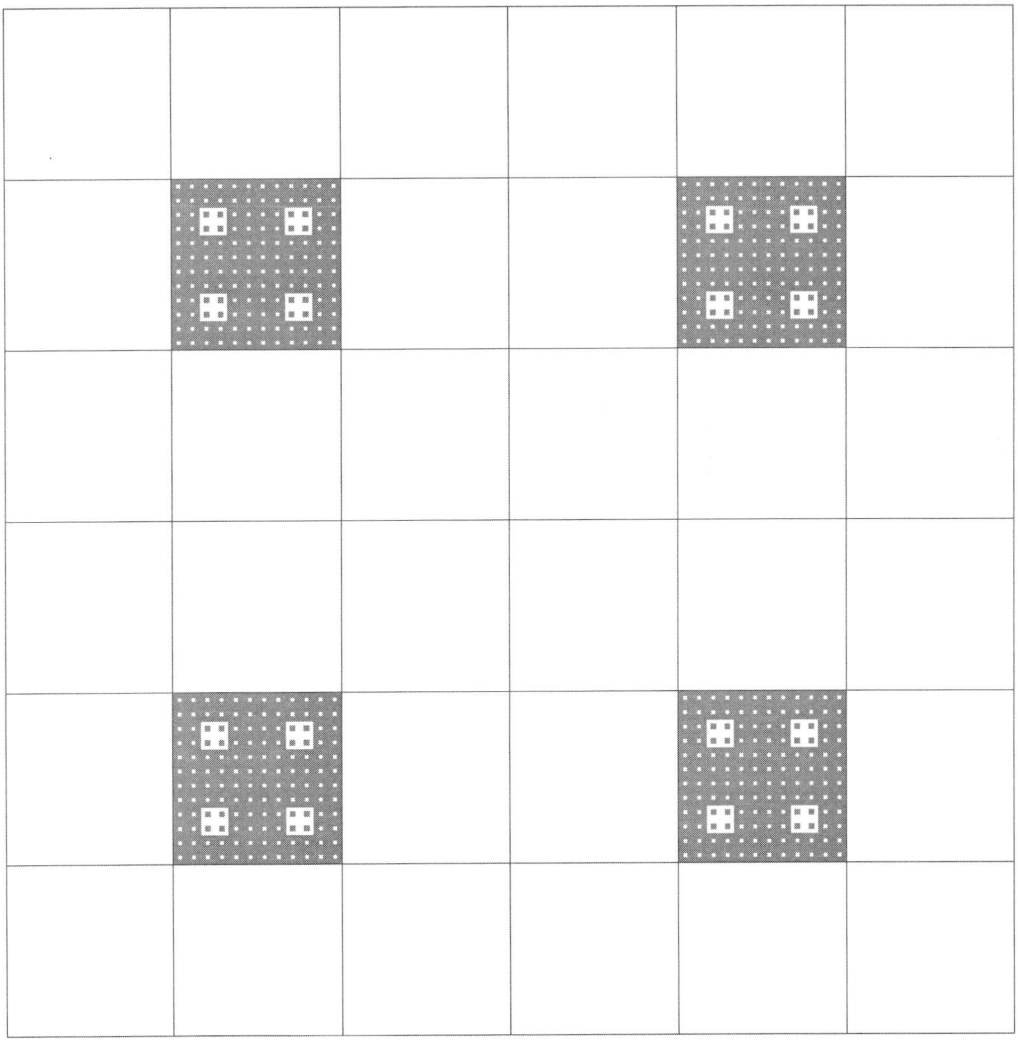

① $\log_6 4 = 0.774$

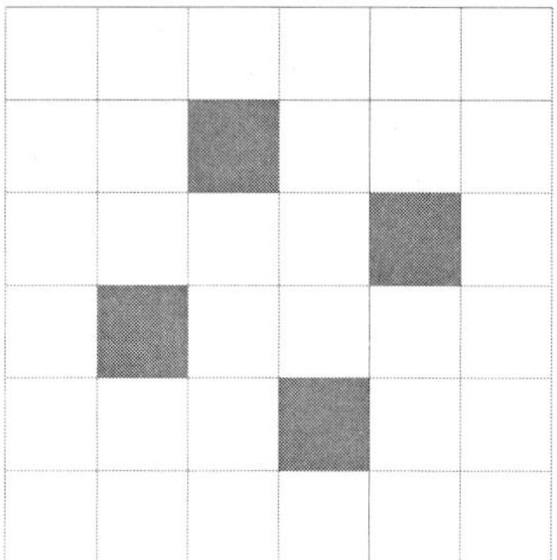

② $\log_{36} 256 = 1.547$

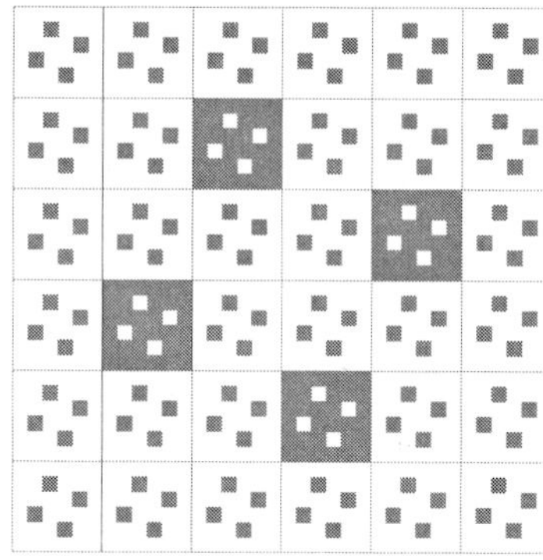

③ $\log_{216} 4160 = 1.55$

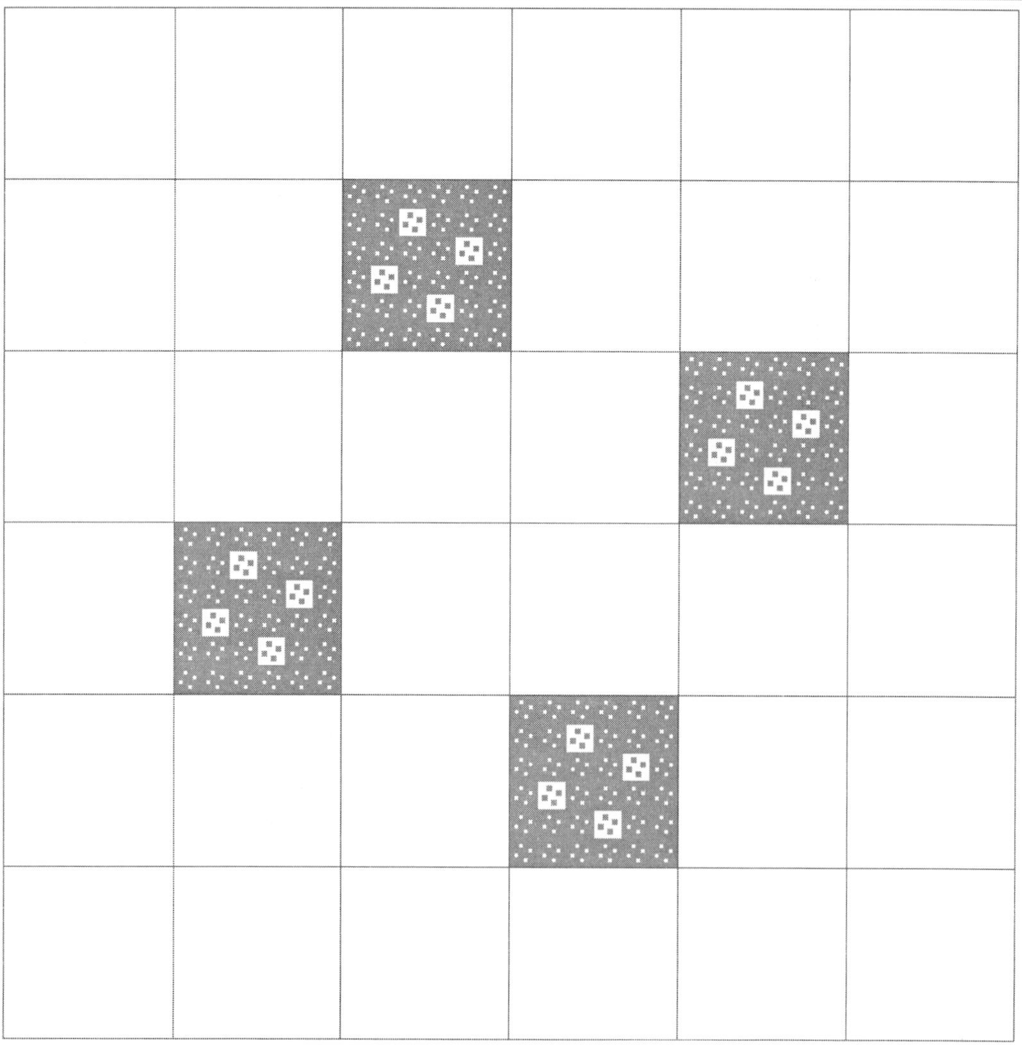

(3) 1단계 8개

① $\log_6 8 = 1.161$

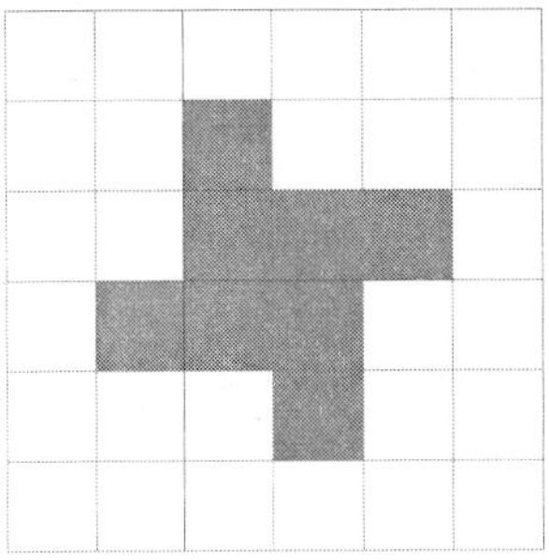

② $\log_{36} 448 = 1.704$

③ $\log_{216} 6784 = 1.641$

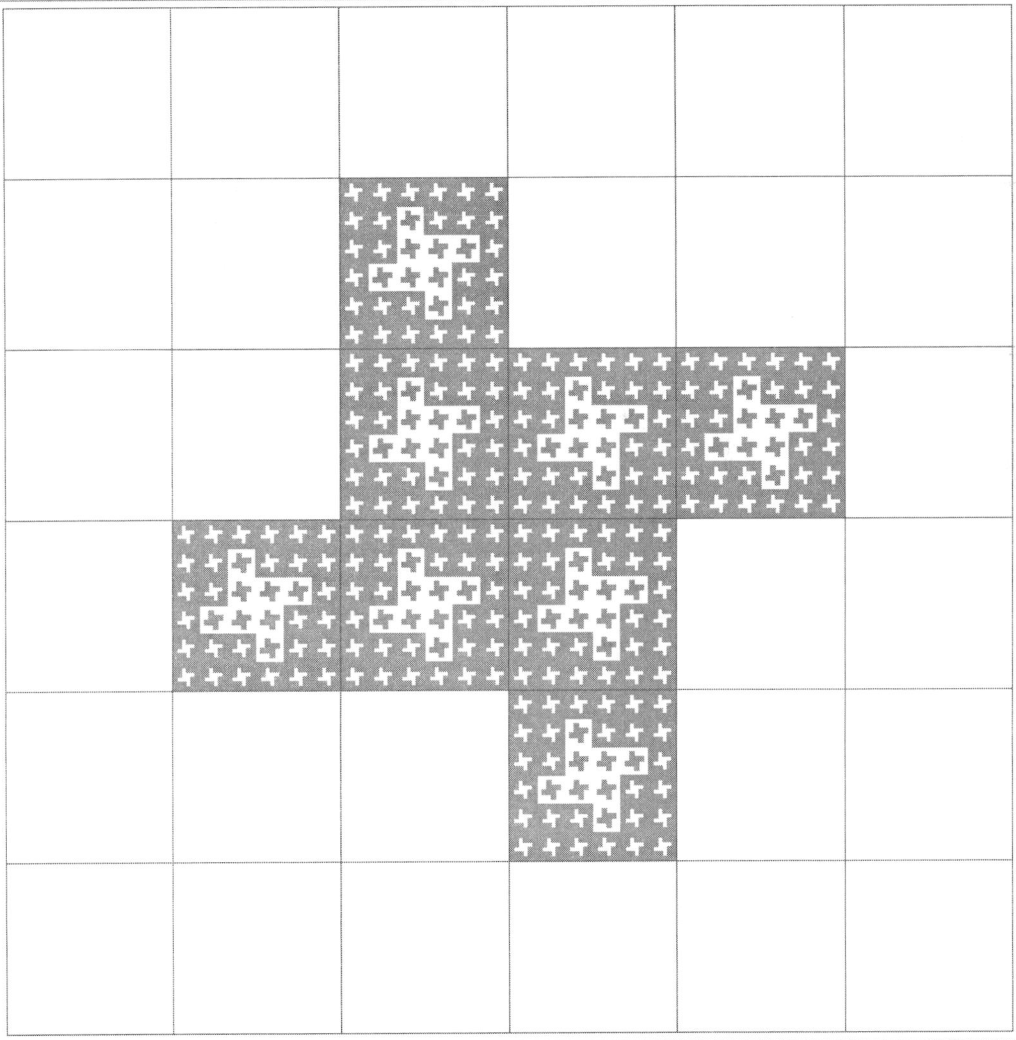

① $\log_6 8 = 1.161$

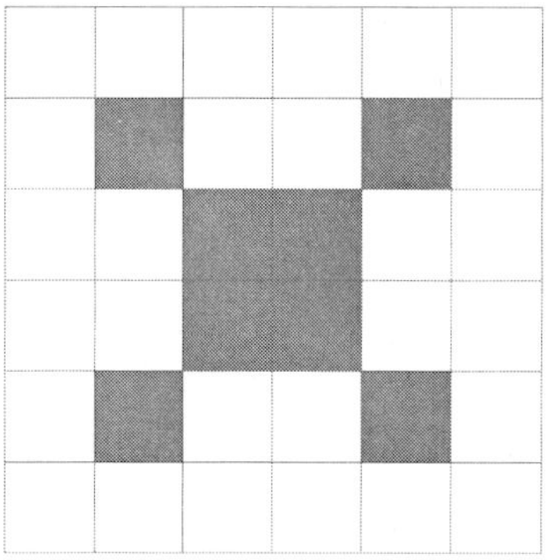

② $\log_{36} 448 = 1.704$

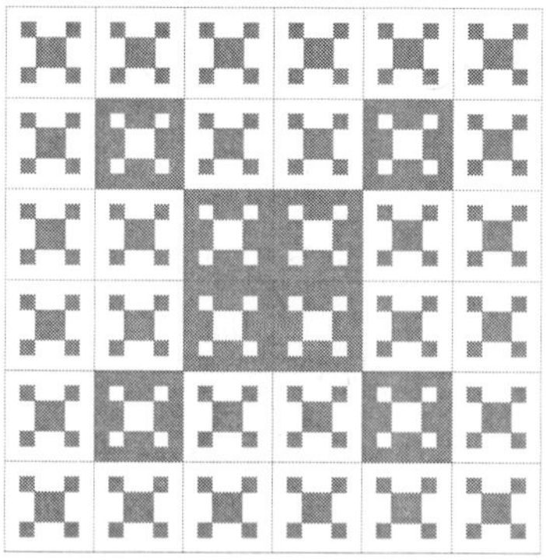

③ $\log_{216} 6784 = 1.641$

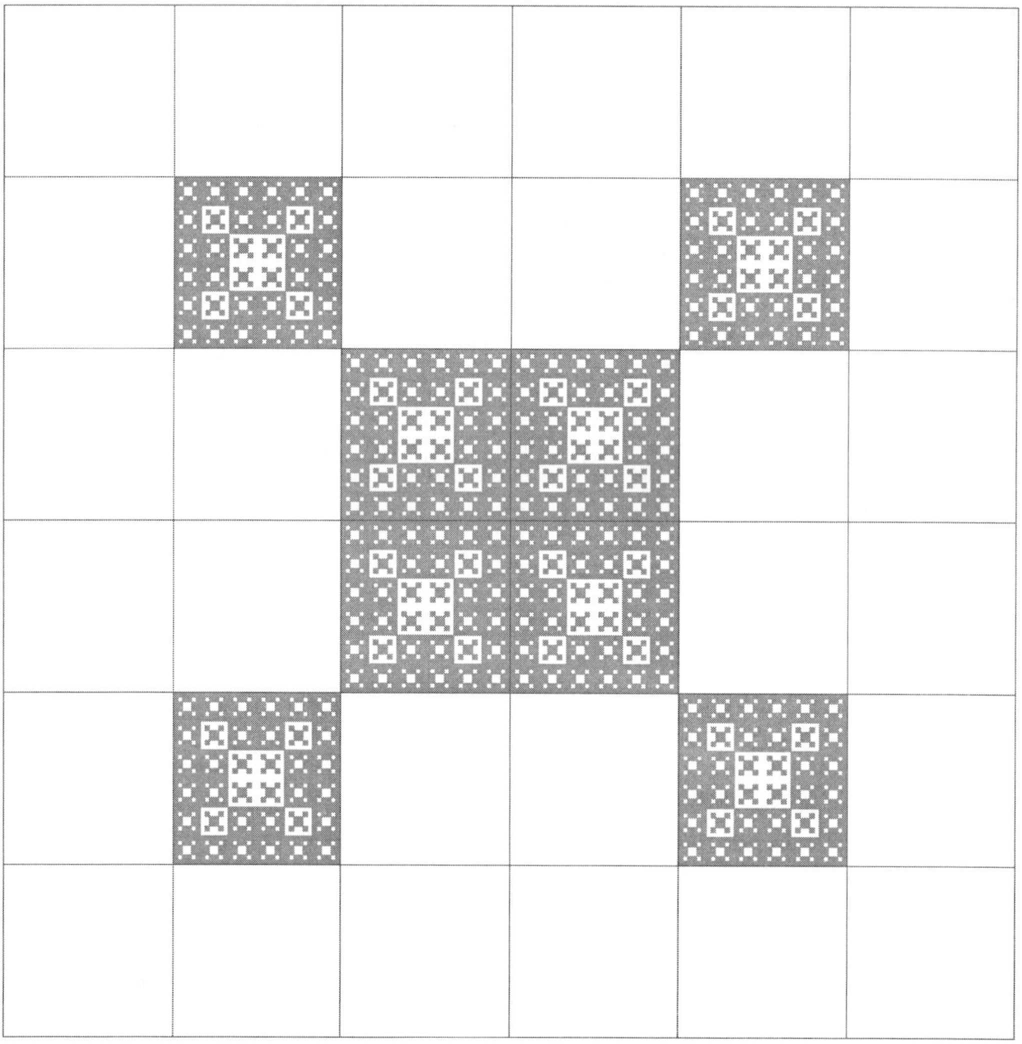

① $\log_6 8 = 1.161$

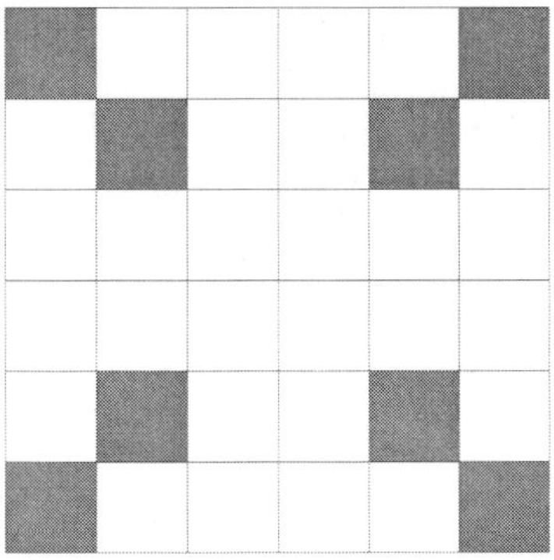

② $\log_{36} 448 = 1.704$

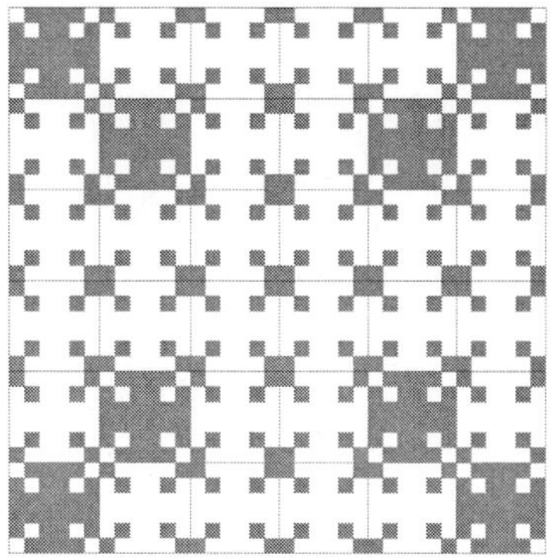

③ $\log_{216} 19328 = 1.836$

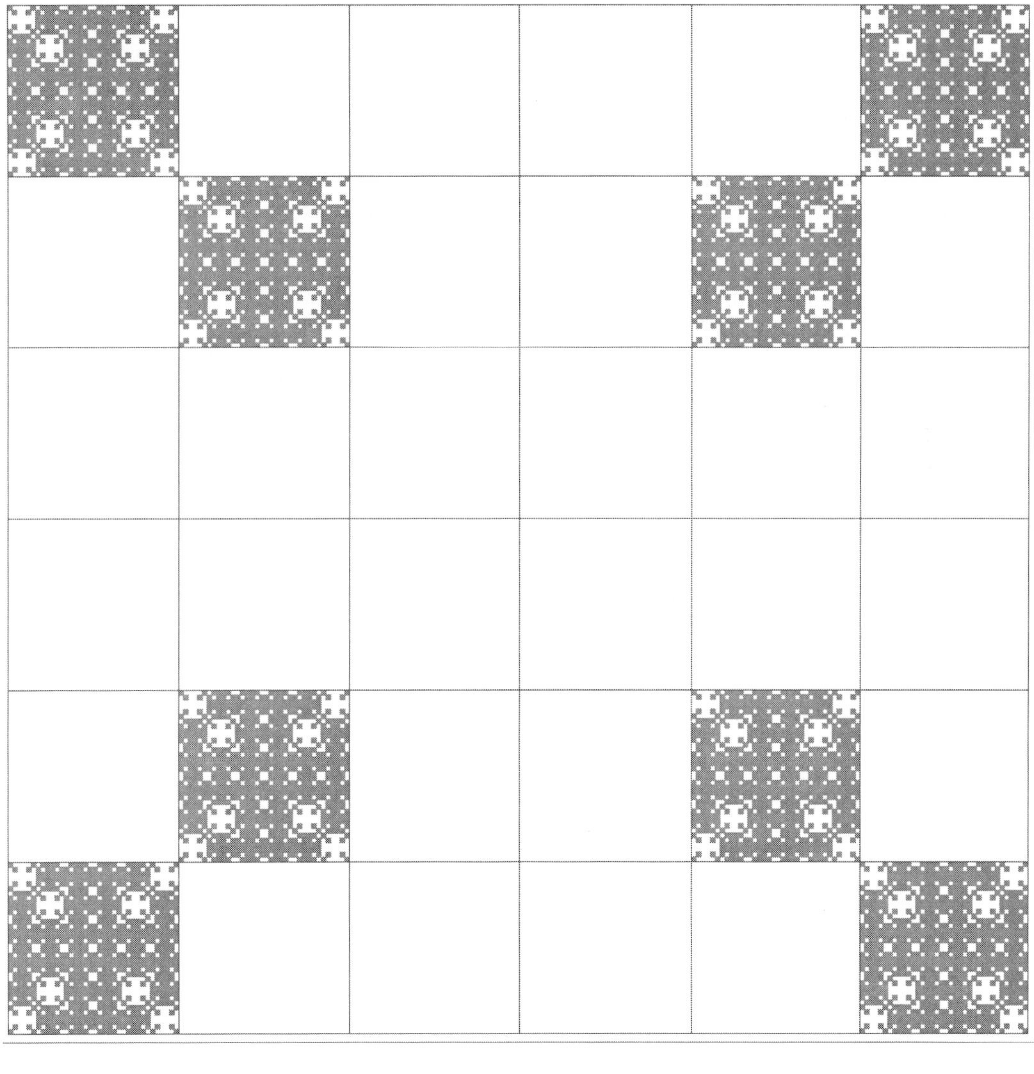

① $\log_6 8 = 1.161$

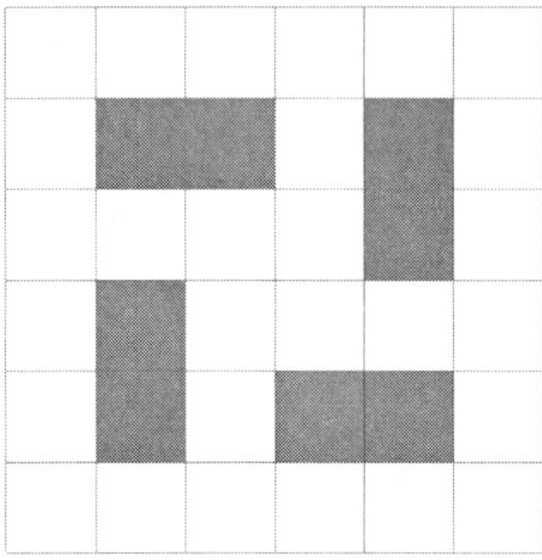

② $\log_{36} 448 = 1.704$

③ $\log_{216} 19328 = 1.836$

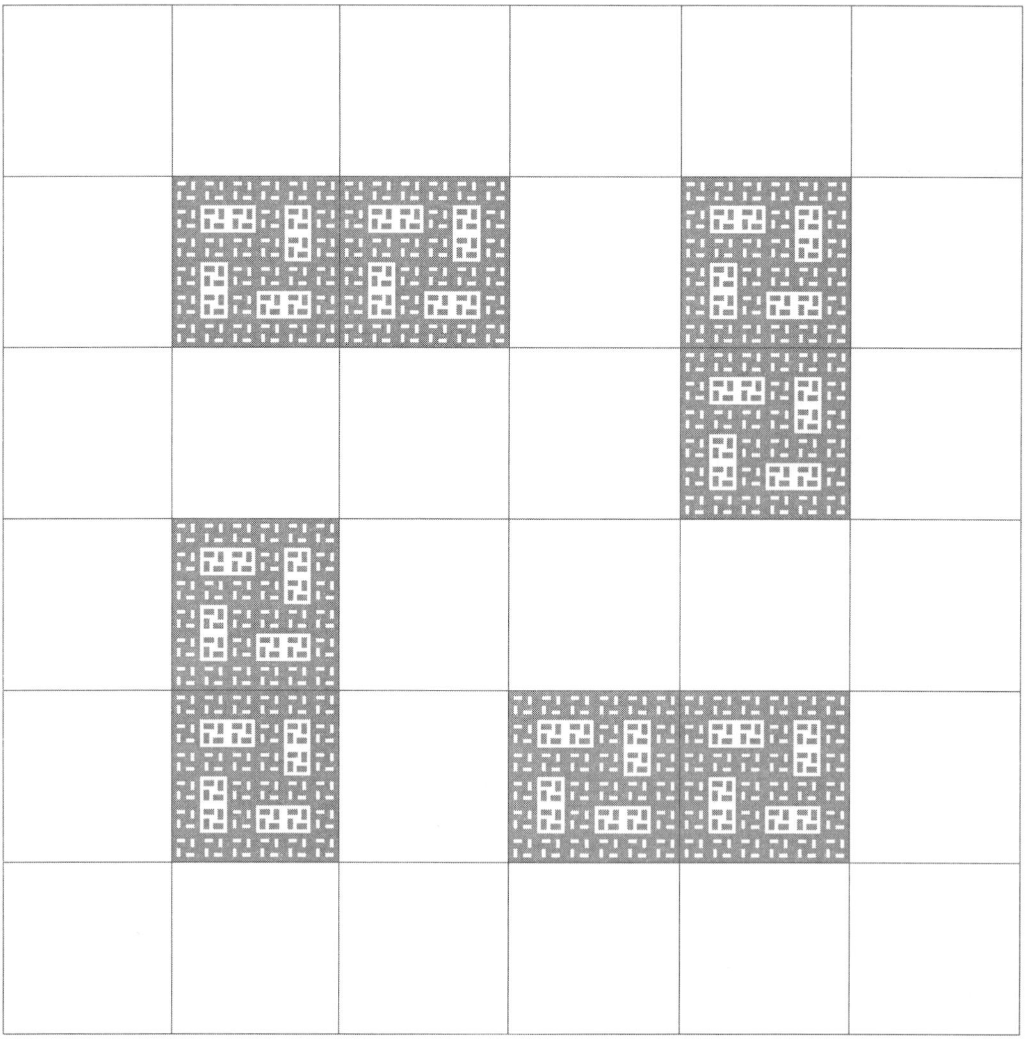

① $\log_6 8 = 1.161$

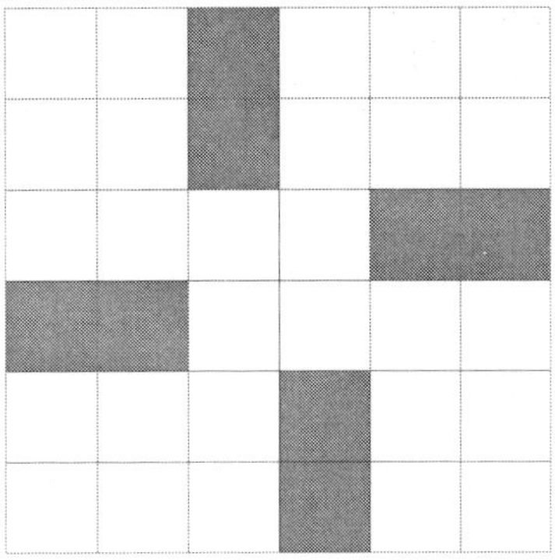

② $\log_{36} 448 = 1.704$

③ $\log_{216} 19328 = 1.836$

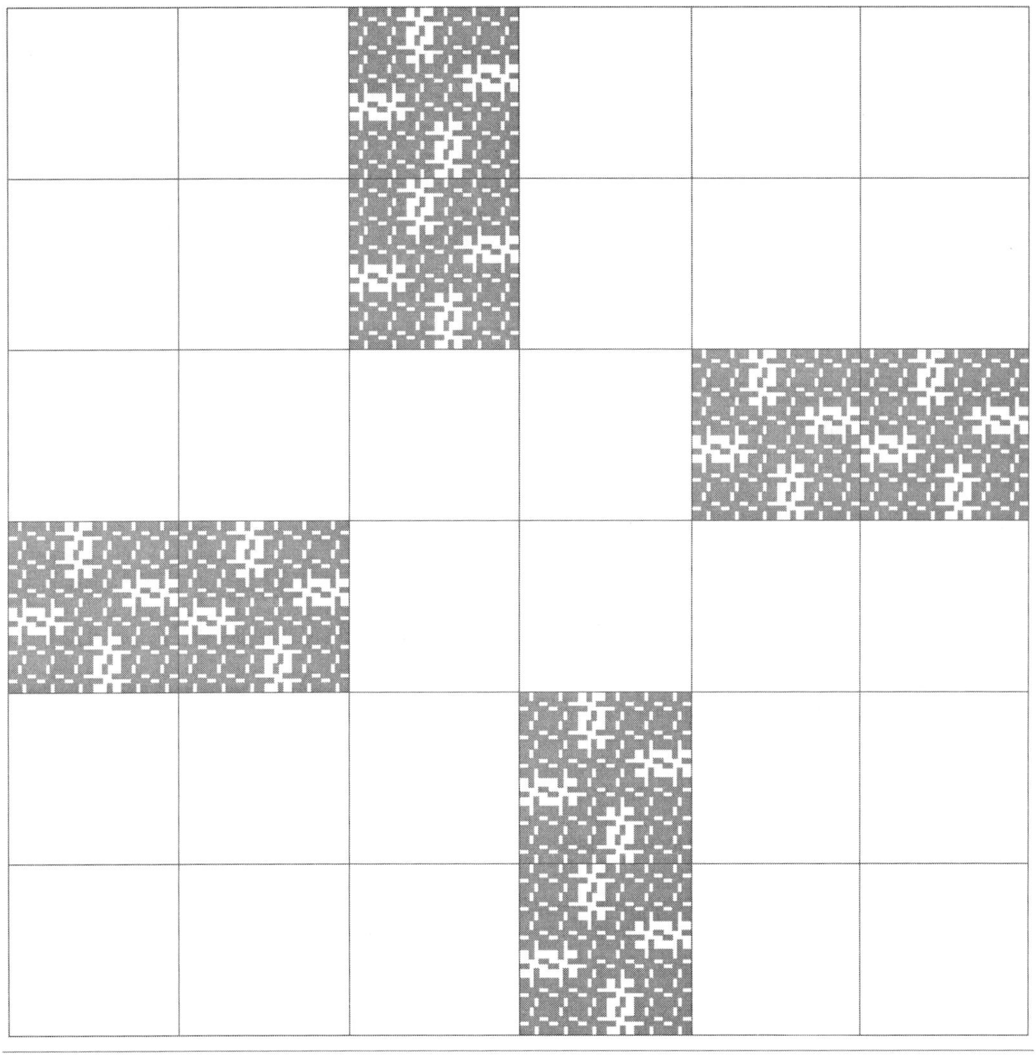

① $\log_6 8 = 1.161$

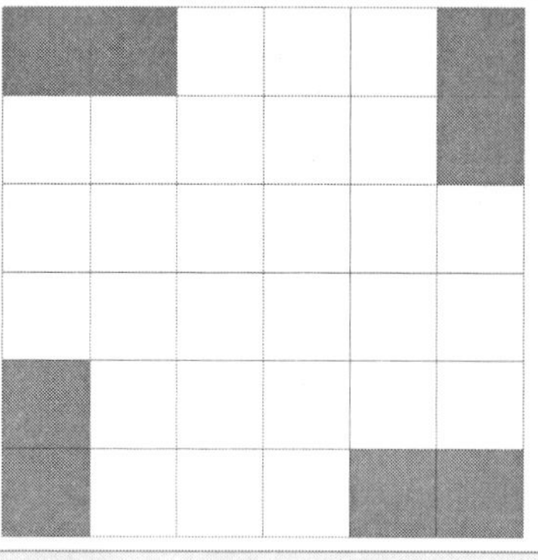

② $\log_{36} 448 = 1.704$

③ $\log_{216} 19328 = 1.836$

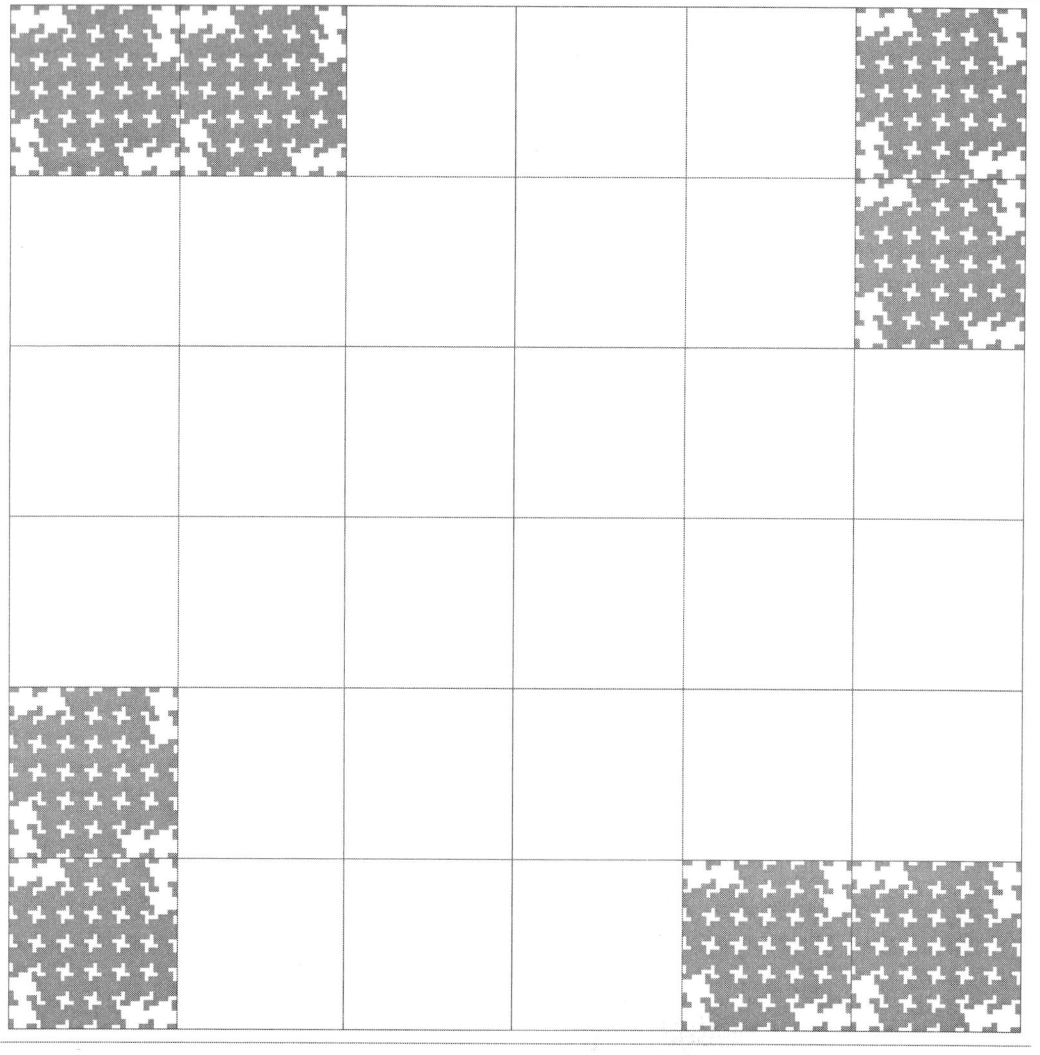

① $\log_6 8 = 1.161$

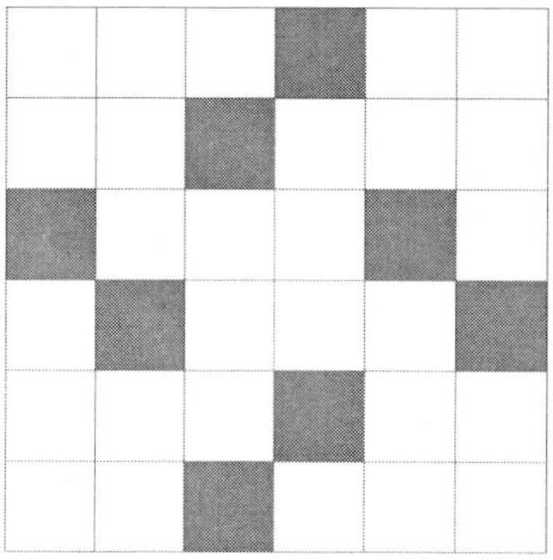

② $\log_{36} 448 = 1.704$

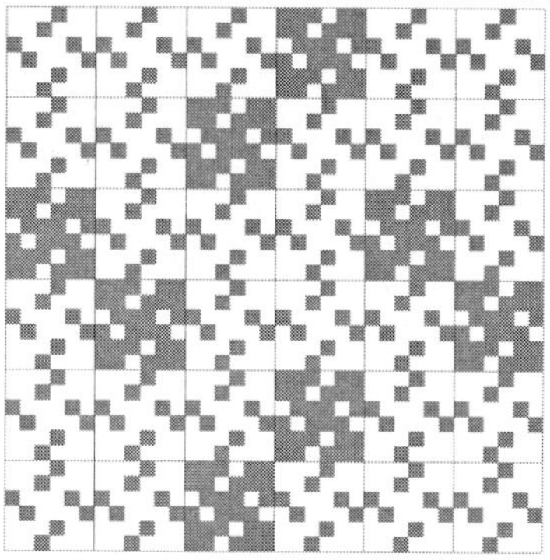

③ $\log_{216} 19328 = 1.836$

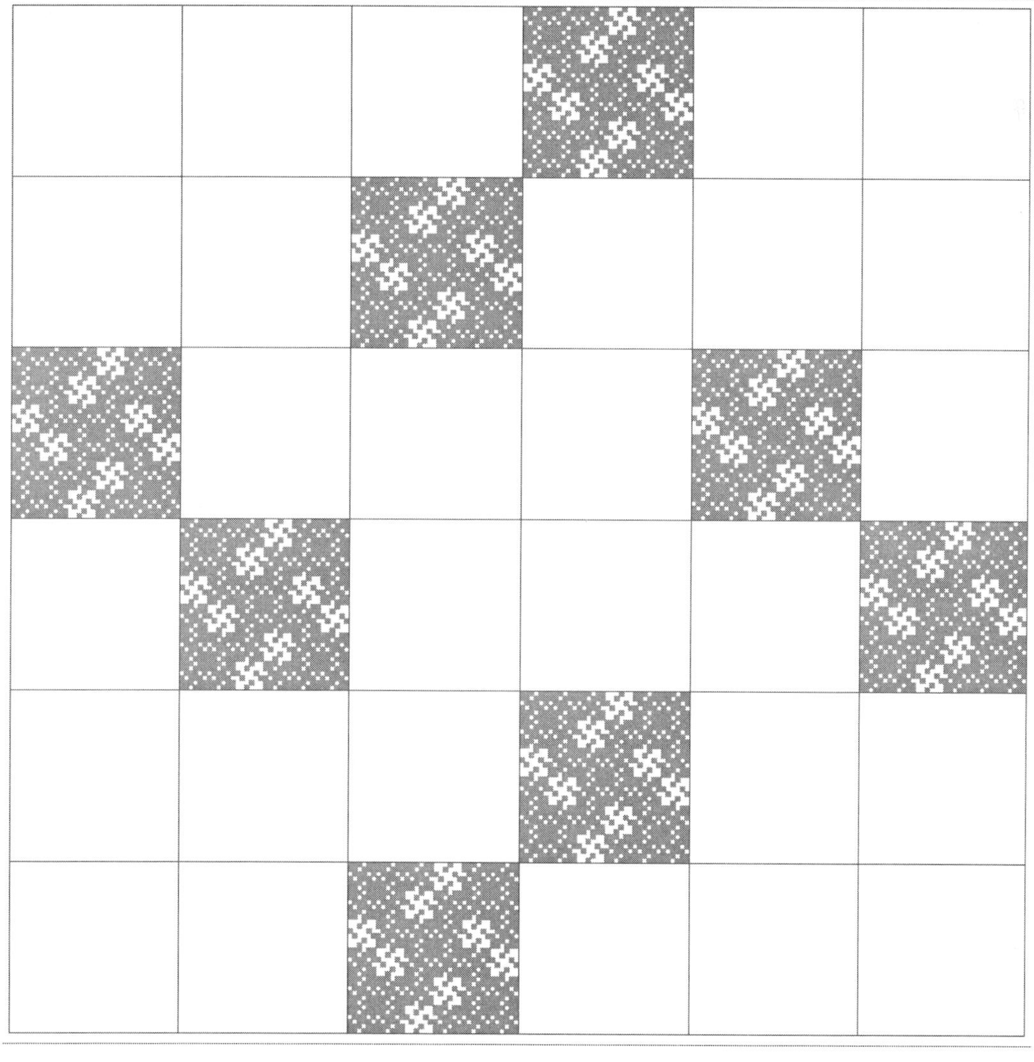

(4) 1단계 12개

① $\log_{6}12 = 1.387$

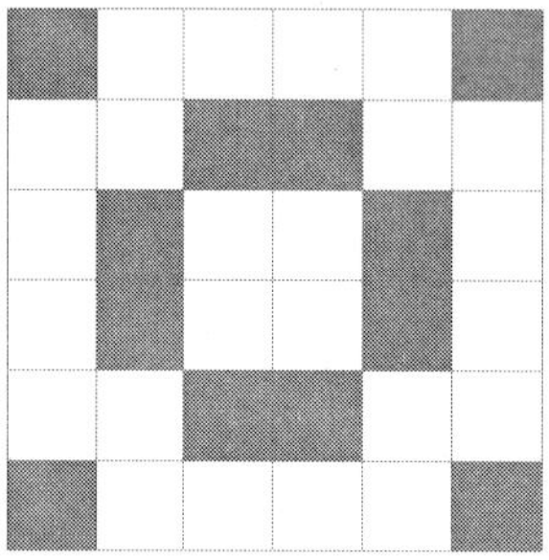

② $\log_{36}576 = 1.774$

③ $\log_{216}8640 = 1.686$

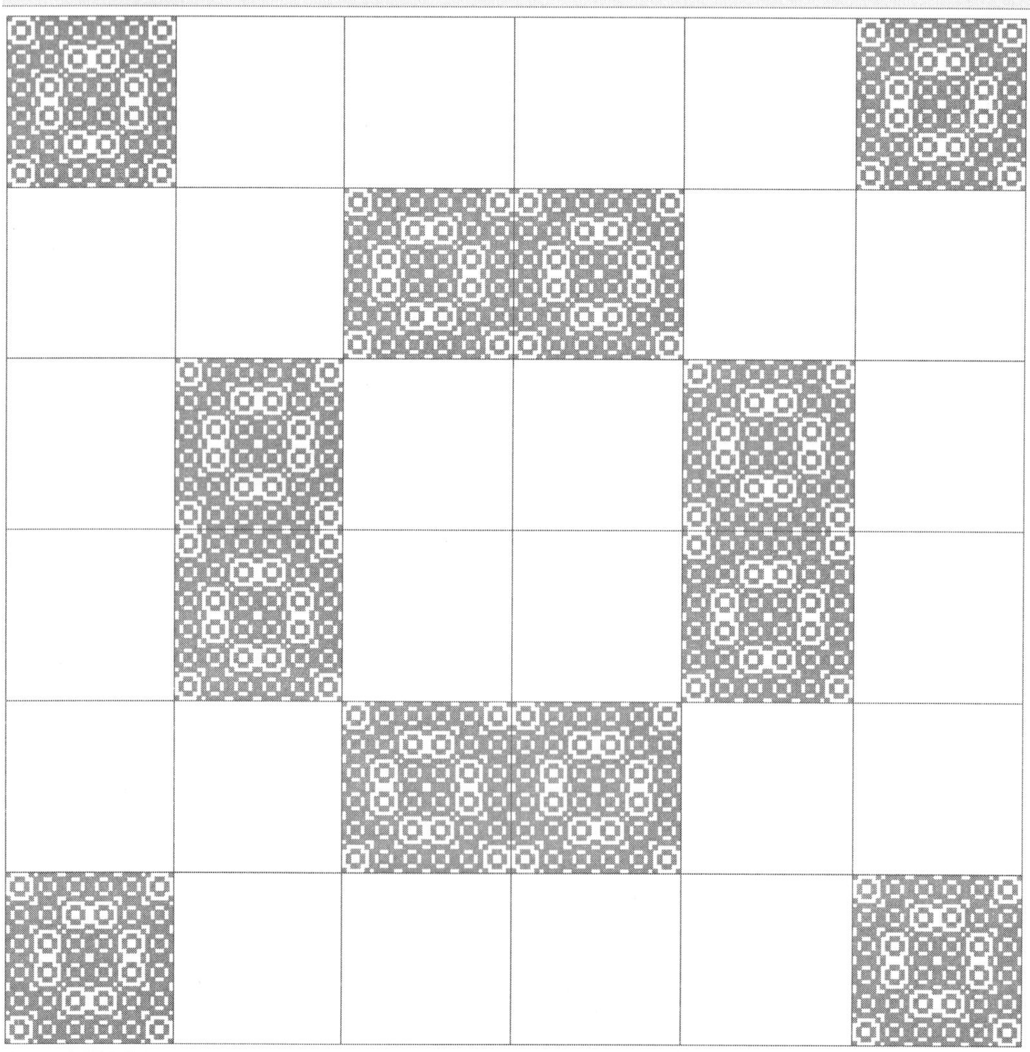

① $\log_6 12 = 1.387$

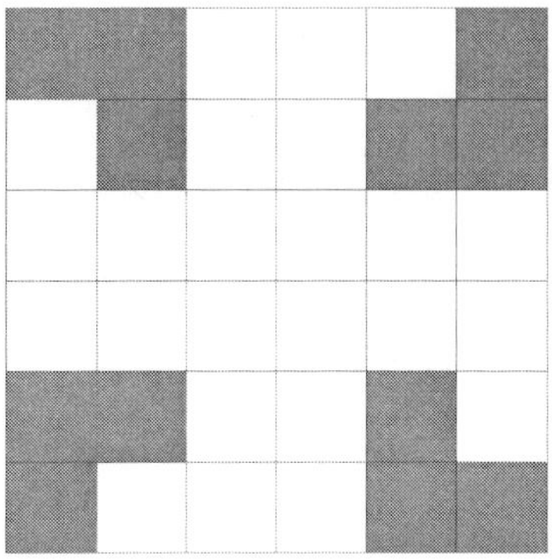

② $\log_{36} 576 = 1.774$

③ $\log_{216} 8640 = 1.686$

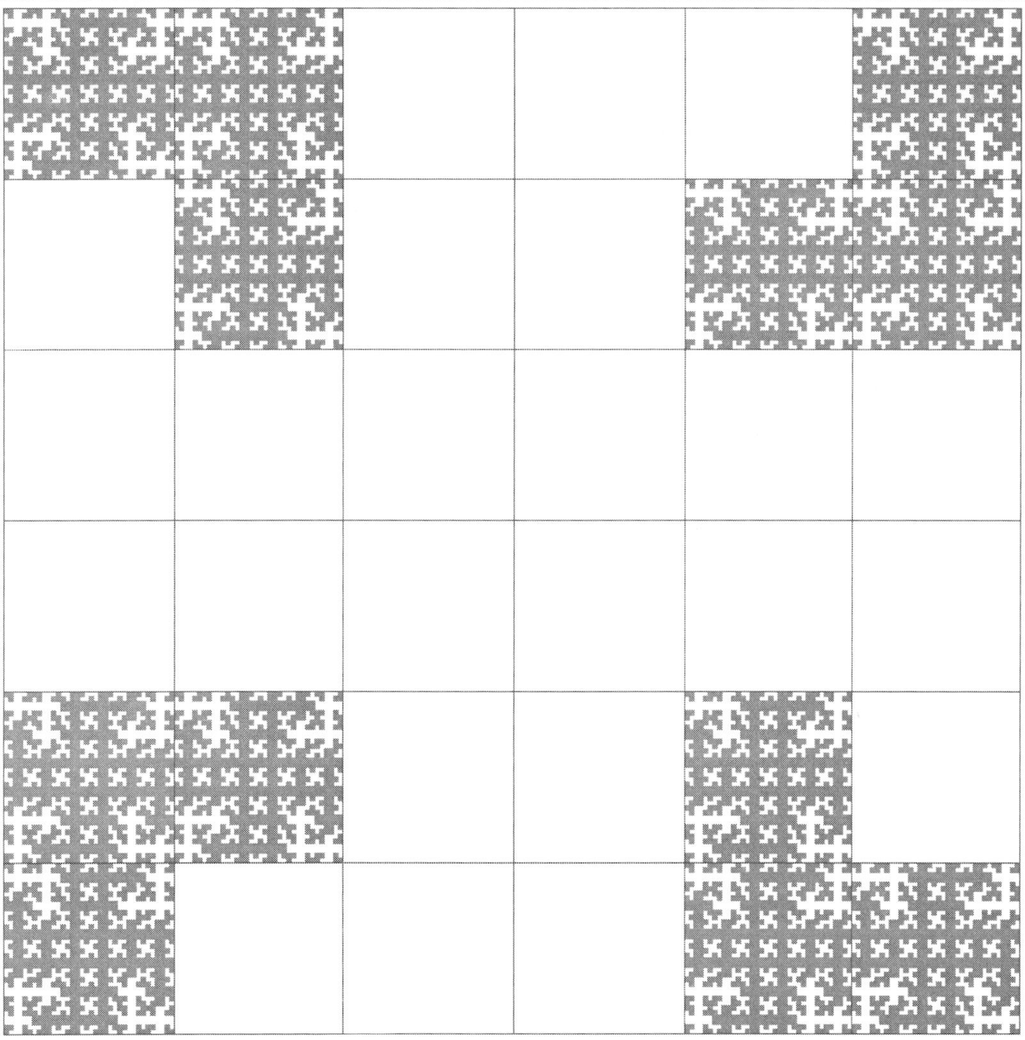

① $\log_6 12 = 1.387$

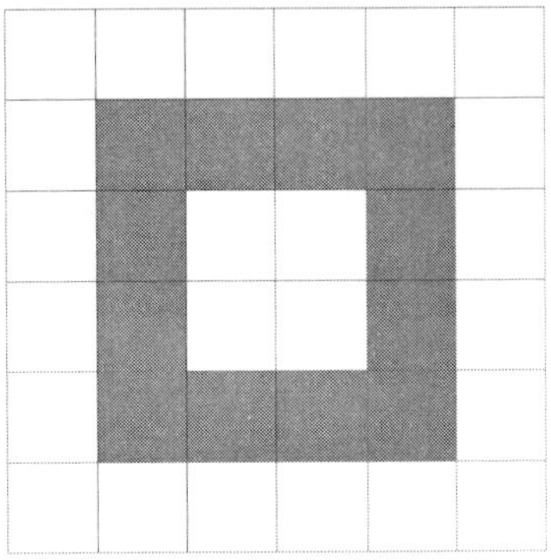

② $\log_{36} 576 = 1.774$

③ $\log_{216} 8640 = 1.686$

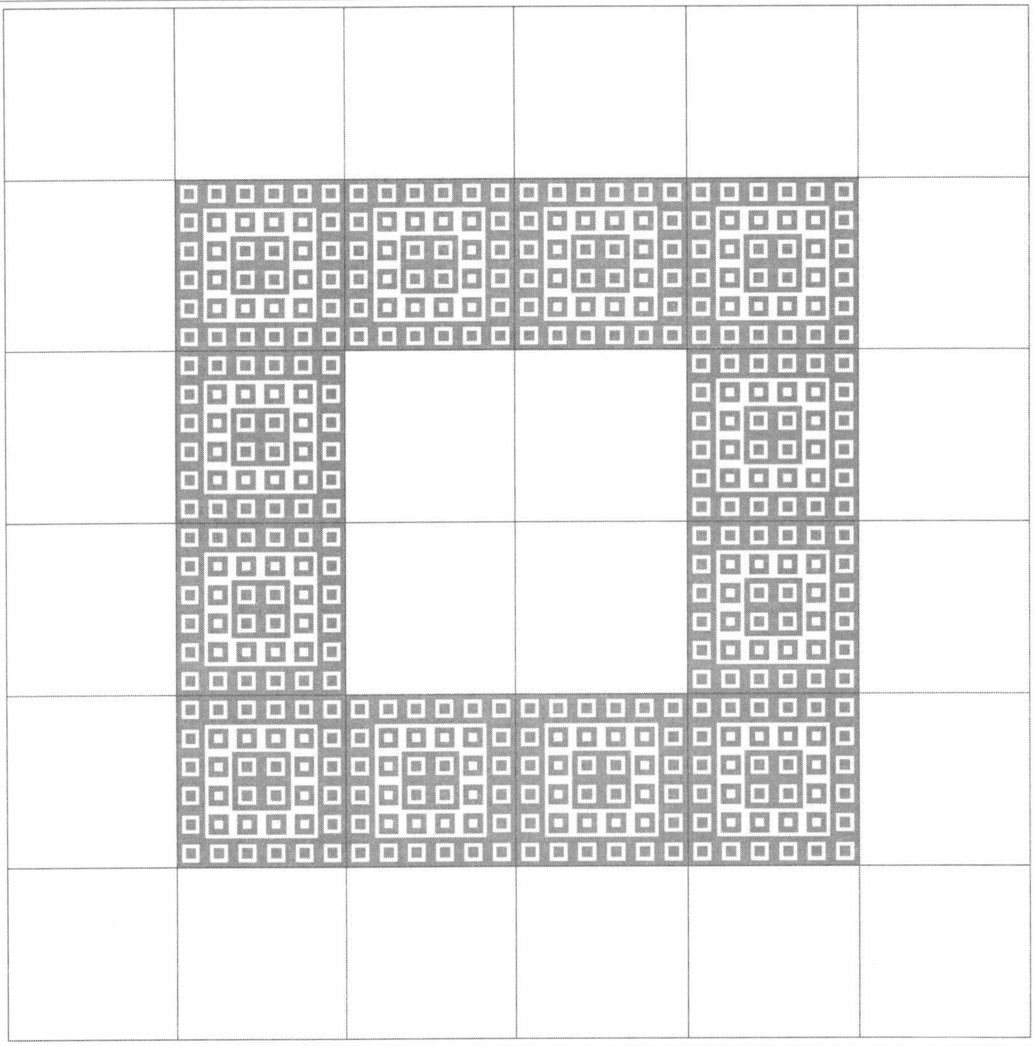

① $\log_6 12 = 1.387$

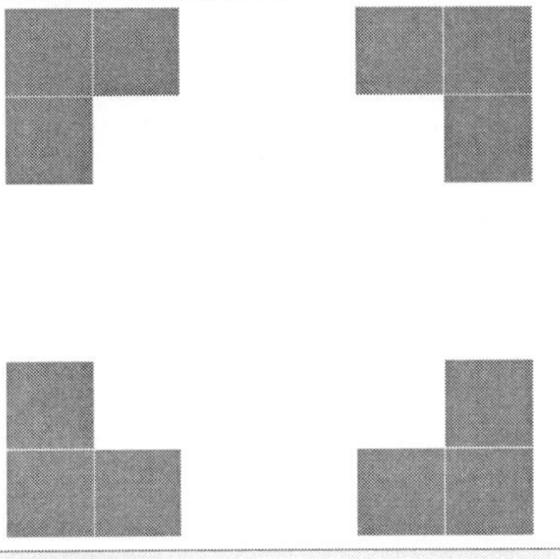

② $\log_{36} 576 = 1.774$

③ $\log_{216} 8640 = 1.686$

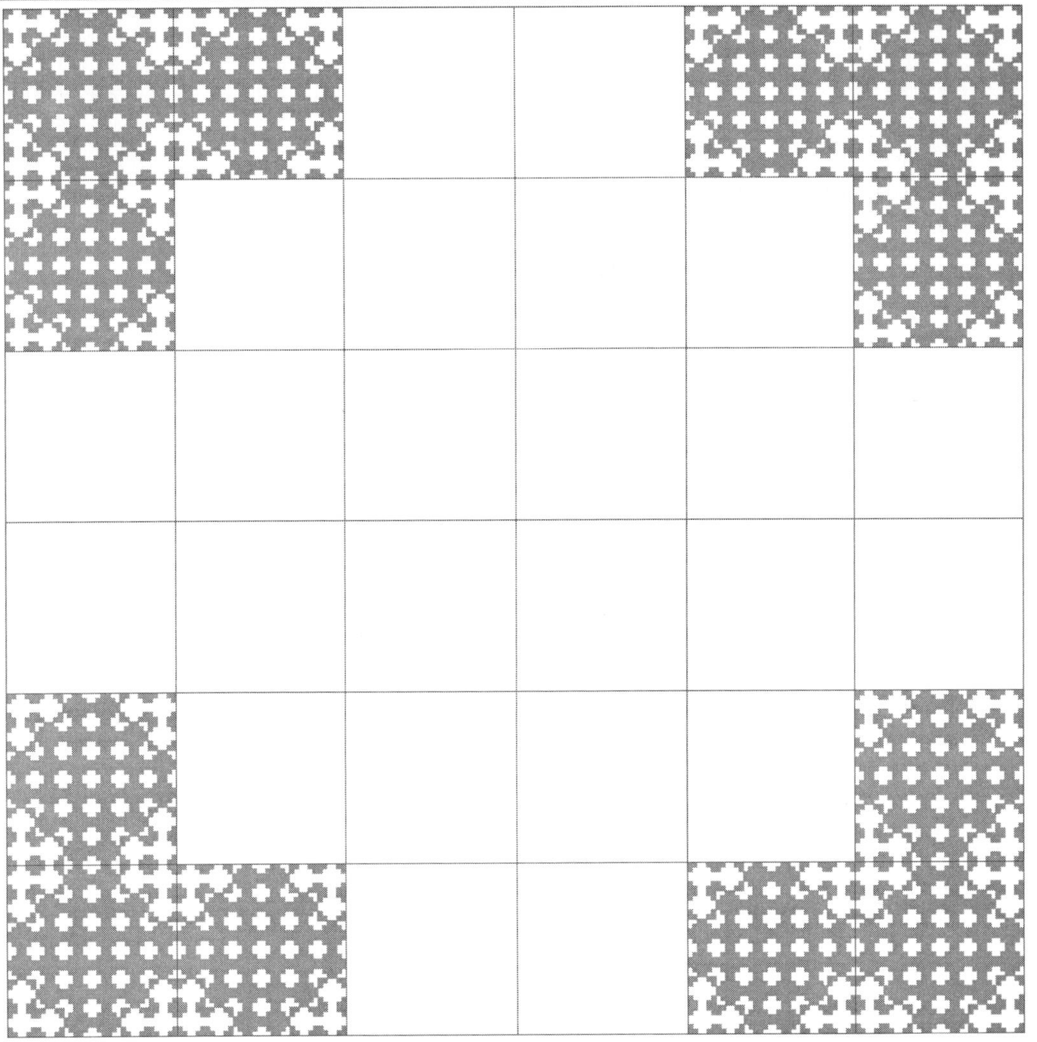

① $\log_6 12 = 1.387$

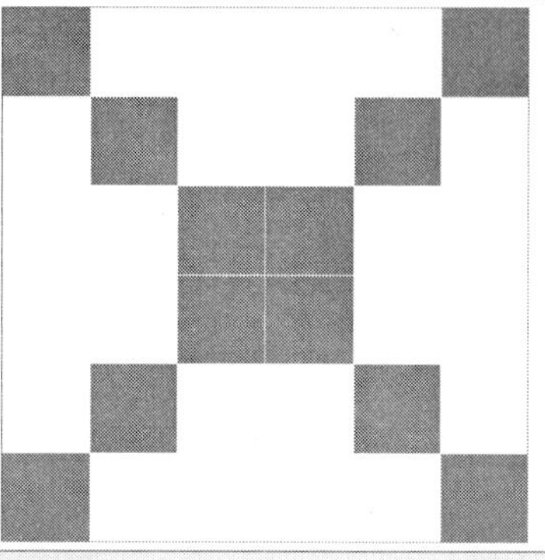

② $\log_{36} 576 = 1.774$

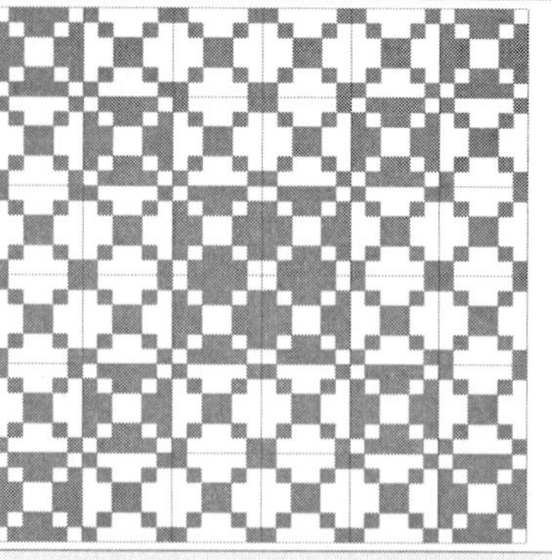

③ $\log_{216} 8640 = 1.686$

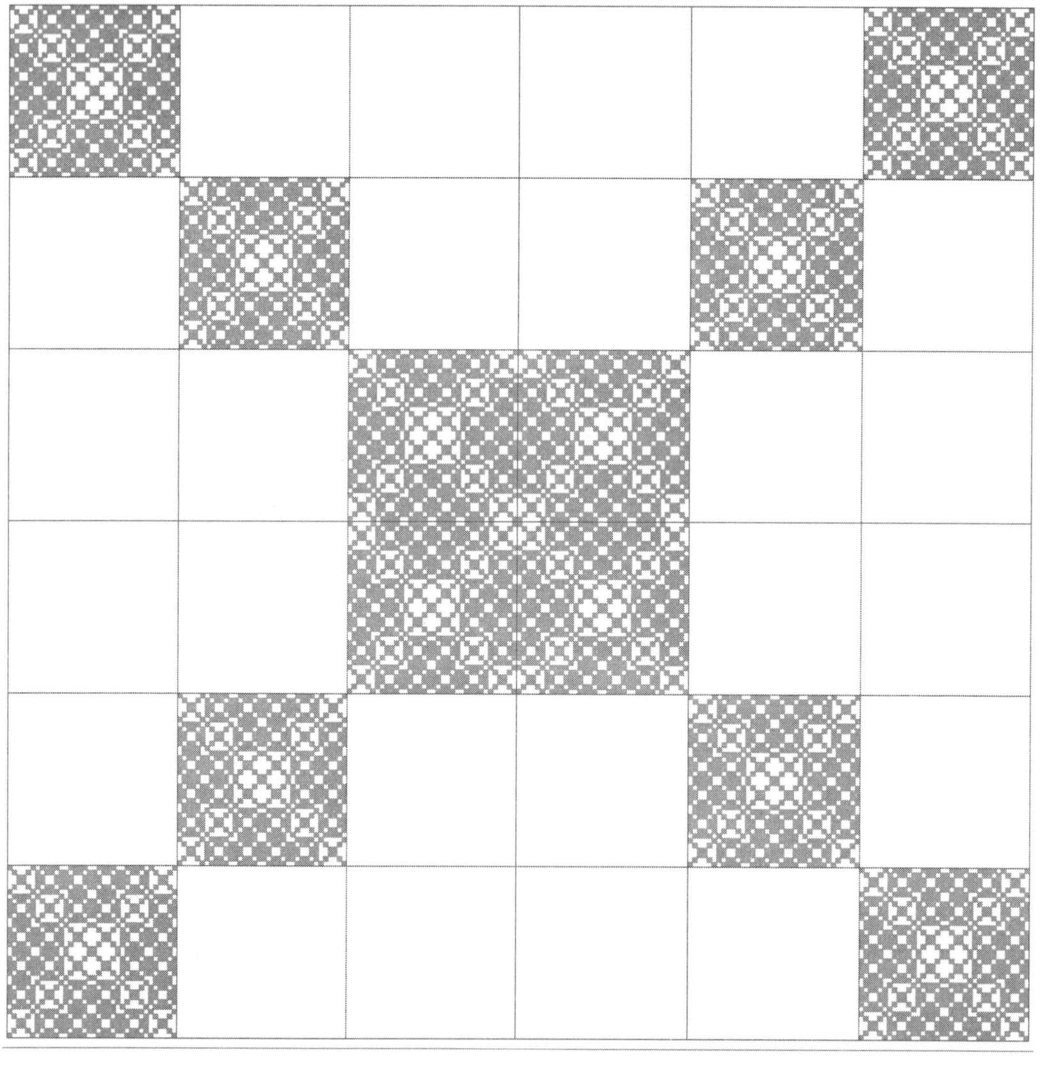

(5) 1단계 16개

① $\log_6 16 = 1.547$

② $\log_{36} 640 = 1.803$

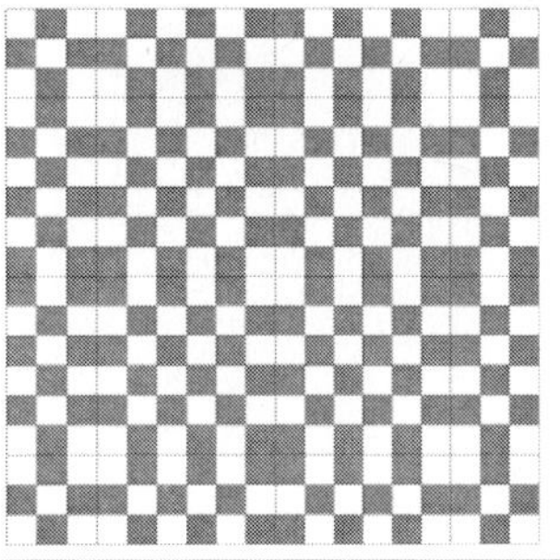

③ $\log_{216} 10496 = 1.722$

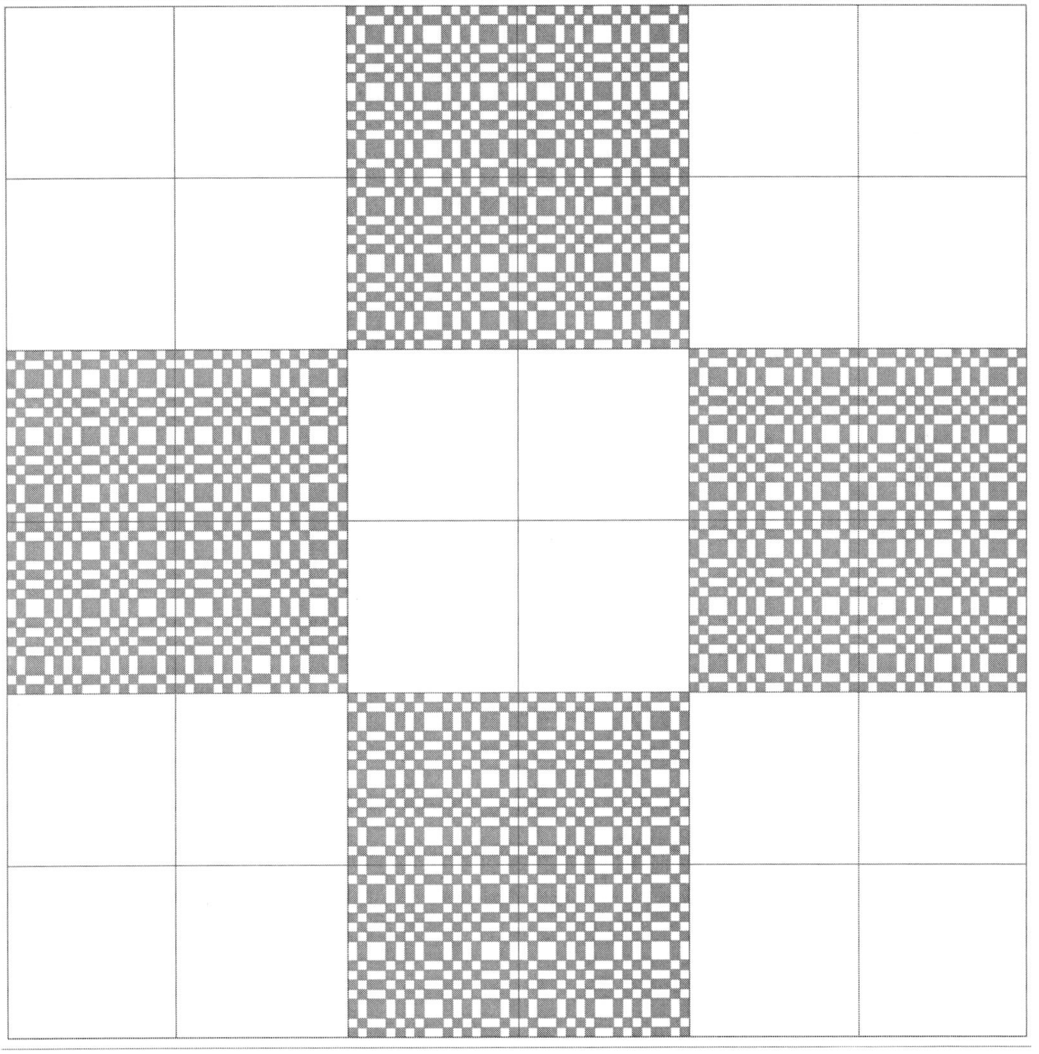

① $\log_6 16 = 1.547$

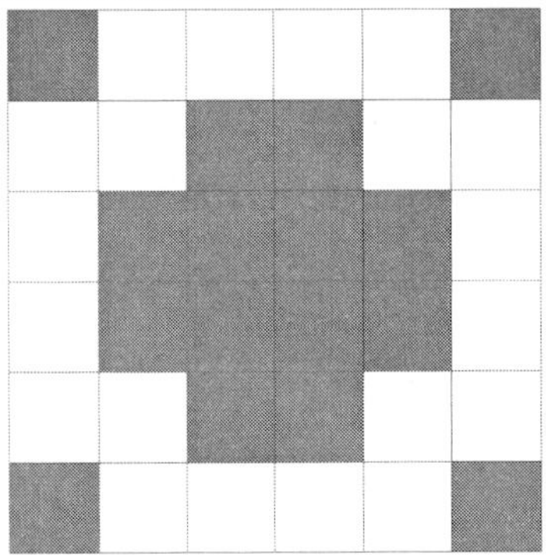

② $\log_{36} 640 = 1.803$

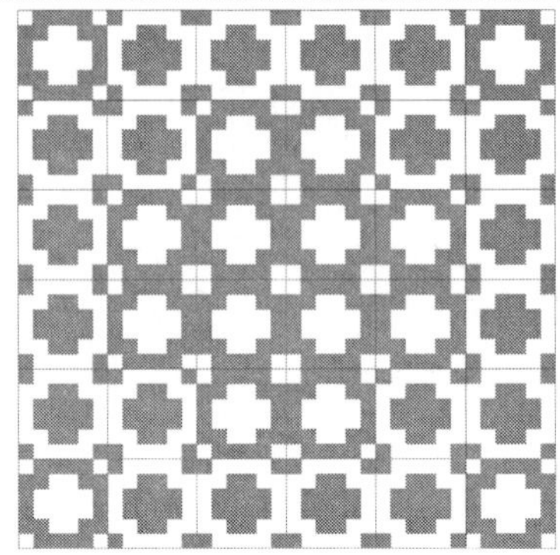

③ $\log_{216} 10496 = 1.722$

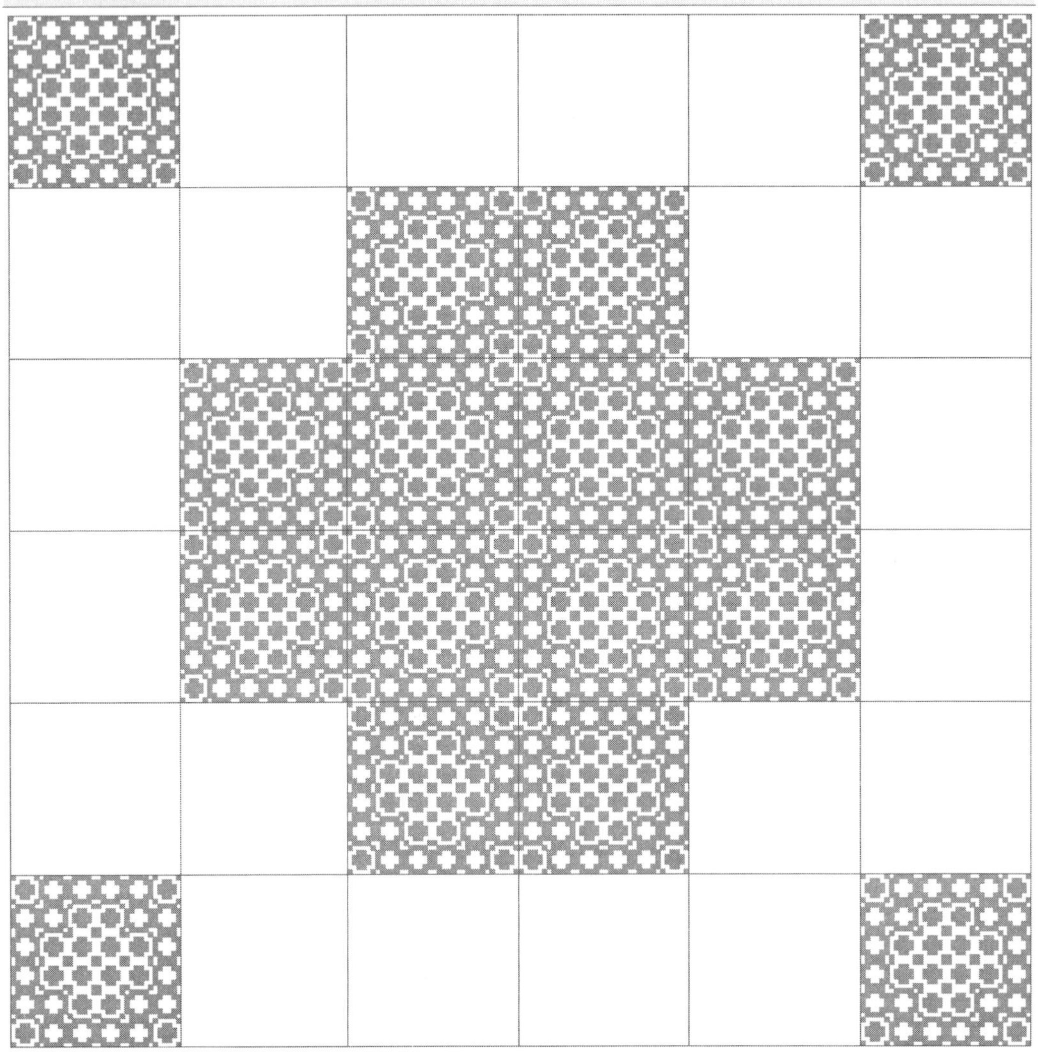

① $\log_6 16 = 1.547$

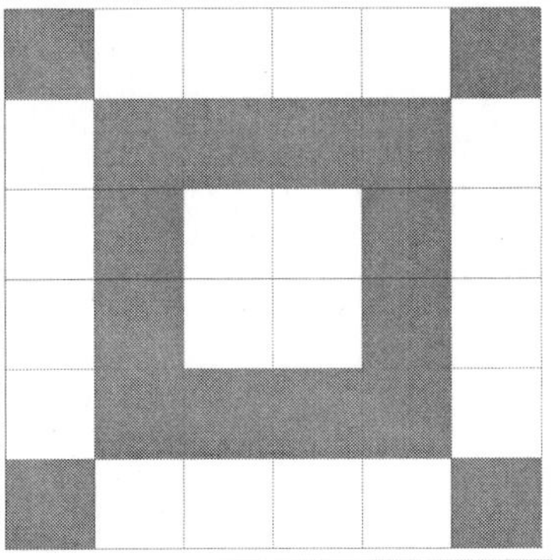

② $\log_{36} 640 = 1.803$

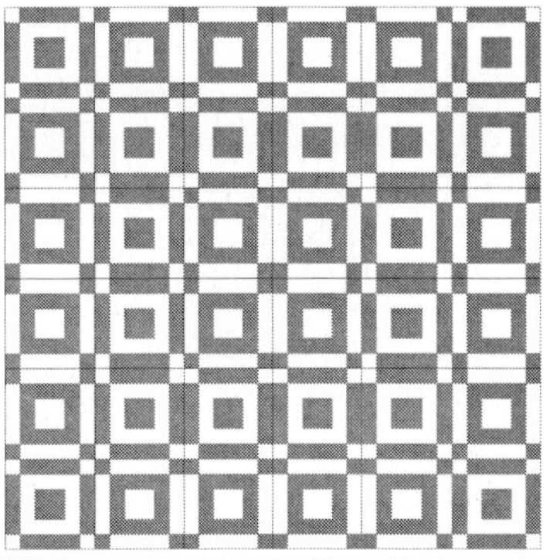

③ $\log_{216} 10496 = 1.722$

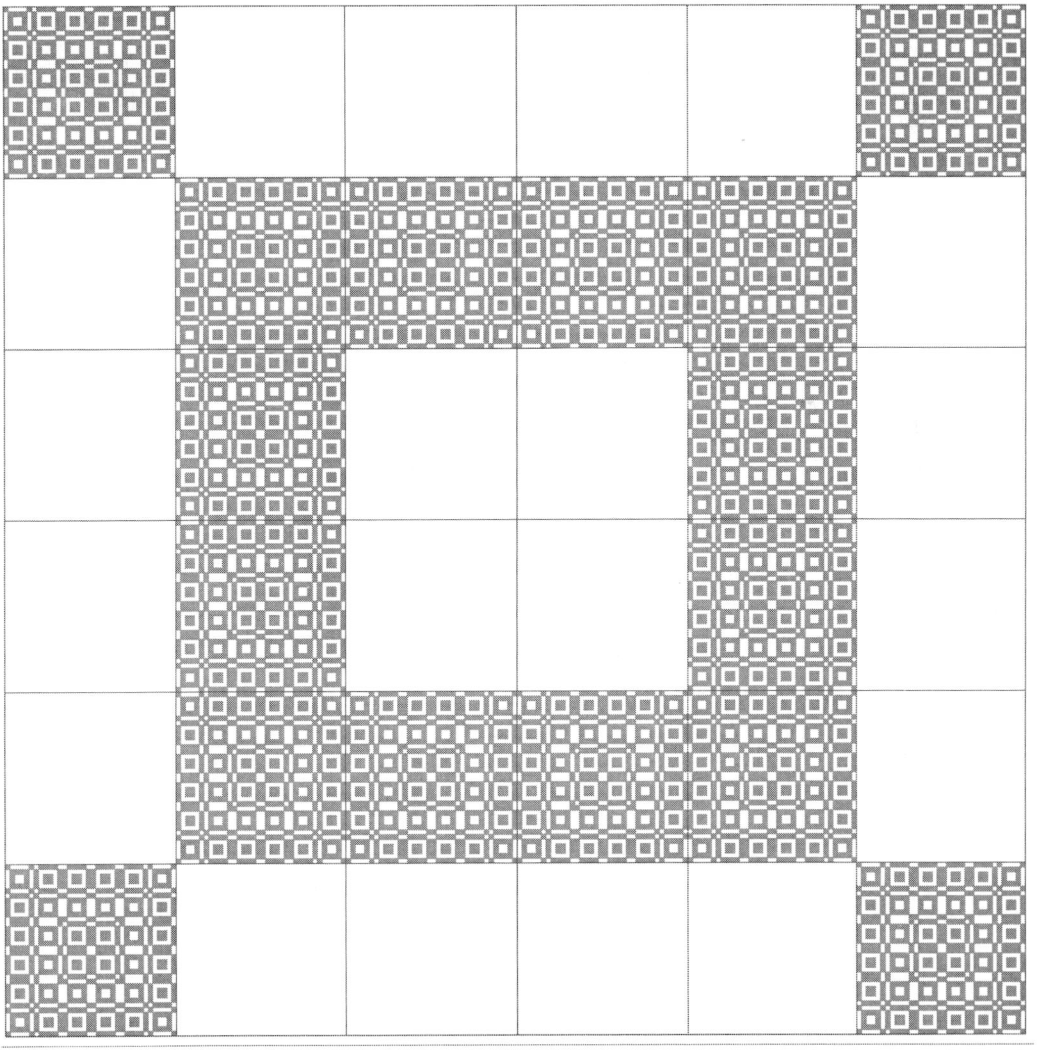

① $\log_6 16 = 1.547$

② $\log_{36} 640 = 1.803$

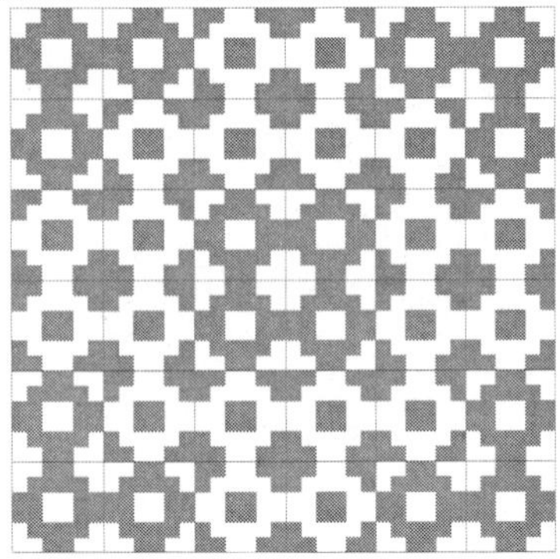

③ $\log_{216} 10496 = 1.722$

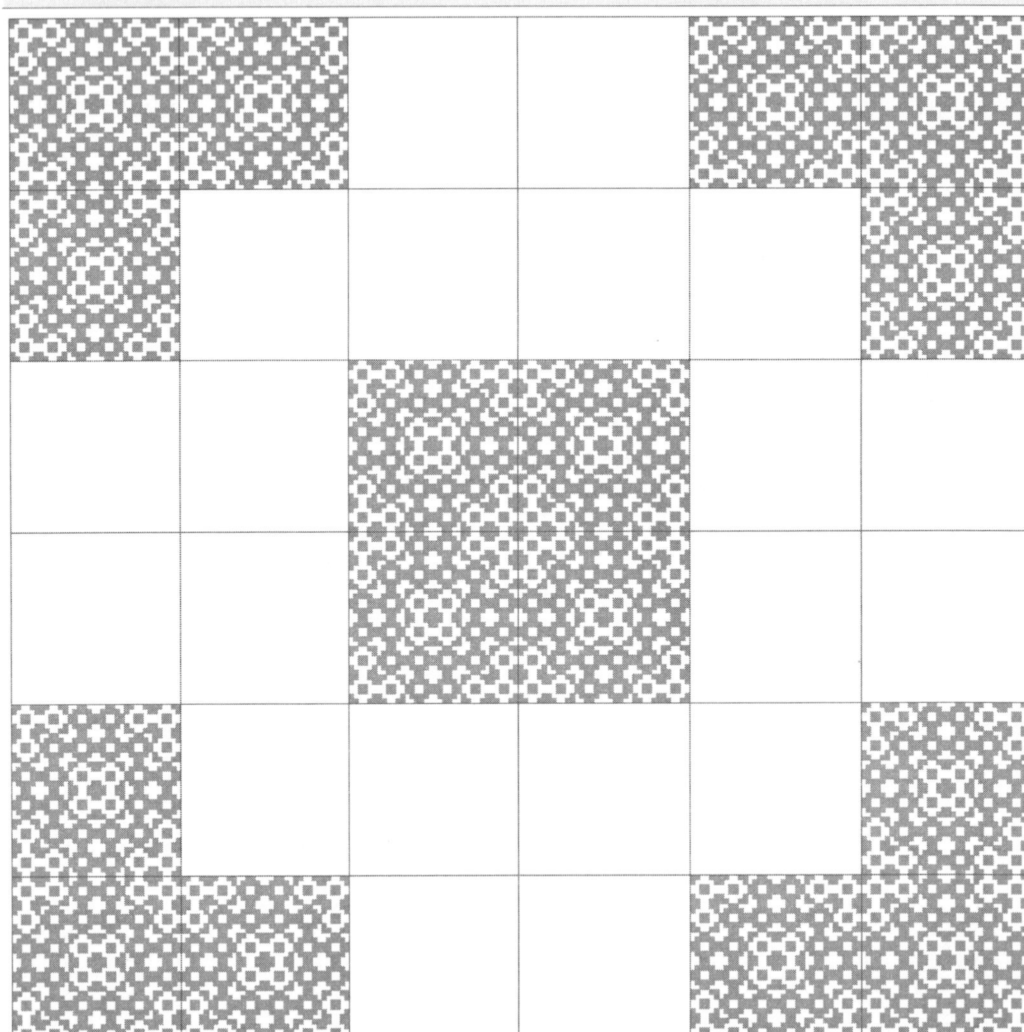

(6) 1단계 20개

① $\log_6 20 = 1.672$

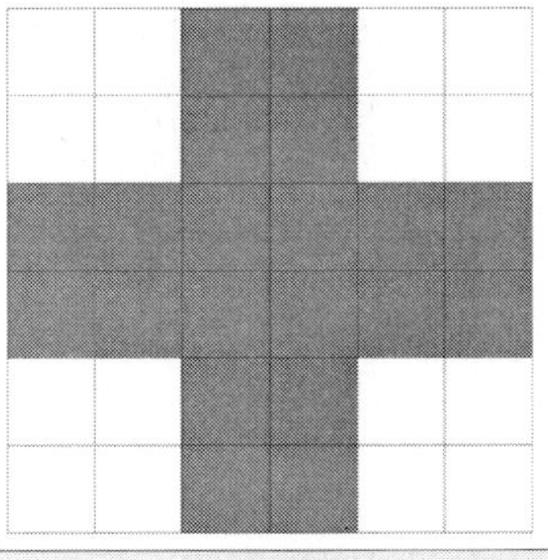

② $\log_{36} 640 = 1.803$

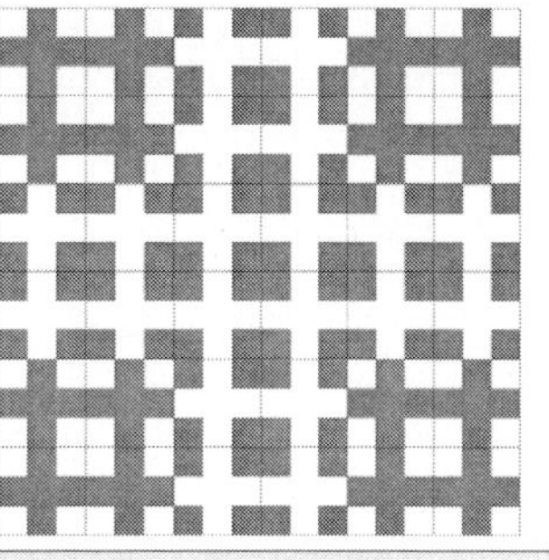

③ $\log_{216} 13120 = 1.764$

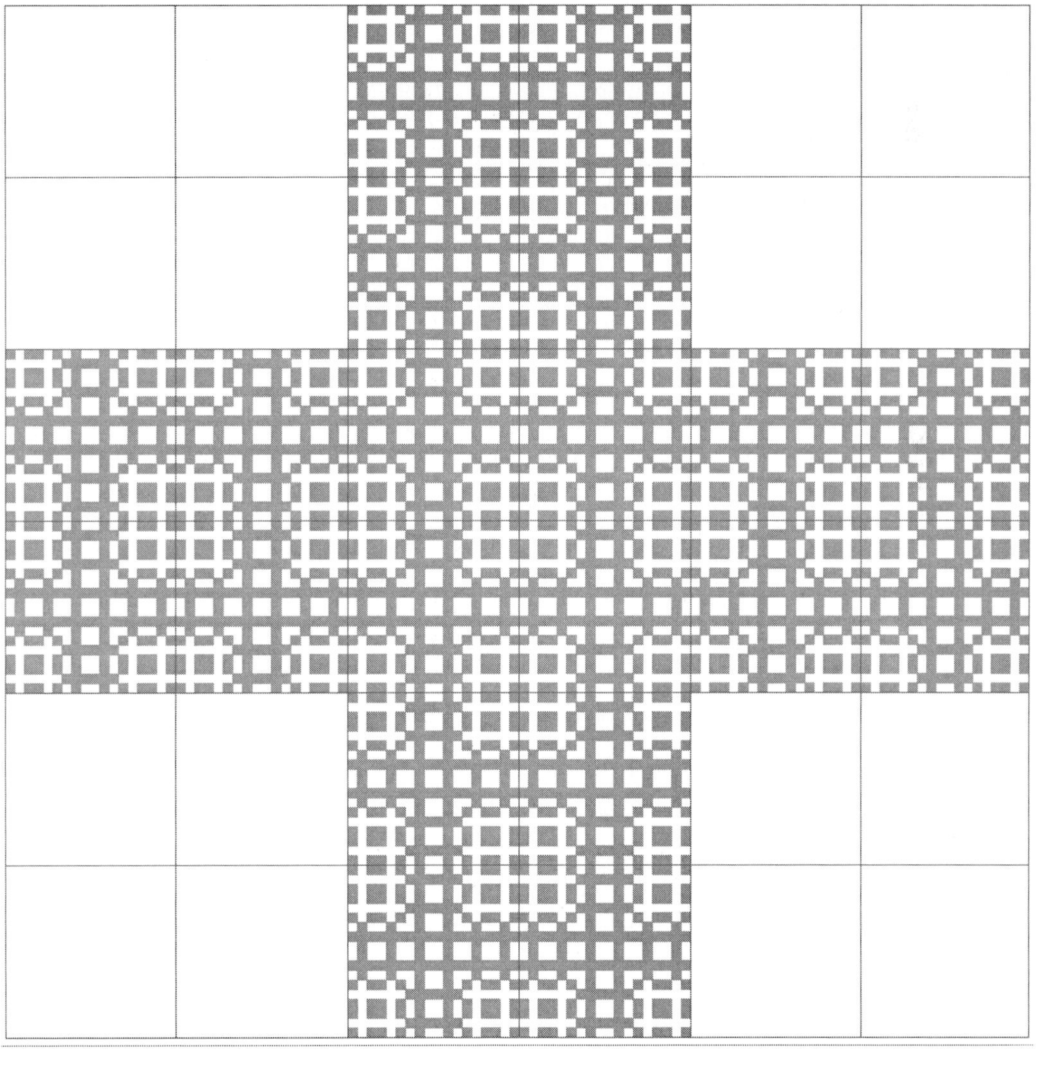

제 4 장

나눗셈-곱셈 프랙탈 디자인

1 3×3 나눗셈-곱셈 프랙탈

(1) 1단계 1개

① $\log_3 1 = 0$	② $\log_9 16 = 1.262$	③ $\log_{27} 16 = 0.841$
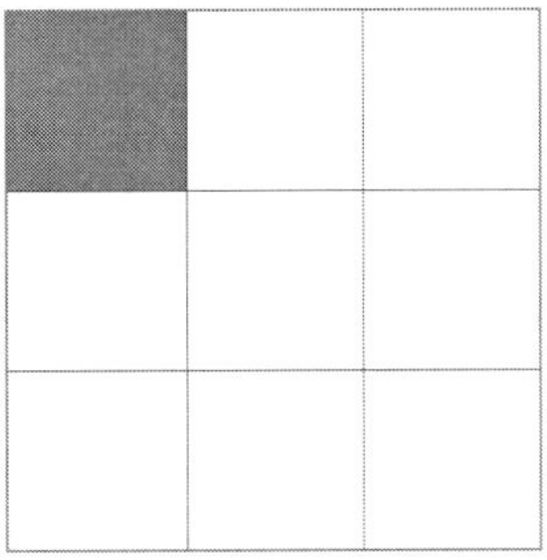	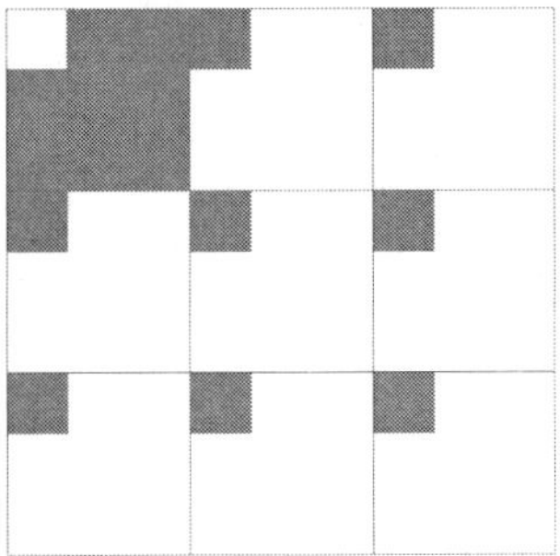	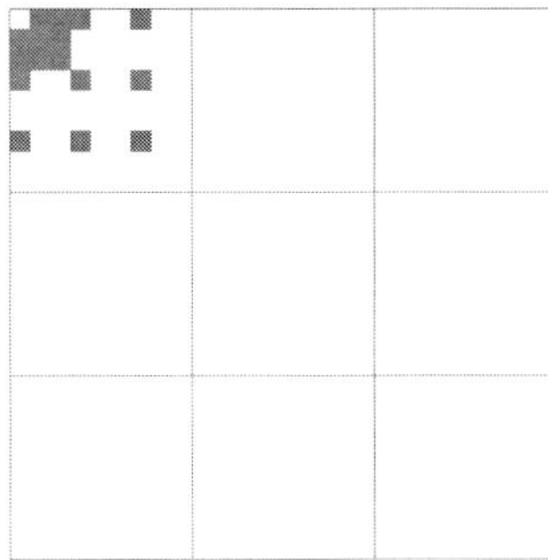

① $\log_3 1 = 0$	② $\log_9 16 = 1.262$	③ $\log_{27} 16 = 0.841$
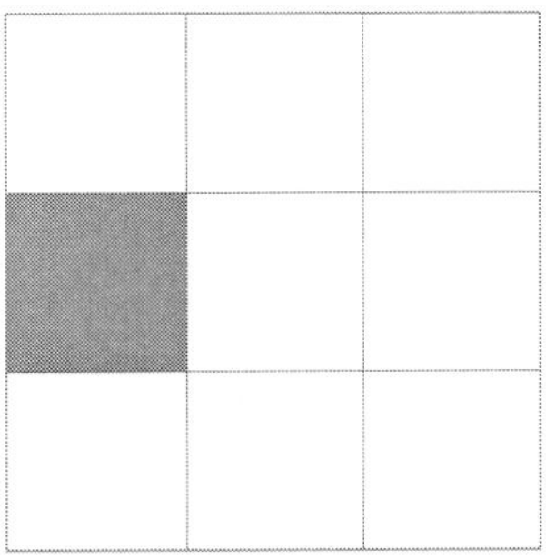	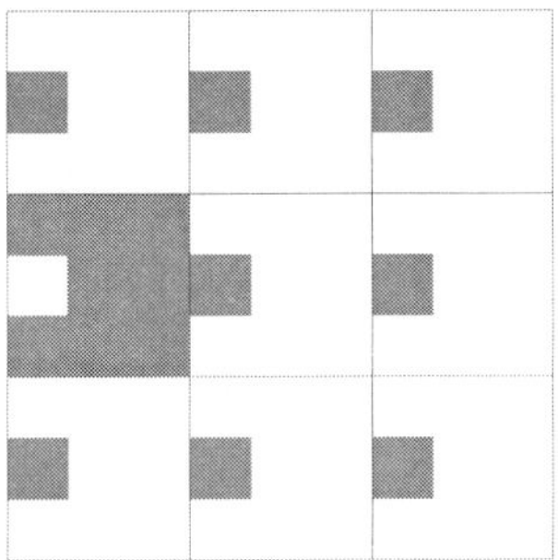	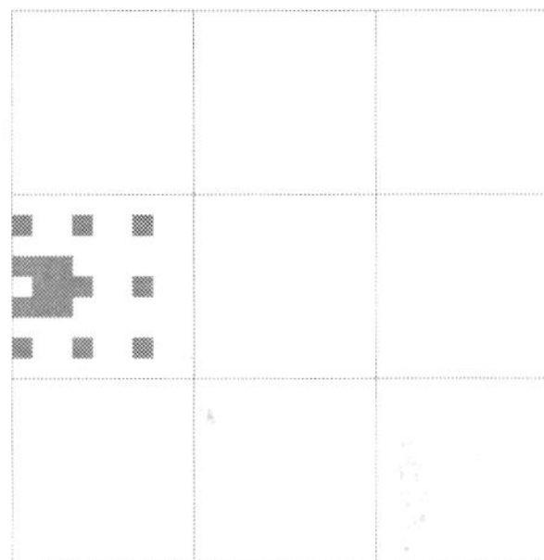

(2) 1단계 2개

① $\log_3 2 = 0.631$	② $\log_9 28 = 1.517$	③ $\log_{27} 56 = 1.221$
	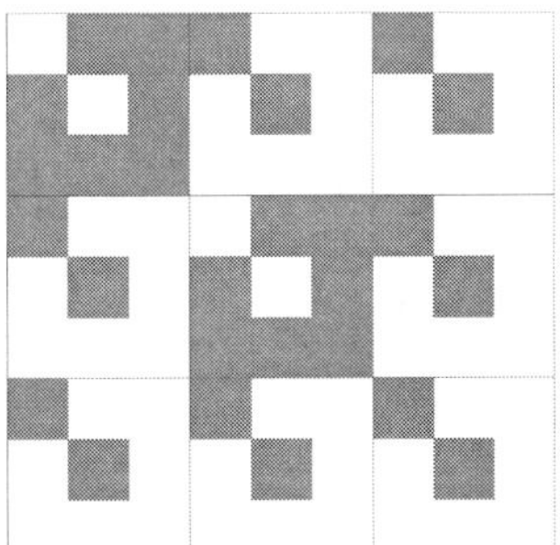	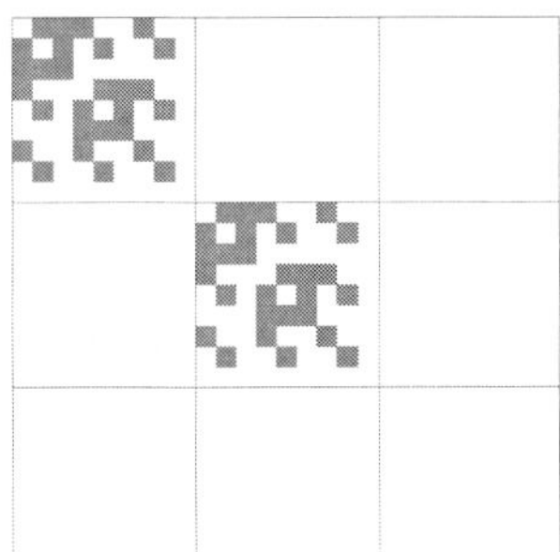

(3) 1단계 3개

① $\log_3 3 = 1$	② $\log_9 36 = 1.631$	③ $\log_{27} 108 = 1.421$
	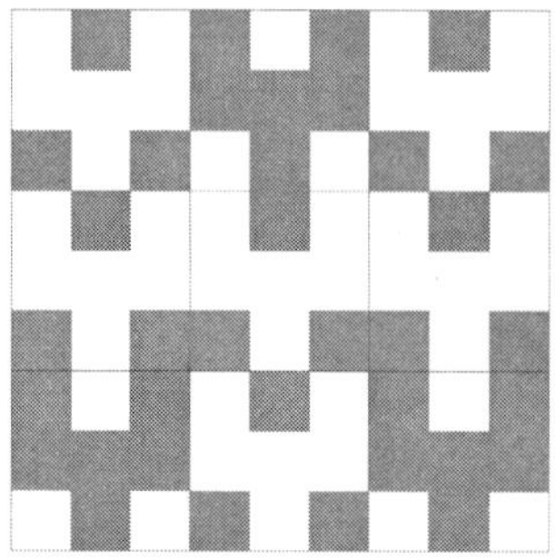	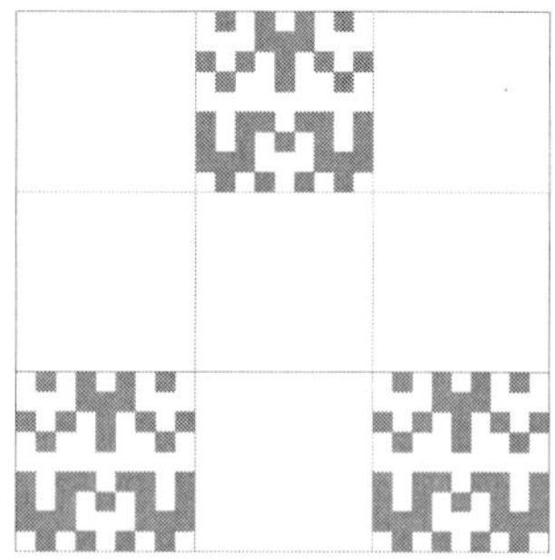
	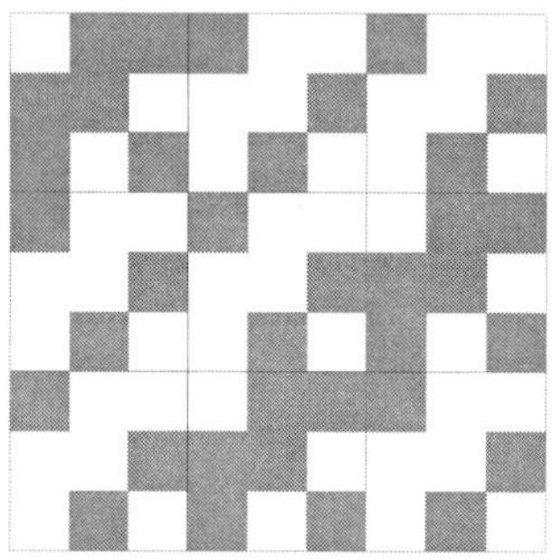	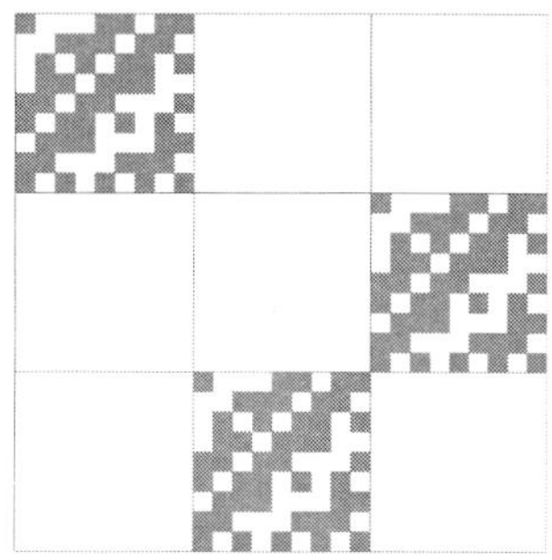
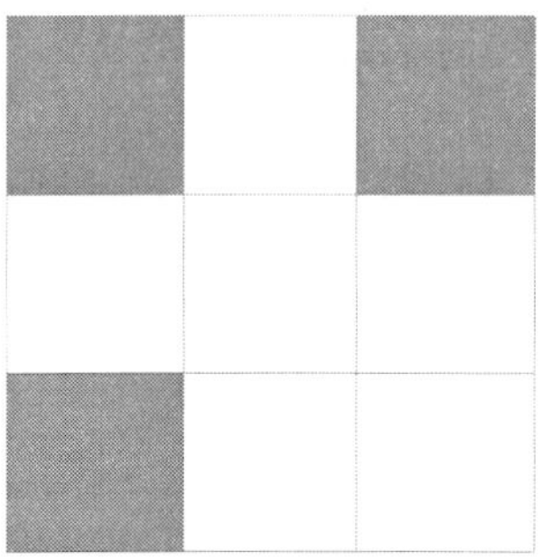		
		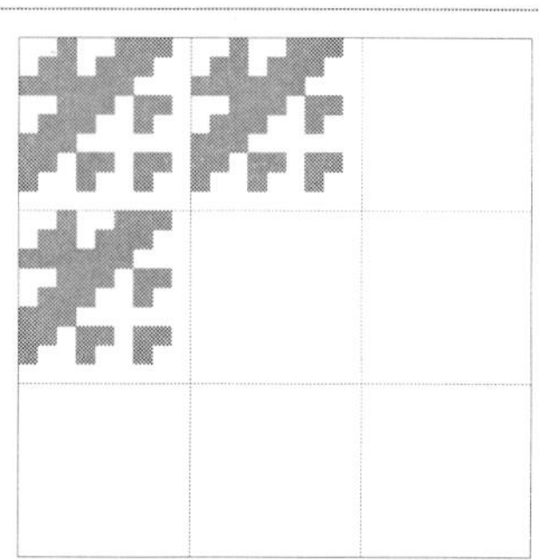

(4) 1단계 4개

① $\log_3 4 = 1.262$	② $\log_9 40 = 1.679$	③ $\log_{27} 160 = 1.54$
	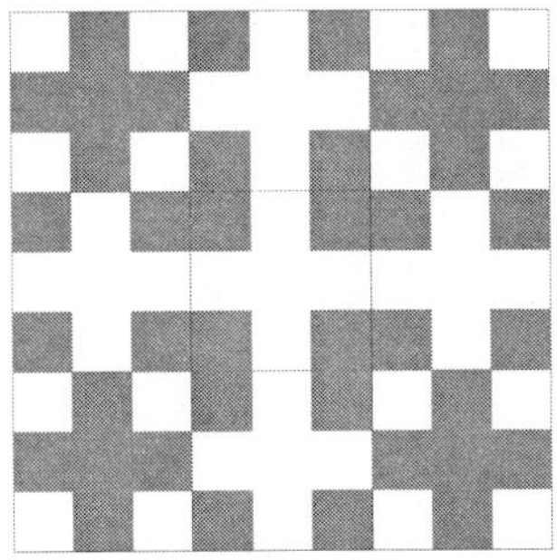	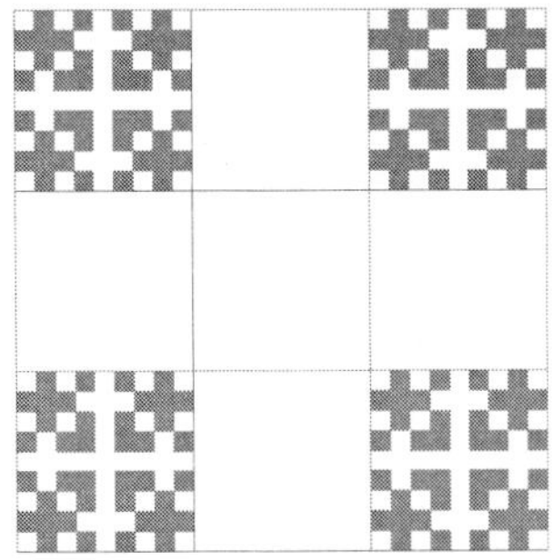
		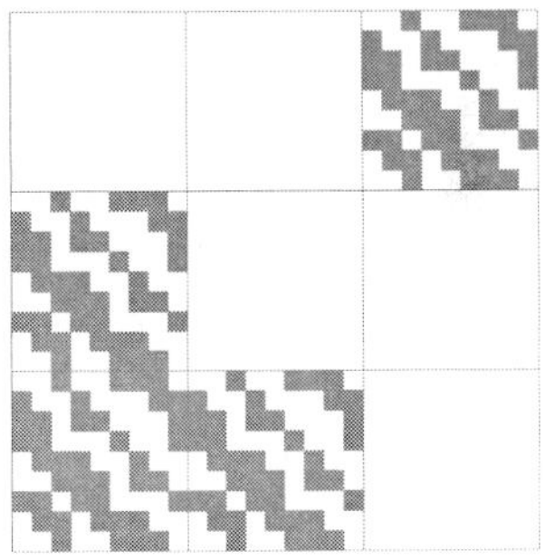
		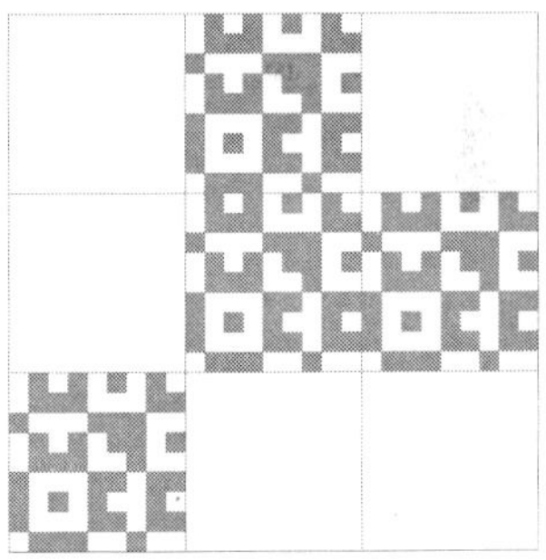

(5) 1단계 5개

① $\log_3 5 = 1.465$	② $\log_9 40 = 1.679$	③ $\log_{27} 200 = 1.608$
	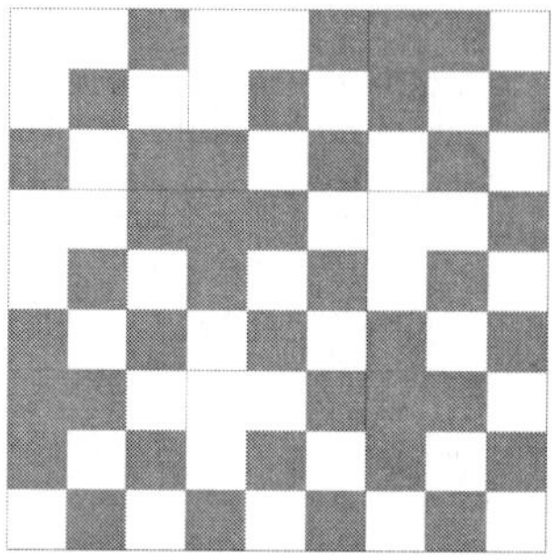	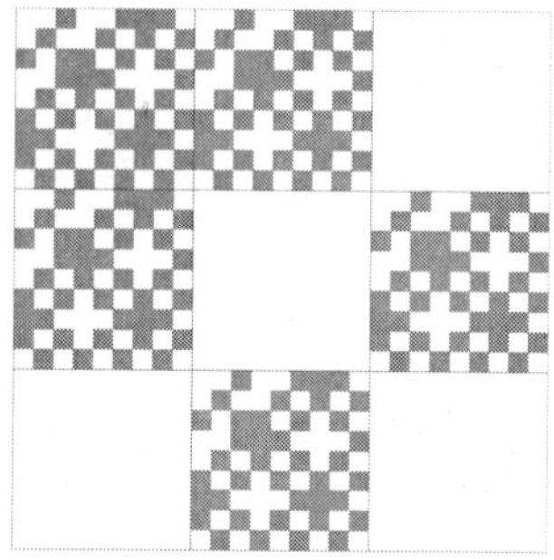
	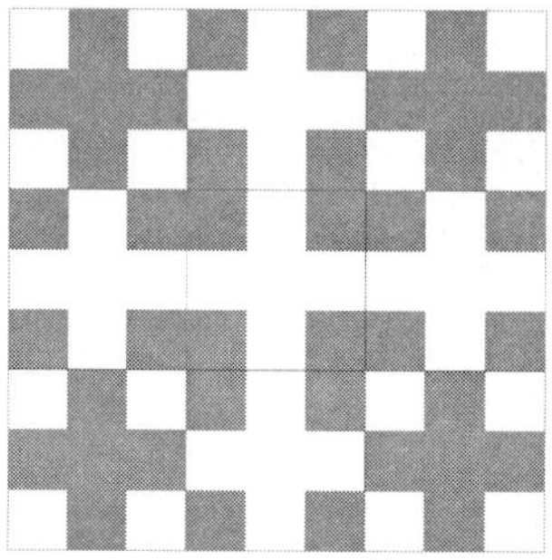	
		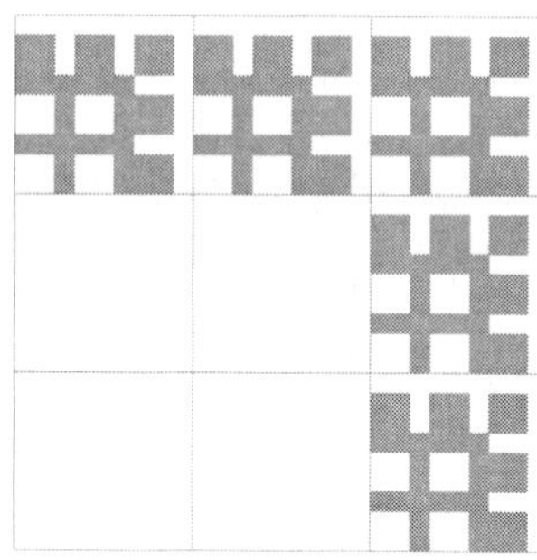
		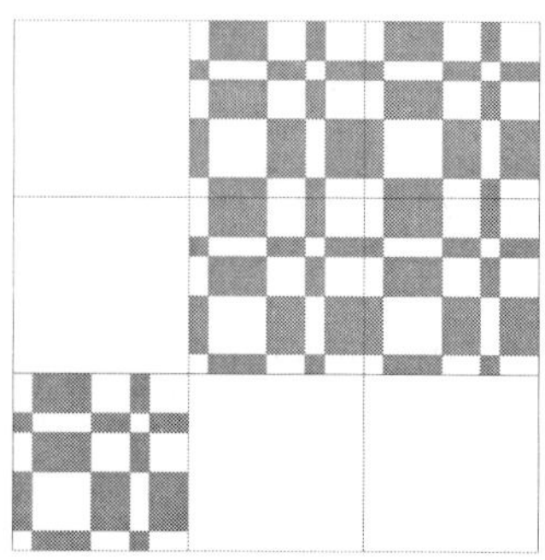

(6) 1단계 6개

① $\log_3 6 = 1.631$	② $\log_9 36 = 1.631$	③ $\log_{27} 216 = 1.631$
	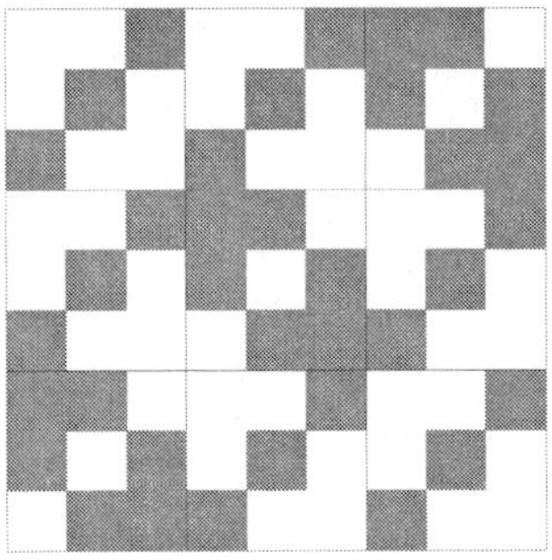	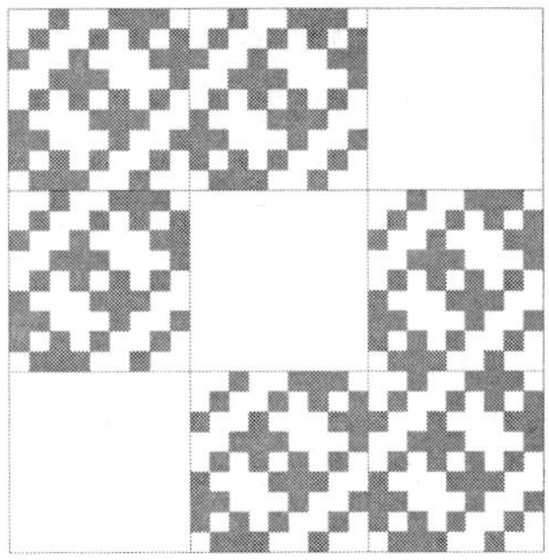
	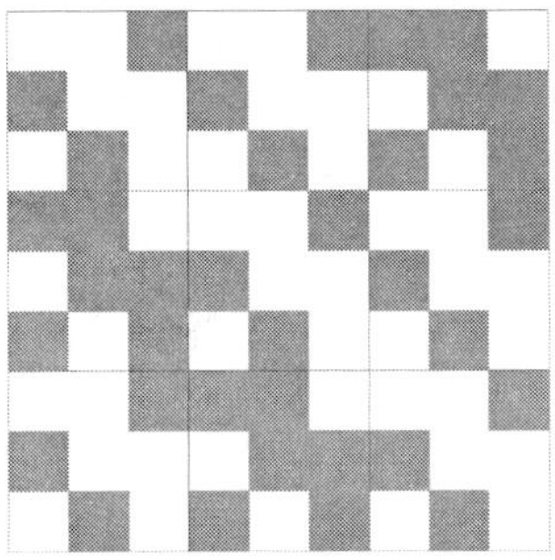	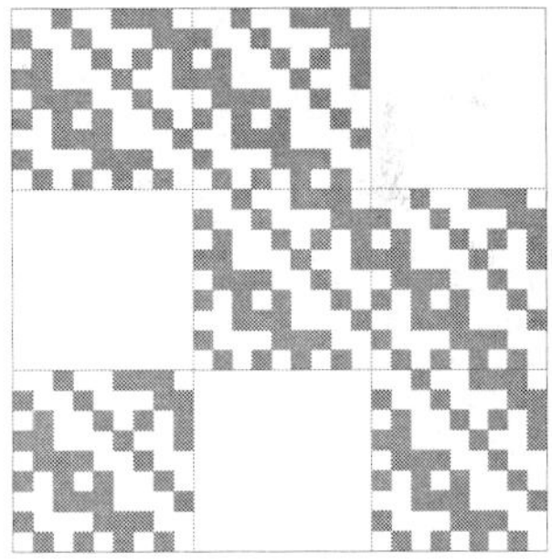
		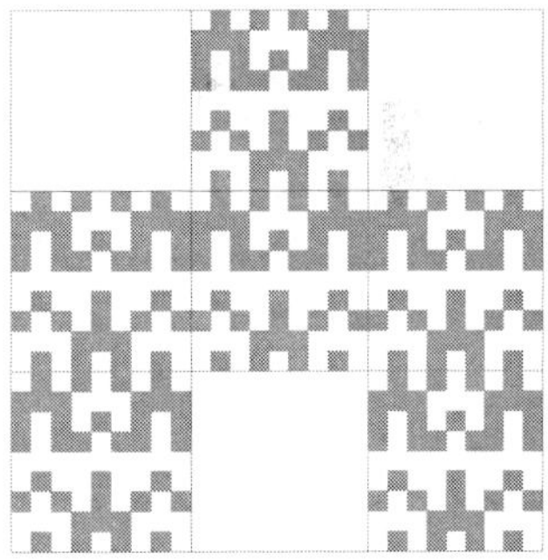
		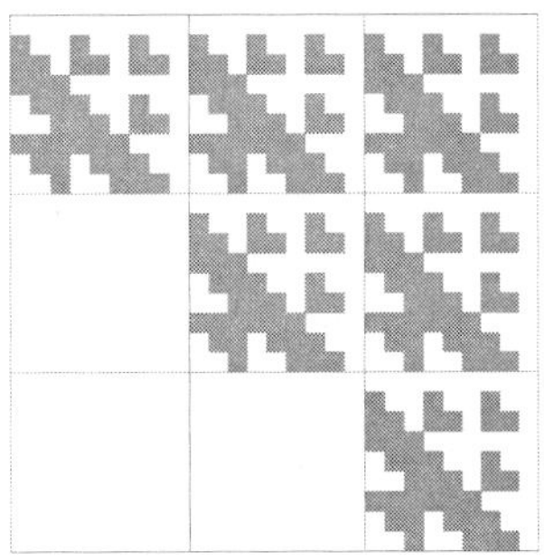

(7) 1단계 7개

① $\log_3 7 = 1.771$	② $\log_9 28 = 1.517$	③ $\log_{27} 196 = 1.601$
	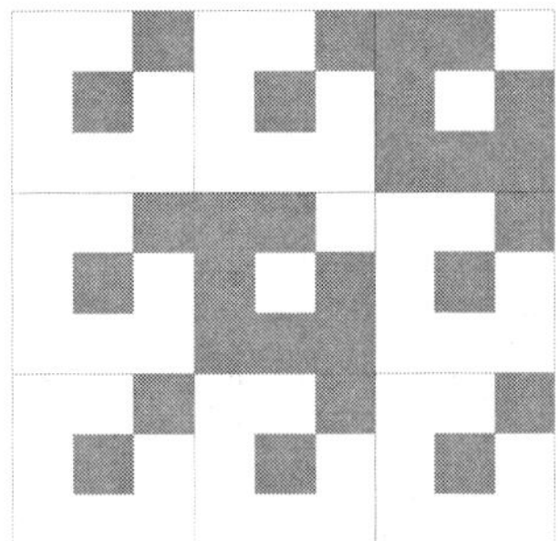	
	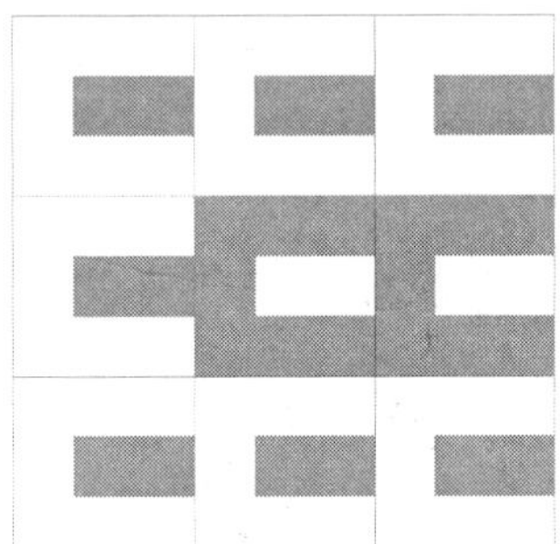	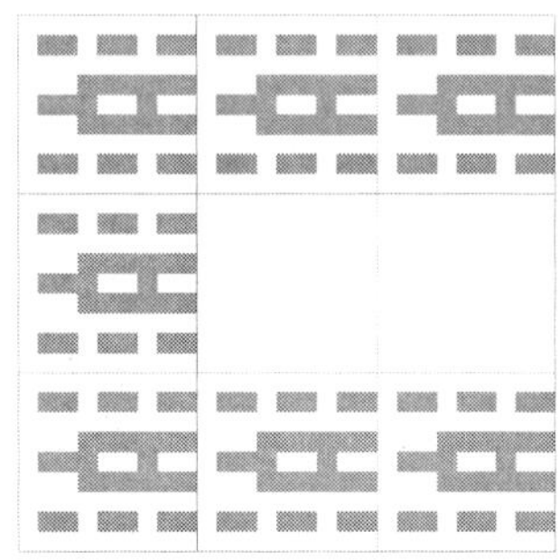
		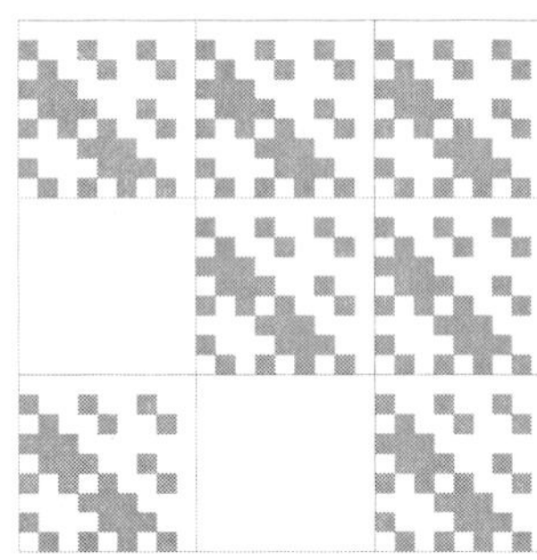
	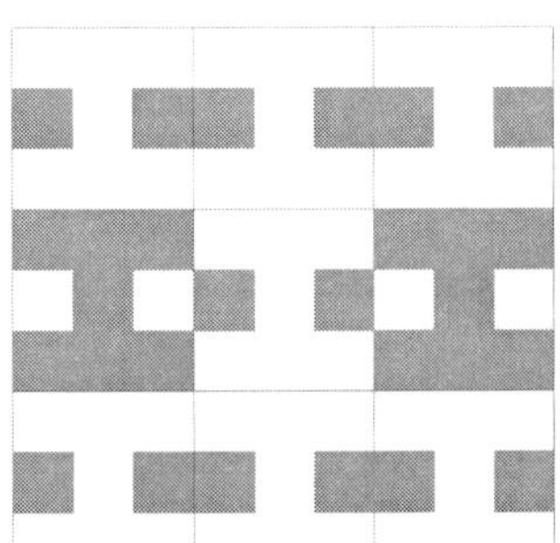	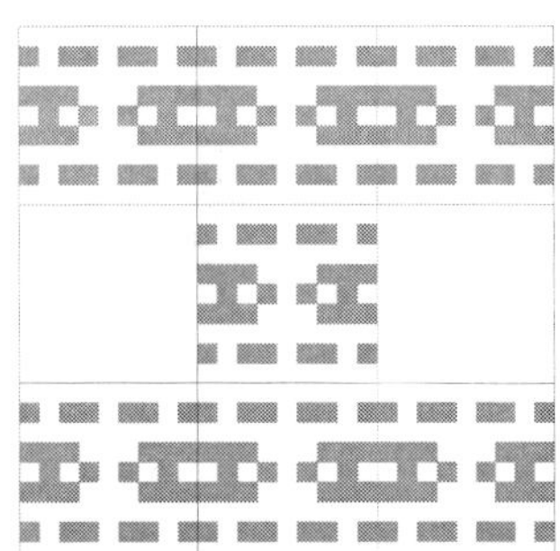

2 4×4 나눗셈-곱셈 프랙탈

(1) 1단계 1개

① $\log_4 1 = 0$	② $\log_{16} 30 = 1.227$	③ $\log_{64} 30 = 1.808$
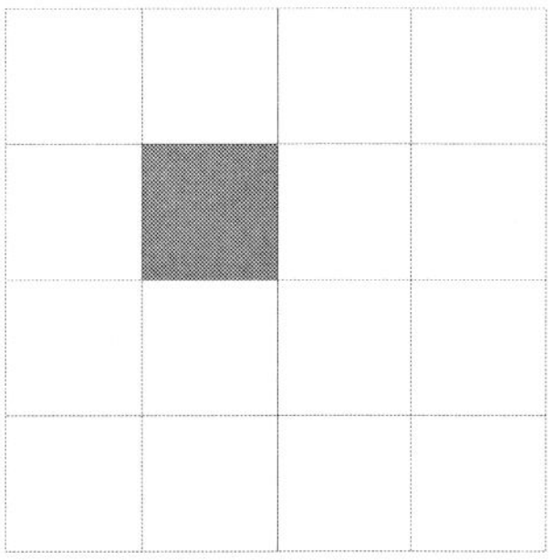	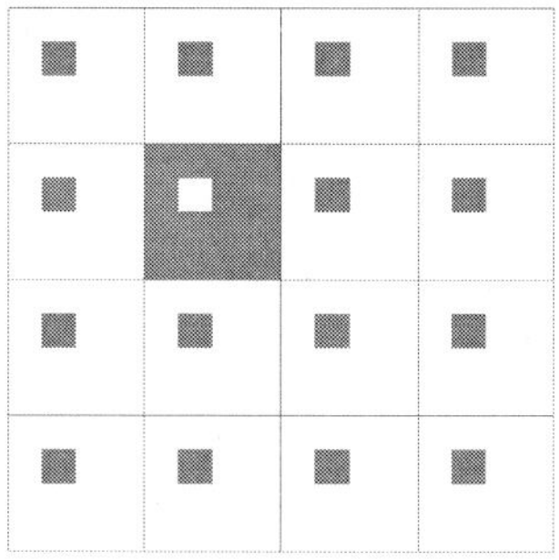	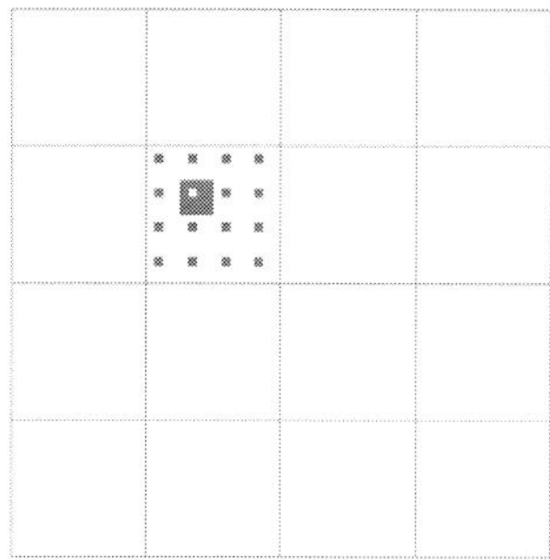

(2) 1단계 2개

① $\log_4 2 = 0.5$	② $\log_{16} 56 = 1.452$	③ $\log_{64} 112 = 1.135$
	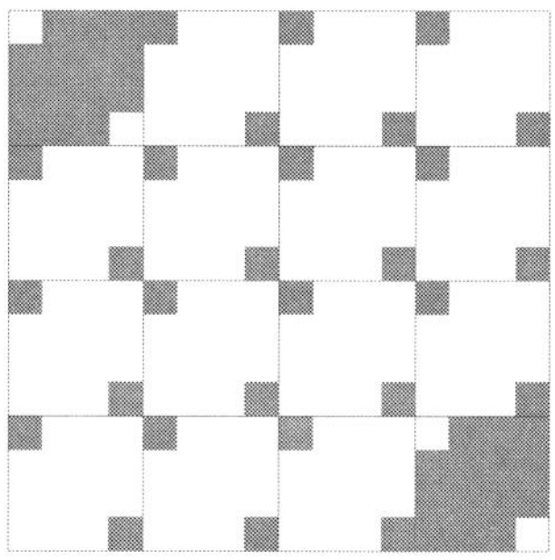	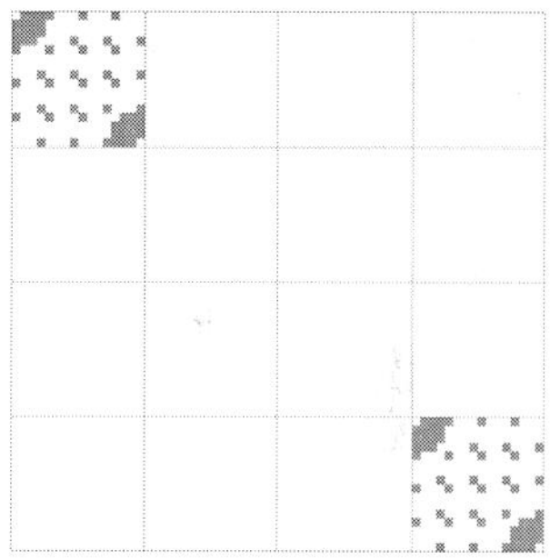

(3) 1단계 3개

① $\log_4 3 = 0.792$	② $\log_9 78 = 1.571$	③ $\log_{64} 234 = 1.312$
	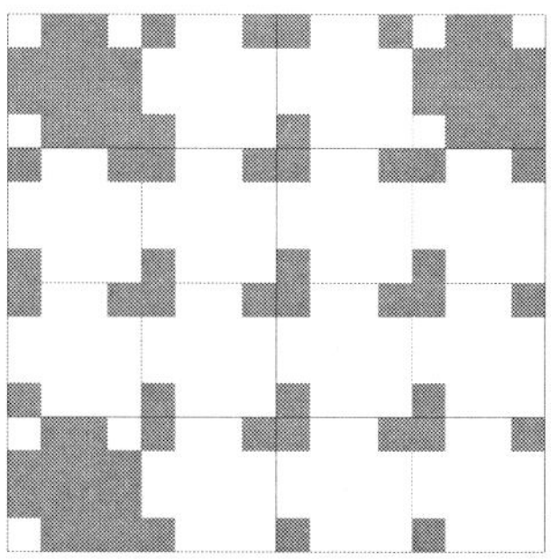	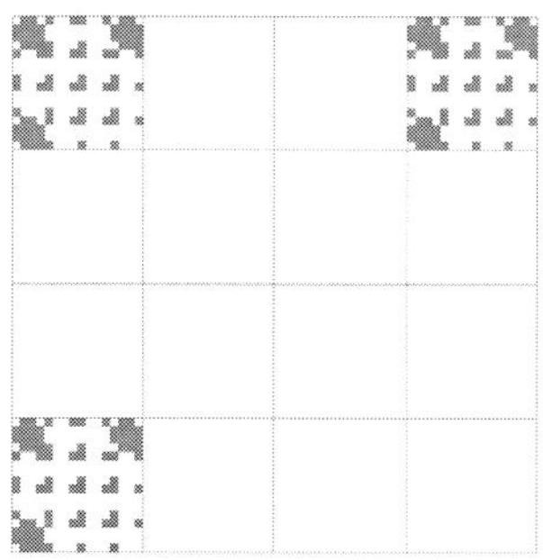

(4) 1단계 4개

① $\log_4 4 = 1$	② $\log_{16} 96 = 1.646$	③ $\log_{64} 1792 = 1.801$
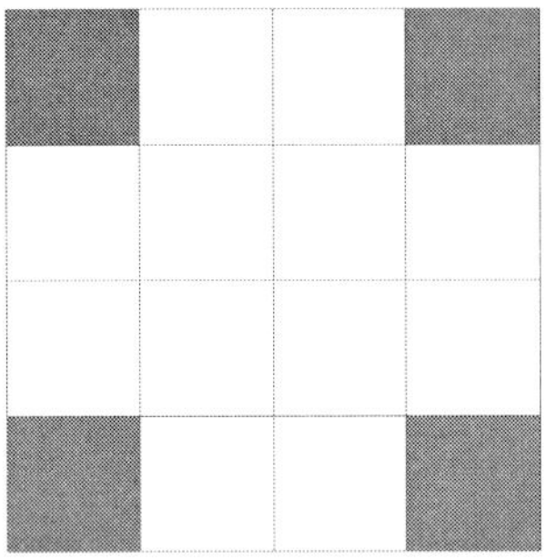	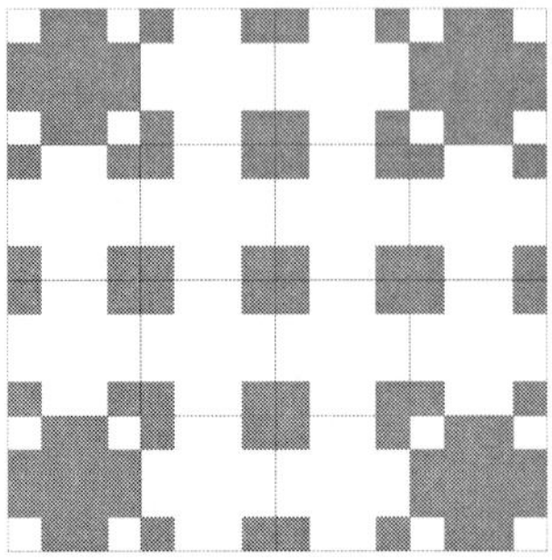	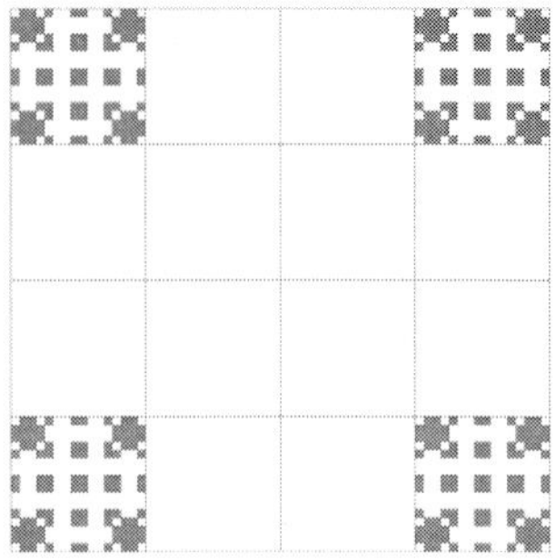
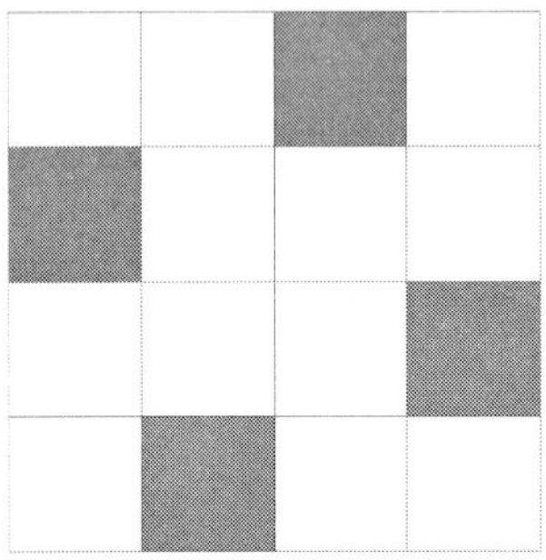		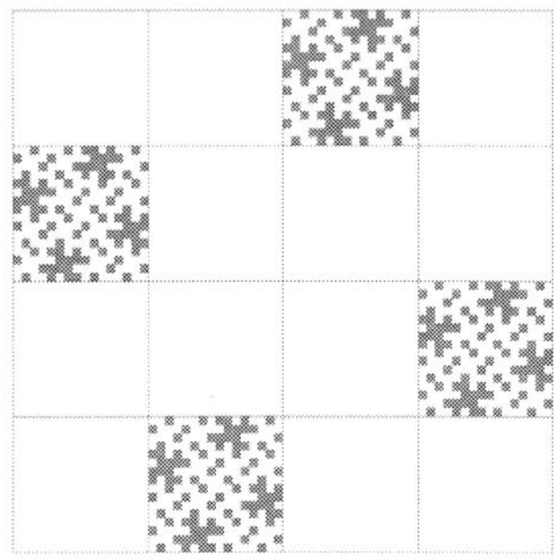
		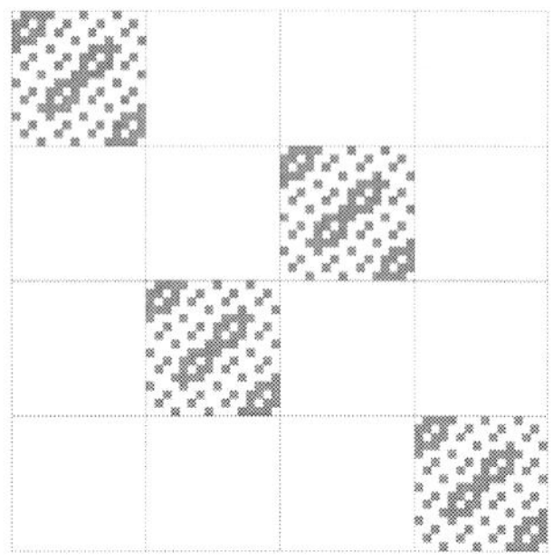
	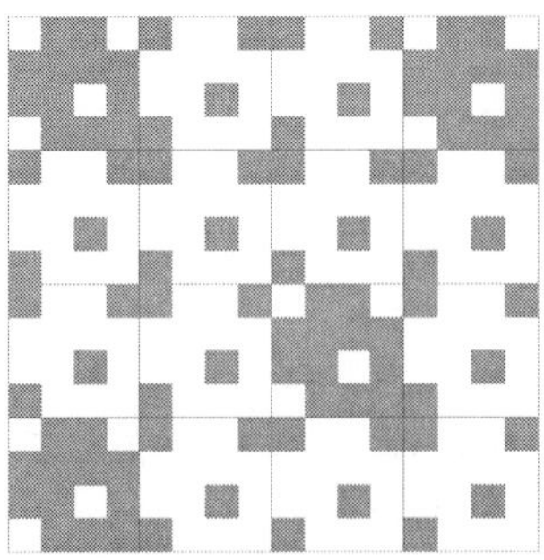	

(5) 1단계 8개

① $\log_4 8 = 1.5$	② $\log_{16} 128 = 1.75$	③ $\log_{64} 1024 = 1.667$
		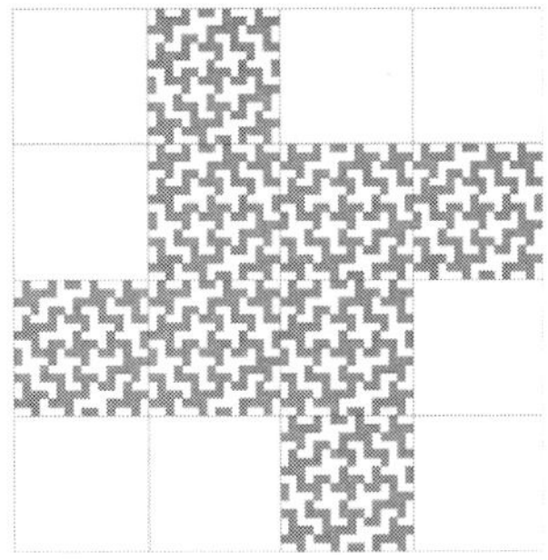
	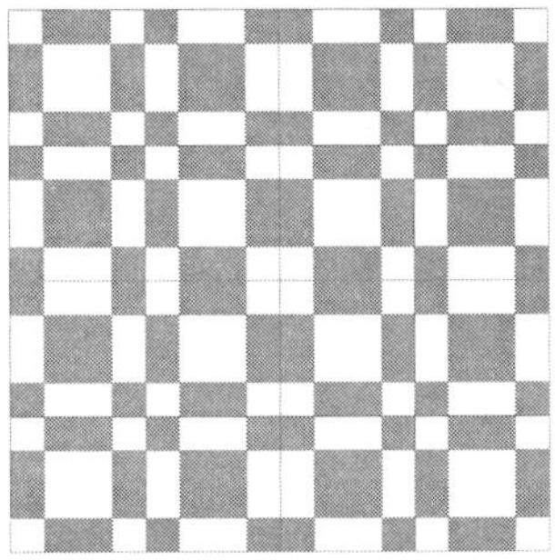	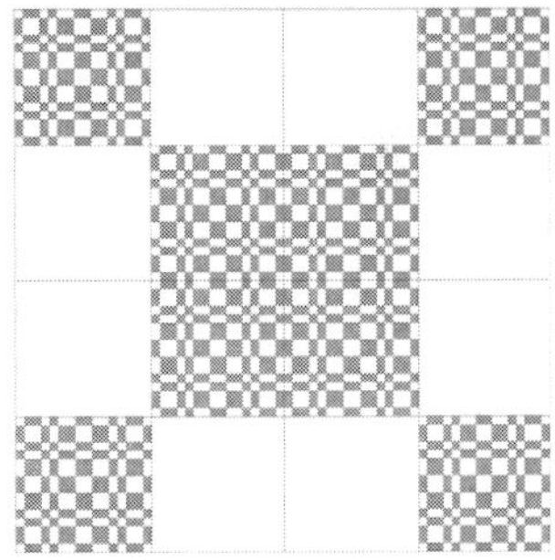
		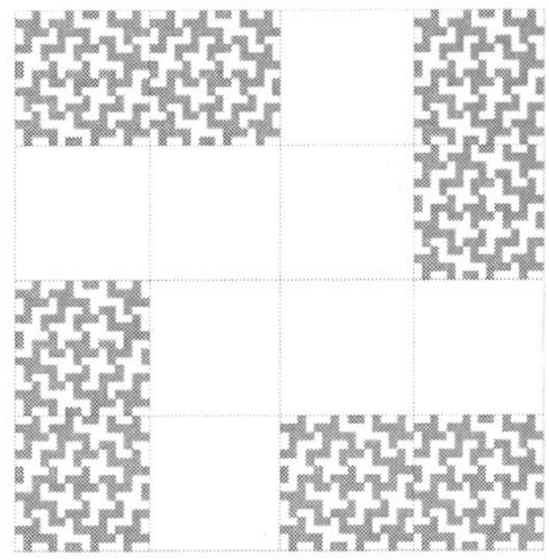
	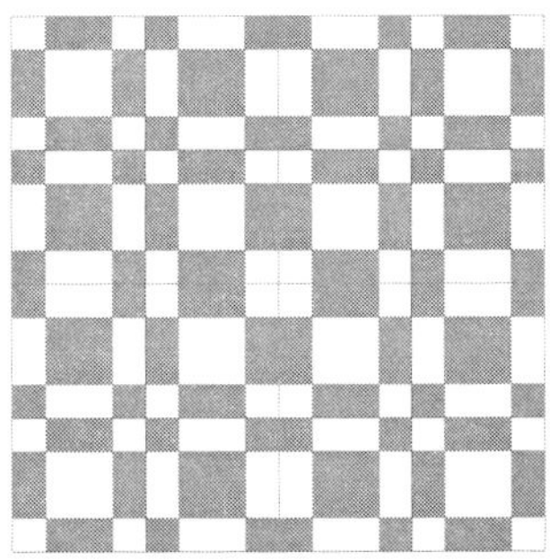	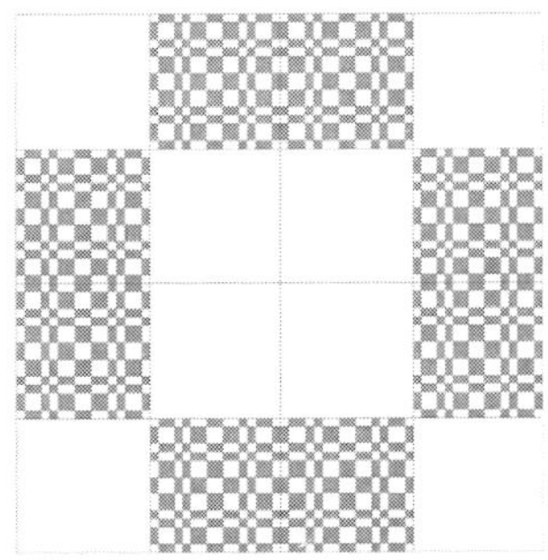

3 5×5 나눗셈-곱셈 프랙탈

(1) 1단계 5개

① $\log_5 5 = 1$

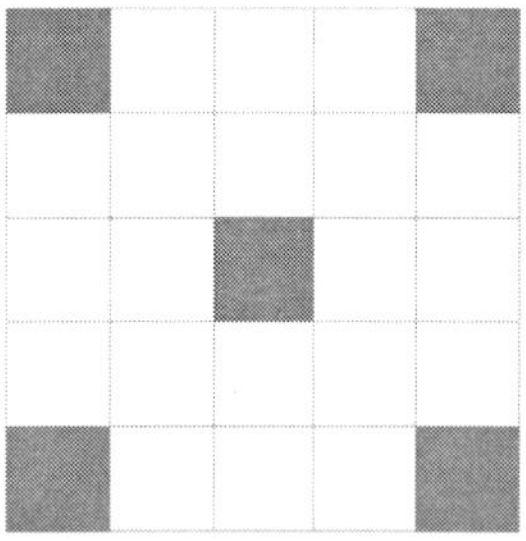

② $\log_{25} 200 = 1.65$

③ $\log_{125} 4056 = 1.721$

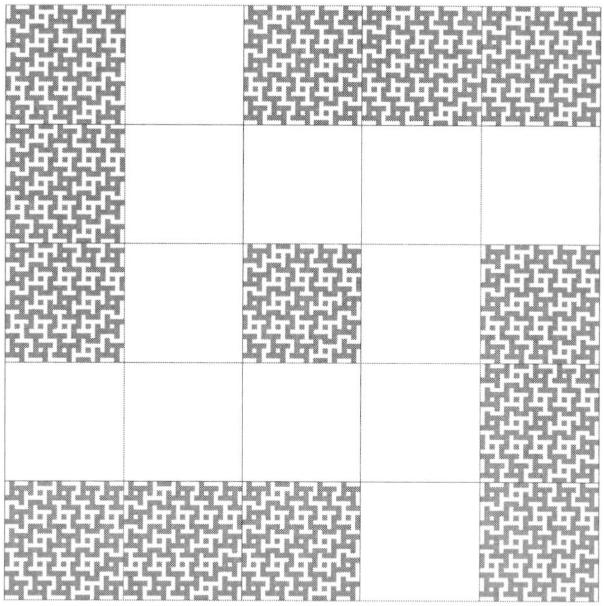

① $\log_5 5 = 1$

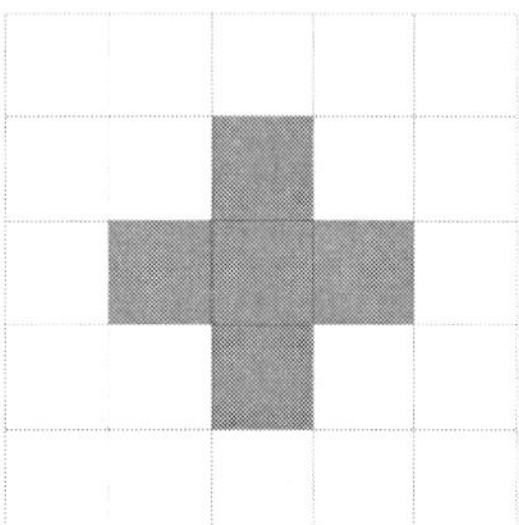

② $\log_{25} 200 = 1.65$

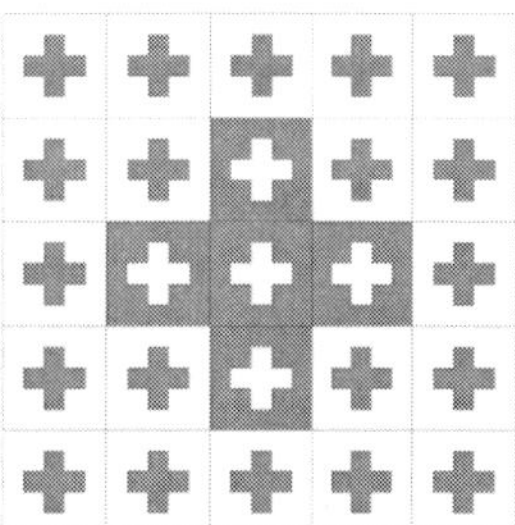

③ $\log_{125} 4056 = 1.721$

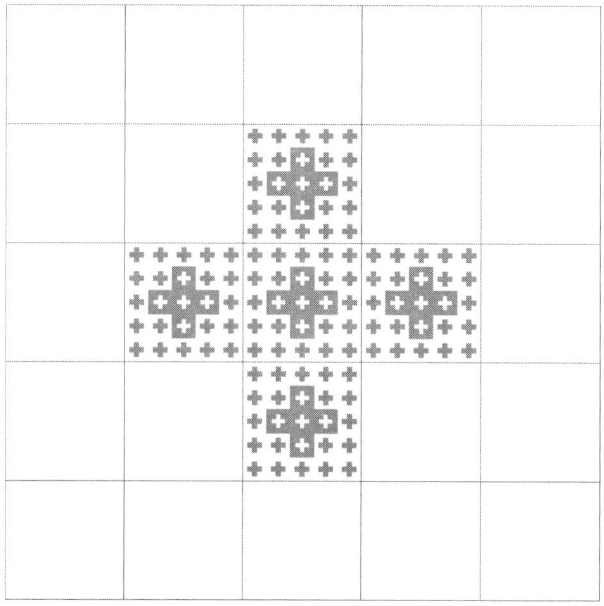

① $\log_5 5 = 1$

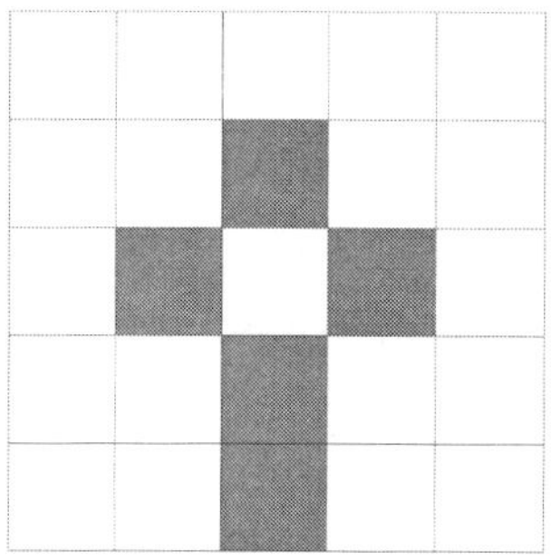

② $\log_{25} 200 = 1.65$

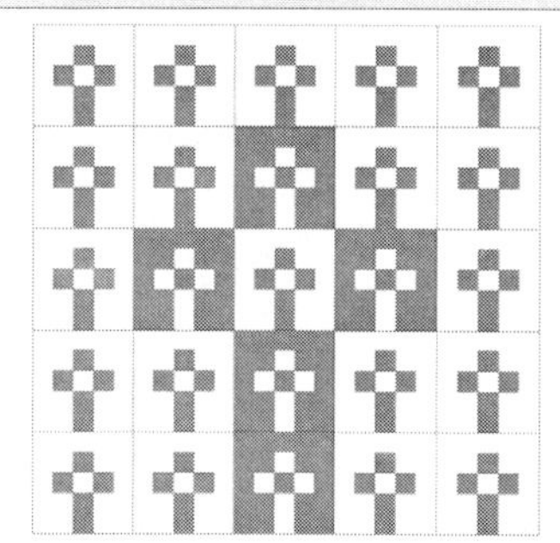

③ $\log_{125} 4056 = 1.721$

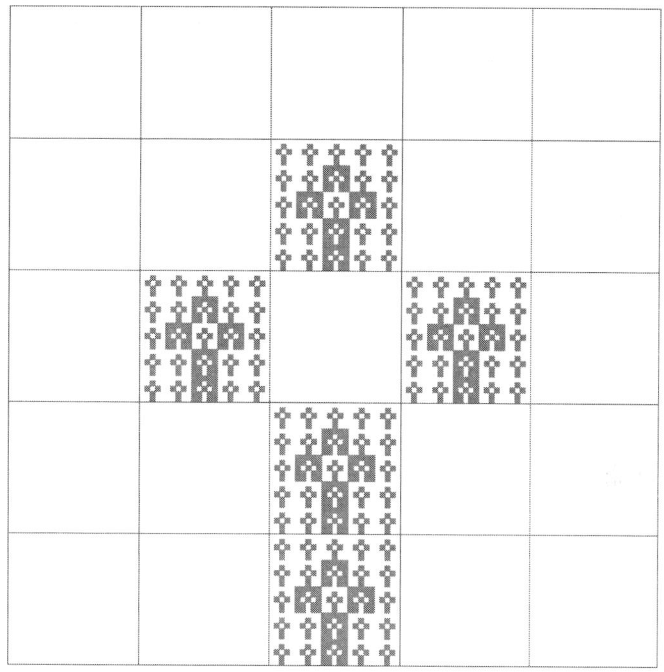

① $\log_5 5 = 1$

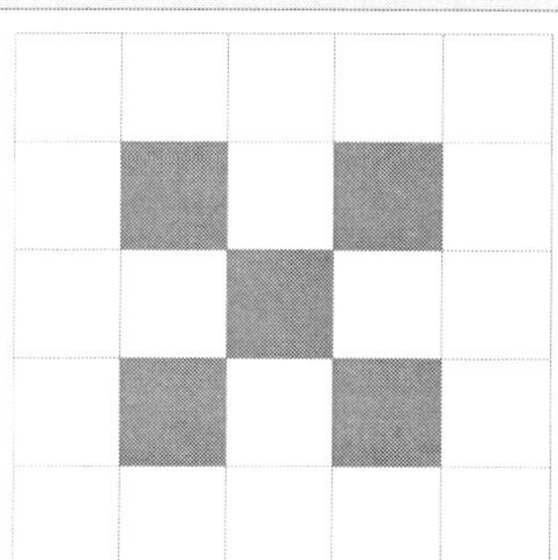

② $\log_{25} 200 = 1.65$

③ $\log_{125} 4056 = 1.721$

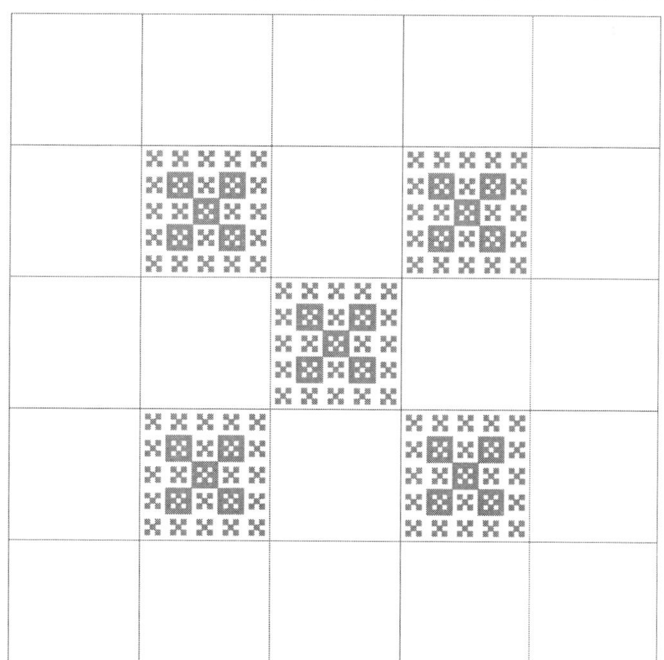

(2) 1단계 8개

① $\log_5 8 = 1.292$

② $\log_{25} 272 = 1.74$

③ $\log_{125} 2716 = 1.592$

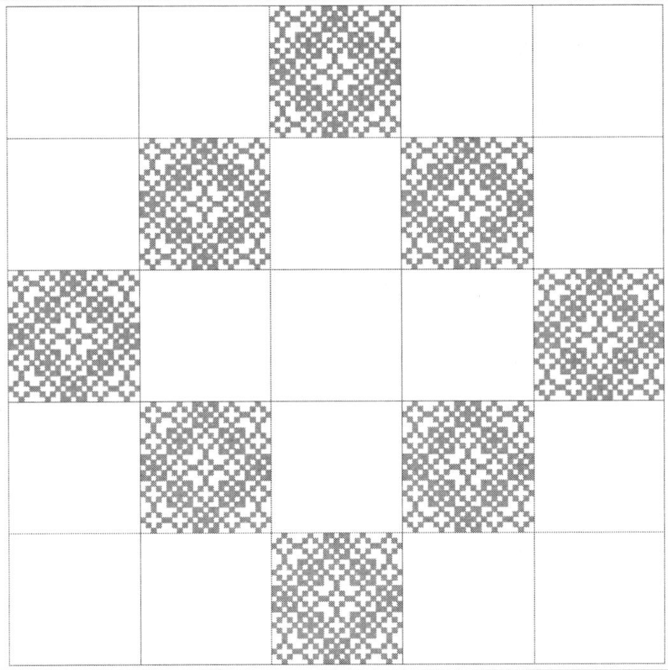

① $\log_5 8 = 1.292$

② $\log_{25} 272 = 1.742$

③ $\log_{125} 7448 = 1.847$

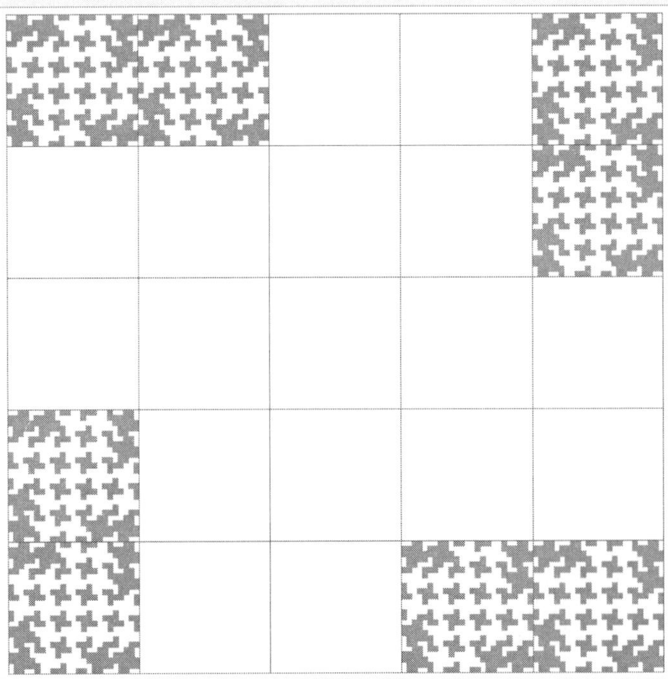

① $\log_5 8 = 1.292$

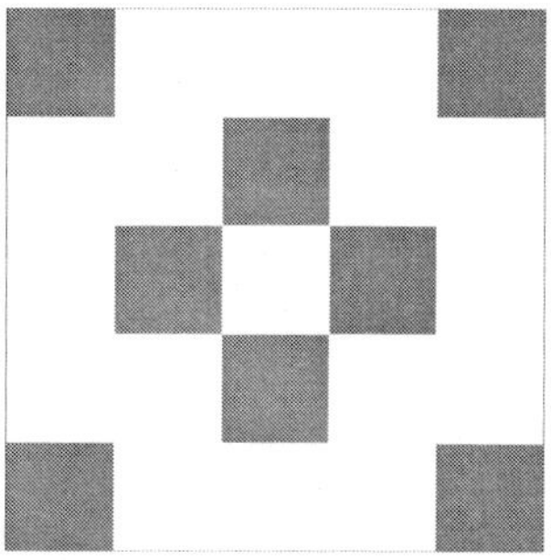

② $\log_{25} 272 = 1.74$

③ $\log_{125} 7448 = 1.847$

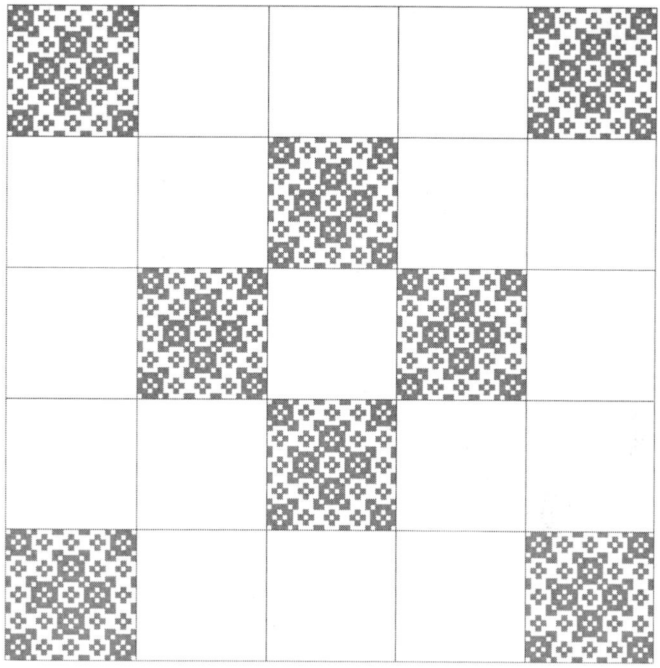

① $\log_5 8 = 1.292$

② $\log_{25} 272 = 1.74$

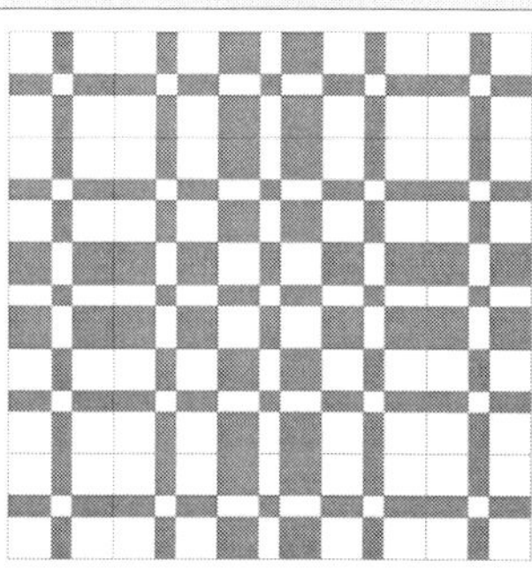

③ $\log_{125} 7448 = 1.847$

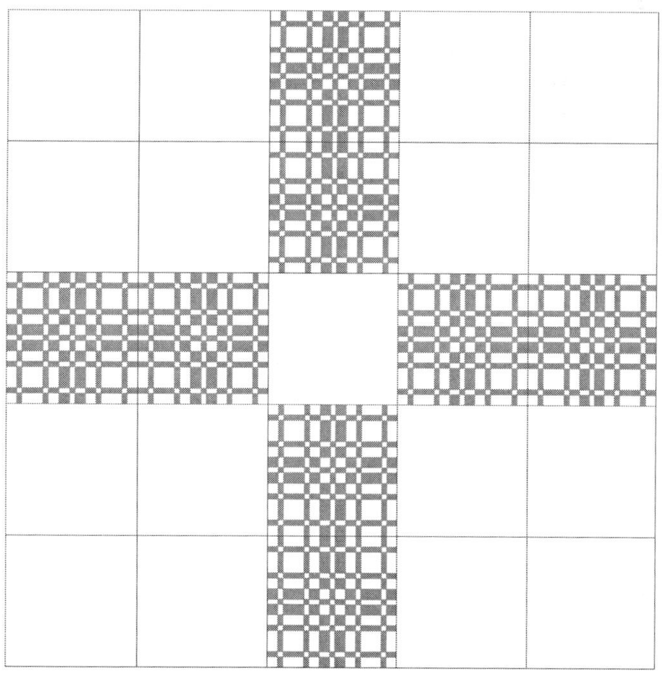

① $\log_5 8 = 1.292$

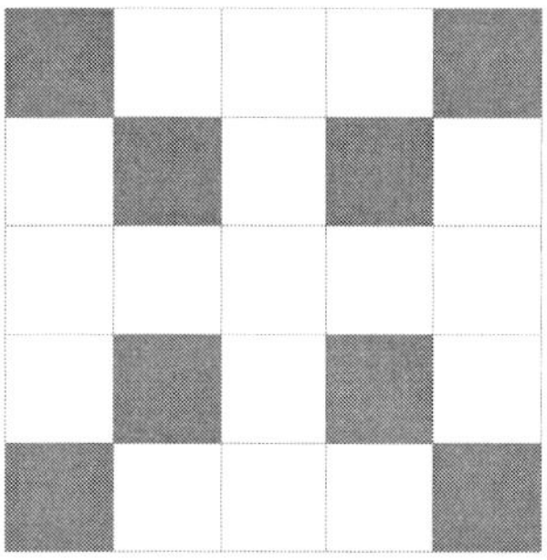

② $\log_{25} 272 = 1.742$

③ $\log_{125} 9624 = 1.9$

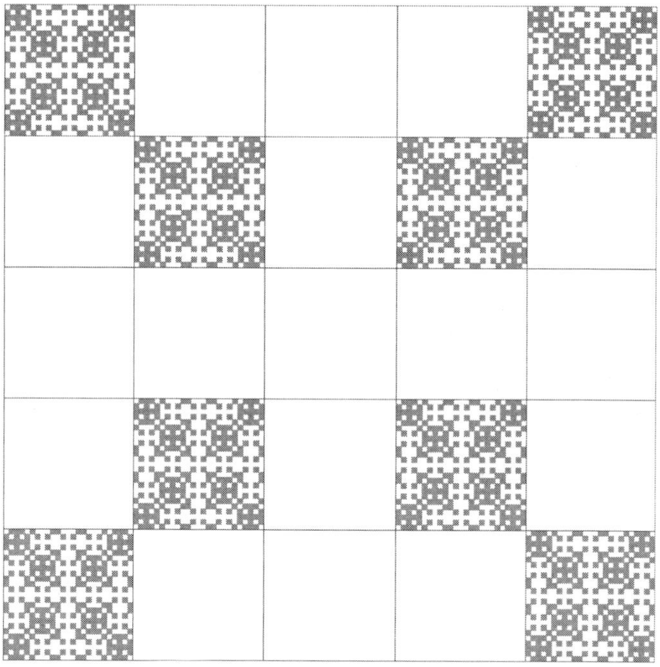

① $\log_5 8 = 1.292$

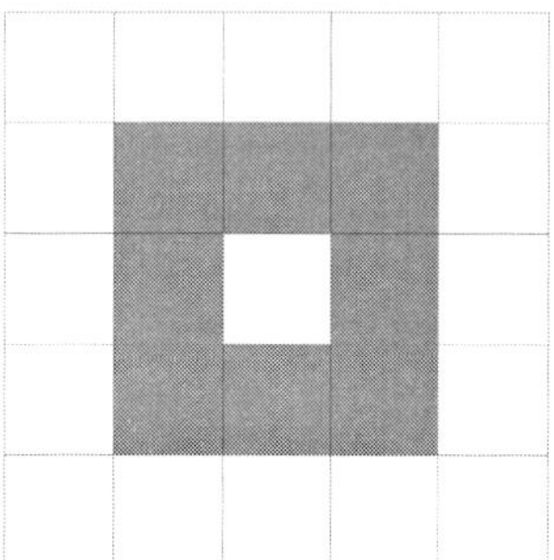

② $\log_{25} 272 = 1.742$

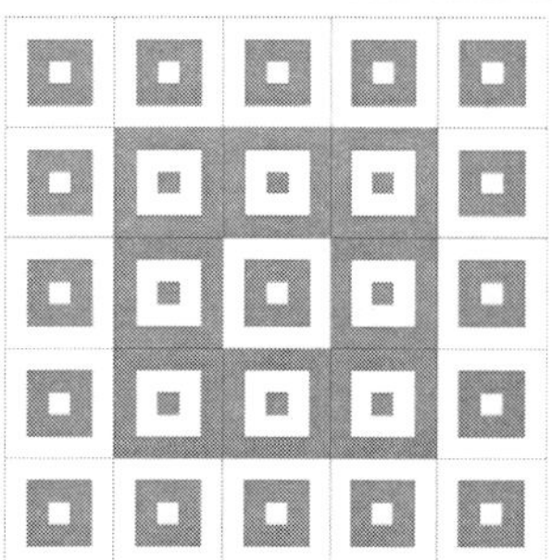

③ $\log_{125} 9624 = 1.9$

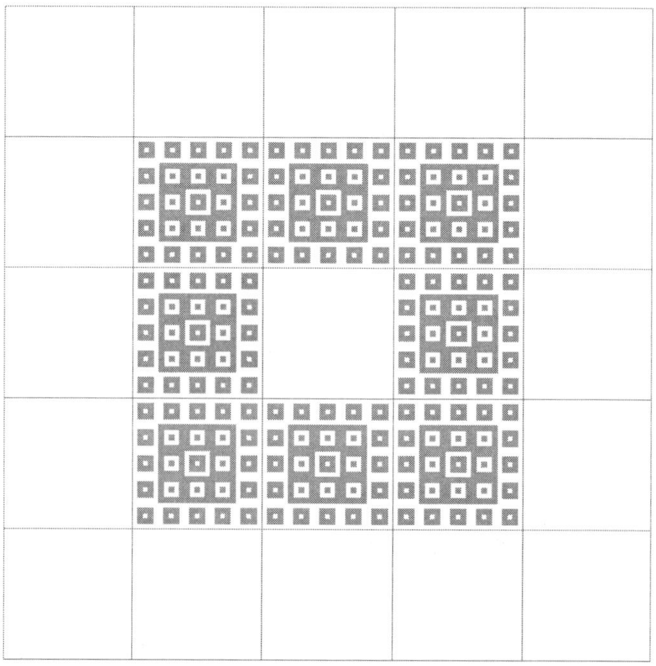

(3) 1단계 9개

① $\log_5 9 = 1.365$

② $\log_{25} 288 = 1.759$

③ $\log_{125} 2592 = 1.628$

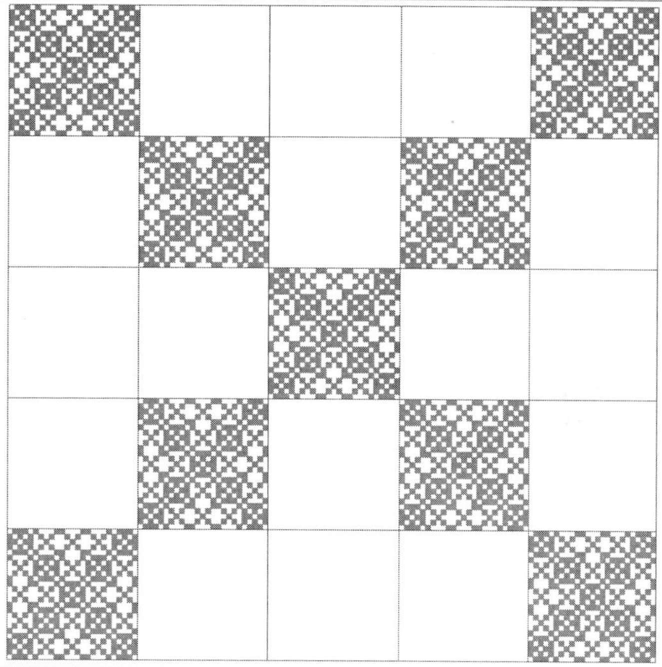

① $\log_5 9 = 1.365$

② $\log_{25} 288 = 1.759$

③ $\log_{125} 2592 = 1.628$

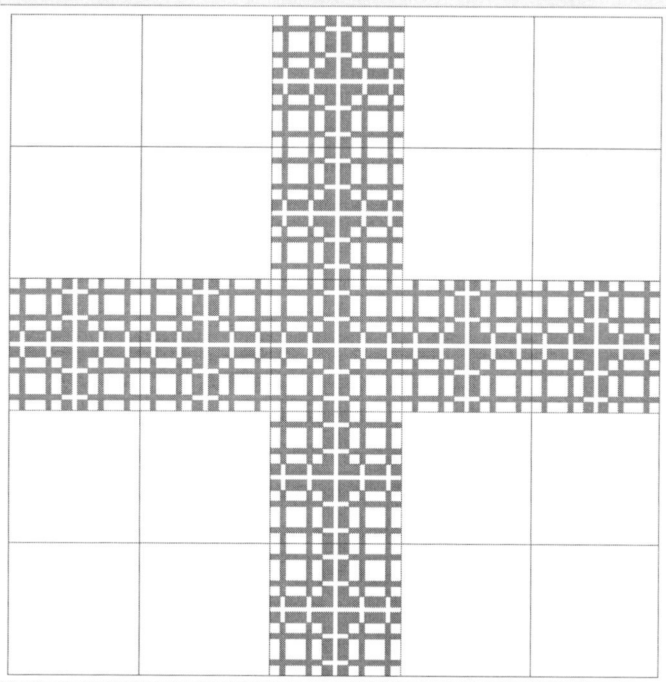

① $\log_5 9 = 1.365$

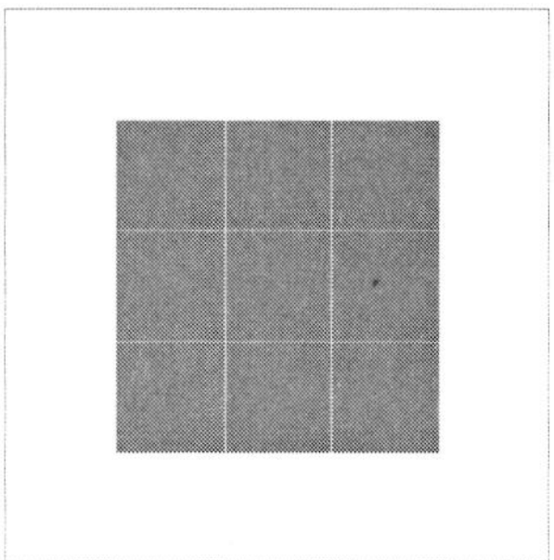

② $\log_{25} 288 = 1.759$

③ $\log_{125} 2592 = 1.628$

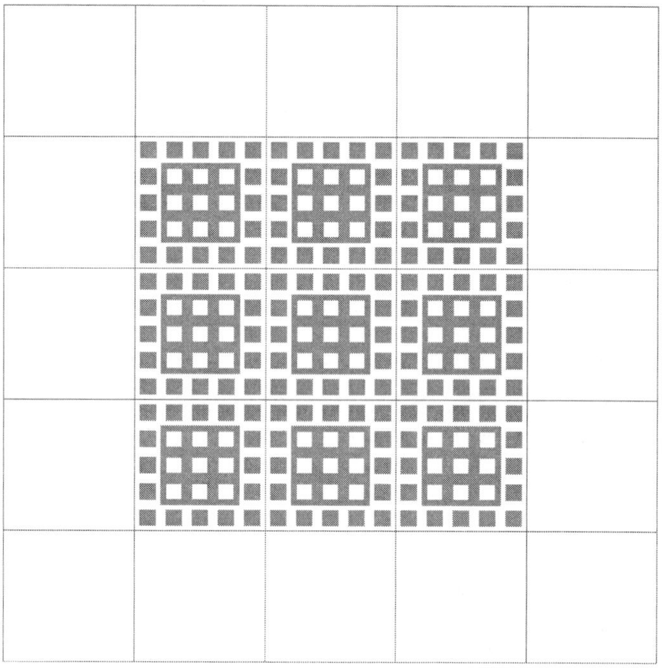

① $\log_5 9 = 1.365$

② $\log_{25} 288 = 1.759$

③ $\log_{125} 2592 = 1.628$

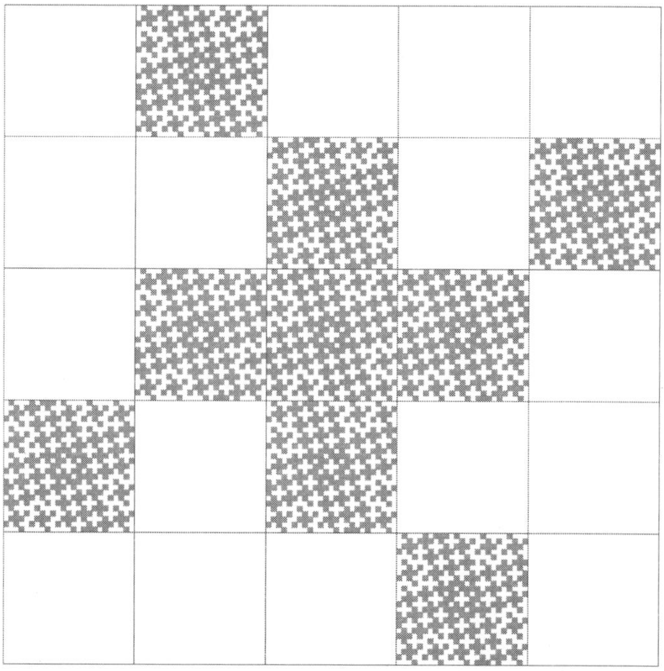

4 6×6 나눗셈-곱셈 프랙탈

(1) 1단계 2개

① $\log_6 2 = 0.387$

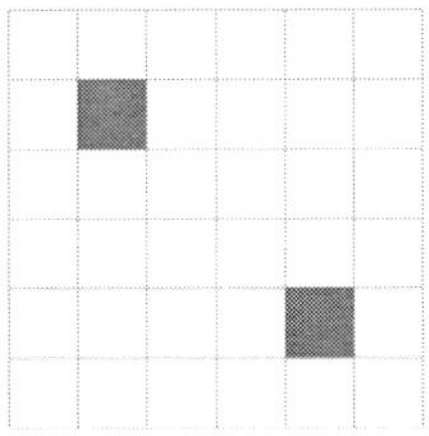

② $\log_{36} 136 = 1.371$

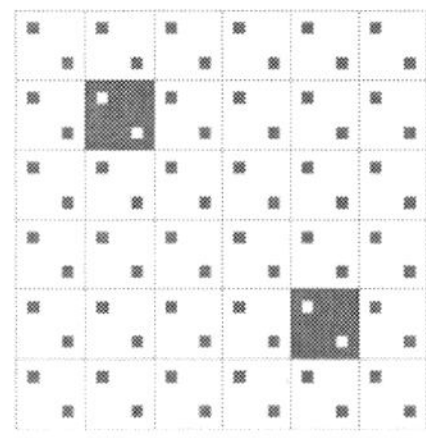

③ $\log_{216} 272 = 1.403$

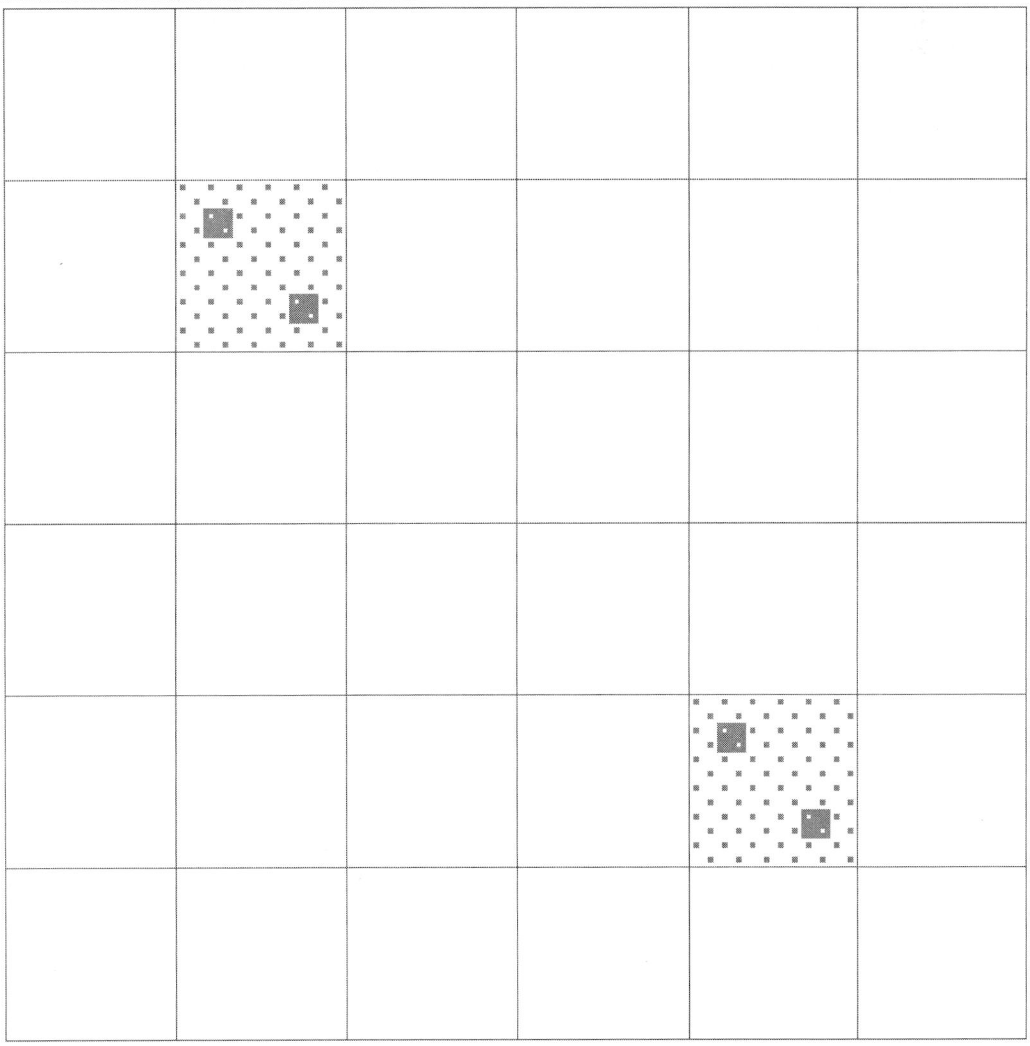

(2) 1단계 4개

① $\log_{6}4 = 0.774$

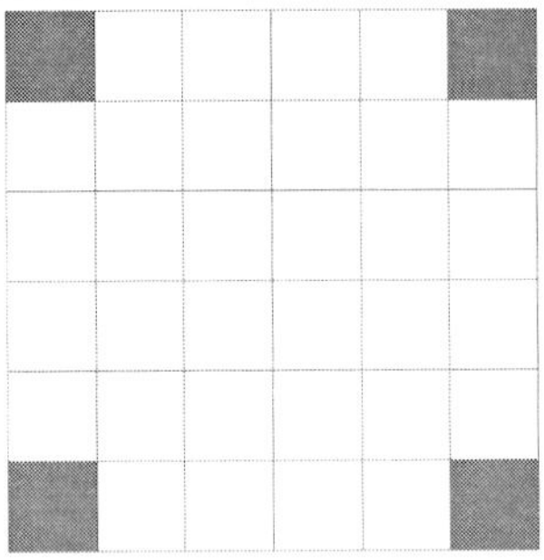

② $\log_{36}256 = 1.547$

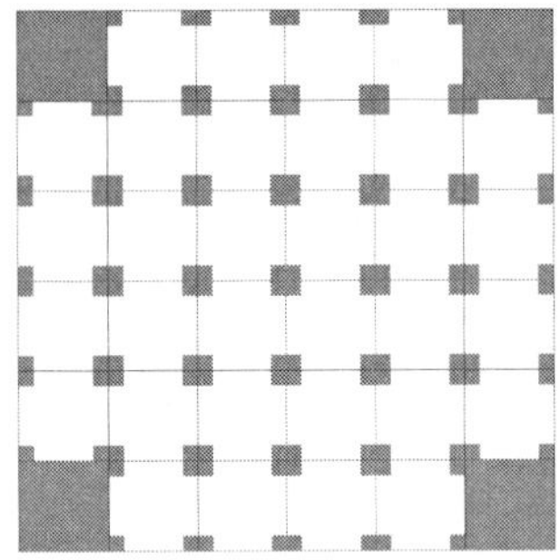

③ $\log_{216}1024 = 1.29$

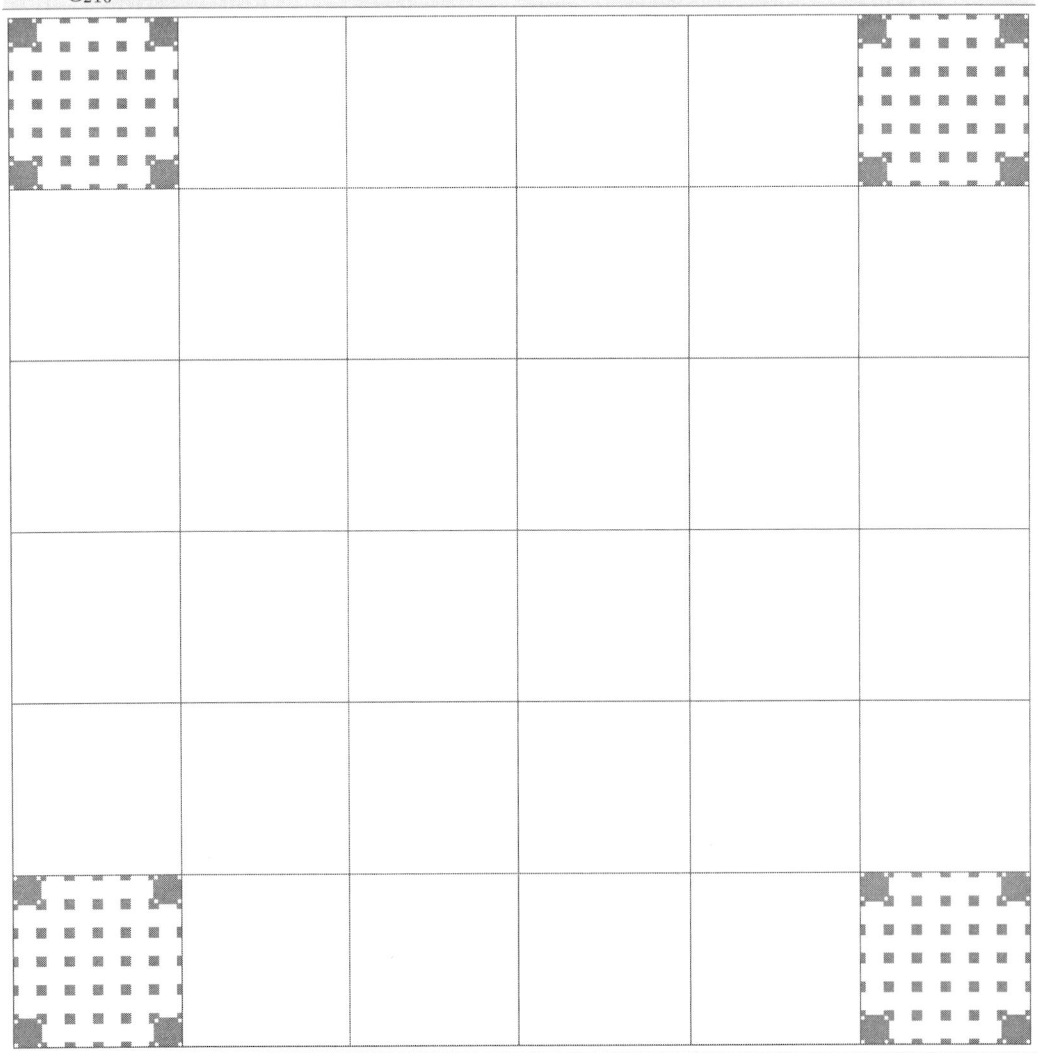

① $\log_6 4 = 0.774$

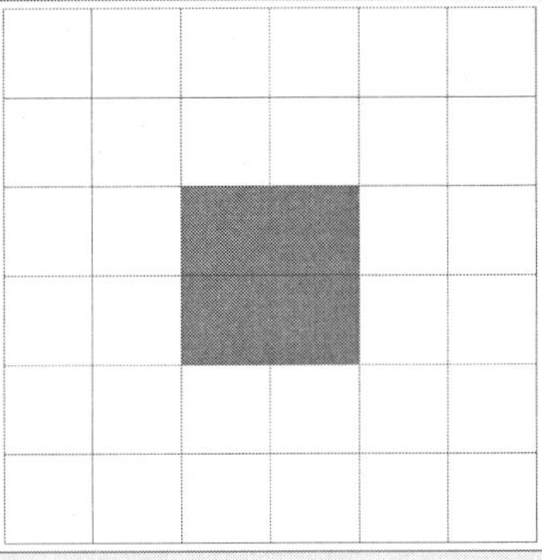

② $\log_{36} 256 = 1.547$

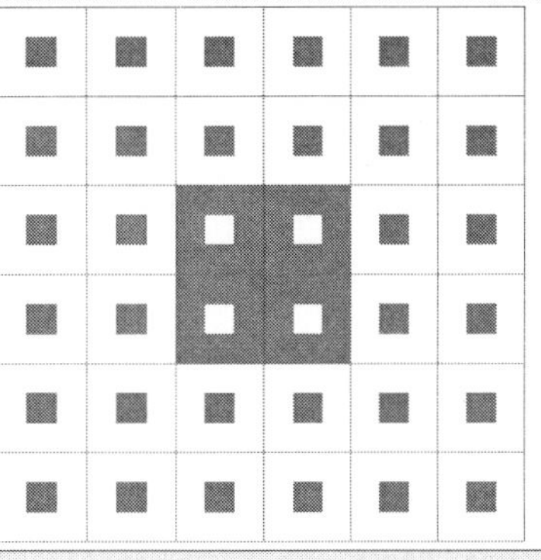

③ $\log_{216} 1024 = 1.29$

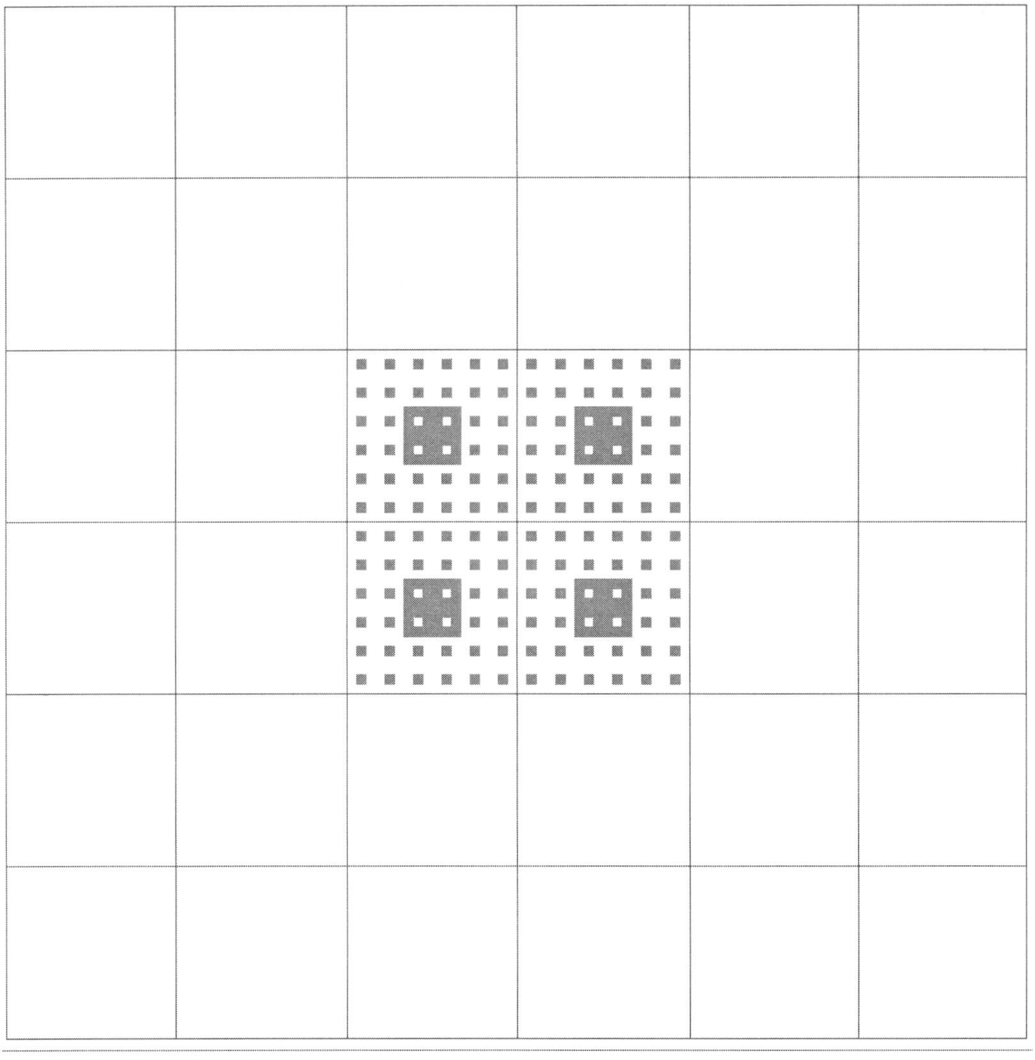

① $\log_6 4 = 0.774$

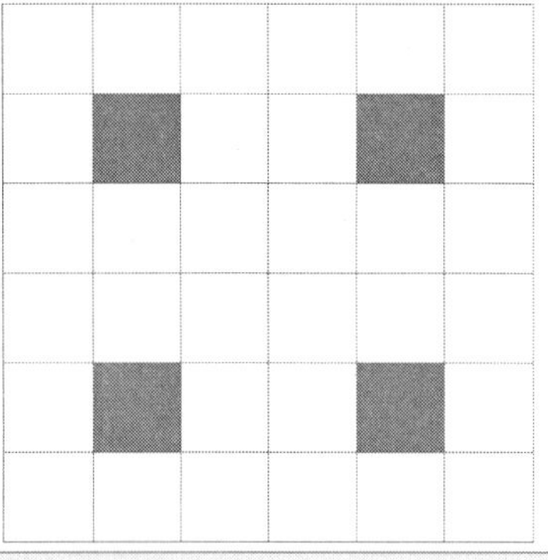

② $\log_{36} 256 = 1.547$

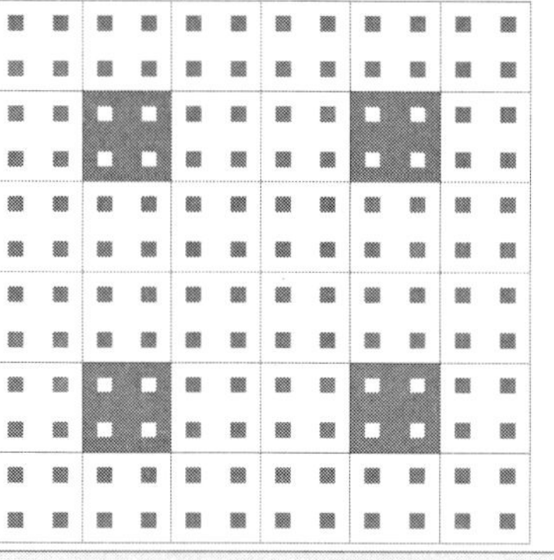

③ $\log_{216} 1024 = 1.29$

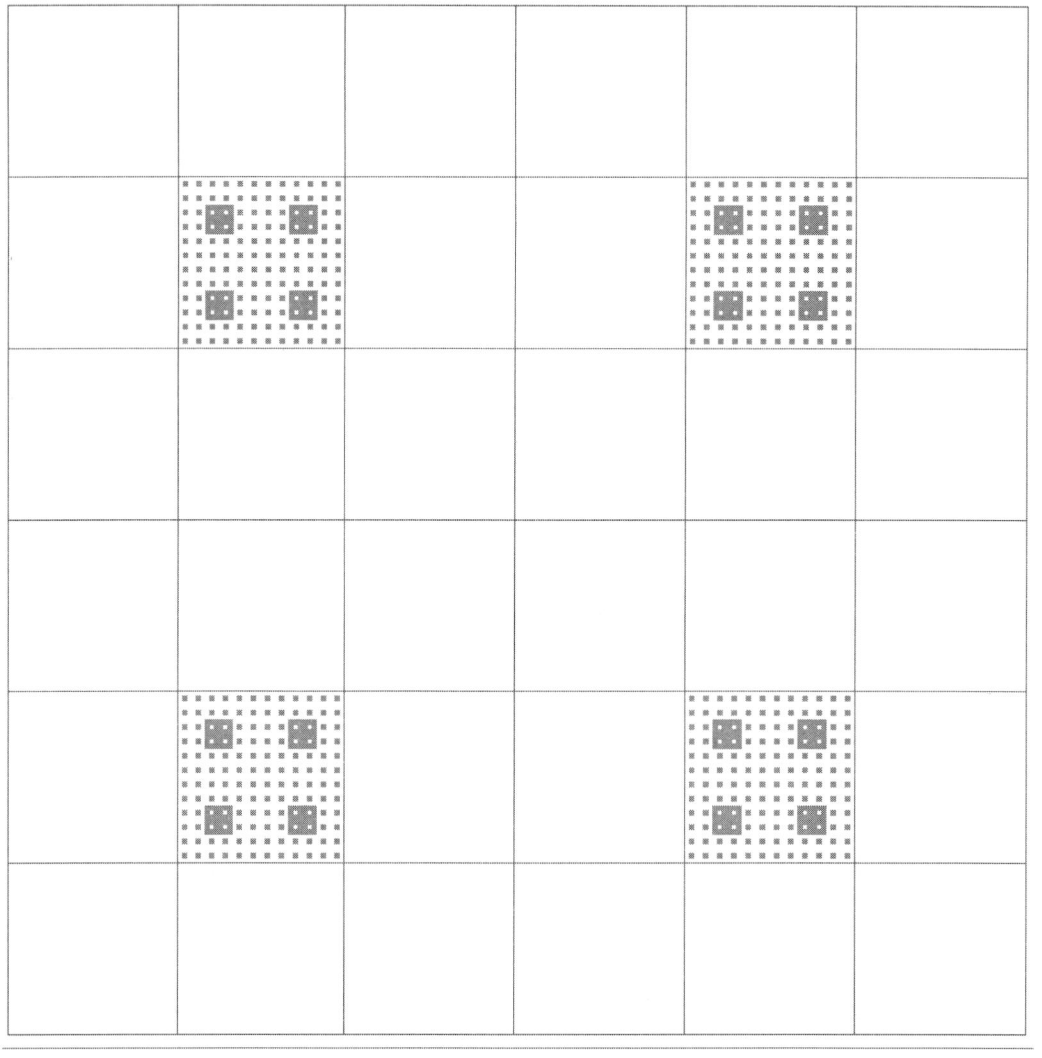

① $\log_6 4 = 0.774$

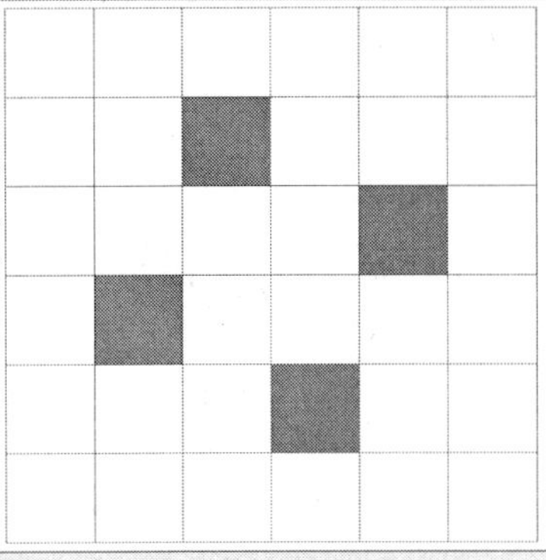

② $\log_{36} 256 = 1.547$

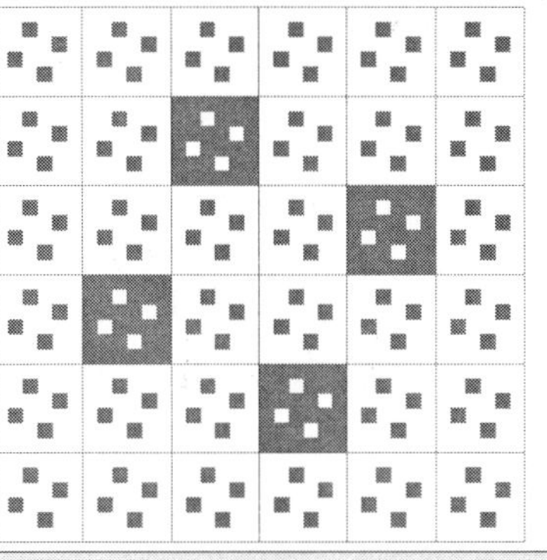

③ $\log_{216} 1024 = 1.29$

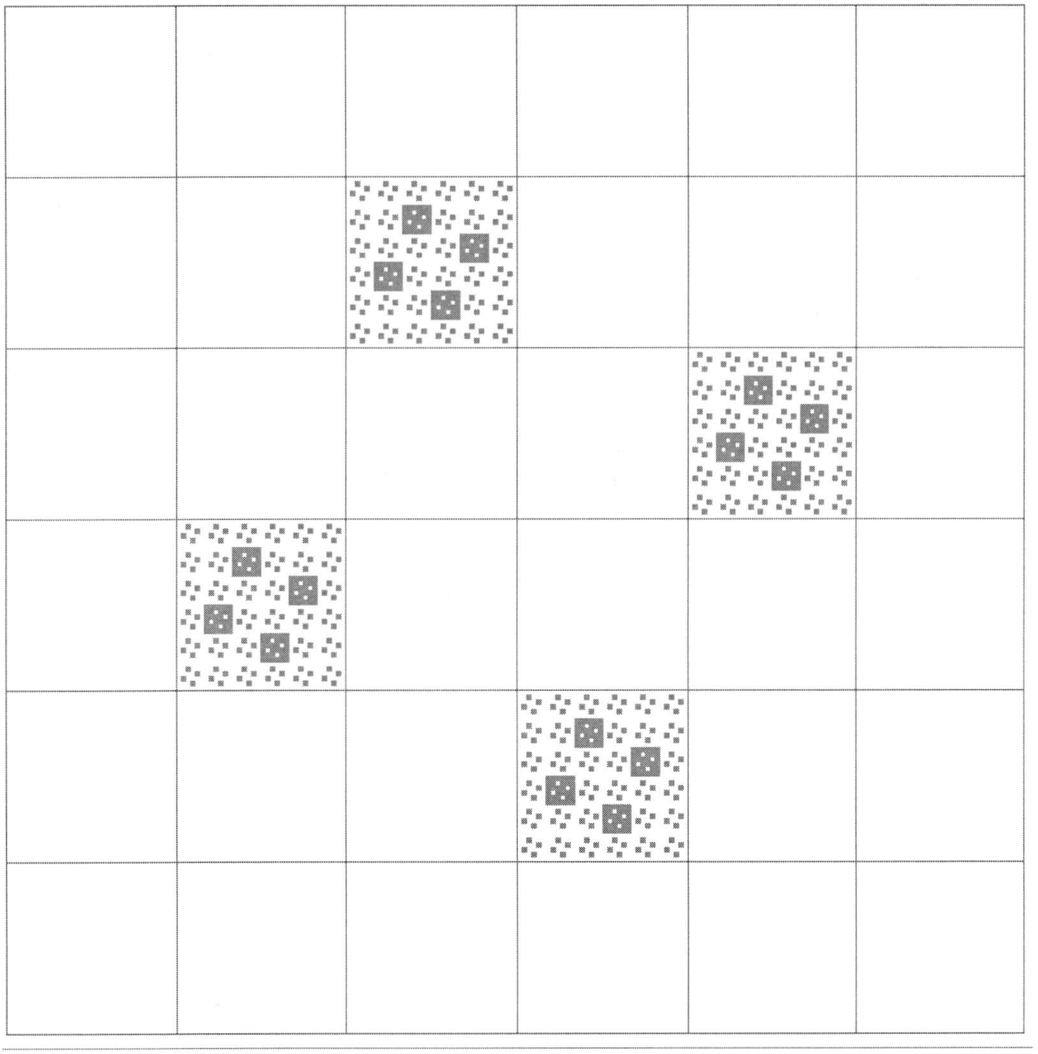

(3) 1단계 8개

① $\log_6 8 = 1.161$

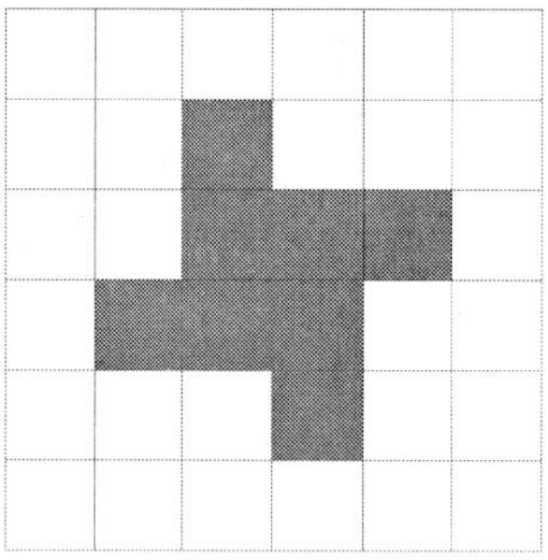

② $\log_{36} 448 = 1.704$

③ $\log_{216} 3584 = 1.523$

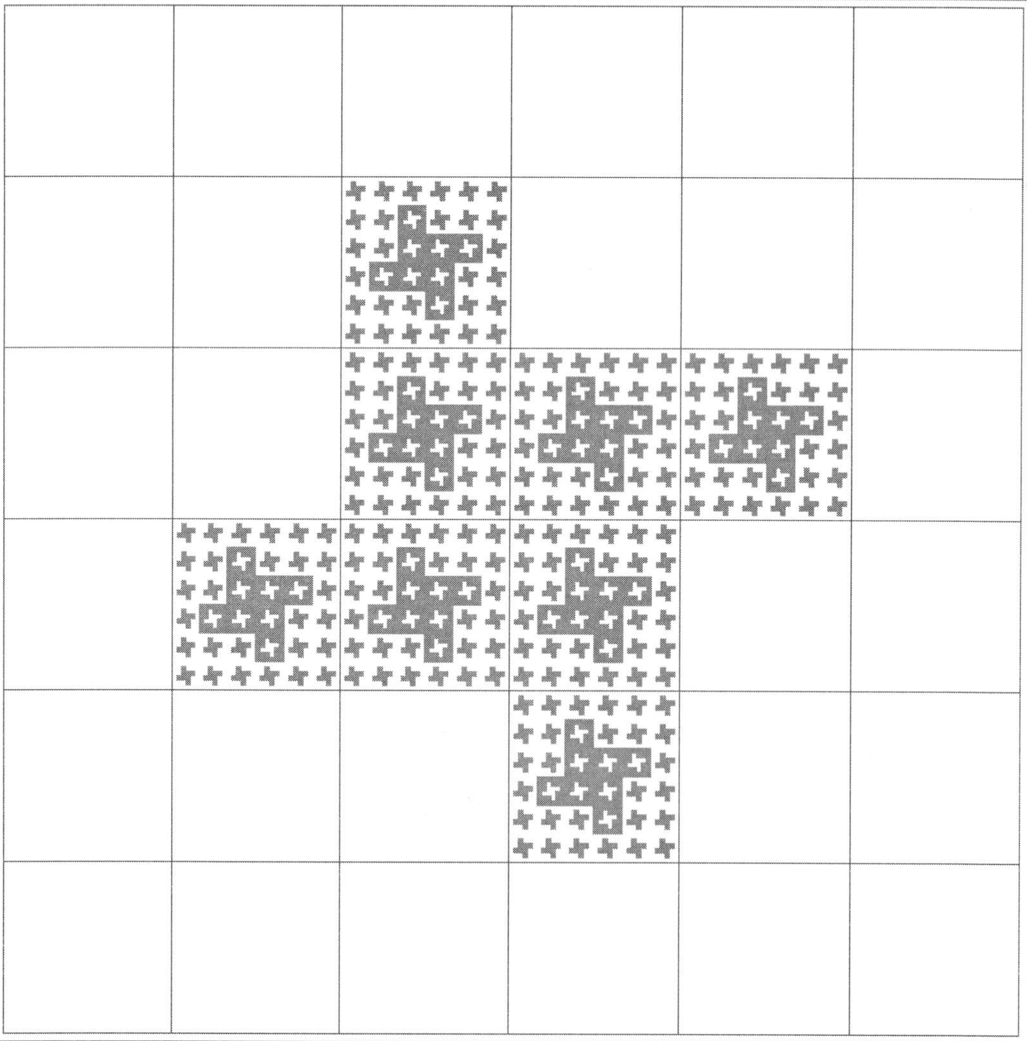

① $\log_6 8 = 1.161$

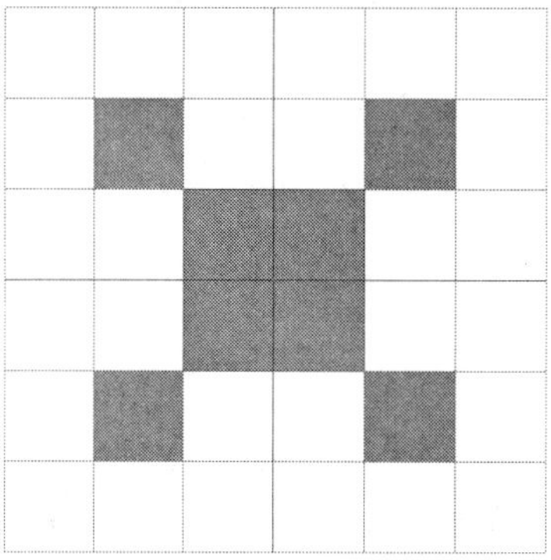

② $\log_{36} 448 = 1.704$

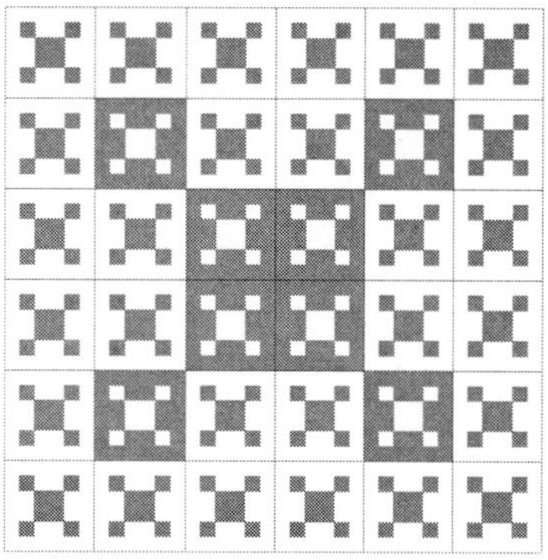

③ $\log_{216} 19328 = 1.836$

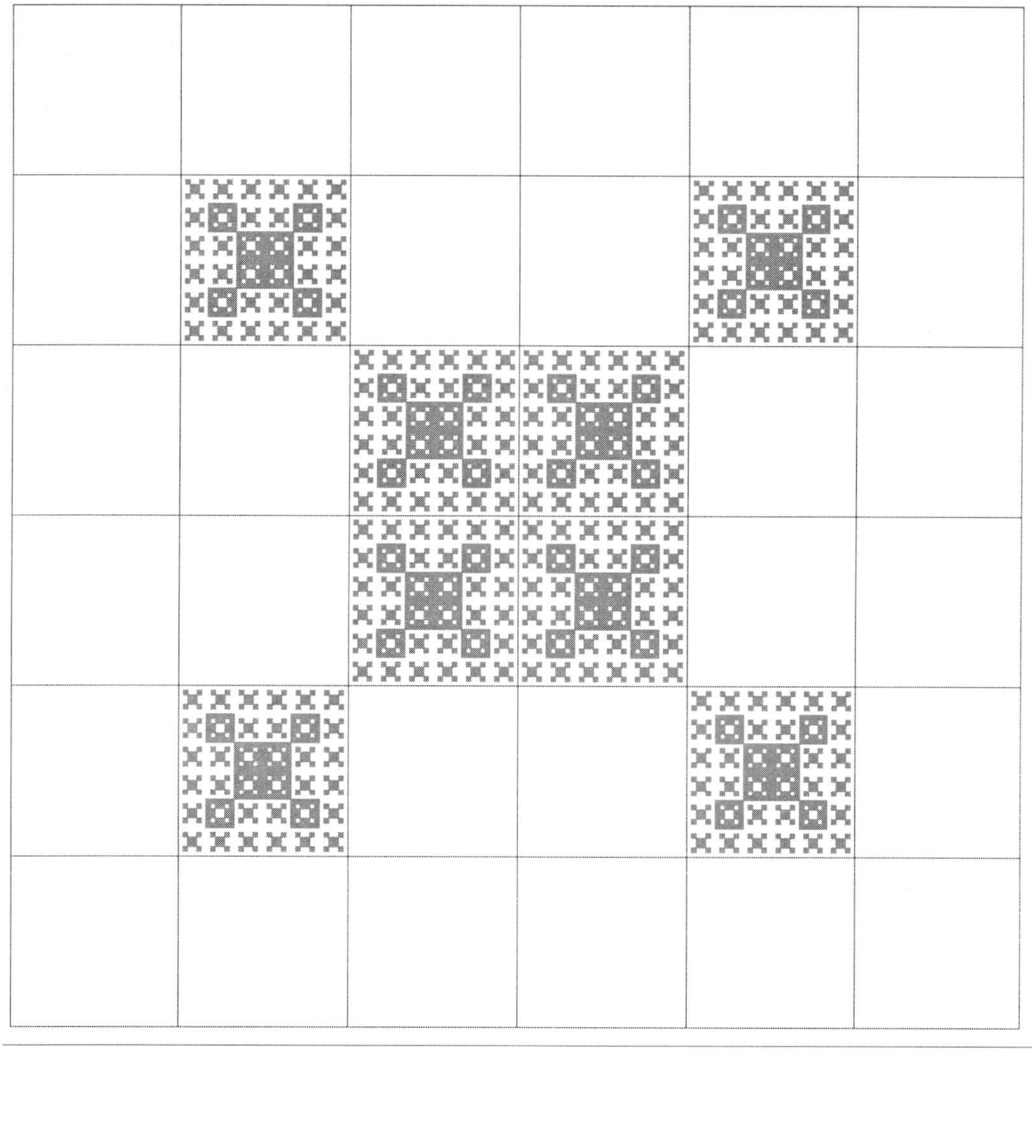

① $\log_6 8 = 1.161$

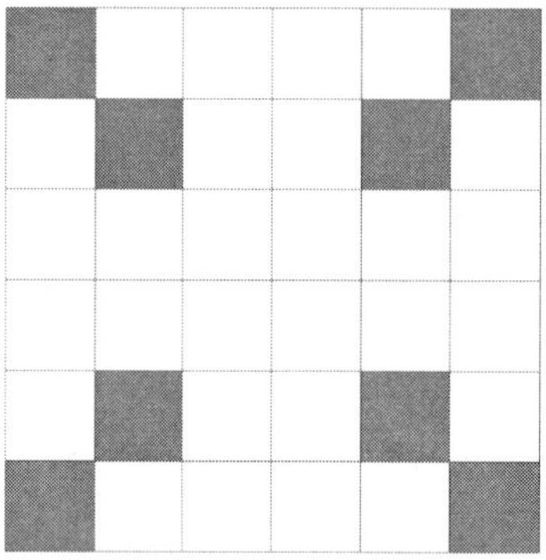

② $\log_{36} 448 = 1.704$

③ $\log_{216} 19328 = 1.836$

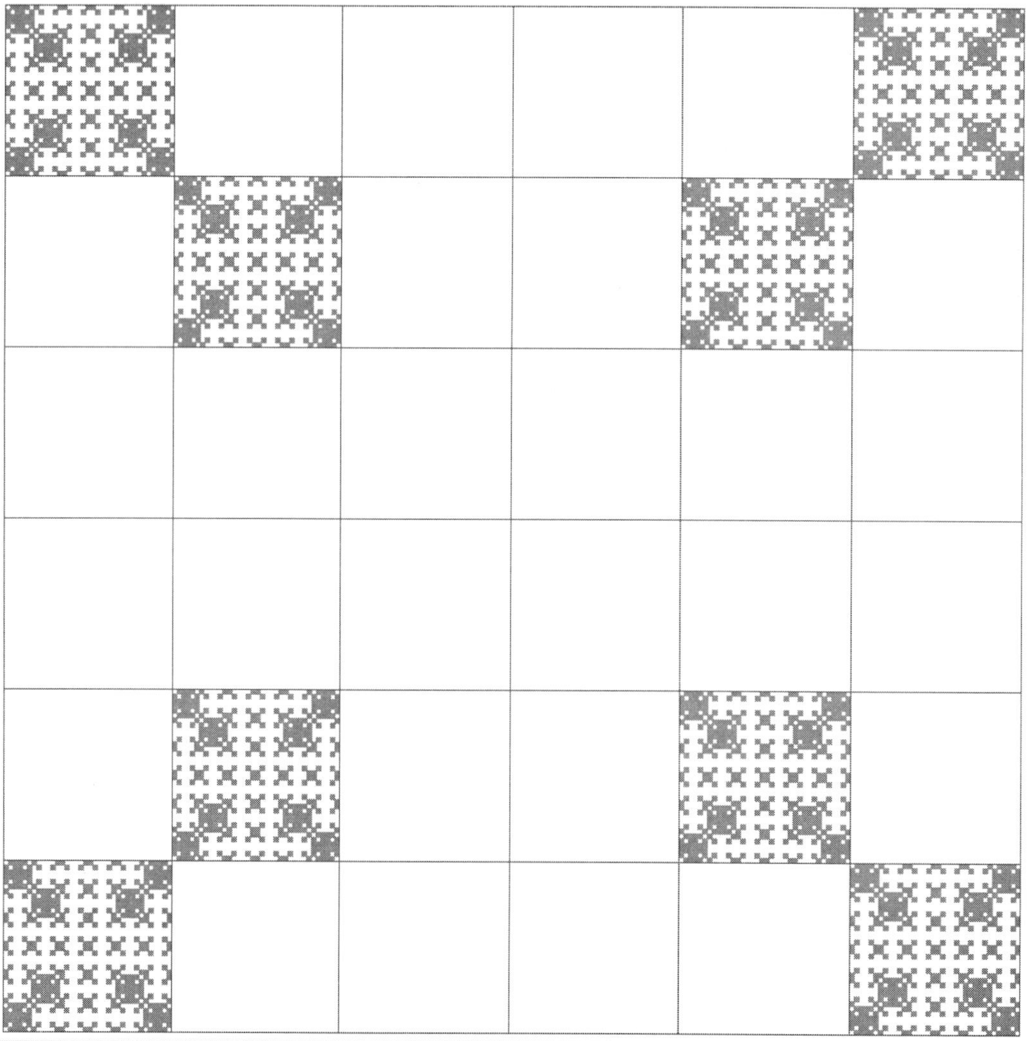

① $\log_6 8 = 1.161$

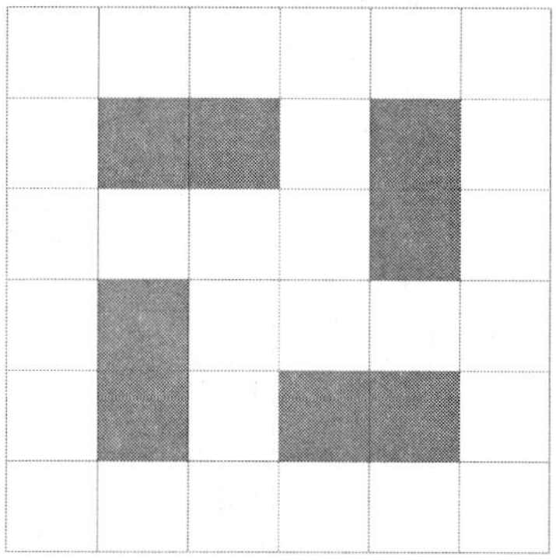

② $\log_{36} 448 = 1.704$

③ $\log_{216} 19328 = 1.836$

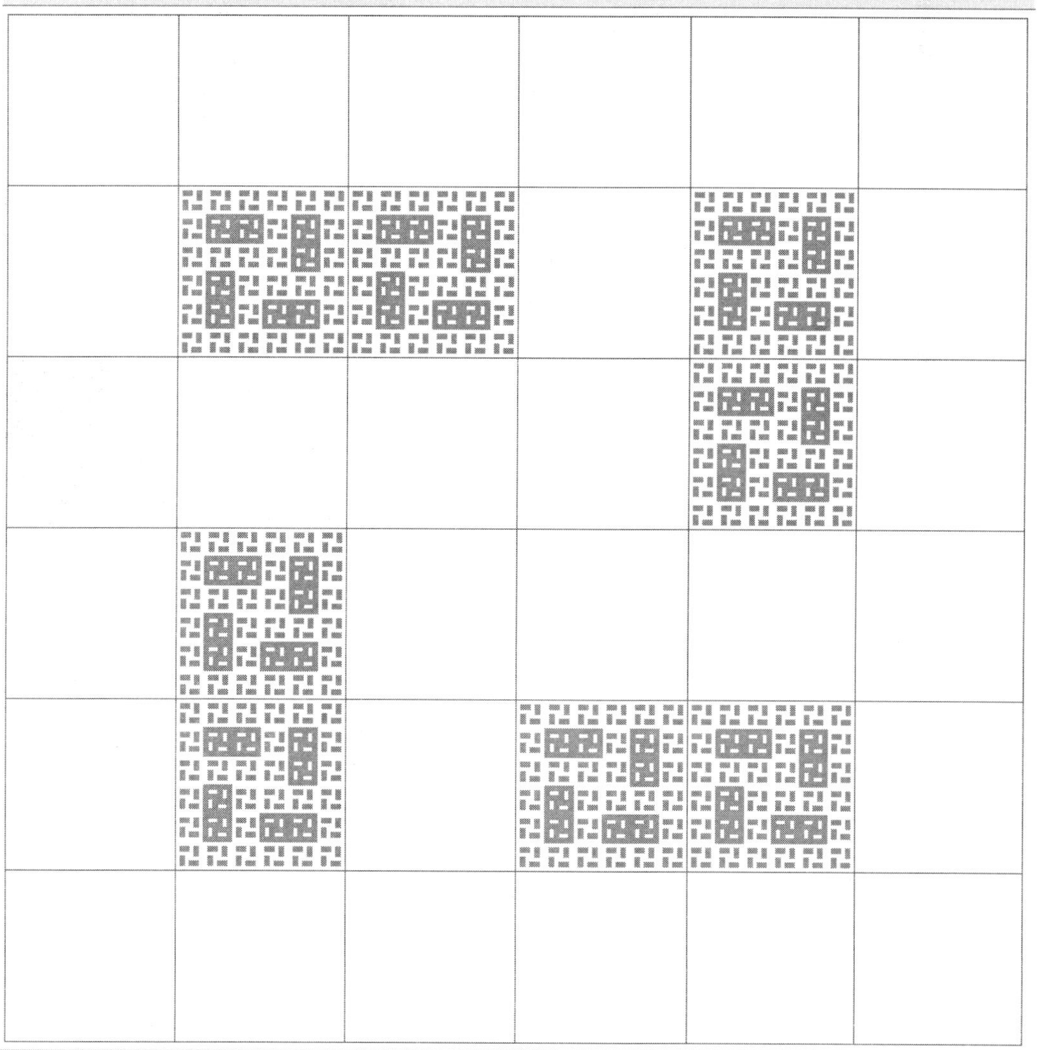

① $\log_6 8 = 1.161$

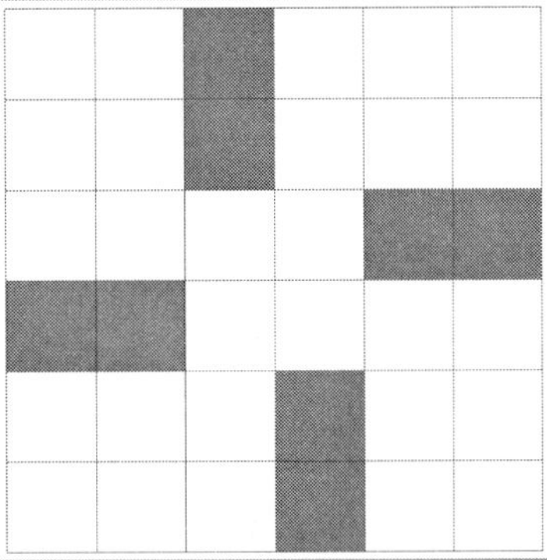

② $\log_{36} 448 = 1.704$

③ $\log_{216} 19328 = 1.836$

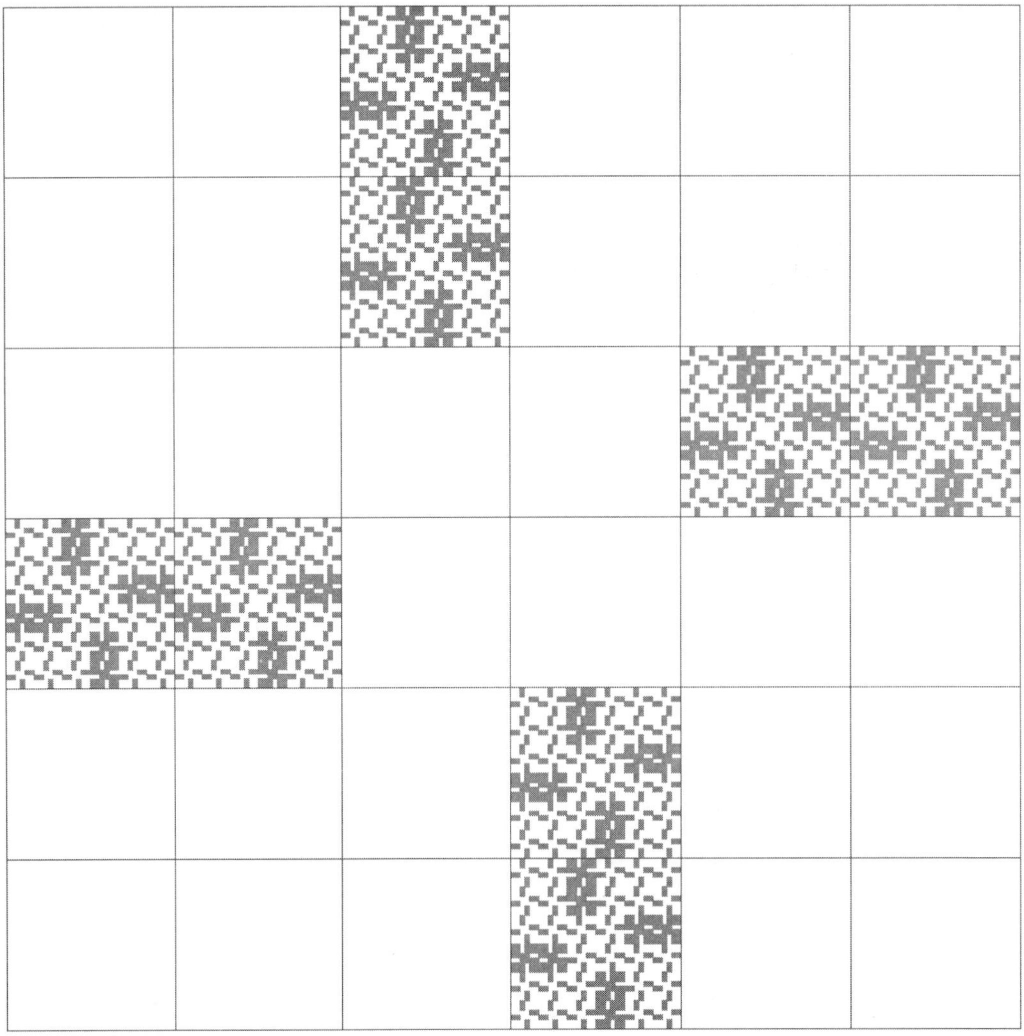

① $\log_6 8 = 1.161$

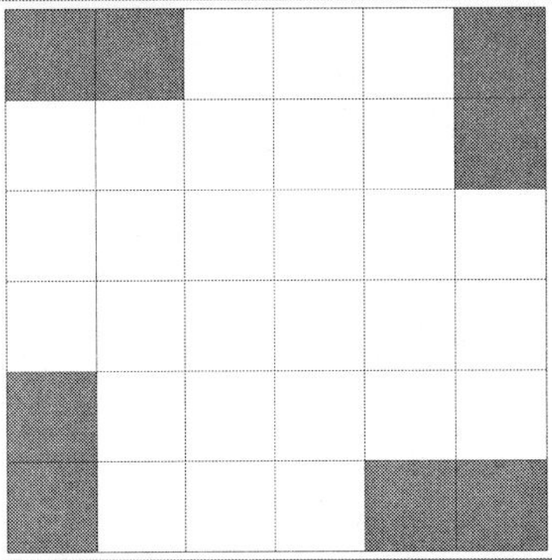

② $\log_{36} 448 = 1.704$

③ $\log_{216} 19328 = 1.836$

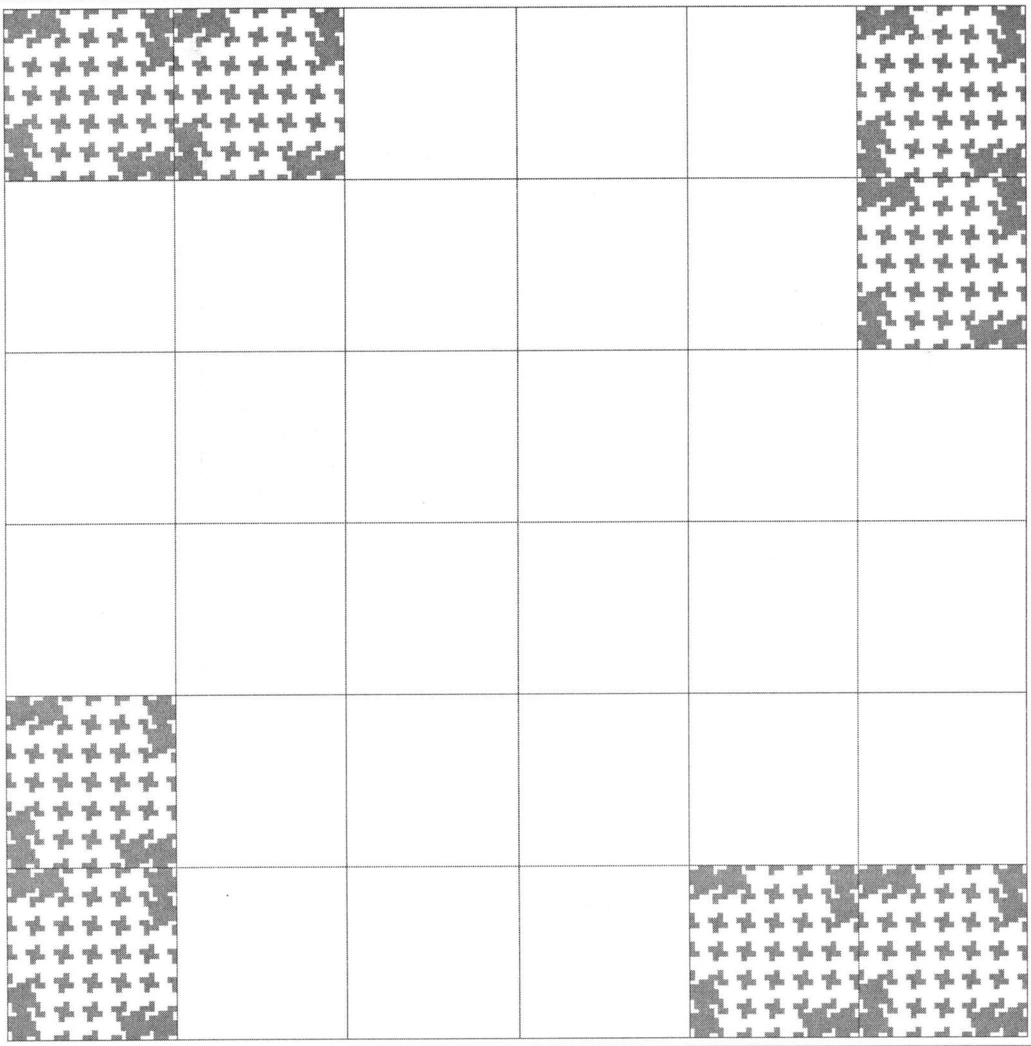

① $\log_6 8 = 1.161$

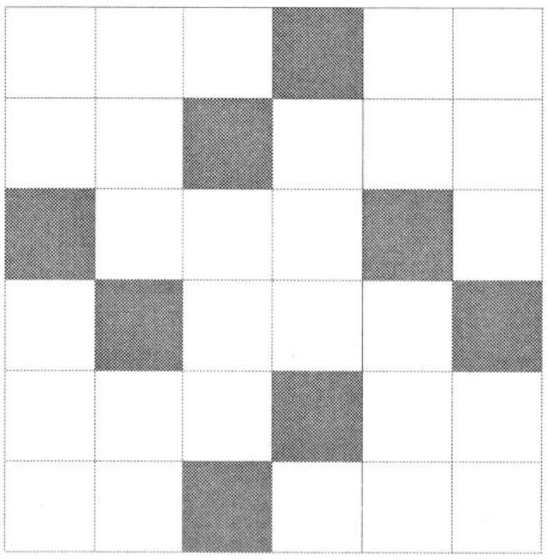

② $\log_{36} 448 = 1.704$

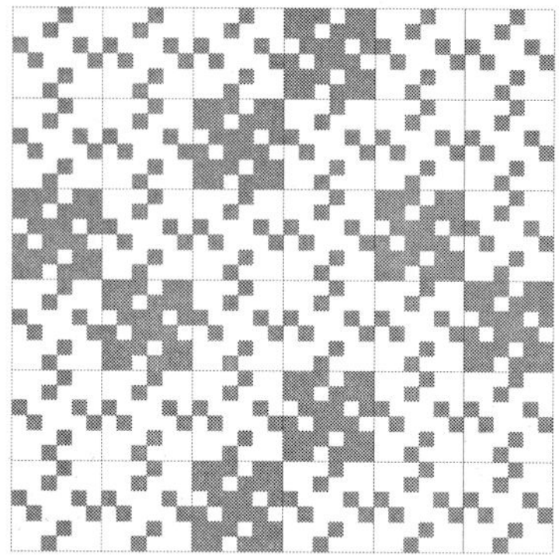

③ $\log_{216} 19328 = 1.836$

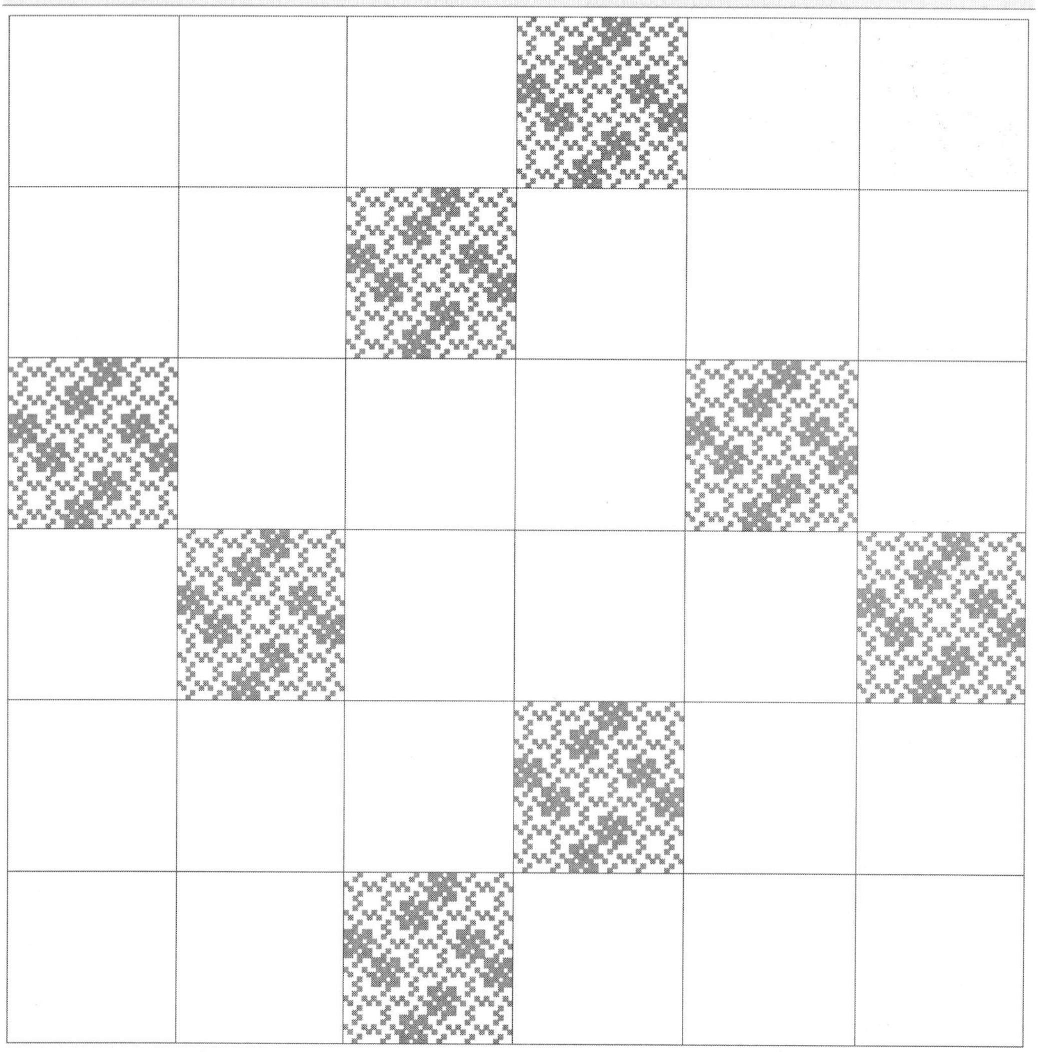

(4) 1단계 12개

① $\log_6 12 = 1.387$

② $\log_{36} 576 = 1.774$

③ $\log_{216} 6912 = 1.645$

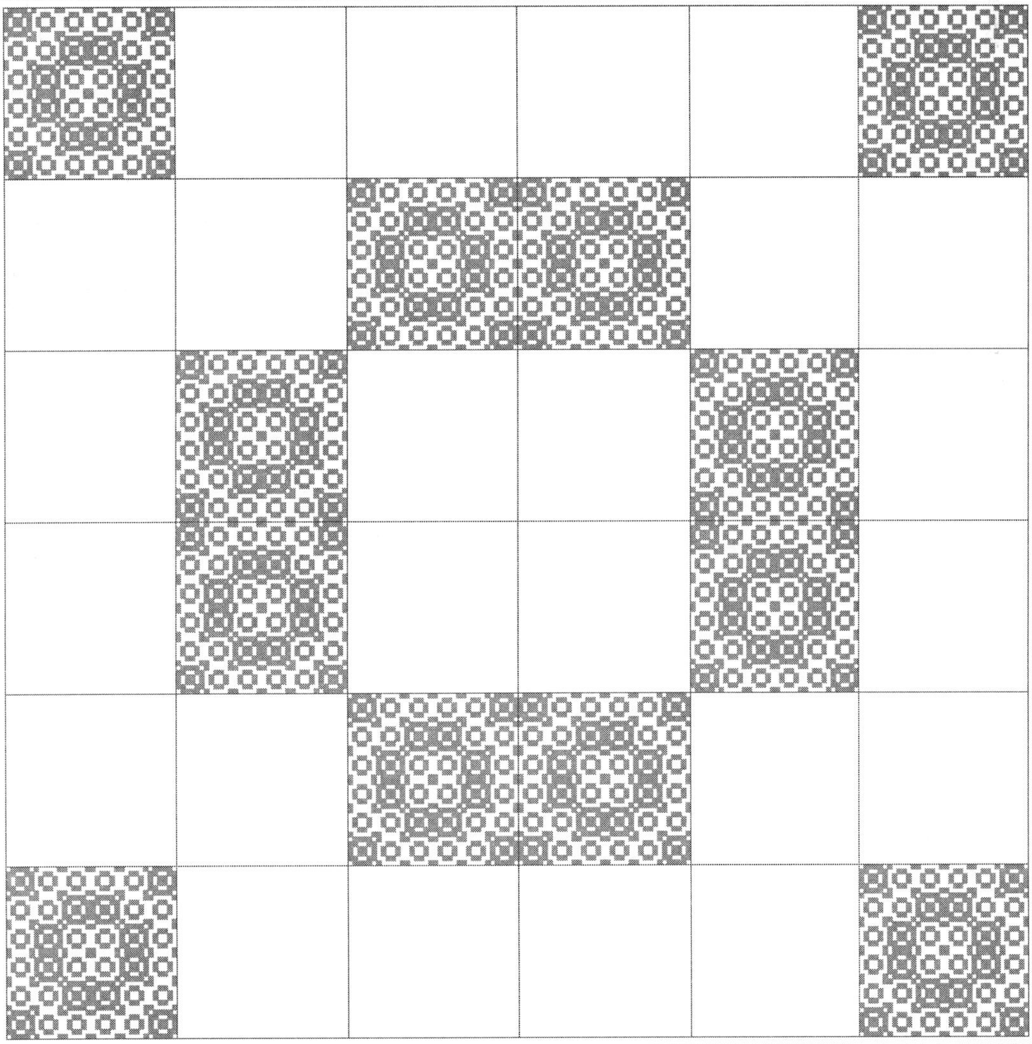

① $\log_6 12 = 1.387$

② $\log_{36} 576 = 1.774$

③ $\log_{216} 6912 = 1.645$

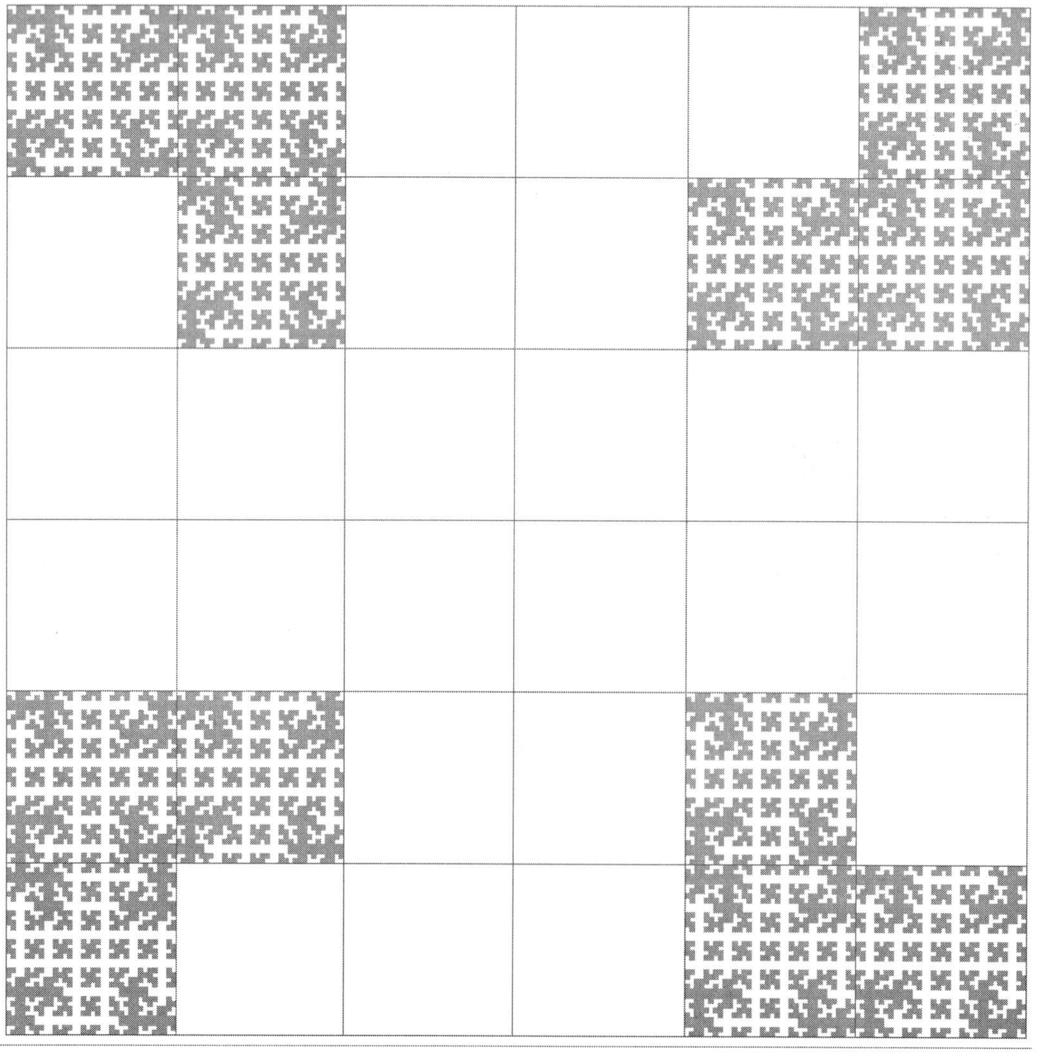

① $\log_6 12 = 1.387$

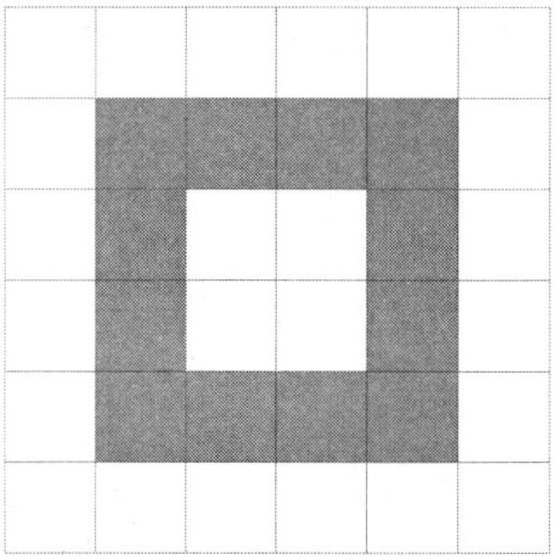

② $\log_{36} 576 = 1.774$

③ $\log_{216} 6912 = 1.645$

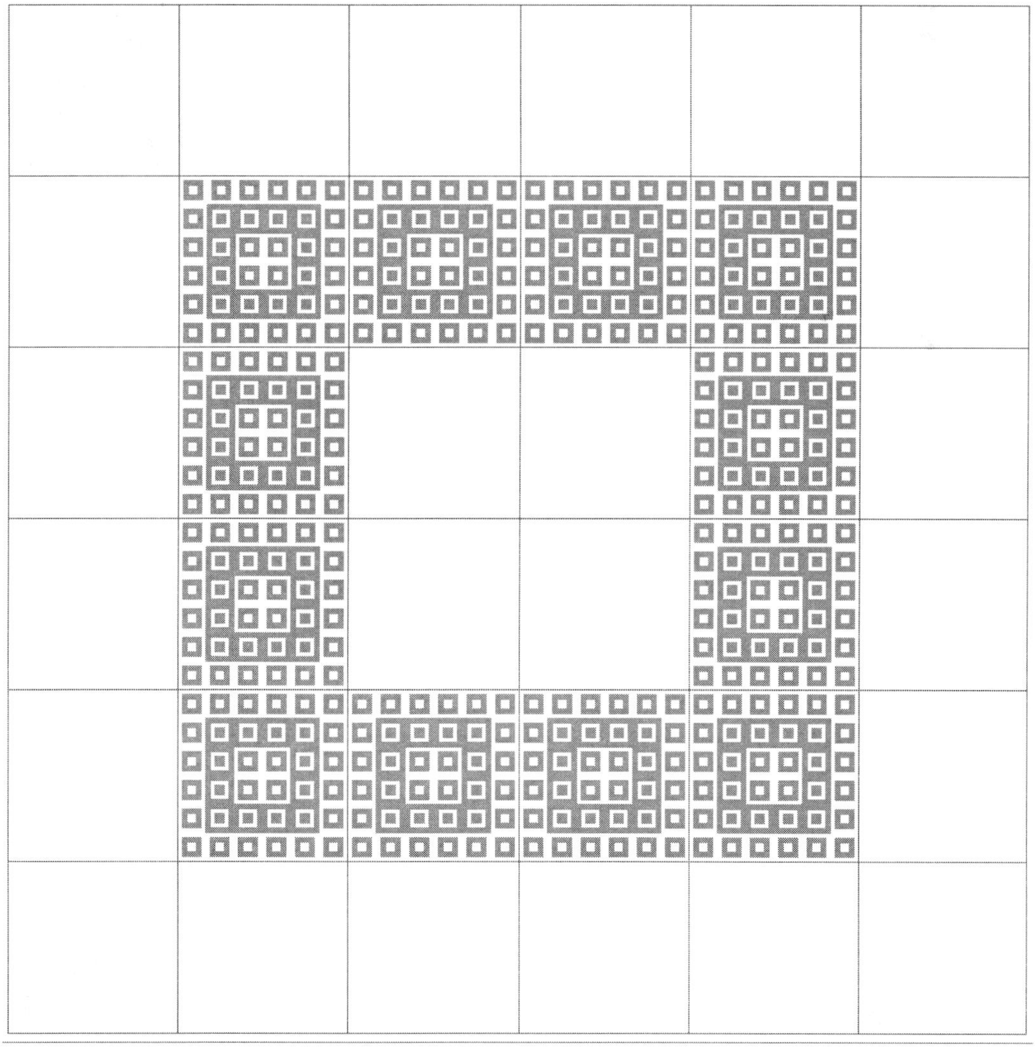

① $\log_6 12 = 1.387$

② $\log_{36} 576 = 1.774$

③ $\log_{216} 6912 = 1.645$

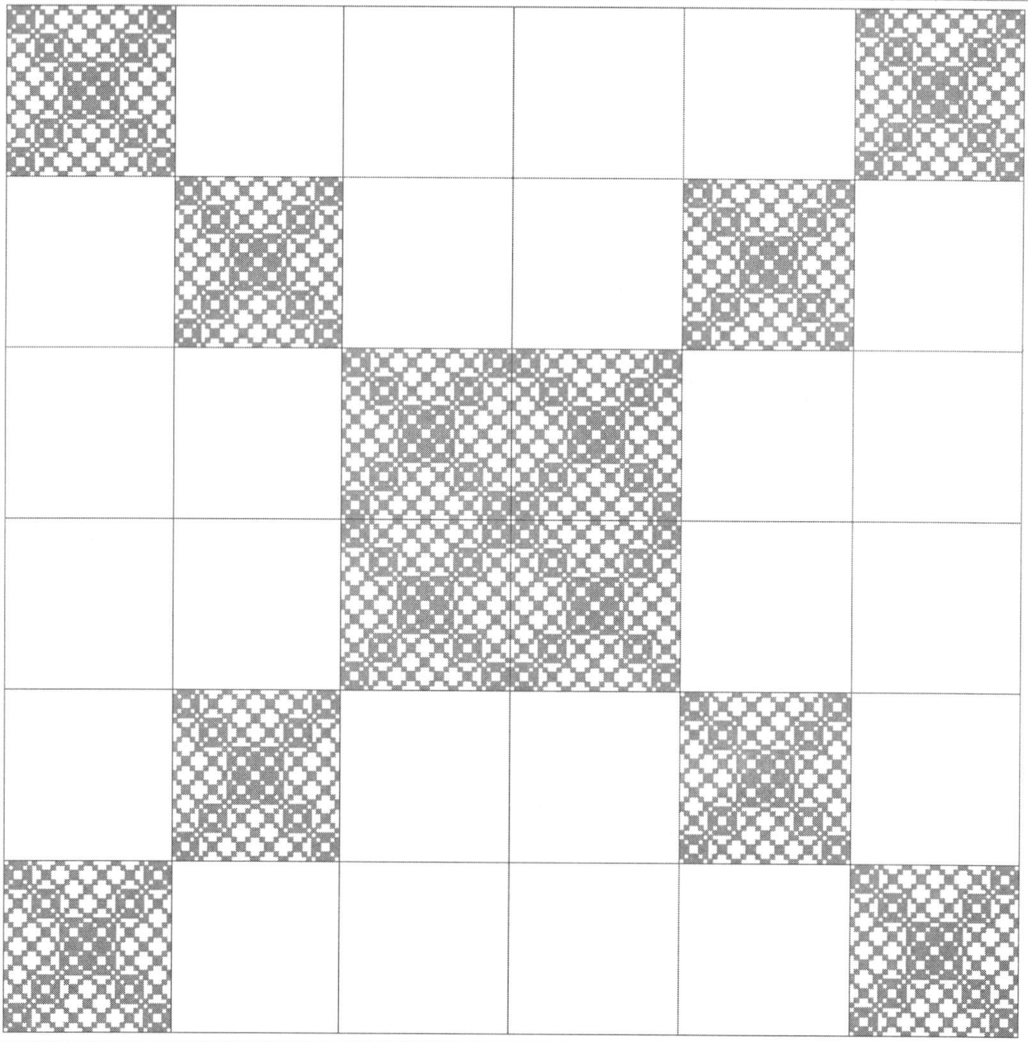

(5) 1단계 16개

① $\log_6 16 = 1.547$	② $\log_{36} 640 = 1.803$
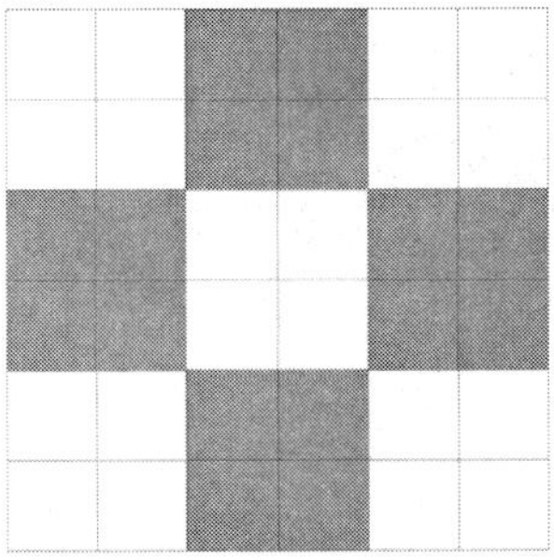	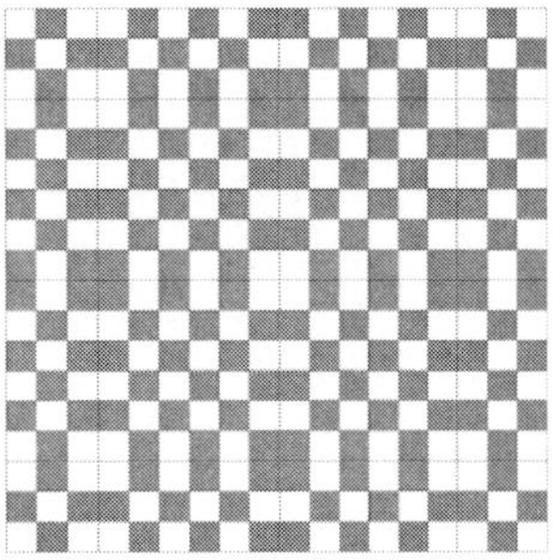

③ $\log_{216} 10240 = 1.718$

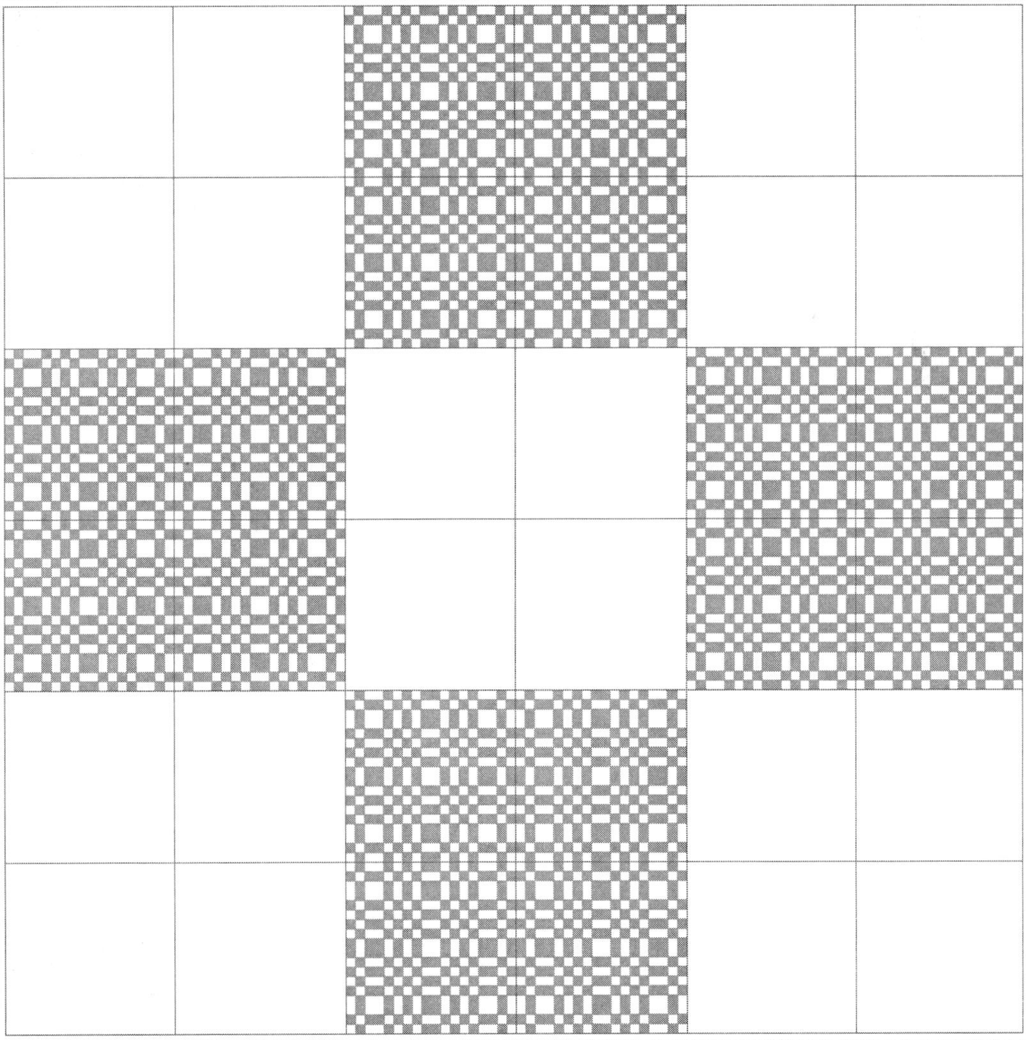

① $\log_6 16 = 1.547$

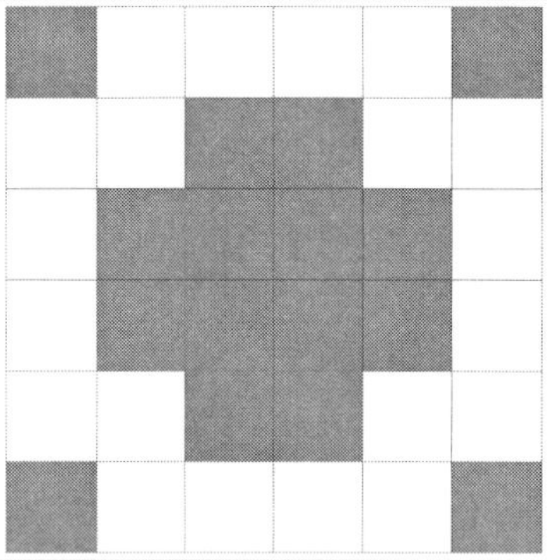

② $\log_{36} 640 = 1.803$

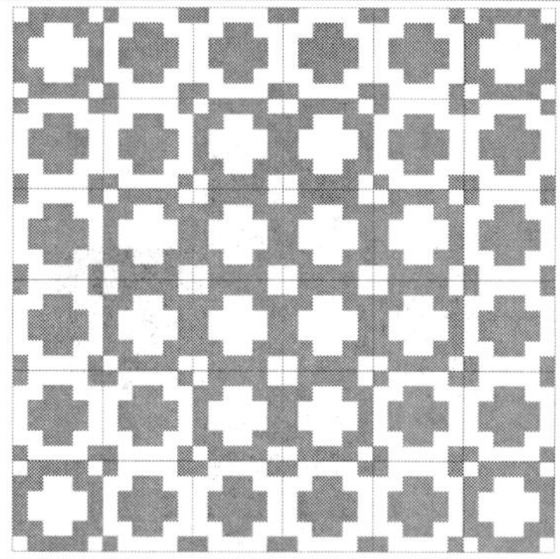

③ $\log_{216} 10240 = 1.718$

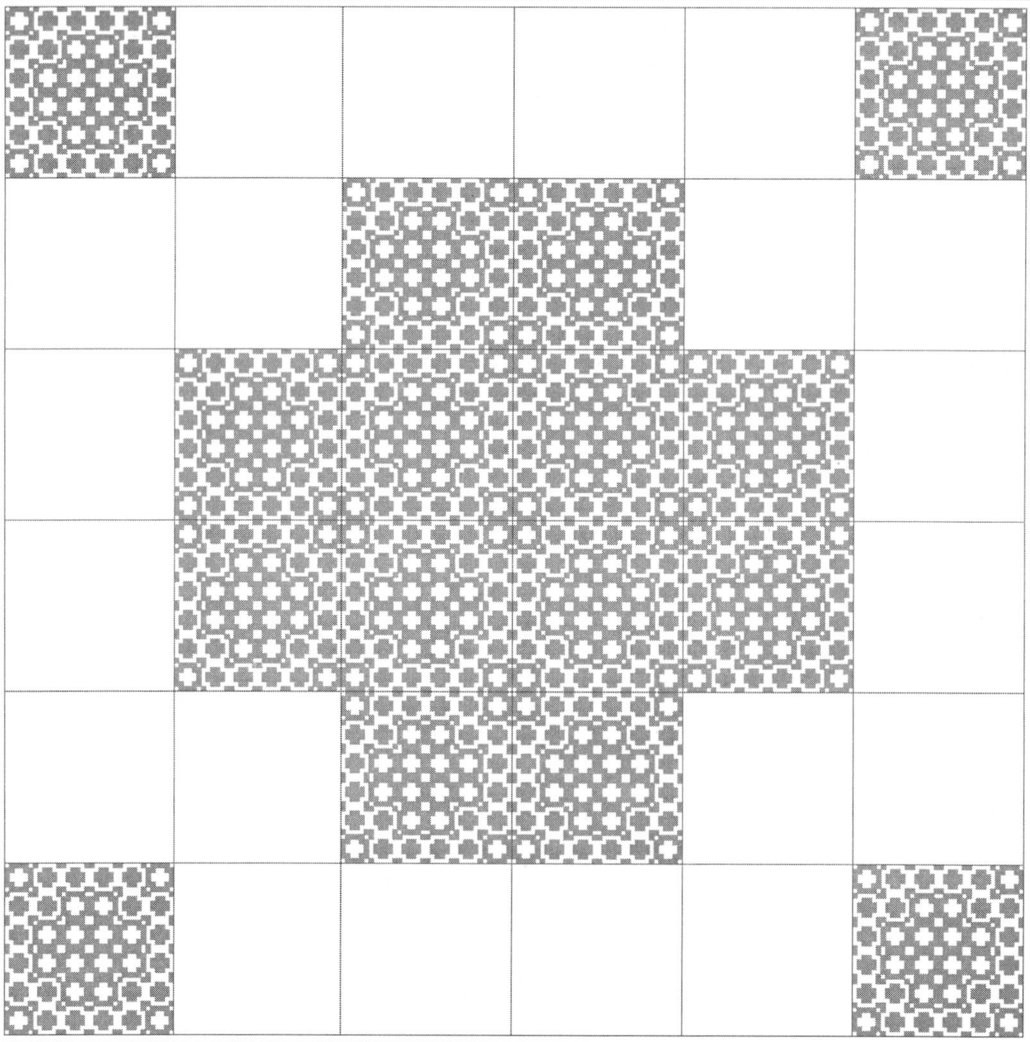

① $\log_6 16 = 1.547$	② $\log_{36} 640 = 1.803$
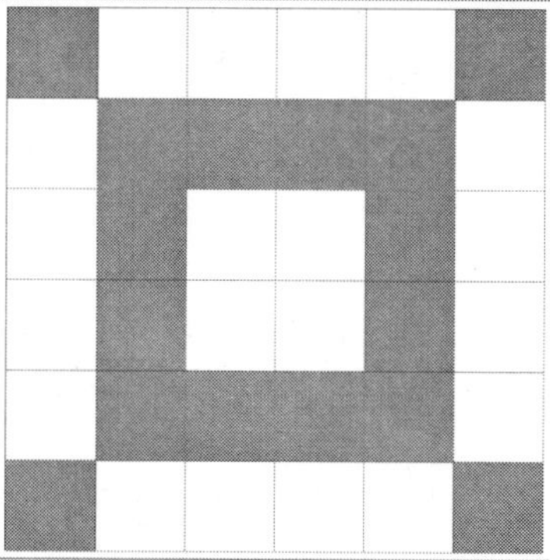	

③ $\log_{216} 10240 = 1.718$

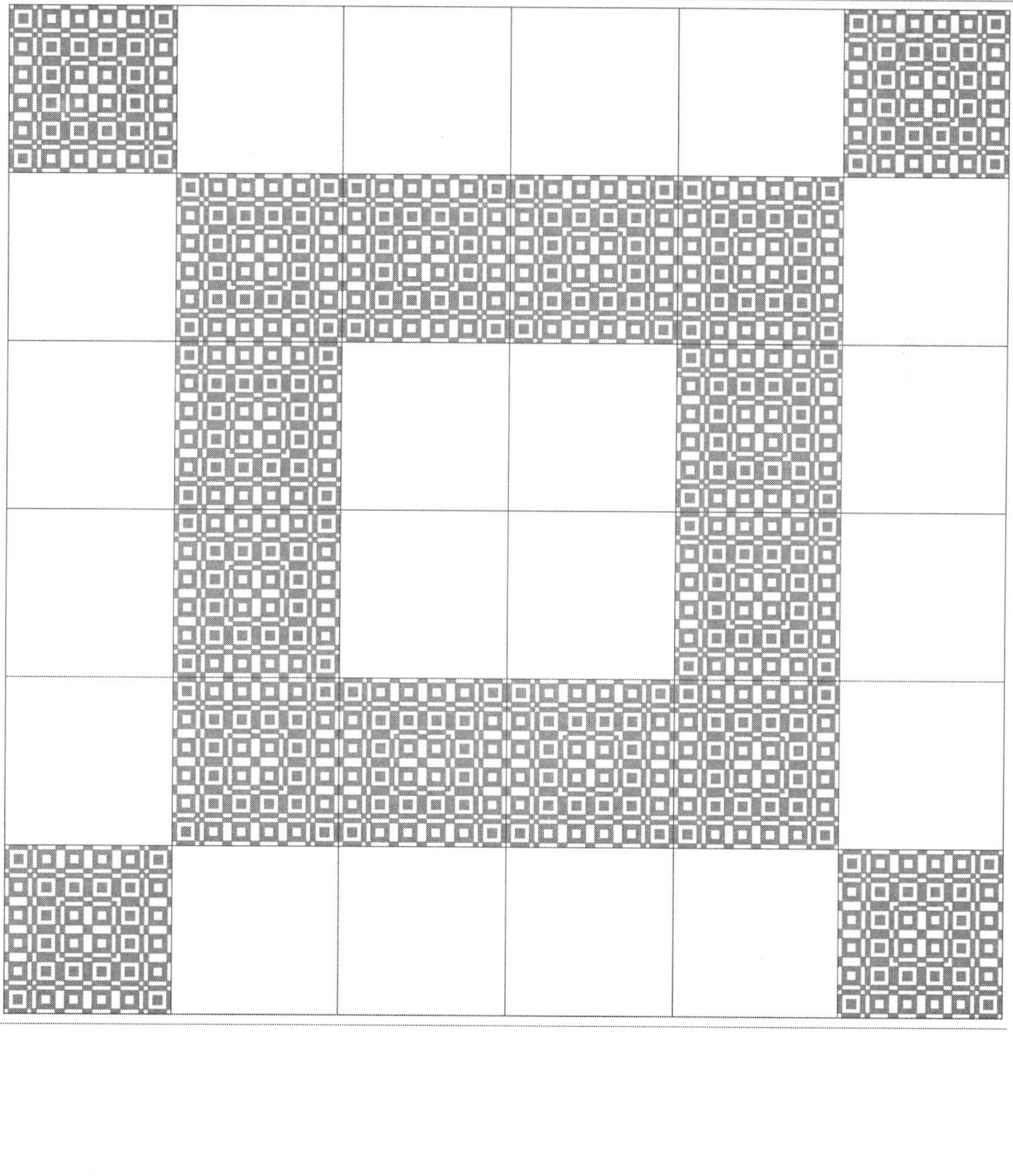

① $\log_6 16 = 1.547$

② $\log_{36} 640 = 1.803$

③ $\log_{216} 10240 = 1.718$

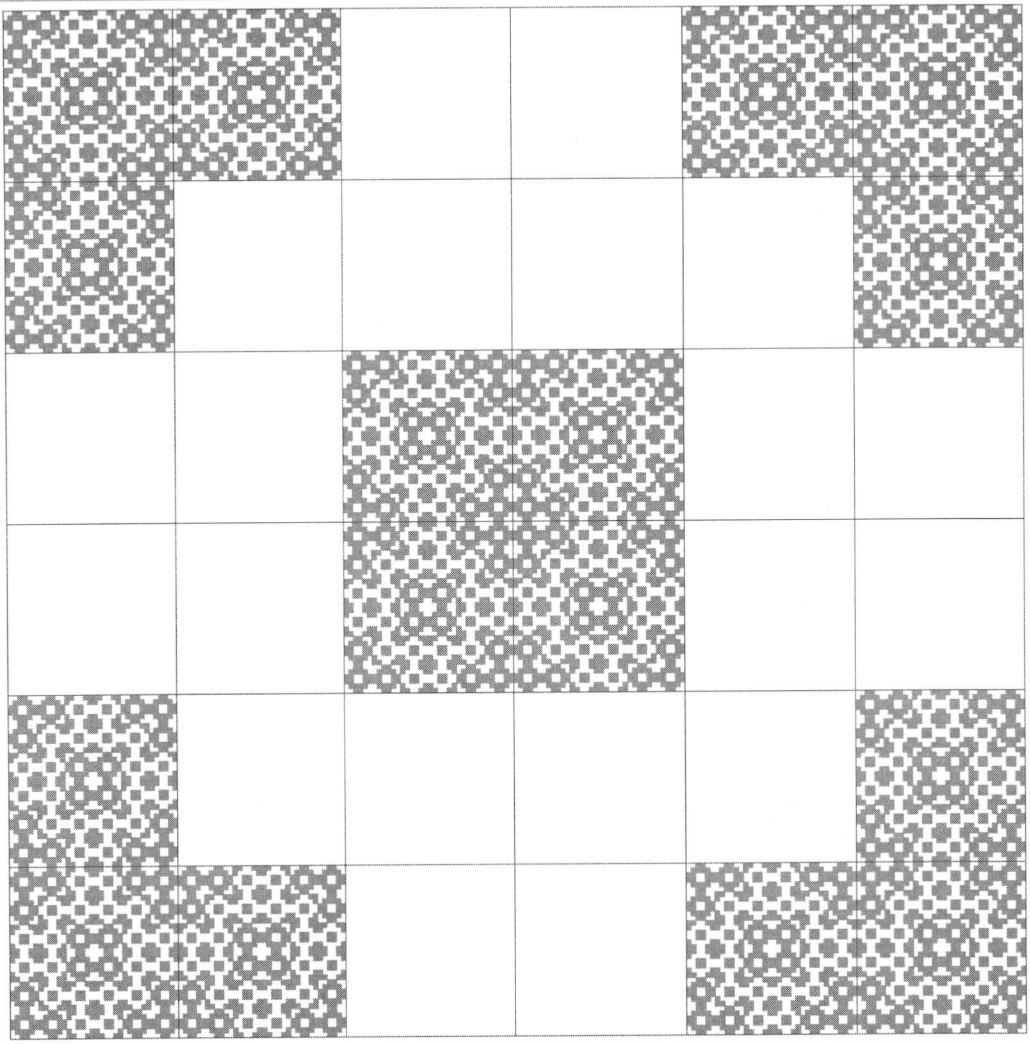

(6) 1단계 20개

① $\log_6 20 = 1.672$	② $\log_{36} 640 = 1.803$
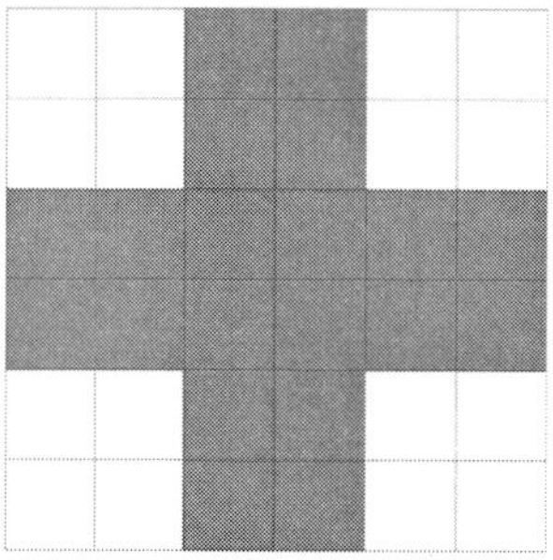	

③ $\log_{216} 12800 = 1.759$

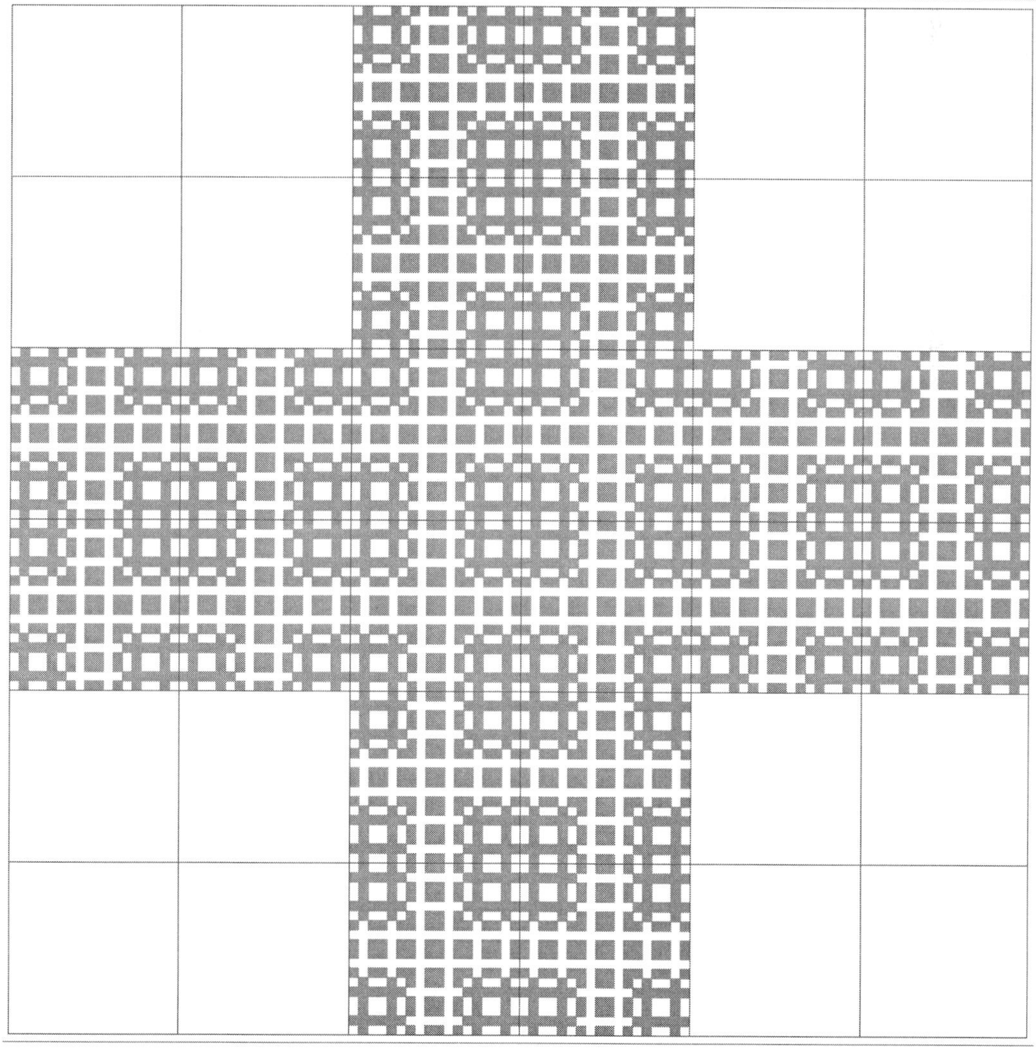

PART 2

Mod(2x−y, 2)

제 5 장

나눗셈-나눗셈 프랙탈 디자인

1 나눗셈-나눗셈 프랙탈 디자인

2단계 나눗셈 프랙탈은 mod(2x-y,2), 3단계 나눗셈 프랙탈은 mod(x+y, 2)을 사용하는 나눗셈 프랙탈을 만들어 보자.

(1) 1단계 프랙탈

① 나눗셈 프랙탈은 덧셈 프랙탈을 2로 나눈 나머지를 이용한다. 1단계의 프랙탈이 다음과 같이 주어져 있다.

0	0	0
0	1	0
0	0	0

(2) 2단계 나눗셈 프랙탈

① 2단계의 프랙탈을 만들어 보자. 왼쪽은 두배를 하였다. 오른쪽은 1단계를 반복하였다.

0	0	0	0	0	0	0	0	0
0	0	0	0	0	0	0	0	0
0	0	0	0	0	0	0	0	0
0	0	0	2	2	2	0	0	0
0	0	0	2	2	2	0	0	0
0	0	0	2	2	2	0	0	0
0	0	0	0	0	0	0	0	0
0	0	0	0	0	0	0	0	0
0	0	0	0	0	0	0	0	0

0	0	0	0	0	0	0	0	0
0	1	0	0	1	0	0	1	0
0	0	0	0	0	0	0	0	0
0	0	0	0	0	0	0	0	0
0	1	0	0	1	0	0	1	0
0	0	0	0	0	0	0	0	0
0	0	0	0	0	0	0	0	0
0	1	0	0	1	0	0	1	0
0	0	0	0	0	0	0	0	0

② 두개의 대응하는 값을 빼주었다. 오른쪽은 뺄셈의 결과이다.

0−0	0−0	0−0	0−0	0−0	0−0	0−0	0−0	0−0
0−0	0−1	0−0	0−0	0−1	0−0	0−0	0−1	0−0
0−0	0−0	0−0	0−0	0−0	0−0	0−0	0−0	0−0
0−0	0−0	0−0	2−0	2−0	2−0	0−0	0−0	0−0
0−0	0−1	0−0	2−0	2−1	2−0	0−0	0−1	0−0
0−0	0−0	0−0	2−0	2−0	2−0	0−0	0−0	0−0
0−0	0−0	0−0	0−0	0−0	0−0	0−0	0−0	0−0
0−0	0−1	0−0	0−0	0−1	0−0	0−0	0−1	0−0
0−0	0−0	0−0	0−0	0−0	0−0	0−0	0−0	0−0

③ 2로 나누어 나머지를 계산해 보자. 오른쪽은 2로 나눈 나머지를 정리하였다.

0	0	0	0	0	0	0	0	0
0	-1	0	0	-1	0	0	-1	0
0	0	0	0	0	0	0	0	0
0	0	0	2	2	2	0	0	0
0	-1	0	2	1	2	0	-1	0
0	0	0	2	2	2	0	0	0
0	0	0	0	0	0	0	0	0
0	-1	0	0	-1	0	0	-1	0
0	0	0	0	0	0	0	0	0

0	0	0	0	0	0	0	0	0
0	1	0	0	1	0	0	1	0
0	0	0	0	0	0	0	0	0
0	0	0	0	0	0	0	0	0
0	1	0	0	1	0	0	1	0
0	0	0	0	0	0	0	0	0
0	0	0	0	0	0	0	0	0
0	1	0	0	1	0	0	1	0
0	0	0	0	0	0	0	0	0

(3) 3단계 나눗셈 프랙탈

① 같은 방법으로 3단계의 덧셈 프랙탈을 만들 수 있다. 1단계의 각 셀을 27번 반복하였다.

0	0	0	0	0	0	0	0	0	0	0	0	0	0	0	0	0	0	0	0	0	0	0	0	0	0	0
0	0	0	0	0	0	0	0	0	0	0	0	0	0	0	0	0	0	0	0	0	0	0	0	0	0	0
0	0	0	0	0	0	0	0	0	0	0	0	0	0	0	0	0	0	0	0	0	0	0	0	0	0	0
0	0	0	0	0	0	0	0	0	0	0	0	0	0	0	0	0	0	0	0	0	0	0	0	0	0	0
0	0	0	0	0	0	0	0	0	0	0	0	0	0	0	0	0	0	0	0	0	0	0	0	0	0	0
0	0	0	0	0	0	0	0	0	0	0	0	0	0	0	0	0	0	0	0	0	0	0	0	0	0	0
0	0	0	0	0	0	0	0	0	0	0	0	0	0	0	0	0	0	0	0	0	0	0	0	0	0	0
0	0	0	0	0	0	0	0	0	0	0	0	0	0	0	0	0	0	0	0	0	0	0	0	0	0	0
0	0	0	0	0	0	0	0	0	0	0	0	0	0	0	0	0	0	0	0	0	0	0	0	0	0	0
0	0	0	0	0	0	0	0	0	1	1	1	1	1	1	1	1	1	0	0	0	0	0	0	0	0	0
0	0	0	0	0	0	0	0	0	1	1	1	1	1	1	1	1	1	0	0	0	0	0	0	0	0	0
0	0	0	0	0	0	0	0	0	1	1	1	1	1	1	1	1	1	0	0	0	0	0	0	0	0	0
0	0	0	0	0	0	0	0	0	1	1	1	1	1	1	1	1	1	0	0	0	0	0	0	0	0	0
0	0	0	0	0	0	0	0	0	1	1	1	1	1	1	1	1	1	0	0	0	0	0	0	0	0	0
0	0	0	0	0	0	0	0	0	1	1	1	1	1	1	1	1	1	0	0	0	0	0	0	0	0	0
0	0	0	0	0	0	0	0	0	1	1	1	1	1	1	1	1	1	0	0	0	0	0	0	0	0	0
0	0	0	0	0	0	0	0	0	1	1	1	1	1	1	1	1	1	0	0	0	0	0	0	0	0	0
0	0	0	0	0	0	0	0	0	1	1	1	1	1	1	1	1	1	0	0	0	0	0	0	0	0	0
0	0	0	0	0	0	0	0	0	0	0	0	0	0	0	0	0	0	0	0	0	0	0	0	0	0	0
0	0	0	0	0	0	0	0	0	0	0	0	0	0	0	0	0	0	0	0	0	0	0	0	0	0	0
0	0	0	0	0	0	0	0	0	0	0	0	0	0	0	0	0	0	0	0	0	0	0	0	0	0	0
0	0	0	0	0	0	0	0	0	0	0	0	0	0	0	0	0	0	0	0	0	0	0	0	0	0	0
0	0	0	0	0	0	0	0	0	0	0	0	0	0	0	0	0	0	0	0	0	0	0	0	0	0	0
0	0	0	0	0	0	0	0	0	0	0	0	0	0	0	0	0	0	0	0	0	0	0	0	0	0	0
0	0	0	0	0	0	0	0	0	0	0	0	0	0	0	0	0	0	0	0	0	0	0	0	0	0	0
0	0	0	0	0	0	0	0	0	0	0	0	0	0	0	0	0	0	0	0	0	0	0	0	0	0	0
0	0	0	0	0	0	0	0	0	0	0	0	0	0	0	0	0	0	0	0	0	0	0	0	0	0	0

② 같은 방법으로 2단계의 프랙탈을 이용하여 만들어 보자.

0	0	0	0	0	0	0	0	0	0	0	0	0	0	0	0	0	0	0	0	0	0	0	0	0	0	0
0	1	0	0	1	0	0	1	0	0	1	0	0	1	0	0	1	0	0	1	0	0	1	0	0	1	0
0	0	0	0	0	0	0	0	0	0	0	0	0	0	0	0	0	0	0	0	0	0	0	0	0	0	0
0	0	0	0	0	0	0	0	0	0	0	0	0	0	0	0	0	0	0	0	0	0	0	0	0	0	0
0	1	0	0	1	0	0	1	0	0	1	0	0	1	0	0	1	0	0	1	0	0	1	0	0	1	0
0	0	0	0	0	0	0	0	0	0	0	0	0	0	0	0	0	0	0	0	0	0	0	0	0	0	0
0	0	0	0	0	0	0	0	0	0	0	0	0	0	0	0	0	0	0	0	0	0	0	0	0	0	0
0	1	0	0	1	0	0	1	0	0	1	0	0	1	0	0	1	0	0	1	0	0	1	0	0	1	0
0	0	0	0	0	0	0	0	0	0	0	0	0	0	0	0	0	0	0	0	0	0	0	0	0	0	0
0	0	0	0	0	0	0	0	0	0	0	0	0	0	0	0	0	0	0	0	0	0	0	0	0	0	0
0	1	0	0	1	0	0	1	0	0	1	0	0	1	0	0	1	0	0	1	0	0	1	0	0	1	0
0	0	0	0	0	0	0	0	0	0	0	0	0	0	0	0	0	0	0	0	0	0	0	0	0	0	0
0	0	0	0	0	0	0	0	0	0	0	0	0	0	0	0	0	0	0	0	0	0	0	0	0	0	0
0	1	0	0	1	0	0	1	0	0	1	0	0	1	0	0	1	0	0	1	0	0	1	0	0	1	0
0	0	0	0	0	0	0	0	0	0	0	0	0	0	0	0	0	0	0	0	0	0	0	0	0	0	0
0	0	0	0	0	0	0	0	0	0	0	0	0	0	0	0	0	0	0	0	0	0	0	0	0	0	0
0	1	0	0	1	0	0	1	0	0	1	0	0	1	0	0	1	0	0	1	0	0	1	0	0	1	0
0	0	0	0	0	0	0	0	0	0	0	0	0	0	0	0	0	0	0	0	0	0	0	0	0	0	0
0	0	0	0	0	0	0	0	0	0	0	0	0	0	0	0	0	0	0	0	0	0	0	0	0	0	0
0	1	0	0	1	0	0	1	0	0	1	0	0	1	0	0	1	0	0	1	0	0	1	0	0	1	0
0	0	0	0	0	0	0	0	0	0	0	0	0	0	0	0	0	0	0	0	0	0	0	0	0	0	0
0	0	0	0	0	0	0	0	0	0	0	0	0	0	0	0	0	0	0	0	0	0	0	0	0	0	0
0	1	0	0	1	0	0	1	0	0	1	0	0	1	0	0	1	0	0	1	0	0	1	0	0	1	0
0	0	0	0	0	0	0	0	0	0	0	0	0	0	0	0	0	0	0	0	0	0	0	0	0	0	0
0	0	0	0	0	0	0	0	0	0	0	0	0	0	0	0	0	0	0	0	0	0	0	0	0	0	0
0	1	0	0	1	0	0	1	0	0	1	0	0	1	0	0	1	0	0	1	0	0	1	0	0	1	0
0	0	0	0	0	0	0	0	0	0	0	0	0	0	0	0	0	0	0	0	0	0	0	0	0	0	0

③ 대응하는 셀의 합을 구해 보자.

0	0	0	0	0	0	0	0	0	0	0	0	0	0	0	0	0	0	0	0	0	0	0	0	0	0	0
0	1	0	0	1	0	0	1	0	0	1	0	0	1	0	0	1	0	0	1	0	0	1	0	0	1	0
0	0	0	0	0	0	0	0	0	0	0	0	0	0	0	0	0	0	0	0	0	0	0	0	0	0	0
0	0	0	0	0	0	0	0	0	0	0	0	0	0	0	0	0	0	0	0	0	0	0	0	0	0	0
0	1	0	0	1	0	0	1	0	0	1	0	0	1	0	0	1	0	0	1	0	0	1	0	0	1	0
0	0	0	0	0	0	0	0	0	0	0	0	0	0	0	0	0	0	0	0	0	0	0	0	0	0	0
0	0	0	0	0	0	0	0	0	0	0	0	0	0	0	0	0	0	0	0	0	0	0	0	0	0	0
0	1	0	0	1	0	0	1	0	0	1	0	0	1	0	0	1	0	0	1	0	0	1	0	0	1	0
0	0	0	0	0	0	0	0	0	0	0	0	0	0	0	0	0	0	0	0	0	0	0	0	0	0	0
0	0	0	0	0	0	0	0	0	1	1	1	1	1	1	1	1	1	0	0	0	0	0	0	0	0	0
0	1	0	0	1	0	0	1	0	1	2	1	1	2	1	1	2	1	0	1	0	0	1	0	0	1	0
0	0	0	0	0	0	0	0	0	1	1	1	1	1	1	1	1	1	0	0	0	0	0	0	0	0	0
0	0	0	0	0	0	0	0	0	1	1	1	1	1	1	1	1	1	0	0	0	0	0	0	0	0	0
0	1	0	0	1	0	0	1	0	1	2	1	1	2	1	1	2	1	0	1	0	0	1	0	0	1	0
0	0	0	0	0	0	0	0	0	1	1	1	1	1	1	1	1	1	0	0	0	0	0	0	0	0	0
0	0	0	0	0	0	0	0	0	1	1	1	1	1	1	1	1	1	0	0	0	0	0	0	0	0	0
0	1	0	0	1	0	0	1	0	1	2	1	1	2	1	1	2	1	0	1	0	0	1	0	0	1	0
0	0	0	0	0	0	0	0	0	1	1	1	1	1	1	1	1	1	0	0	0	0	0	0	0	0	0
0	0	0	0	0	0	0	0	0	0	0	0	0	0	0	0	0	0	0	0	0	0	0	0	0	0	0
0	1	0	0	1	0	0	1	0	0	1	0	0	1	0	0	1	0	0	1	0	0	1	0	0	1	0
0	0	0	0	0	0	0	0	0	0	0	0	0	0	0	0	0	0	0	0	0	0	0	0	0	0	0
0	0	0	0	0	0	0	0	0	0	0	0	0	0	0	0	0	0	0	0	0	0	0	0	0	0	0
0	1	0	0	1	0	0	1	0	0	1	0	0	1	0	0	1	0	0	1	0	0	1	0	0	1	0
0	0	0	0	0	0	0	0	0	0	0	0	0	0	0	0	0	0	0	0	0	0	0	0	0	0	0
0	0	0	0	0	0	0	0	0	0	0	0	0	0	0	0	0	0	0	0	0	0	0	0	0	0	0
0	1	0	0	1	0	0	1	0	0	1	0	0	1	0	0	1	0	0	1	0	0	1	0	0	1	0
0	0	0	0	0	0	0	0	0	0	0	0	0	0	0	0	0	0	0	0	0	0	0	0	0	0	0

④ 2로 나누어 나머지를 살펴보자.

0	0	0	0	0	0	0	0	0	0	0	0	0	0	0	0	0	0	0	0	0	0	0	0	0	0	0
0	1	0	0	1	0	0	1	0	0	1	0	0	1	0	0	1	0	0	1	0	0	1	0	0	1	0
0	0	0	0	0	0	0	0	0	0	0	0	0	0	0	0	0	0	0	0	0	0	0	0	0	0	0
0	0	0	0	0	0	0	0	0	0	0	0	0	0	0	0	0	0	0	0	0	0	0	0	0	0	0
0	1	0	0	1	0	0	1	0	0	1	0	0	1	0	0	1	0	0	1	0	0	1	0	0	1	0
0	0	0	0	0	0	0	0	0	0	0	0	0	0	0	0	0	0	0	0	0	0	0	0	0	0	0
0	0	0	0	0	0	0	0	0	0	0	0	0	0	0	0	0	0	0	0	0	0	0	0	0	0	0
0	1	0	0	1	0	0	1	0	0	1	0	0	1	0	0	1	0	0	1	0	0	1	0	0	1	0
0	0	0	0	0	0	0	0	0	0	0	0	0	0	0	0	0	0	0	0	0	0	0	0	0	0	0
0	0	0	0	0	0	0	0	0	1	1	1	1	1	1	1	1	1	0	0	0	0	0	0	0	0	0
0	1	0	0	1	0	0	1	0	1	0	1	1	0	1	1	0	1	0	1	0	0	1	0	0	1	0
0	0	0	0	0	0	0	0	0	1	1	1	1	1	1	1	1	1	0	0	0	0	0	0	0	0	0
0	0	0	0	0	0	0	0	0	1	1	1	1	1	1	1	1	1	0	0	0	0	0	0	0	0	0
0	1	0	0	1	0	0	1	0	1	0	1	1	0	1	1	0	1	0	1	0	0	1	0	0	1	0
0	0	0	0	0	0	0	0	0	1	1	1	1	1	1	1	1	1	0	0	0	0	0	0	0	0	0
0	0	0	0	0	0	0	0	0	1	1	1	1	1	1	1	1	1	0	0	0	0	0	0	0	0	0
0	1	0	0	1	0	0	1	0	1	0	1	1	0	1	1	0	1	0	1	0	0	1	0	0	1	0
0	0	0	0	0	0	0	0	0	1	1	1	1	1	1	1	1	1	0	0	0	0	0	0	0	0	0
0	0	0	0	0	0	0	0	0	0	0	0	0	0	0	0	0	0	0	0	0	0	0	0	0	0	0
0	1	0	0	1	0	0	1	0	0	1	0	0	1	0	0	1	0	0	1	0	0	1	0	0	1	0
0	0	0	0	0	0	0	0	0	0	0	0	0	0	0	0	0	0	0	0	0	0	0	0	0	0	0
0	0	0	0	0	0	0	0	0	0	0	0	0	0	0	0	0	0	0	0	0	0	0	0	0	0	0
0	1	0	0	1	0	0	1	0	0	1	0	0	1	0	0	1	0	0	1	0	0	1	0	0	1	0
0	0	0	0	0	0	0	0	0	0	0	0	0	0	0	0	0	0	0	0	0	0	0	0	0	0	0
0	0	0	0	0	0	0	0	0	0	0	0	0	0	0	0	0	0	0	0	0	0	0	0	0	0	0
0	1	0	0	1	0	0	1	0	0	1	0	0	1	0	0	1	0	0	1	0	0	1	0	0	1	0
0	0	0	0	0	0	0	0	0	0	0	0	0	0	0	0	0	0	0	0	0	0	0	0	0	0	0

⑤ 계산 결과가 0보다 큰 수에 색을 칠해 보자.

0	0	0	0	0	0	0	0	0	0	0	0	0	0	0	0	0	0	0	0	0	0	0	0	0	0	0
0	1	0	0	1	0	0	1	0	0	1	0	0	1	0	0	1	0	0	1	0	0	1	0	0	1	0
0	0	0	0	0	0	0	0	0	0	0	0	0	0	0	0	0	0	0	0	0	0	0	0	0	0	0
0	0	0	0	0	0	0	0	0	0	0	0	0	0	0	0	0	0	0	0	0	0	0	0	0	0	0
0	1	0	0	1	0	0	1	0	0	1	0	0	1	0	0	1	0	0	1	0	0	1	0	0	1	0
0	0	0	0	0	0	0	0	0	0	0	0	0	0	0	0	0	0	0	0	0	0	0	0	0	0	0
0	0	0	0	0	0	0	0	0	0	0	0	0	0	0	0	0	0	0	0	0	0	0	0	0	0	0
0	1	0	0	1	0	0	1	0	0	1	0	0	1	0	0	1	0	0	1	0	0	1	0	0	1	0
0	0	0	0	0	0	0	0	0	0	0	0	0	0	0	0	0	0	0	0	0	0	0	0	0	0	0
0	0	0	0	0	0	0	0	0	1	1	1	1	1	1	1	1	1	0	0	0	0	0	0	0	0	0
0	1	0	0	1	0	0	1	0	1	0	1	1	0	1	1	0	1	0	1	0	0	1	0	0	1	0
0	0	0	0	0	0	0	0	0	1	1	1	1	1	1	1	1	1	0	0	0	0	0	0	0	0	0
0	0	0	0	0	0	0	0	0	1	1	1	1	1	1	1	1	1	0	0	0	0	0	0	0	0	0
0	1	0	0	1	0	0	1	0	1	0	1	1	0	1	1	0	1	0	1	0	0	1	0	0	1	0
0	0	0	0	0	0	0	0	0	1	1	1	1	1	1	1	1	1	0	0	0	0	0	0	0	0	0
0	0	0	0	0	0	0	0	0	1	1	1	1	1	1	1	1	1	0	0	0	0	0	0	0	0	0
0	1	0	0	1	0	0	1	0	1	0	1	1	0	1	1	0	1	0	1	0	0	1	0	0	1	0
0	0	0	0	0	0	0	0	0	1	1	1	1	1	1	1	1	1	0	0	0	0	0	0	0	0	0
0	0	0	0	0	0	0	0	0	0	0	0	0	0	0	0	0	0	0	0	0	0	0	0	0	0	0
0	1	0	0	1	0	0	1	0	0	1	0	0	1	0	0	1	0	0	1	0	0	1	0	0	1	0
0	0	0	0	0	0	0	0	0	0	0	0	0	0	0	0	0	0	0	0	0	0	0	0	0	0	0
0	0	0	0	0	0	0	0	0	0	0	0	0	0	0	0	0	0	0	0	0	0	0	0	0	0	0
0	1	0	0	1	0	0	1	0	0	1	0	0	1	0	0	1	0	0	1	0	0	1	0	0	1	0
0	0	0	0	0	0	0	0	0	0	0	0	0	0	0	0	0	0	0	0	0	0	0	0	0	0	0
0	0	0	0	0	0	0	0	0	0	0	0	0	0	0	0	0	0	0	0	0	0	0	0	0	0	0
0	1	0	0	1	0	0	1	0	0	1	0	0	1	0	0	1	0	0	1	0	0	1	0	0	1	0
0	0	0	0	0	0	0	0	0	0	0	0	0	0	0	0	0	0	0	0	0	0	0	0	0	0	0

2 3×3 나눗셈-나눗셈 프랙탈

(1) 1단계 1개

① $\log_3 1 = 0$

0	0	0
0	1	0
0	0	0

② $\log_9 9 = 1(>0)$

0	0	0	0	0	0	0	0	0
0	-1	0	0	-1	0	0	-1	0
0	0	0	0	0	0	0	0	0
0	0	0	2	2	2	0	0	0
0	-1	0	2	1	2	0	-1	0
0	0	0	2	2	2	0	0	0
0	0	0	0	0	0	0	0	0
0	-1	0	0	-1	0	0	-1	0
0	0	0	0	0	0	0	0	0

③ $\log_{27} 145 = 1.51(>0)$

0	0	0	0	0	0	0	0	0	0	0	0	0	0	0	0	0	0	0	0	0	0	0	0	0	0	0
0	-1	0	0	-1	0	0	-1	0	0	-1	0	0	-1	0	0	-1	0	0	-1	0	0	-1	0	0	-1	0
0	0	0	0	0	0	0	0	0	0	0	0	0	0	0	0	0	0	0	0	0	0	0	0	0	0	0
0	0	0	2	2	2	0	0	0	0	0	0	2	2	2	0	0	0	0	0	0	2	2	2	0	0	0
0	-1	0	2	1	2	0	-1	0	0	-1	0	2	1	2	0	-1	0	0	-1	0	2	1	2	0	-1	0
0	0	0	2	2	2	0	0	0	0	0	0	2	2	2	0	0	0	0	0	0	2	2	2	0	0	0
0	0	0	0	0	0	0	0	0	0	0	0	0	0	0	0	0	0	0	0	0	0	0	0	0	0	0
0	-1	0	0	-1	0	0	-1	0	0	-1	0	0	-1	0	0	-1	0	0	-1	0	0	-1	0	0	-1	0
0	0	0	0	0	0	0	0	0	0	0	0	0	0	0	0	0	0	0	0	0	0	0	0	0	0	0
0	0	0	0	0	0	0	0	0	1	1	1	1	1	1	1	1	1	0	0	0	0	0	0	0	0	0
0	-1	0	0	-1	0	0	-1	0	1	0	1	1	0	1	1	0	1	0	-1	0	0	-1	0	0	-1	0
0	0	0	0	0	0	0	0	0	1	1	1	1	1	1	1	1	1	0	0	0	0	0	0	0	0	0
0	0	0	2	2	2	0	0	0	1	1	1	3	3	3	1	1	1	0	0	0	2	2	2	0	0	0
0	-1	0	2	1	2	0	-1	0	1	0	1	3	2	3	1	0	1	0	-1	0	2	1	2	0	-1	0
0	0	0	2	2	2	0	0	0	1	1	1	3	3	3	1	1	1	0	0	0	2	2	2	0	0	0
0	0	0	0	0	0	0	0	0	1	1	1	1	1	1	1	1	1	0	0	0	0	0	0	0	0	0
0	-1	0	0	-1	0	0	-1	0	1	0	1	1	0	1	1	0	1	0	-1	0	0	-1	0	0	-1	0
0	0	0	0	0	0	0	0	0	1	1	1	1	1	1	1	1	1	0	0	0	0	0	0	0	0	0
0	0	0	0	0	0	0	0	0	0	0	0	0	0	0	0	0	0	0	0	0	0	0	0	0	0	0
0	-1	0	0	-1	0	0	-1	0	0	-1	0	0	-1	0	0	-1	0	0	-1	0	0	-1	0	0	-1	0
0	0	0	0	0	0	0	0	0	0	0	0	0	0	0	0	0	0	0	0	0	0	0	0	0	0	0
0	0	0	2	2	2	0	0	0	0	0	0	2	2	2	0	0	0	0	0	0	2	2	2	0	0	0
0	-1	0	2	1	2	0	-1	0	0	-1	0	2	1	2	0	-1	0	0	-1	0	2	1	2	0	-1	0
0	0	0	2	2	2	0	0	0	0	0	0	2	2	2	0	0	0	0	0	0	2	2	2	0	0	0
0	0	0	0	0	0	0	0	0	0	0	0	0	0	0	0	0	0	0	0	0	0	0	0	0	0	0
0	-1	0	0	-1	0	0	-1	0	0	-1	0	0	-1	0	0	-1	0	0	-1	0	0	-1	0	0	-1	0
0	0	0	0	0	0	0	0	0	0	0	0	0	0	0	0	0	0	0	0	0	0	0	0	0	0	0

2단계를 2로 나누면 2단계와 3단계가 다음과 같이 나타난다.

	1	

0	0	0	0	0	0	0	0	0
0	1	0	0	1	0	0	1	0
0	0	0	0	0	0	0	0	0
0	0	0	0	0	0	0	0	0
0	1	0	0	1	0	0	1	0
0	0	0	0	0	0	0	0	0
0	0	0	0	0	0	0	0	0
0	1	0	0	1	0	0	1	0
0	0	0	0	0	0	0	0	0

0	0	0	0	0	0	0	0	0	0	0	0	0	0	0	0	0	0	0	0	0	0	0	0	0	0	0
0	1	0	0	1	0	0	1	0	0	1	0	0	1	0	0	1	0	0	1	0	0	1	0	0	1	0
0	0	0	0	0	0	0	0	0	0	0	0	0	0	0	0	0	0	0	0	0	0	0	0	0	0	0
0	0	0	0	0	0	0	0	0	0	0	0	0	0	0	0	0	0	0	0	0	0	0	0	0	0	0
0	1	0	0	1	0	0	1	0	0	1	0	0	1	0	0	1	0	0	1	0	0	1	0	0	1	0
0	0	0	0	0	0	0	0	0	0	0	0	0	0	0	0	0	0	0	0	0	0	0	0	0	0	0
0	0	0	0	0	0	0	0	0	0	0	0	0	0	0	0	0	0	0	0	0	0	0	0	0	0	0
0	1	0	0	1	0	0	1	0	0	1	0	0	1	0	0	1	0	0	1	0	0	1	0	0	1	0
0	0	0	0	0	0	0	0	0	0	0	0	0	0	0	0	0	0	0	0	0	0	0	0	0	0	0
0	0	0	0	0	0	0	0	0	1	1	1	1	1	1	1	1	1	0	0	0	0	0	0	0	0	0
0	1	0	0	1	0	0	1	0	1	0	1	1	0	1	1	0	1	0	1	0	0	1	0	0	1	0
0	0	0	0	0	0	0	0	0	1	1	1	1	1	1	1	1	1	0	0	0	0	0	0	0	0	0
0	0	0	0	0	0	0	0	0	1	1	1	1	1	1	1	1	1	0	0	0	0	0	0	0	0	0
0	1	0	0	1	0	0	1	0	1	0	1	1	0	1	1	0	1	0	1	0	0	1	0	0	1	0
0	0	0	0	0	0	0	0	0	1	1	1	1	1	1	1	1	1	0	0	0	0	0	0	0	0	0
0	0	0	0	0	0	0	0	0	1	1	1	1	1	1	1	1	1	0	0	0	0	0	0	0	0	0
0	1	0	0	1	0	0	1	0	1	0	1	1	0	1	1	0	1	0	1	0	0	1	0	0	1	0
0	0	0	0	0	0	0	0	0	1	1	1	1	1	1	1	1	1	0	0	0	0	0	0	0	0	0
0	0	0	0	0	0	0	0	0	0	0	0	0	0	0	0	0	0	0	0	0	0	0	0	0	0	0
0	1	0	0	1	0	0	1	0	0	1	0	0	1	0	0	1	0	0	1	0	0	1	0	0	1	0
0	0	0	0	0	0	0	0	0	0	0	0	0	0	0	0	0	0	0	0	0	0	0	0	0	0	0
0	0	0	0	0	0	0	0	0	0	0	0	0	0	0	0	0	0	0	0	0	0	0	0	0	0	0
0	1	0	0	1	0	0	1	0	0	1	0	0	1	0	0	1	0	0	1	0	0	1	0	0	1	0
0	0	0	0	0	0	0	0	0	0	0	0	0	0	0	0	0	0	0	0	0	0	0	0	0	0	0
0	0	0	0	0	0	0	0	0	0	0	0	0	0	0	0	0	0	0	0	0	0	0	0	0	0	0
0	1	0	0	1	0	0	1	0	0	1	0	0	1	0	0	1	0	0	1	0	0	1	0	0	1	0
0	0	0	0	0	0	0	0	0	0	0	0	0	0	0	0	0	0	0	0	0	0	0	0	0	0	0

① $\log_3 1 = 0$

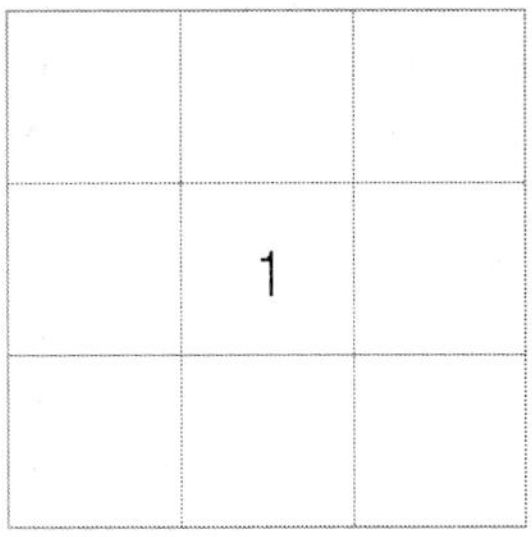

② $\log_9 9 = 1$(>0)

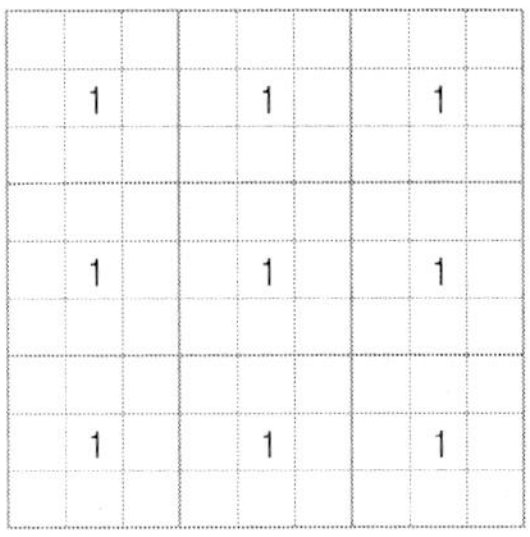

③ $\log_{27} 144 = 1.508$(>0)

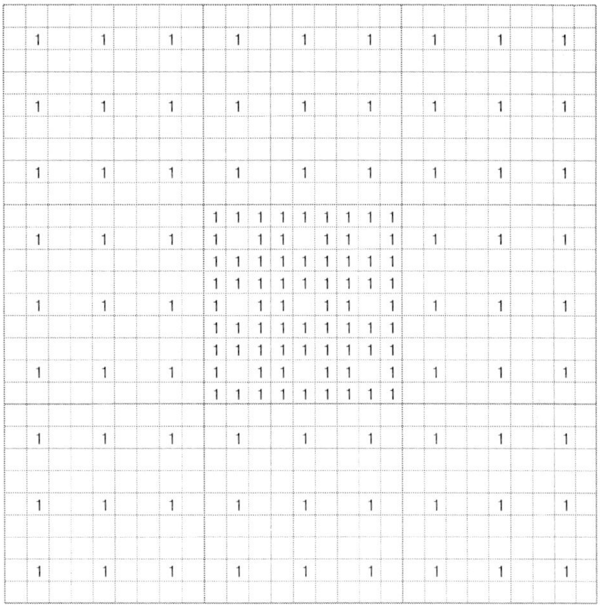

2로 나눈 나머지는 0과 1이다. 1에 색을 칠하였다.

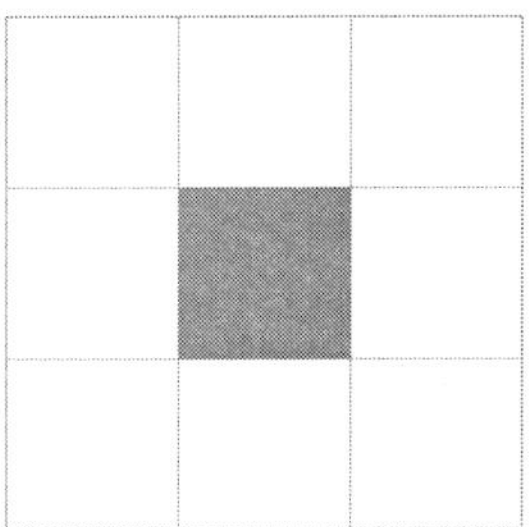

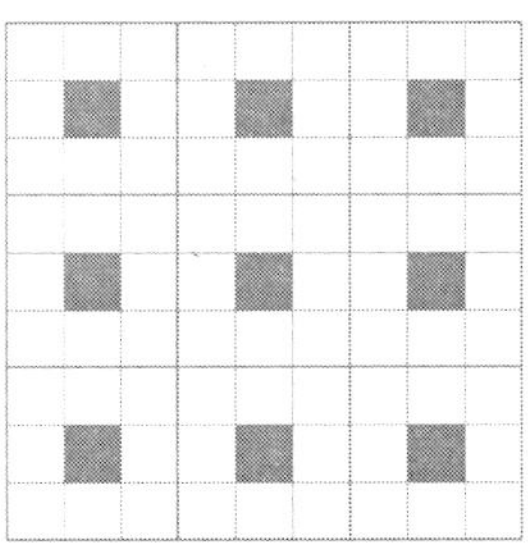

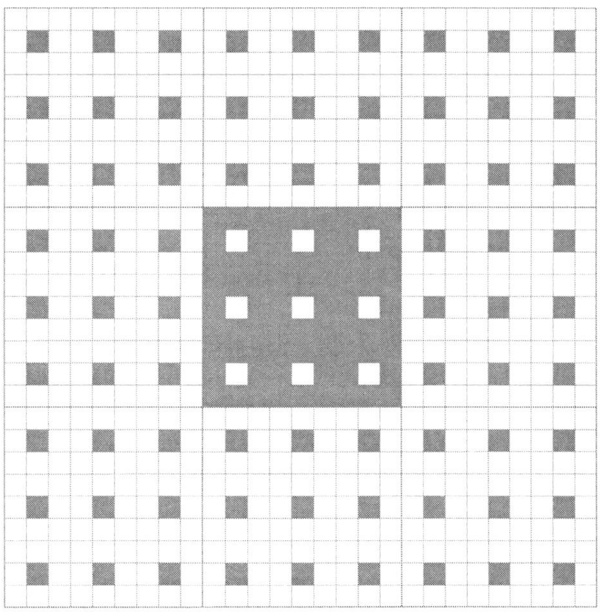

① $\log_3 1 = 0$	② $\log_9 9 = 1$	③ $\log_{27} 144 = 1.508$
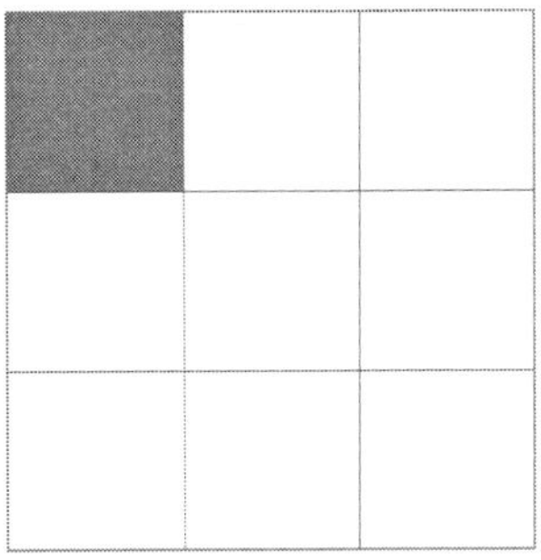	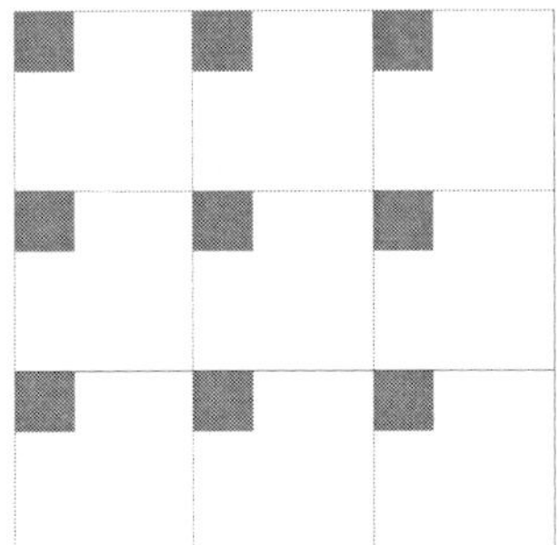	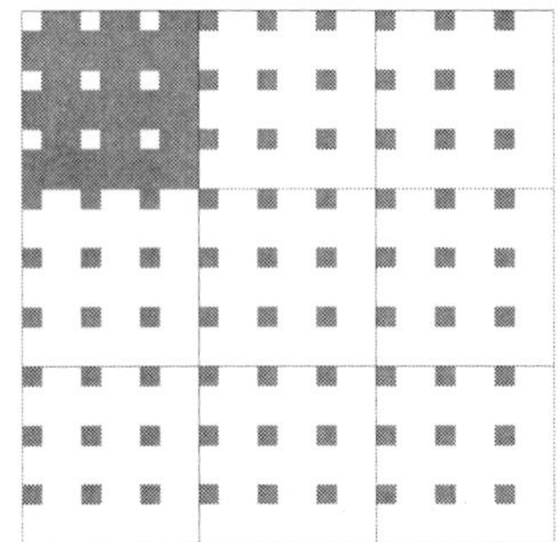
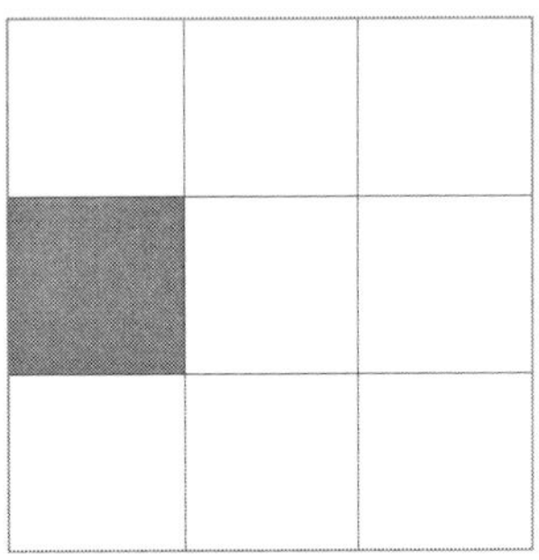	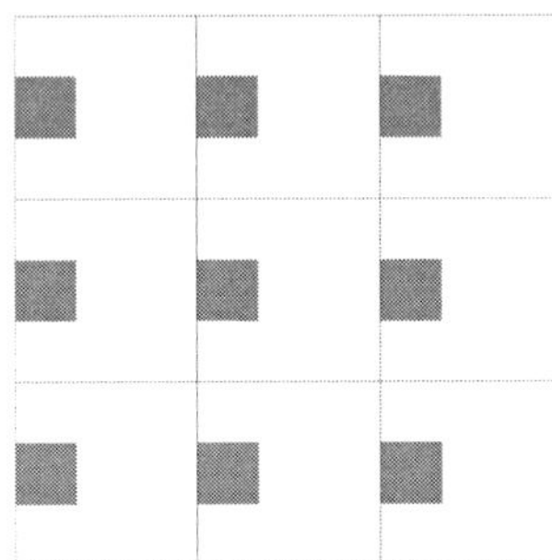	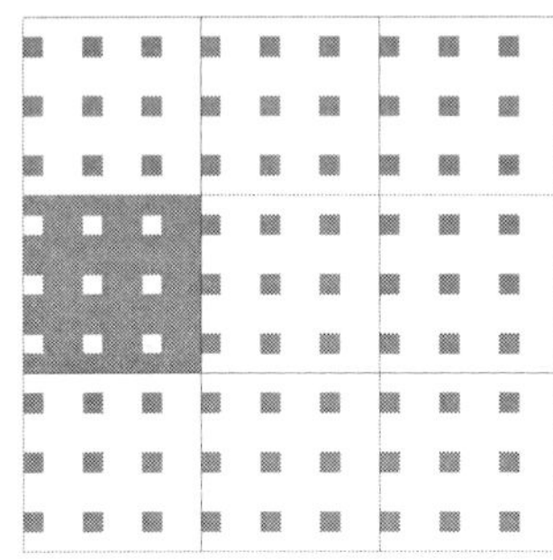

(2) 1단계 2개

① $\log_3 2 = 0.631$	② $\log_9 18 = 1.315$	③ $\log_{27} 252 = 1.678$
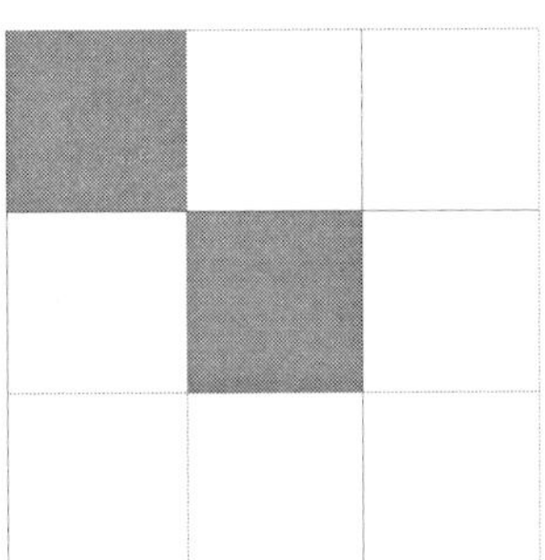	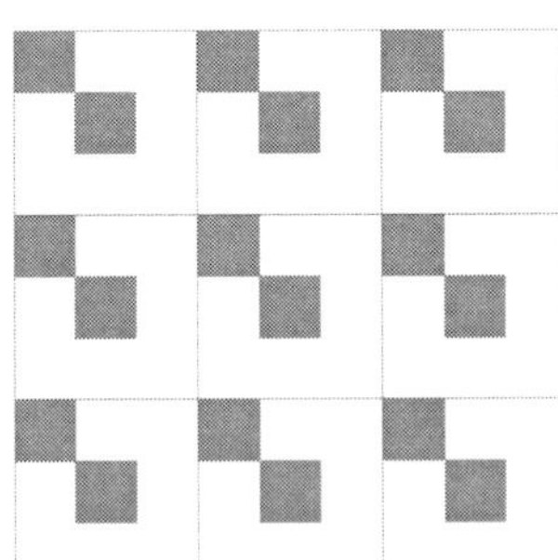	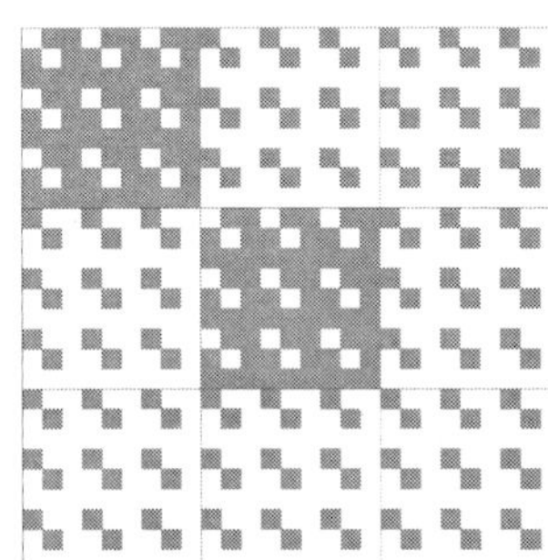

(3) 1단계 3개

① $\log_3 3 = 1$	② $\log_9 27 = 1.5$	③ $\log_{27} 324 = 1.754$
	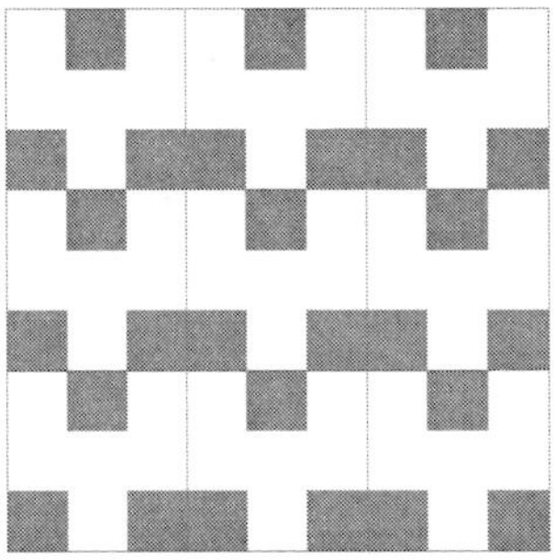	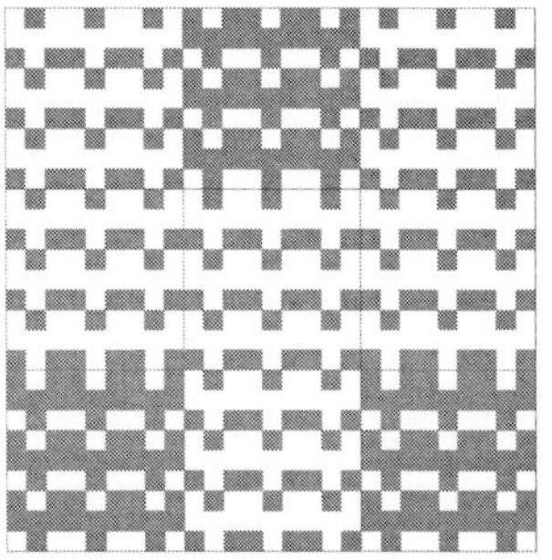
	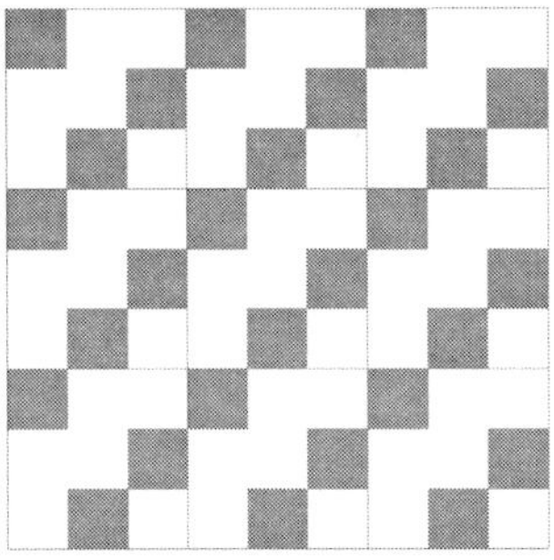	
	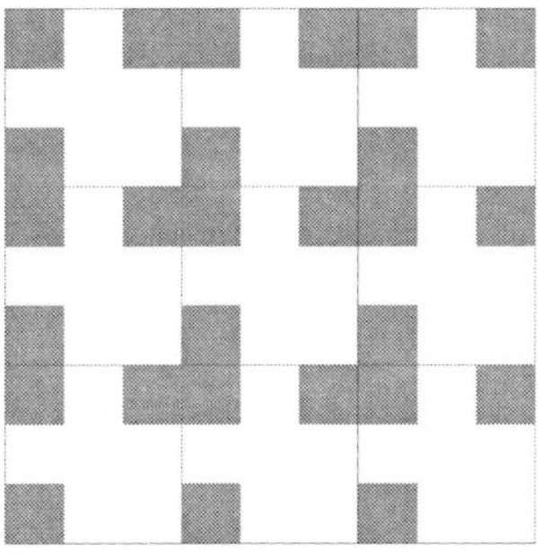	

(4) 1단계 4개

① $\log_3 4 = 1.262$	② $\log_9 36 = 1.631$	③ $\log_{27} 360 = 1.786$
	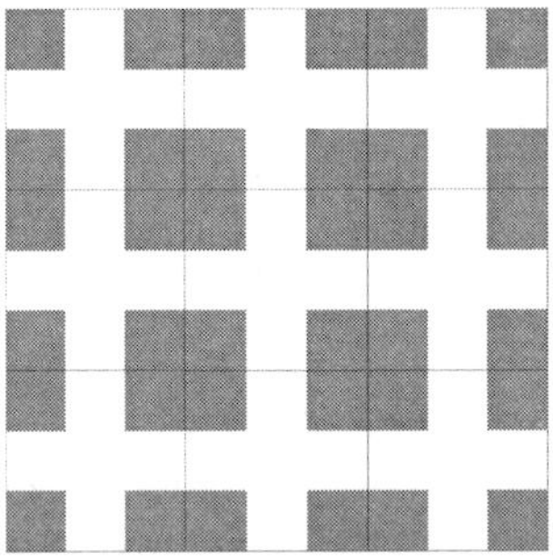	

	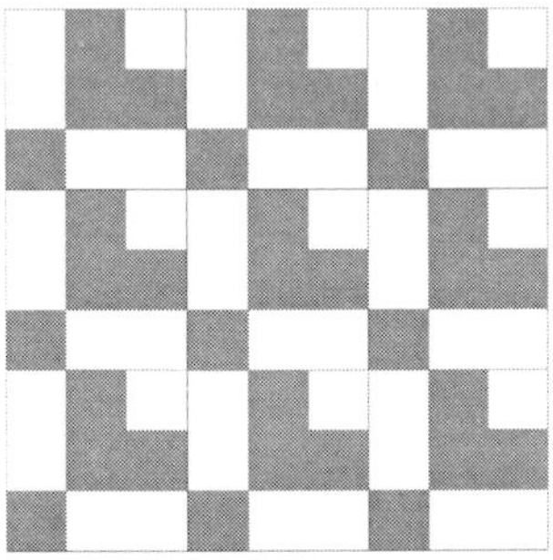	
	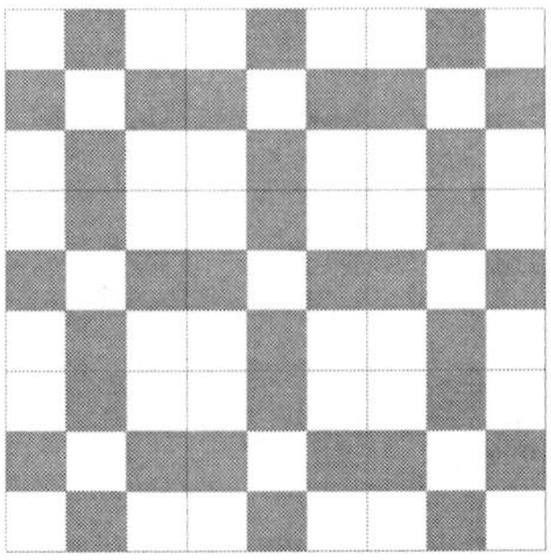	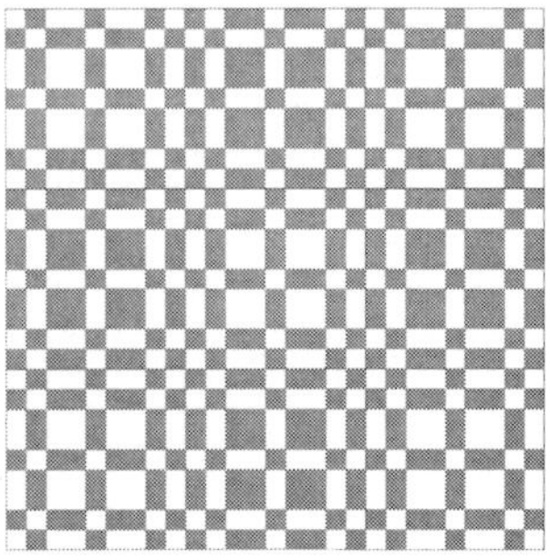

(5) 1단계 5개

① $\log_3 5 = 1.465$	② $\log_9 45 = 1.732$	③ $\log_{27} 360 = 1.786$
	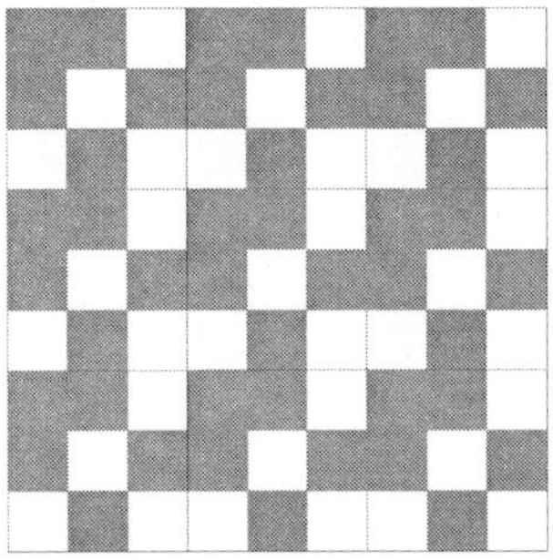	
	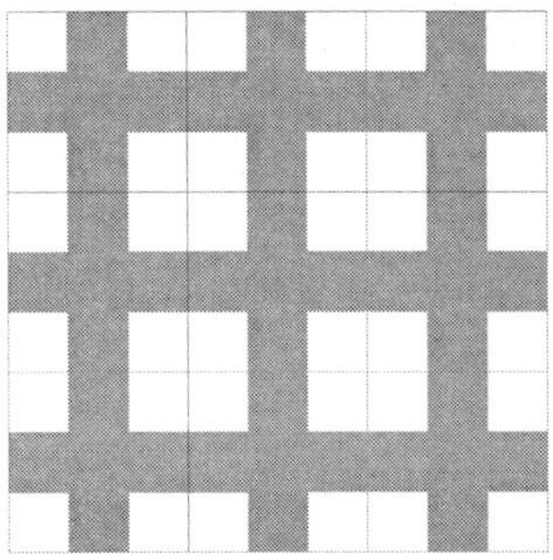	

(6) 1단계 6개

① $\log_3 6 = 1.631$	② $\log_9 54 = 1.815$	③ $\log_{27} 324 = 1.754$

	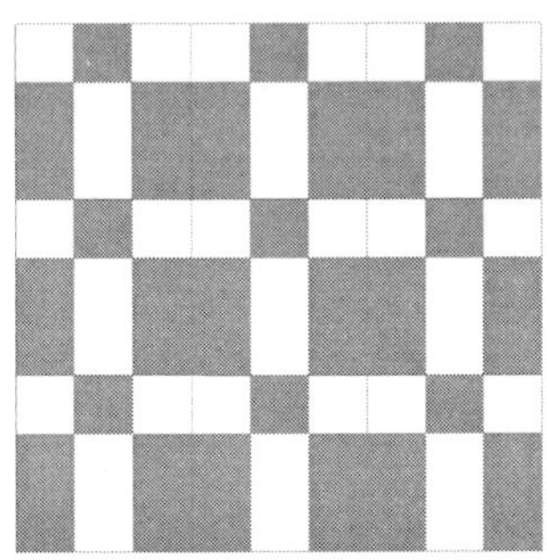	

(7) 1단계 7개

① $\log_3 7 = 1.771$	② $\log_9 63 = 1.886$	③ $\log_{27} 252 = 1.678$

	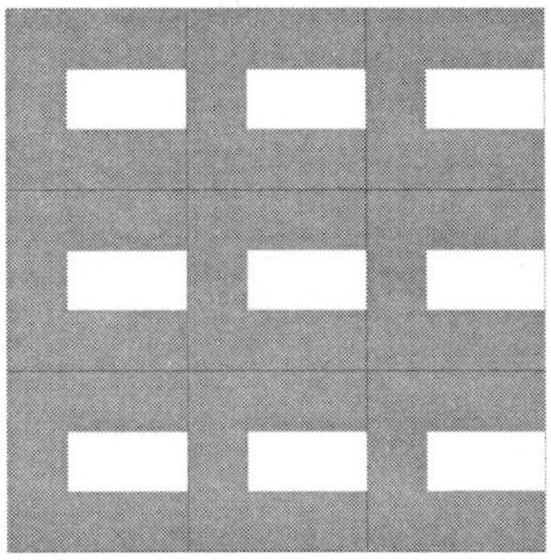	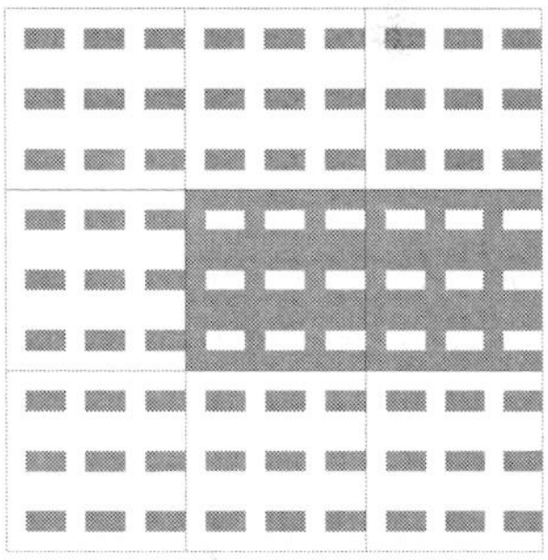

	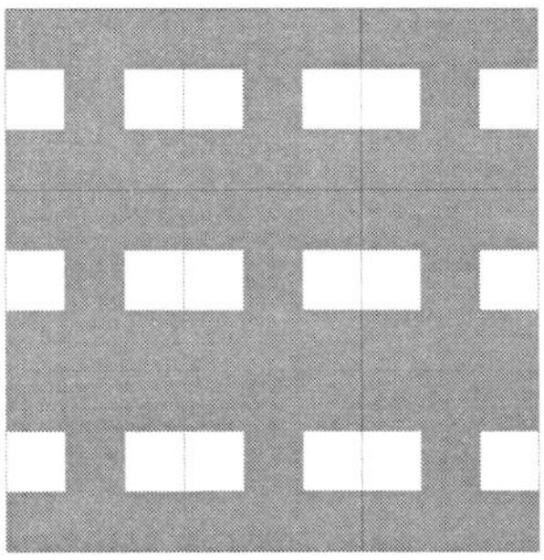	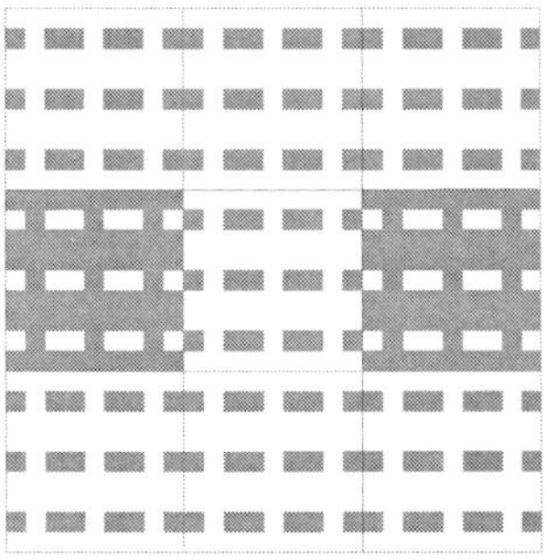

3 4×4 나눗셈-나눗셈 프랙탈

(1) 1단계 1개

① $\log_4 1 = 0$	② $\log_{16} 16 = 1$	③ $\log_{64} 480 = 1.484$
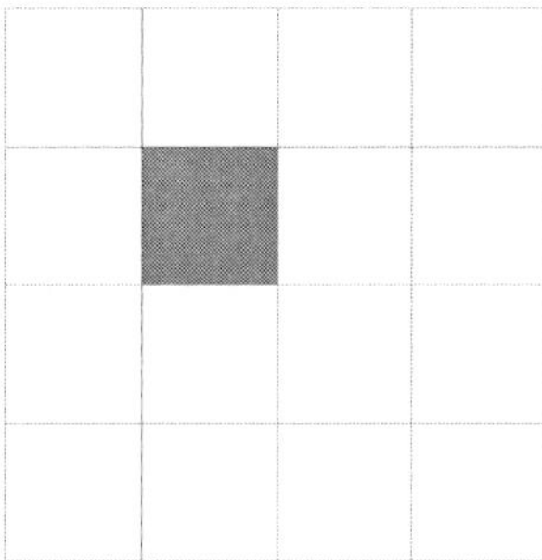	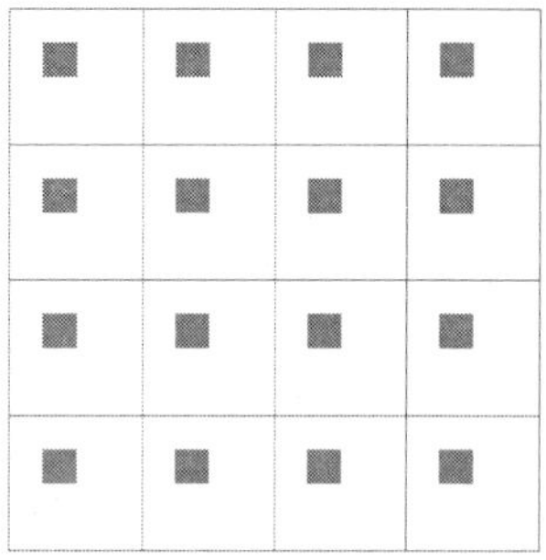	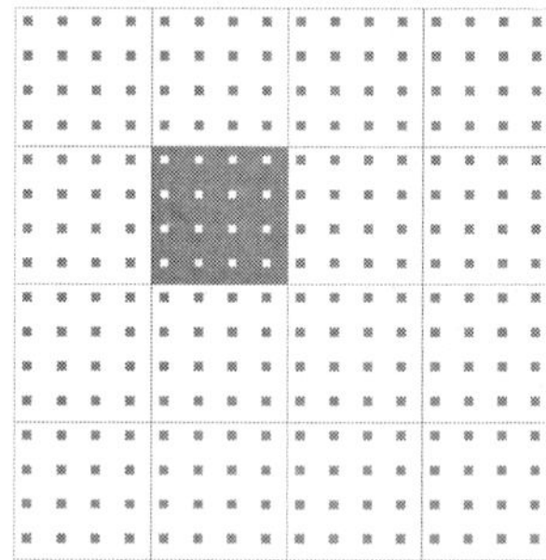

(2) 1단계 2개

① $\log_4 2 = 0.5$	② $\log_{16} 32 = 1.25$	③ $\log_{64} 896 = 1.635$
	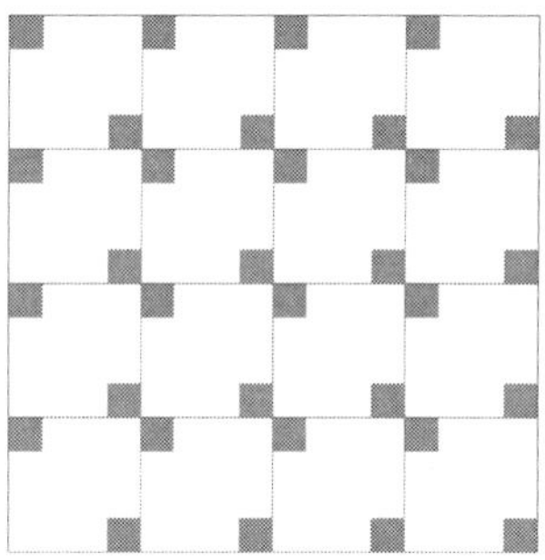	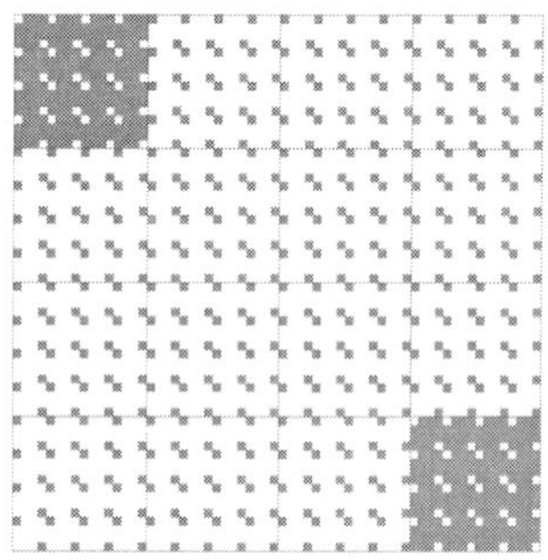

(3) 1단계 3개

① $\log_4 3 = 0.792$	② $\log_9 48 = 1.396$	③ $\log_{64} 1548 = 1.766$
	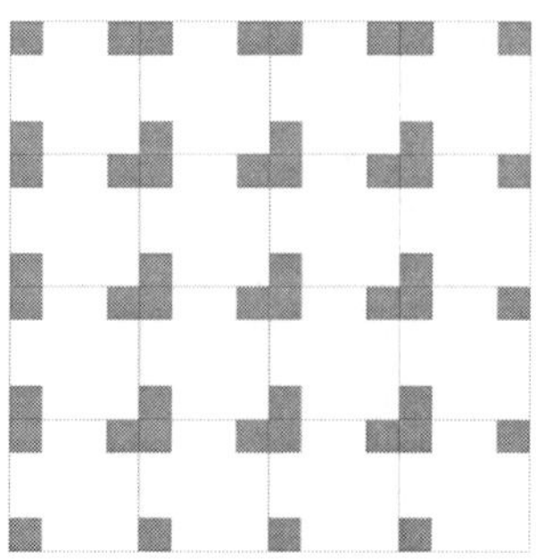	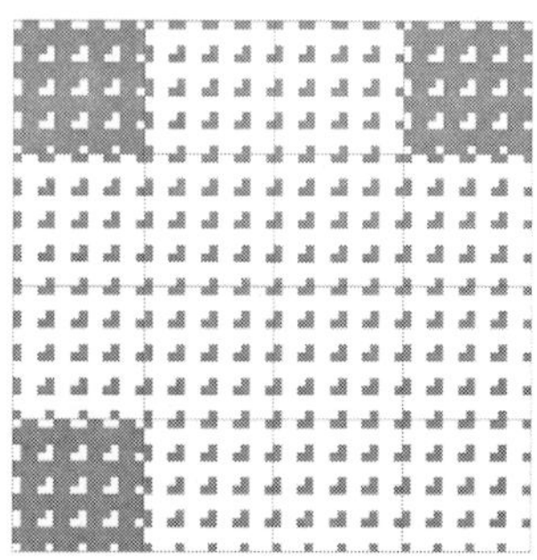

(4) 1단계 4개

① $\log_4 4 = 1$	② $\log_{16} 64 = 1.5$	③ $\log_{64} 1536 = 1.764$
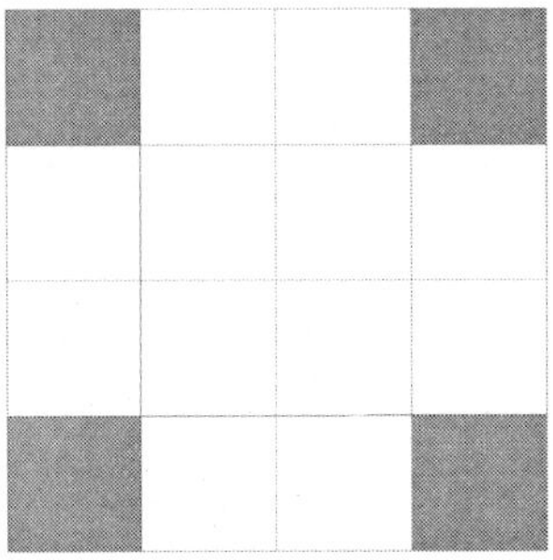	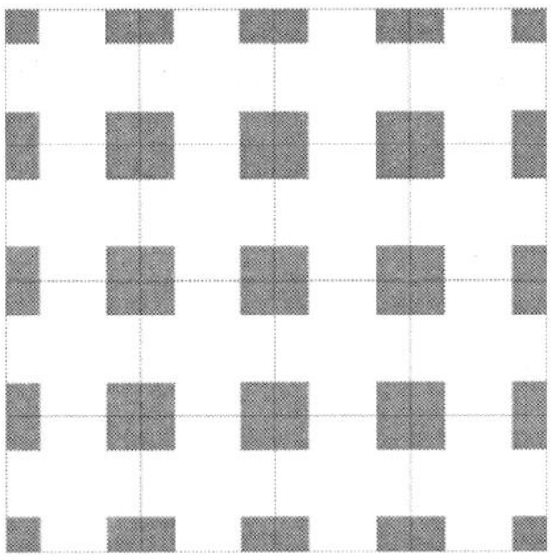	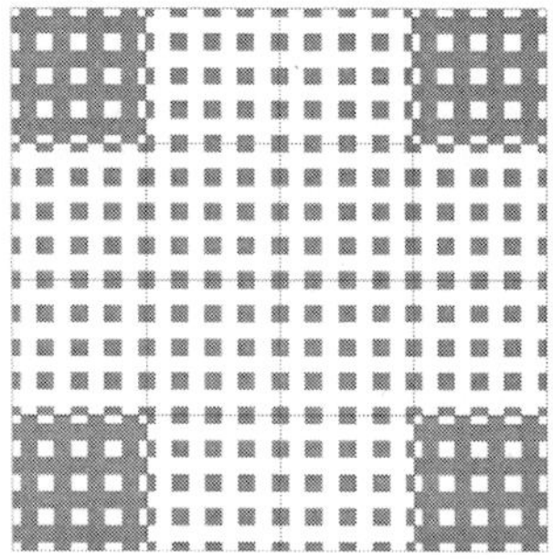
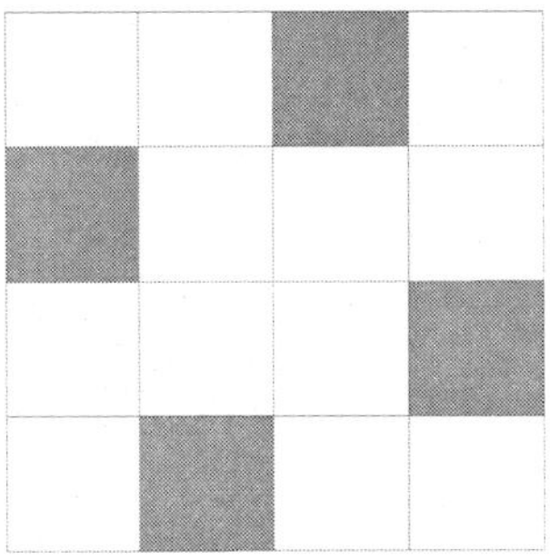		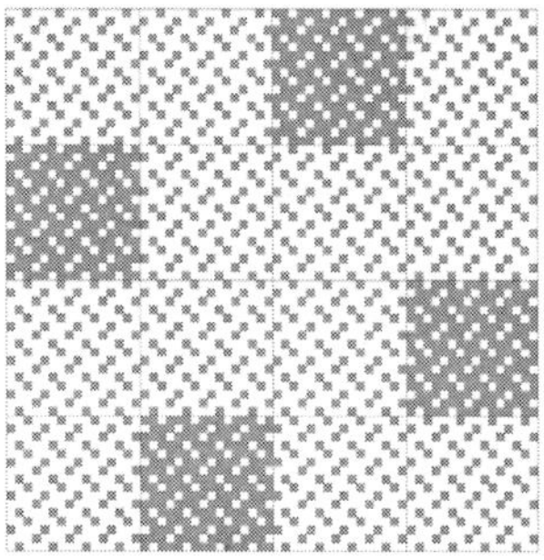
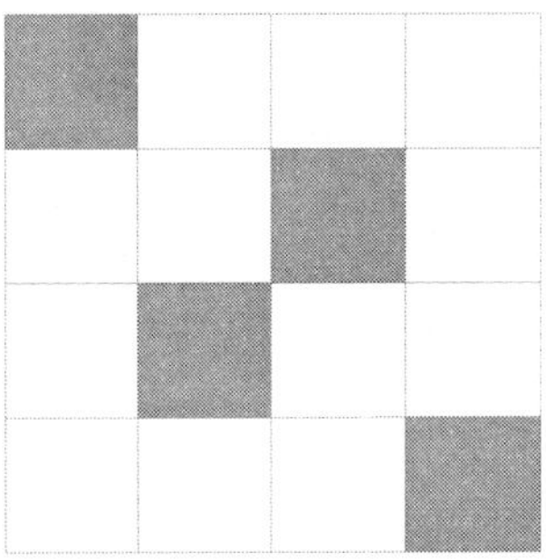		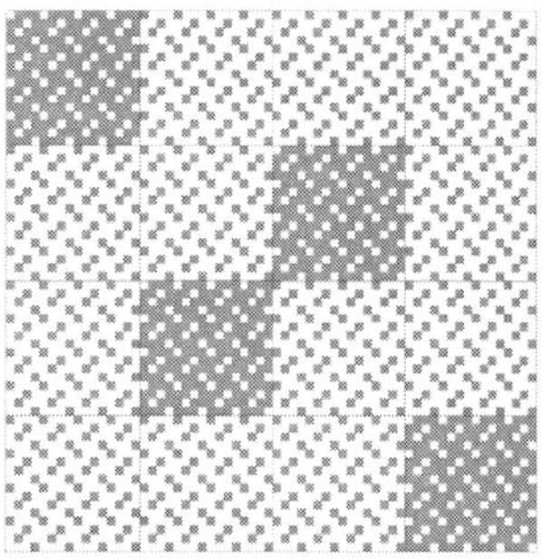
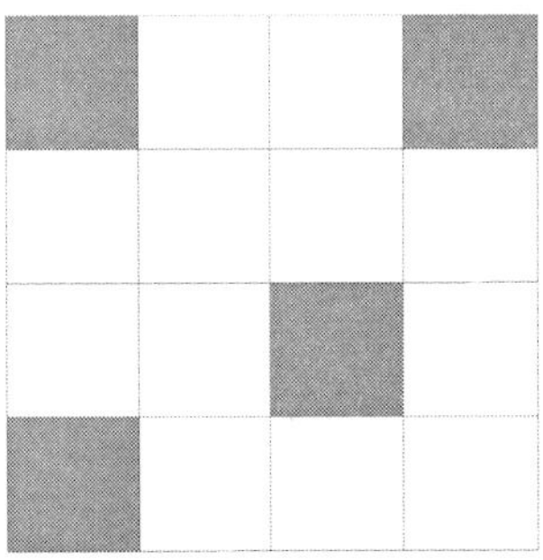		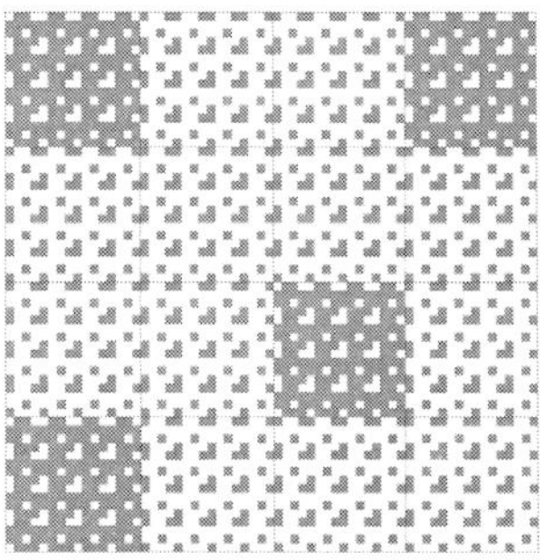

(5) 1단계 8개

① $\log_4 8 = 1.5$	② $\log_{16} 128 = 1.75$	③ $\log_{64} 2048 = 1.833$
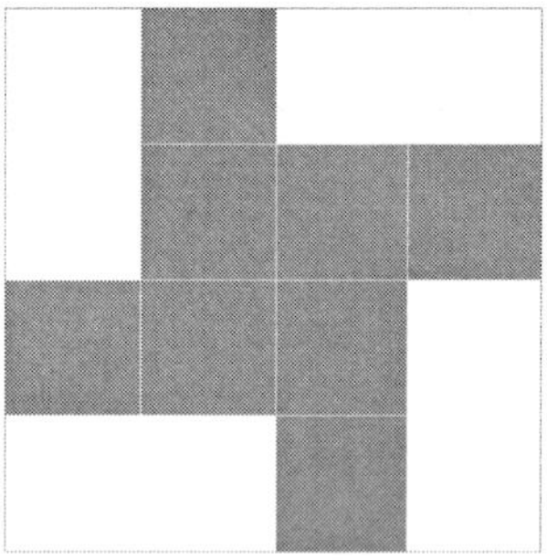		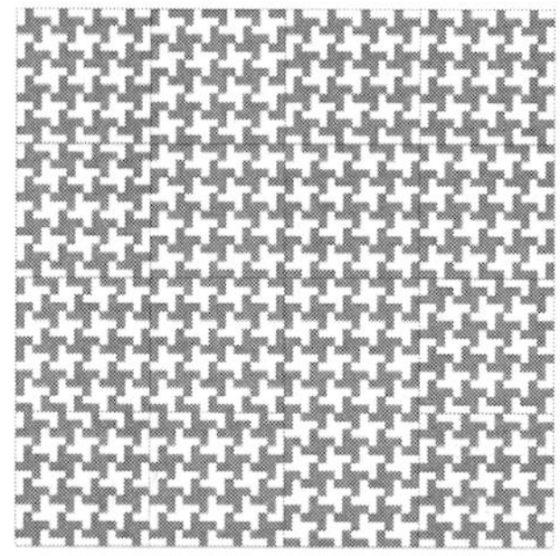
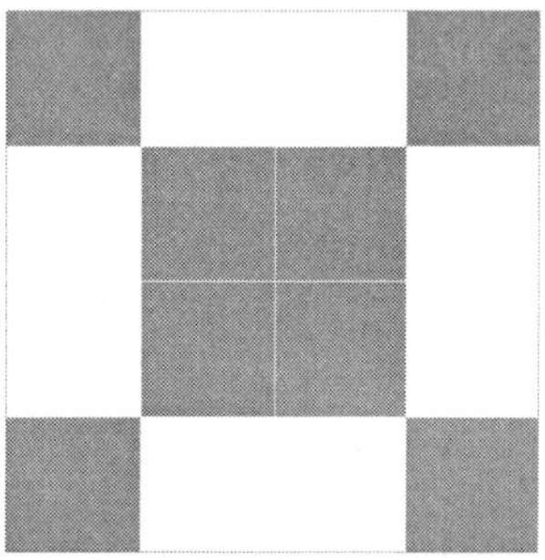	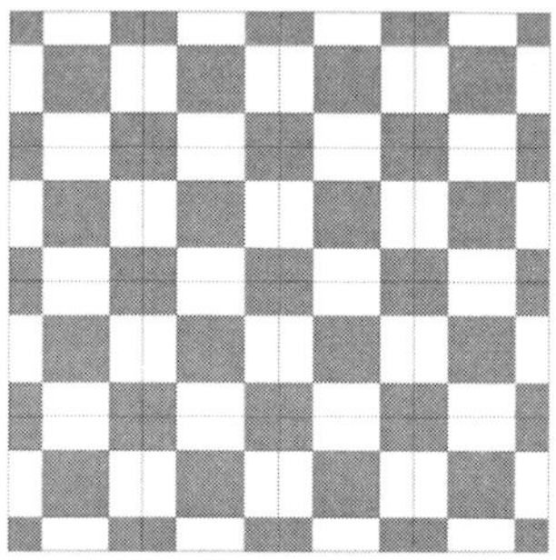	
		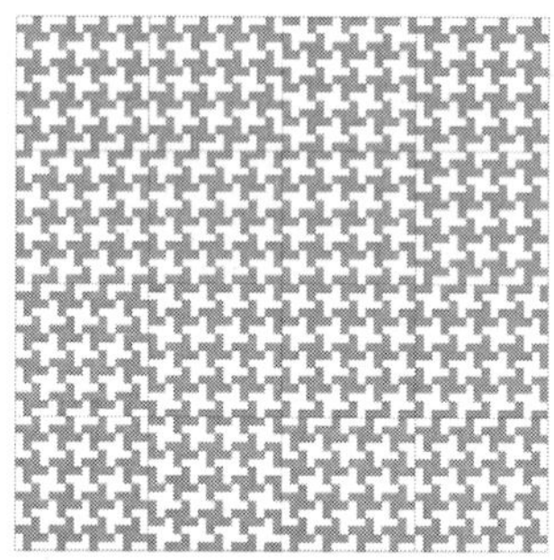
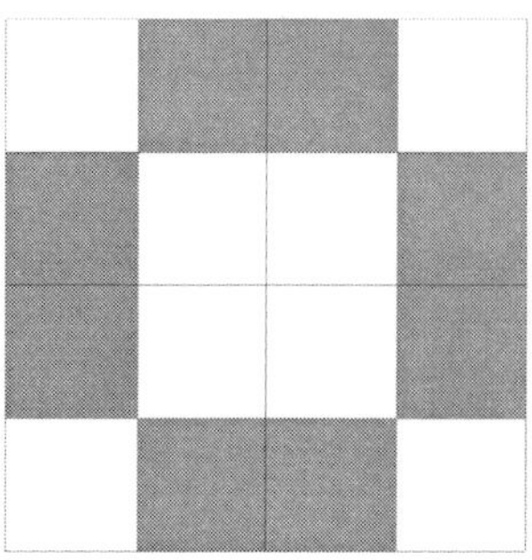	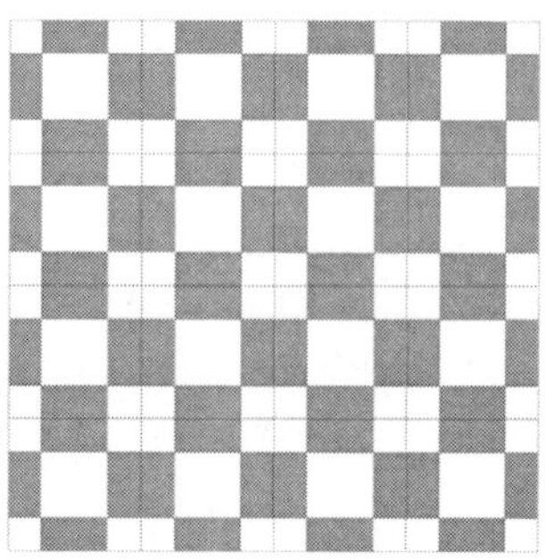	

4 5×5 나눗셈-나눗셈 프랙탈

(1) 1단계 5개

① $\log_{5}5 = 1$

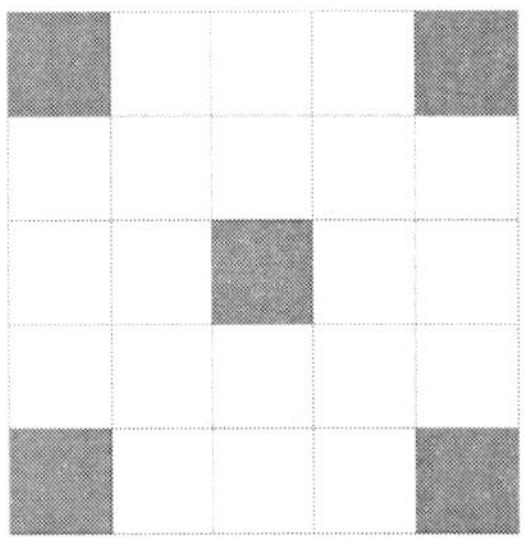

② $\log_{25}125 = 1.5$

③ $\log_{125}5000 = 1.764$

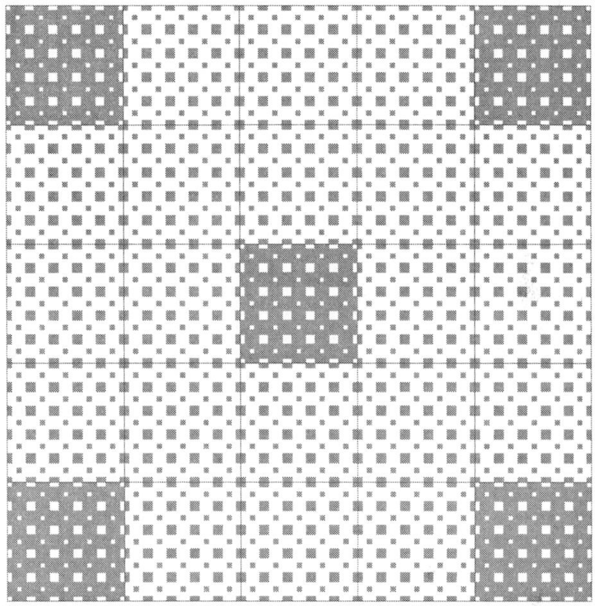

① $\log_{5}5 = 1$

② $\log_{25}125 = 1.5$

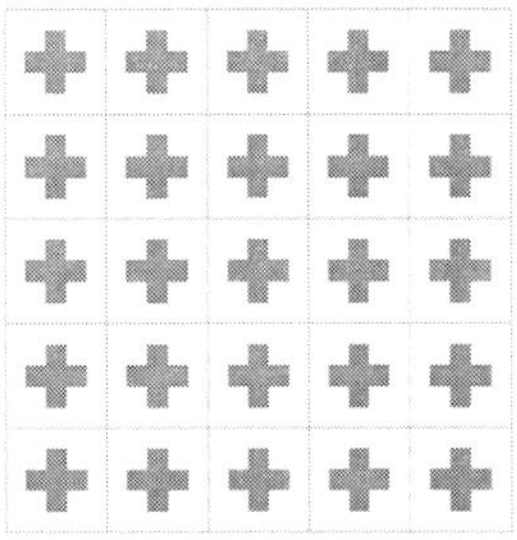

③ $\log_{125}5000 = 1.764$

① $\log_5 5 = 1$

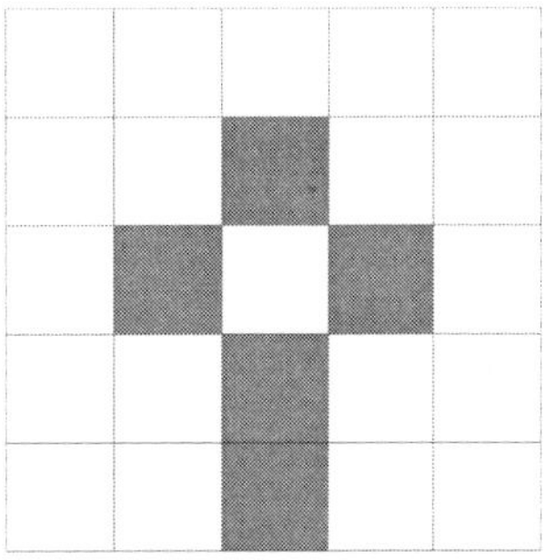

② $\log_{25} 125 = 1.5$

③ $\log_{125} 5000 = 1.764$

① $\log_5 5 = 1$

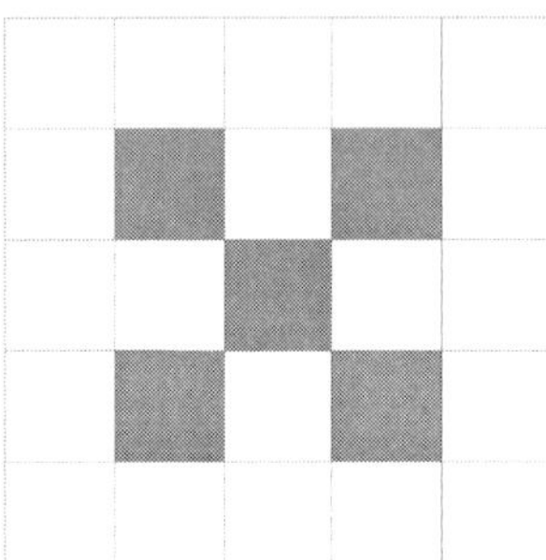

② $\log_{25} 125 = 1.5$

③ $\log_{125} 5000 = 1.764$

(2) 1단계 8개

① $\log_5 8 = 1.292$

② $\log_{25} 200 = 1.646$

③ $\log_{125} 6800 = 1.828$

① $\log_5 8 = 1.292$

② $\log_{25} 200 = 1.646$

③ $\log_{125} 6800 = 1.828$

① $\log_5 8 = 1.292$

② $\log_{25} 200 = 1.646$

③ $\log_{125} 6800 = 1.828$

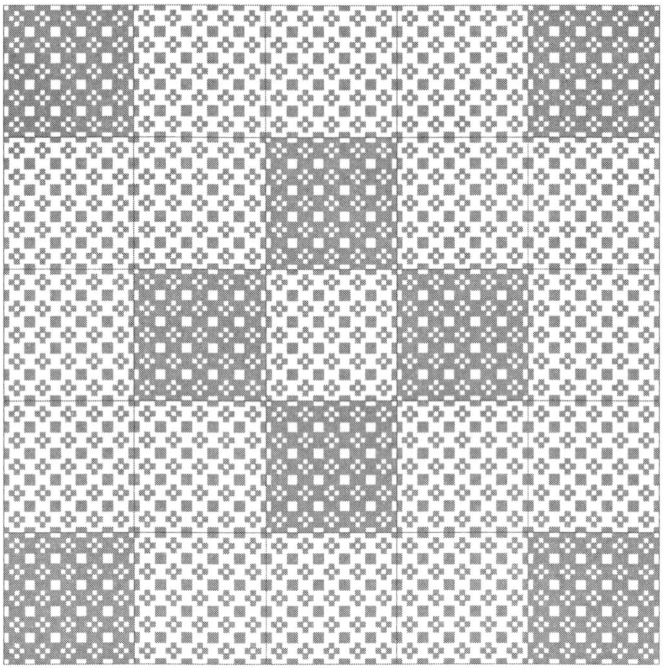

① $\log_5 8 = 1.292$

② $\log_{25} 200 = 1.646$

③ $\log_{125} 6800 = 1.828$

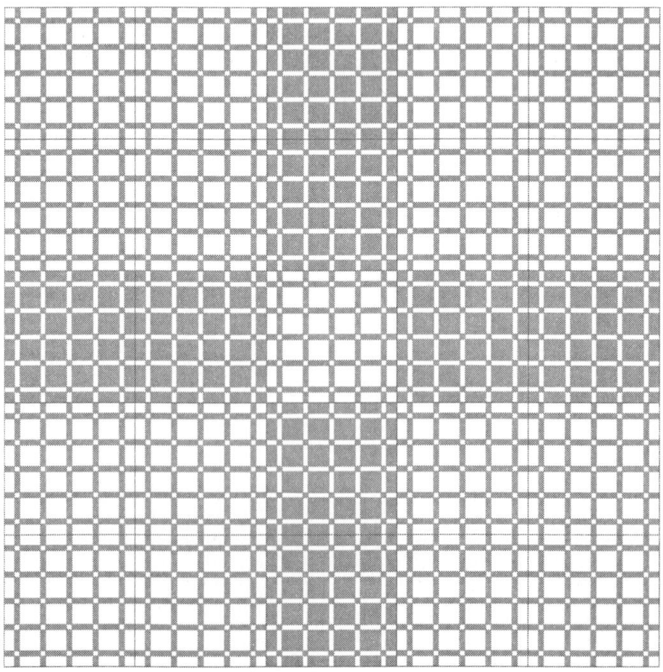

① $\log_5 8 = 1.292$

② $\log_{25} 200 = 1.646$

③ $\log_{125} 6800 = 1.828$

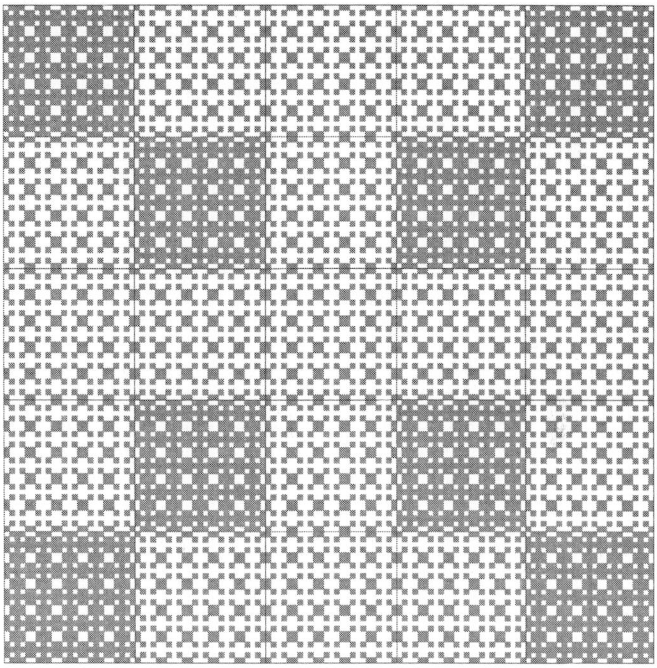

① $\log_5 8 = 1.292$

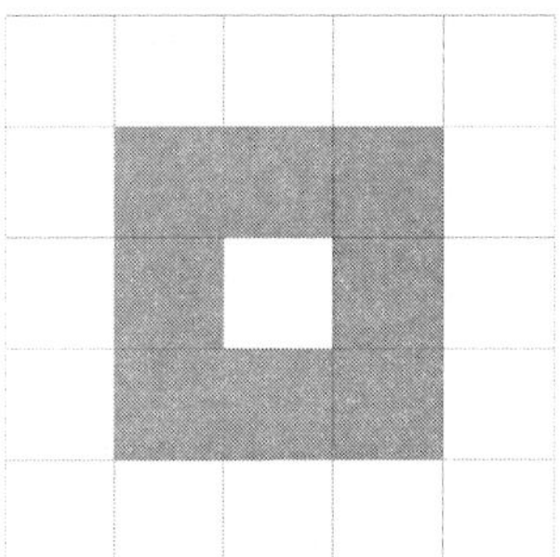

② $\log_{25} 200 = 1.646$

③ $\log_{125} 6800 = 1.828$

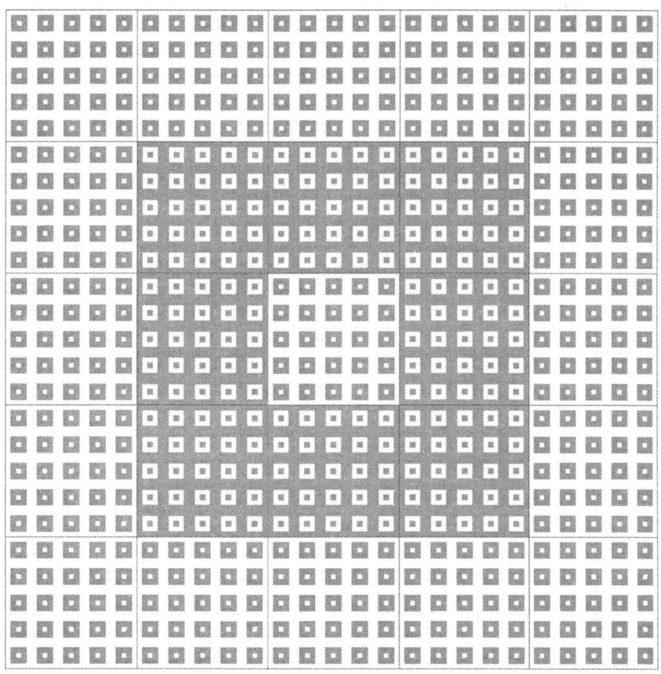

(3) 1단계 9개

① $\log_5 9 = 1.365$

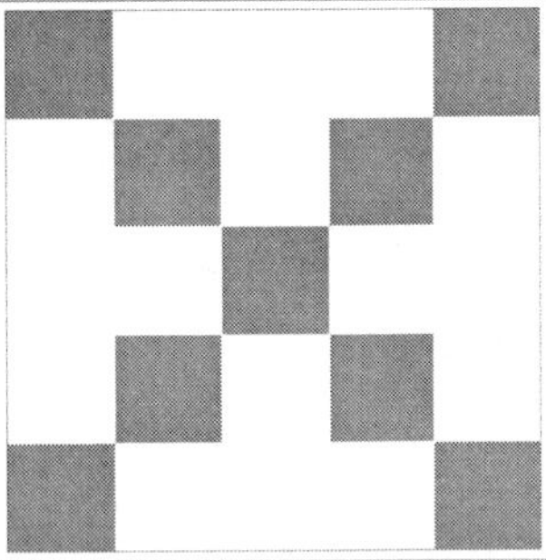

② $\log_{25} 225 = 1.683$

③ $\log_{125} 7200 = 1.84$

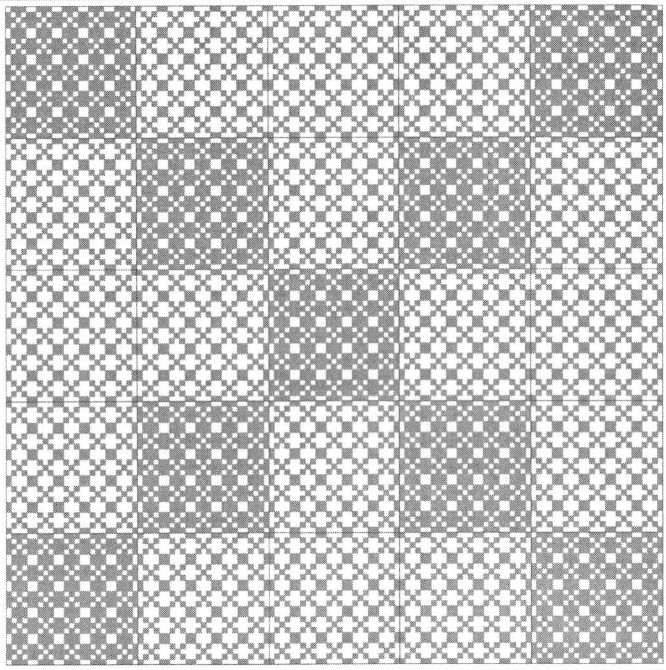

① $\log_5 9 = 1.365$

② $\log_{25} 225 = 1.683$

③ $\log_{125} 7200 = 1.84$

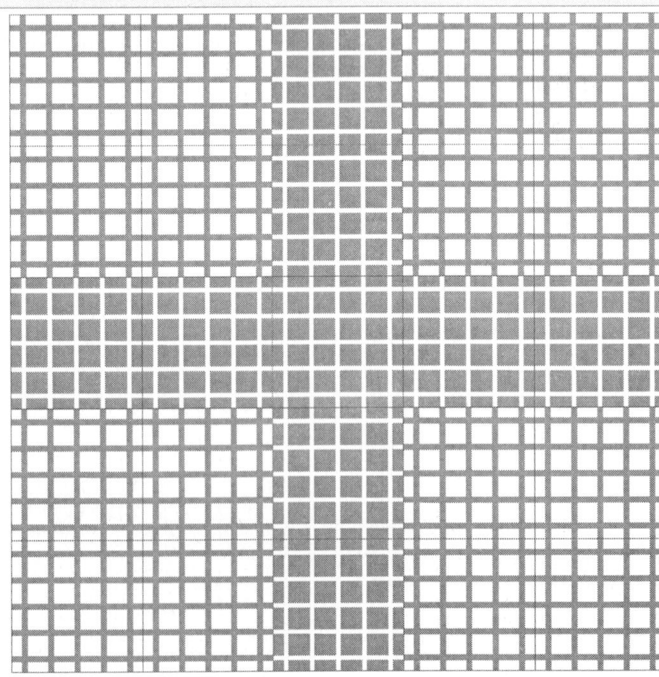

① $\log_5 9 = 1.365$

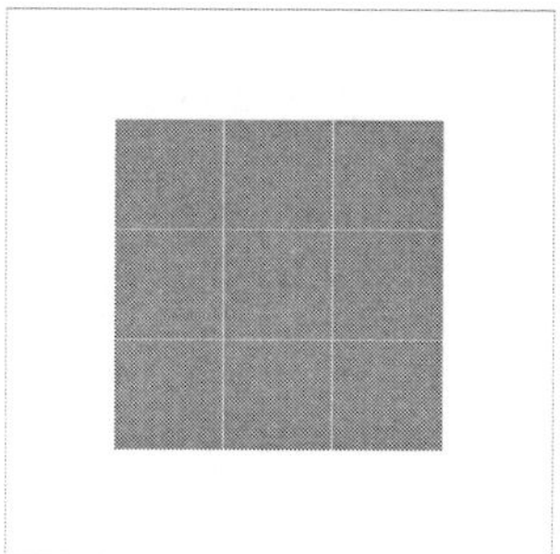

② $\log_{25} 225 = 1.683$

③ $\log_{125} 7200 = 1.84$

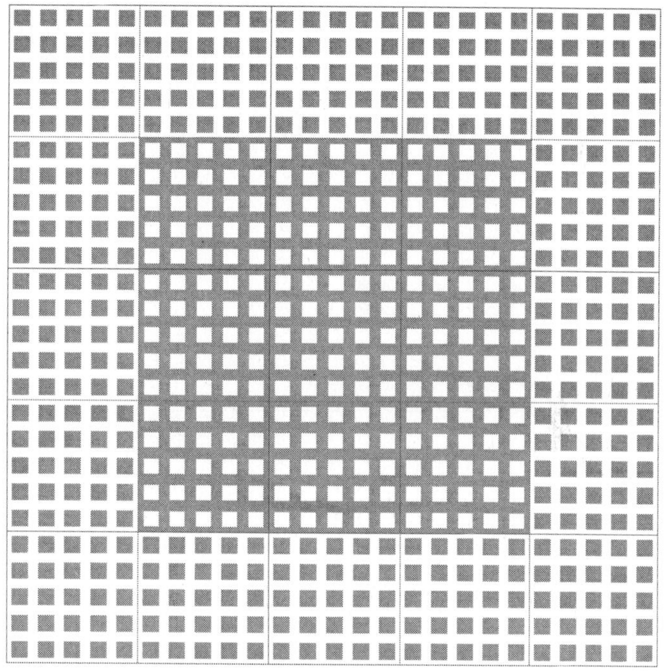

① $\log_5 9 = 1.365$

② $\log_{25} 225 = 1.683$

③ $\log_{125} 7200 = 1.84$

5 6×6 나눗셈-나눗셈 프랙탈

(1) 1단계 2개

① $\log_6 2 = 0.387$	② $\log_{36} 72 = 1.193$
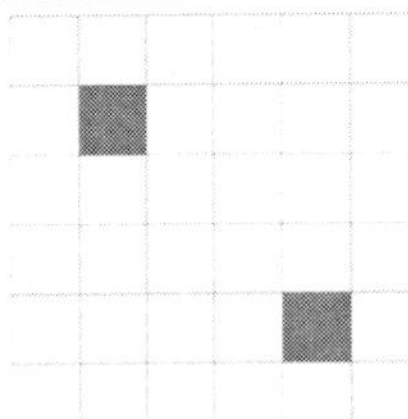	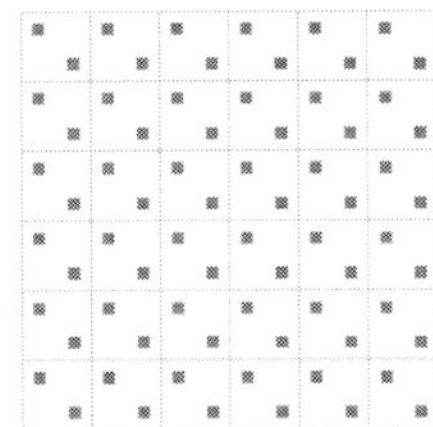

③ $\log_{216} 4896 = 1.581$

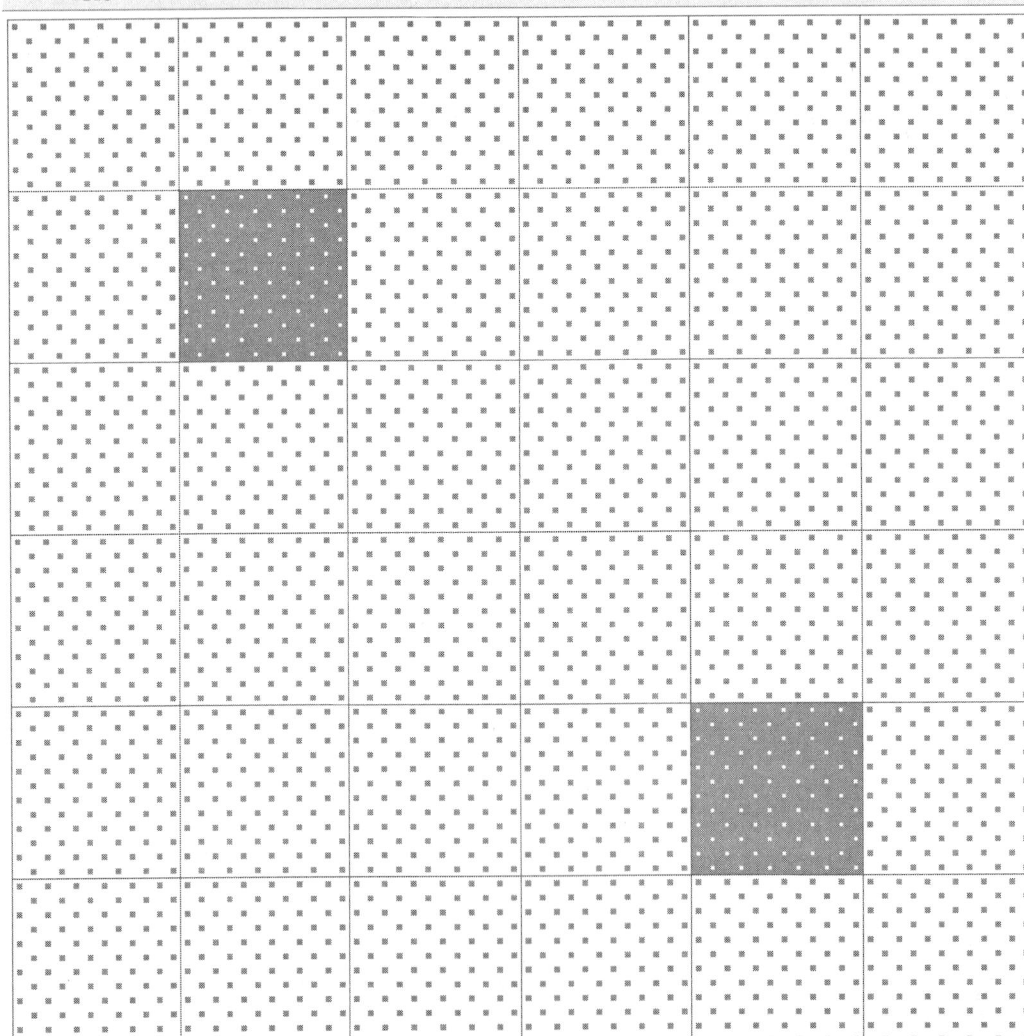

(2) 1단계 4개

① $\log_6 4 = 0.774$

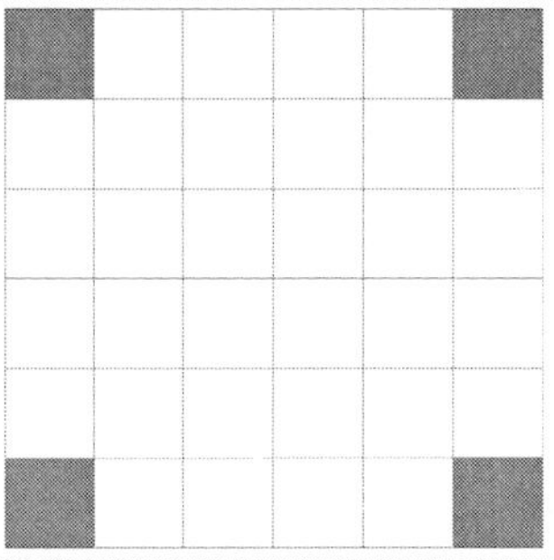

② $\log_{36} 144 = 1.387$

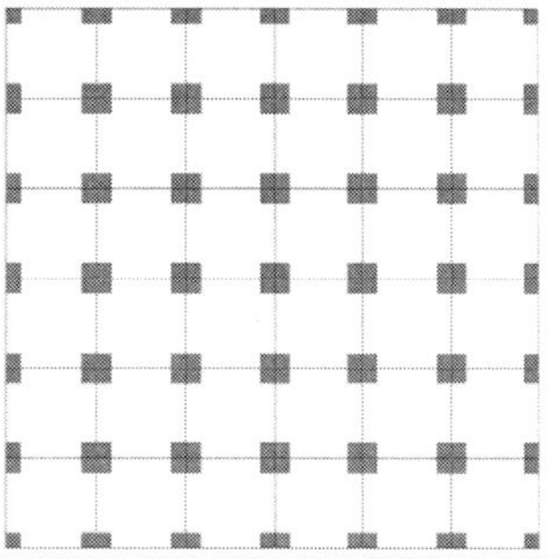

③ $\log_{216} 9216 = 1.698$

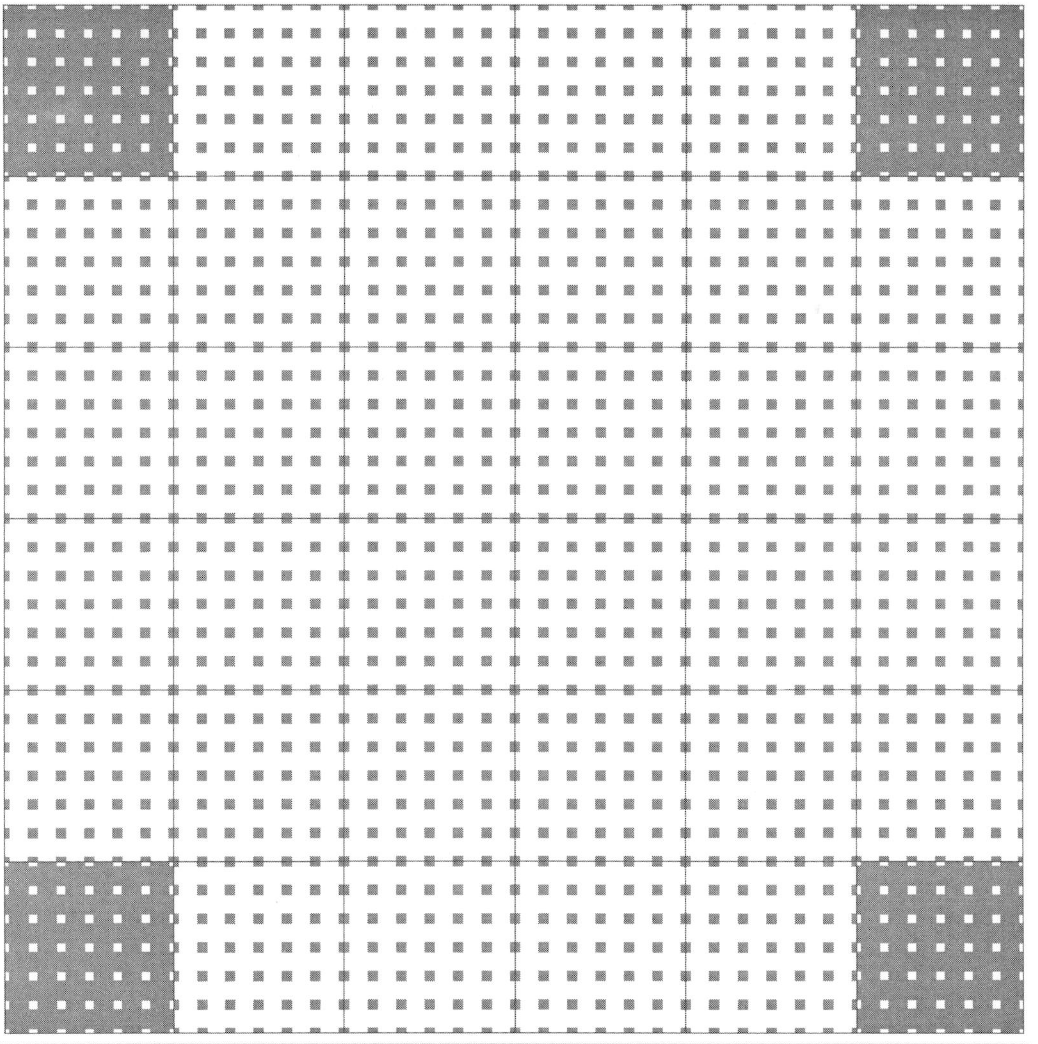

① $\log_6 4 = 0.774$

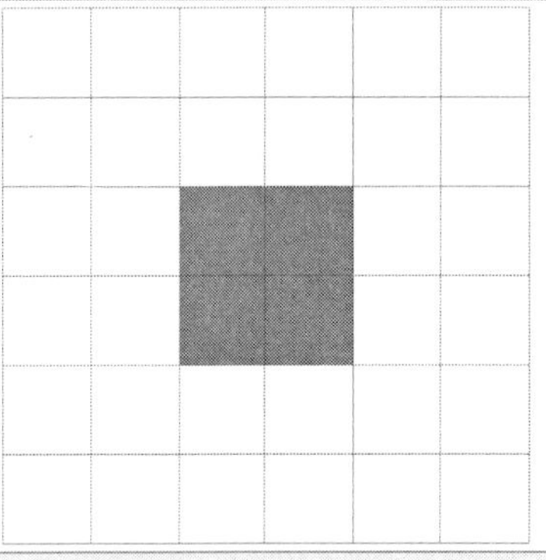

② $\log_{36} 144 = 1.387$

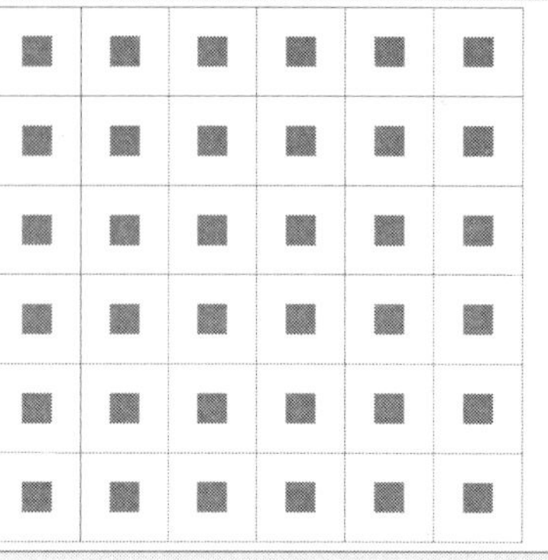

③ $\log_{216} 9216 = 1.698$

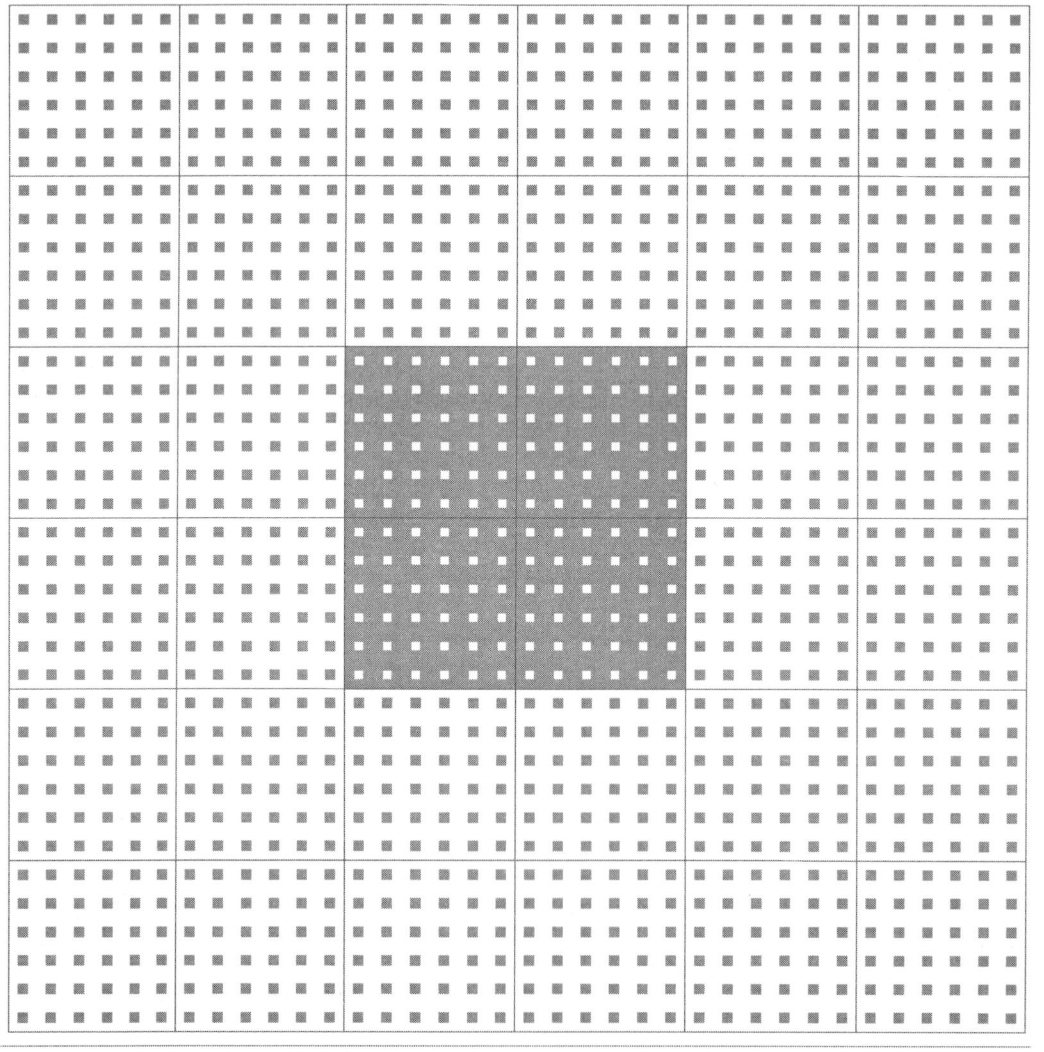

① $\log_6 4 = 0.774$

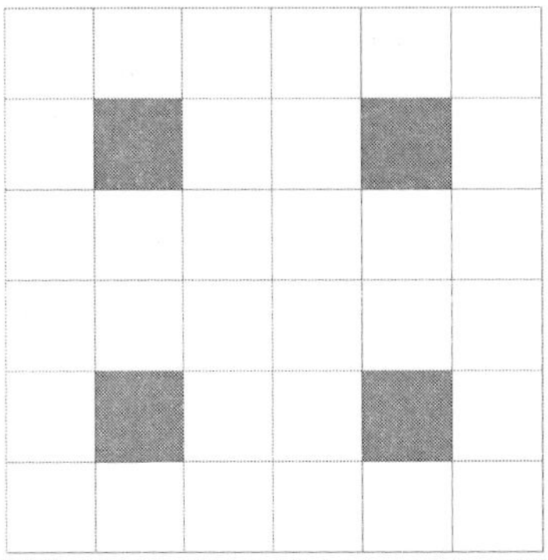

② $\log_{36} 144 = 1.387$

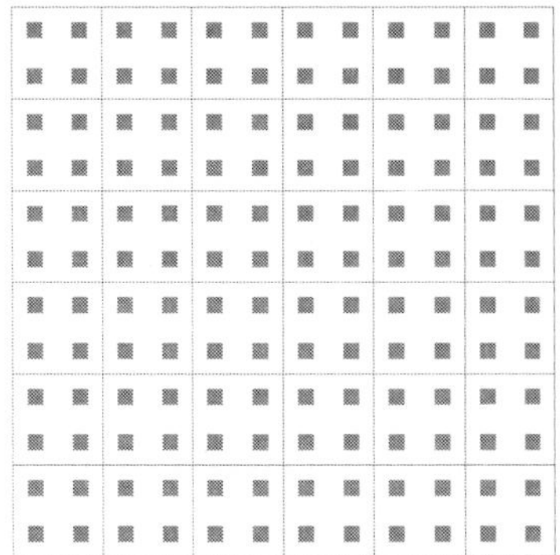

③ $\log_{216} 9216 = 1.698$

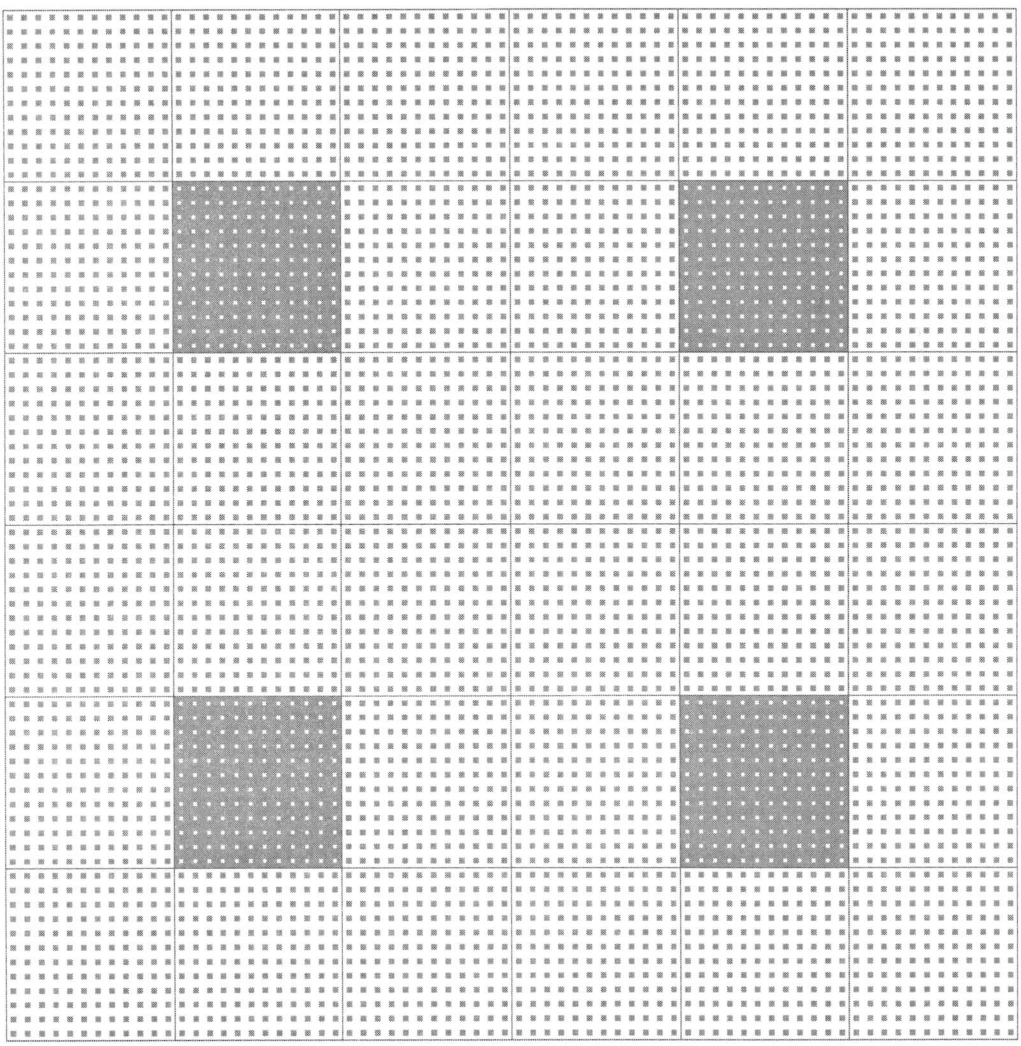

① $\log_6 4 = 0.774$

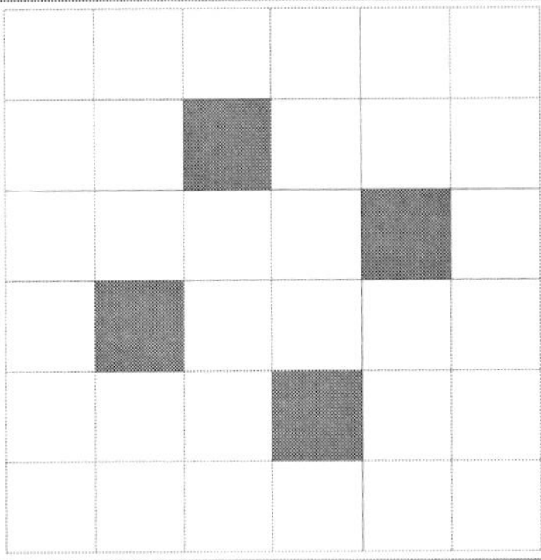

② $\log_{36} 144 = 1.387$

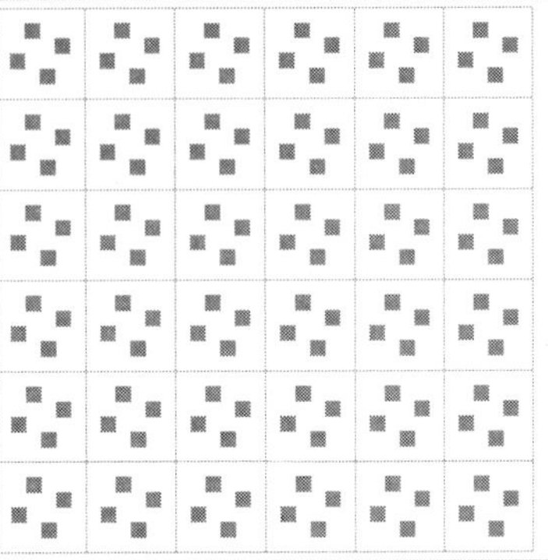

③ $\log_{216} 9216 = 1.698$

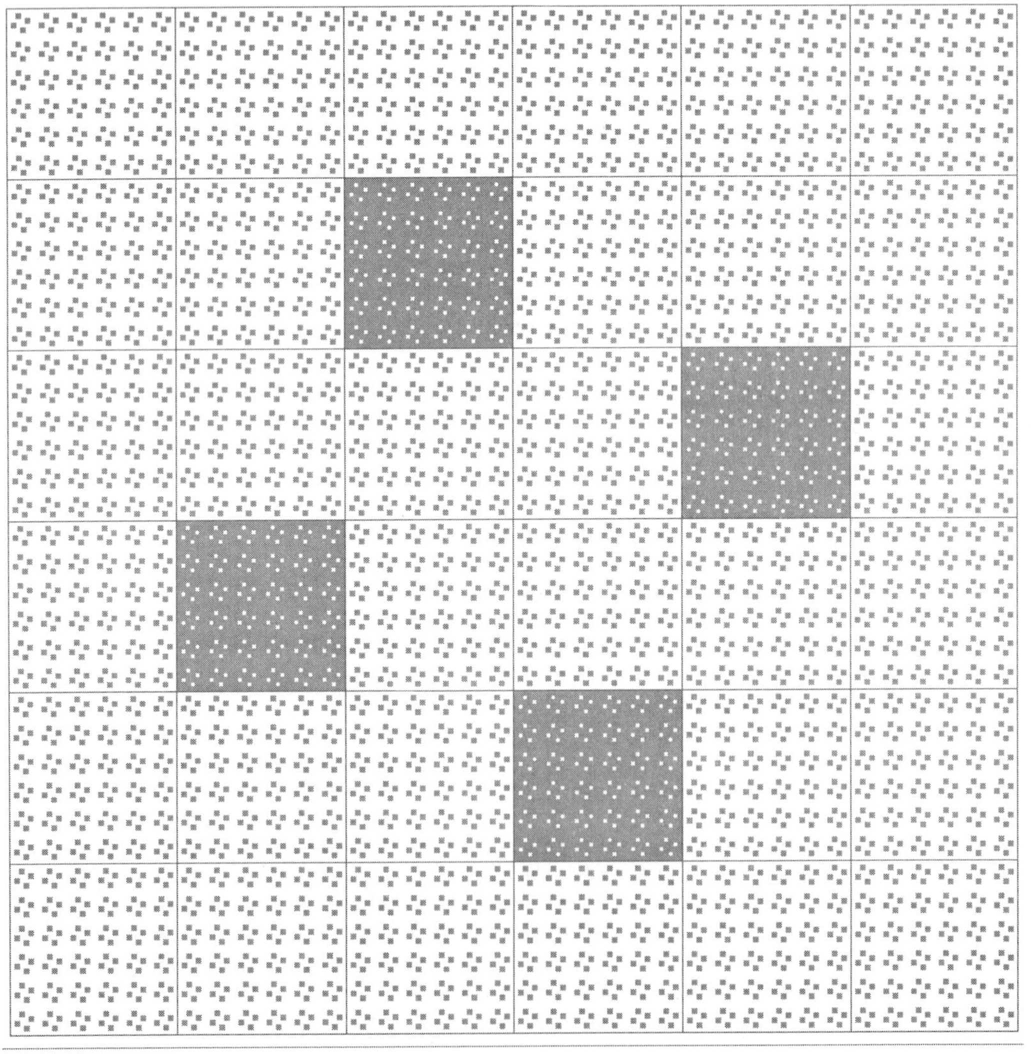

(3) 1단계 8개

① $\log_{6}8 = 1.161$

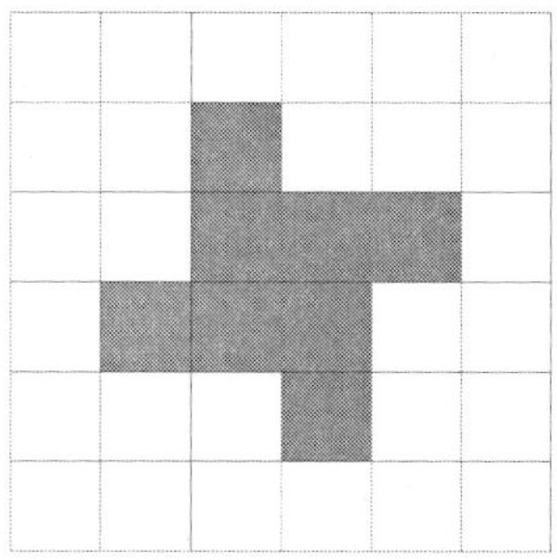

② $\log_{36}288 = 1.58$

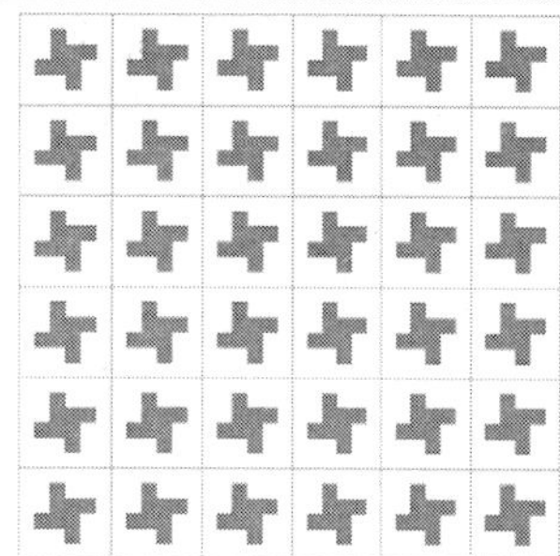

③ $\log_{216}16128 = 1.802$

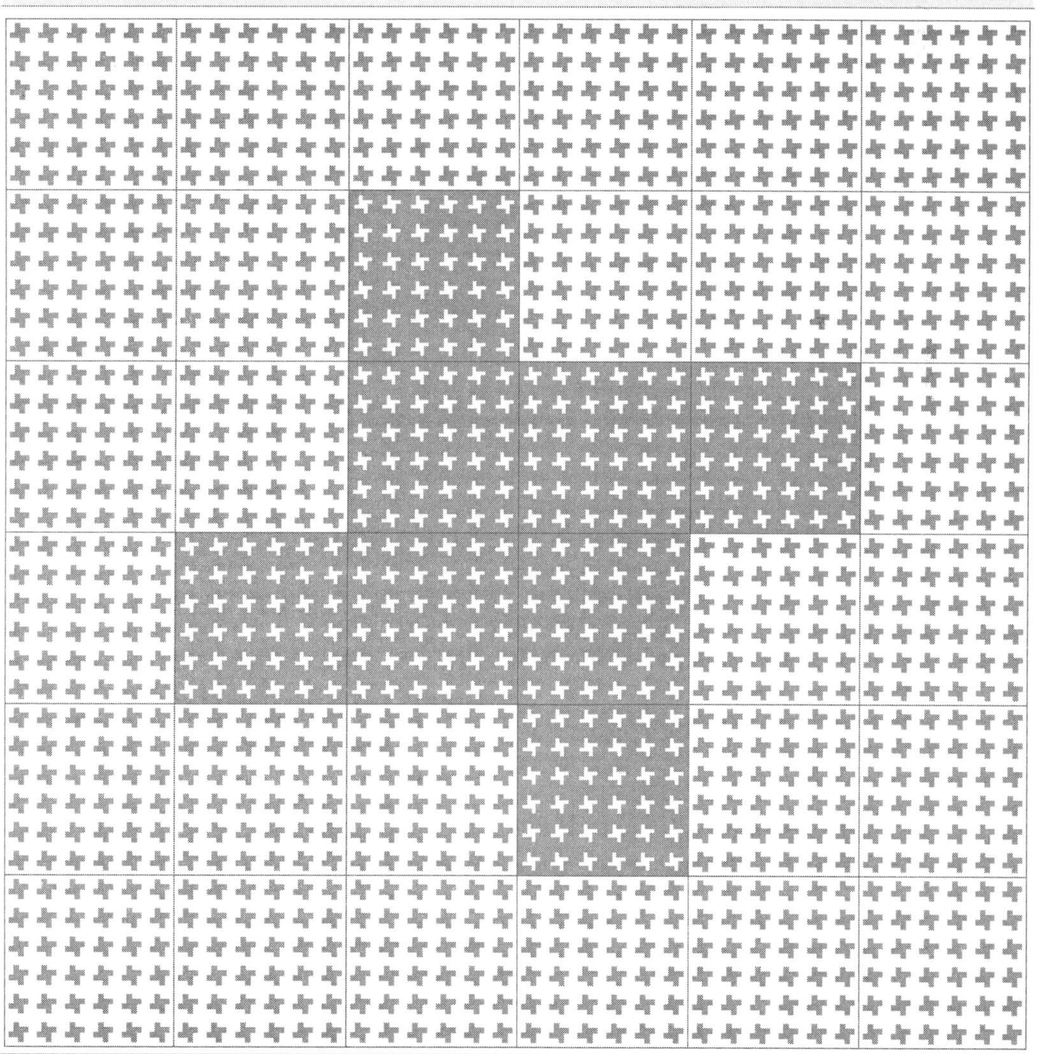

① $\log_6 8 = 1.161$

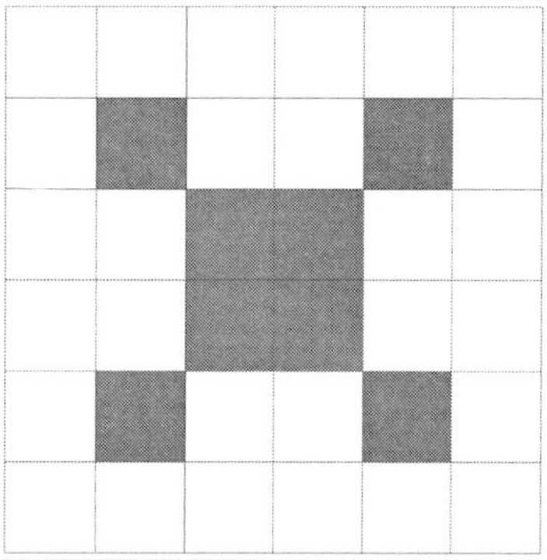

② $\log_{36} 288 = 1.58$

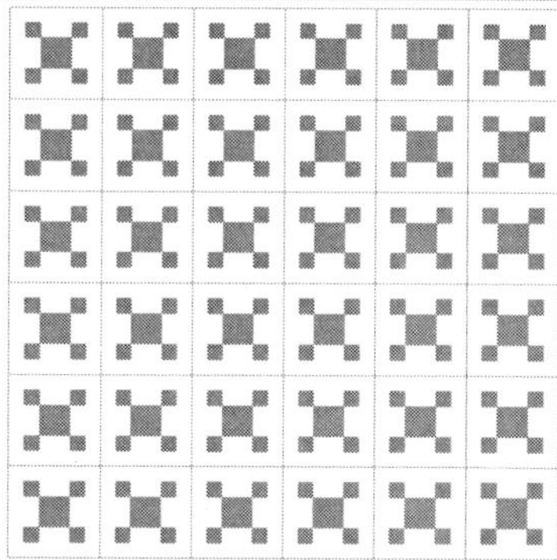

③ $\log_{216} 16128 = 1.802$

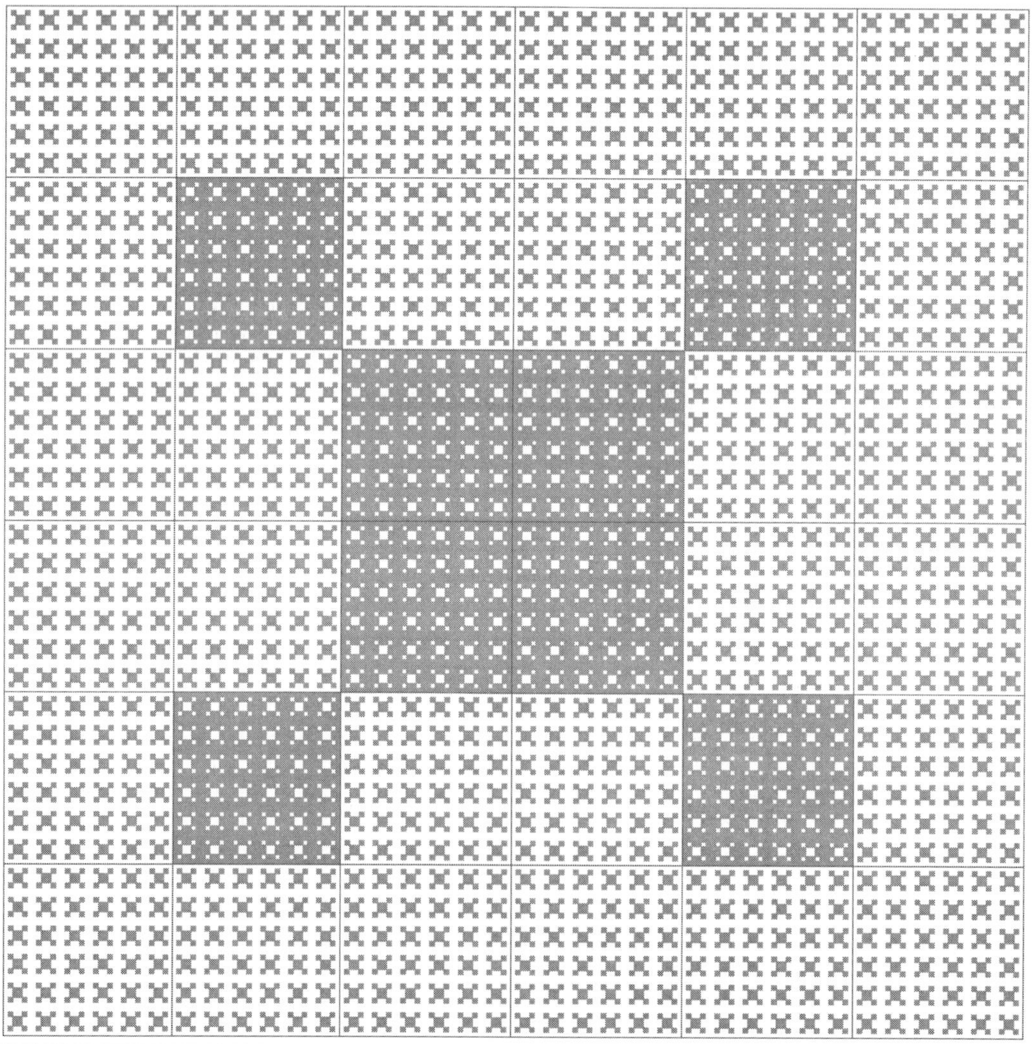

① $\log_6 8 = 1.161$

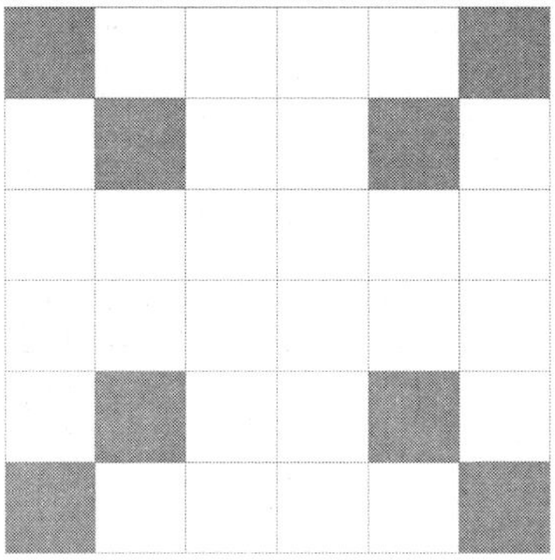

② $\log_{36} 288 = 1.58$

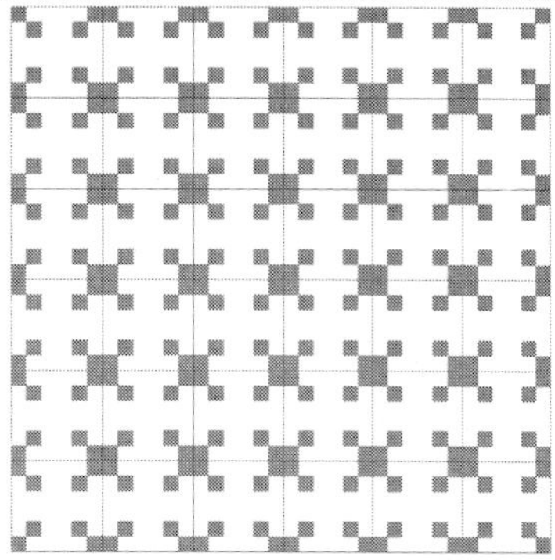

③ $\log_{216} 16128 = 1.802$

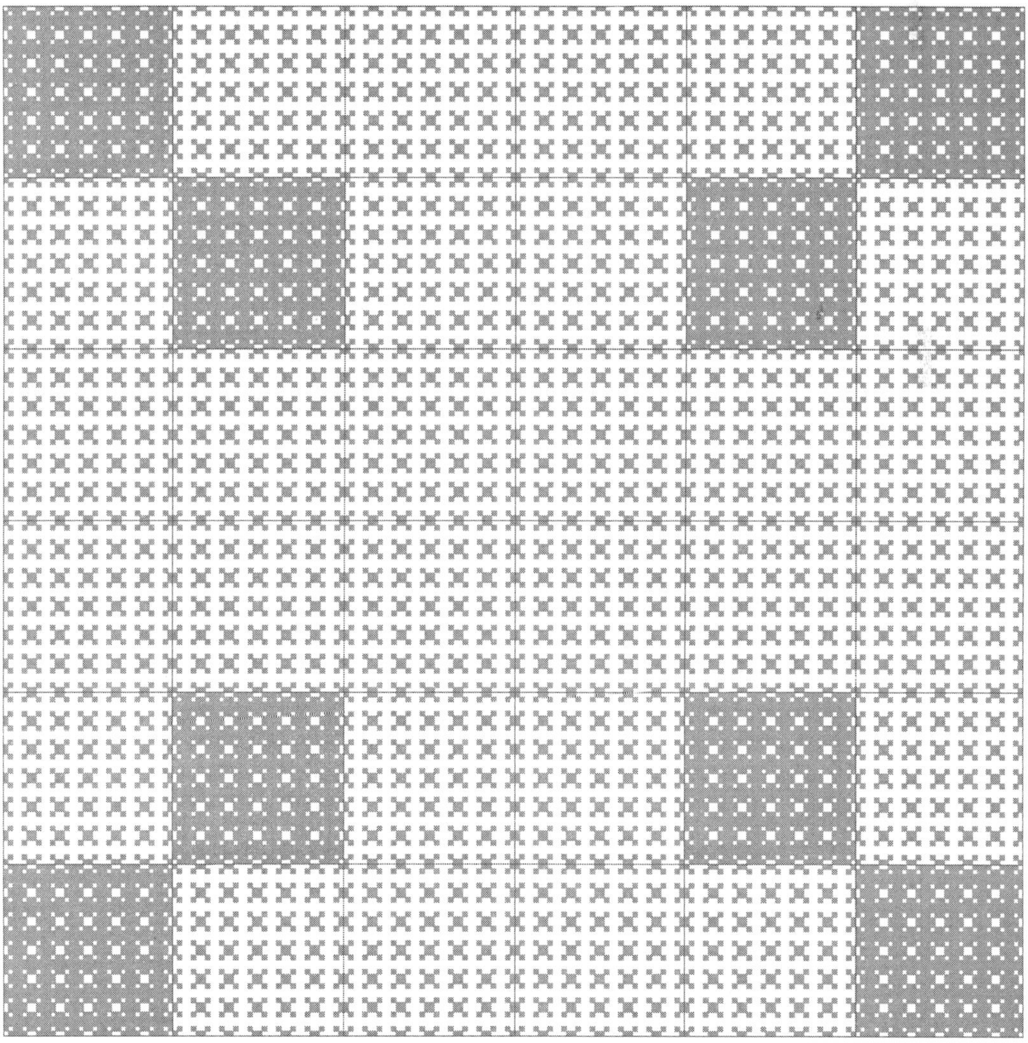

① $\log_6 8 = 1.161$

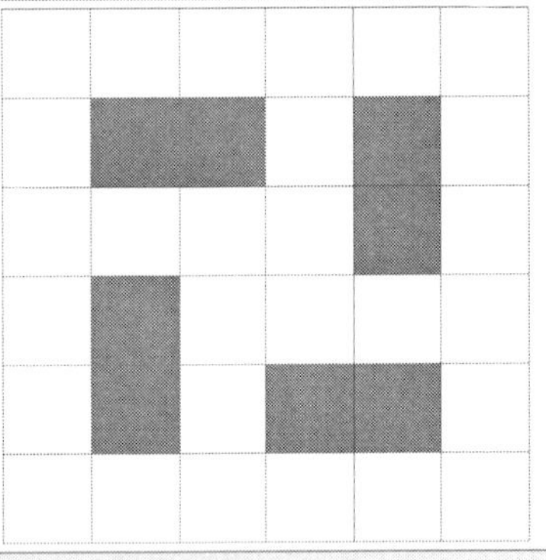

② $\log_{36} 288 = 1.58$

③ $\log_{216} 16128 = 1.802$

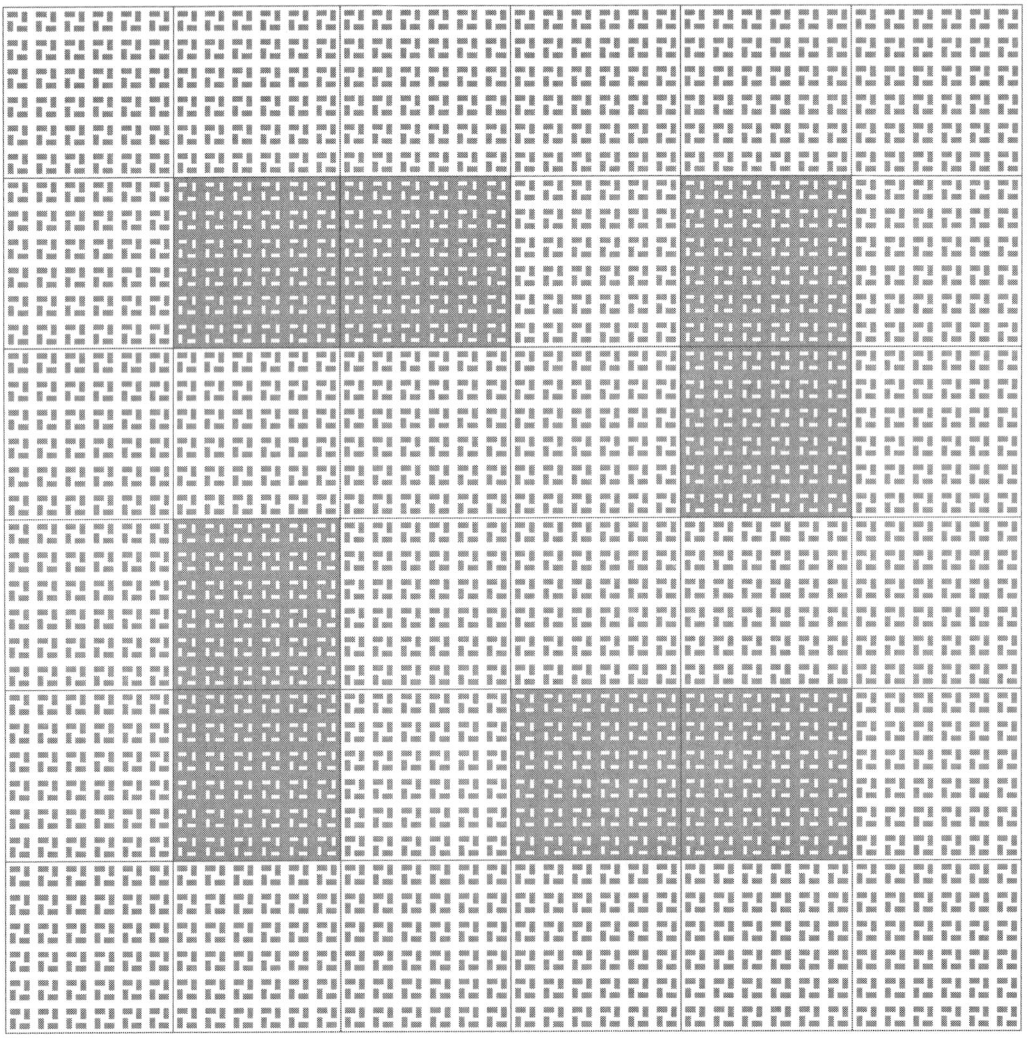

① $\log_6 8 = 1.161$

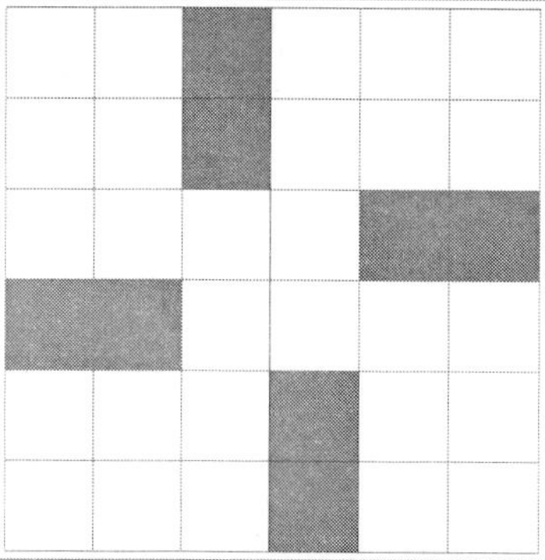

② $\log_{36} 288 = 1.58$

③ $\log_{216} 16128 = 1.802$

① $\log_6 8 = 1.161$

② $\log_{36} 288 = 1.58$

③ $\log_{216} 16128 = 1.802$

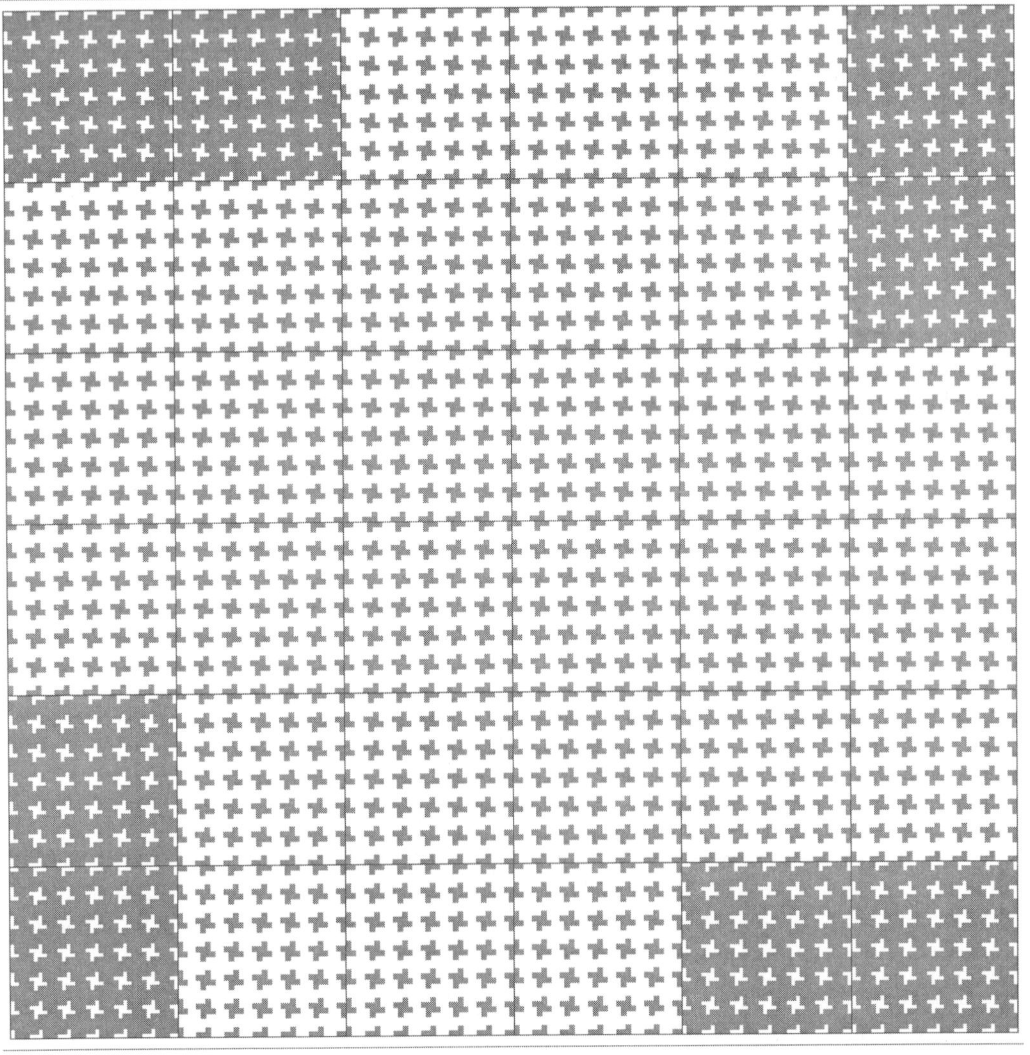

① $\log_6 8 = 1.161$

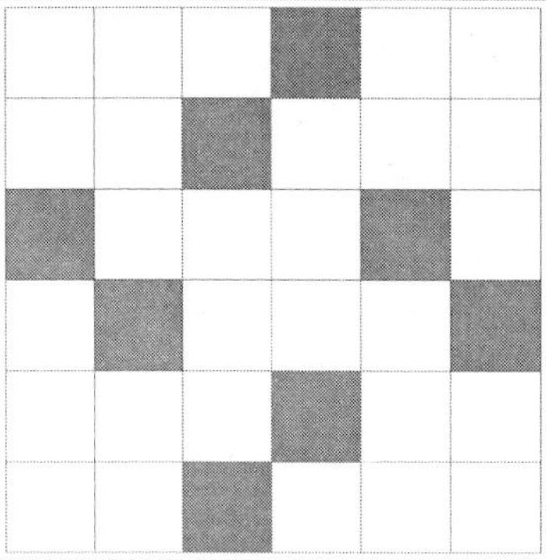

② $\log_{36} 288 = 1.58$

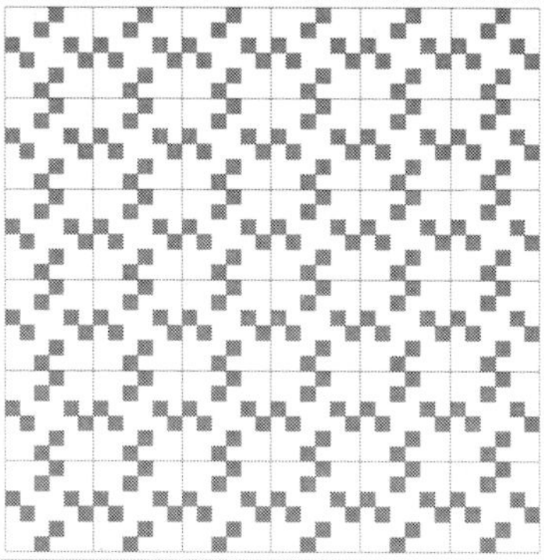

③ $\log_{216} 16128 = 1.802$

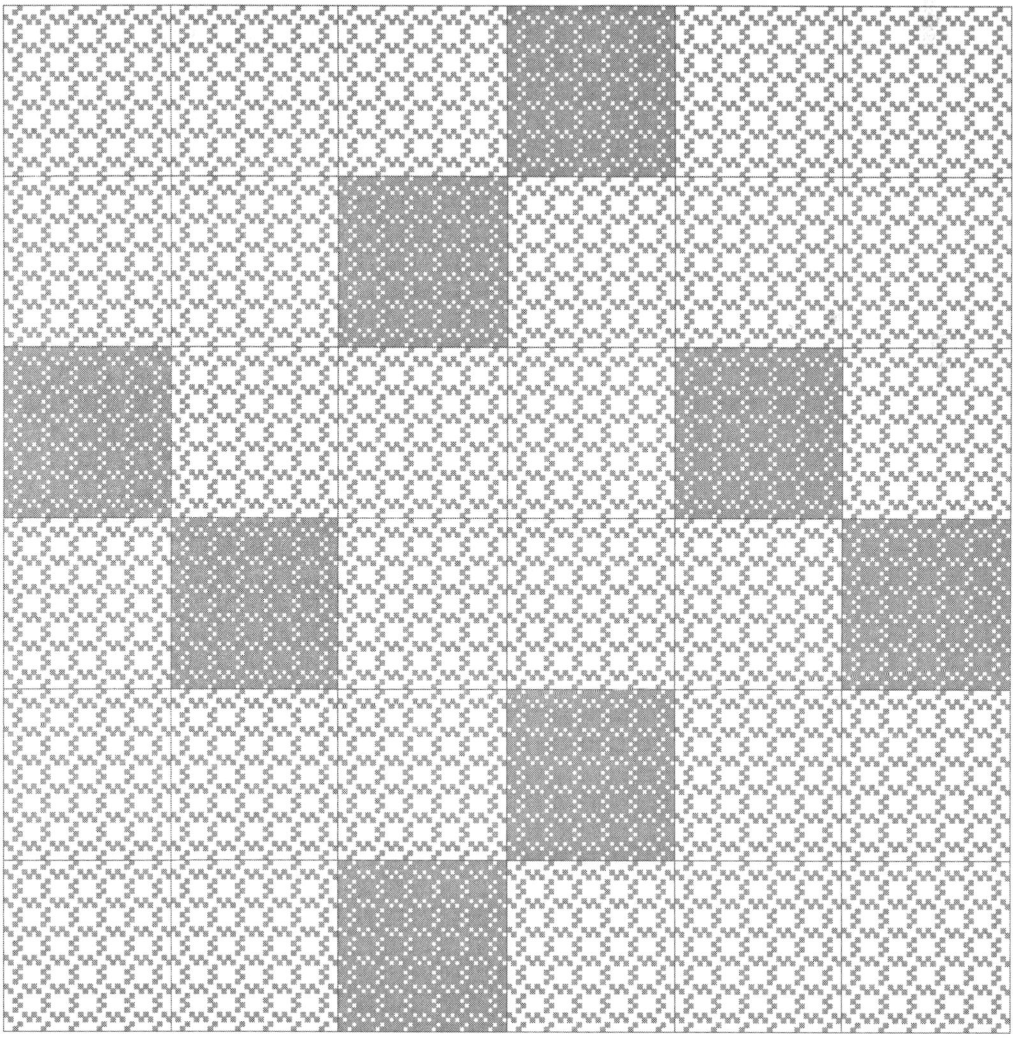

(4) 1단계 12개

① $\log_6 12 = 1.387$

② $\log_{36} 432 = 1.693$

③ $\log_{216} 20736 = 1.849$

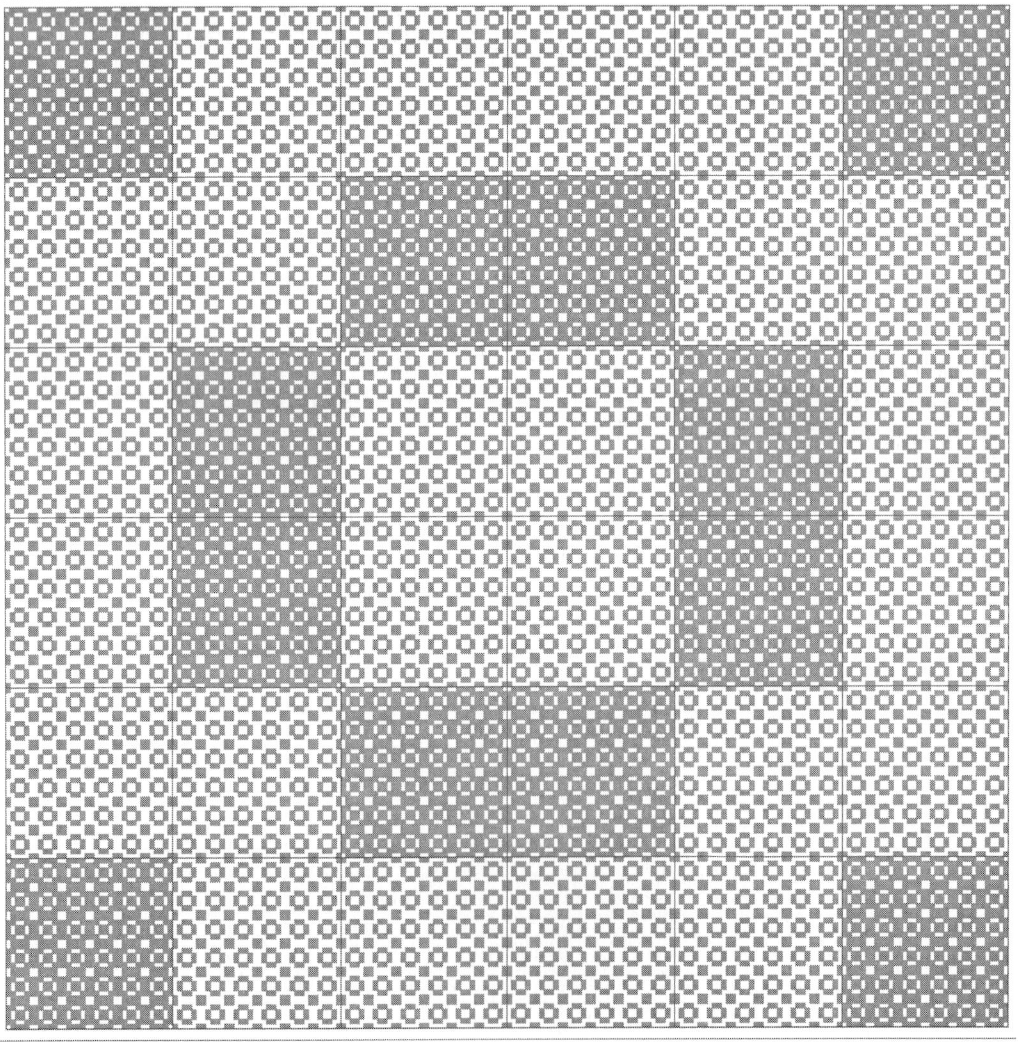

① $\log_6 12 = 1.387$

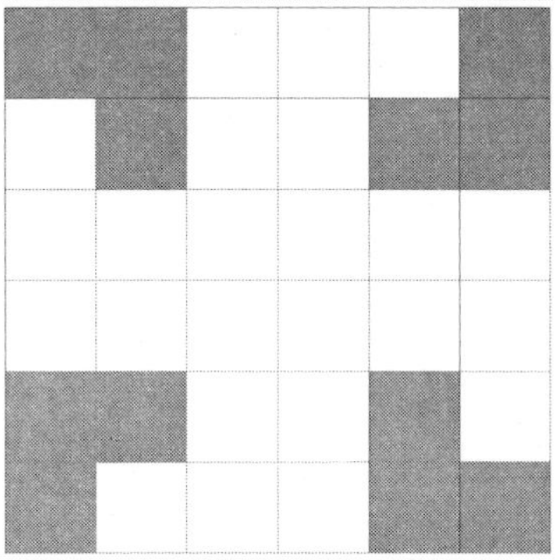

② $\log_{36} 432 = 1.693$

③ $\log_{216} 20736 = 1.849$

① $\log_6 12 = 1.387$

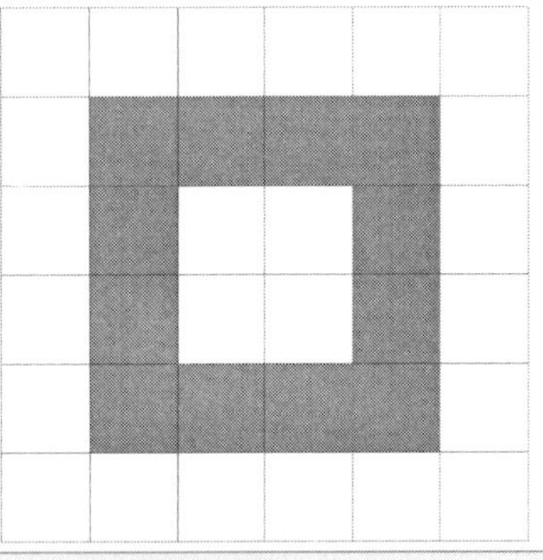

② $\log_{36} 432 = 1.693$

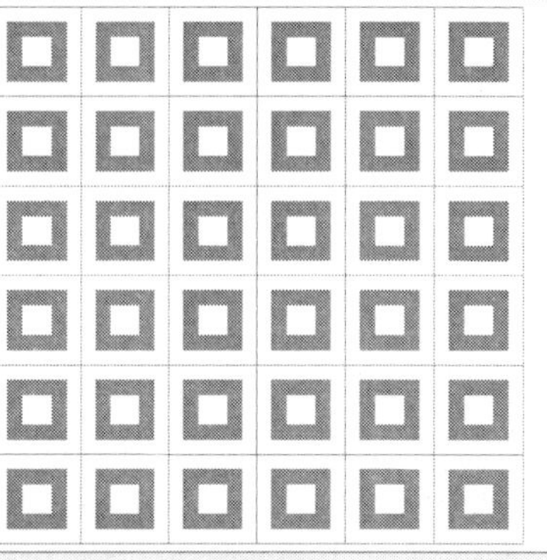

③ $\log_{216} 20736 = 1.849$

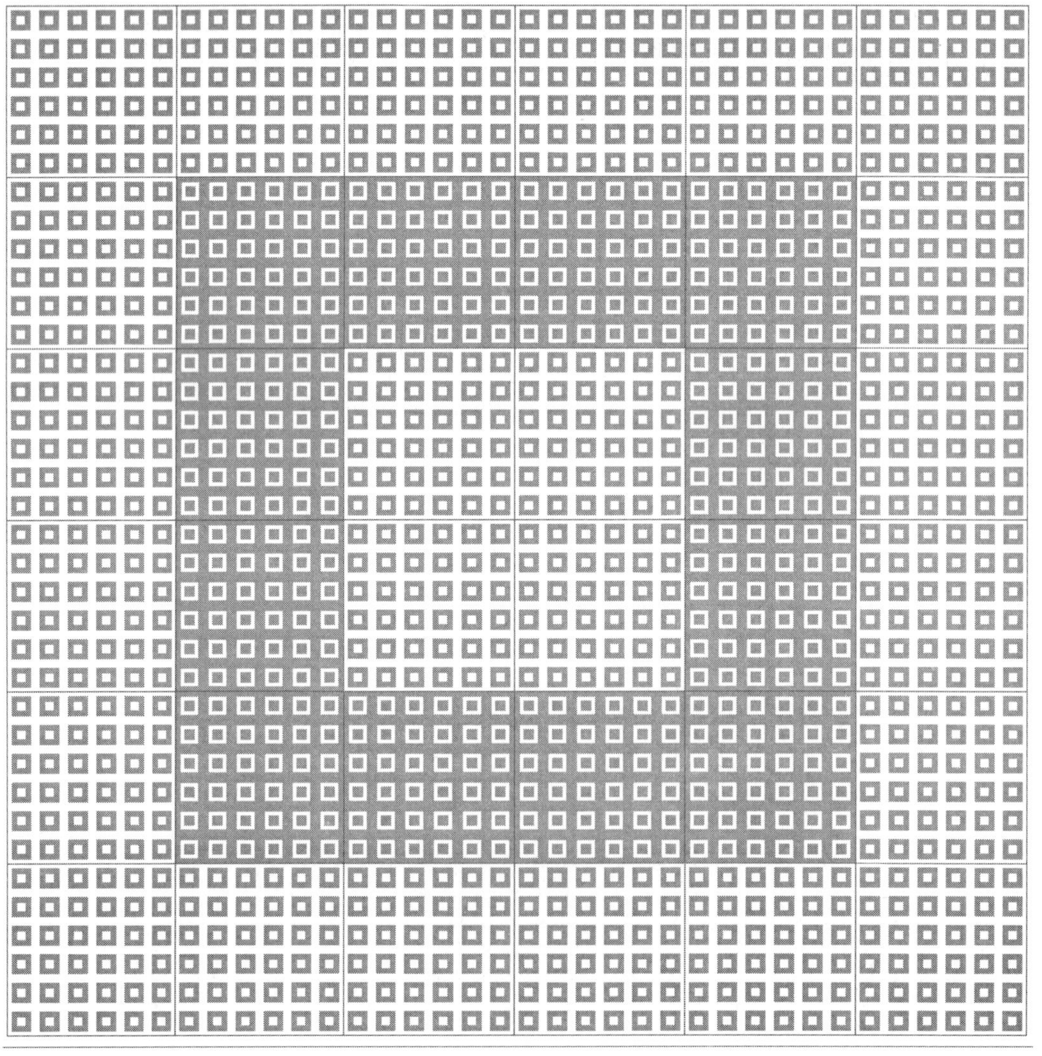

① $\log_6 12 = 1.387$

② $\log_{36} 432 = 1.693$

③ $\log_{216} 20736 = 1.849$

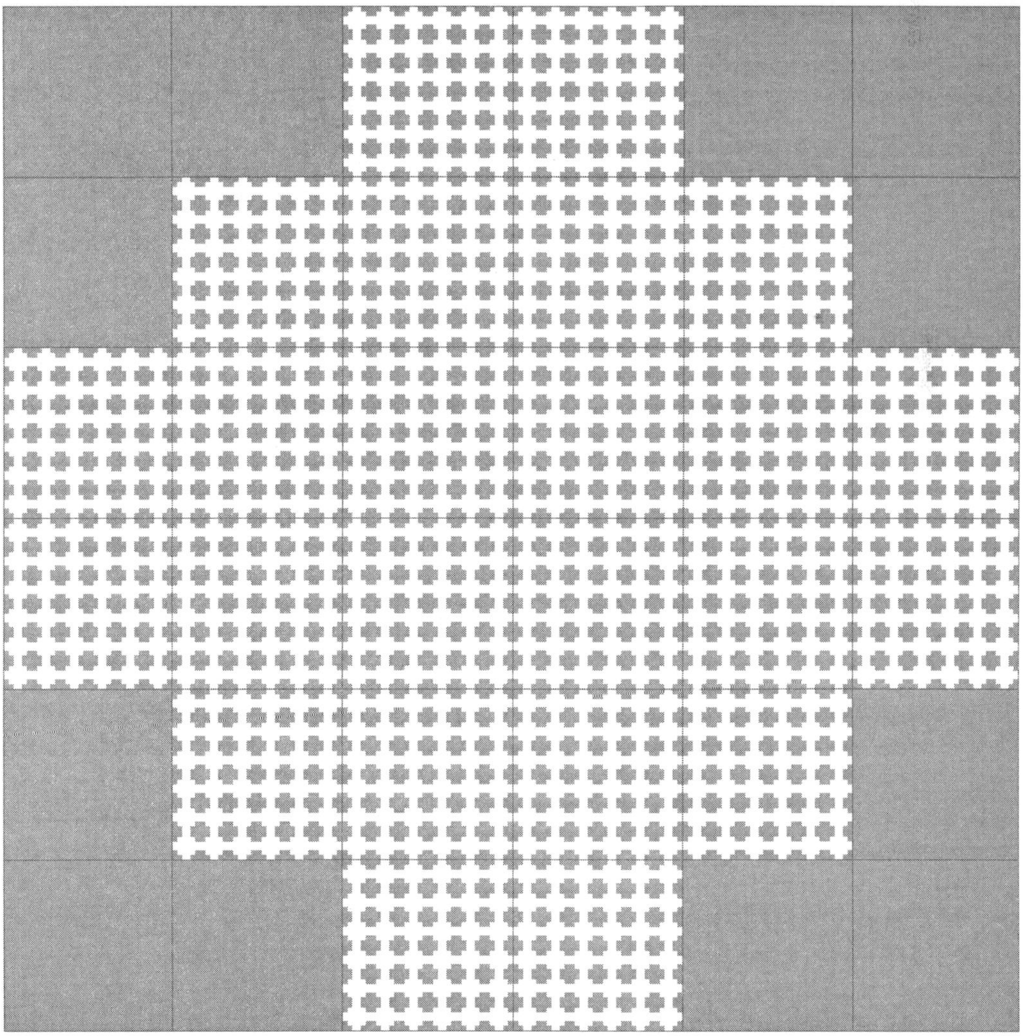

① $\log_6 12 = 1.387$	② $\log_{36} 432 = 1.693$
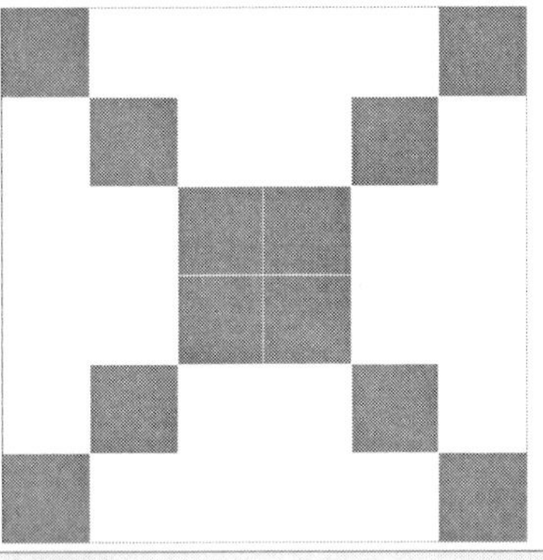	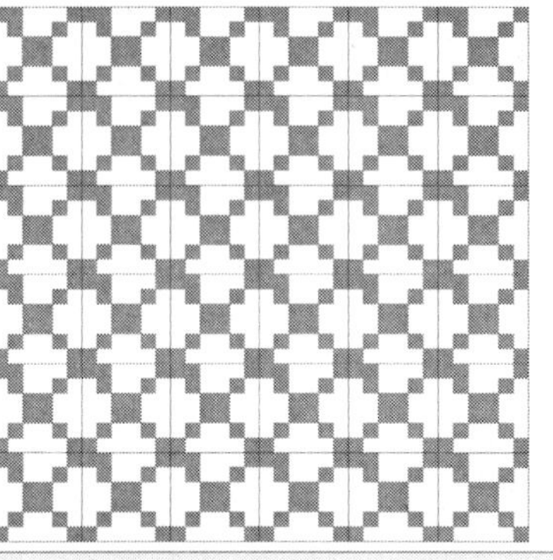

③ $\log_{216} 20736 = 1.849$

(5) 1단계 16개

① $\log_6 16 = 1.547$	② $\log_{36} 576 = 1.774$
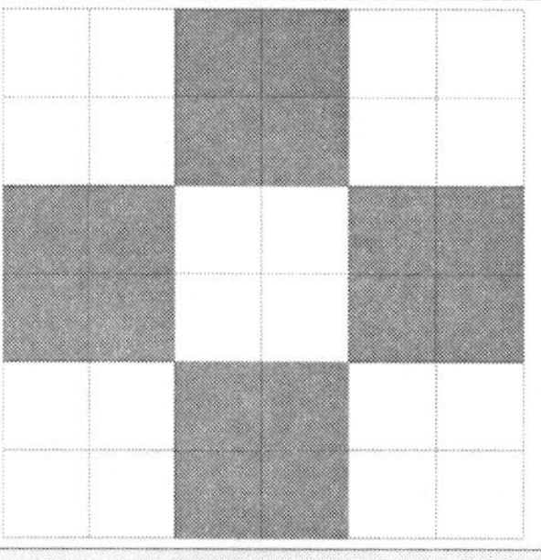	

③ $\log_{216} 23030 = 1.869$

① $\log_6 16 = 1.547$

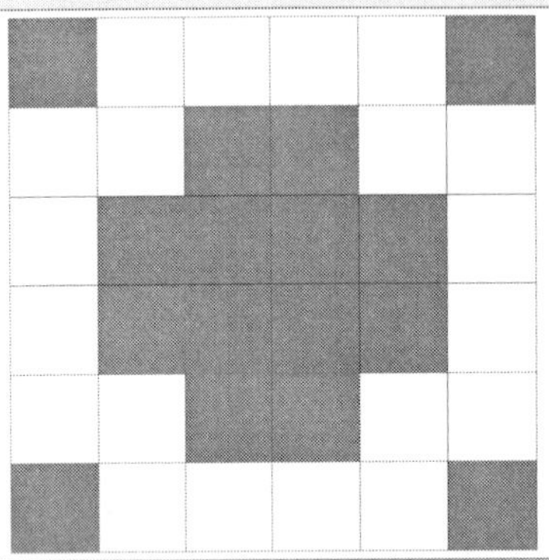

② $\log_{36} 576 = 1.774$

③ $\log_{216} 23030 = 1.869$

① $\log_6 16 = 1.547$

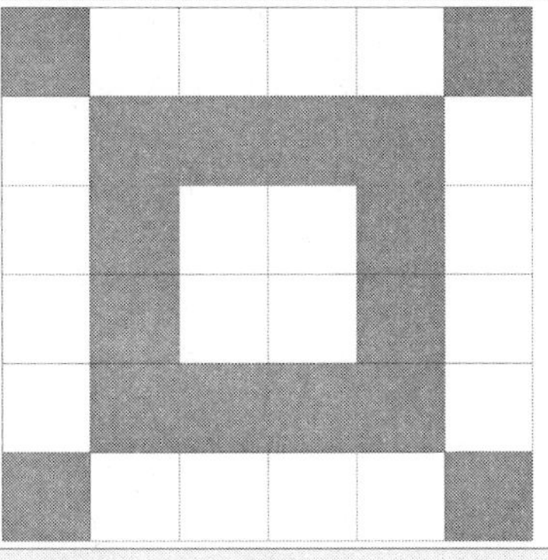

② $\log_{36} 576 = 1.774$

③ $\log_{216} 23030 = 1.869$

① $\log_6 16 = 1.547$

② $\log_{36} 576 = 1.774$

③ $\log_{216} 23030 = 1.869$

(6) 1단계 20개

① $\log_6 20 = 1.672$

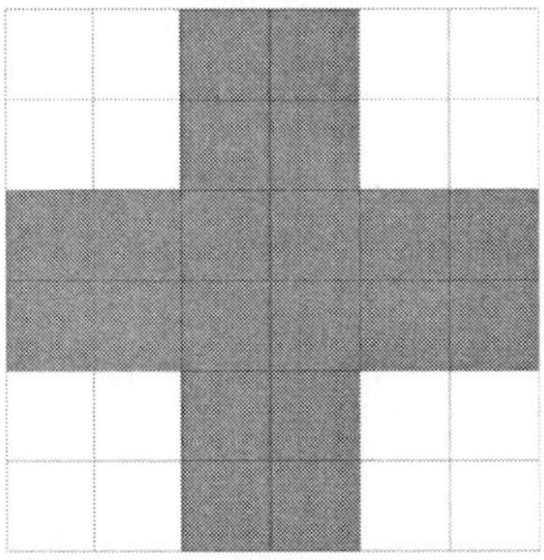

② $\log_{36} 720 = 1.836$

③ $\log_{216} 23040 = 1.869$

제 6 장

나눗셈-덧셈 프랙탈 디자인

1 3×3 나눗셈-덧셈 프랙탈

(1) 1단계 1개

① $\log_3 1 = 0$	② $\log_9 9 = 1$	③ $\log_{27} 153 = 1.526$
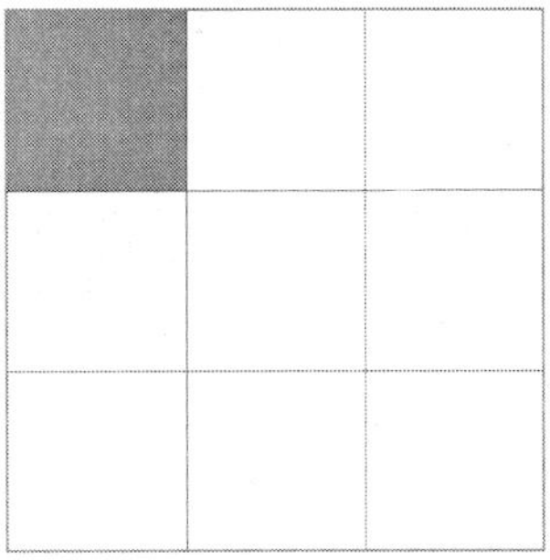	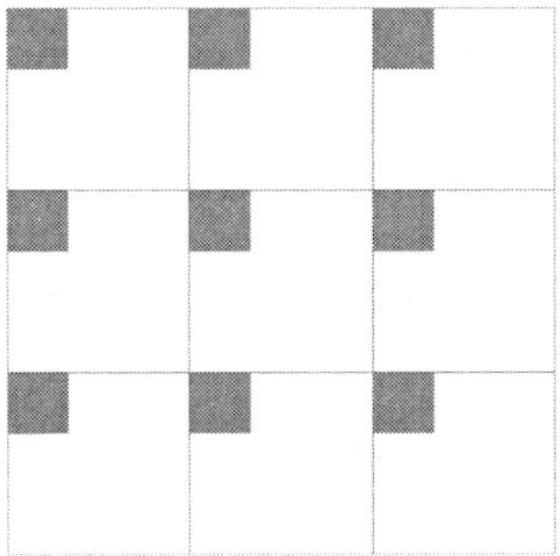	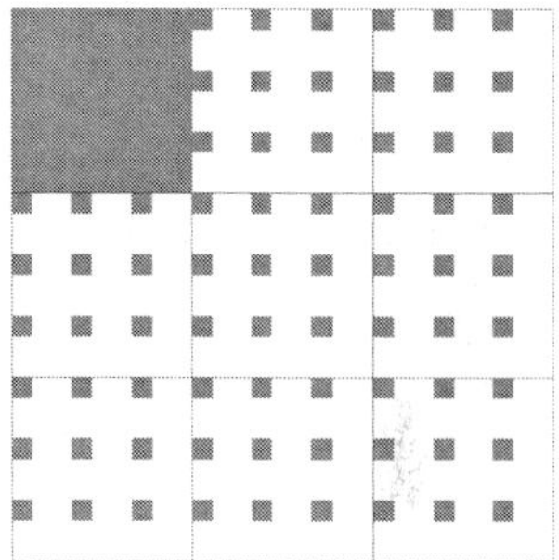
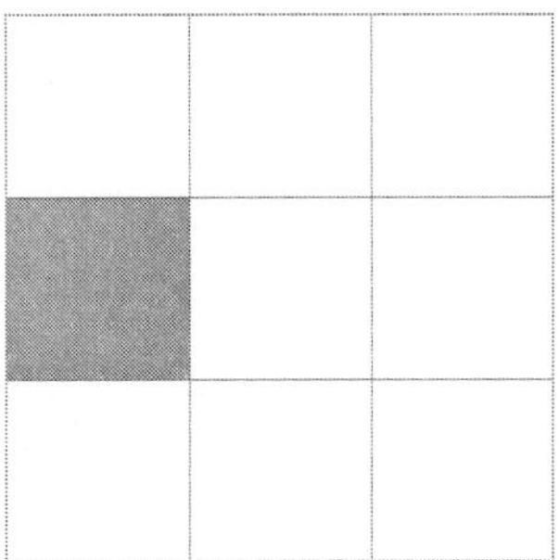	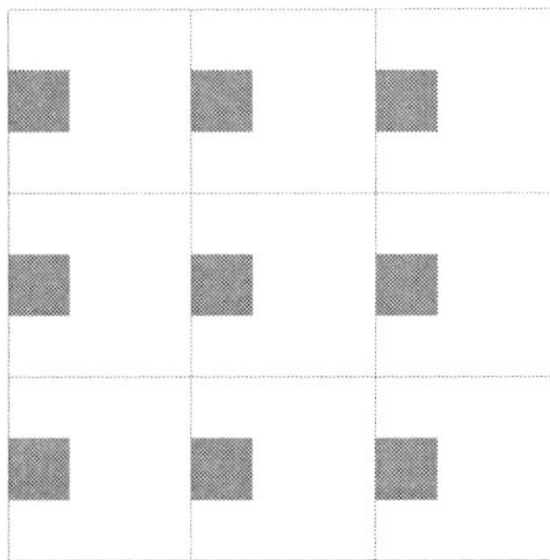	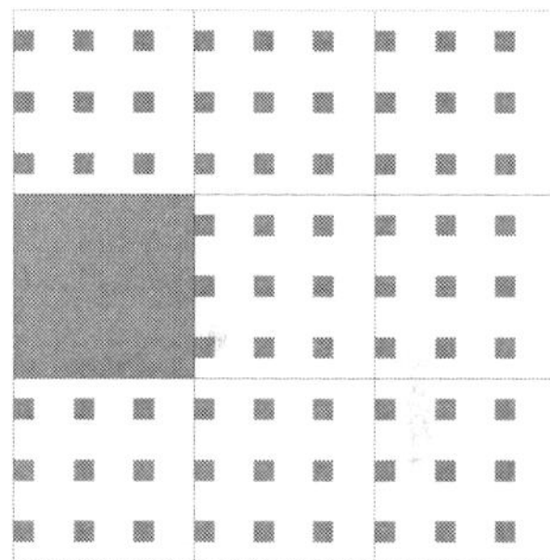

(2) 1단계 2개

① $\log_3 2 = 0.631$	② $\log_9 18 = 1.315$	③ $\log_{27} 288 = 1.718$
	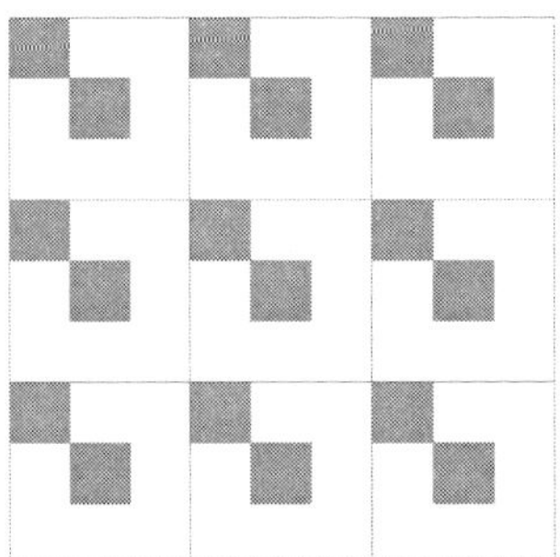	

(3) 1단계 3개

① $\log_3 3 = 1$	② $\log_9 27 = 1.5$	③ $\log_{27} 405 = 1.822$
	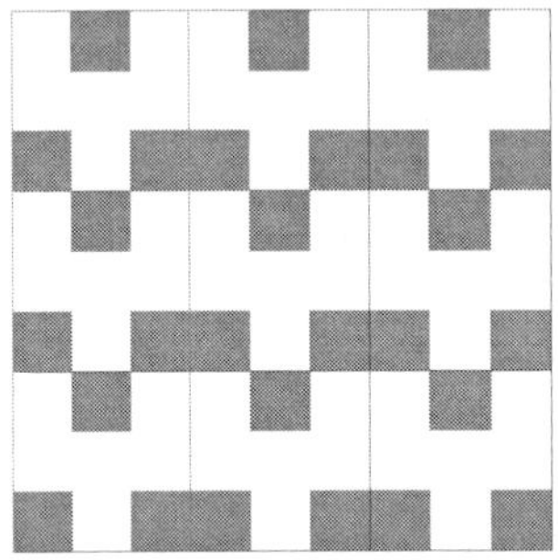	

(4) 1단계 4개

① $\log_3 4 = 1.262$	② $\log_9 36 = 1.631$	③ $\log_{27} 504 = 1.888$
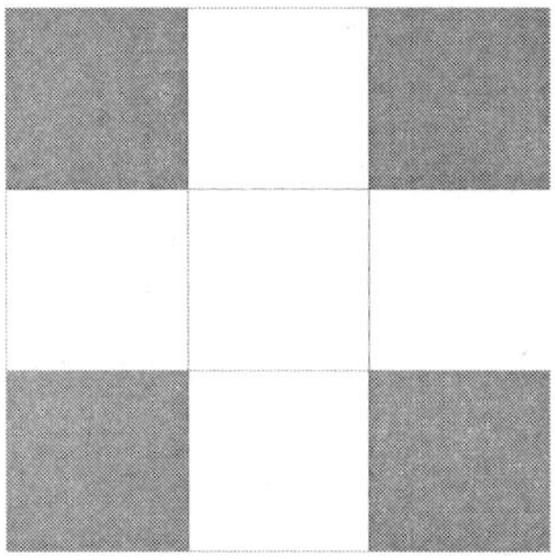	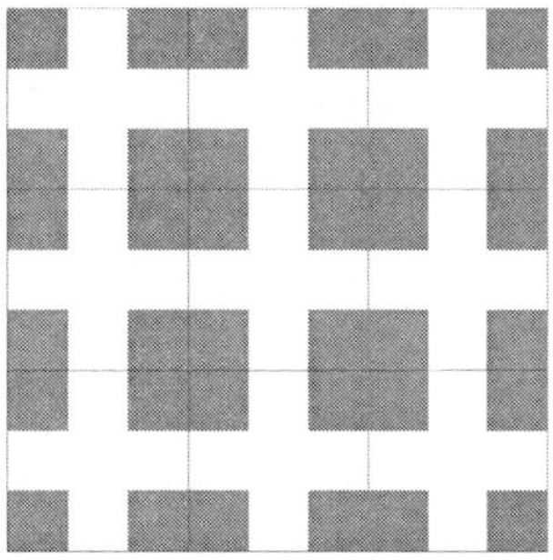	

	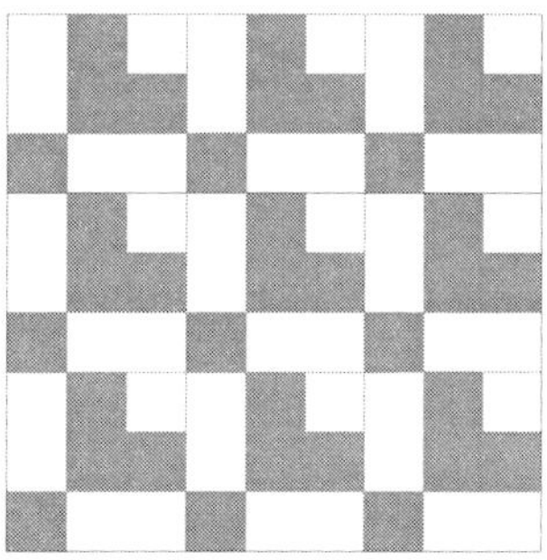	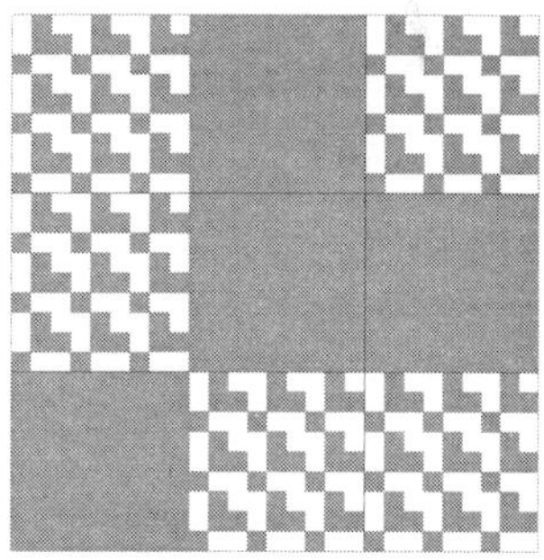
	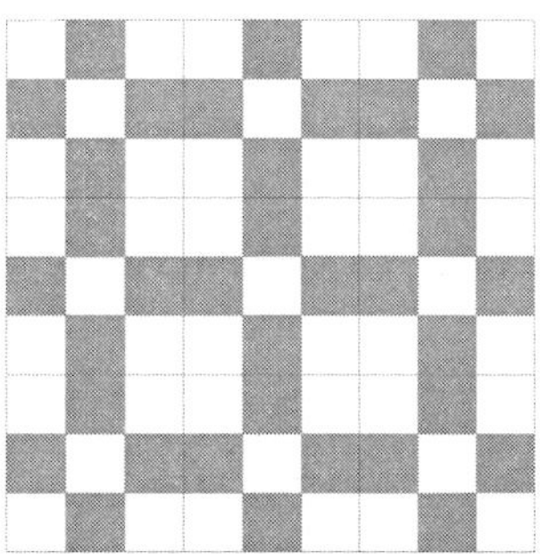	

(5) 1단계 5개

① $\log_3 5 = 1.465$	② $\log_9 45 = 1.732$	③ $\log_{27} 585 = 1.933$
		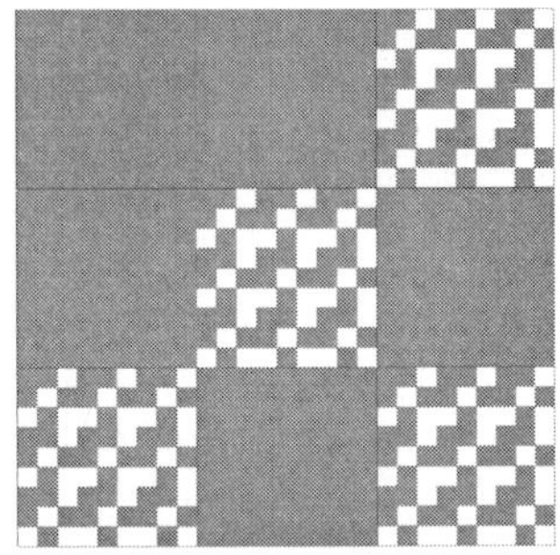
		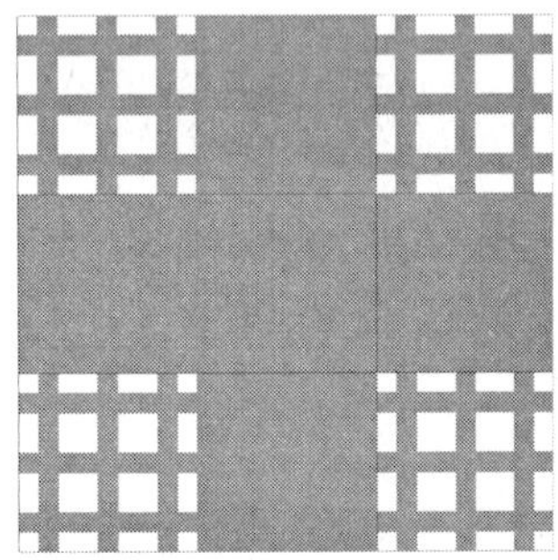

(6) 1단계 6개

① $\log_3 6 = 1.631$	② $\log_9 54 = 1.815$	③ $\log_{27} 648 = 1.964$
		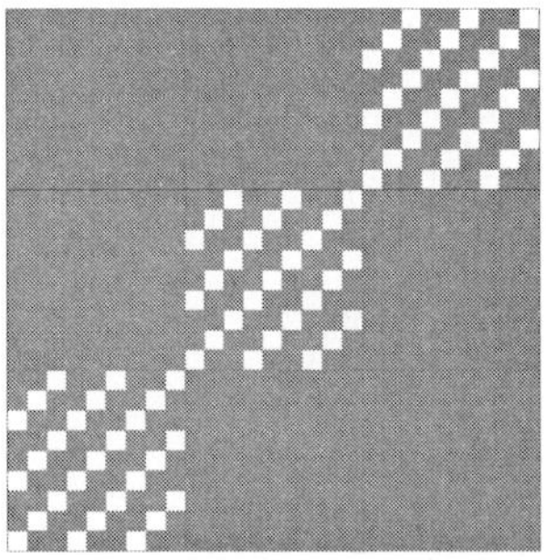

2 4×4 나눗셈-덧셈 프랙탈

(1) 1단계 1개

① $\log_4 1 = 0$	② $\log_{16} 16 = 1$	③ $\log_{64} 496 = 1.492$
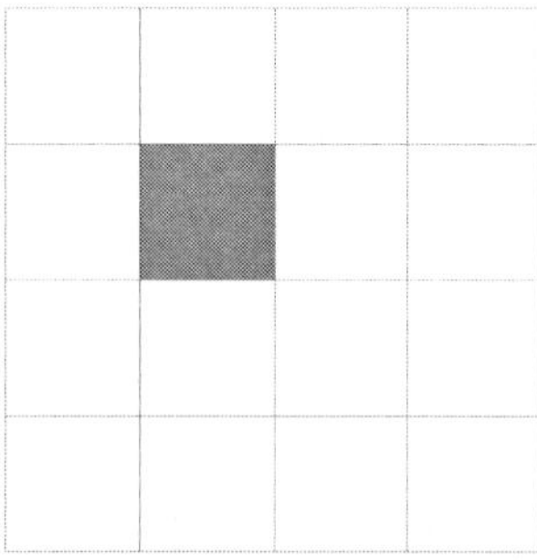	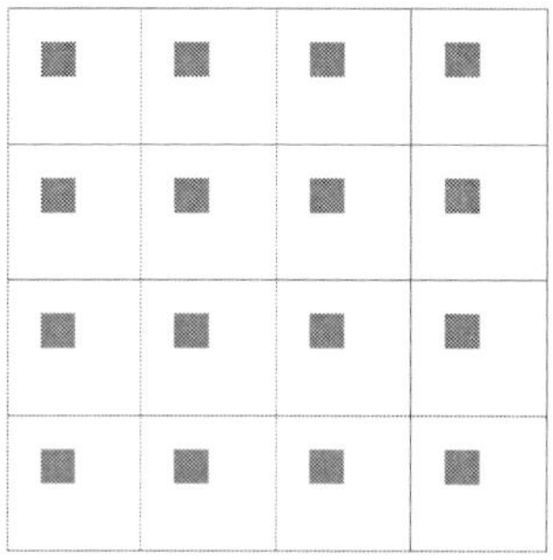	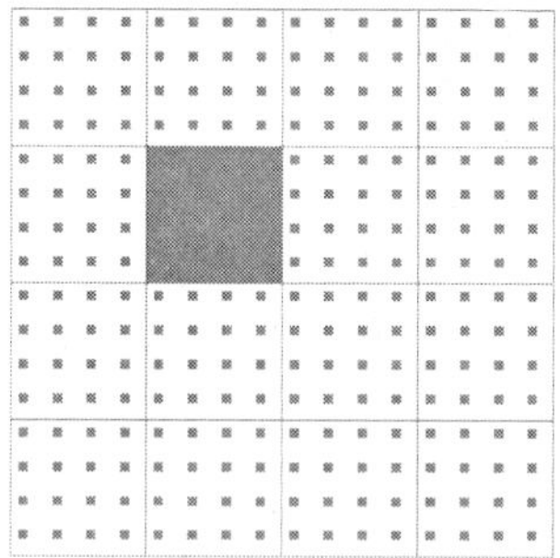

(2) 1단계 2개

① $\log_4 2 = 0.5$	② $\log_{16} 32 = 1.25$	③ $\log_{64} 960 = 1.651$
	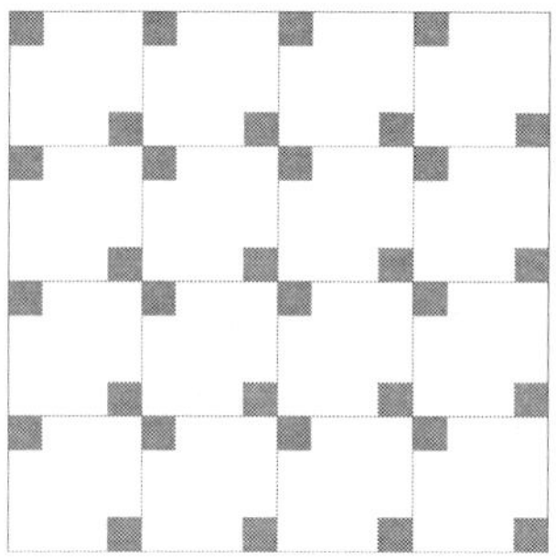	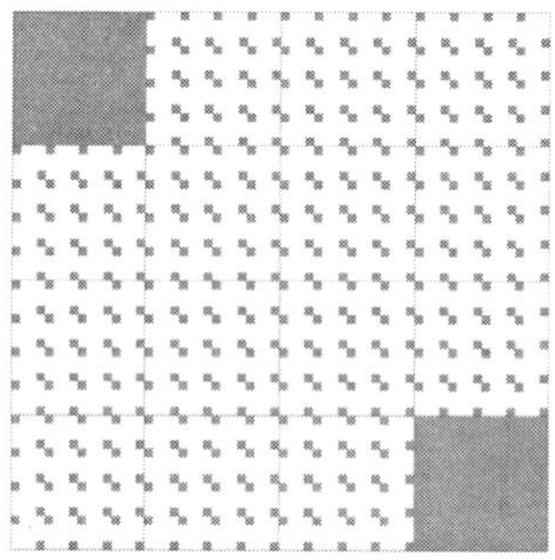

(3) 1단계 3개

① $\log_4 3 = 0.792$	② $\log_9 48 = 1.396$	③ $\log_{64} 1392 = 1.74$
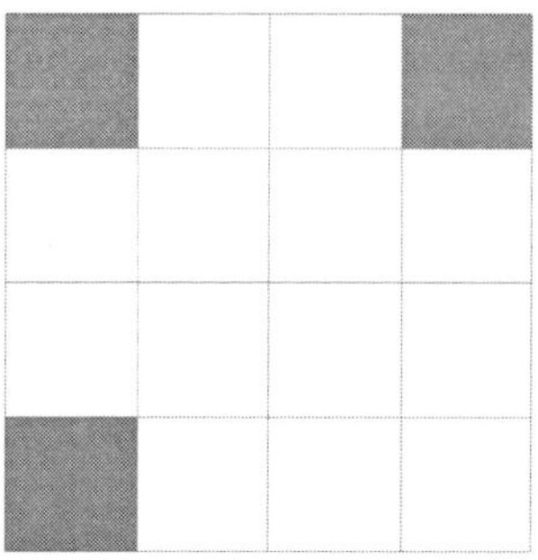	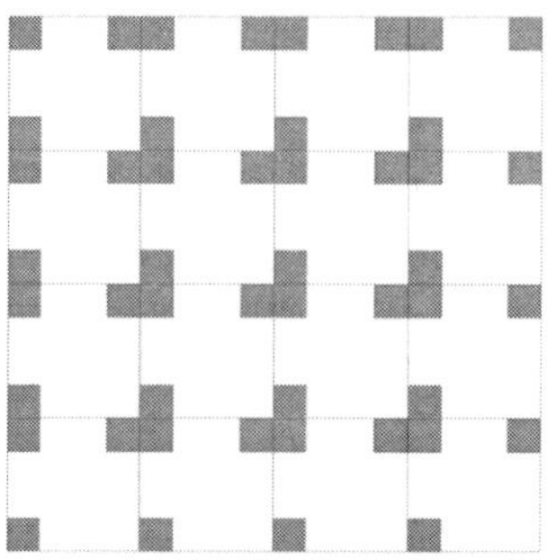	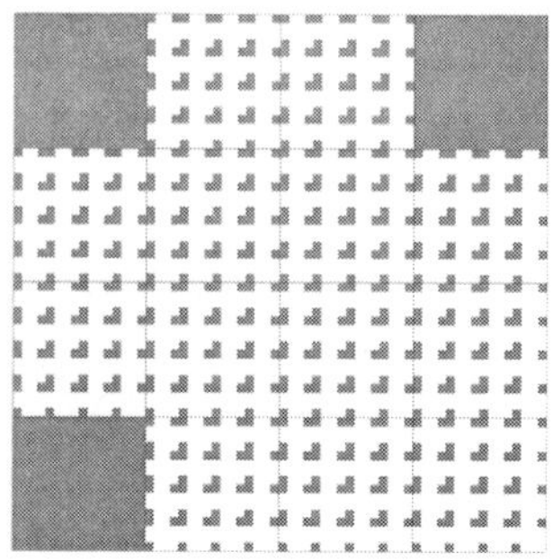

(4) 1단계 4개

① $\log_4 4 = 1$	② $\log_{16} 64 = 1.5$	③ $\log_{64} 1792 = 1.801$
	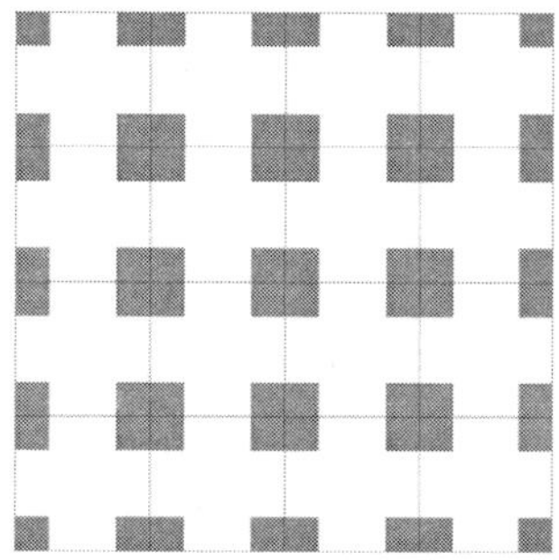	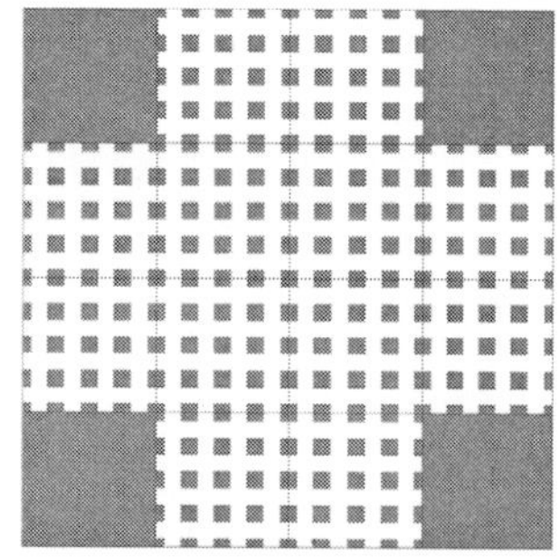
	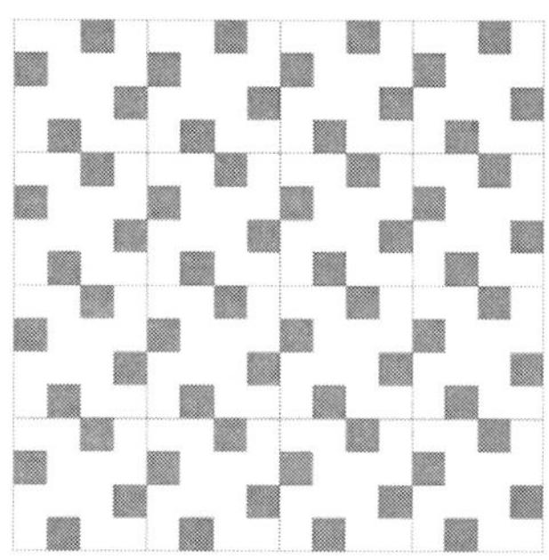	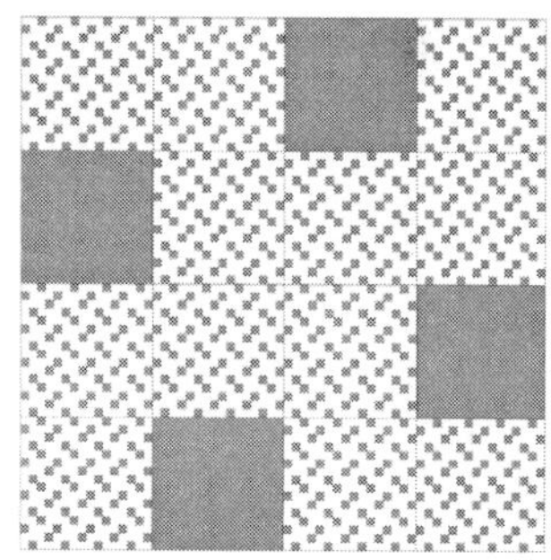

		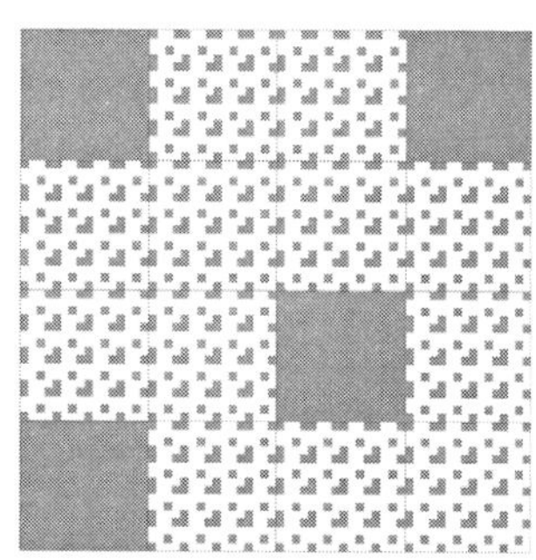

(5) 1단계 8개

① $\log_4 8 = 1.5$	② $\log_{16} 128 = 1.75$	③ $\log_{64} 2048 = 1.833$
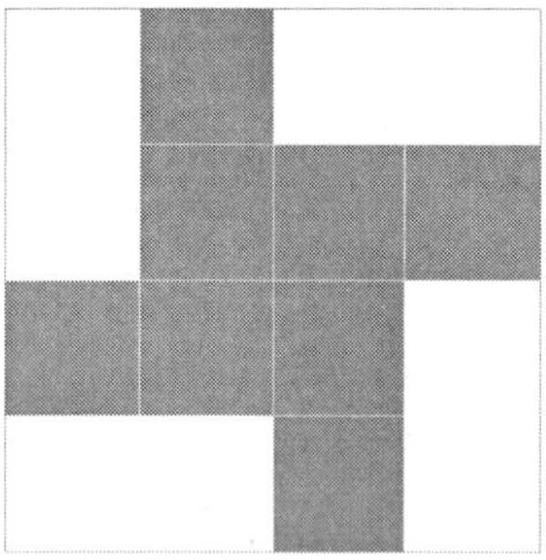		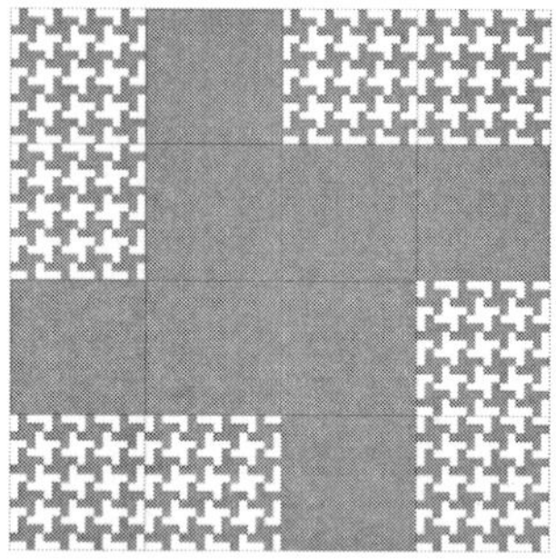
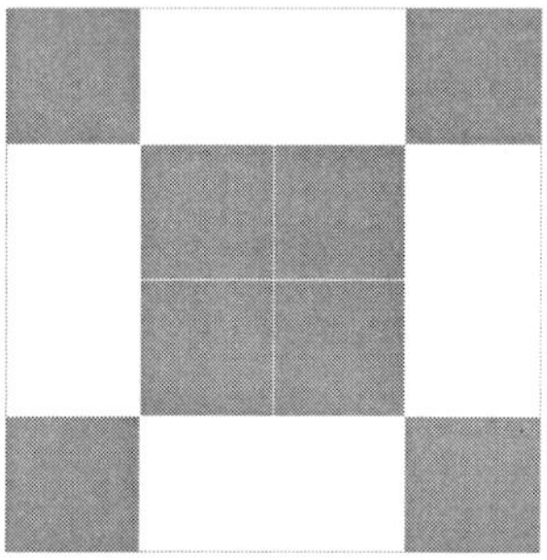	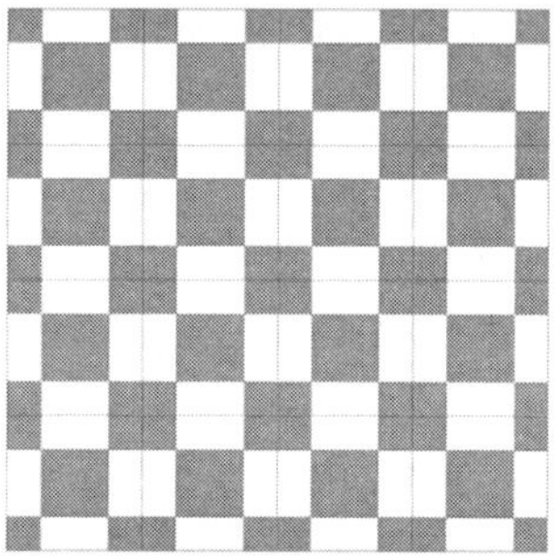	
		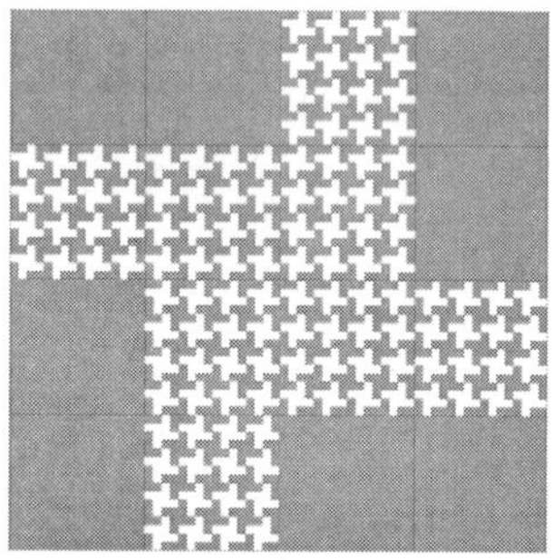
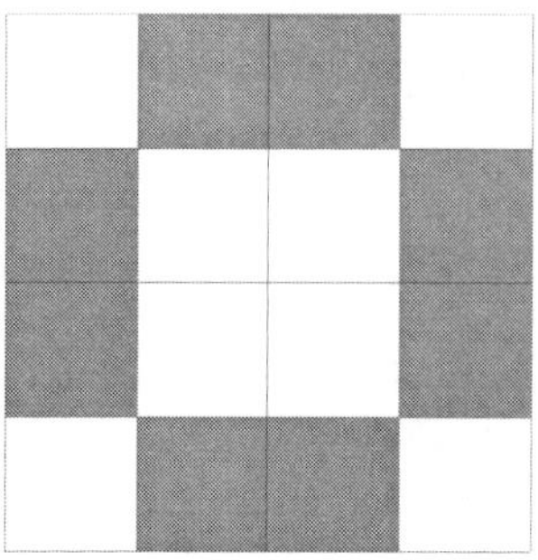	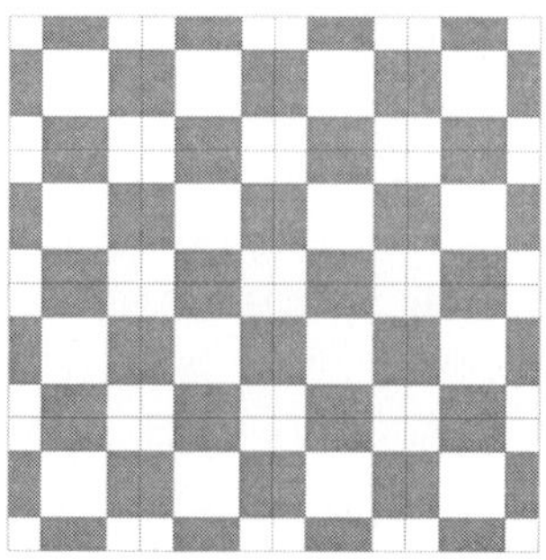	

3 5×5 나눗셈-덧셈 프랙탈

(1) 1단계 5개

① $\log_5 5 = 1$

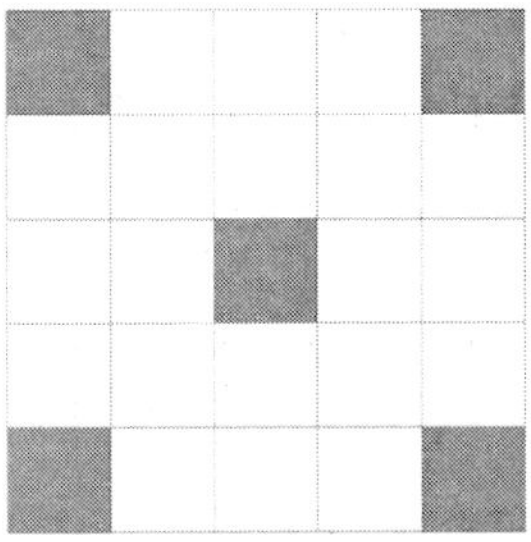

② $\log_{25} 200 = 1.65$

③ $\log_{125} 5625 = 1.788$

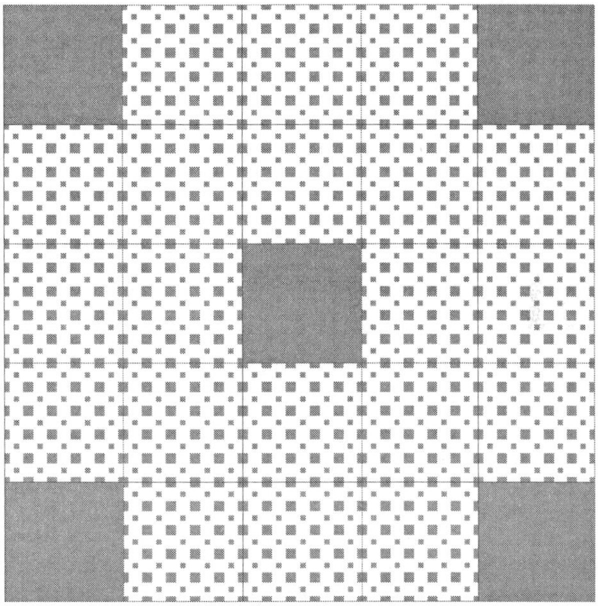

① $\log_5 5 = 1$

② $\log_{25} 200 = 1.65$

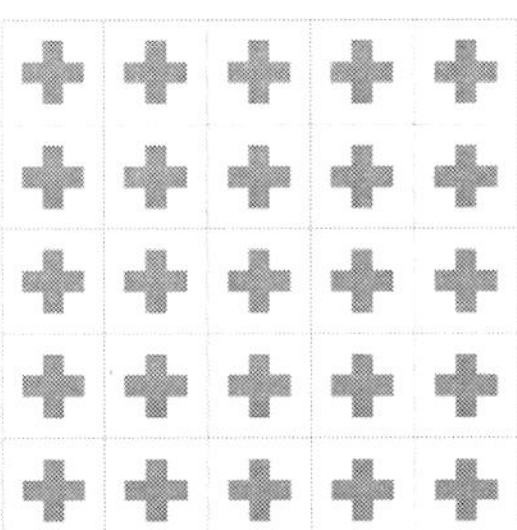

③ $\log_{125} 5625 = 1.788$

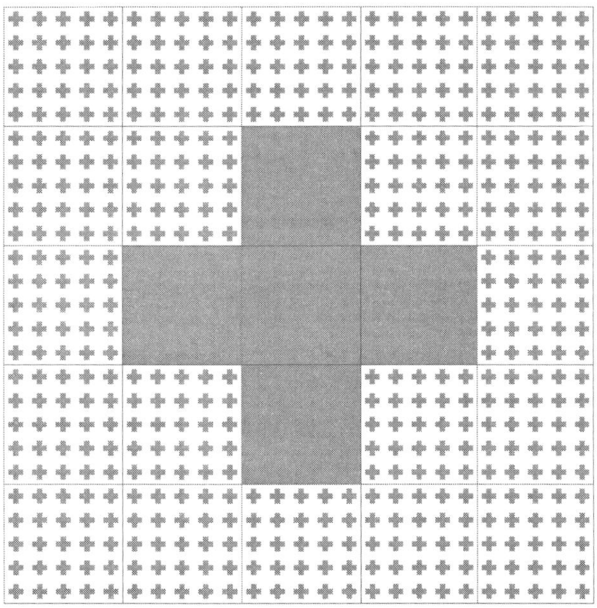

① $\log_5 5 = 1$

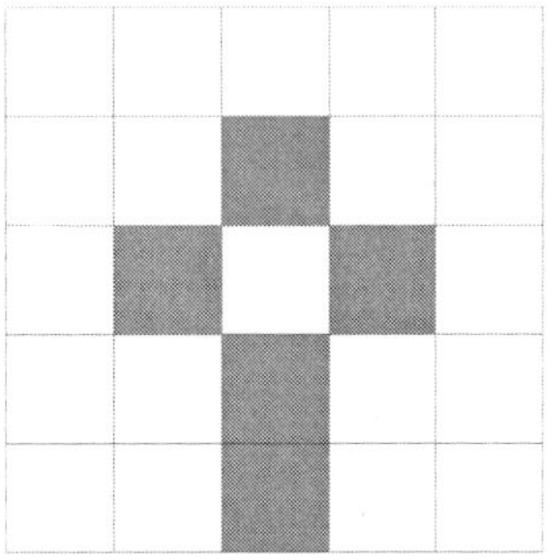

② $\log_{25} 200 = 1.65$

③ $\log_{125} 5625 = 1.788$

① $\log_5 5 = 1$

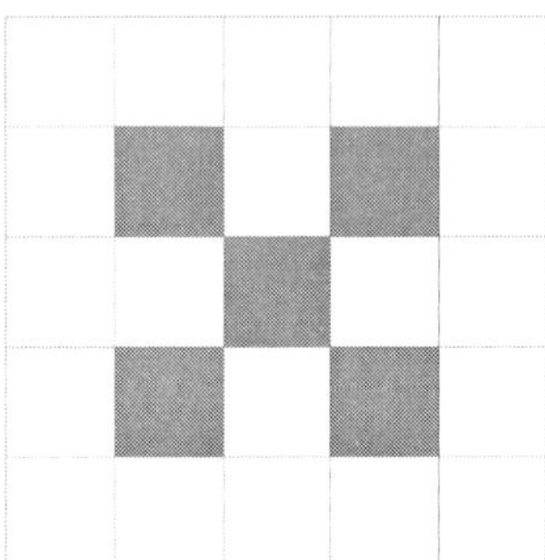

② $\log_{25} 200 = 1.65$

③ $\log_{125} 5625 = 1.788$

(2) 1단계 8개

① $\log_5 8 = 1.292$

② $\log_{25} 200 = 1.646$

③ $\log_{125} 8400 = 1.871$

① $\log_5 8 = 1.292$

② $\log_{25} 200 = 1.646$

③ $\log_{125} 8400 = 1.871$

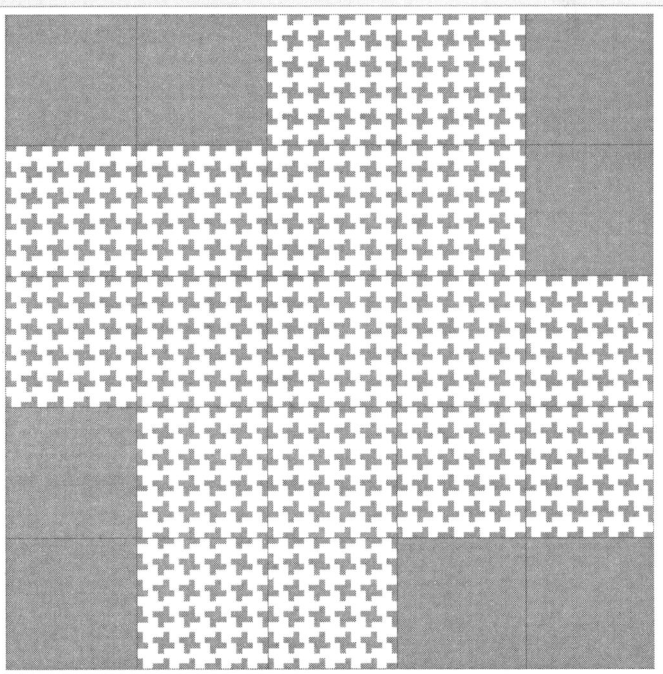

① $\log_5 8 = 1.292$

② $\log_{25} 200 = 1.646$

③ $\log_{125} 8400 = 1.871$

① $\log_5 8 = 1.292$

② $\log_{25} 200 = 1.646$

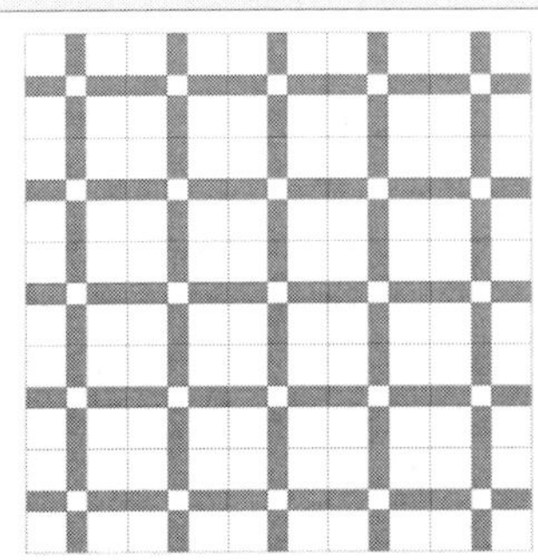

③ $\log_{125} 8400 = 1.871$

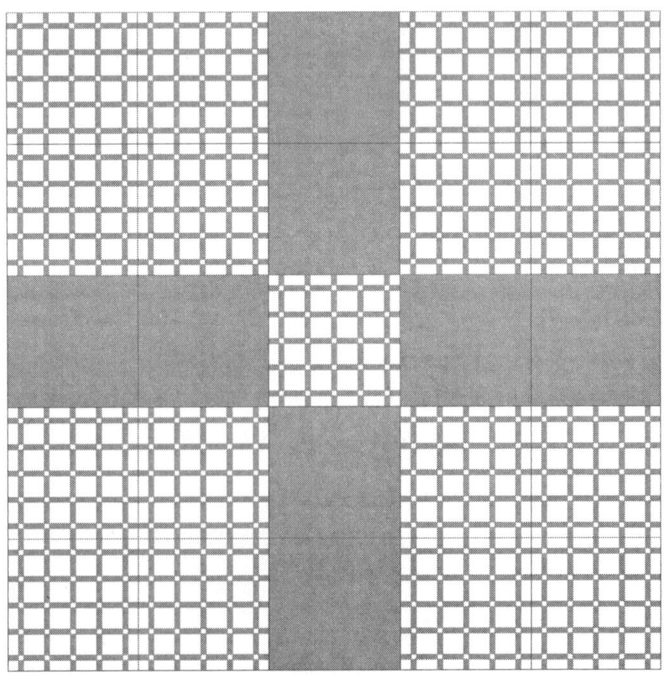

① $\log_5 8 = 1.292$

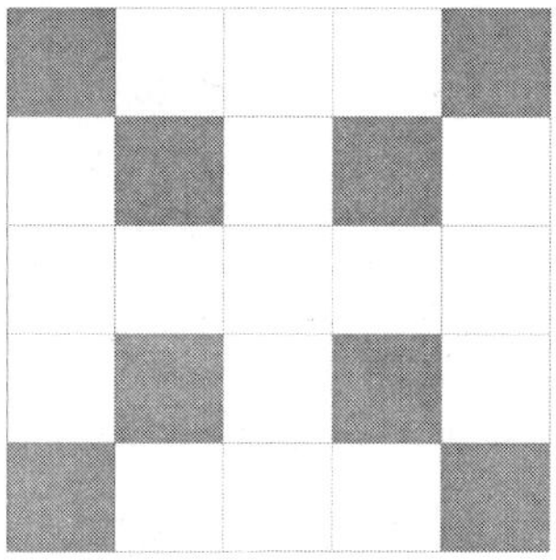

② $\log_{25} 200 = 1.646$

③ $\log_{125} 8400 = 1.871$

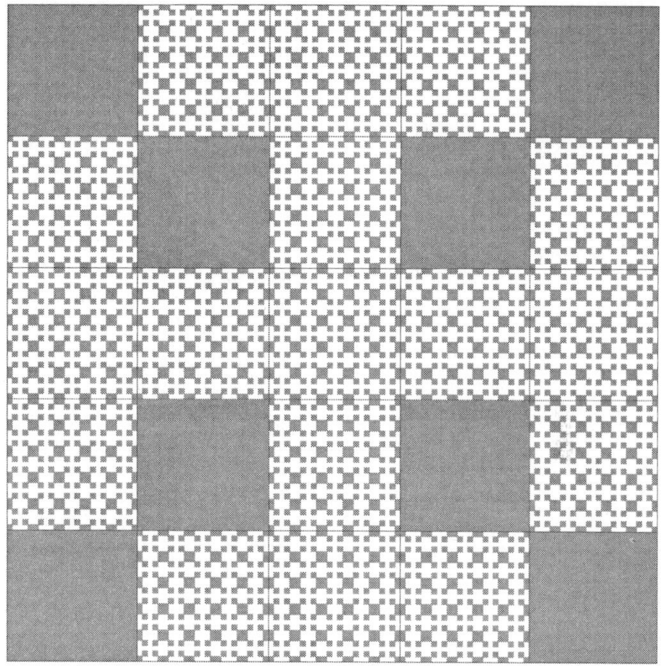

① $\log_5 8 = 1.292$

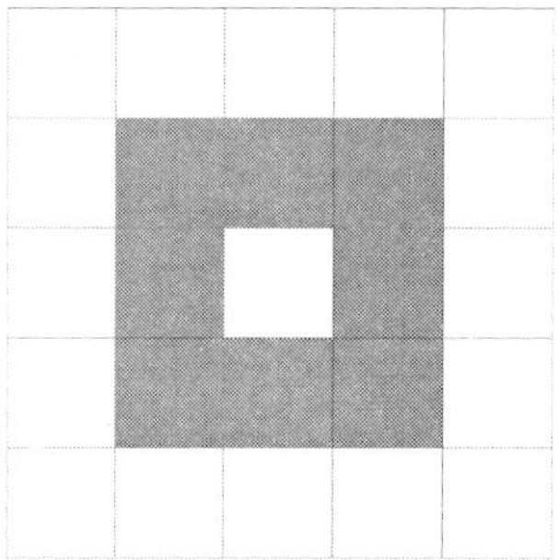

② $\log_{25} 200 = 1.646$

③ $\log_{125} 8400 = 1.871$

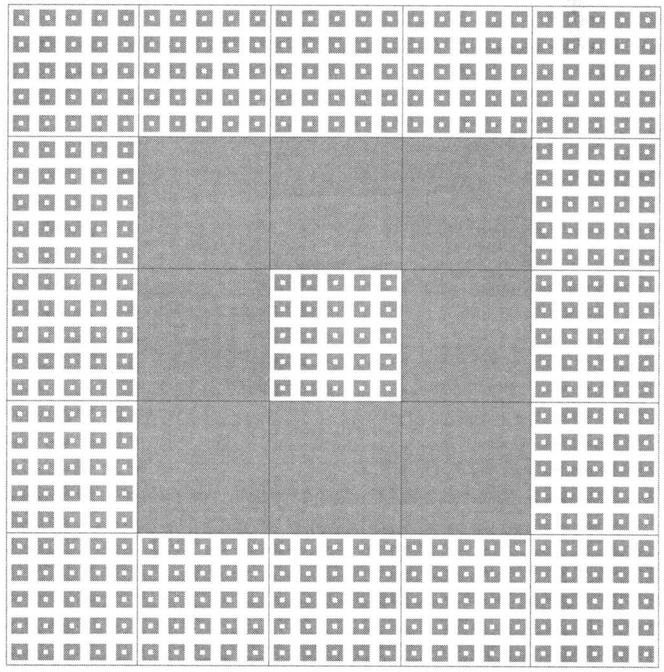

(3) 1단계 9개

① $\log_5 9 = 1.365$

② $\log_{25} 225 = 1.683$

③ $\log_{125} 9225 = 1.891$

① $\log_5 9 = 1.365$

② $\log_{25} 225 = 1.683$

③ $\log_{125} 9225 = 1.891$

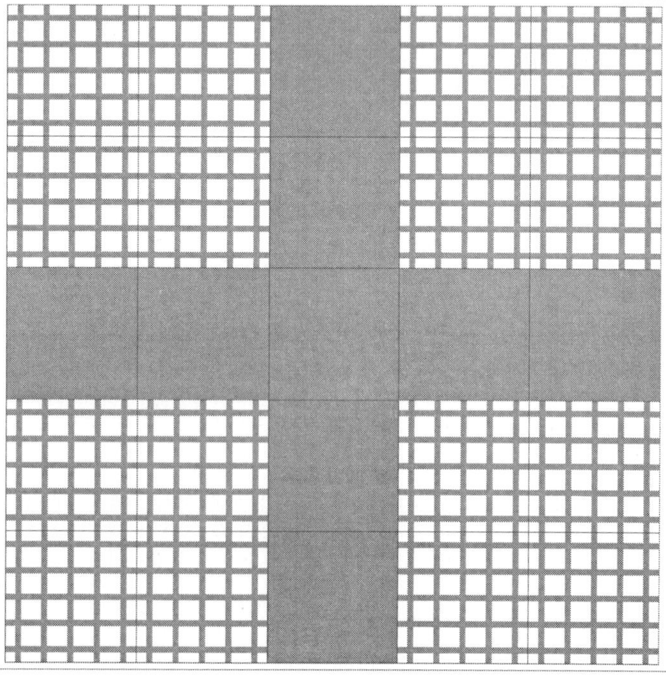

① $\log_5 9 = 1.365$

② $\log_{25} 225 = 1.683$

③ $\log_{125} 9225 = 1.891$

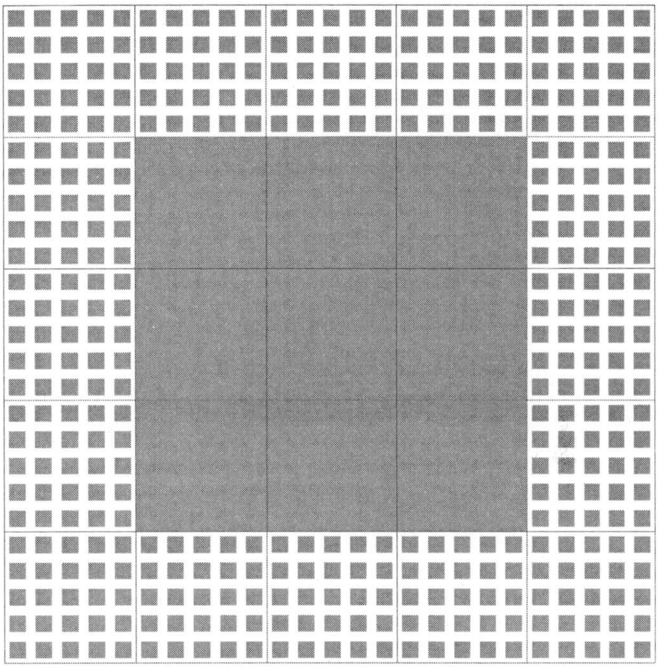

① $\log_5 9 = 1.365$

② $\log_{25} 225 = 1.683$

③ $\log_{125} 9225 = 1.891$

4 6×6 나눗셈-덧셈 프랙탈

(1) 1단계 2개

① $\log_6 2 = 0.387$

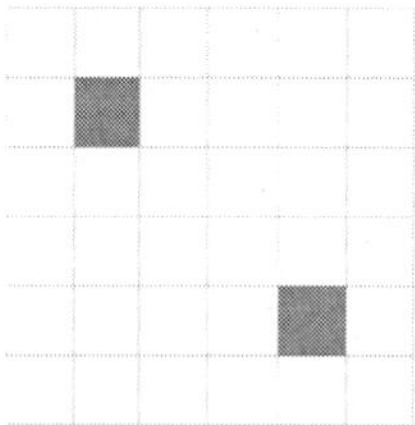

② $\log_{36} 432 = 1.693$

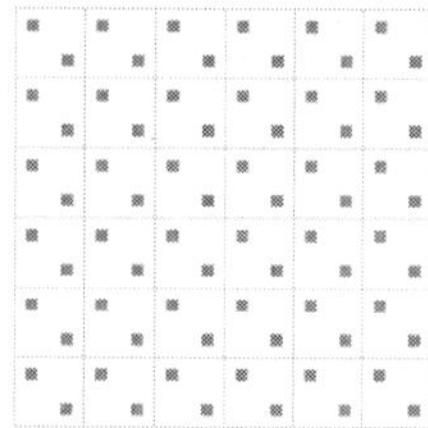

③ $\log_{216} 5040 = 1.586$

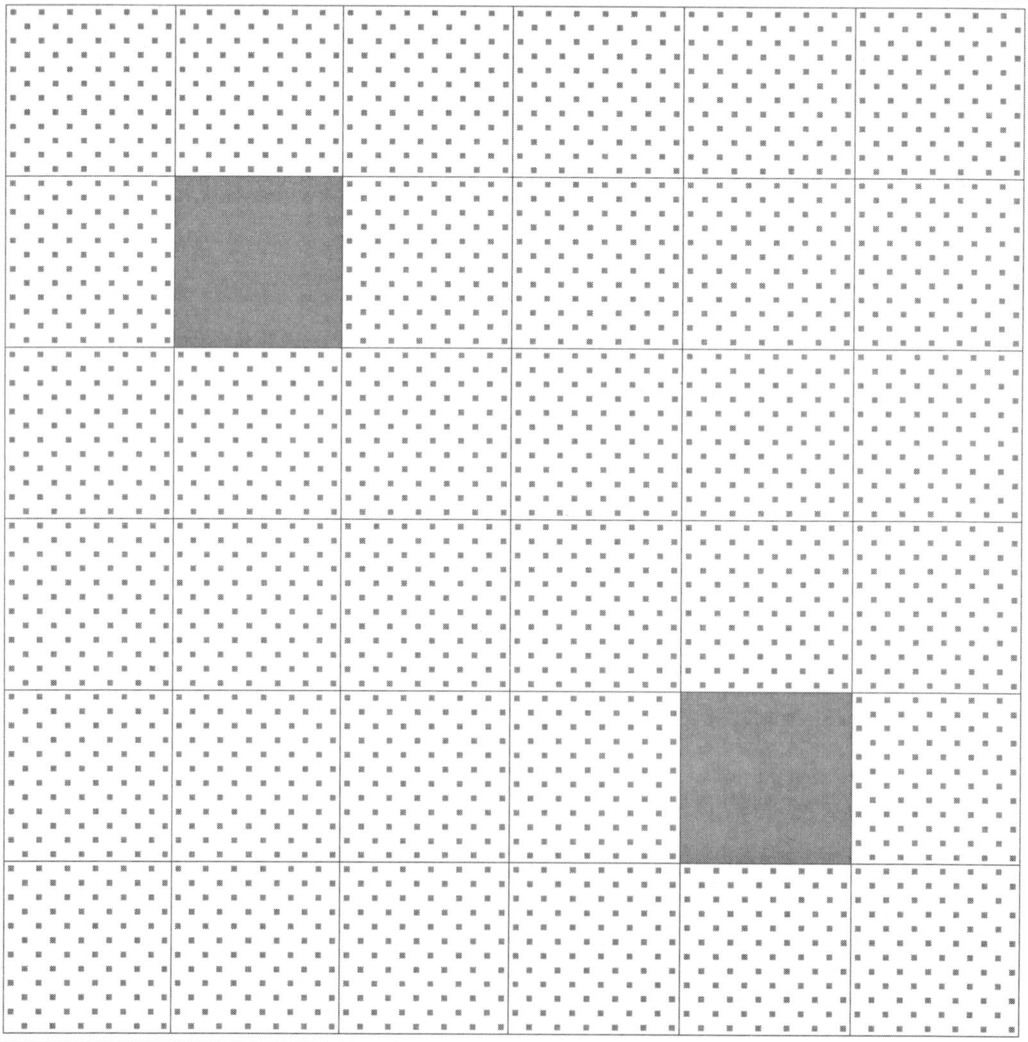

(2) 1단계 4개

① $\log_{6}4 = 0.774$

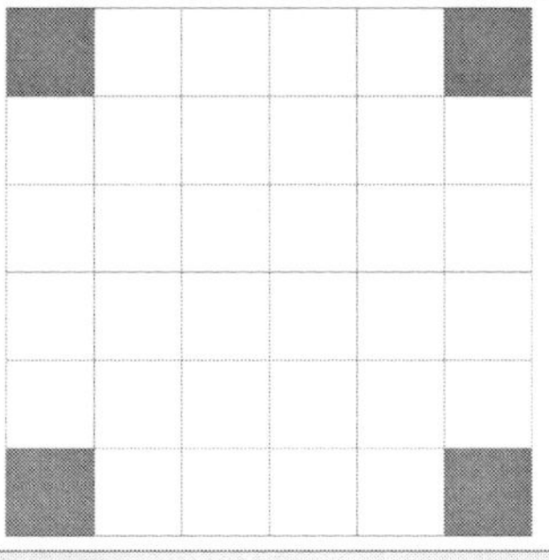

② $\log_{36}144 = 1.387$

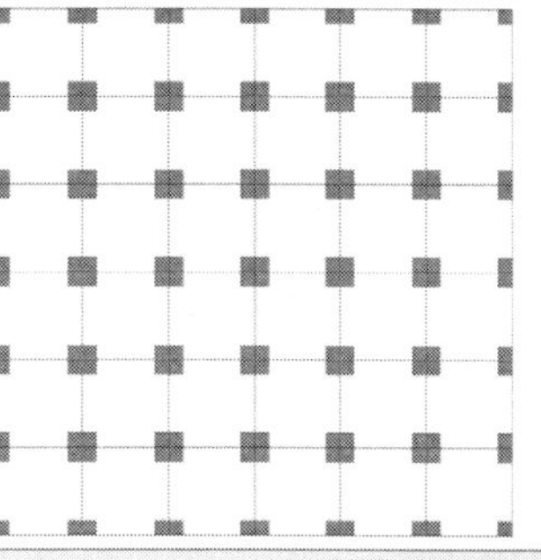

③ $\log_{216}9792 = 1.71$

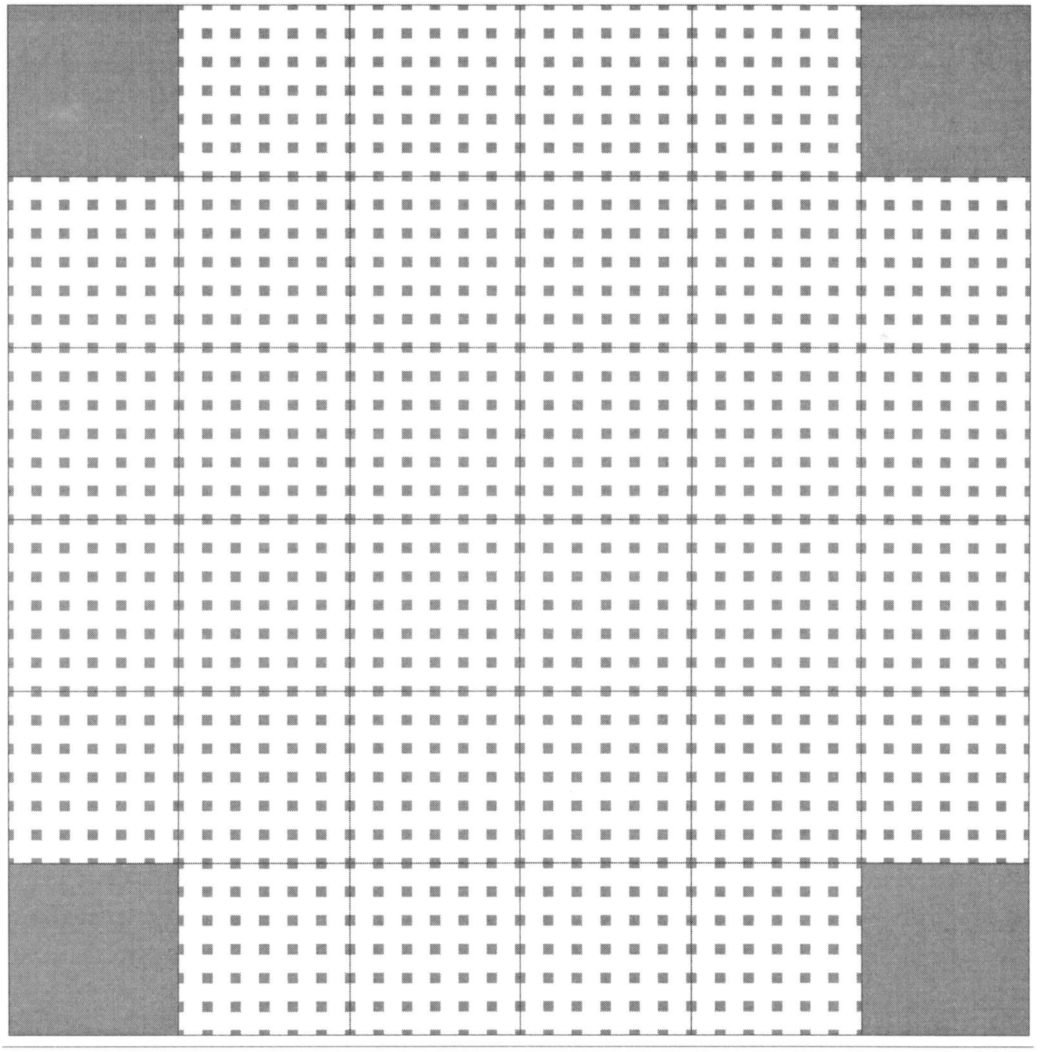

① $\log_6 4 = 0.774$

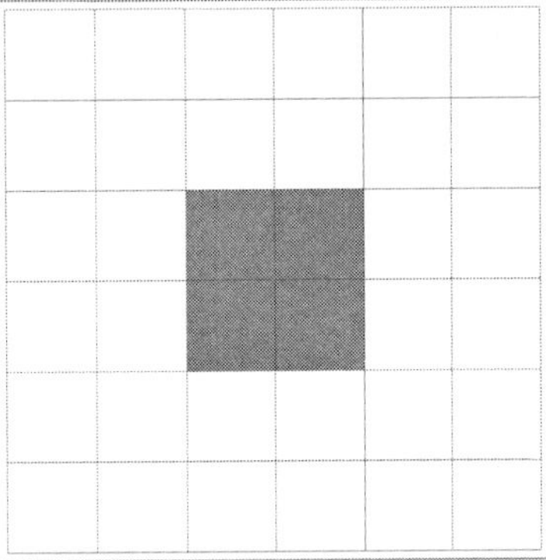

② $\log_{36} 144 = 1.387$

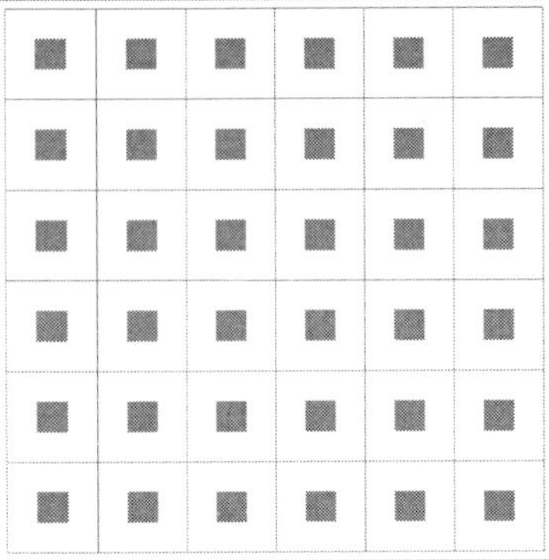

③ $\log_{216} 9792 = 1.71$

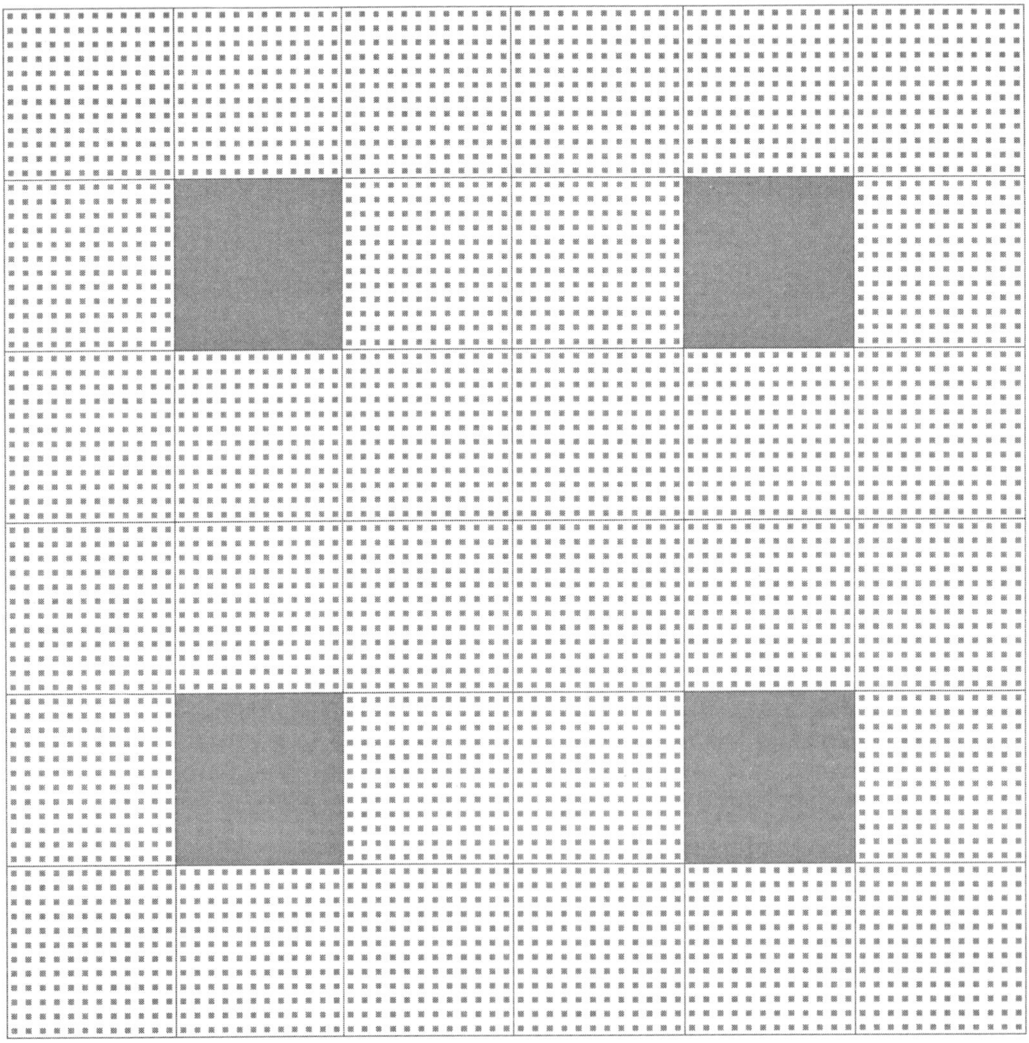

① $\log_6 4 = 0.774$

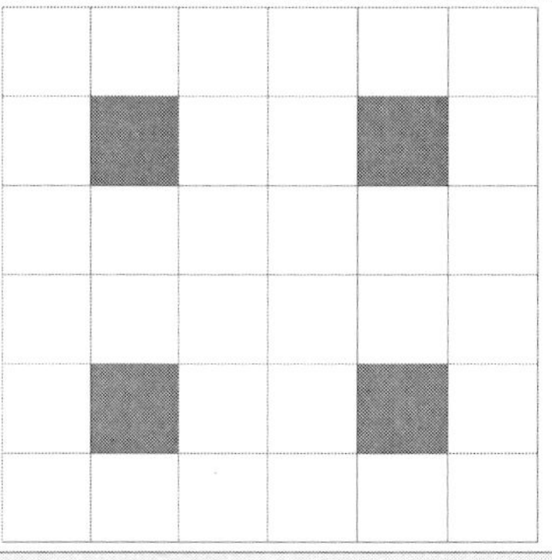

② $\log_{36} 144 = 1.387$

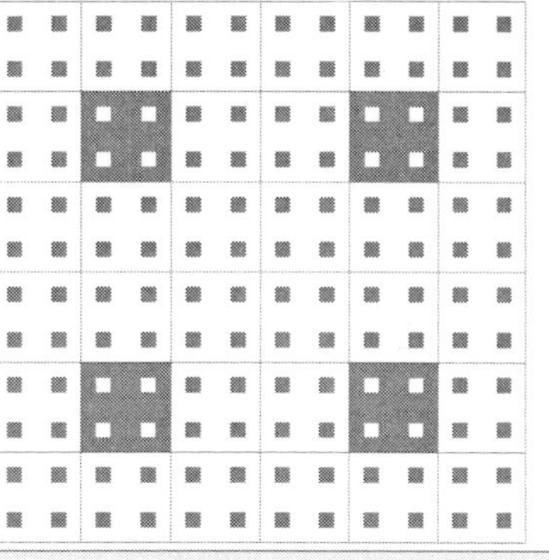

③ $\log_{216} 9792 = 1.71$

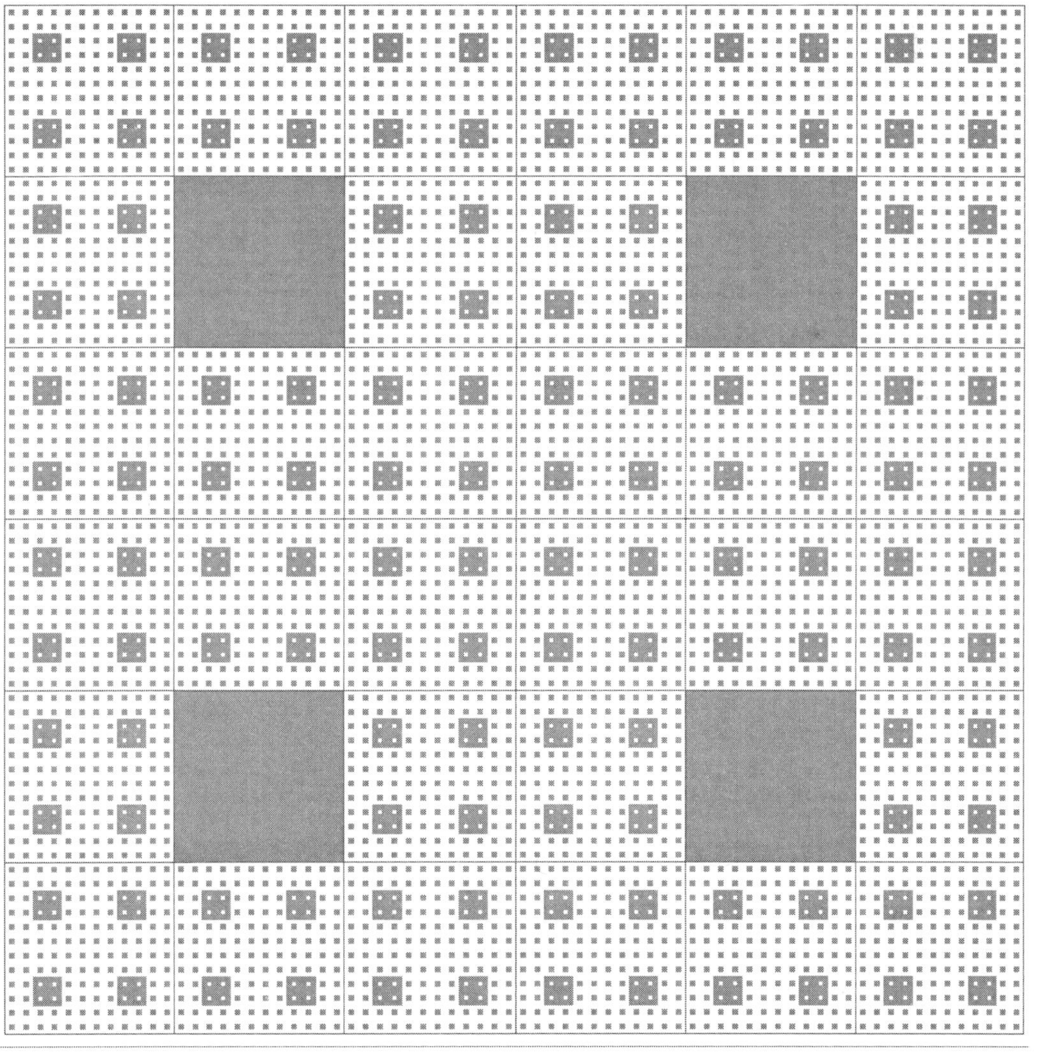

① $\log_6 4 = 0.774$

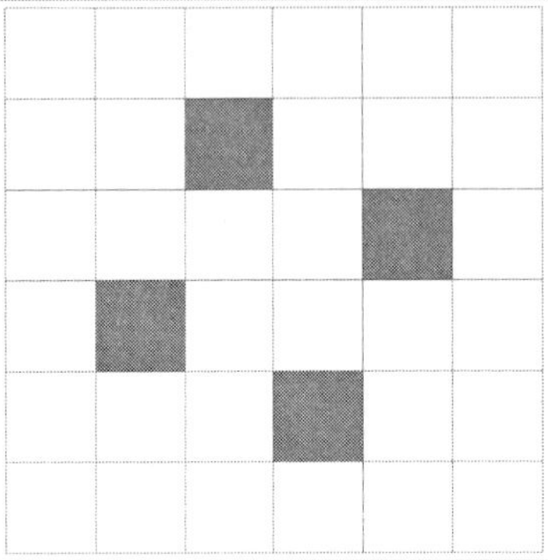

② $\log_{36} 144 = 1.387$

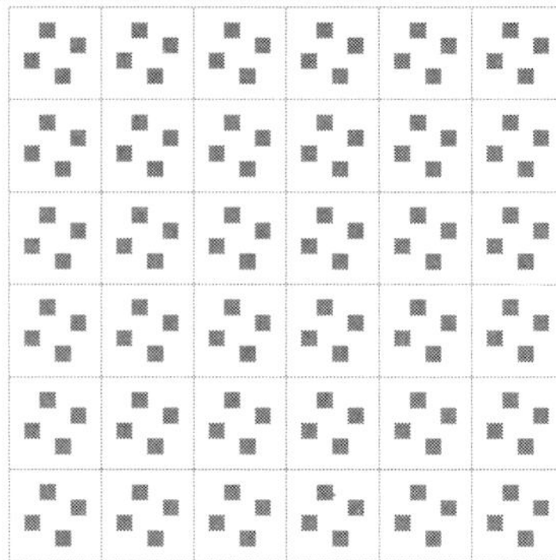

③ $\log_{216} 9792 = 1.71$

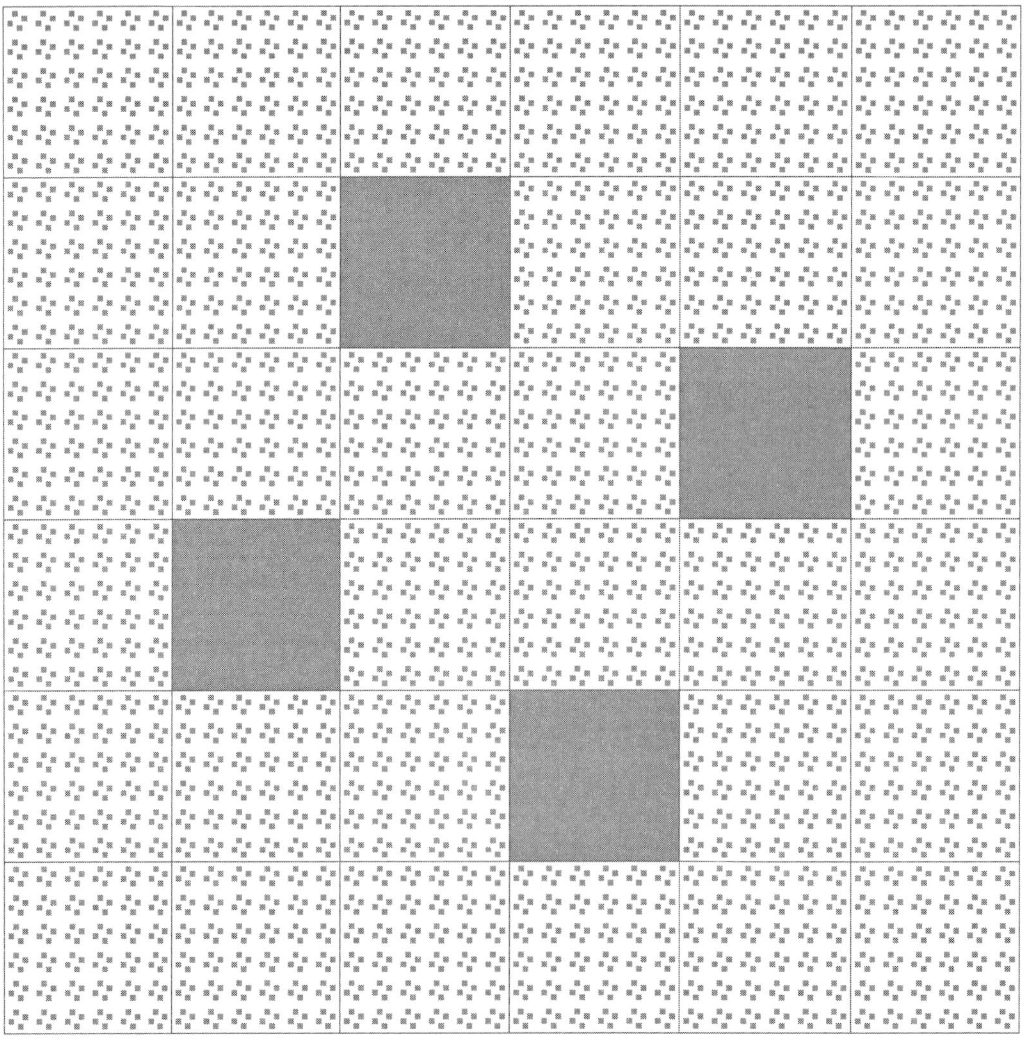

(3) 1단계 8개

① $\log_6 8 = 1.161$

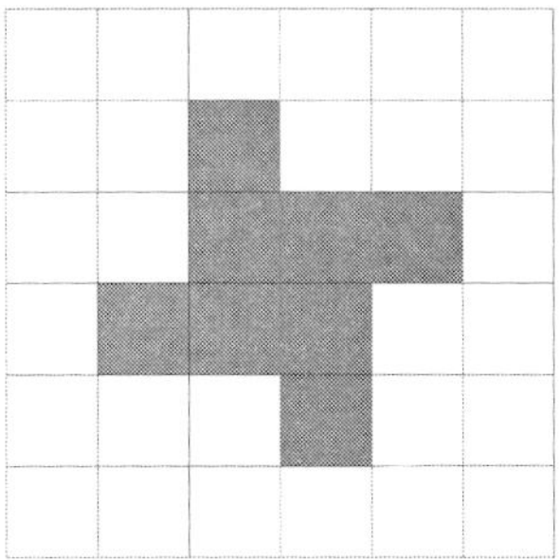

② $\log_{36} 288 = 1.58$

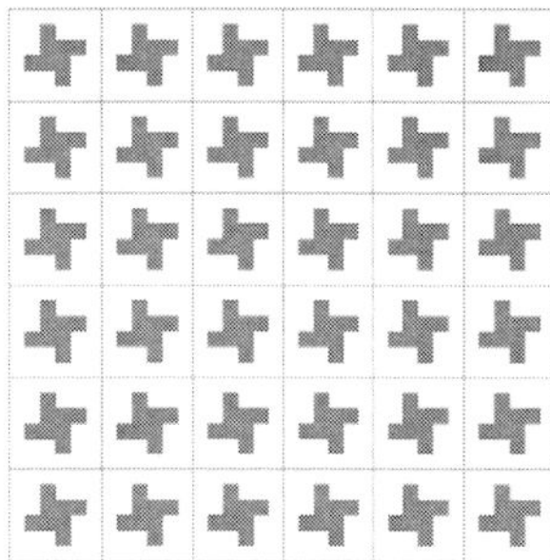

③ $\log_{216} 18432 = 1.827$

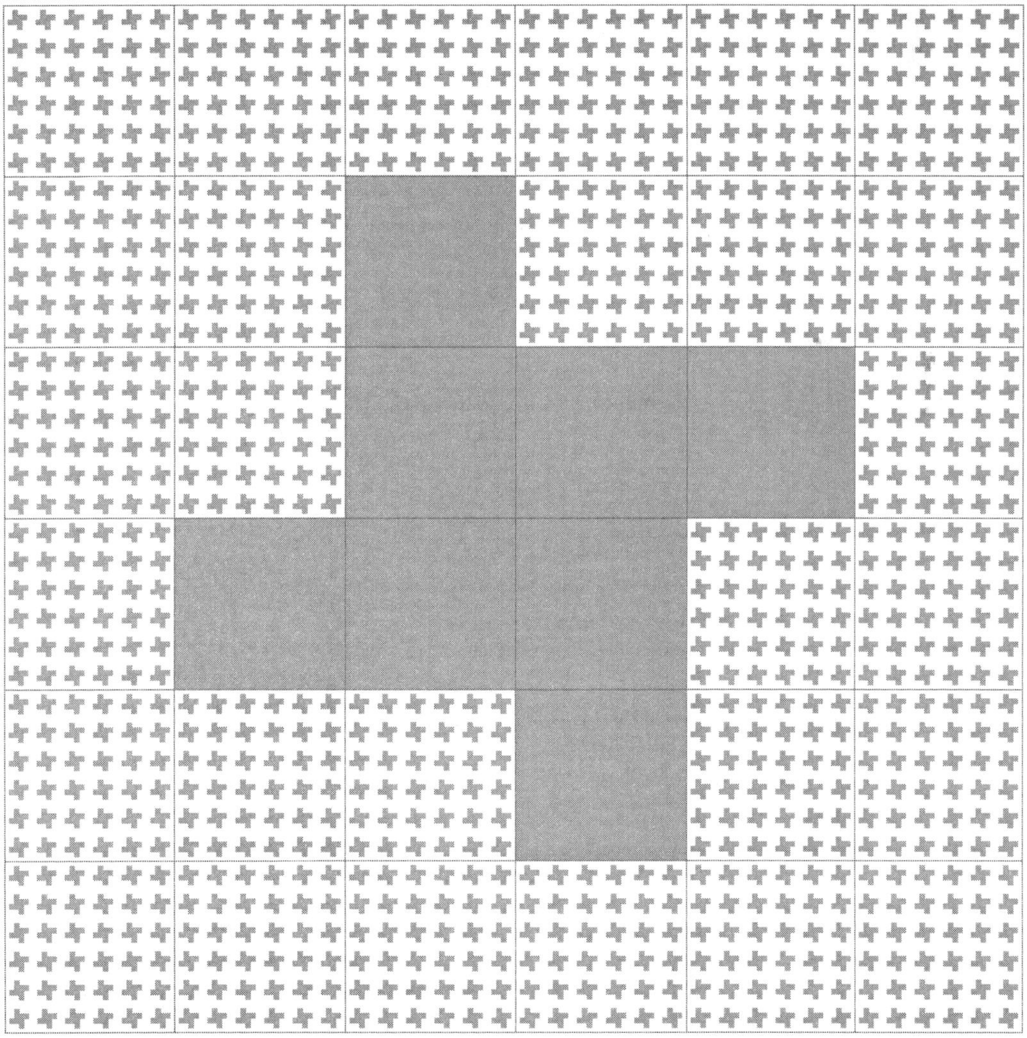

① $\log_6 8 = 1.161$

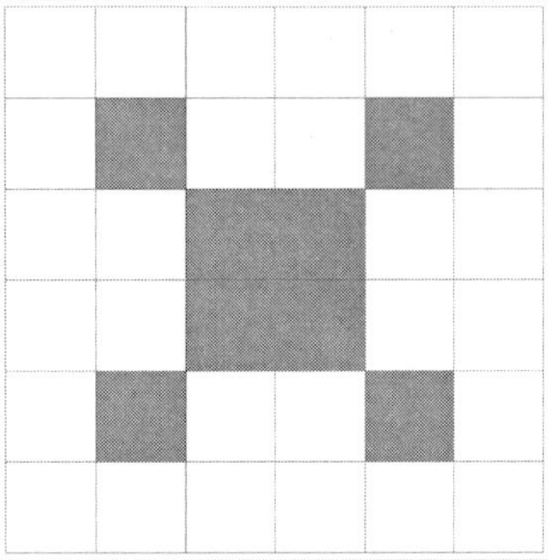

② $\log_{36} 288 = 1.58$

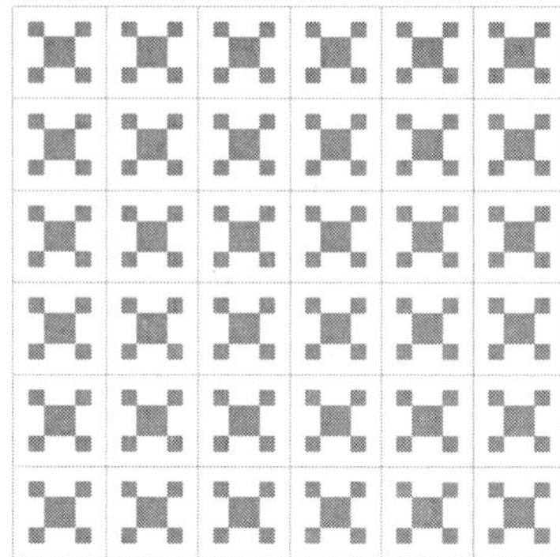

③ $\log_{216} 18432 = 1.827$

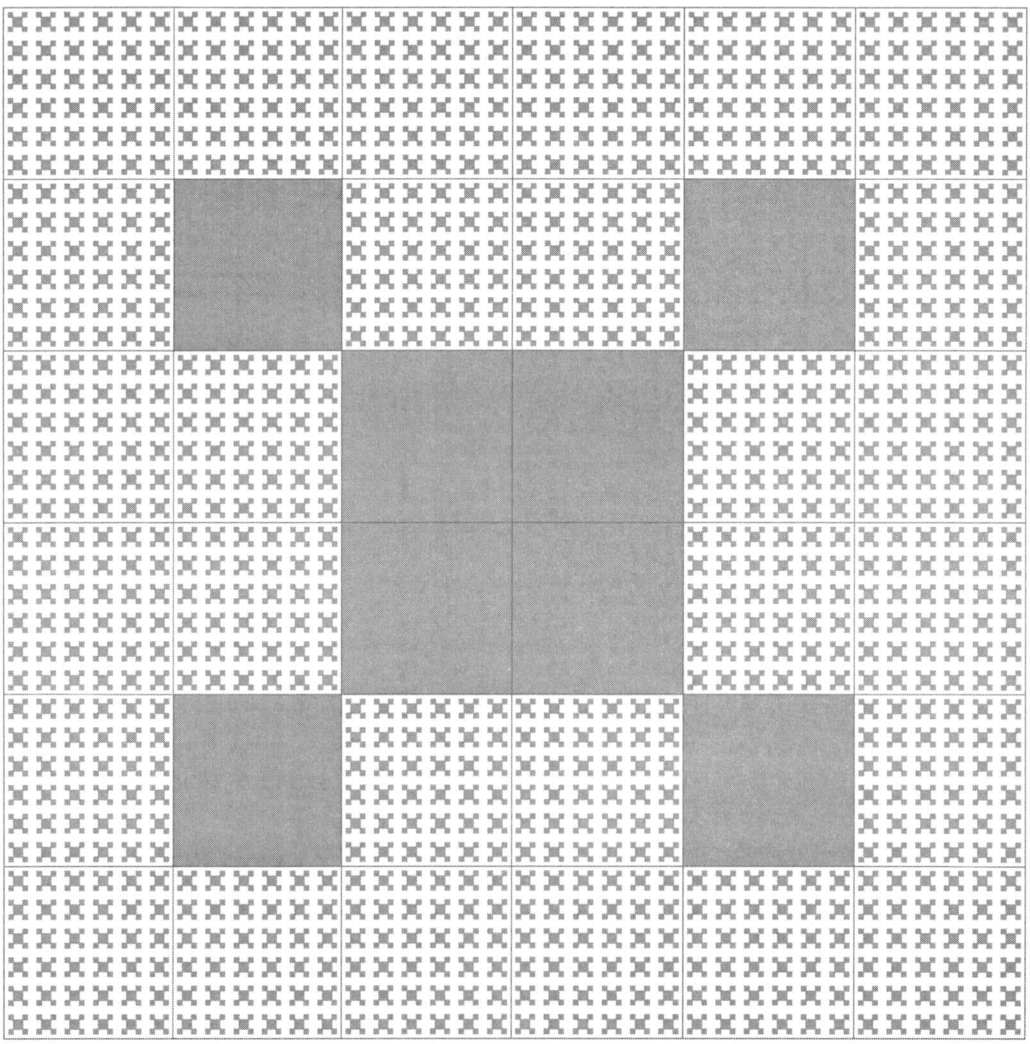

① $\log_6 8 = 1.161$

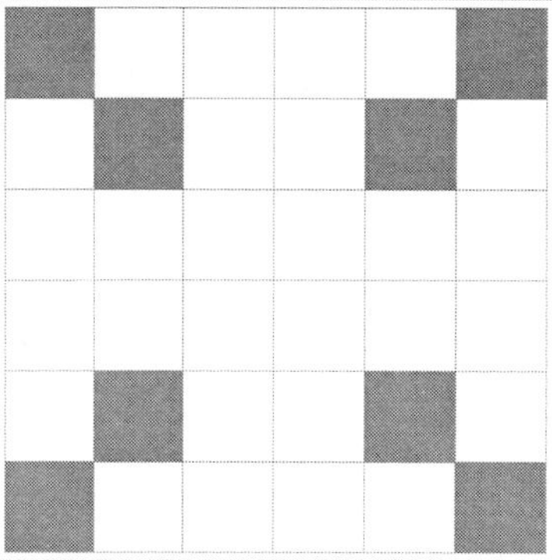

② $\log_{36} 288 = 1.58$

③ $\log_{216} 18432 = 1.827$

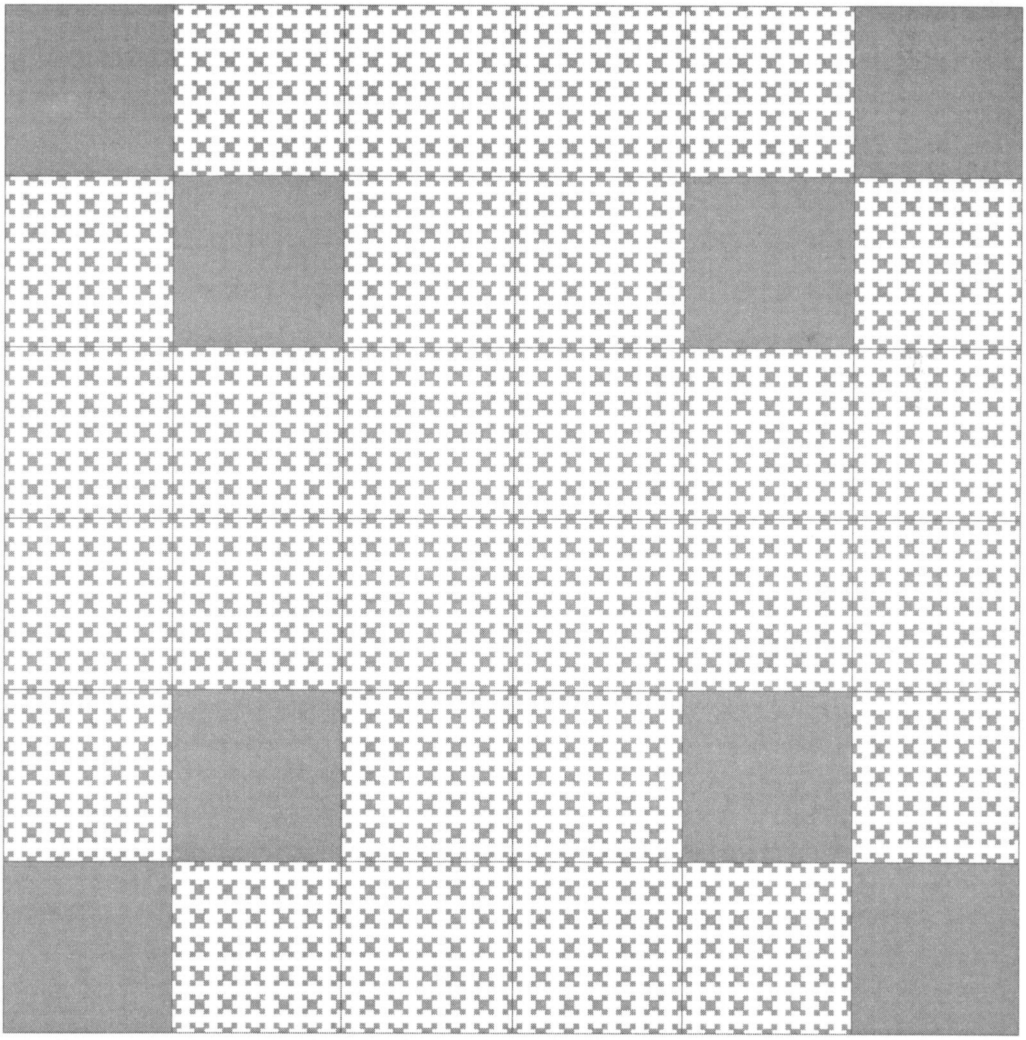

① $\log_6 8 = 1.161$

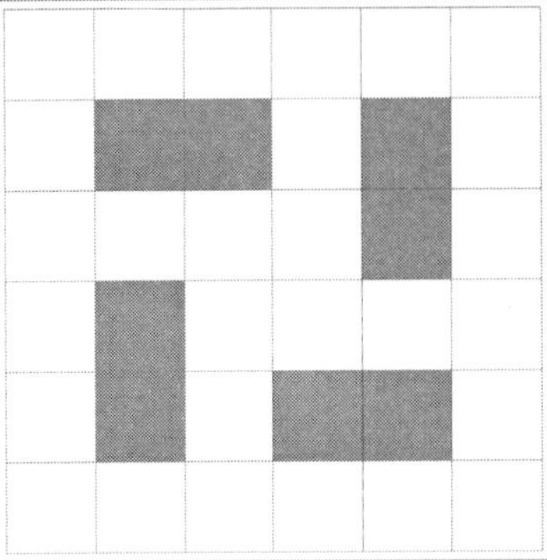

② $\log_{36} 288 = 1.58$

③ $\log_{216} 18432 = 1.827$

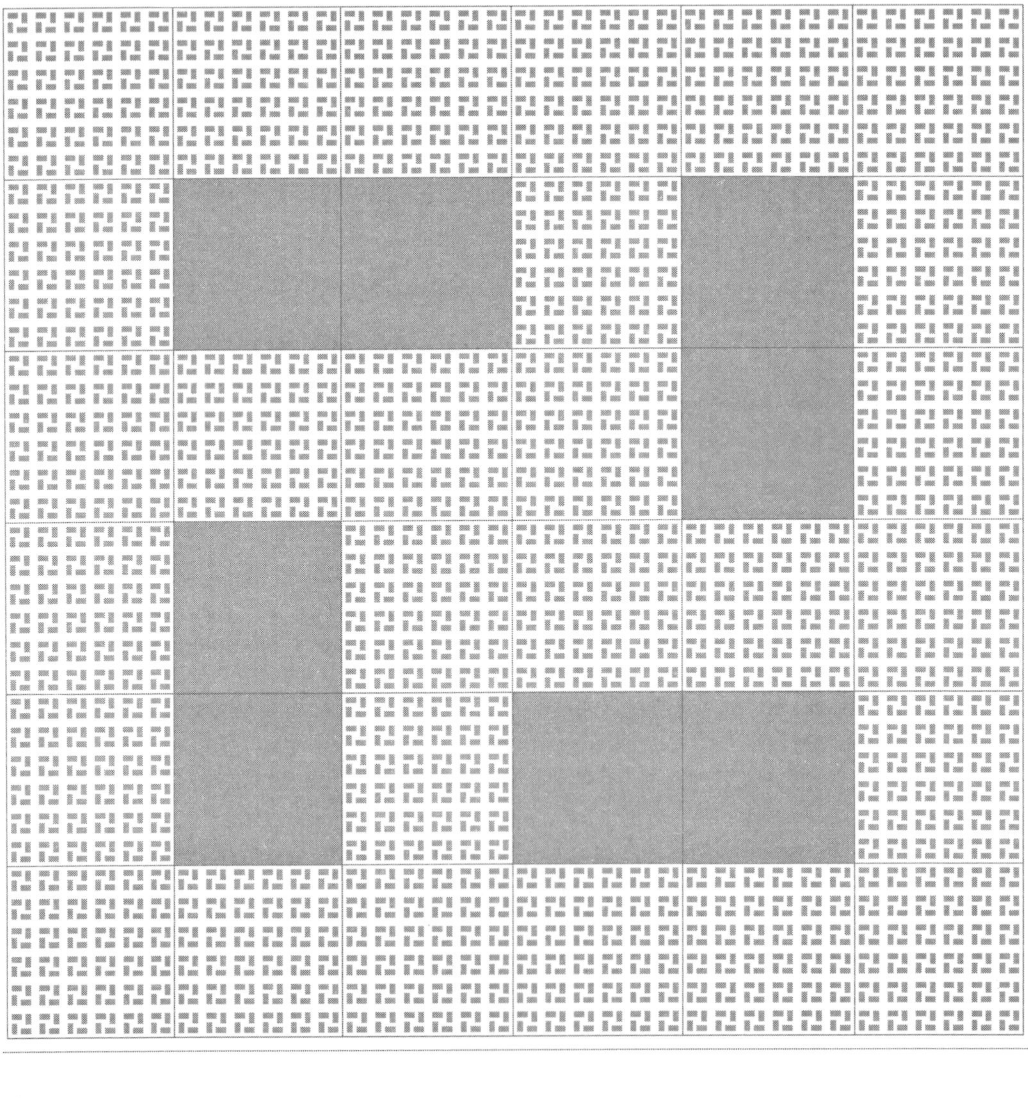

① $\log_6 8 = 1.161$

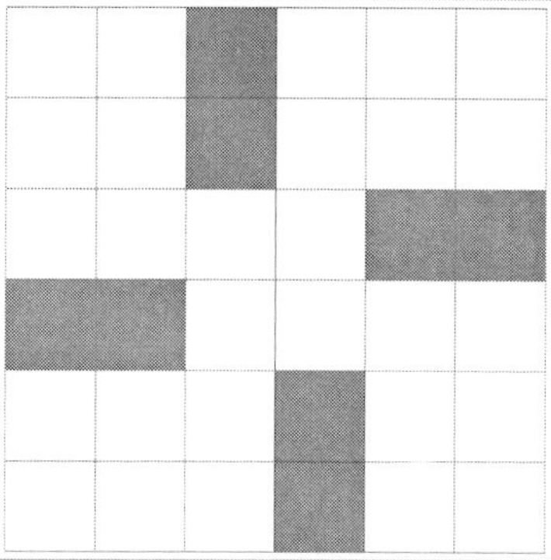

② $\log_{36} 288 = 1.58$

③ $\log_{216} 18432 = 1.827$

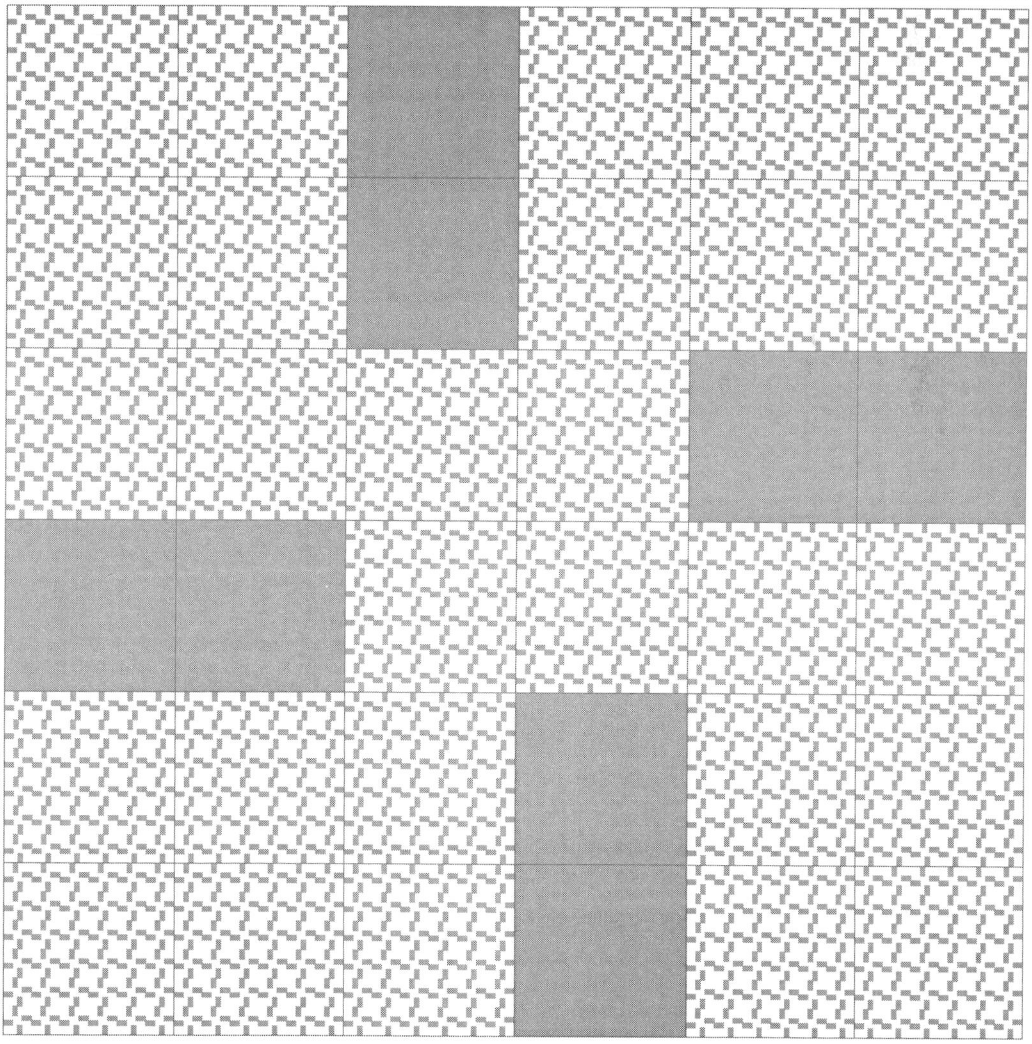

① $\log_6 8 = 1.161$

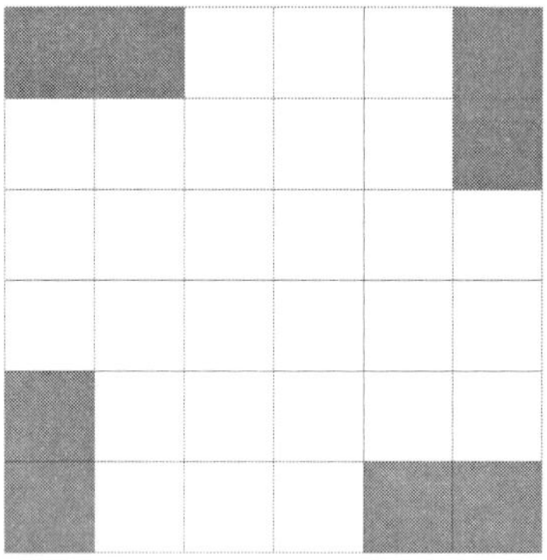

② $\log_{36} 288 = 1.58$

③ $\log_{216} 18432 = 1.827$

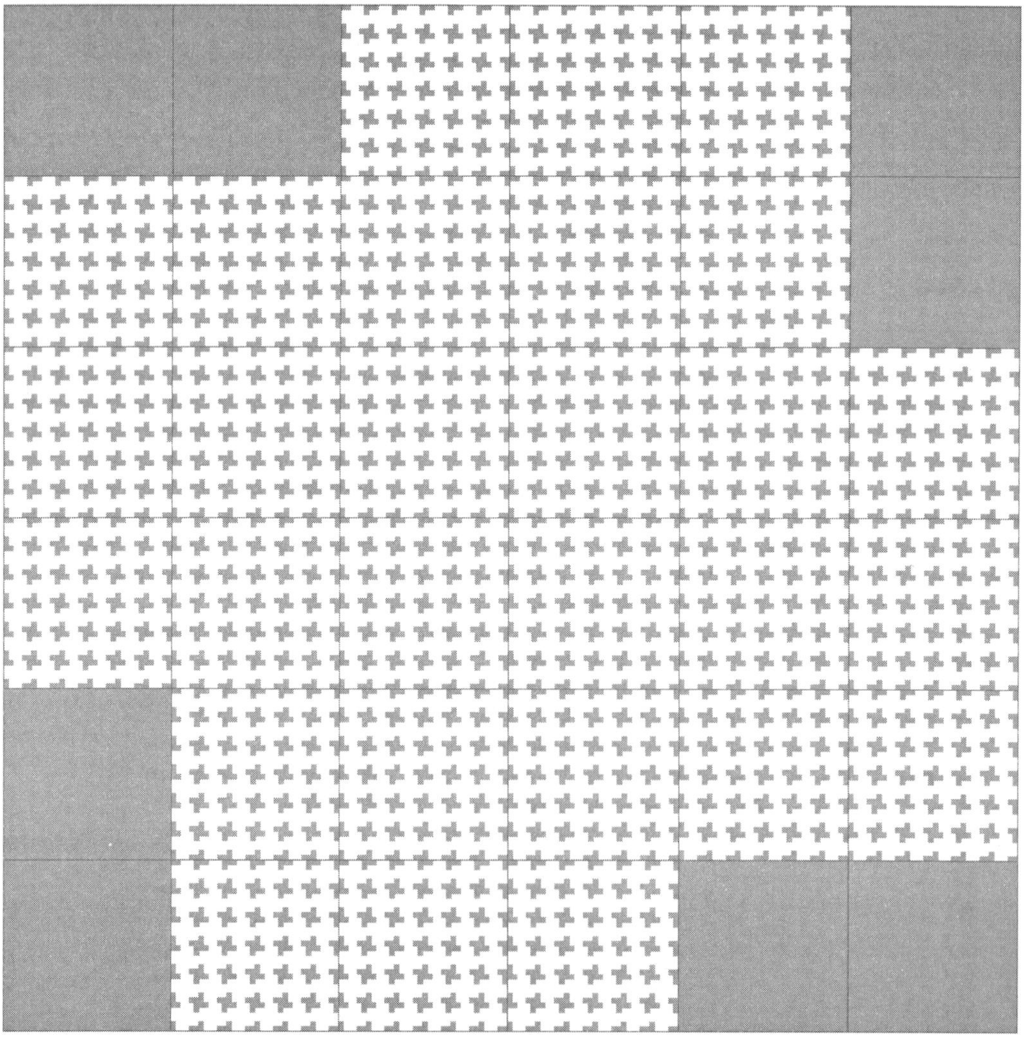

① $\log_6 8 = 1.161$

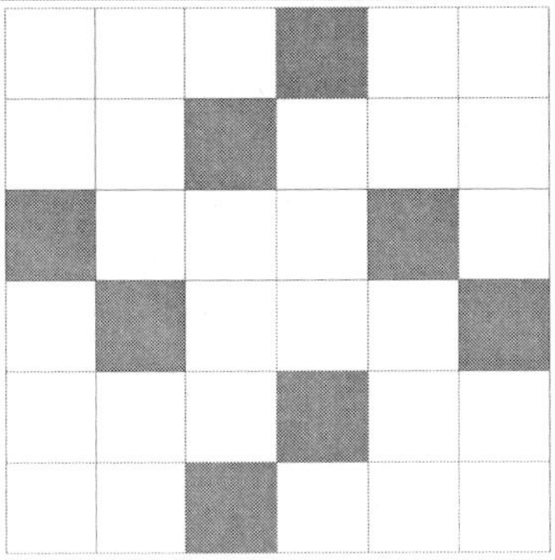

② $\log_{36} 288 = 1.58$

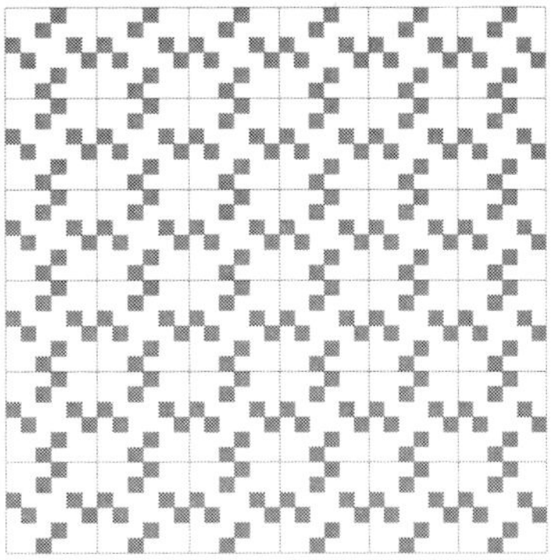

③ $\log_{216} 18432 = 1.827$

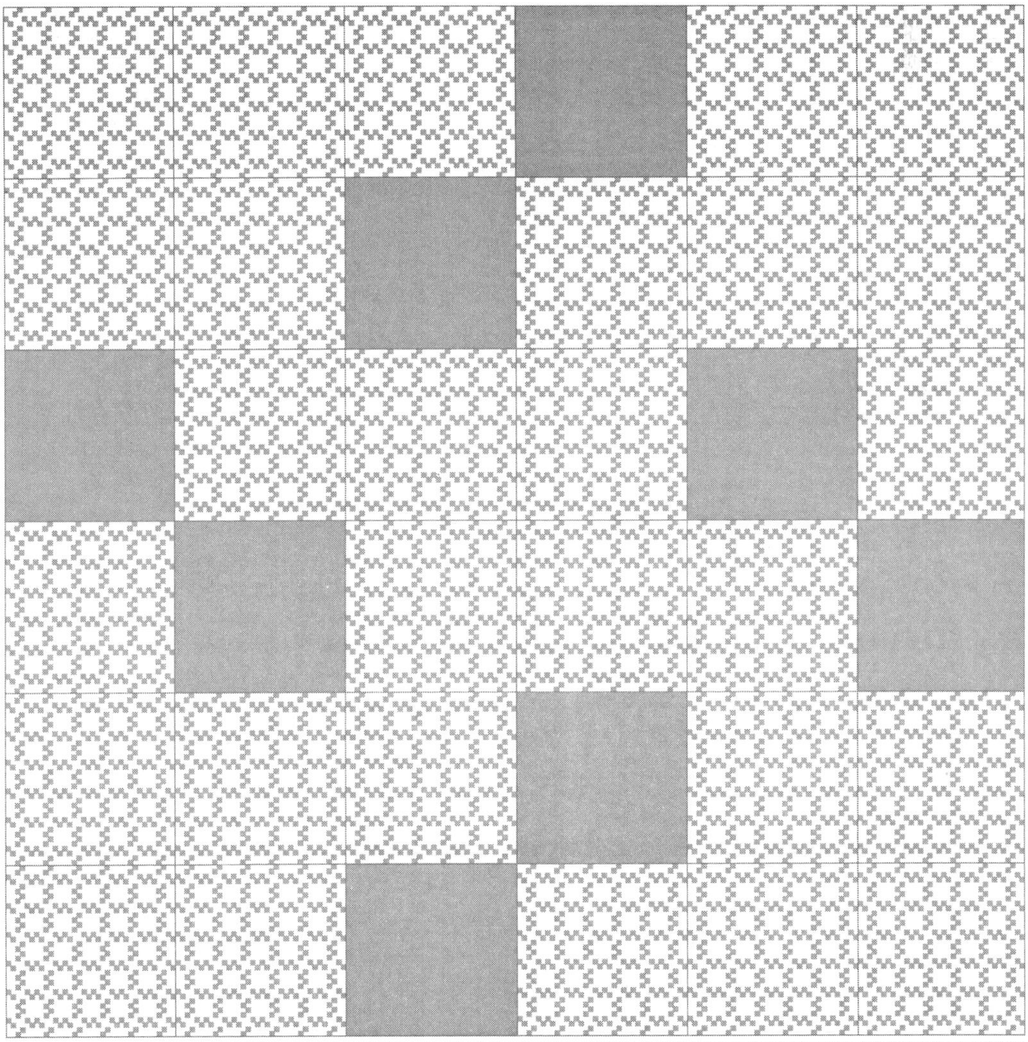

(4) 1단계 12개

① $\log_6 12 = 1.387$	② $\log_{36} 432 = 1.693$

③ $\log_{216} 25920 = 1.891$

① $\log_6 12 = 1.387$

② $\log_{36} 432 = 1.693$

③ $\log_{216} 25920 = 1.891$

① $\log_6 12 = 1.387$

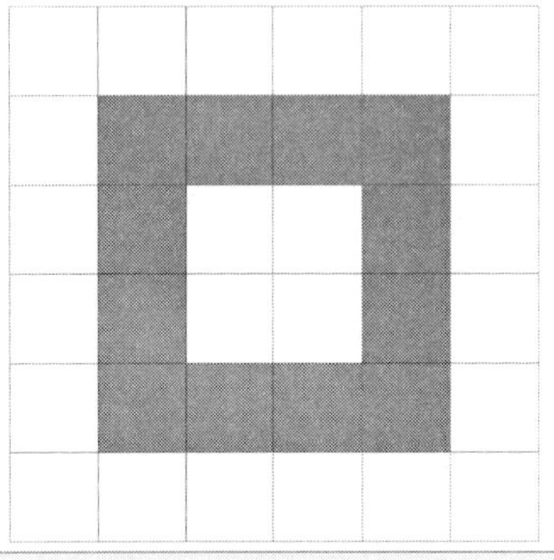

② $\log_{36} 432 = 1.693$

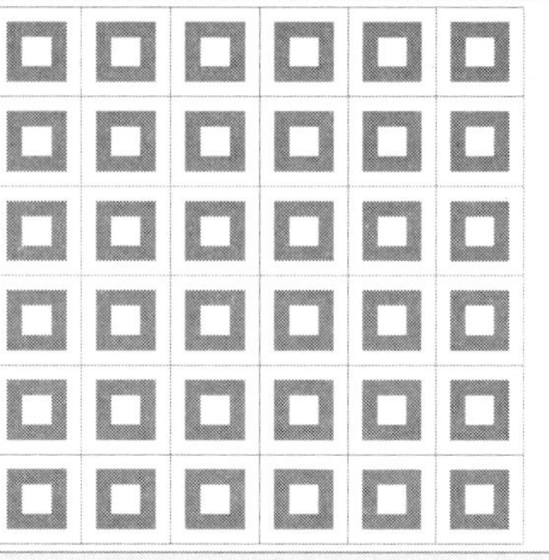

③ $\log_{216} 25920 = 1.891$

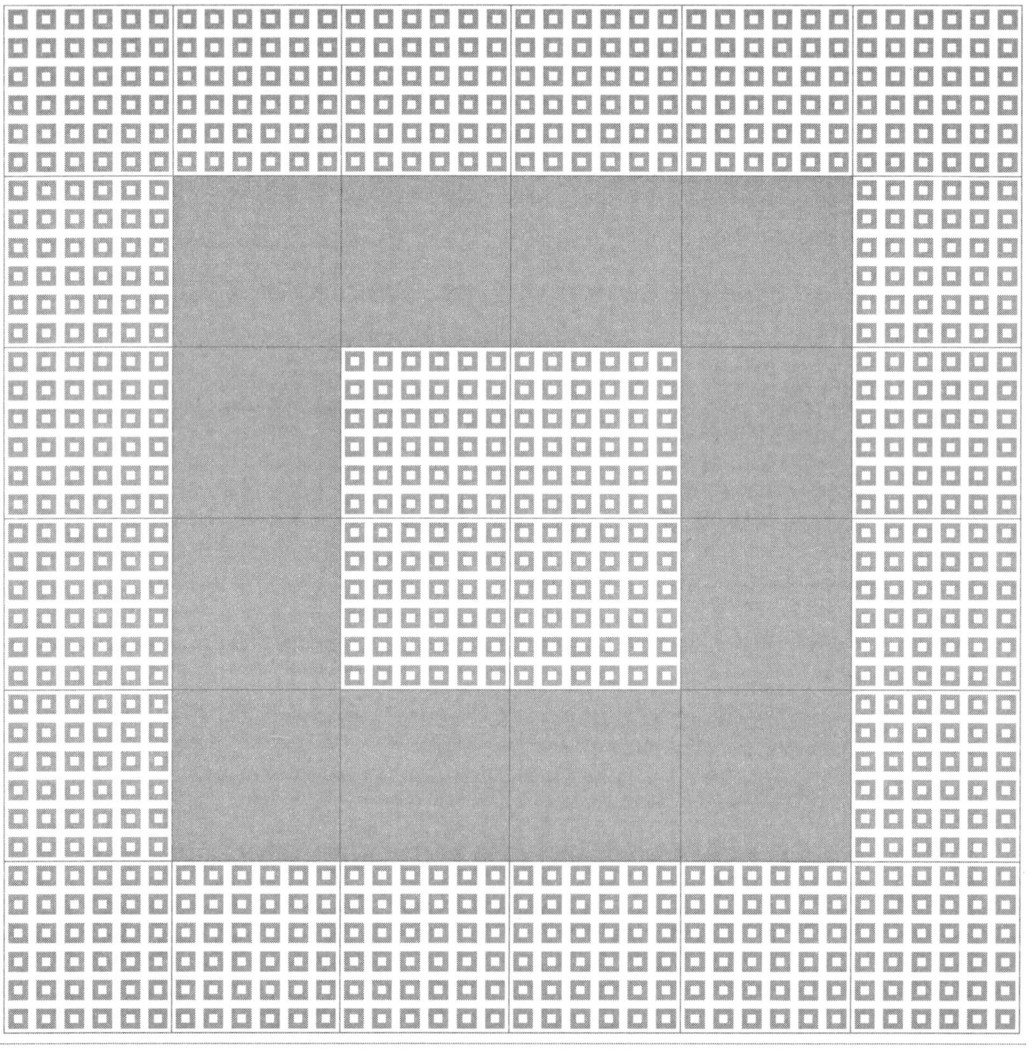

① $\log_6 12 = 1.387$	② $\log_{36} 432 = 1.693$

③ $\log_{216} 25920 = 1.891$

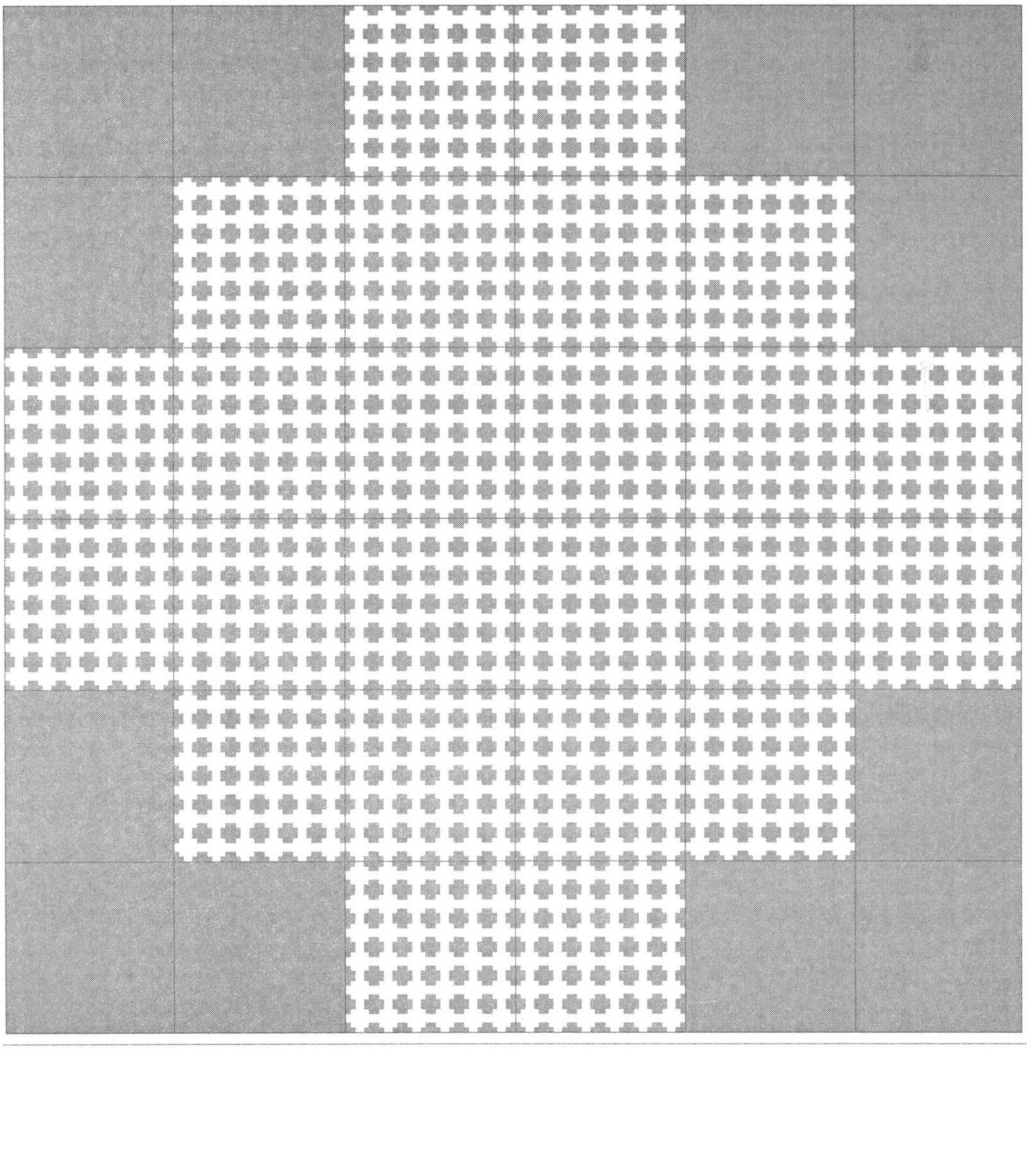

① $\log_6 12 = 1.387$	② $\log_{36} 432 = 1.693$
	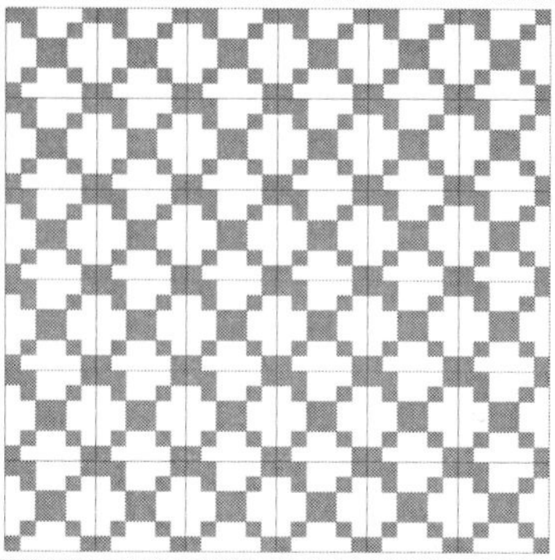

③ $\log_{216} 25920 = 1.891$

(5) 1단계 16개

① $\log_6 16 = 1.547$

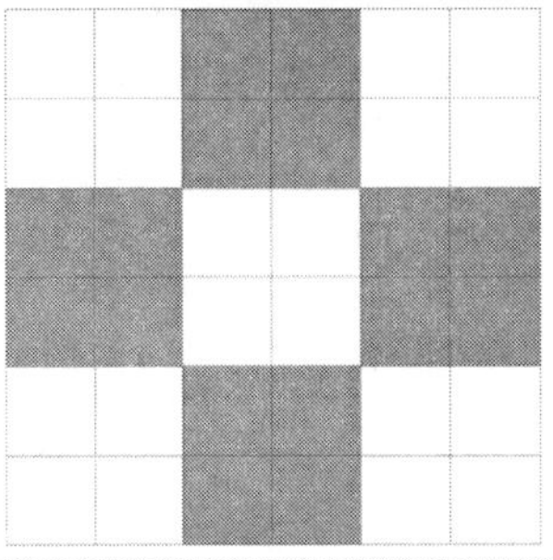

② $\log_{36} 576 = 1.774$

③ $\log_{216} 32256 = 1.931$

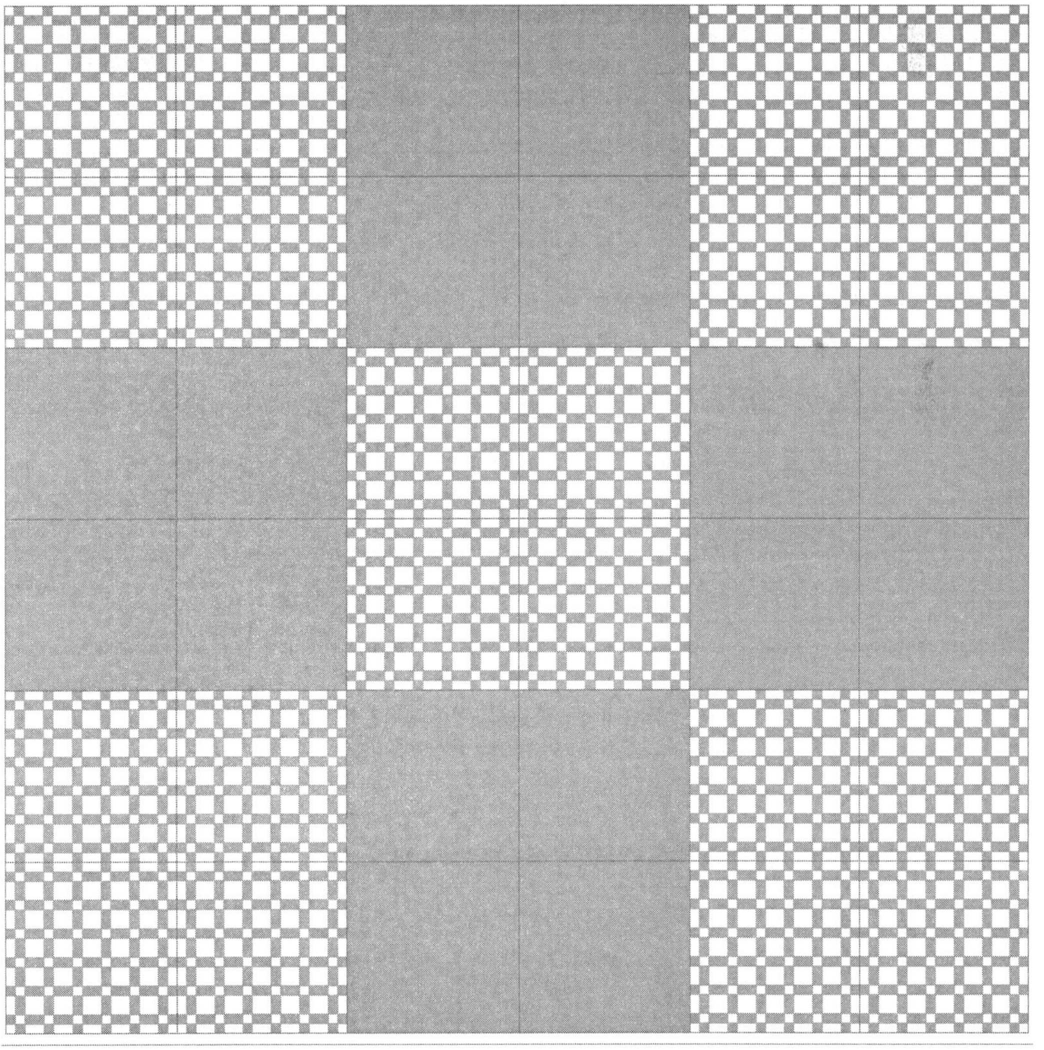

① $\log_6 16 = 1.547$

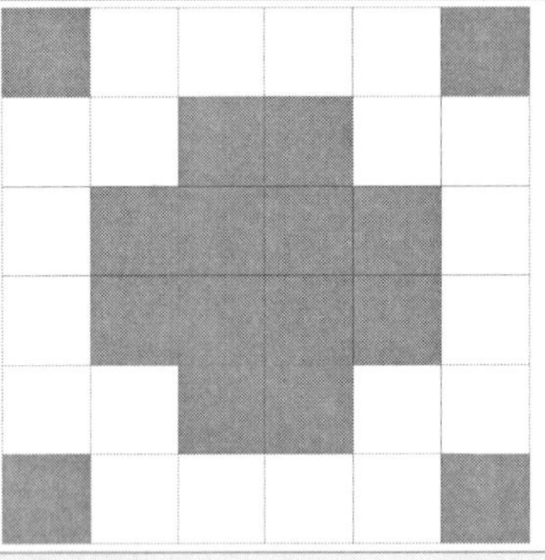

② $\log_{36} 576 = 1.774$

③ $\log_{216} 32256 = 1.931$

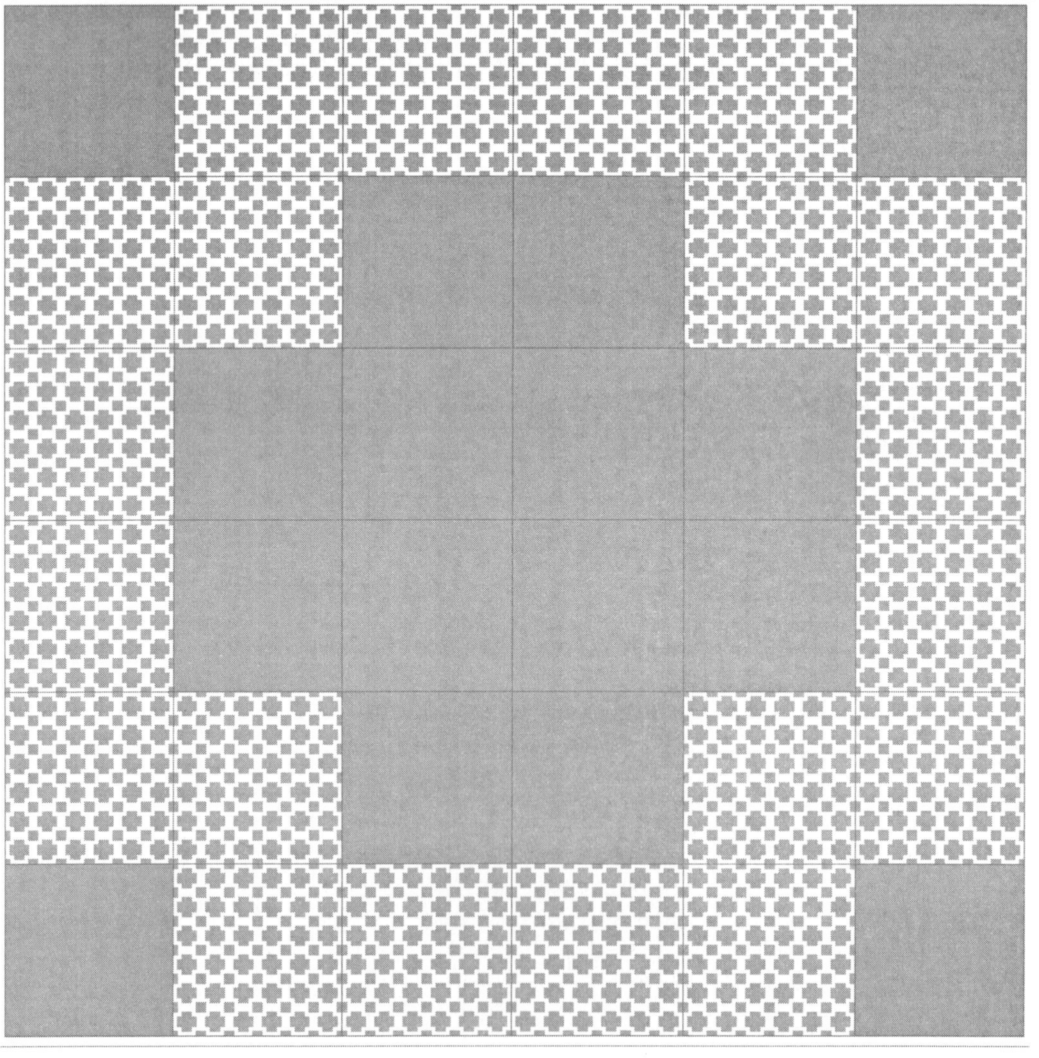

① $\log_6 16 = 1.547$	② $\log_{36} 576 = 1.774$
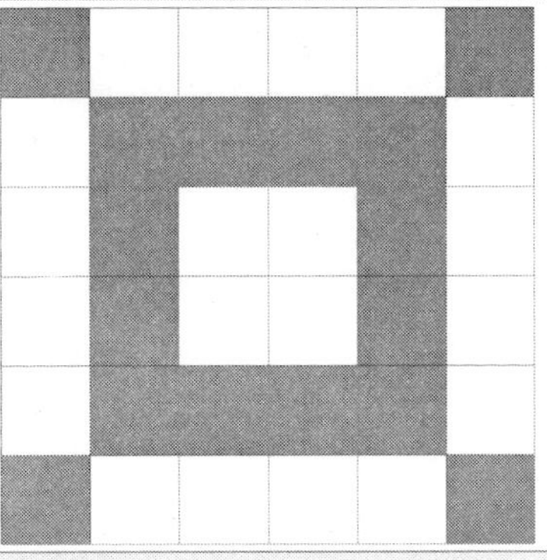	

③ $\log_{216} 32256 = 1.931$

① $\log_6 16 = 1.547$

② $\log_{36} 576 = 1.774$

③ $\log_{216} 32256 = 1.931$

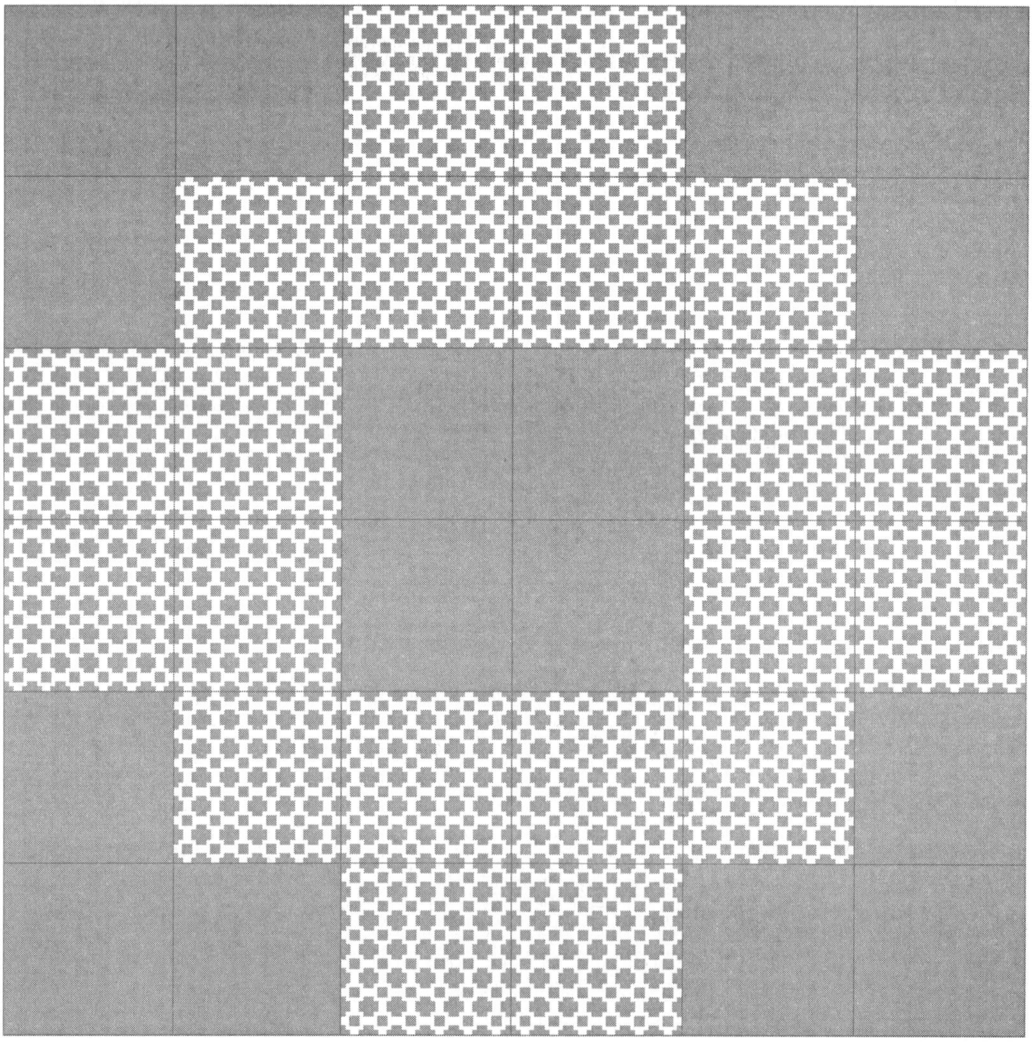

제 7 장

나눗셈-뺄셈 프랙탈 디자인

1 3×3 나눗셈-뺄셈 프랙탈

(1) 1단계 1개

① $\log_3 1 = 0$	② $\log_9 9 = 1$	③ $\log_{27} 72 = 1.298$
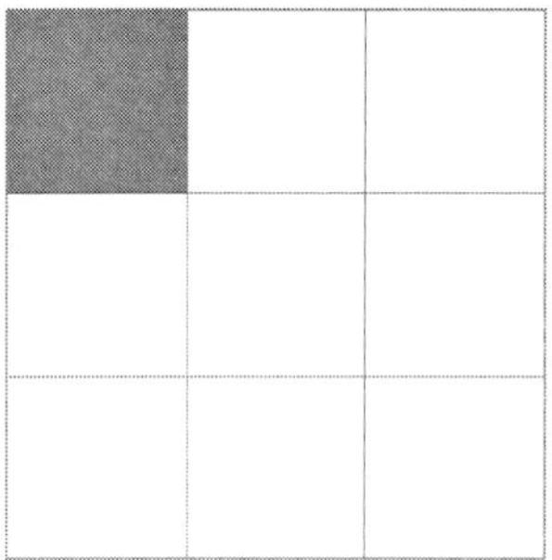	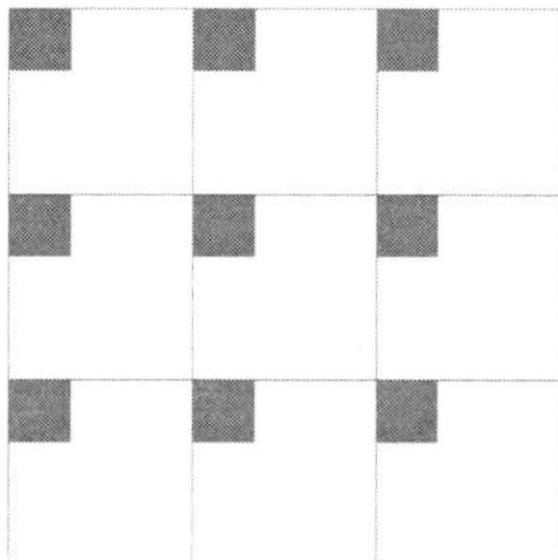	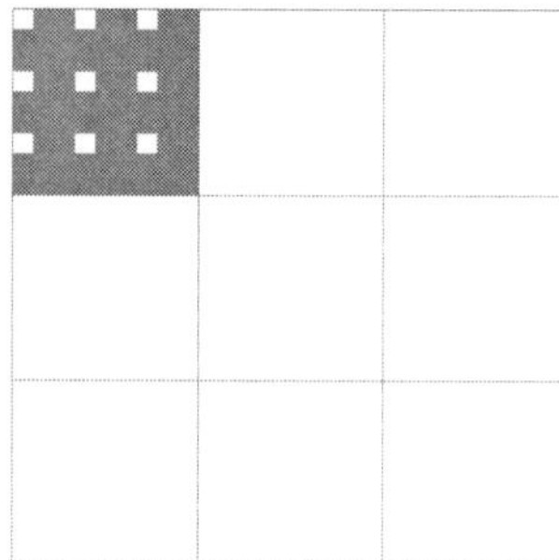
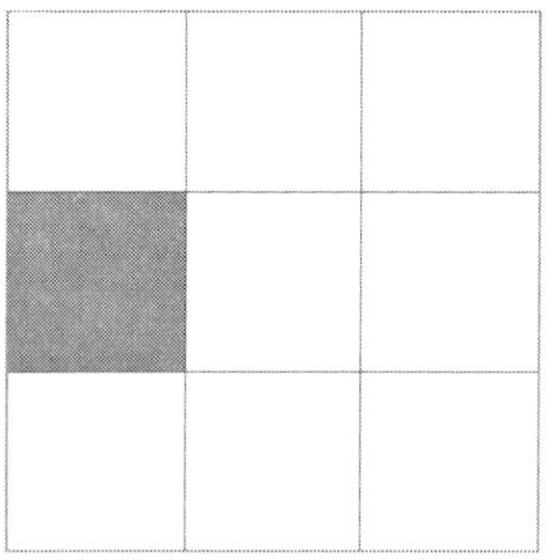	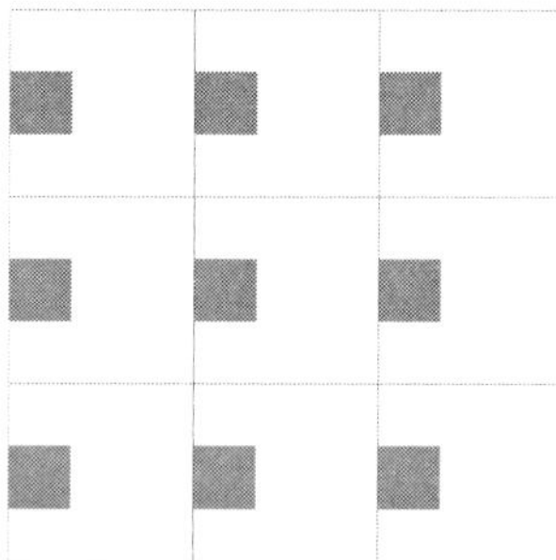	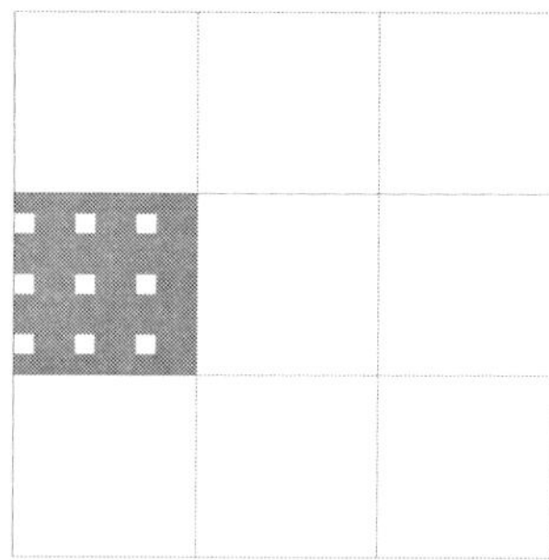

(2) 1단계 2개

① $\log_3 2 = 0.631$	② $\log_9 18 = 1.315$	③ $\log_{27} 252 = 1.678$
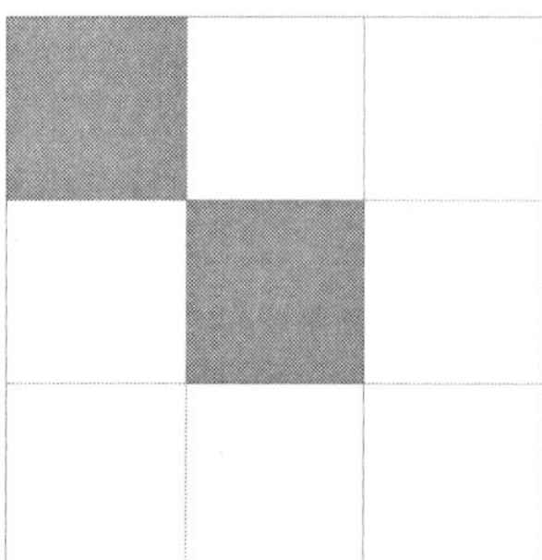	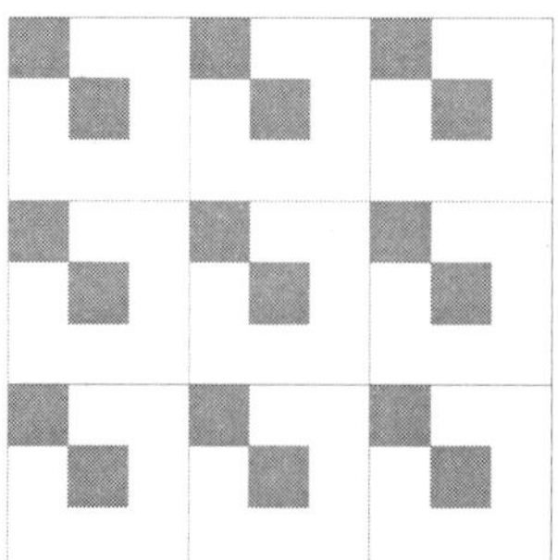	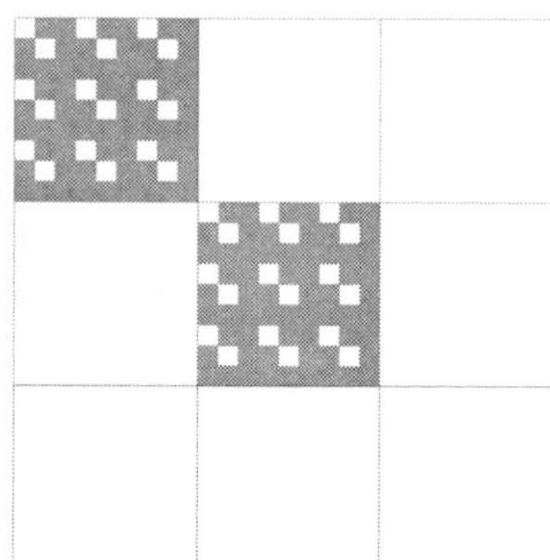

(3) 1단계 3개

① $\log_3 3 = 1$	② $\log_9 27 = 1.5$	③ $\log_{27} 162 = 1.544$
	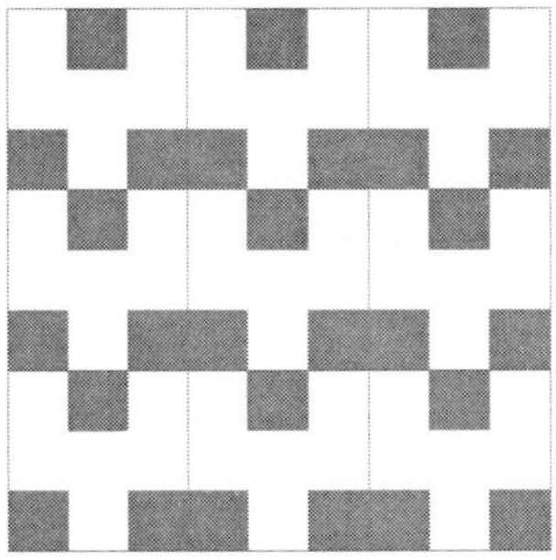	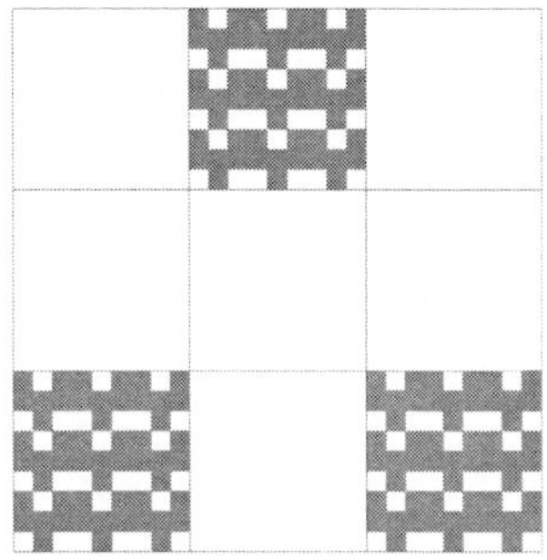
		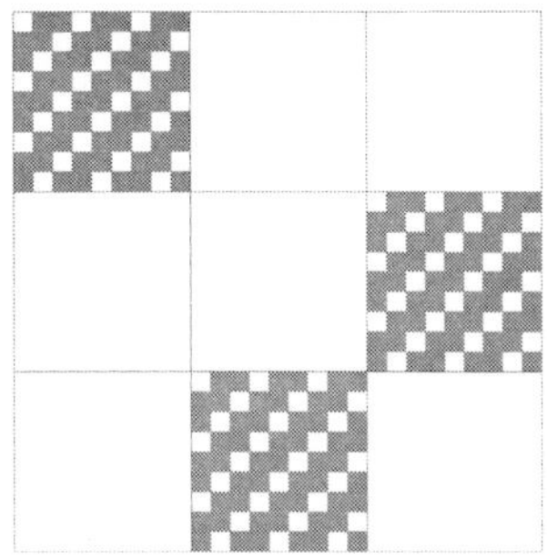
	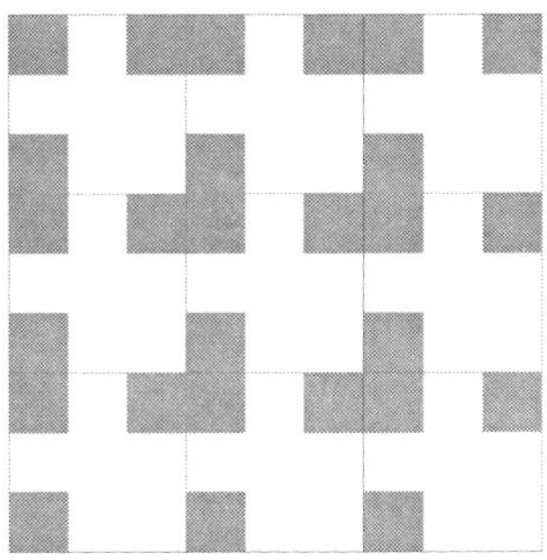	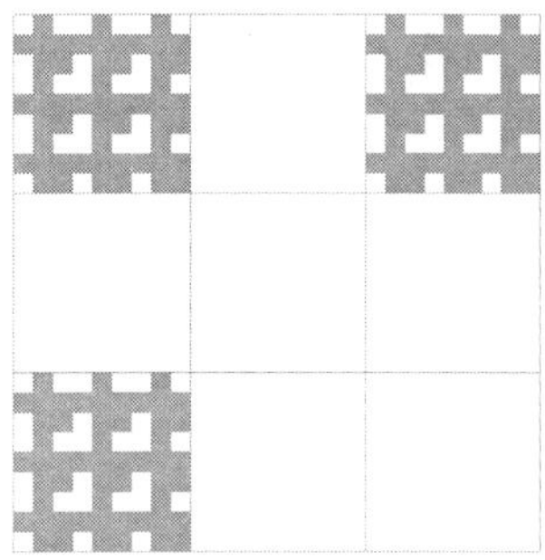
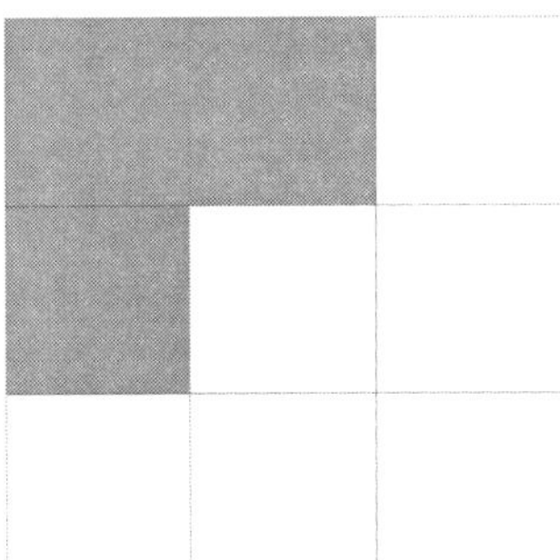		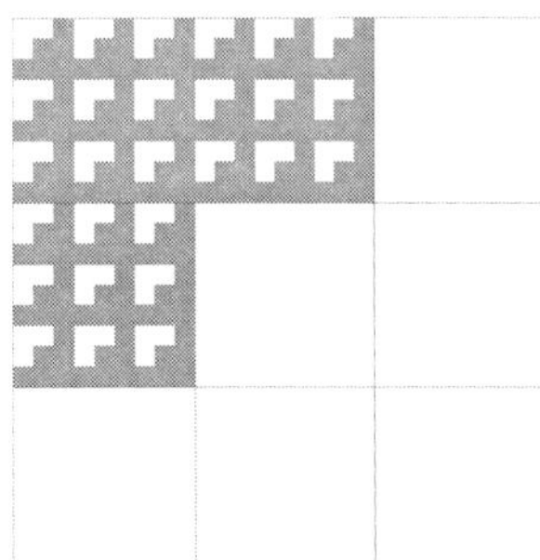

(4) 1단계 4개

① $\log_3 4 = 1.262$	② $\log_9 36 = 1.631$	③ $\log_{27} 180 = 1.576$
	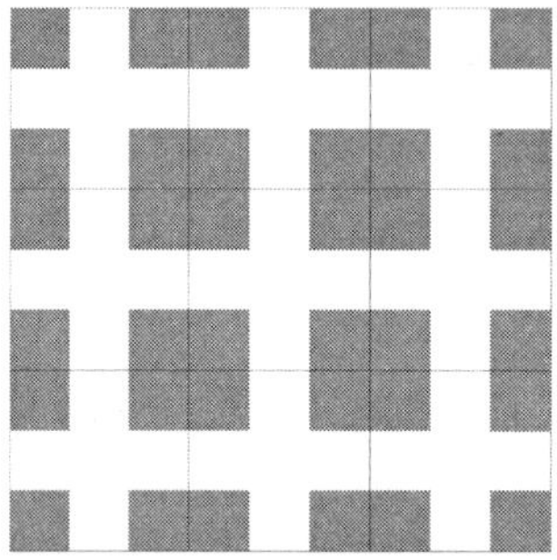	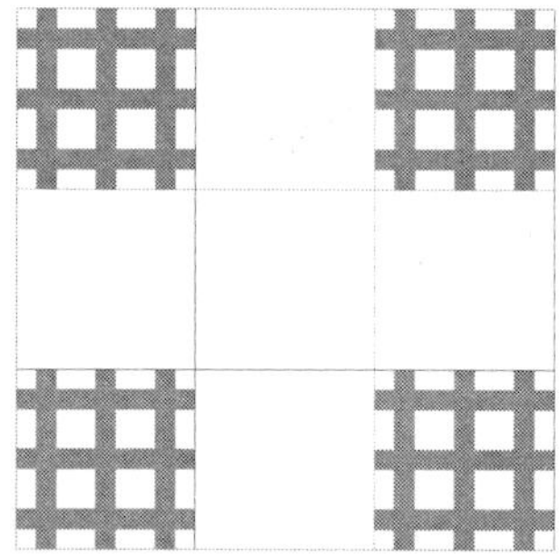
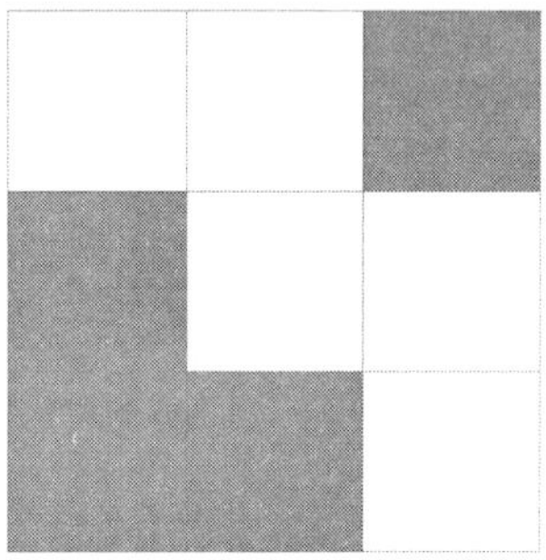		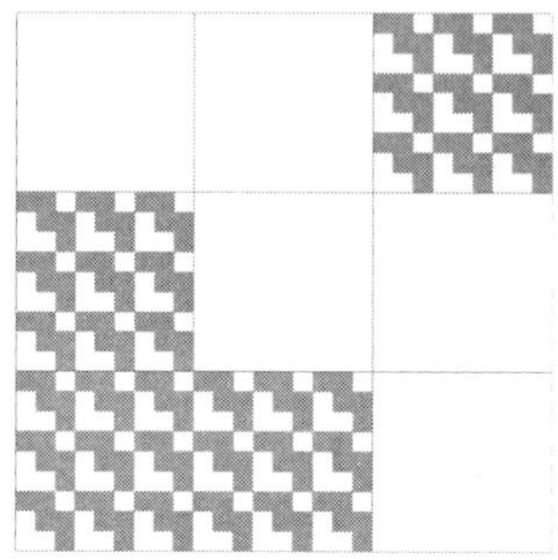
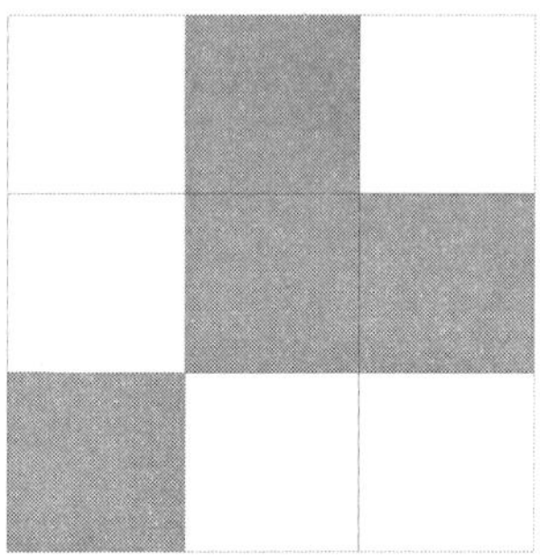		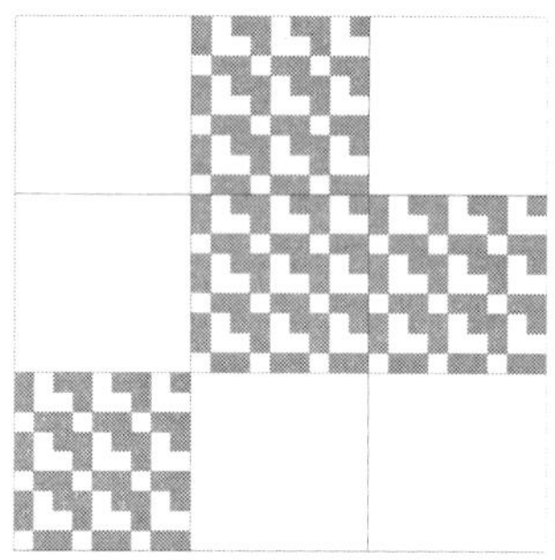
	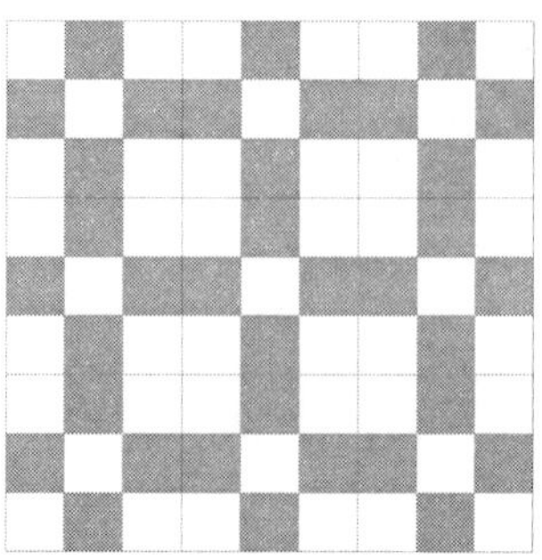	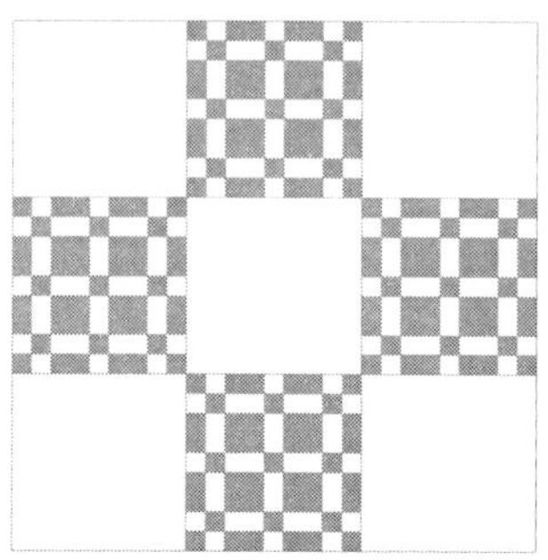

(5) 1단계 5개

① $\log_3 5 = 1.465$	② $\log_9 45 = 1.732$	③ $\log_{27} 180 = 1.576$
	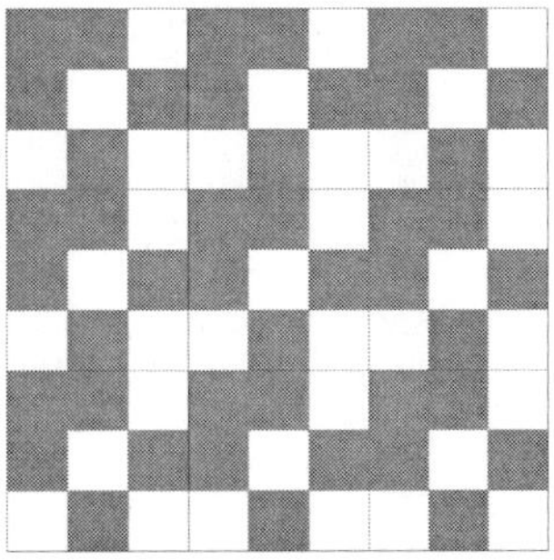	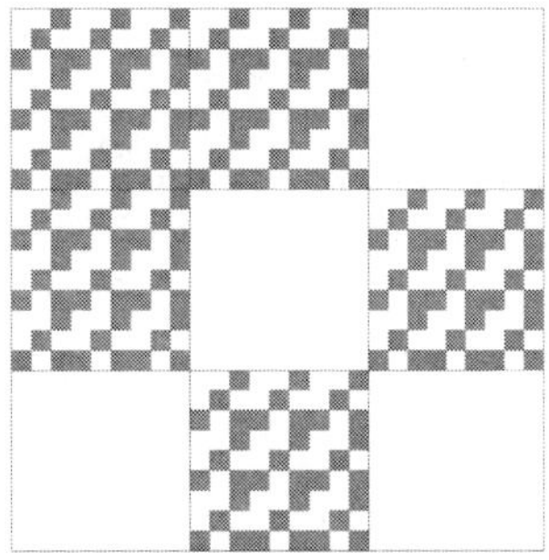
	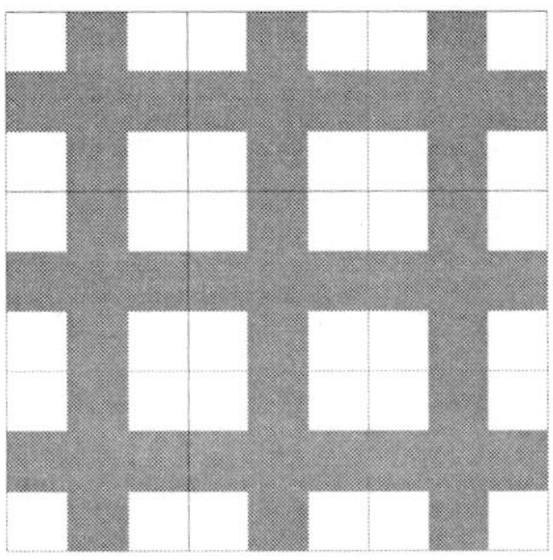	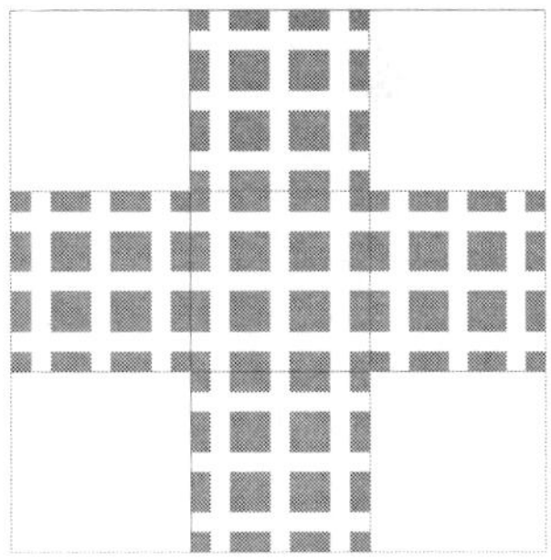
	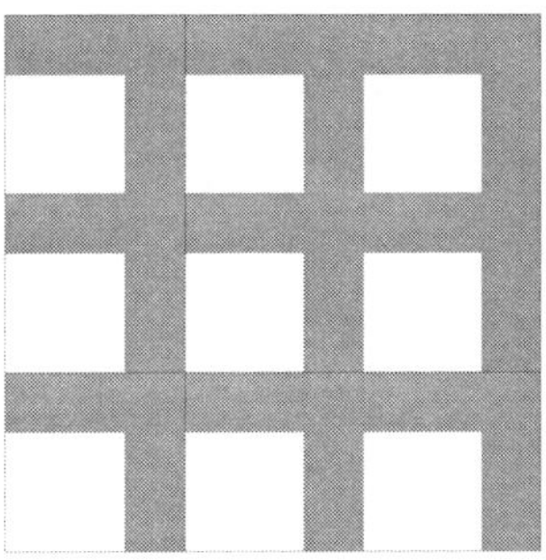	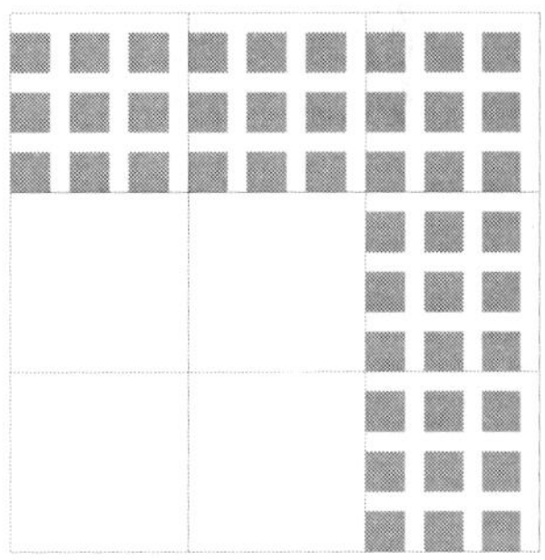

(6) 1단계 6개

① $\log_3 6 = 1.631$	② $\log_9 54 = 1.815$	③ $\log_{27} 162 = 1.544$
		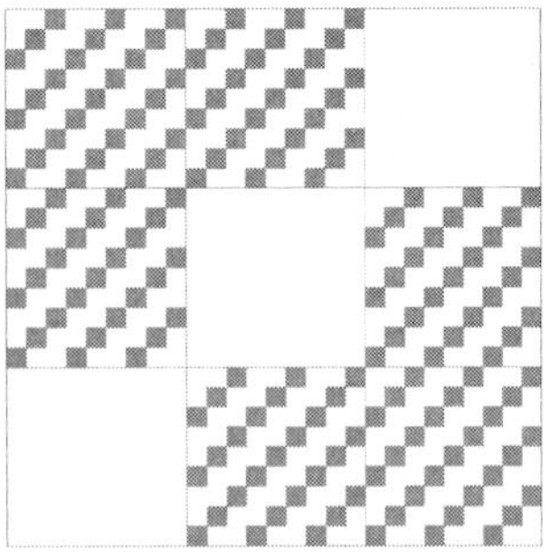
		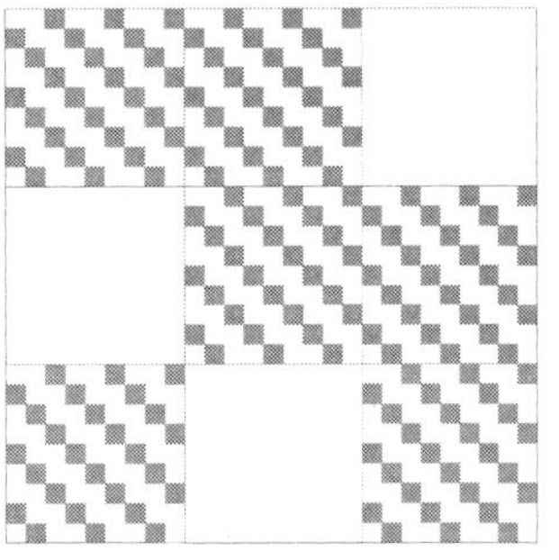
		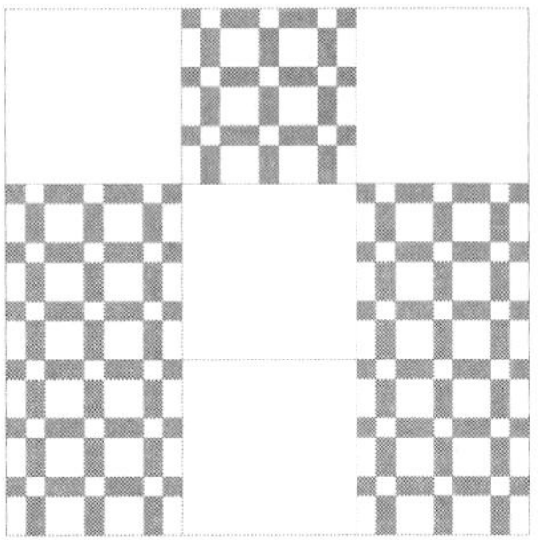
		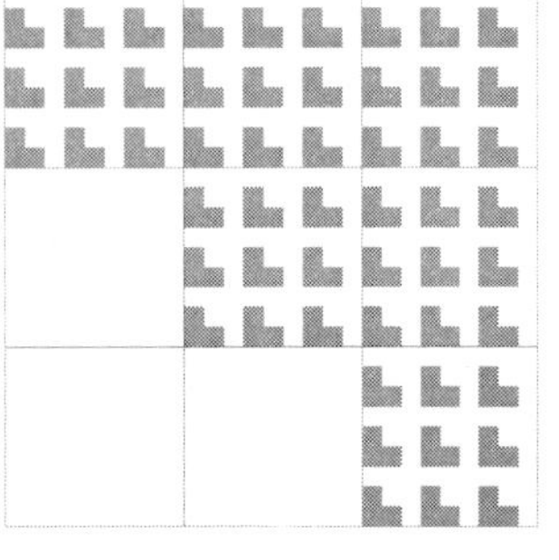

(7) 1단계 7개

① $\log_3 7 = 1.771$	② $\log_9 63 = 1.886$	③ $\log_{27} 126 = 1.467$
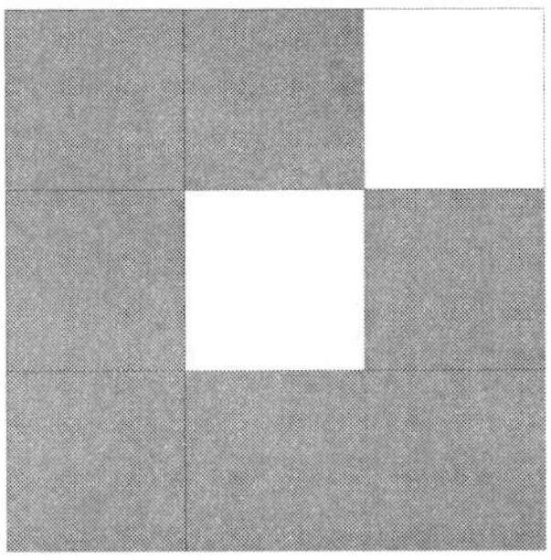		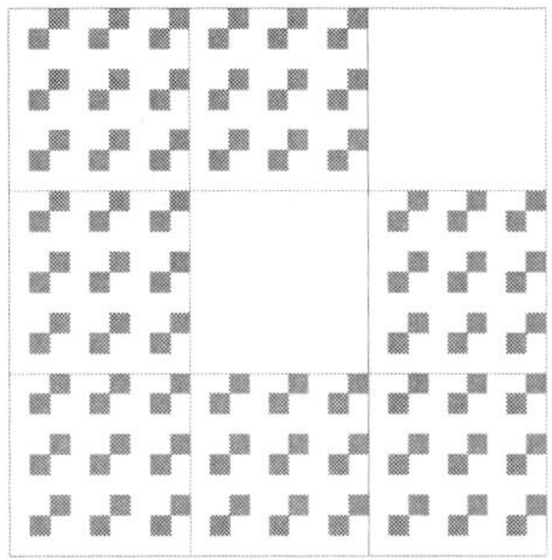

		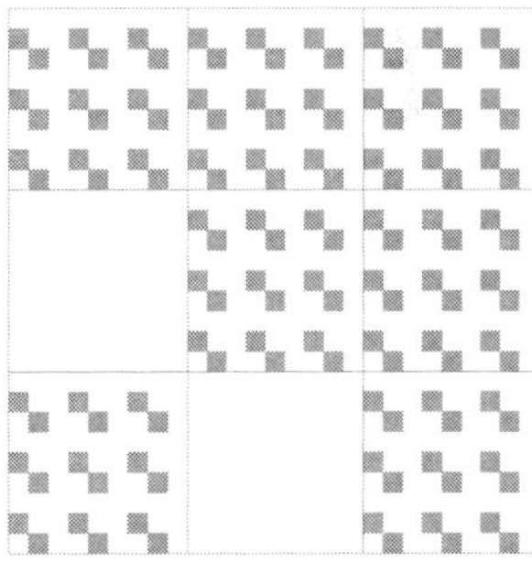
	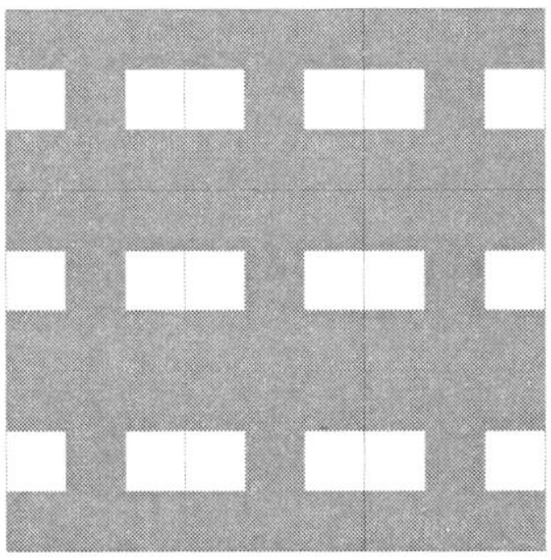	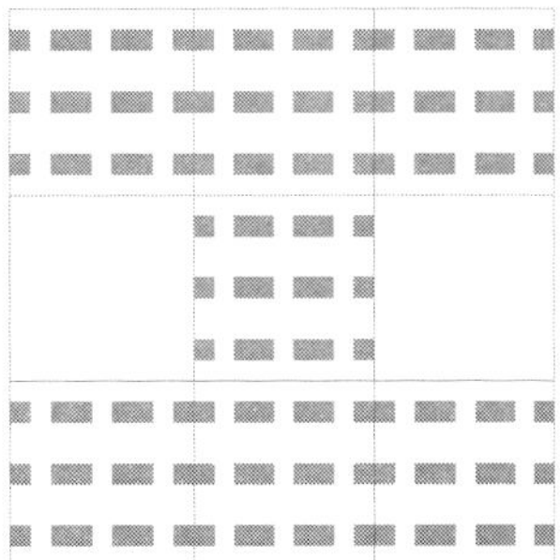

2 4×4 나눗셈-뺄셈 프랙탈

(1) 1단계 1개

① $\log_4 1 = 0$	② $\log_{16} 16 = 1$	③ $\log_{64} 240 = 1.318$
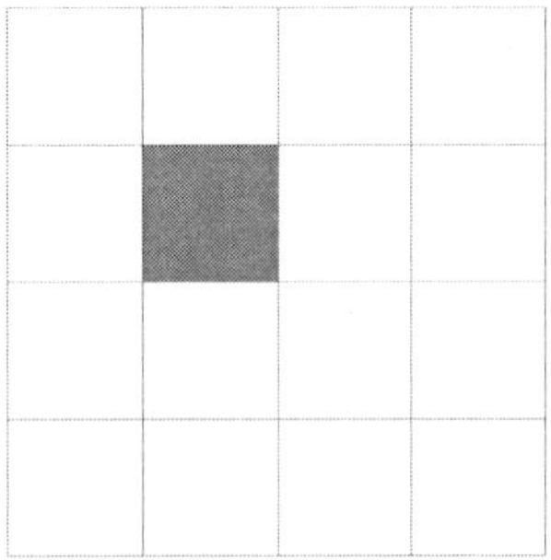	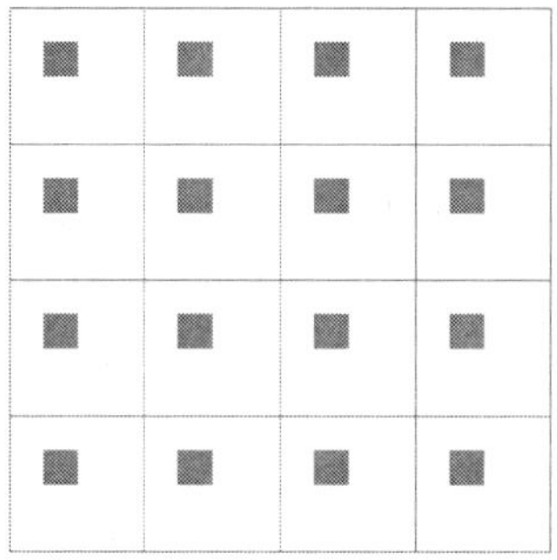	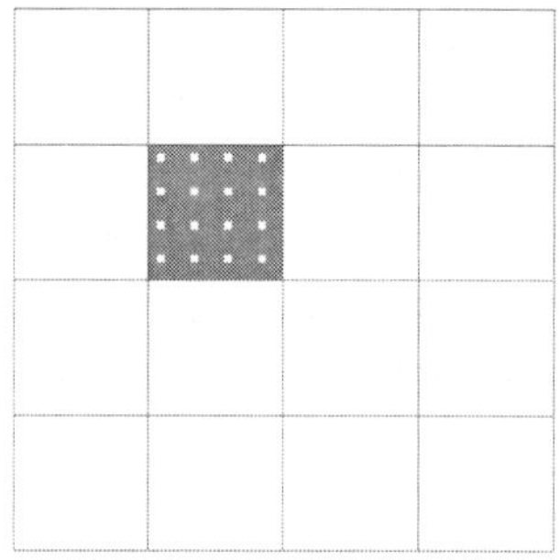

(2) 1단계 2개

① $\log_4 2 = 0.5$	② $\log_{16} 32 = 1.25$	③ $\log_{64} 448 = 1.468$
	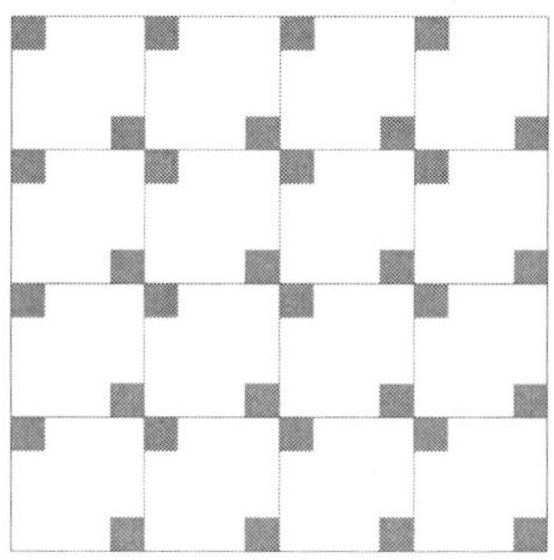	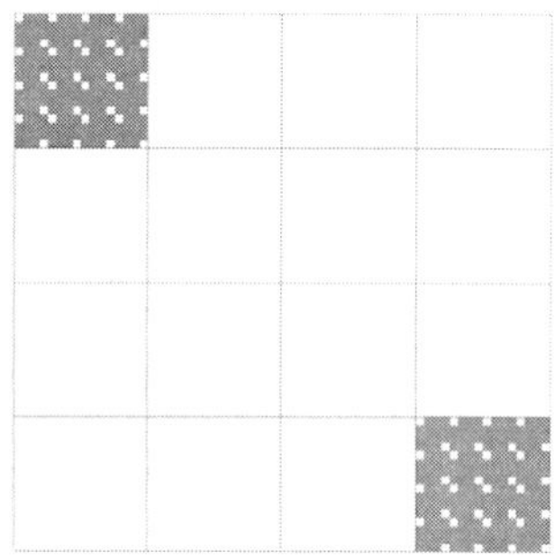

(3) 1단계 3개

① $\log_4 3 = 0.792$	② $\log_9 48 = 1.396$	③ $\log_{64} 624 = 1.548$
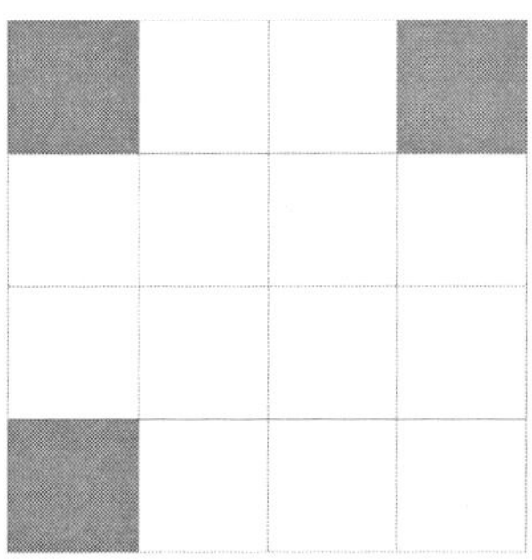	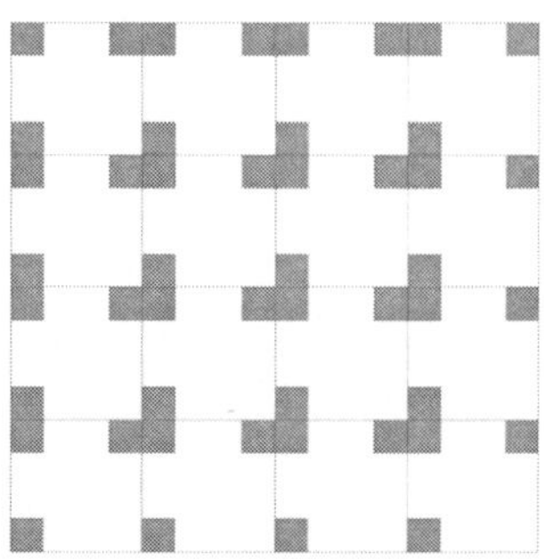	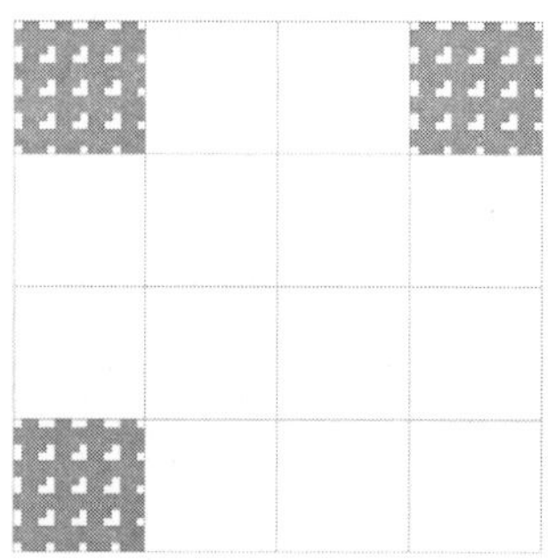

(4) 1단계 4개

① $\log_4 4 = 1$	② $\log_{16} 64 = 1.5$	③ $\log_{64} 768 = 1.597$
	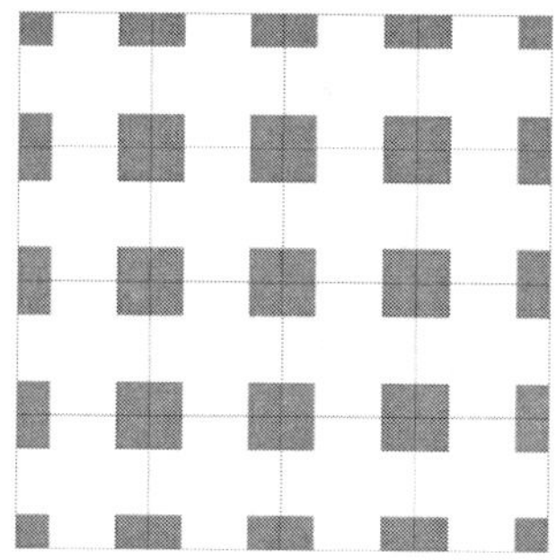	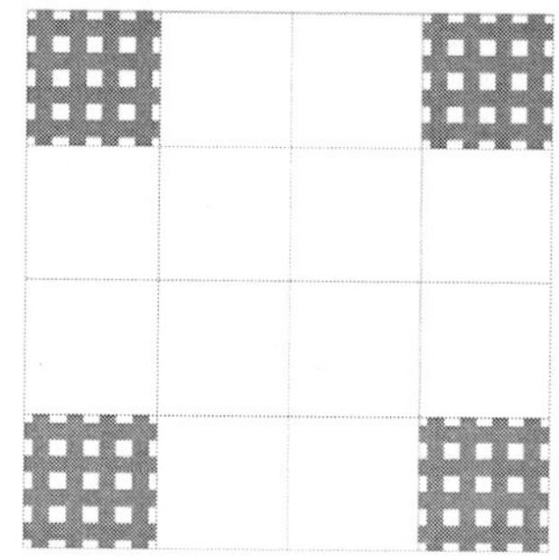
		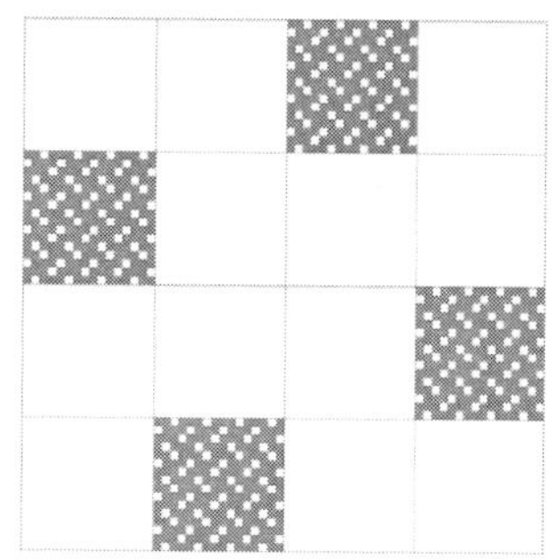
		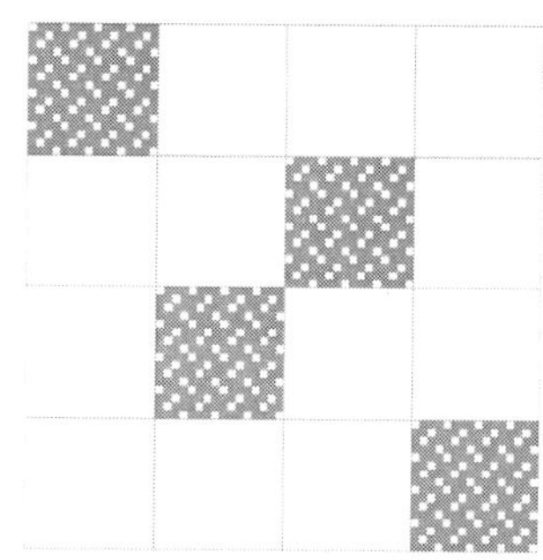
		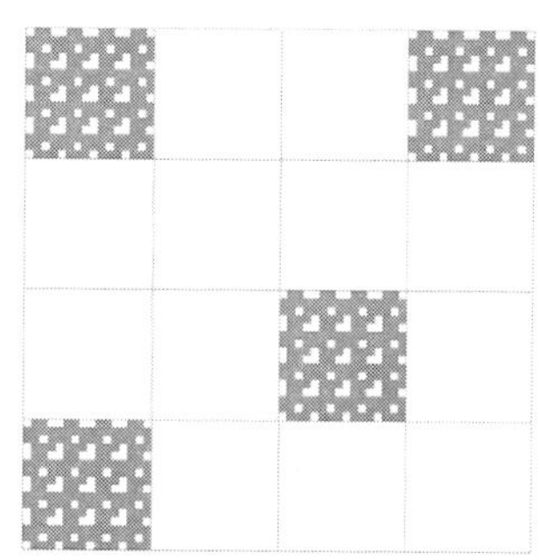

(5) 1단계 8개

① $\log_4 8 = 1.5$	② $\log_{16} 128 = 1.75$	③ $\log_{64} 2048 = 1.833$
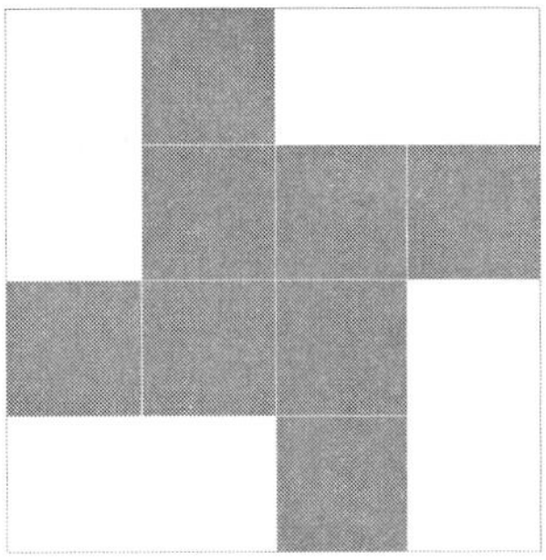		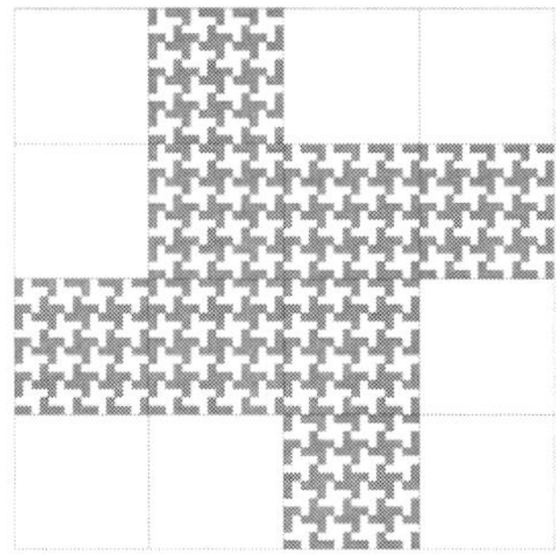
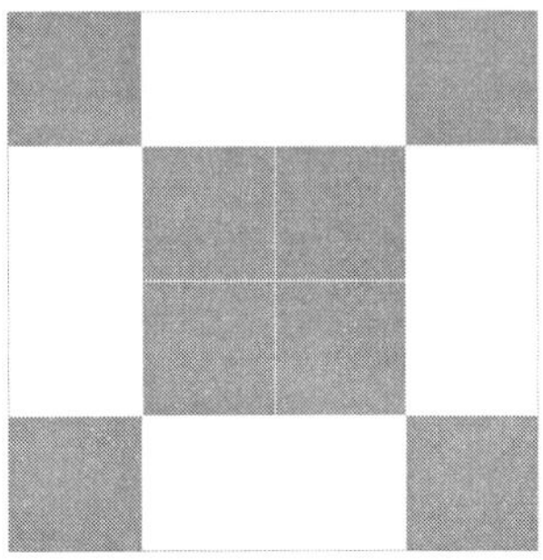	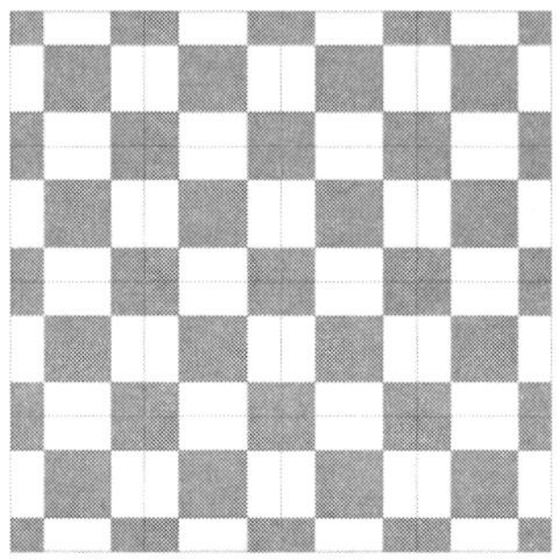	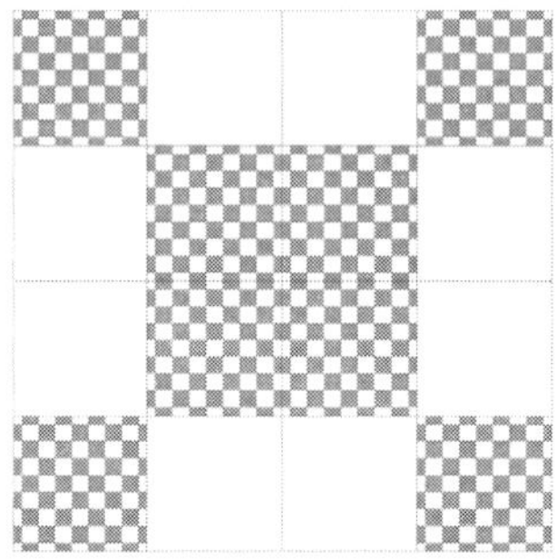
		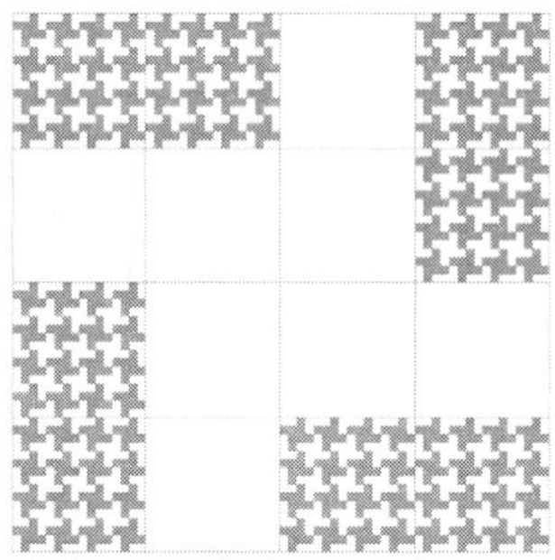
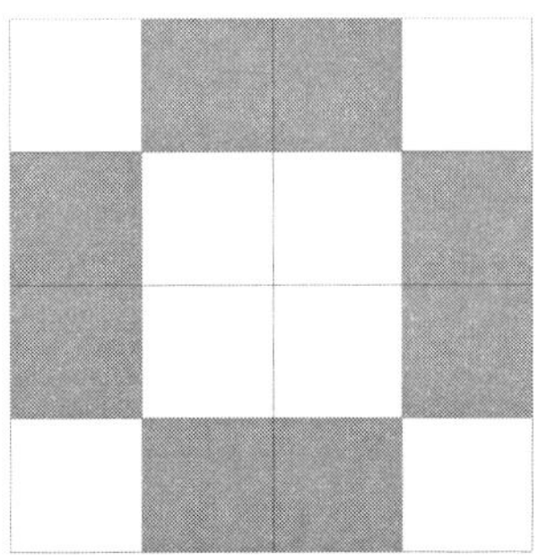	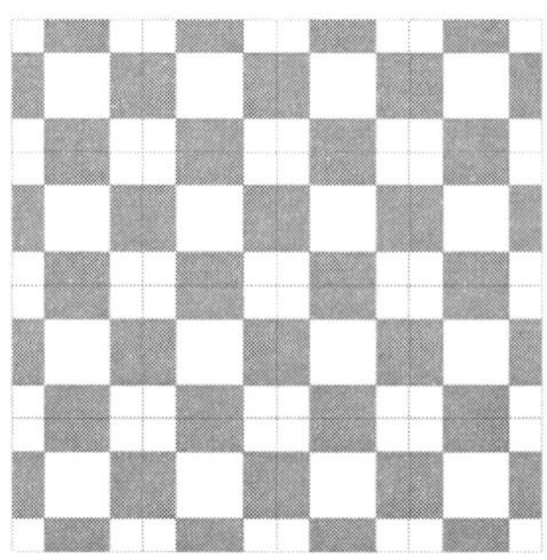	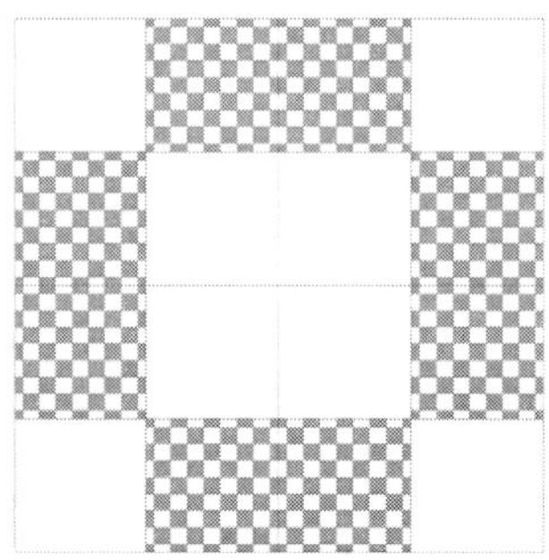

3 5×5 나눗셈-뺄셈 프랙탈

(1) 1단계 5개

① $\log_5 5 = 1$

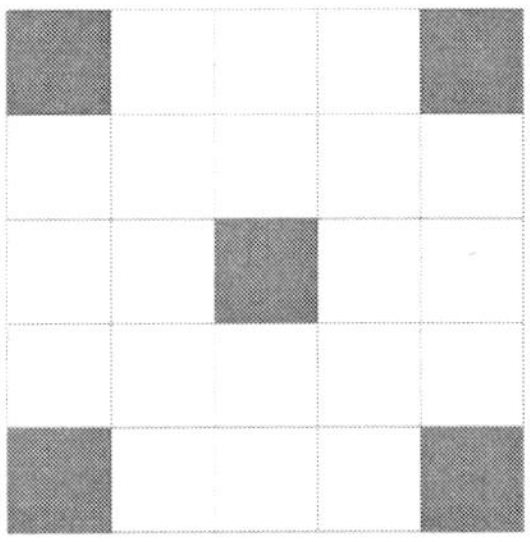

② $\log_{25} 200 = 1.65$

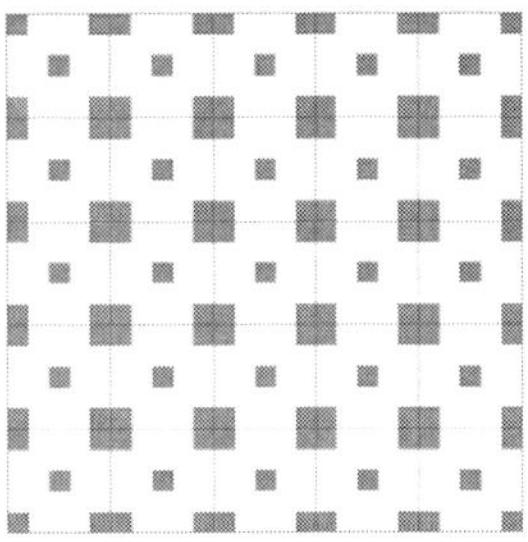

③ $\log_{125} 2500 = 1.62$

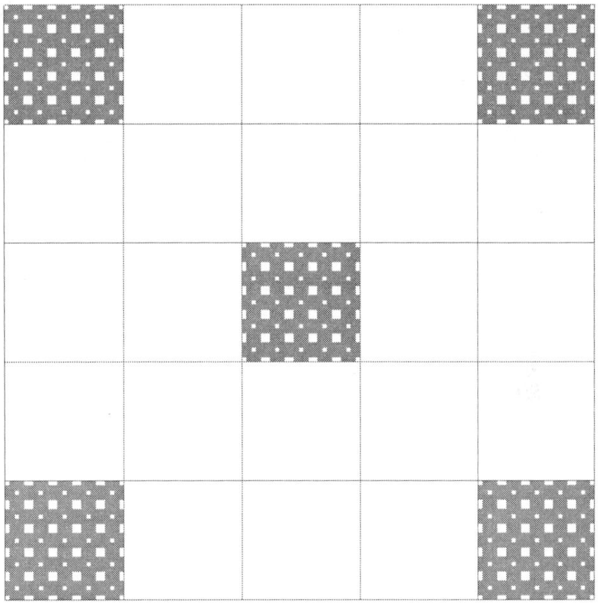

① $\log_5 5 = 1$

② $\log_{25} 200 = 1.65$

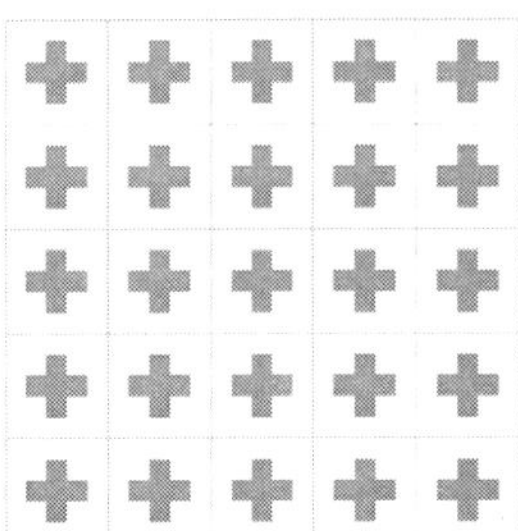

③ $\log_{125} 2500 = 1.62$

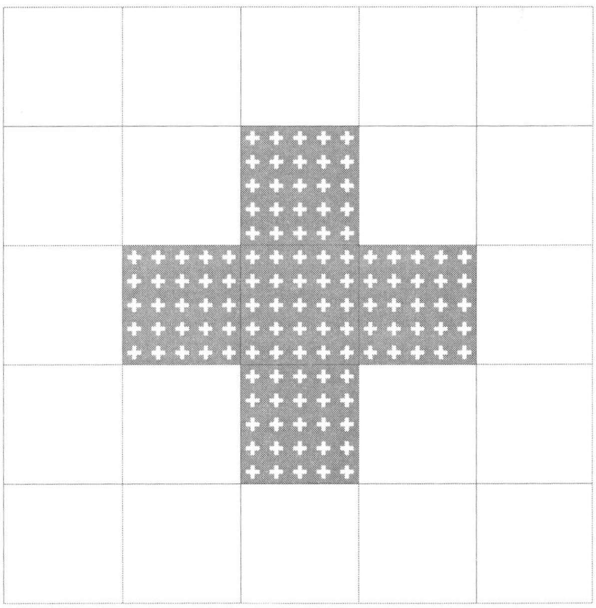

① $\log_5 5 = 1$

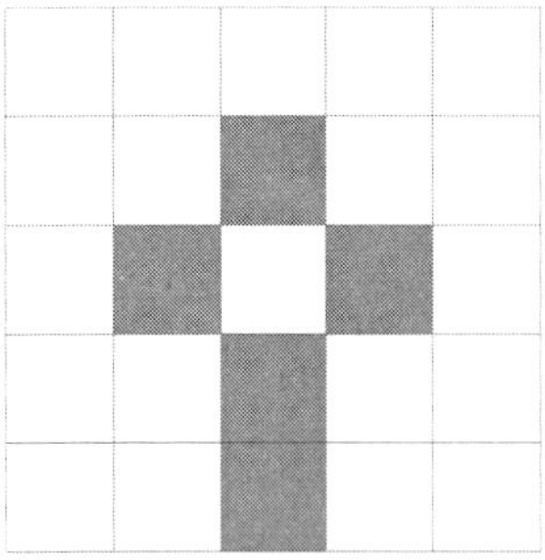

② $\log_{25} 200 = 1.65$

③ $\log_{125} 2500 = 1.62$

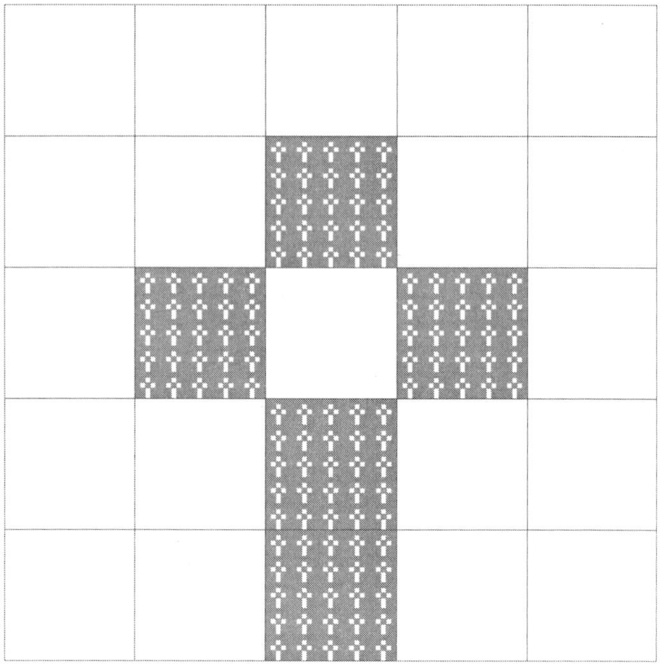

① $\log_5 5 = 1$

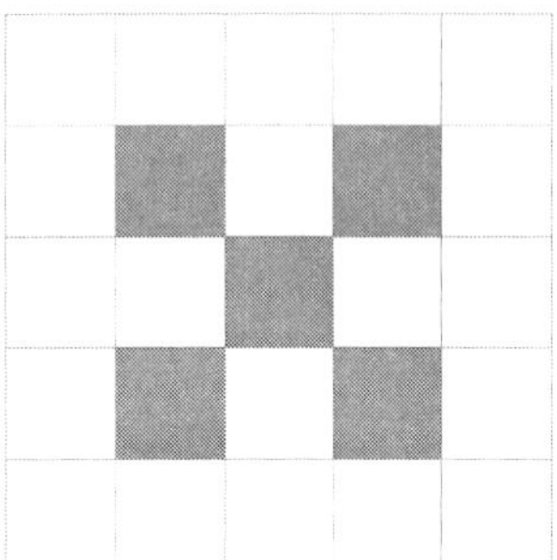

② $\log_{25} 200 = 1.65$

③ $\log_{125} 2500 = 1.62$

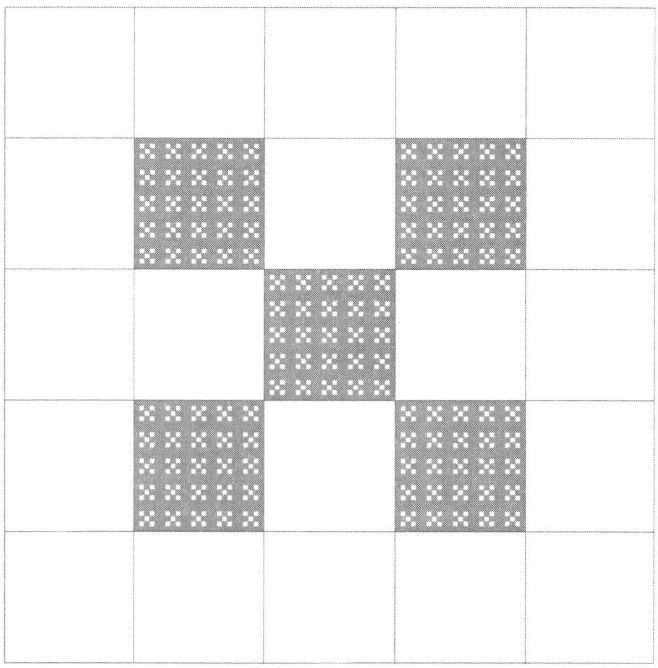

(2) 1단계 8개

① $\log_{5}8 = 1.292$

② $\log_{25}272 = 1.74$

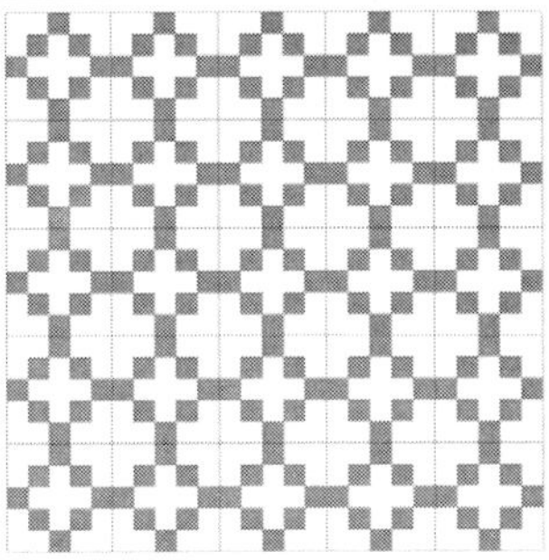

③ $\log_{125}3400 = 1.684$

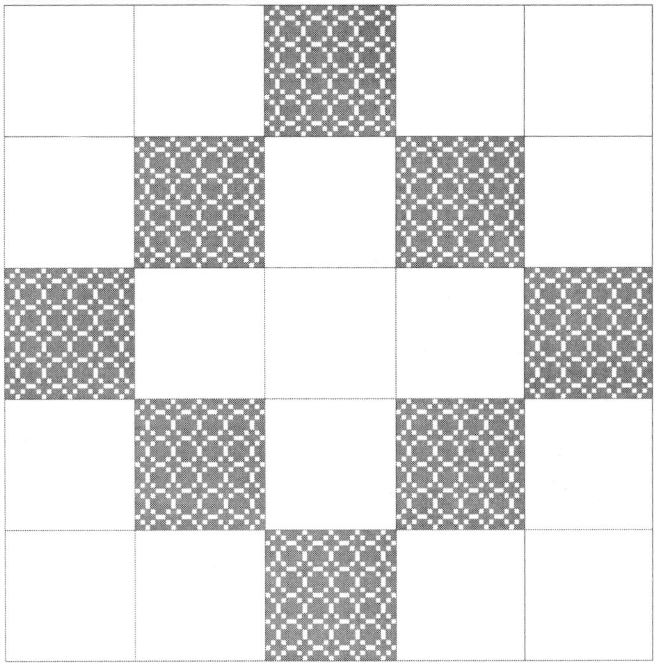

① $\log_{5}8 = 1.292$

② $\log_{25}200 = 1.646$

③ $\log_{125}3400 = 1.684$

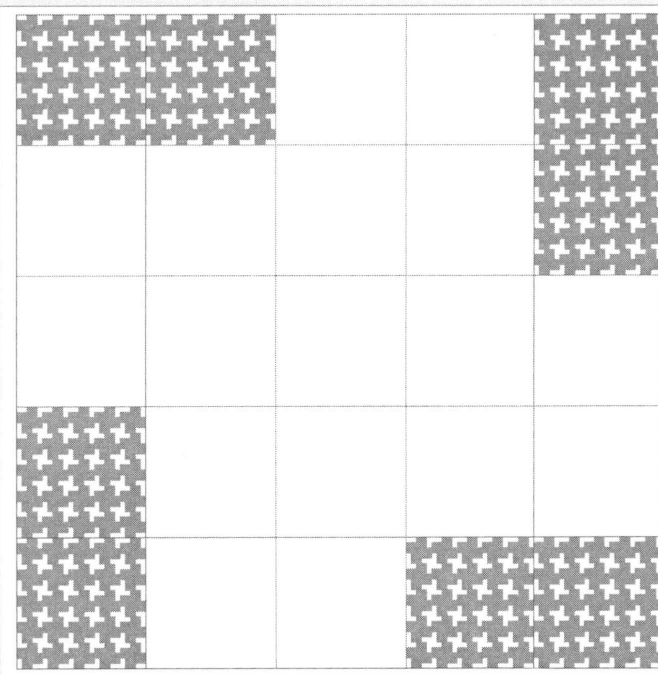

① $\log_5 8 = 1.292$

② $\log_{25} 200 = 1.646$

③ $\log_{125} 3400 = 1.684$

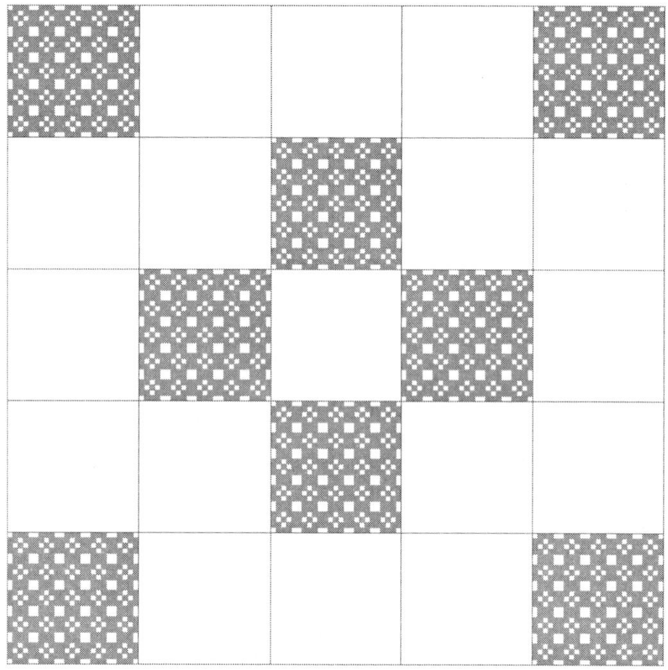

① $\log_5 8 = 1.292$

② $\log_{25} 200 = 1.646$

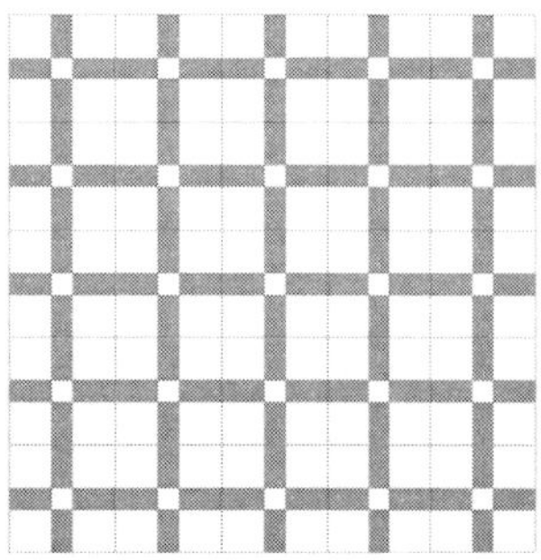

③ $\log_{125} 3400 = 1.684$

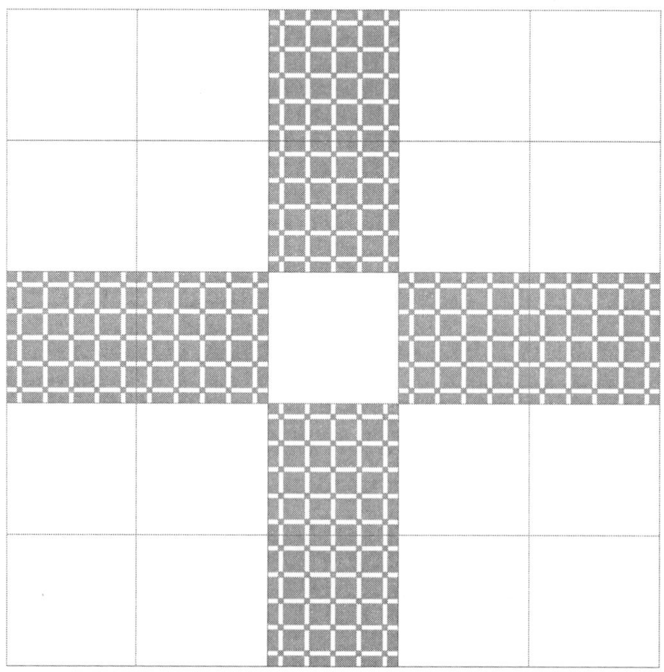

① $\log_5 8 = 1.292$

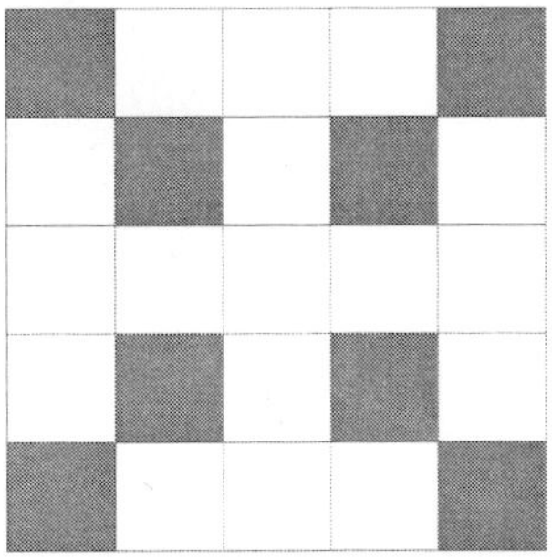

② $\log_{25} 200 = 1.646$

③ $\log_{125} 3400 = 1.684$

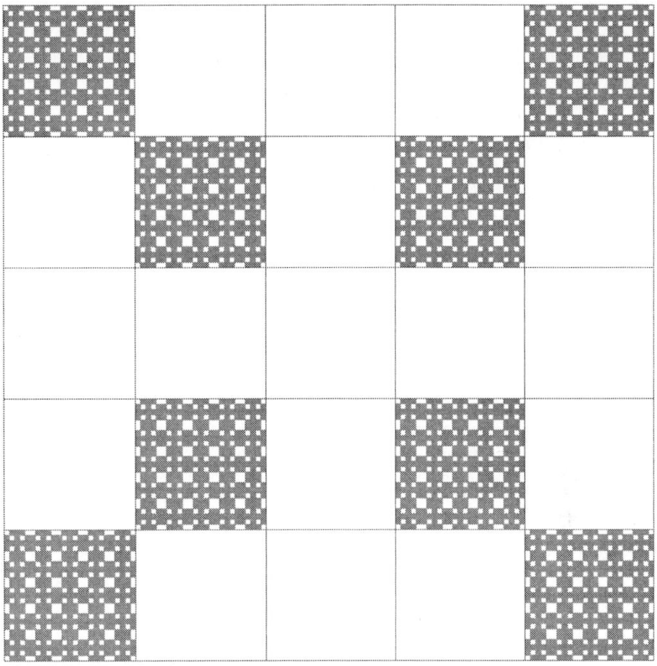

① $\log_5 8 = 1.292$

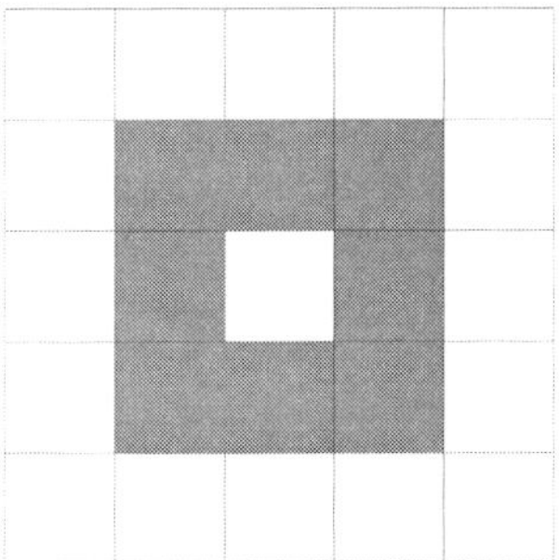

② $\log_{25} 200 = 1.646$

③ $\log_{125} 3400 = 1.684$

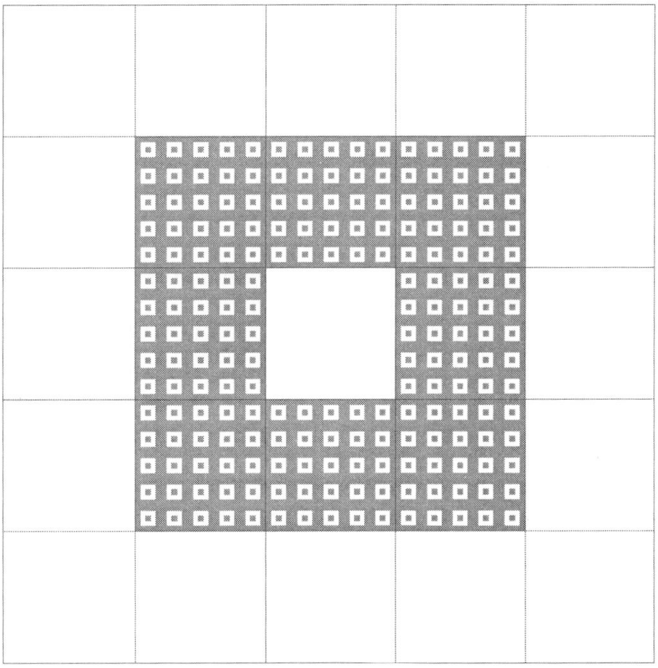

(3) 1단계 9개

① $\log_5 9 = 1.365$

② $\log_{25} 288 = 1.76$

③ $\log_{125} 3600 = 1.696$

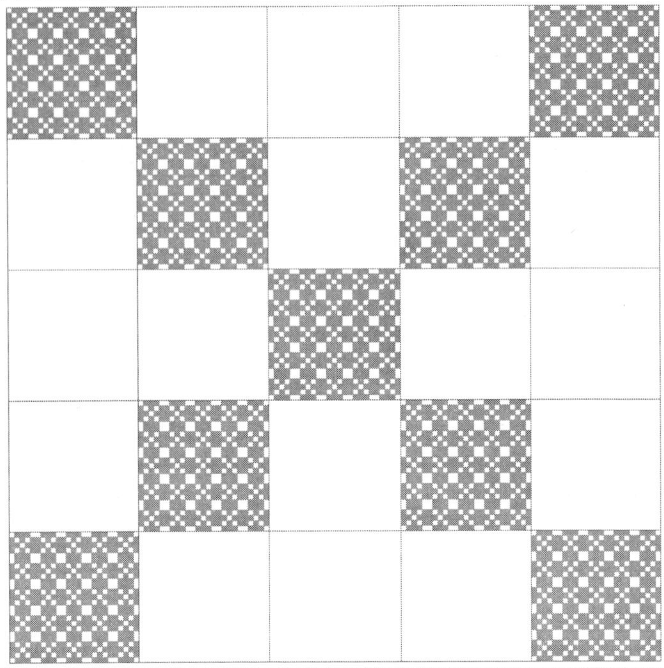

① $\log_5 9 = 1.365$

② $\log_{25} 288 = 1.76$

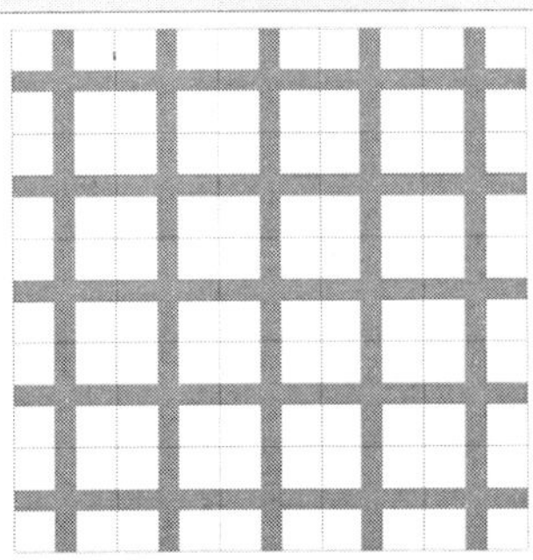

③ $\log_{125} 3600 = 1.696$

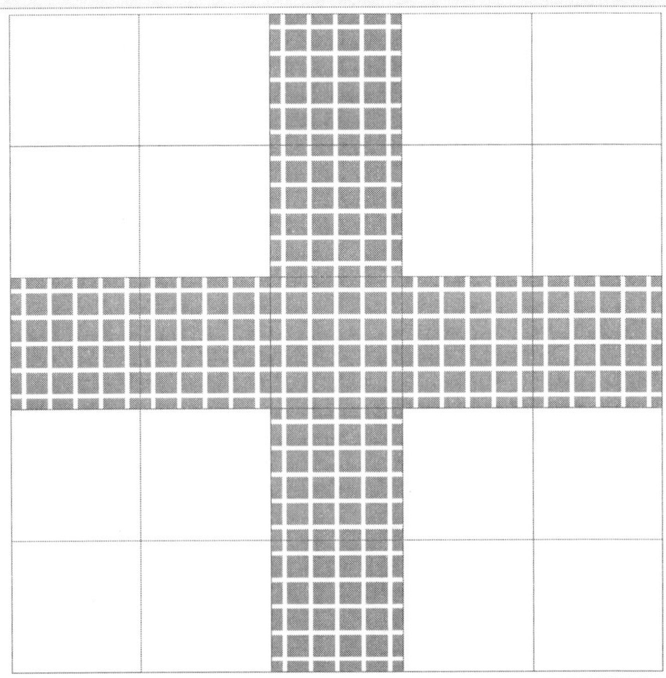

① $\log_5 9 = 1.365$

② $\log_{25} 288 = 1.76$

③ $\log_{125} 3600 = 1.696$

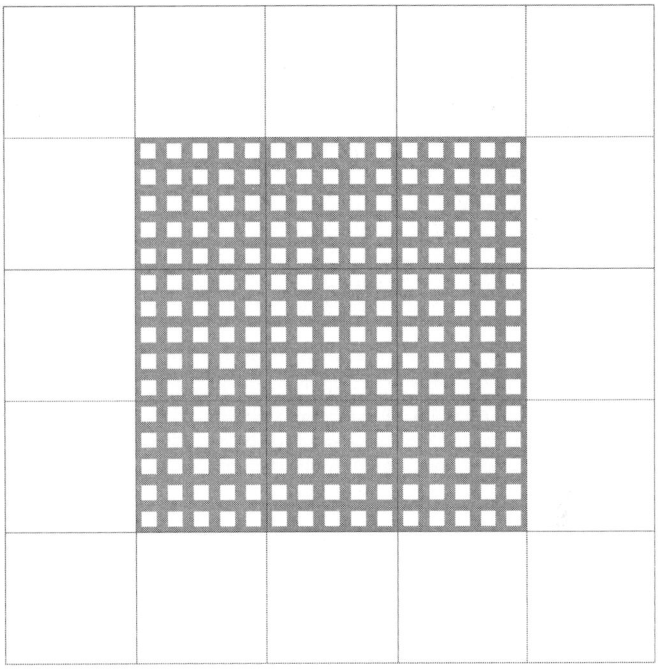

① $\log_5 9 = 1.365$

② $\log_{25} 288 = 1.76$

③ $\log_{125} 3600 = 1.696$

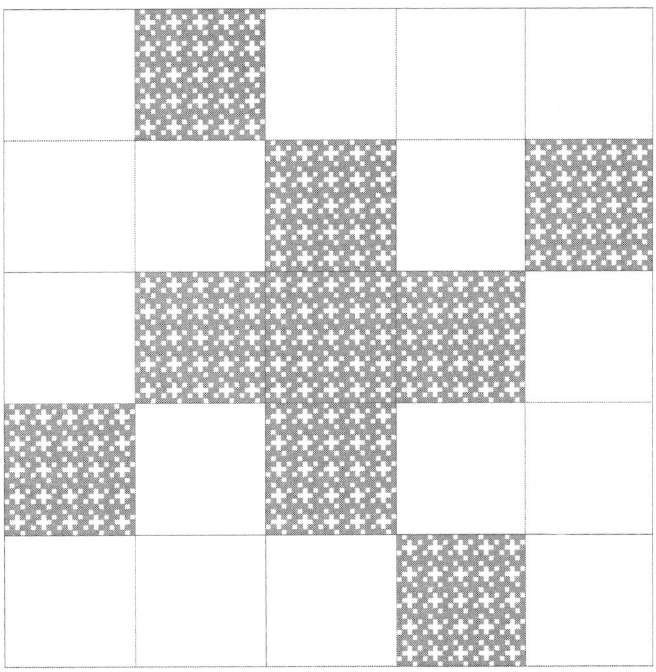

4 6×6 나눗셈-뺄셈 프랙탈

(1) 1단계 2개

① $\log_6 2 = 0.387$

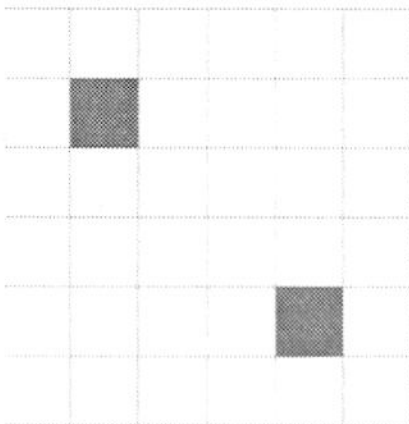

② $\log_{36} 72 = 1.193$

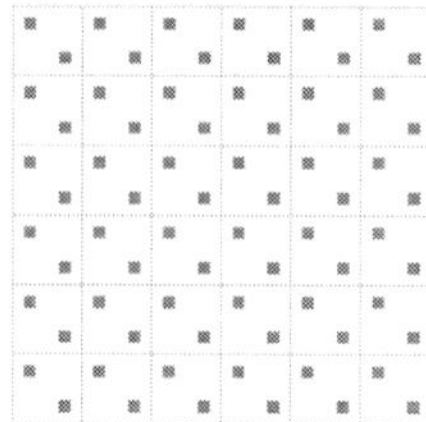

③ $\log_{216} 2448 = 1.452$

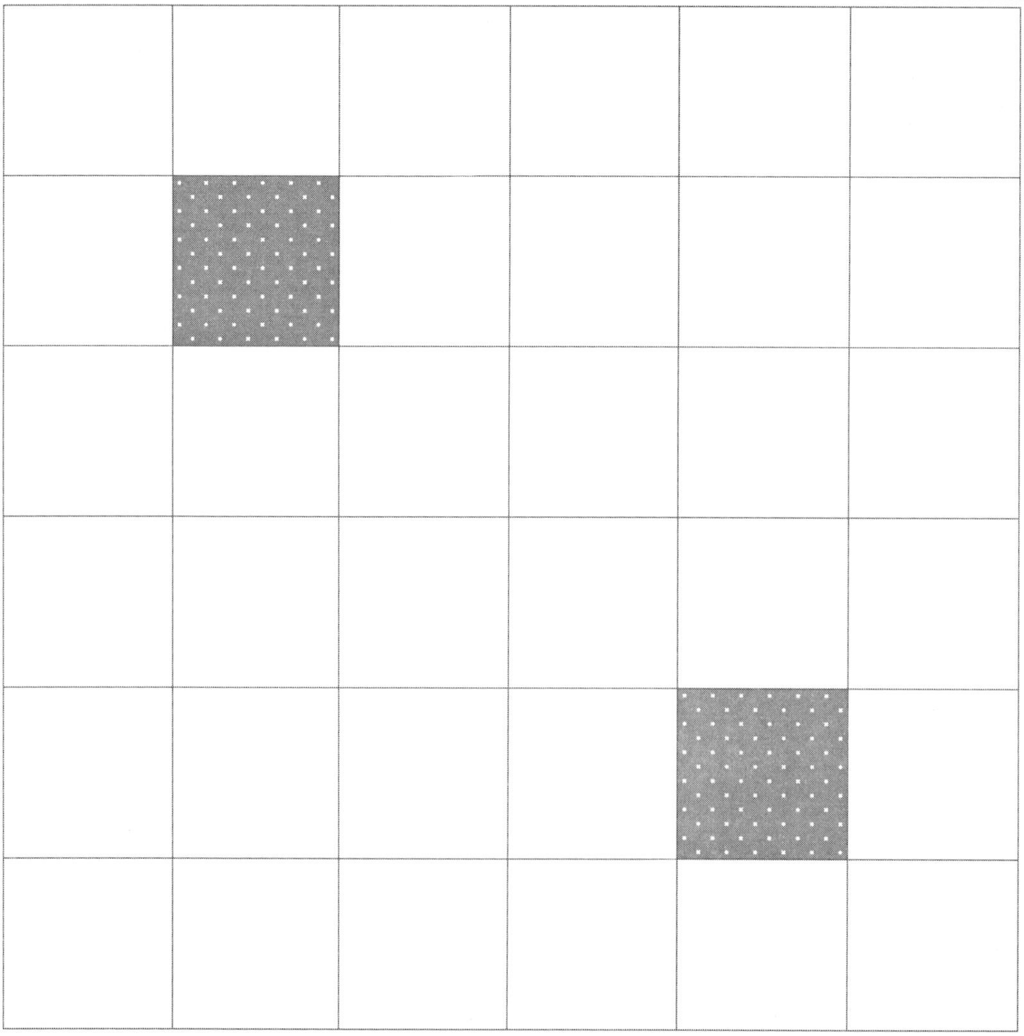

(2) 1단계 4개

① $\log_{6}4 = 0.774$

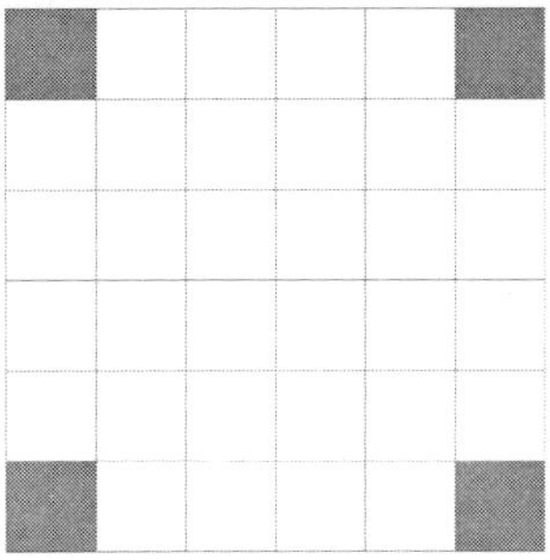

② $\log_{36}144 = 1.387$

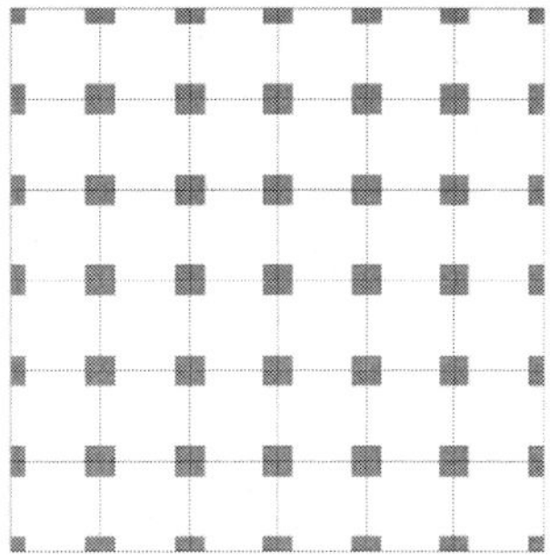

③ $\log_{216}4608 = 1.569$

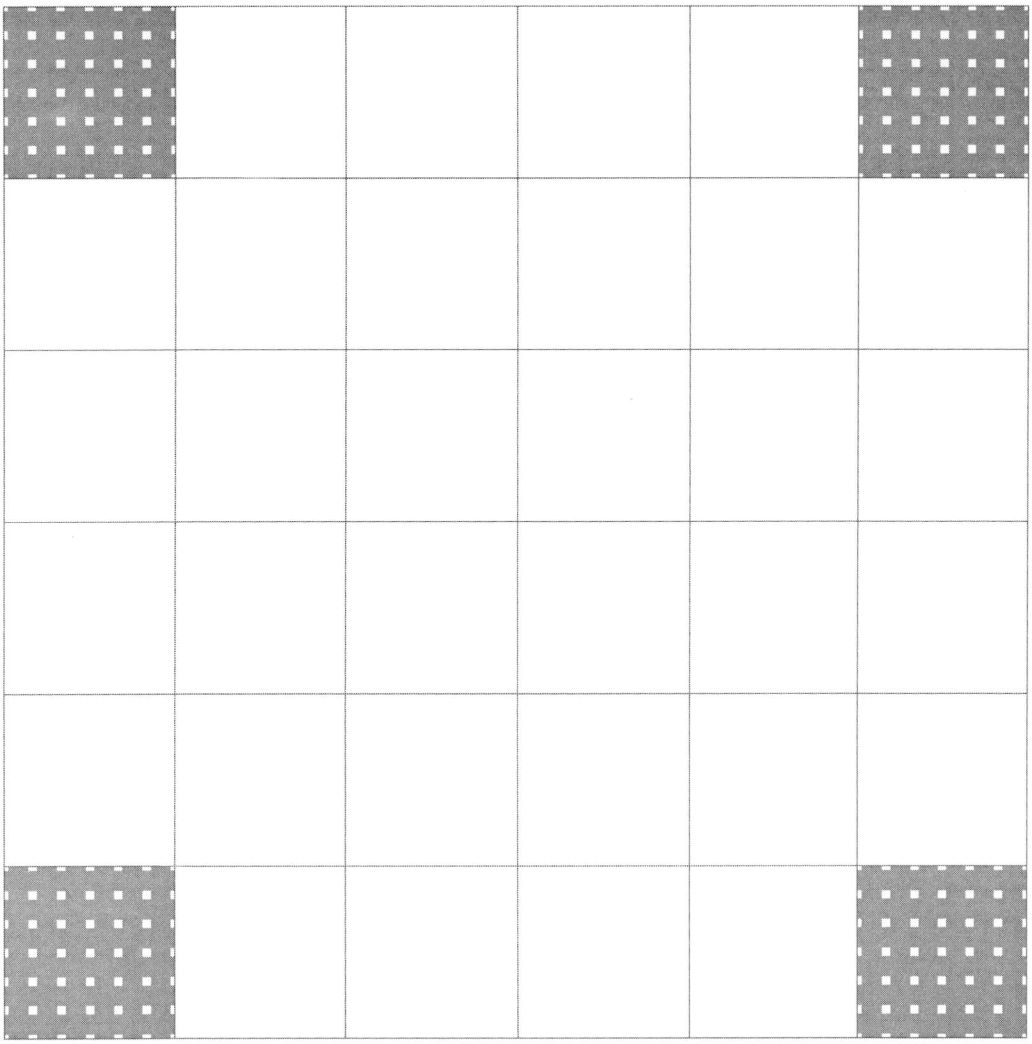

① $\log_6 4 = 0.774$

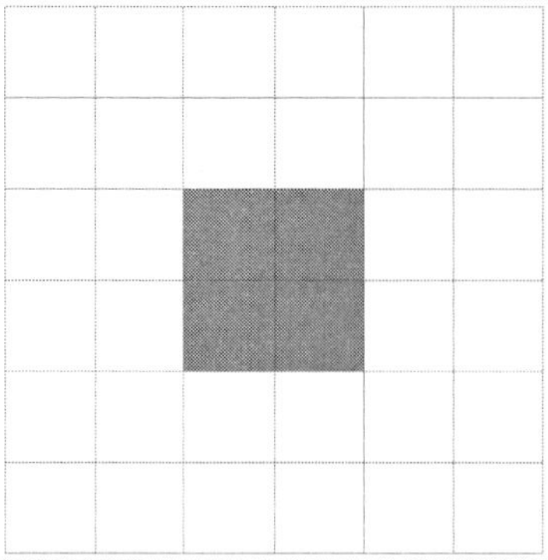

② $\log_{36} 144 = 1.387$

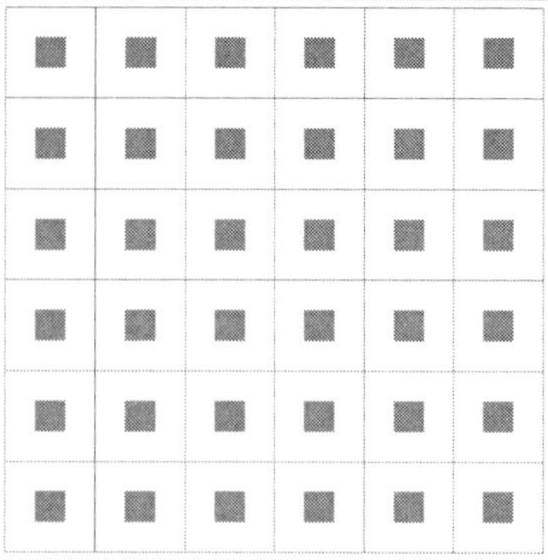

③ $\log_{216} 4608 = 1.569$

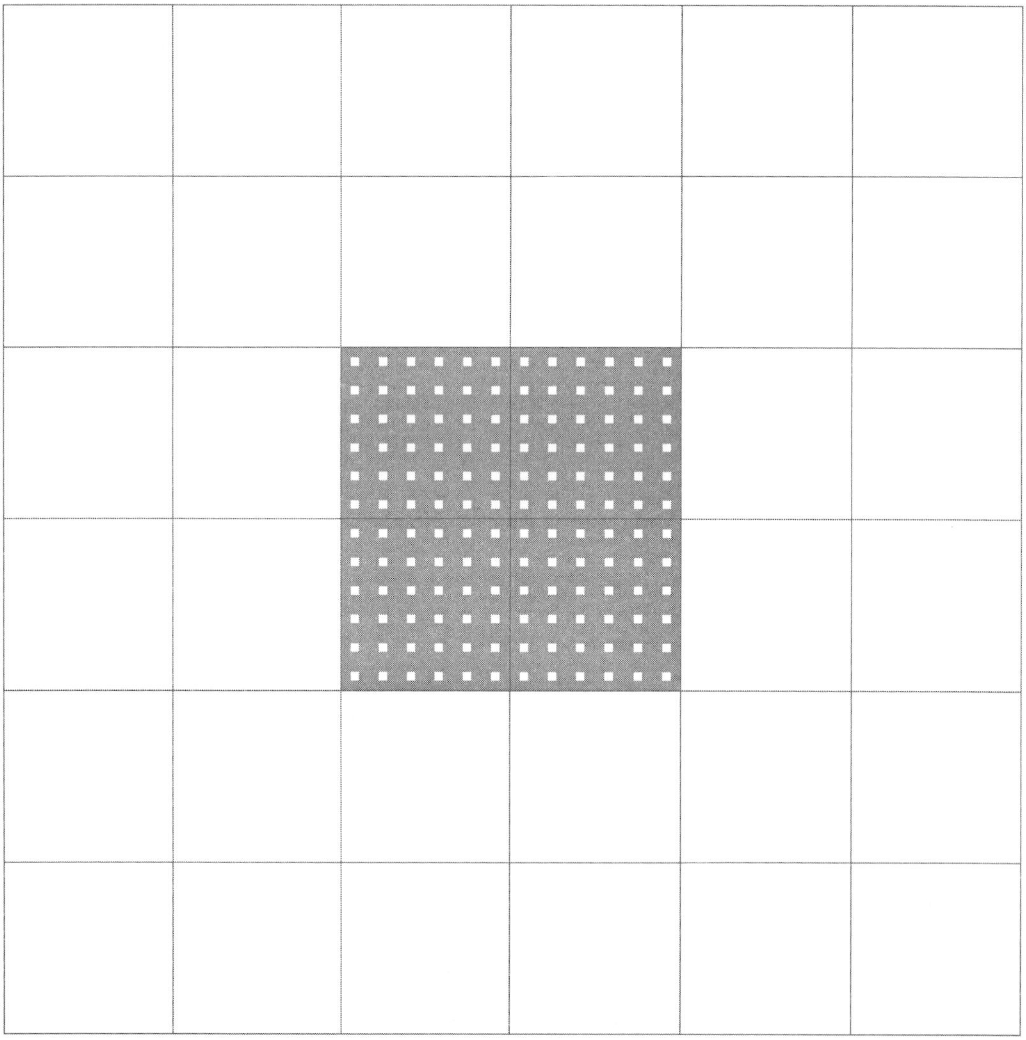

① $\log_{6}4 = 0.774$

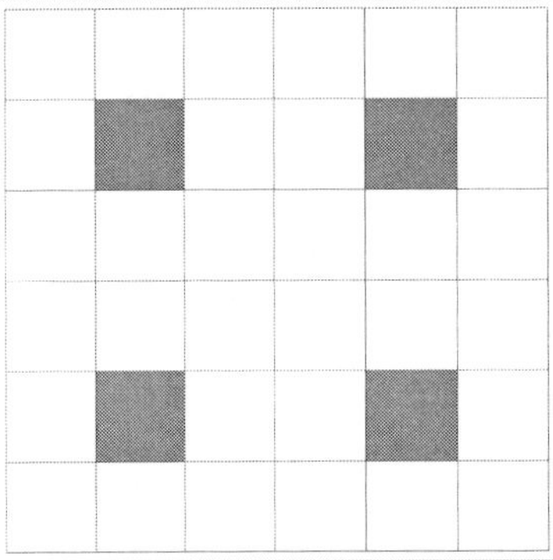

② $\log_{36}144 = 1.387$

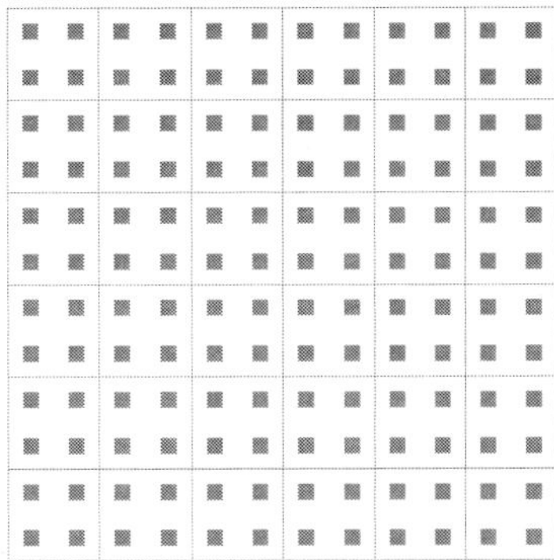

③ $\log_{216}4608 = 1.569$

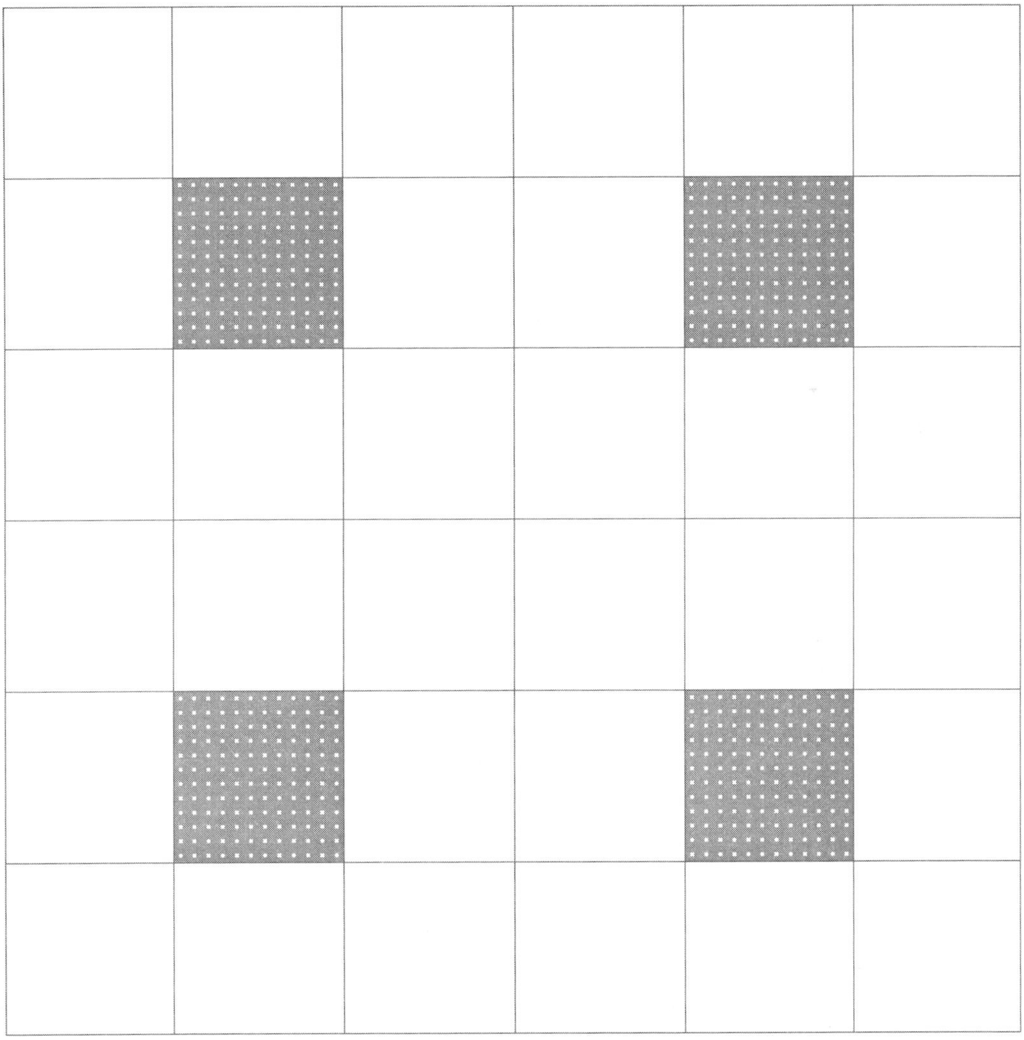

① $\log_6 4 = 0.774$

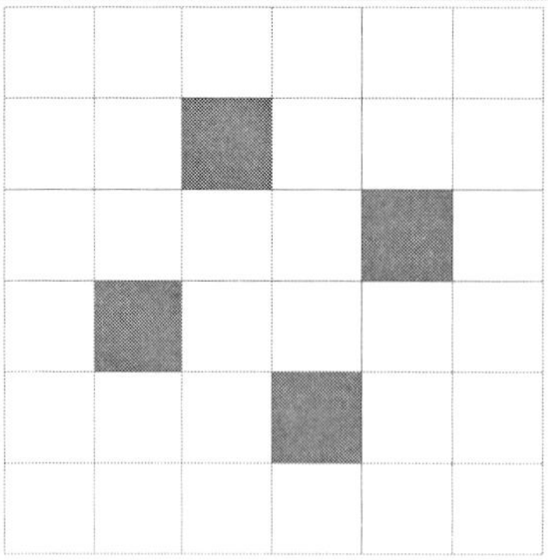

② $\log_{36} 144 = 1.387$

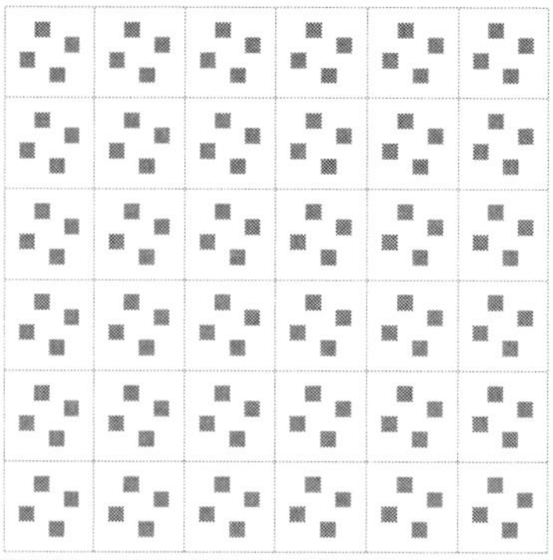

③ $\log_{216} 4068 = 1.569$

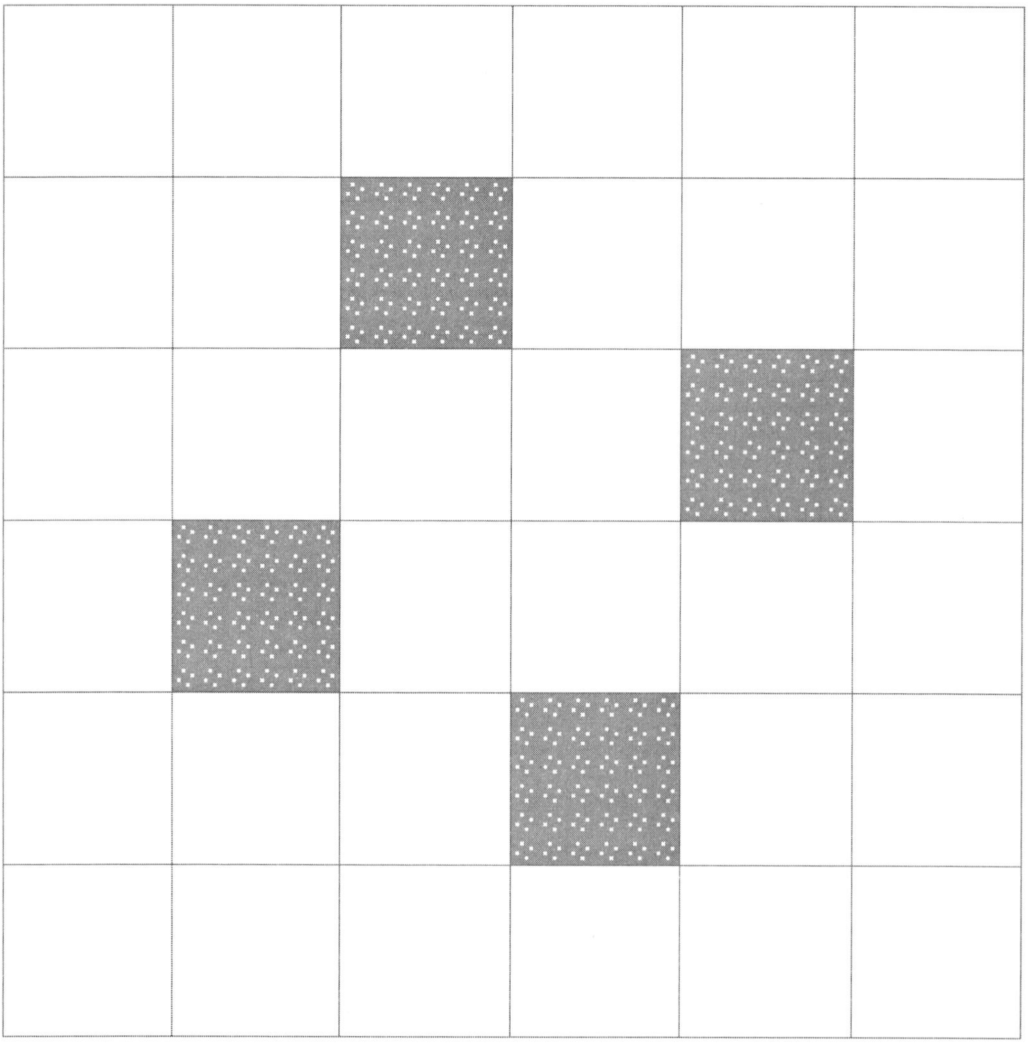

(3) 1단계 8개

① $\log_6 8 = 1.161$	② $\log_{36} 288 = 1.58$
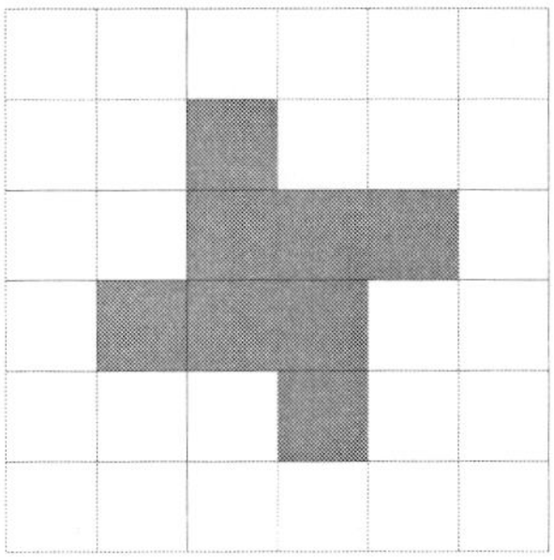	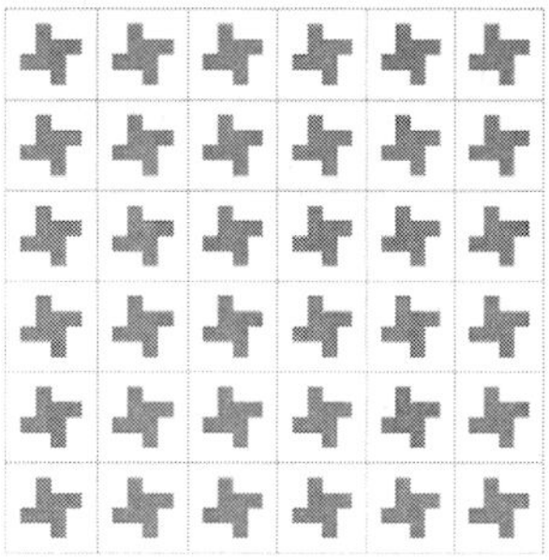

③ $\log_{216} 8064 = 1.673$

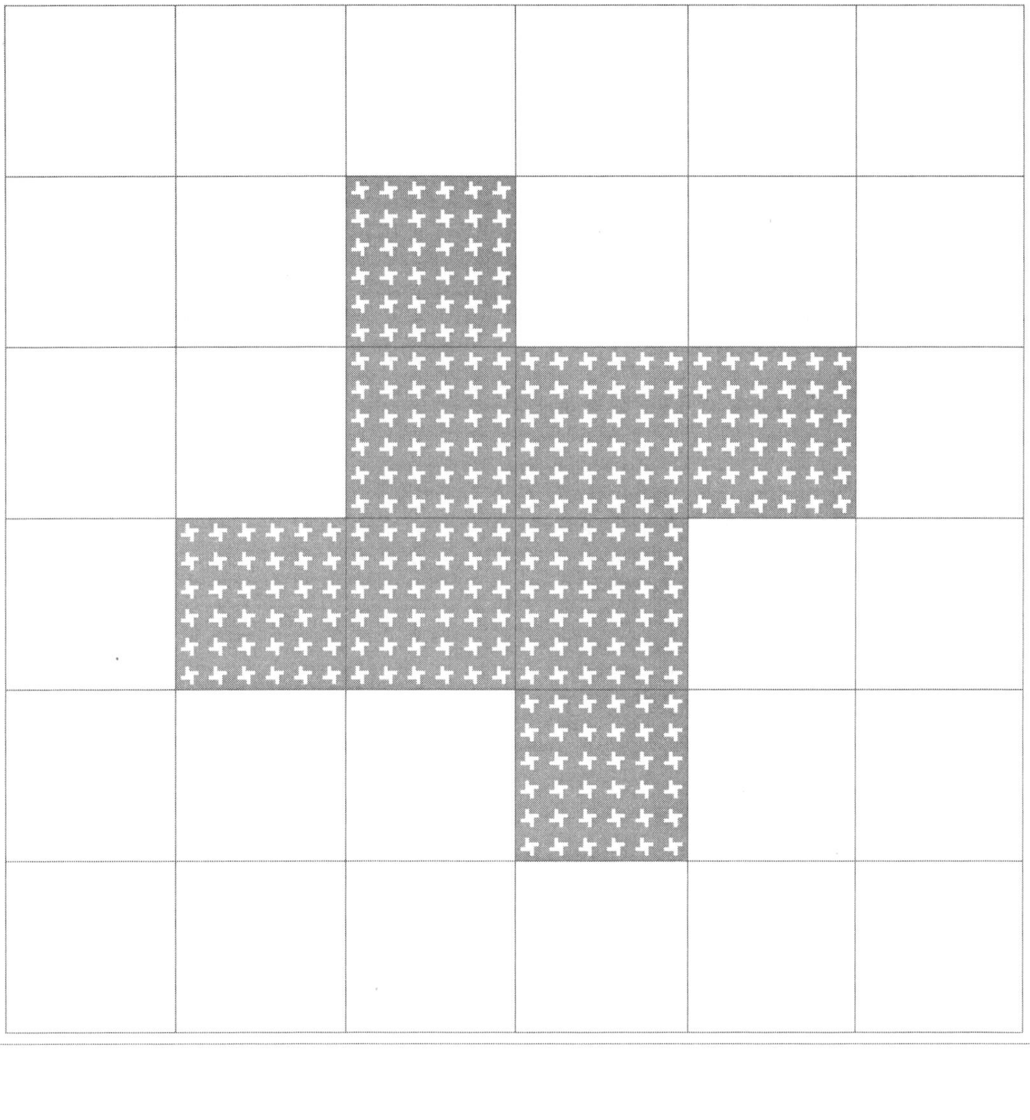

① $\log_6 8 = 1.161$

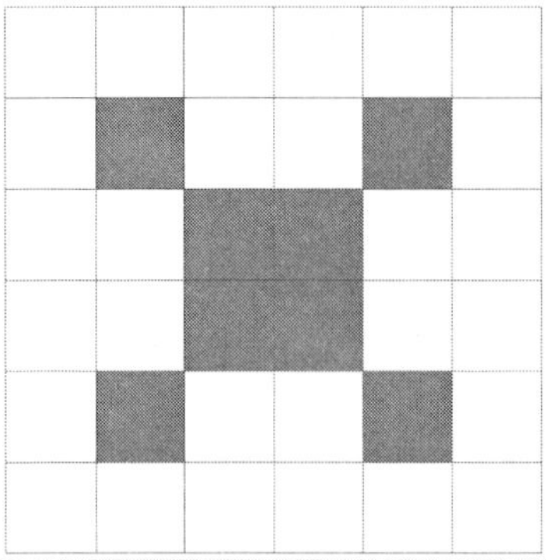

② $\log_{36} 288 = 1.58$

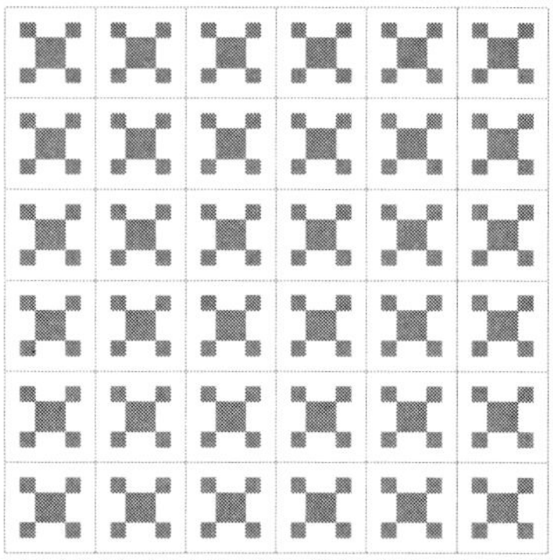

③ $\log_{216} 8064 = 1.673$

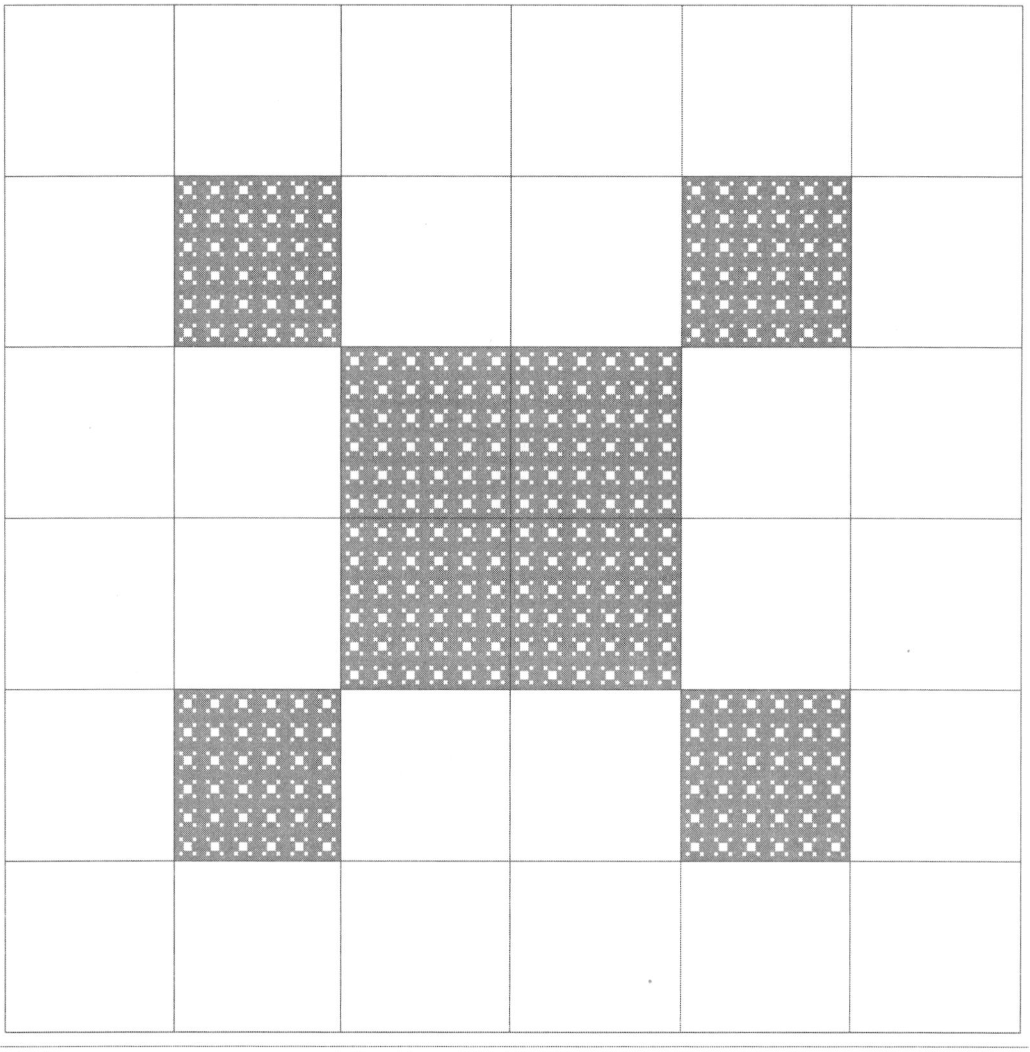

① $\log_6 8 = 1.161$

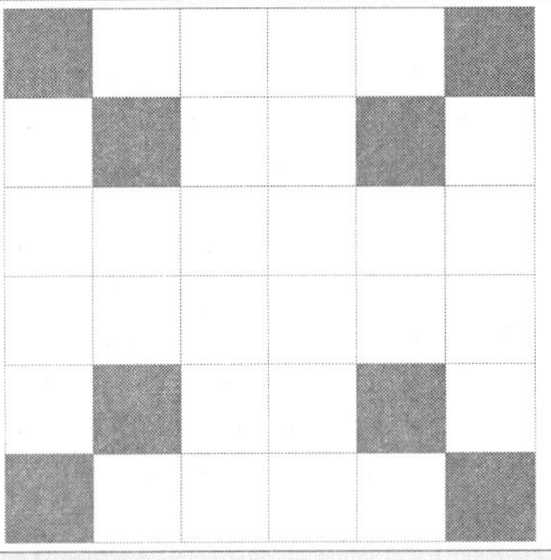

② $\log_{36} 288 = 1.58$

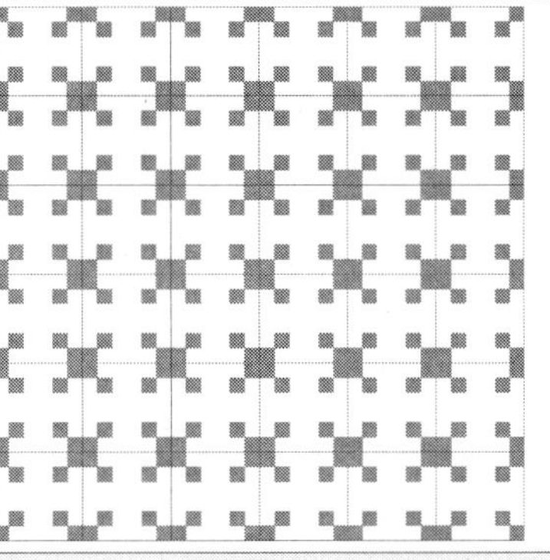

③ $\log_{216} 8064 = 1.673$

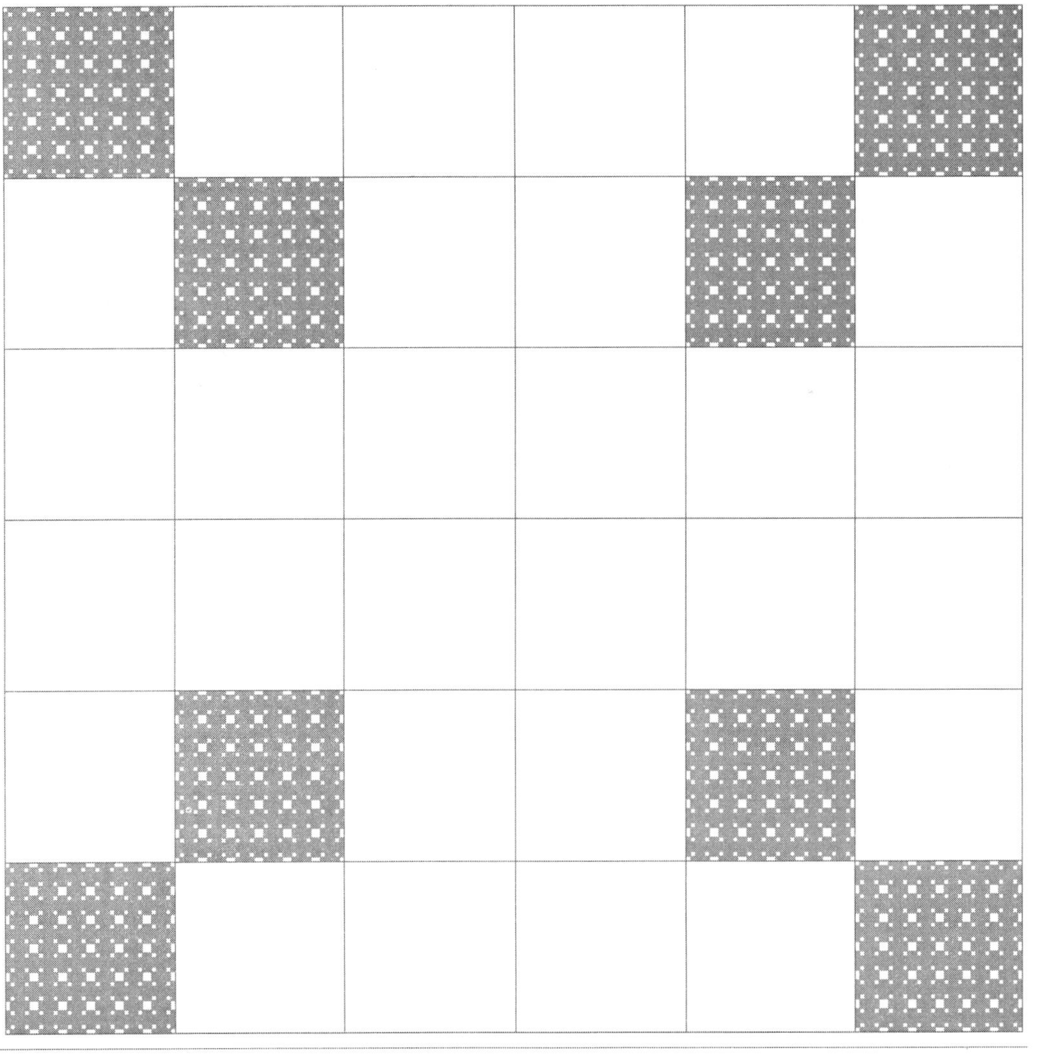

① $\log_6 8 = 1.161$

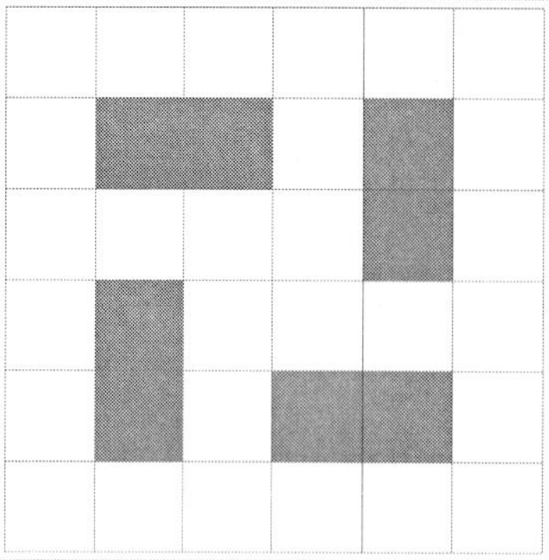

② $\log_{36} 288 = 1.58$

③ $\log_{216} 8064 = 1.673$

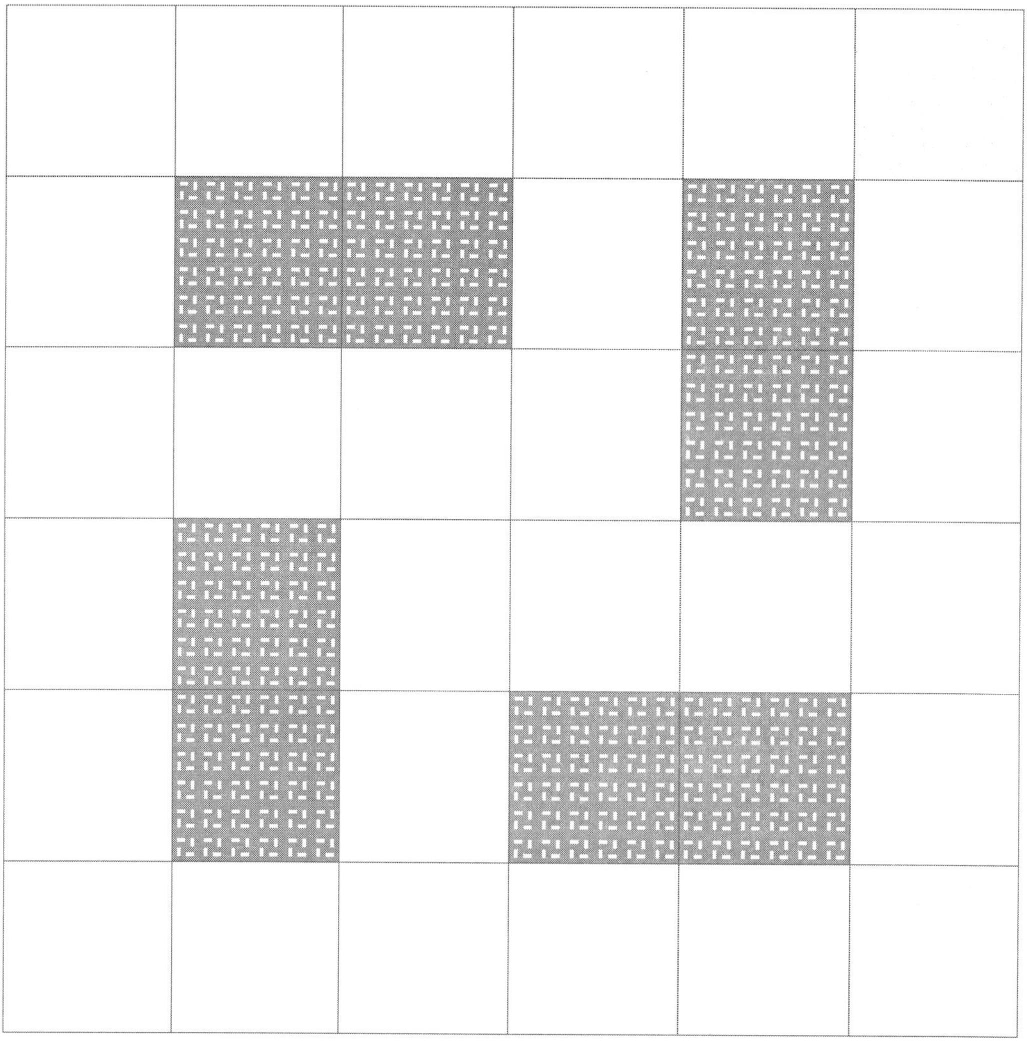

① $\log_6 8 = 1.161$

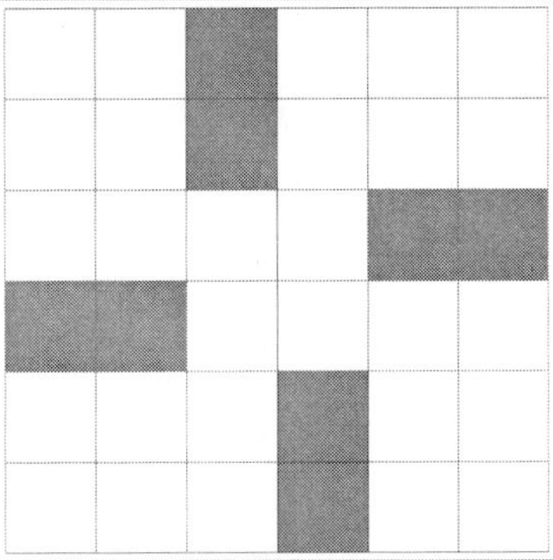

② $\log_{36} 288 = 1.58$

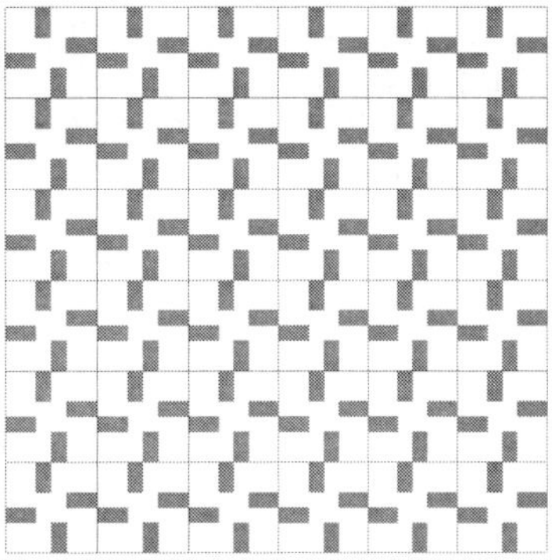

③ $\log_{216} 8064 = 1.673$

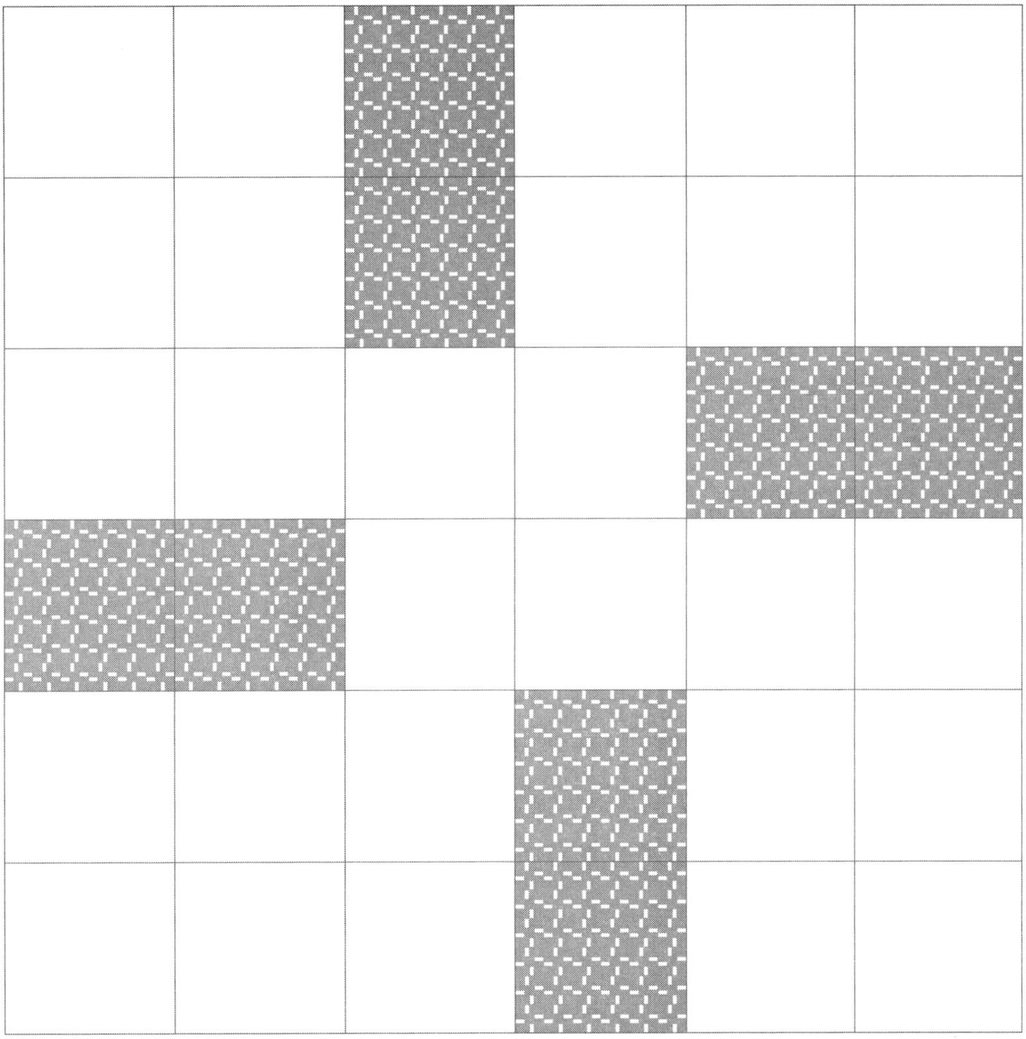

① $\log_6 8 = 1.161$

② $\log_{36} 288 = 1.58$

③ $\log_{216} 8064 = 1.673$

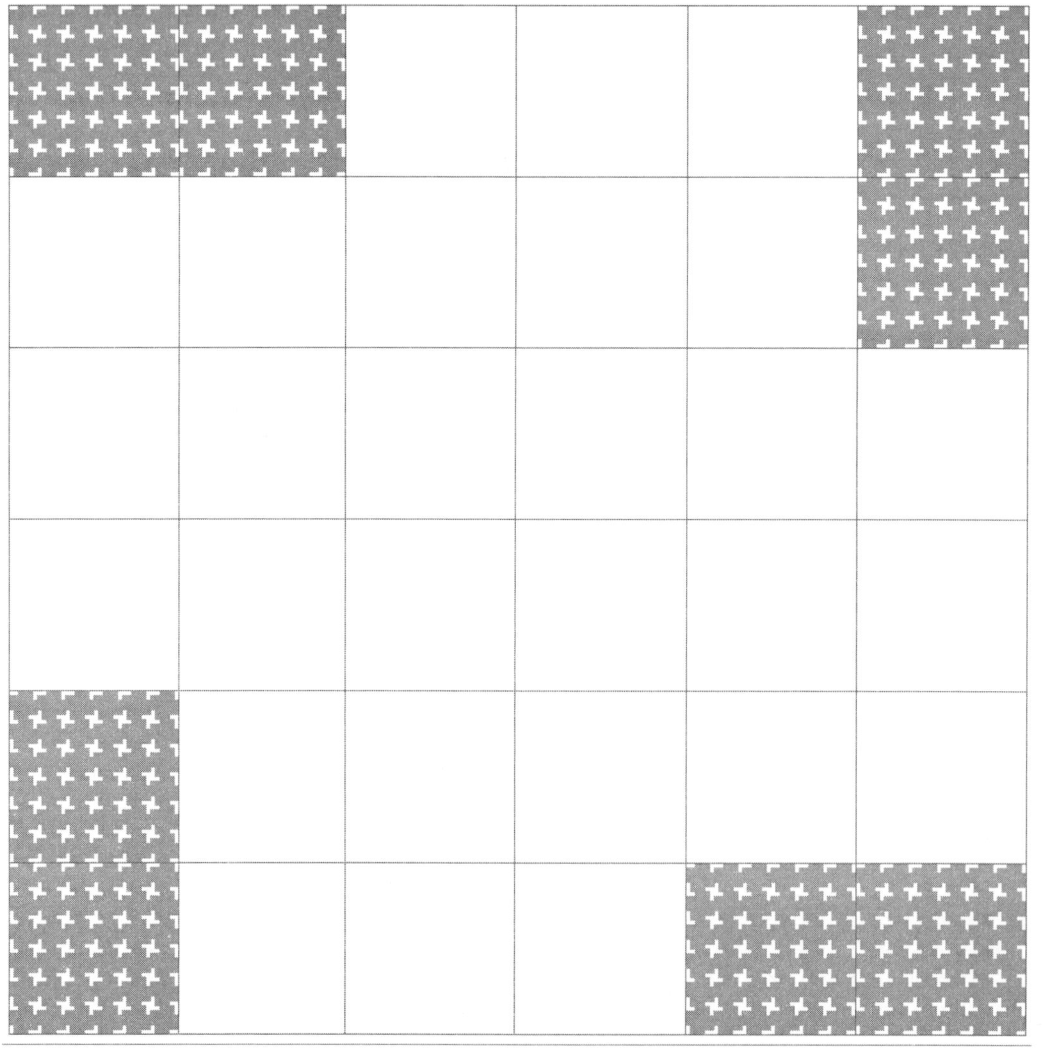

① $\log_{6}8 = 1.161$

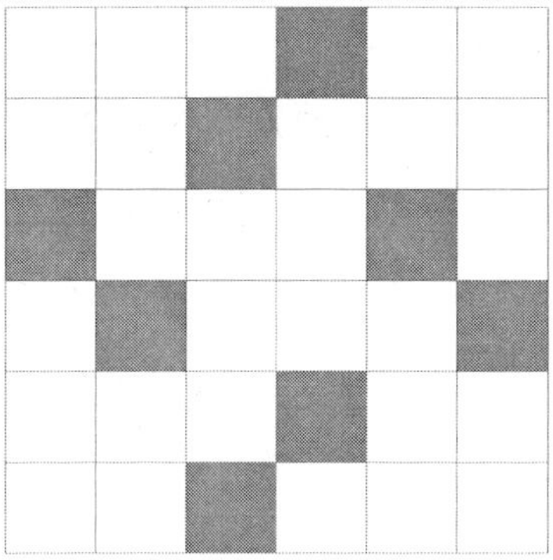

② $\log_{36}288 = 1.58$

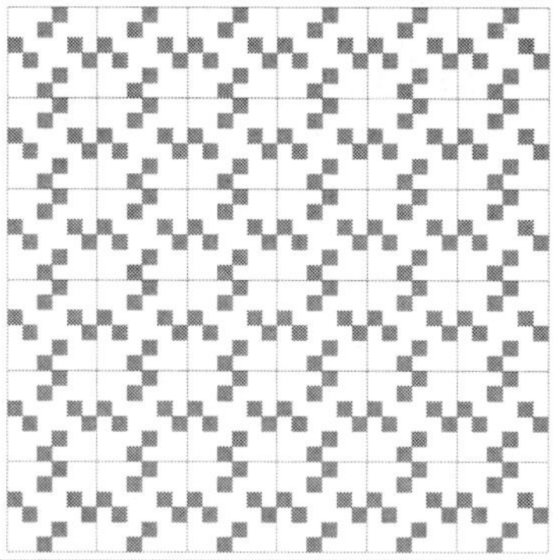

③ $\log_{216}8064 = 1.673$

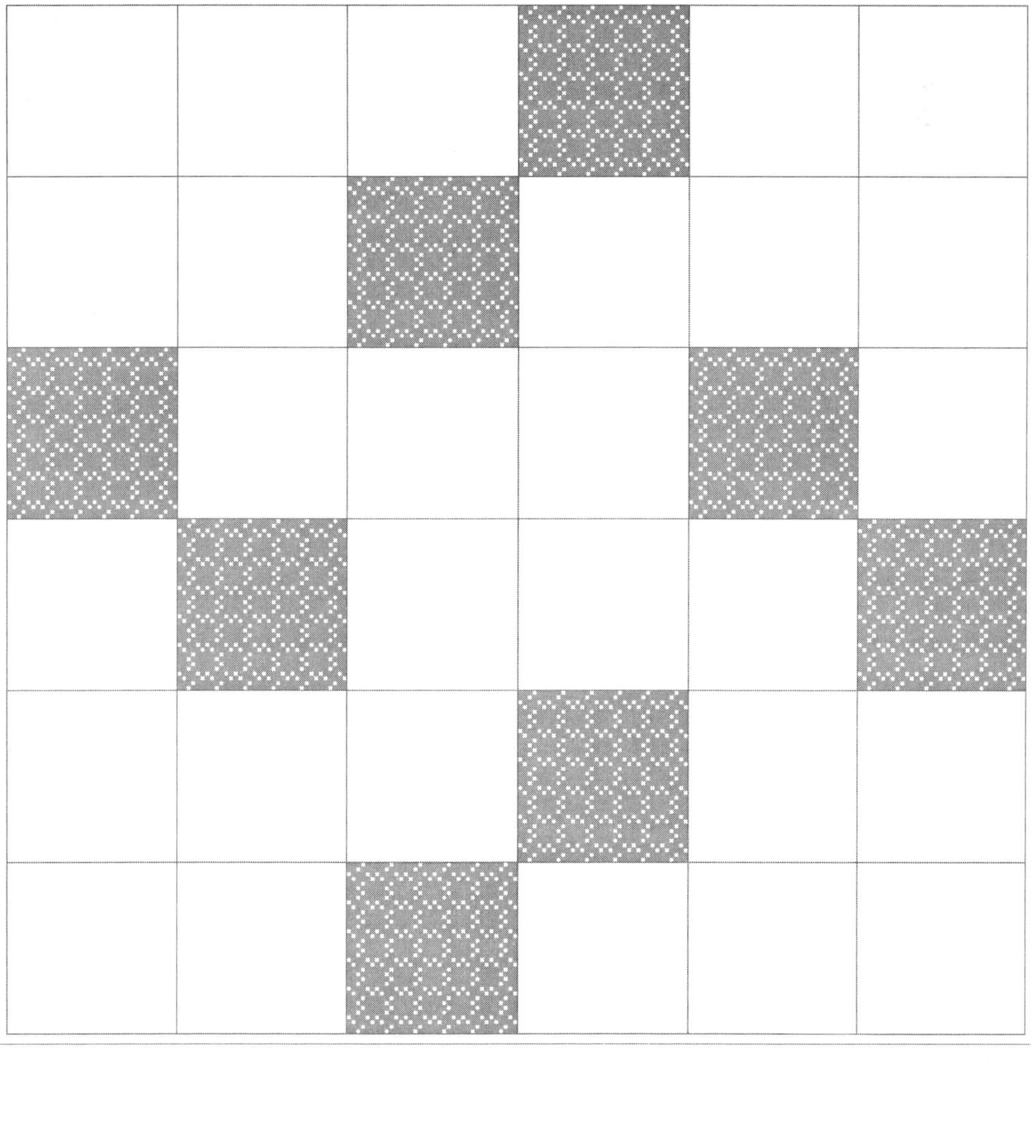

(4) 1단계 12개

① $\log_6 12 = 1.387$

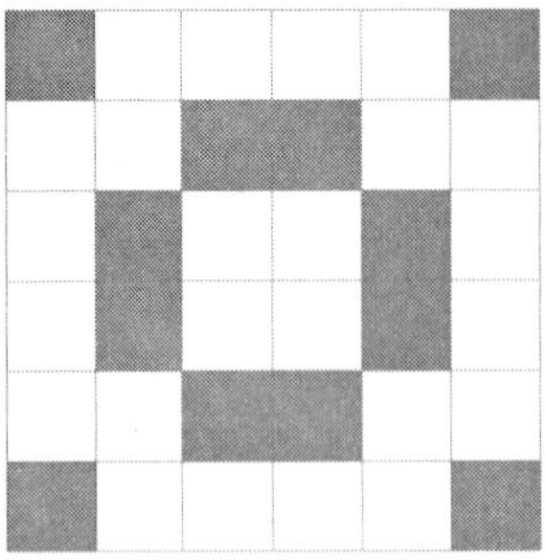

② $\log_{36} 432 = 1.693$

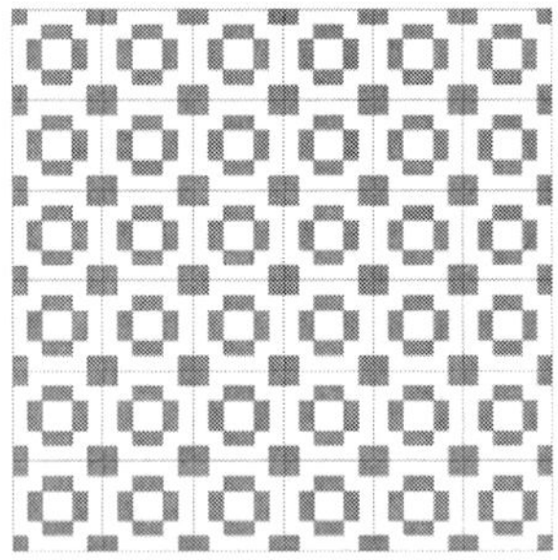

③ $\log_{216} 10386 = 1.72$

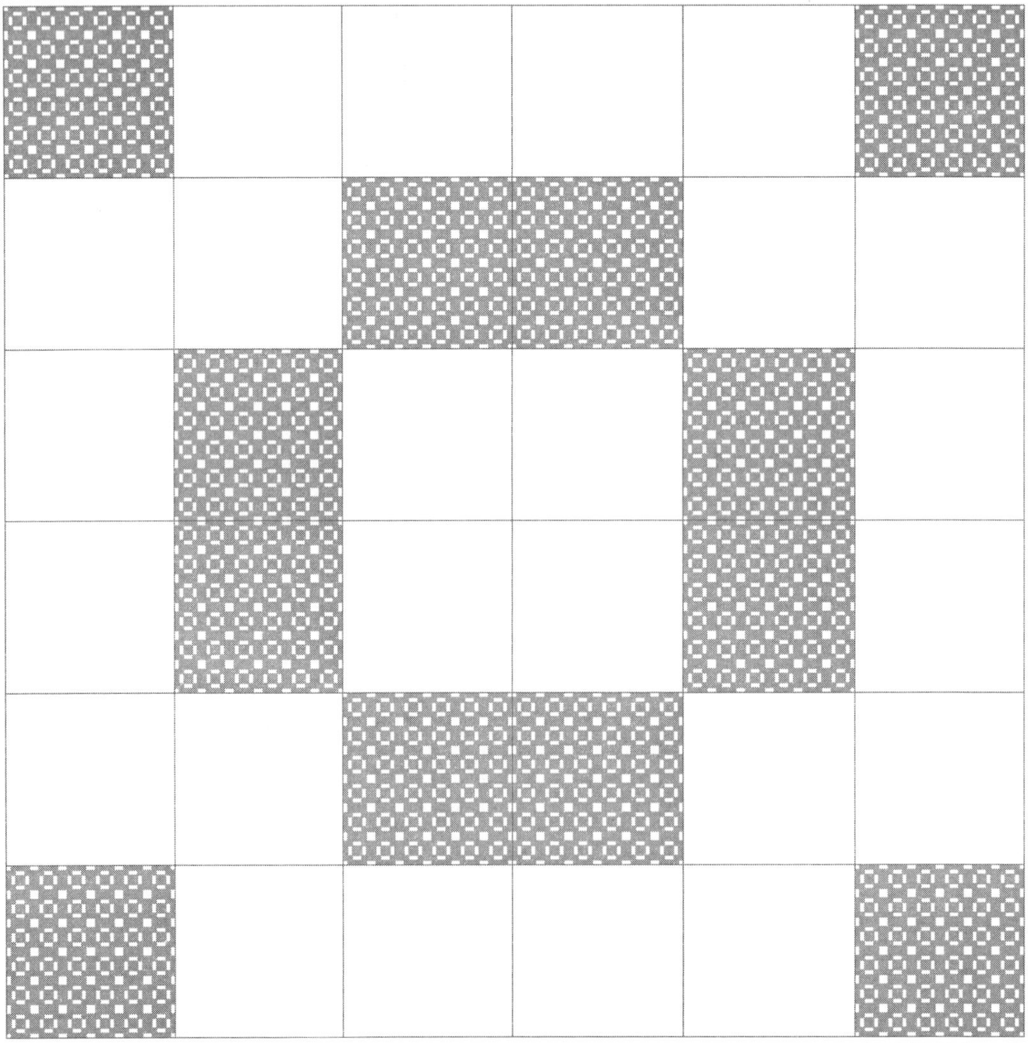

① $\log_{6}12 = 1.387$

② $\log_{36}432 = 1.693$

③ $\log_{216}10386 = 1.72$

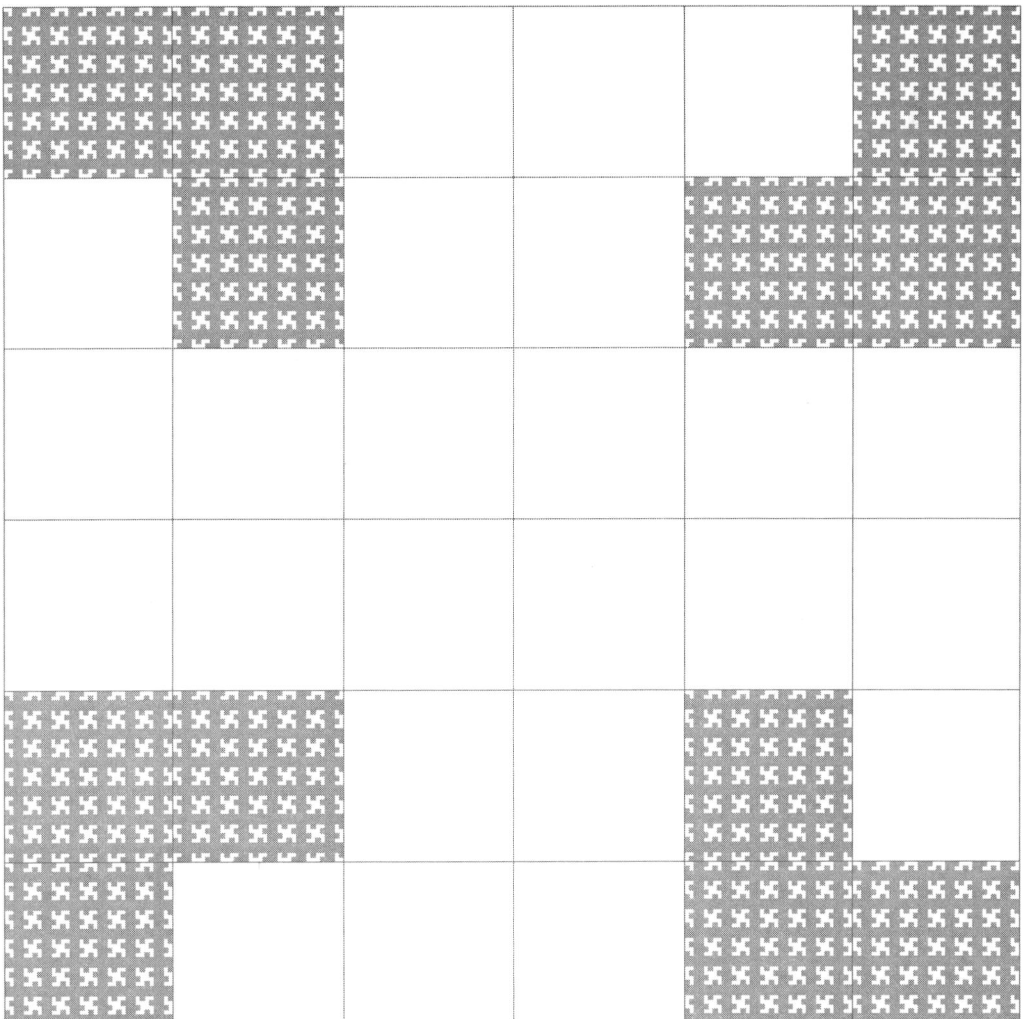

① $\log_6 12 = 1.387$

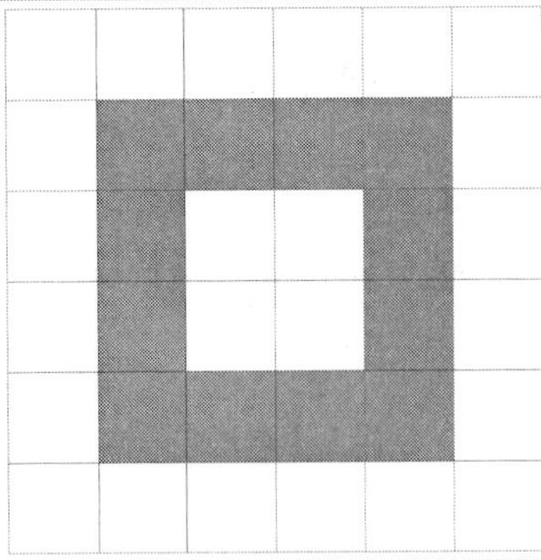

② $\log_{36} 432 = 1.693$

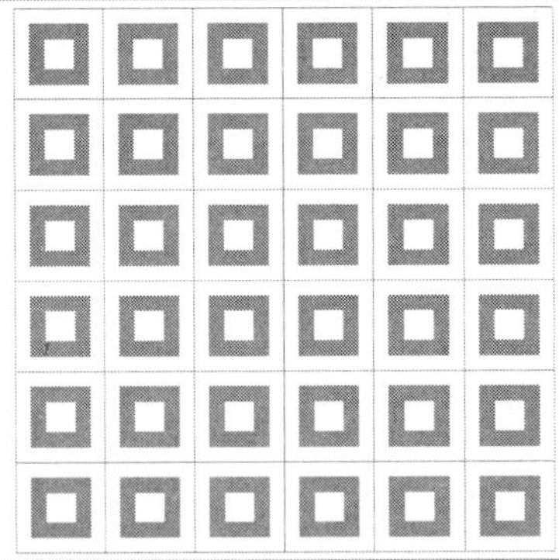

③ $\log_{216} 10386 = 1.72$

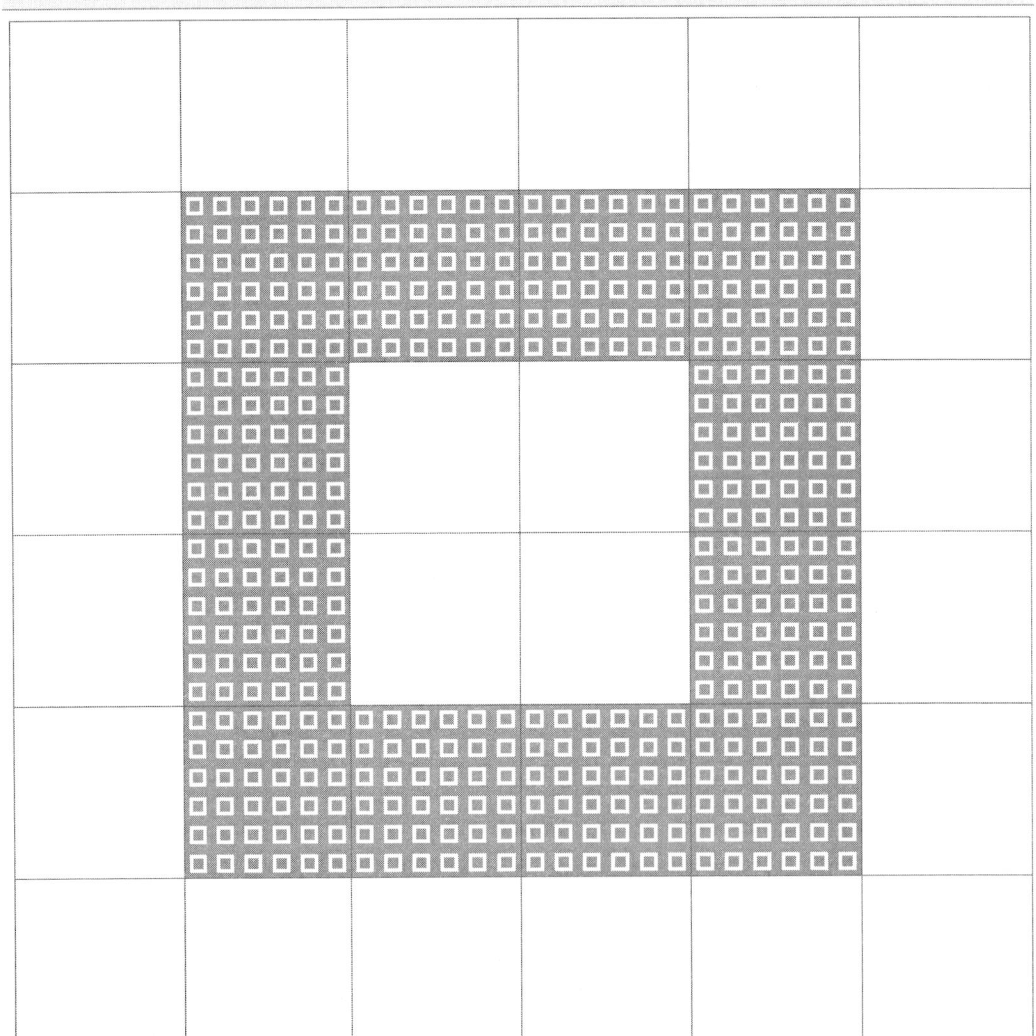

① $\log_6 12 = 1.387$

② $\log_{36} 432 = 1.693$

③ $\log_{216} 10386 = 1.72$

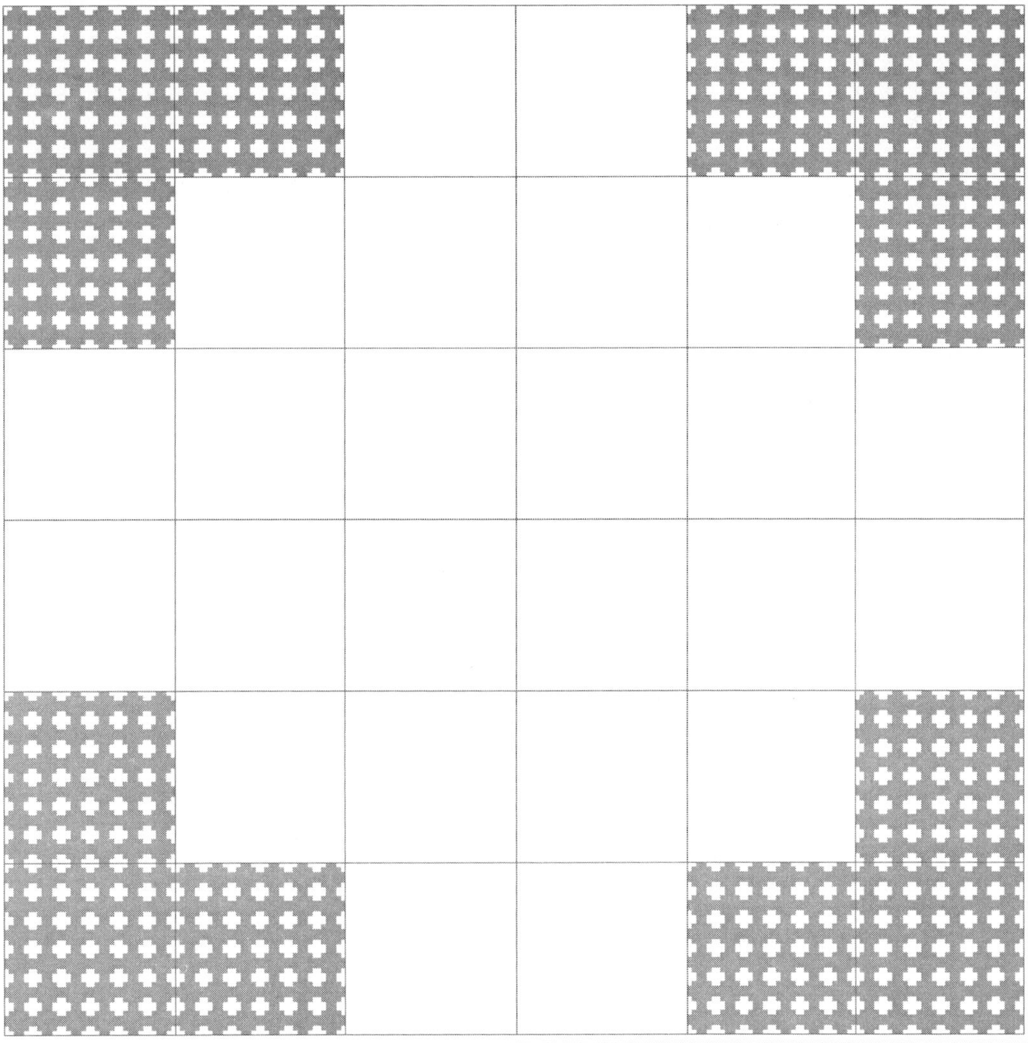

① $\log_6 12 = 1.387$

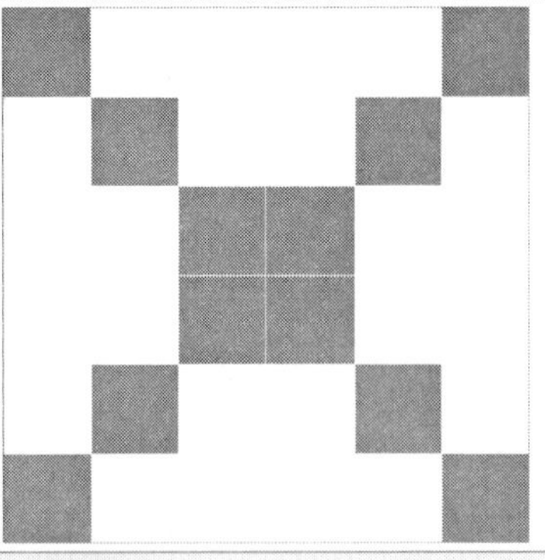

② $\log_{36} 432 = 1.693$

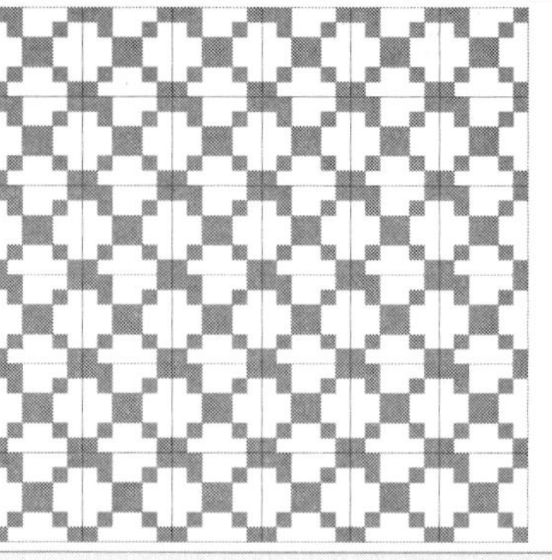

③ $\log_{216} 10386 = 1.72$

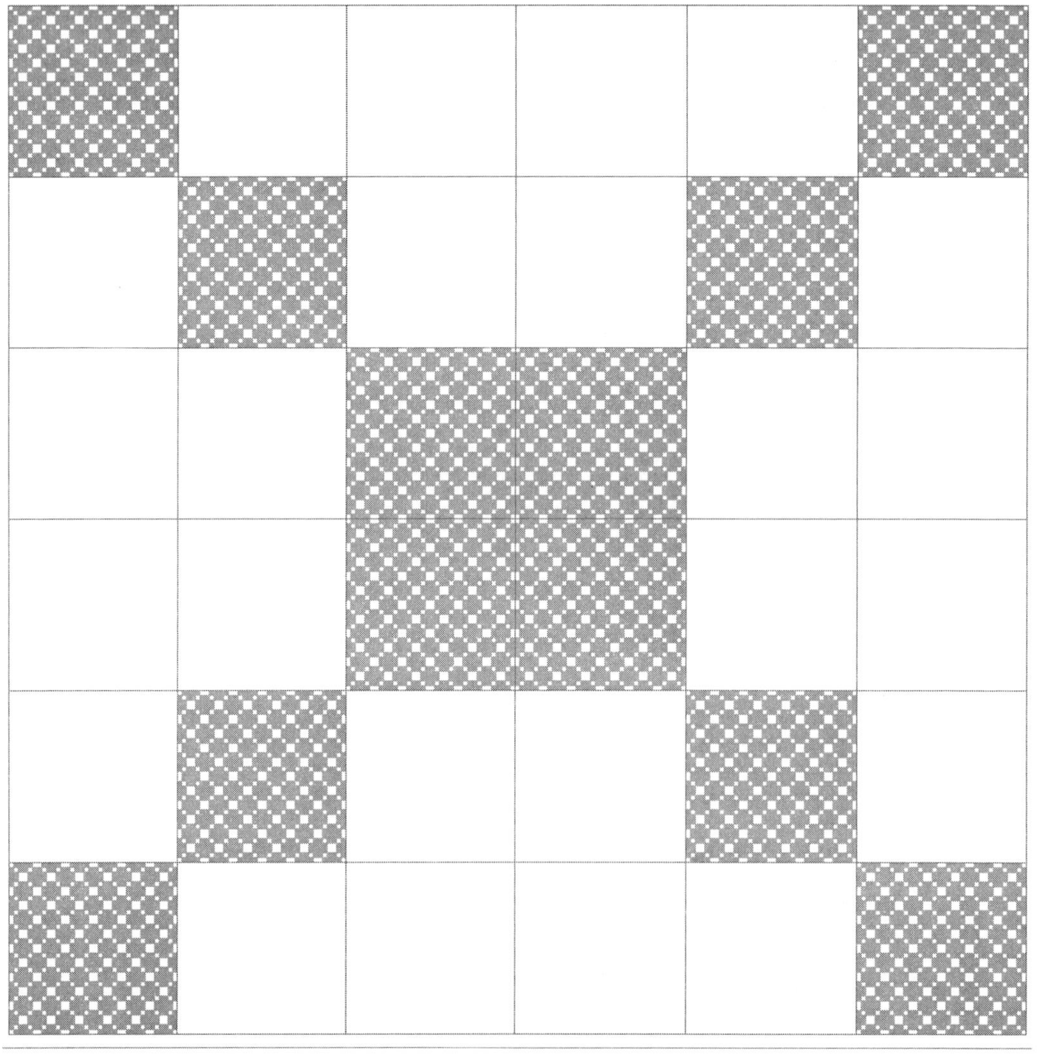

(5) 1단계 16개

① $\log_6 16 = 1.547$	② $\log_{36} 576 = 1.774$
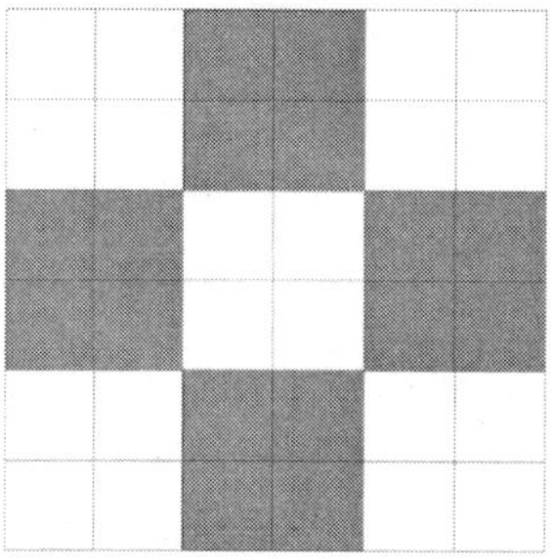	

③ $\log_{216} 11520 = 1.74$

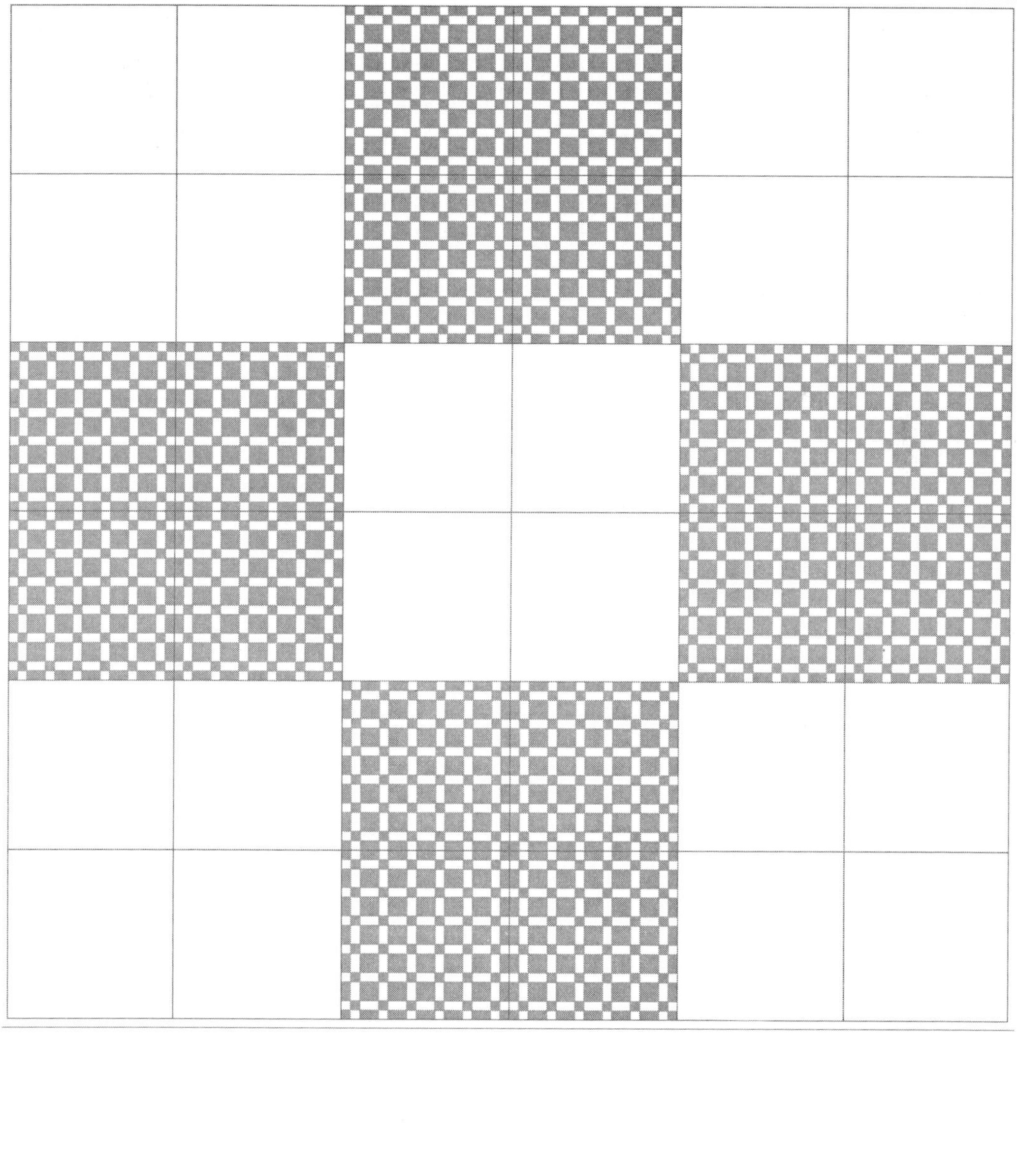

① $\log_6 16 = 1.547$

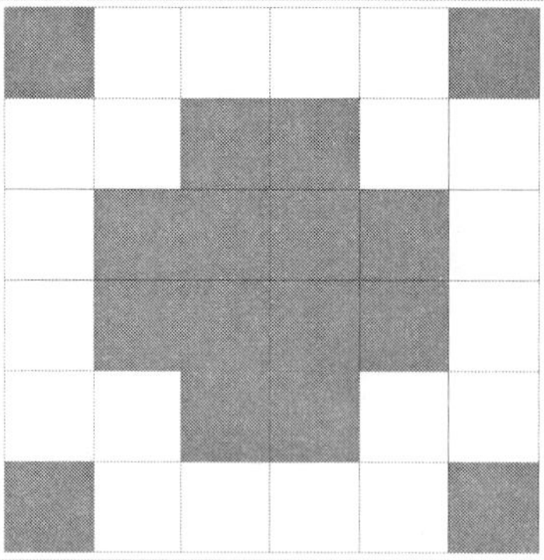

② $\log_{36} 576 = 1.774$

③ $\log_{216} 11520 = 1.74$

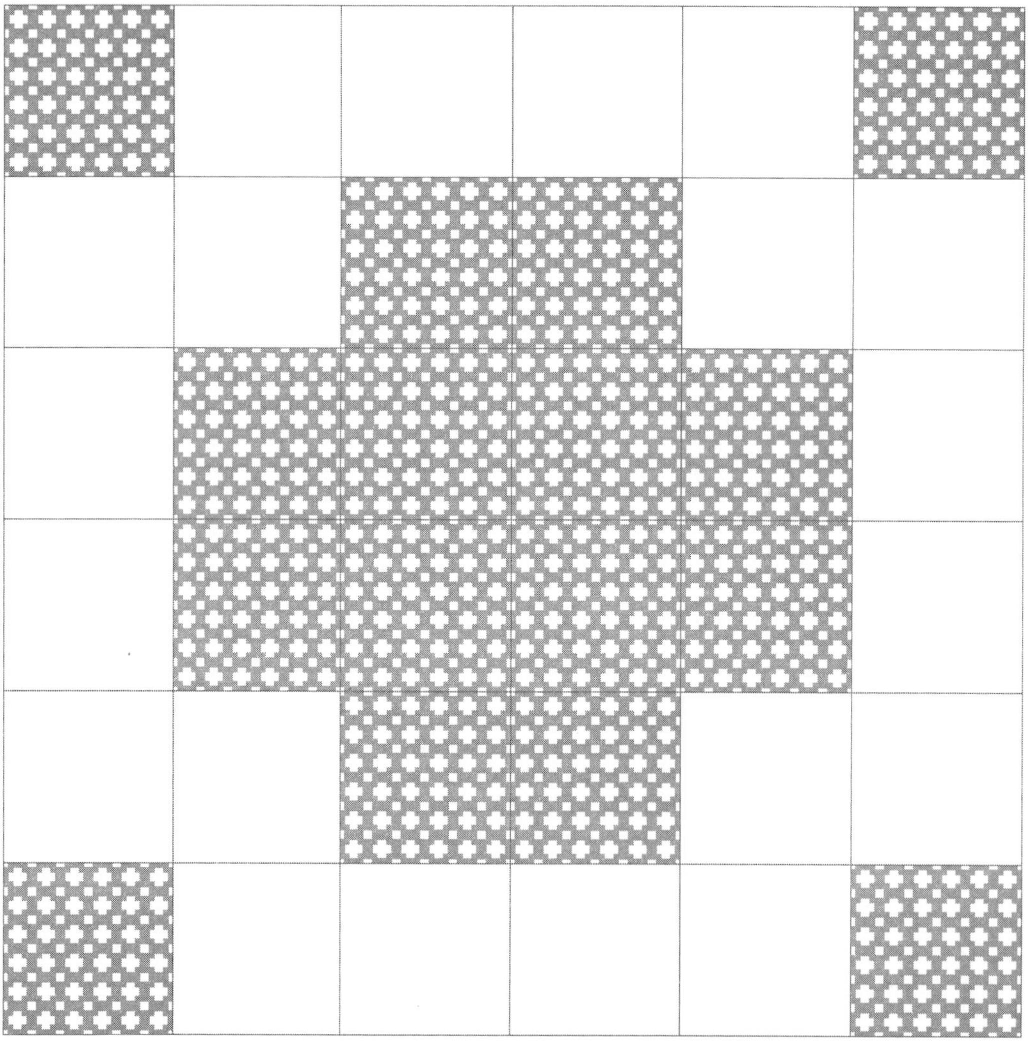

① $\log_6 16 = 1.547$

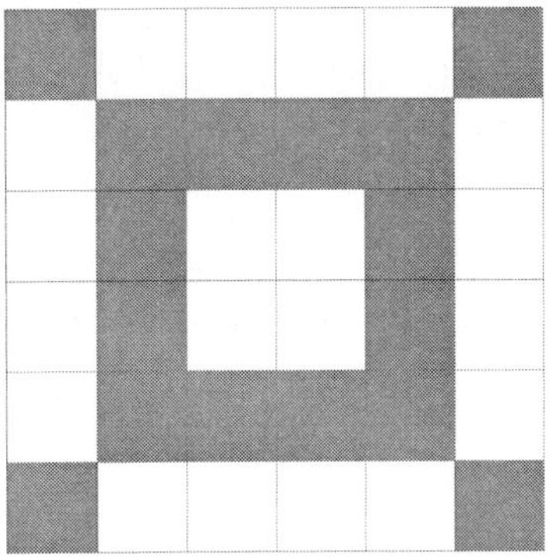

② $\log_{36} 576 = 1.774$

③ $\log_{216} 11520 = 1.74$

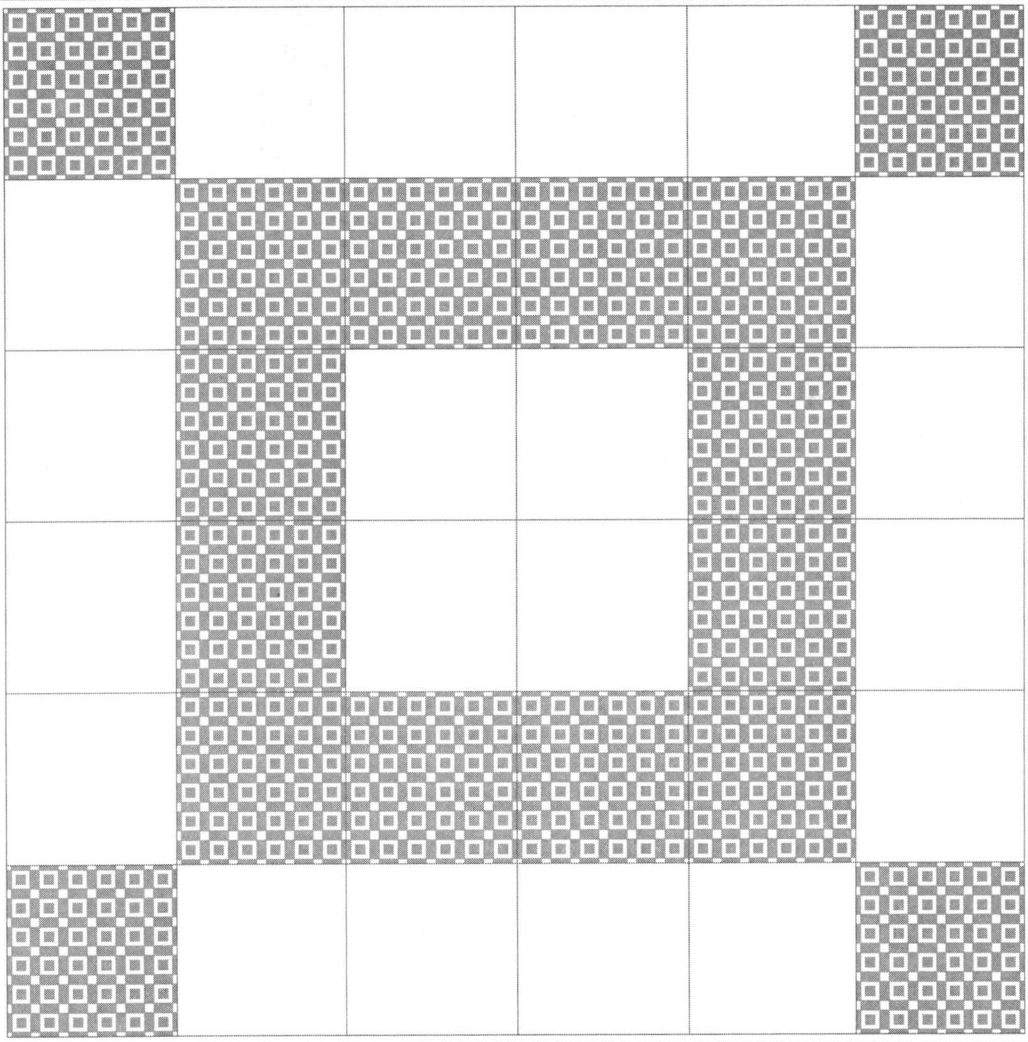

① $\log_6 16 = 1.547$

② $\log_{36} 576 = 1.774$

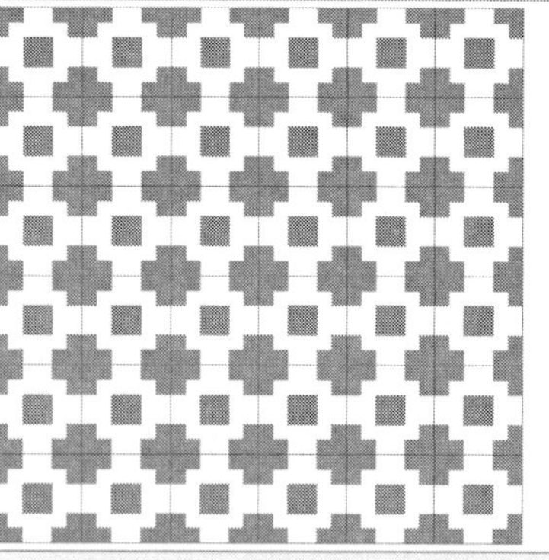

③ $\log_{216} 11520 = 1.74$

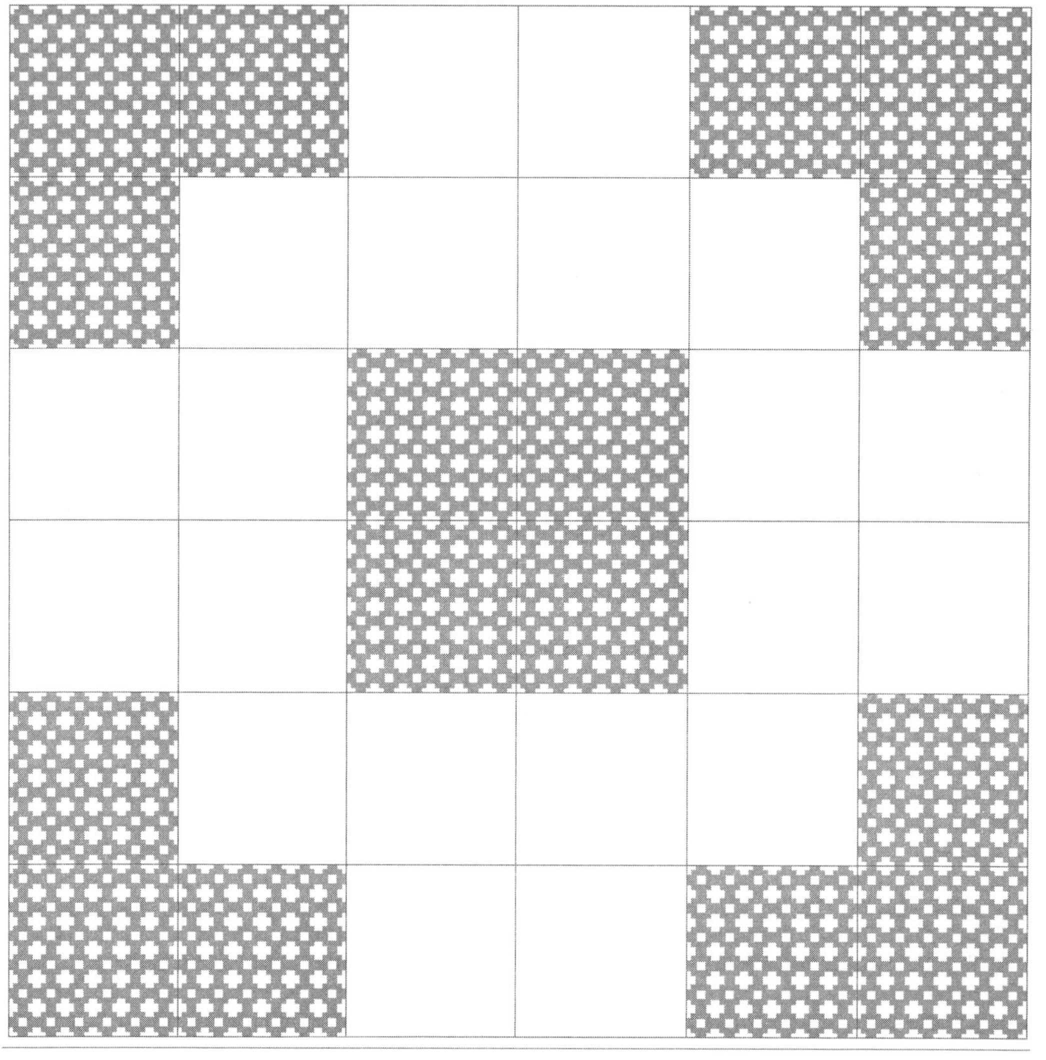

(6) 1단계 20개

① $\log_6 20 = 1.672$

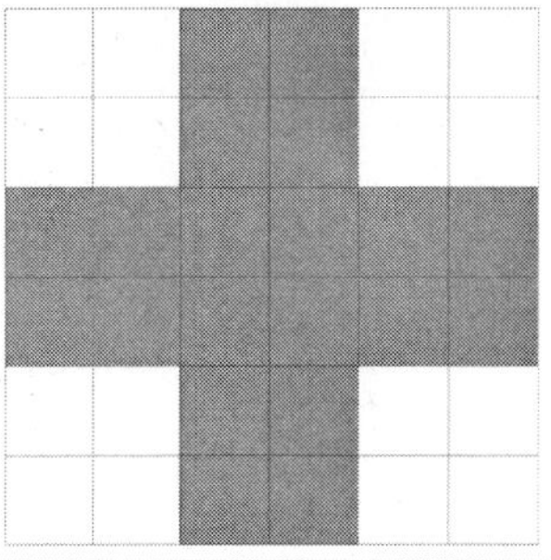

② $\log_{36} 720 = 1.836$

③ $\log_{216} 11520 = 1.74$

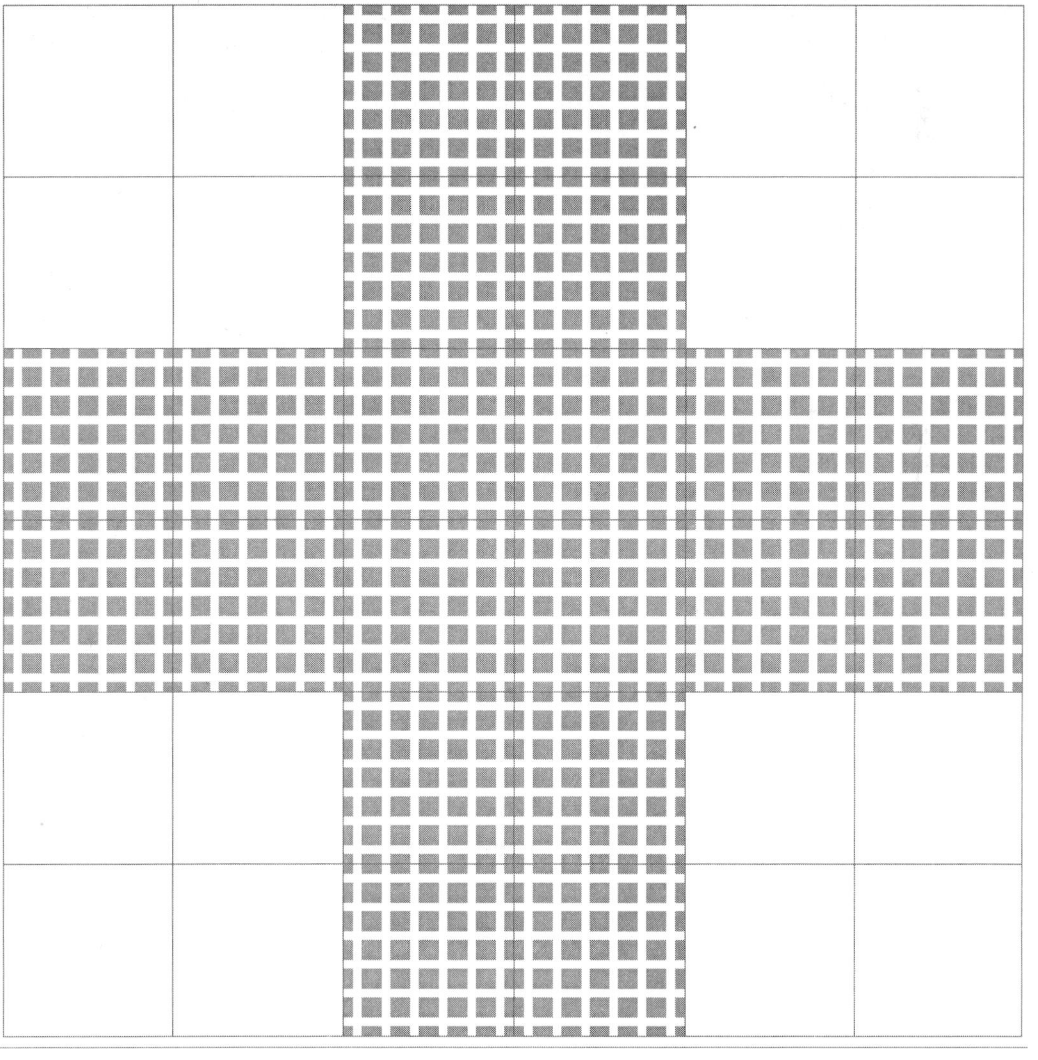

제 8 장

나눗셈-곱셈 프랙탈 디자인

1 3×3 나눗셈-곱셈 프랙탈

(1) 1단계 1개

① $\log_3 1 = 0$	② $\log_9 9 = 1$	③ $\log_{27} 9 = 0.667$
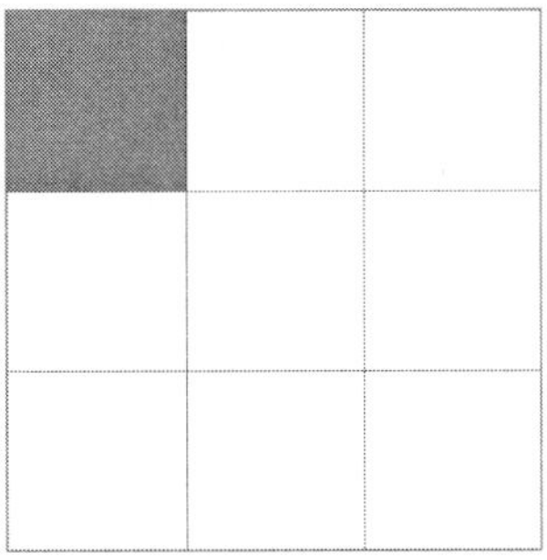	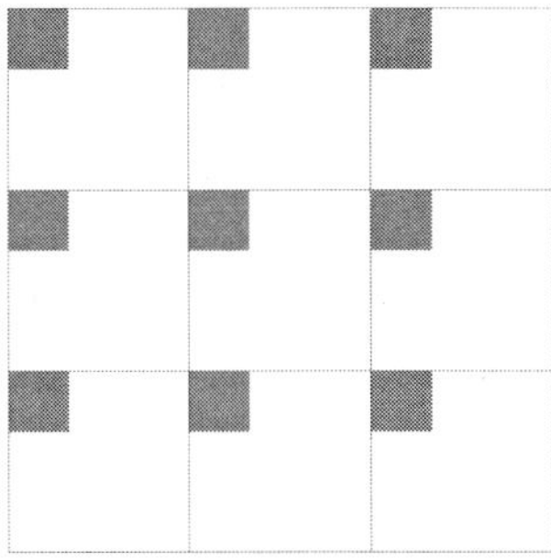	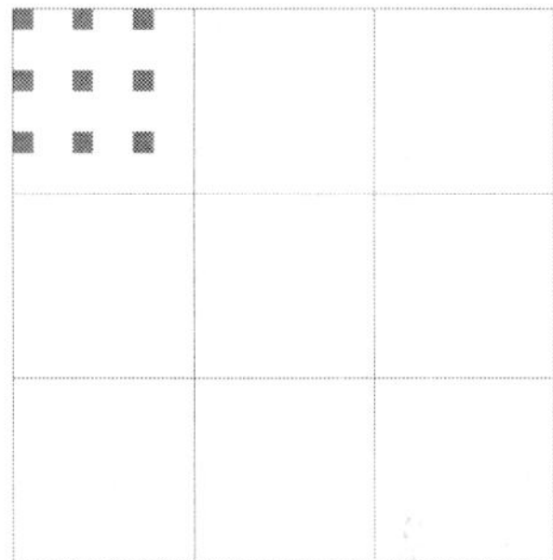
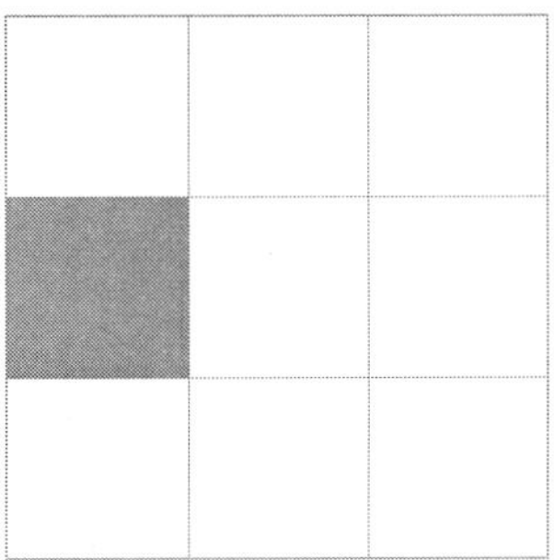	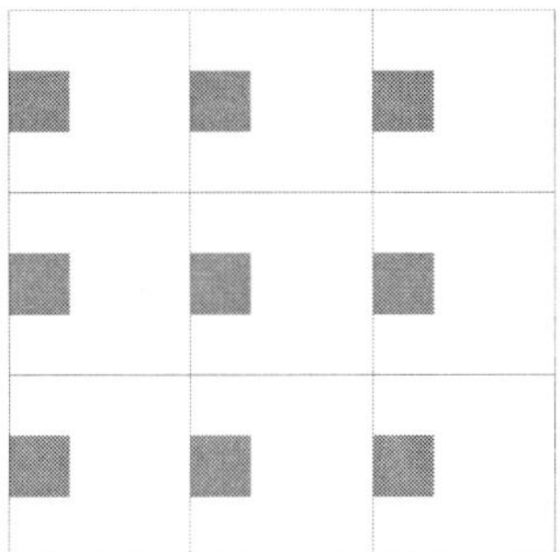	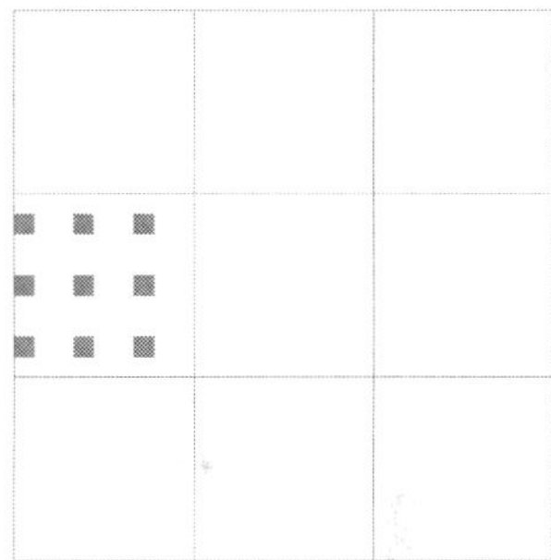

(2) 1단계 2개

① $\log_3 2 = 0.631$	② $\log_9 18 = 1.315$	③ $\log_{27} 81 = 1.333$
	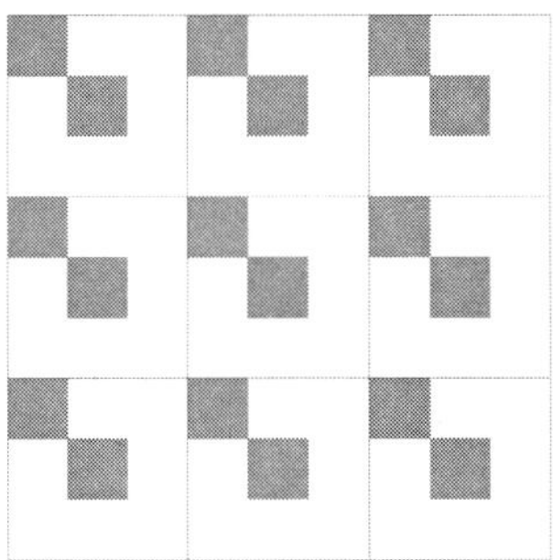	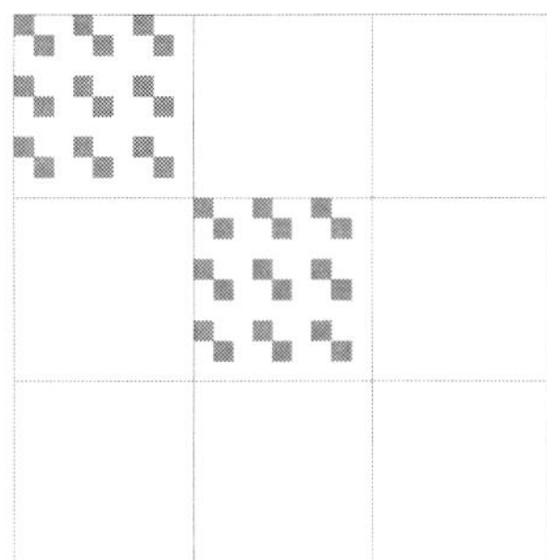

(3) 1단계 3개

① $\log_3 3 = 1$	② $\log_9 27 = 1.5$	③ $\log_{27} 81 = 1.333$
	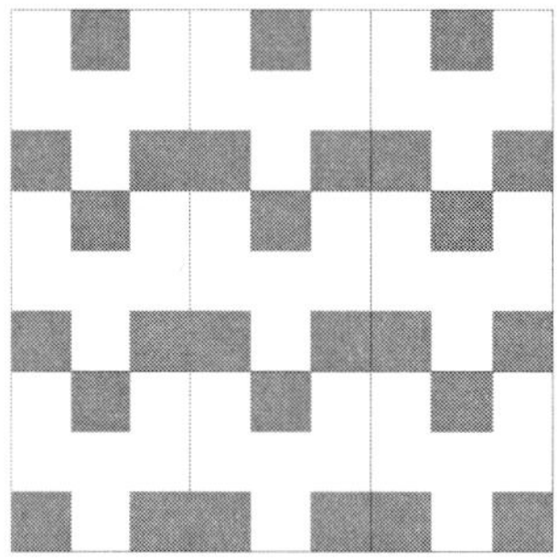	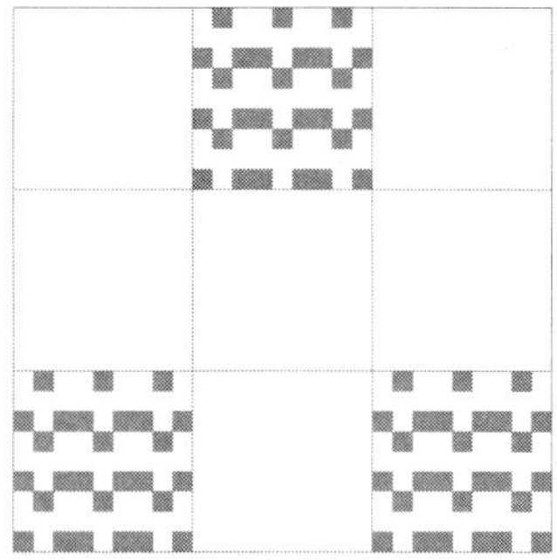
		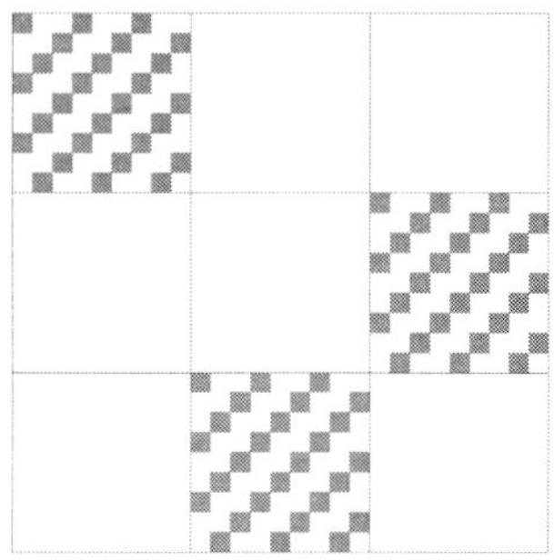
	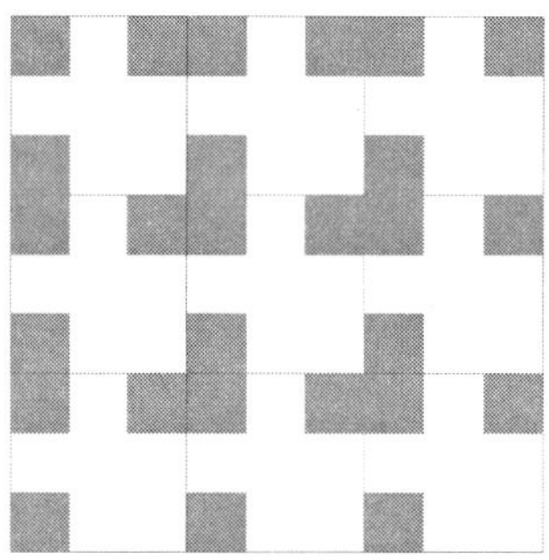	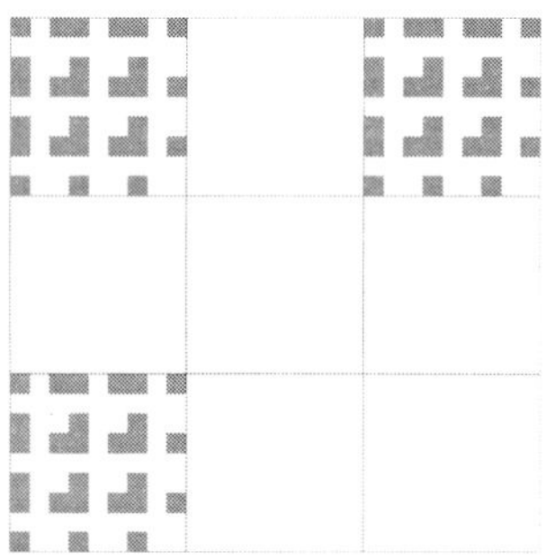
		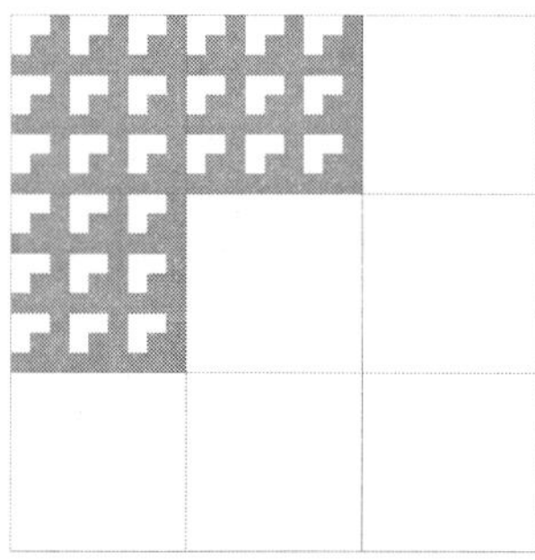

(4) 1단계 4개

① $\log_3 4 = 1.262$	② $\log_9 36 = 1.631$	③ $\log_{27} 144 = 1.508$
	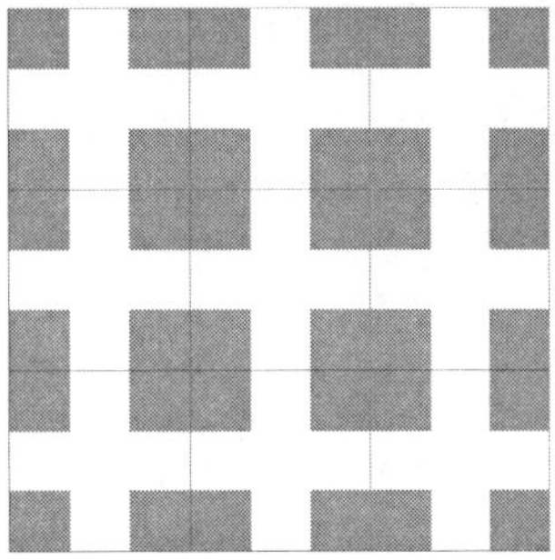	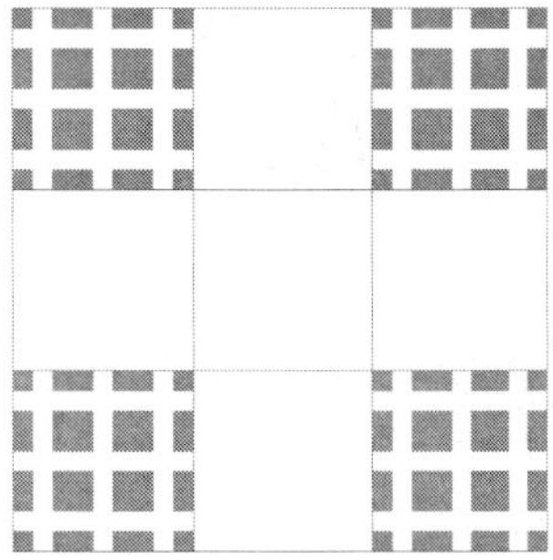
		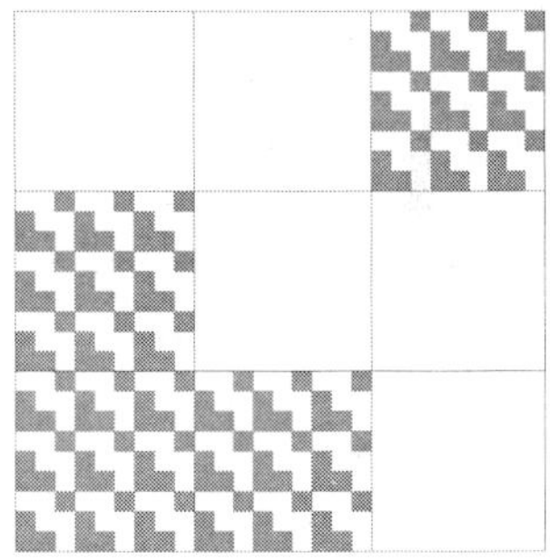
	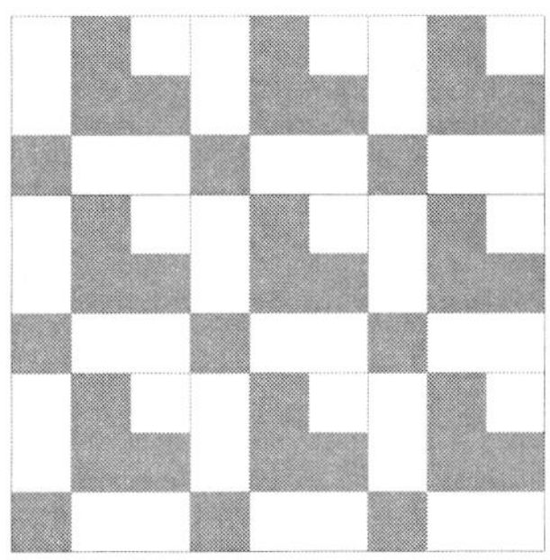	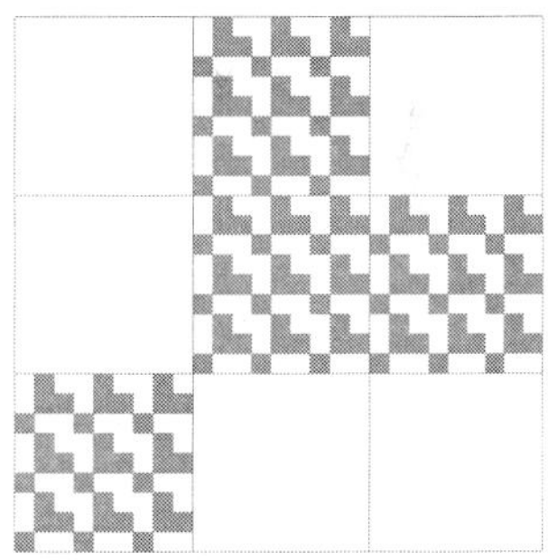
	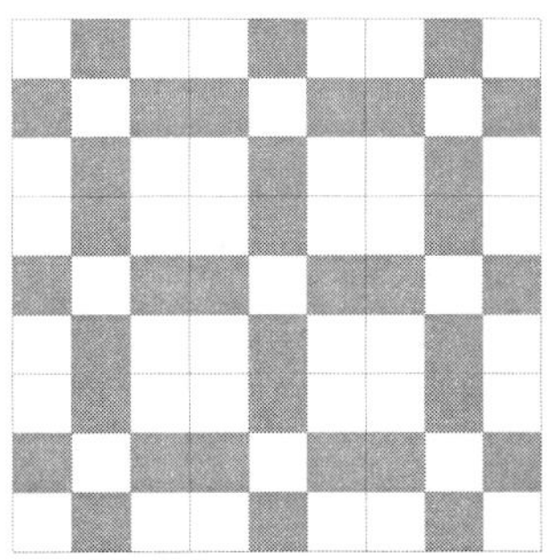	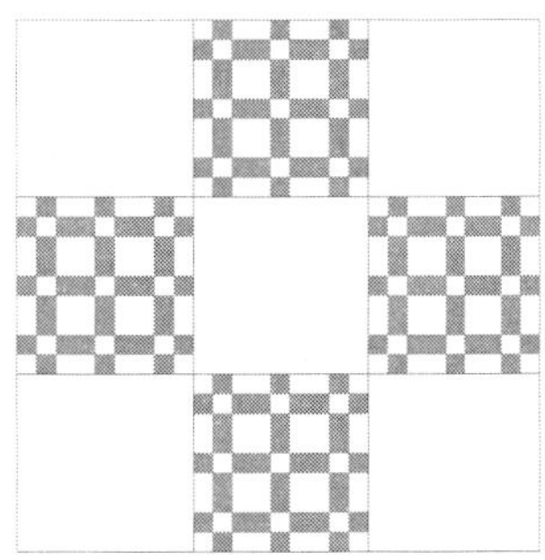

(5) 1단계 5개

① $\log_3 5 = 1.465$	② $\log_9 45 = 1.732$	③ $\log_{27} 225 = 1.643$
	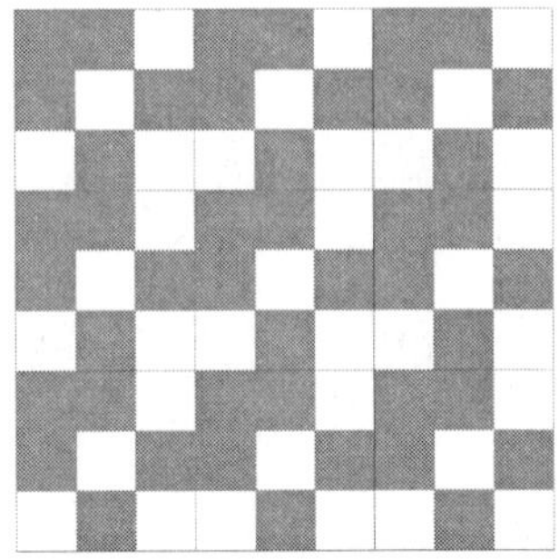	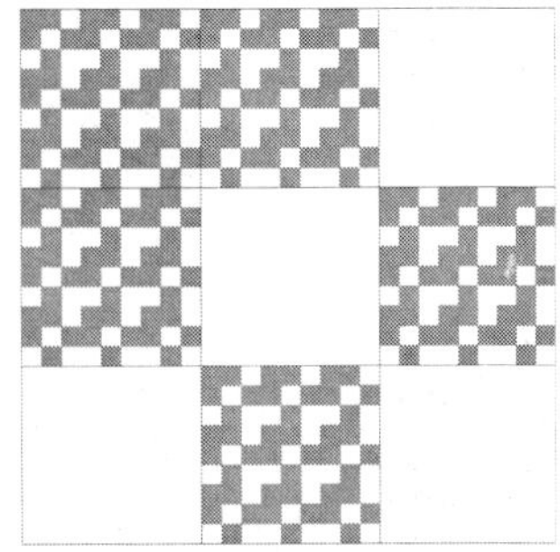
	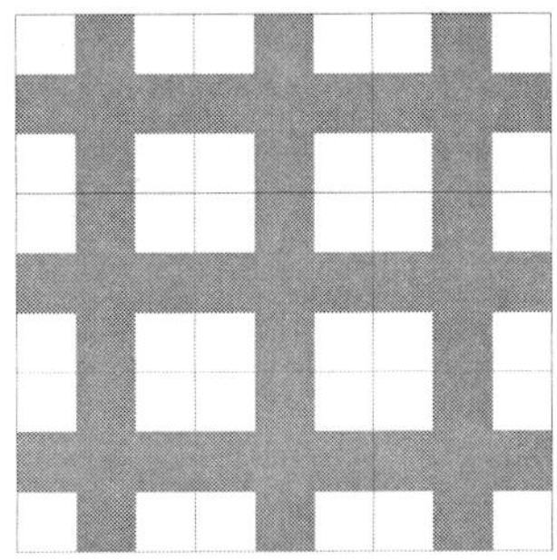	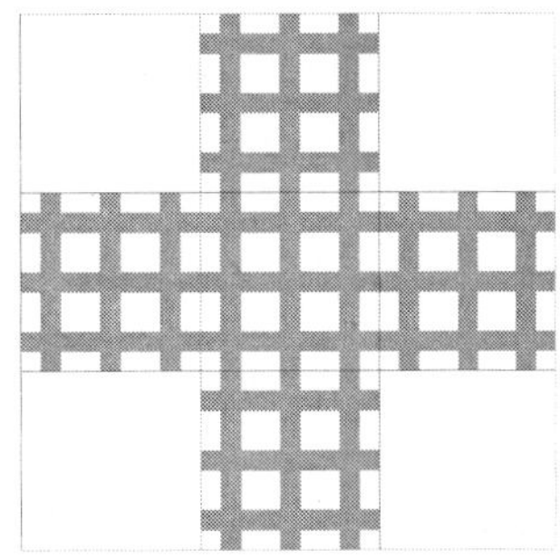
		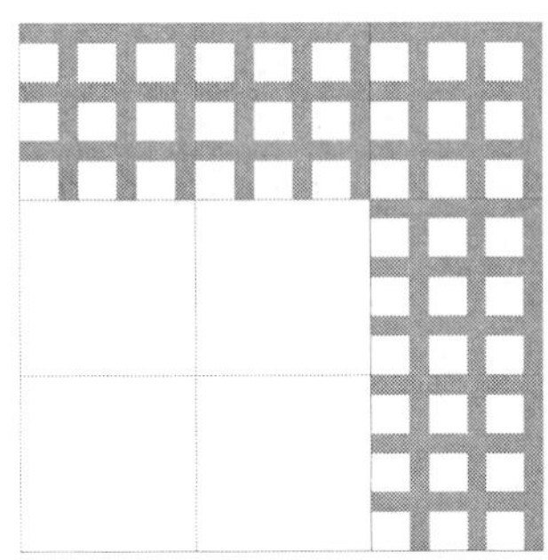
		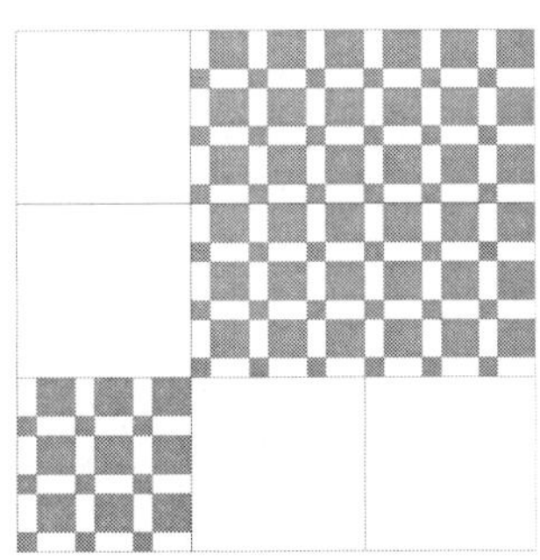

(6) 1단계 6개

① $\log_{3}6 = 1.631$	② $\log_{9}54 = 1.815$	③ $\log_{27}324 = 1.754$

	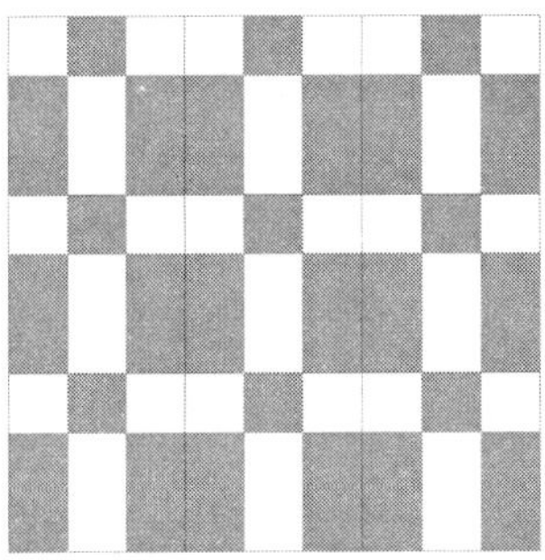	

(7) 1단계 7개

① $\log_3 7 = 1.771$	② $\log_9 63 = 1.886$	③ $\log_{27} 441 = 1.847$
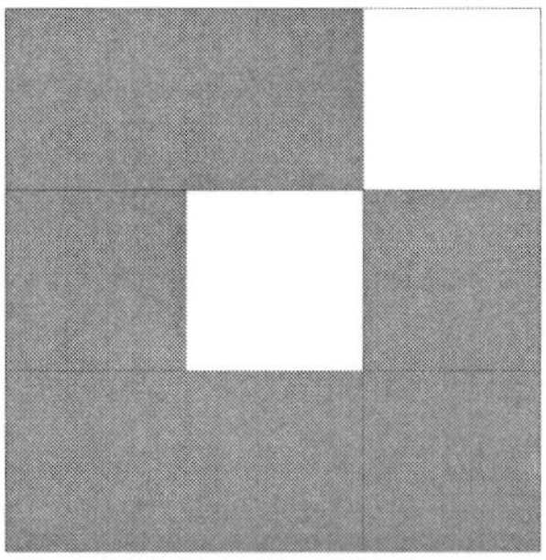	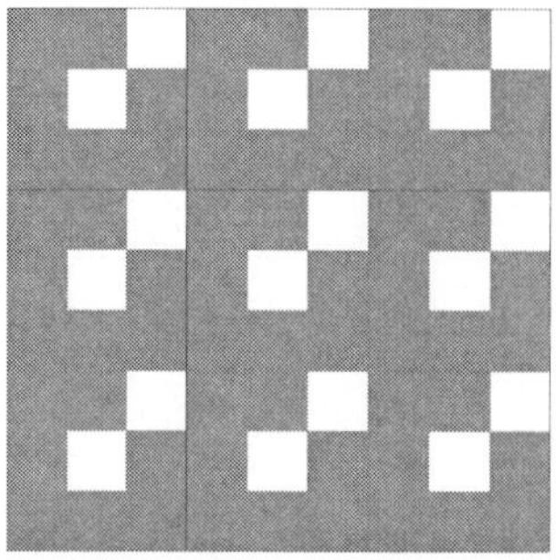	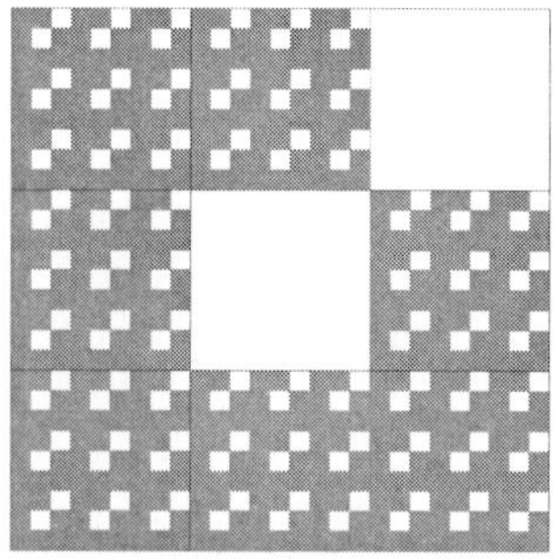
	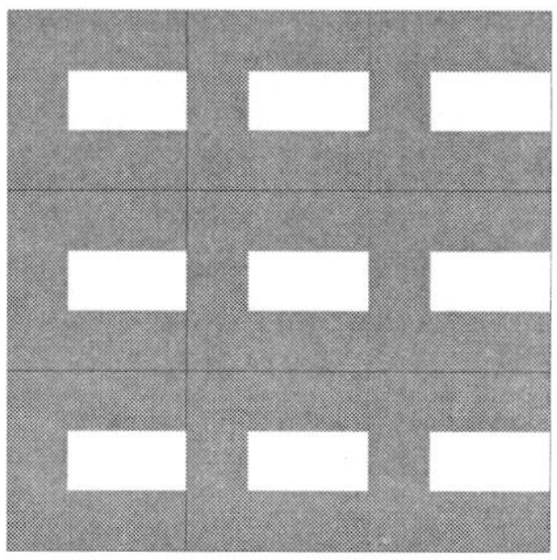	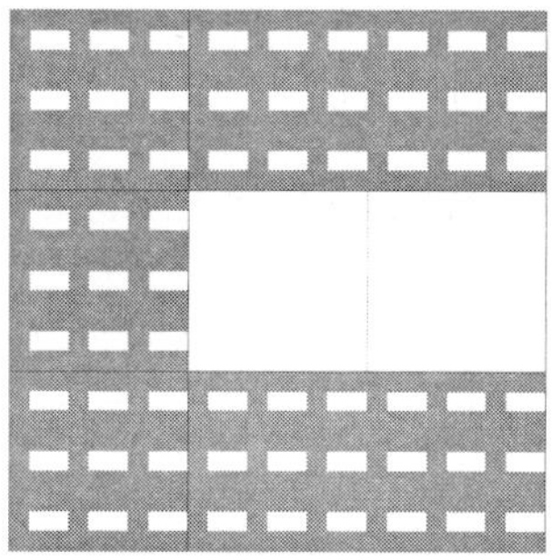
	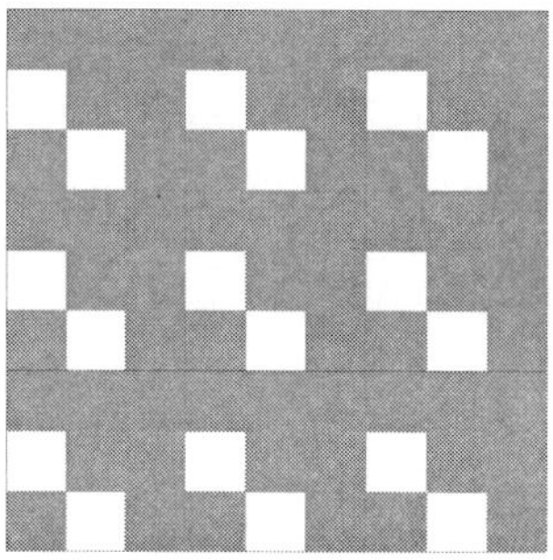	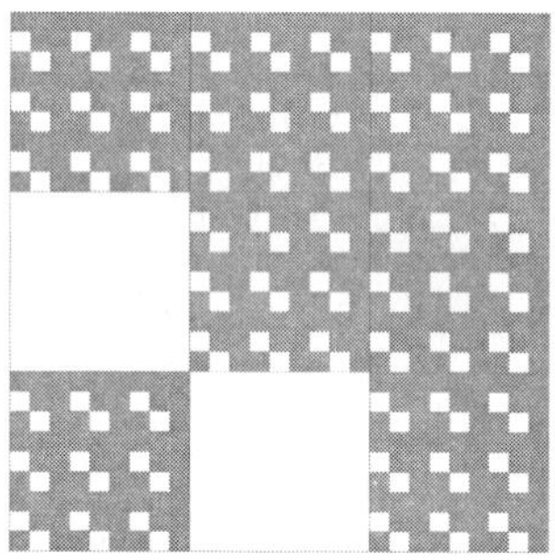
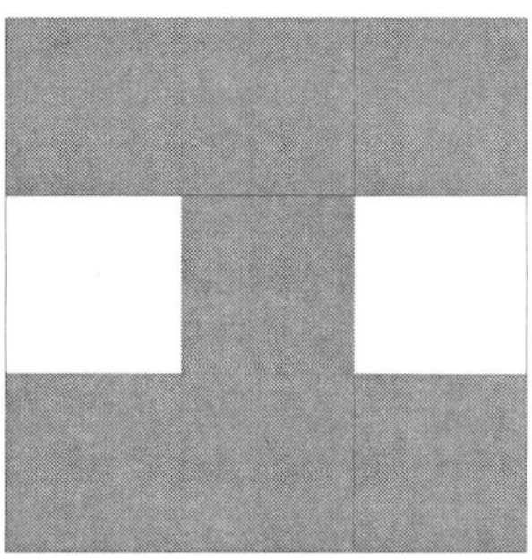	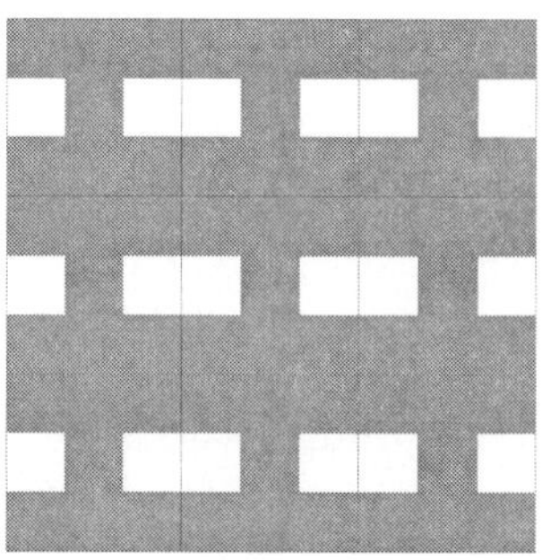	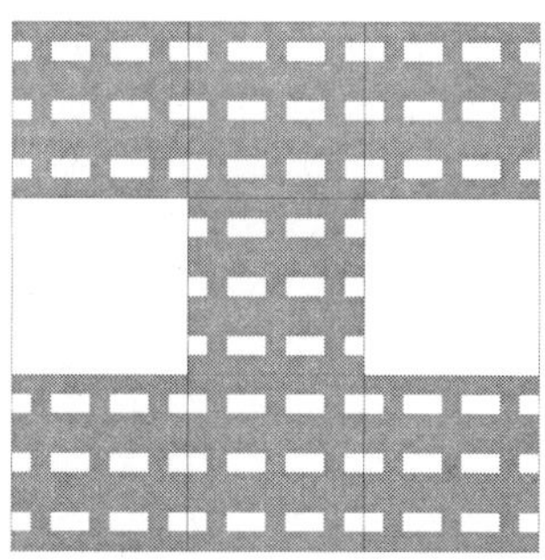

2 4×4 나눗셈-곱셈 프랙탈

(1) 1단계 1개

① $\log_4 1 = 0$	② $\log_{16} 16 = 1$	③ $\log_{64} 16 = 0.667$
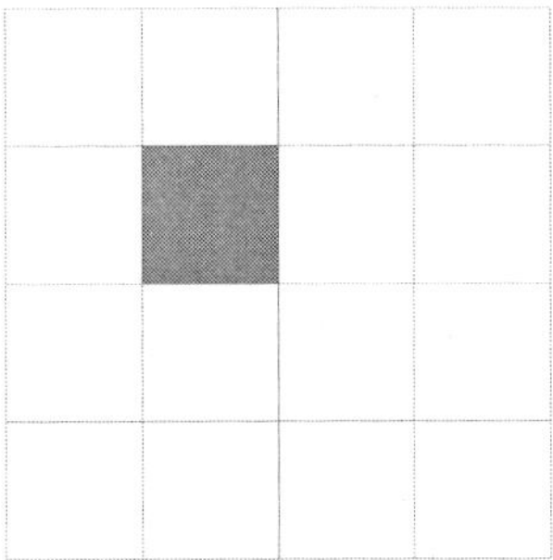	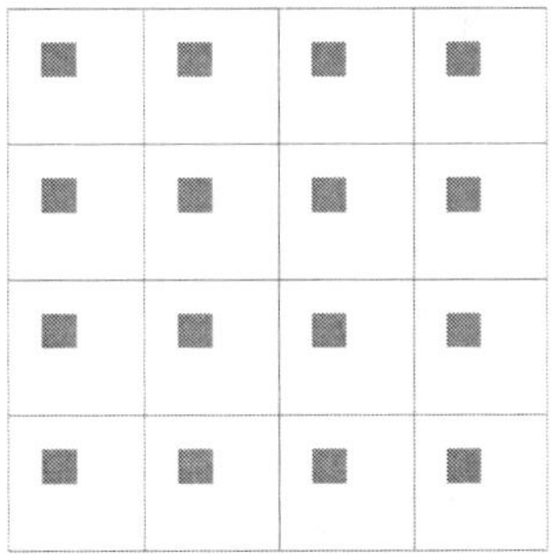	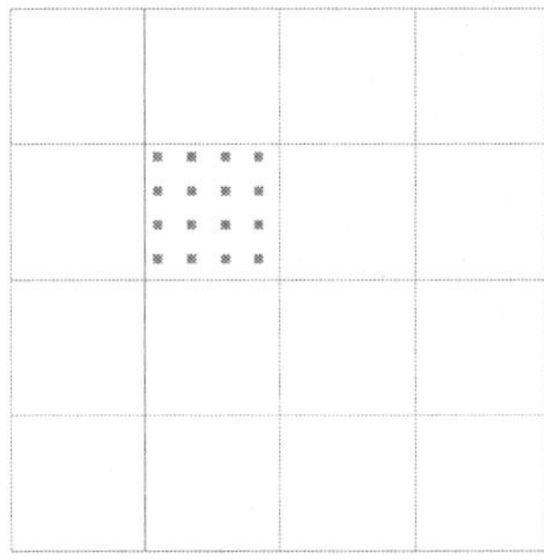

(2) 1단계 2개

① $\log_4 2 = 0.5$	② $\log_{16} 32 = 1.25$	③ $\log_{64} 64 = 1$
	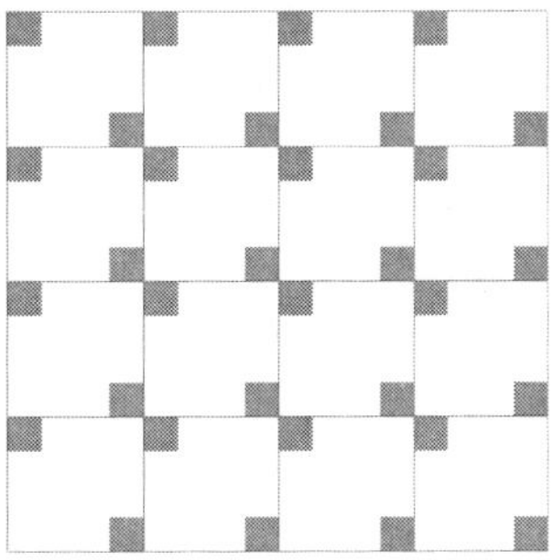	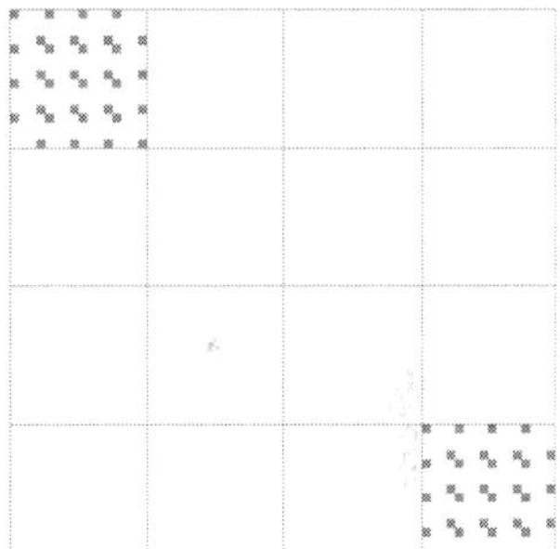

(3) 1단계 3개

① $\log_4 3 = 0.792$	② $\log_9 48 = 1.396$	③ $\log_{64} 144 = 1.195$
	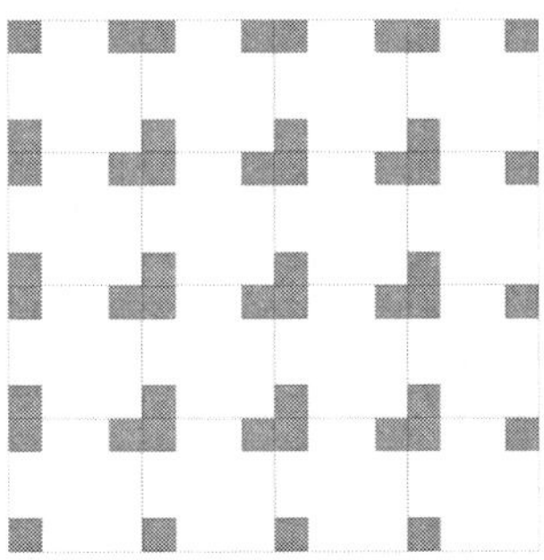	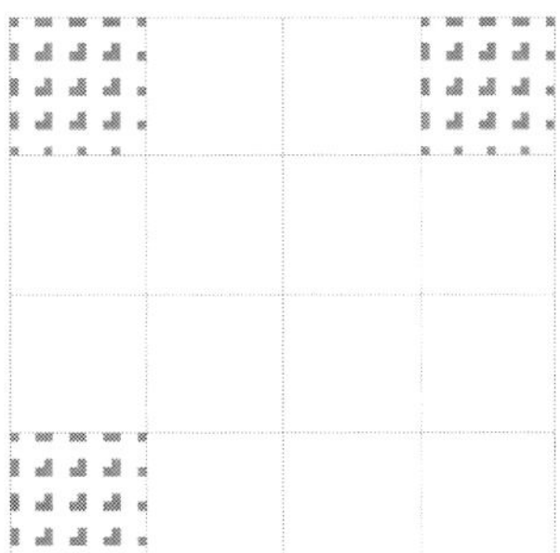

(4) 1단계 4개

① $\log_4 4 = 1$	② $\log_{16} 64 = 1.5$	③ $\log_{64} 256 = 1.333$
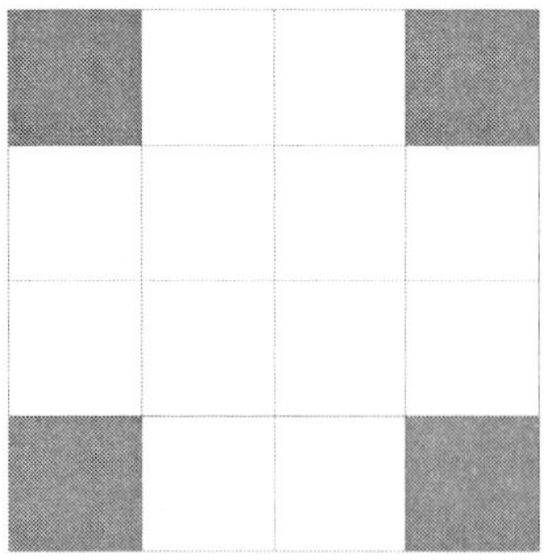	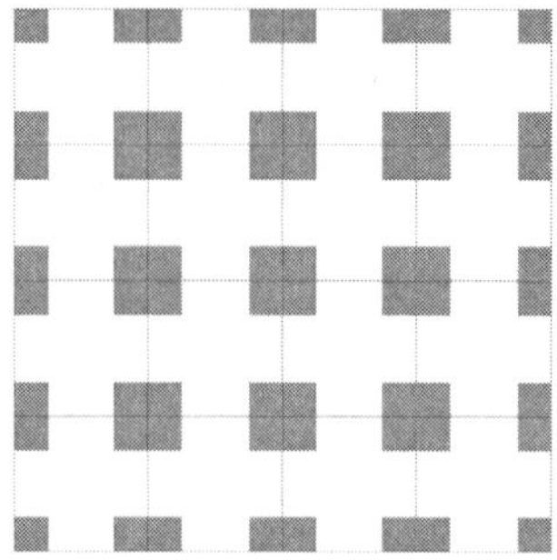	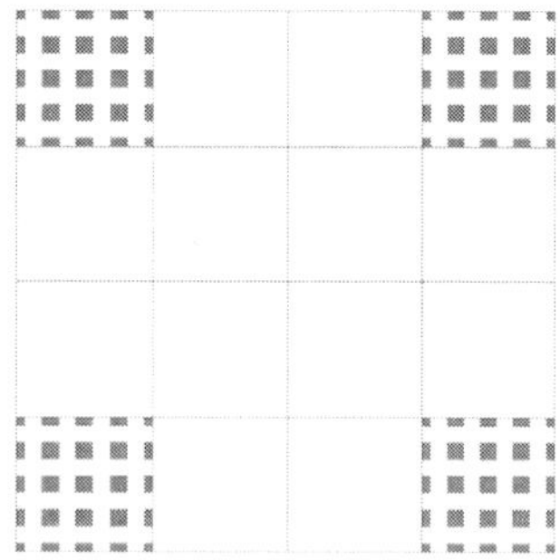
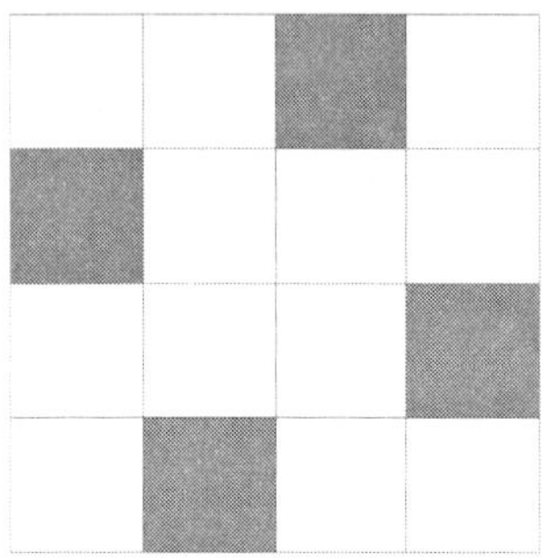		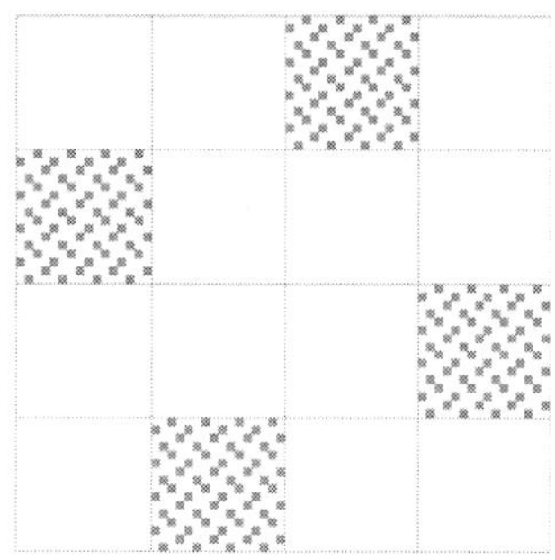
		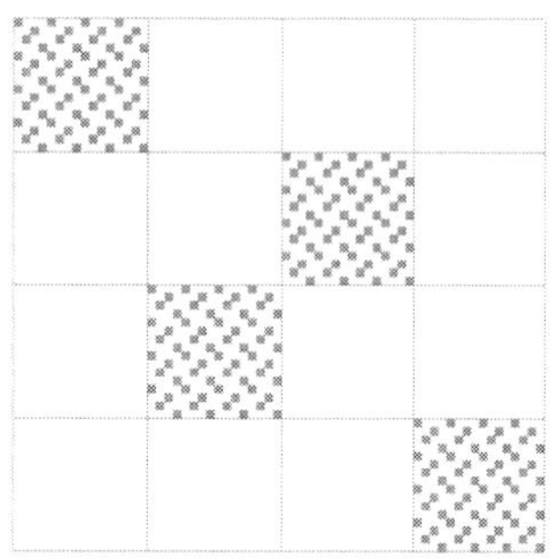
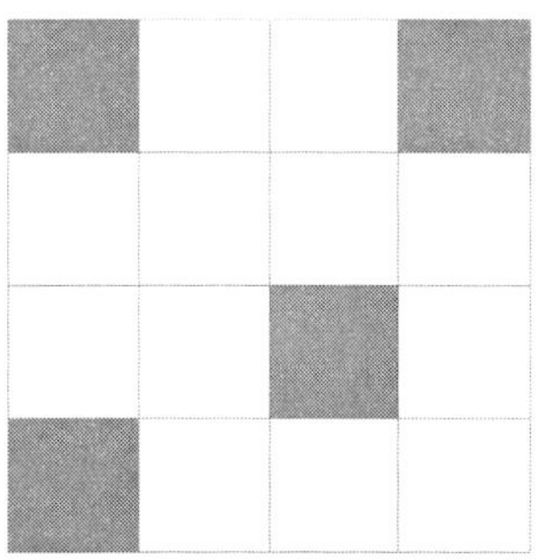		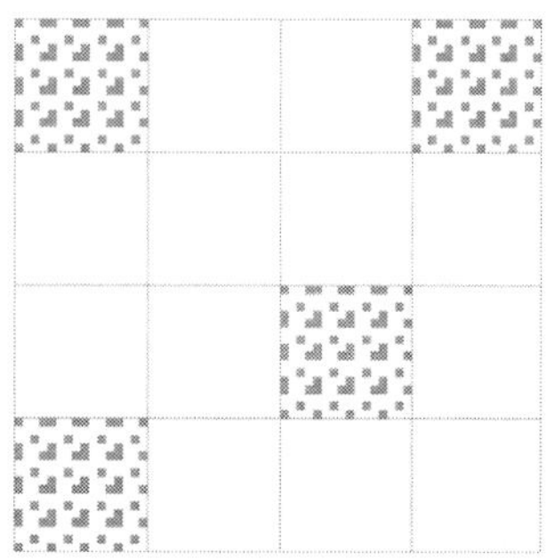

(5) 1단계 8개

① $\log_4 8 = 1.5$	② $\log_{16} 128 = 1.75$	③ $\log_{64} 2048 = 1.833$
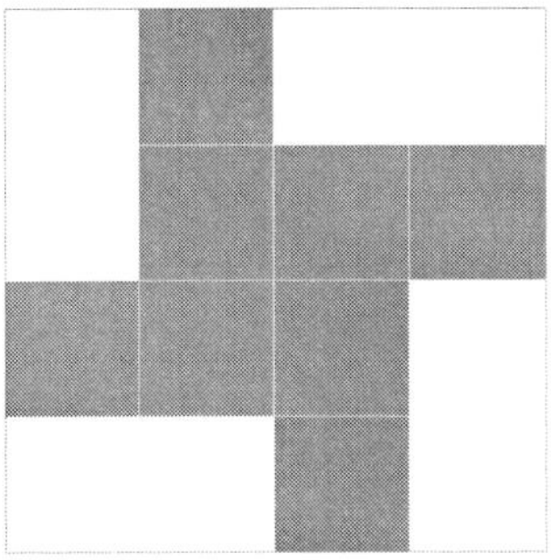		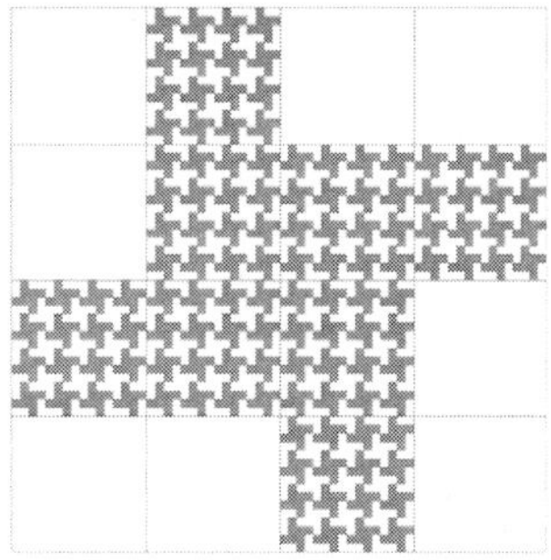
	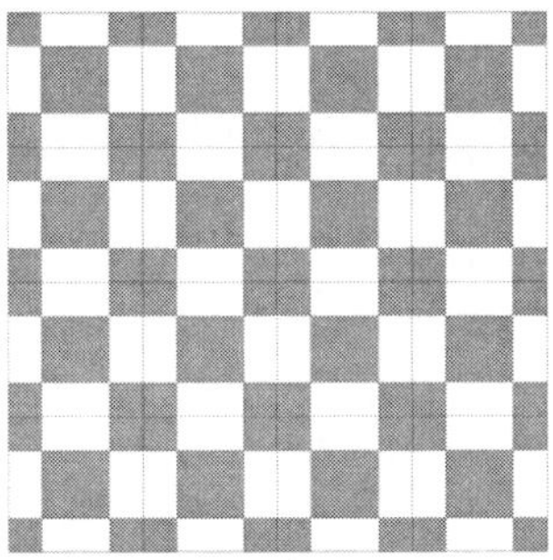	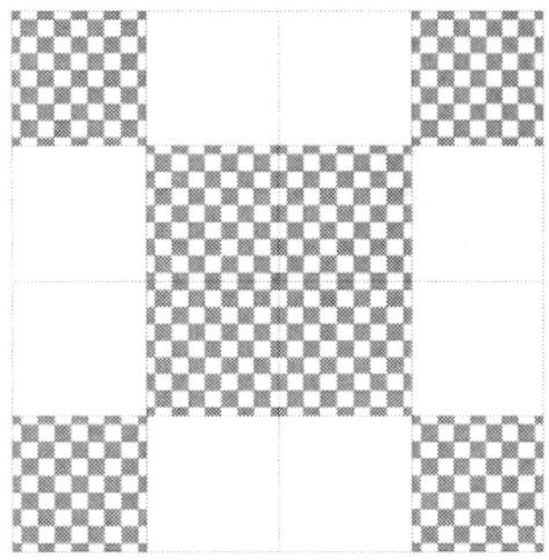
		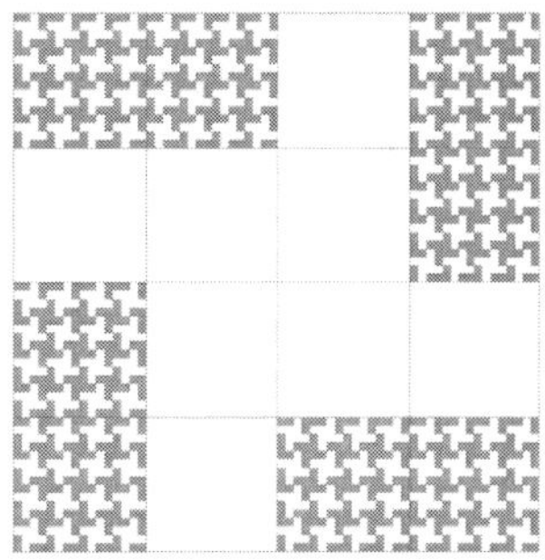
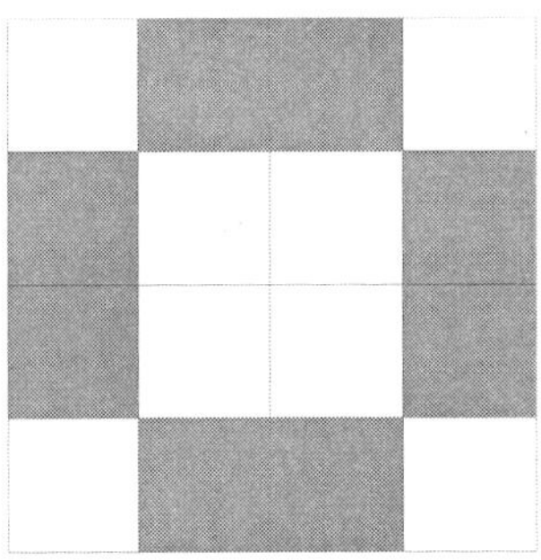	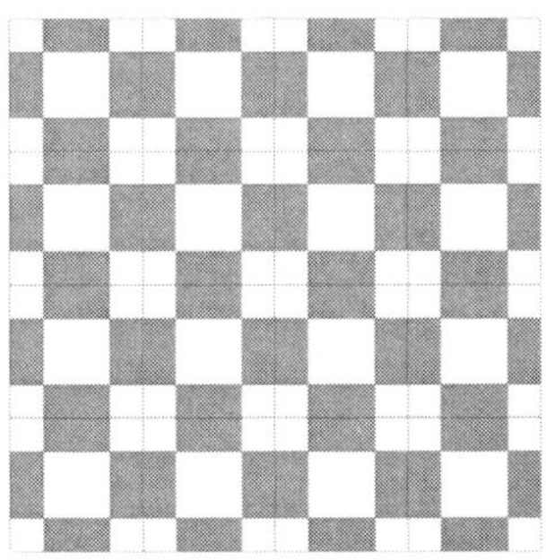	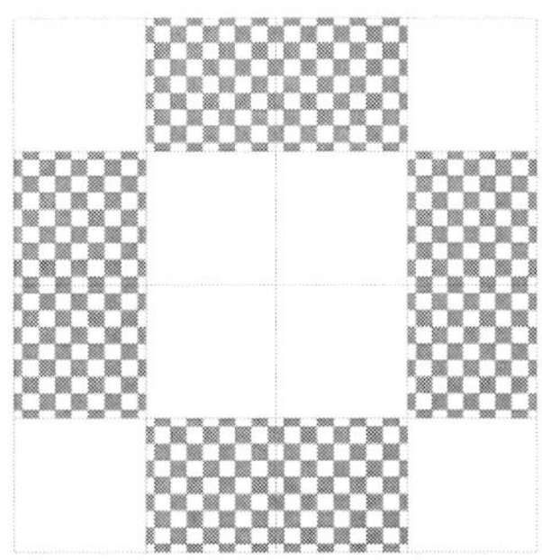

3 5×5 나눗셈-곱셈 프랙탈

(1) 1단계 5개

① $\log_5 5 = 1$

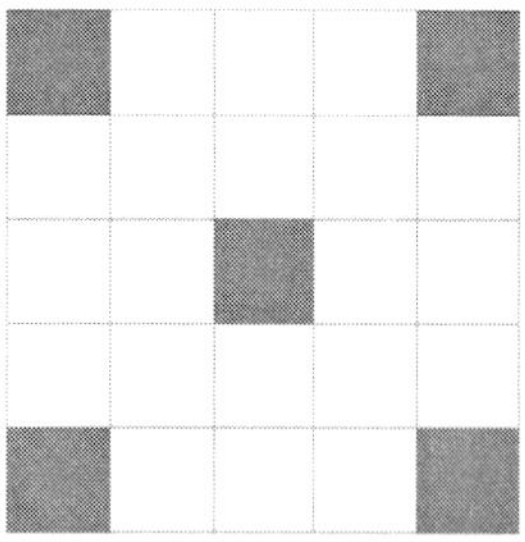

② $\log_{25} 200 = 1.65$

③ $\log_{125} 625 = 1.333$

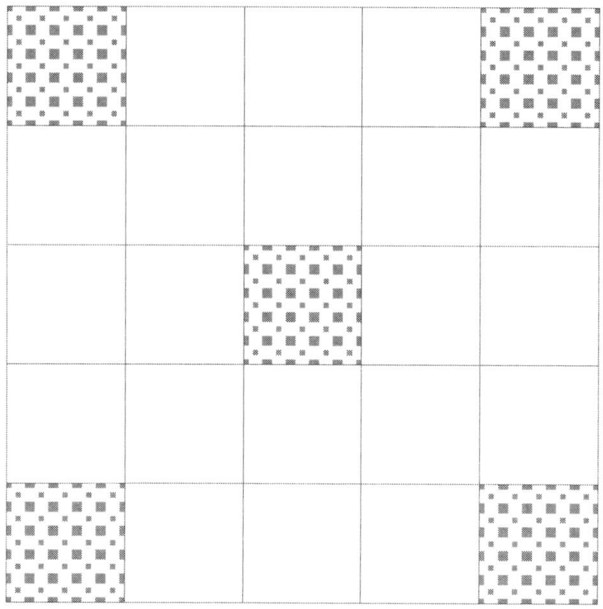

① $\log_5 5 = 1$

② $\log_{25} 200 = 1.65$

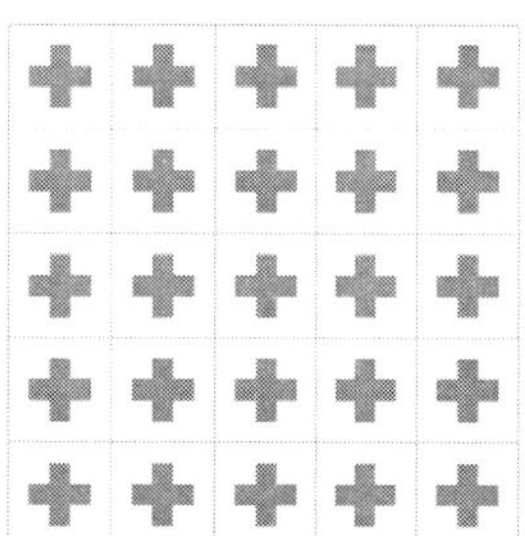

③ $\log_{125} 625 = 1.333$

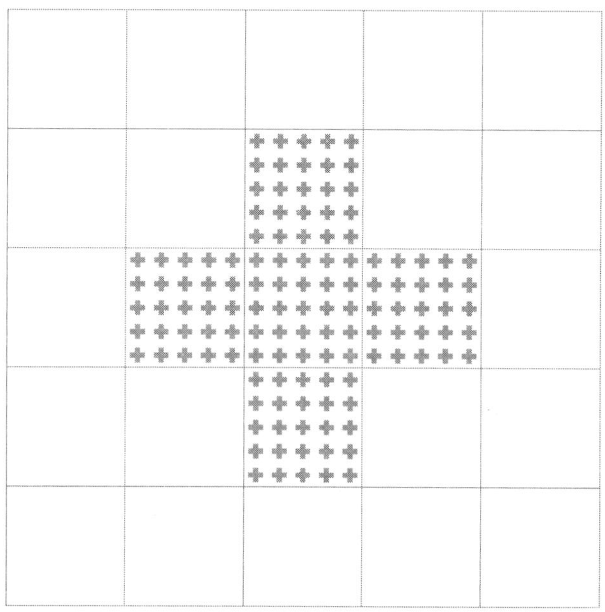

① $\log_5 5 = 1$

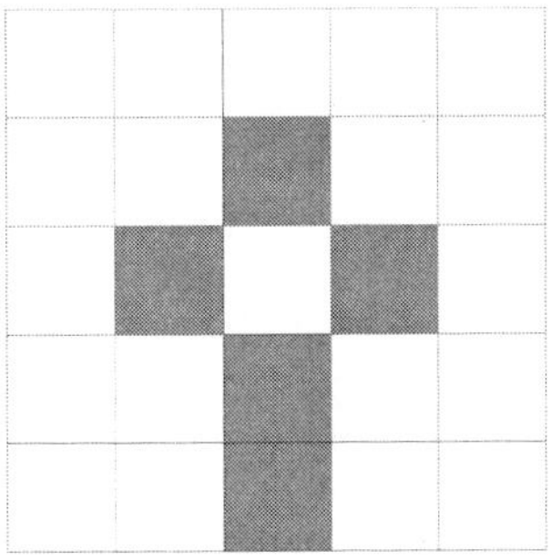

② $\log_{25} 200 = 1.65$

③ $\log_{125} 625 = 1.333$

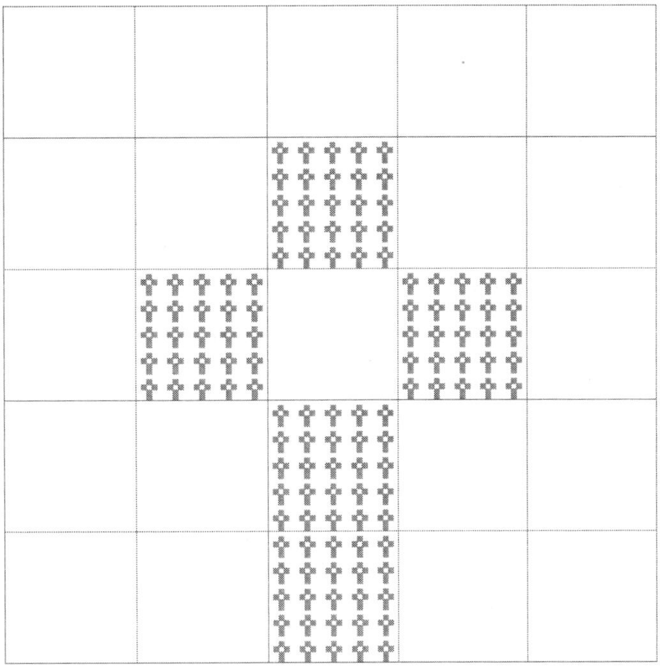

① $\log_5 5 = 1$

② $\log_{25} 200 = 1.65$

③ $\log_{125} 625 = 1.333$

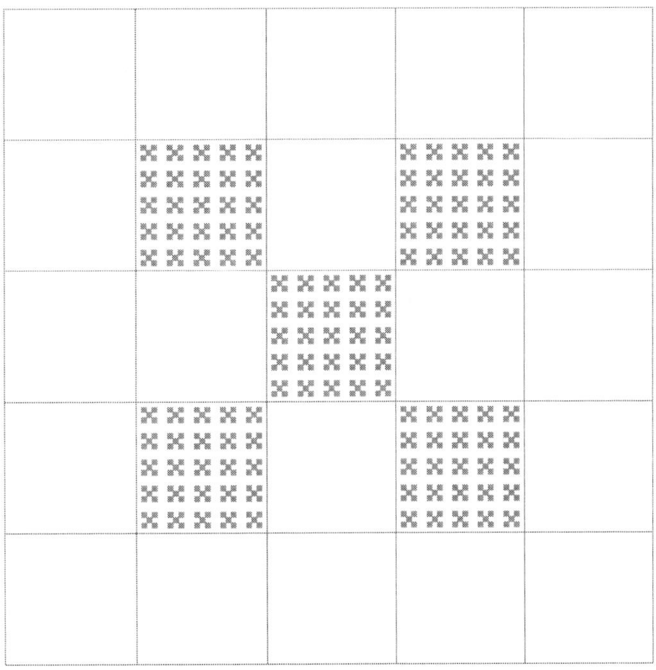

(2) 1단계 8개

① $\log_5 8 = 1.292$

② $\log_{25} 200 = 1.646$

③ $\log_{125} 1600 = 1.528$

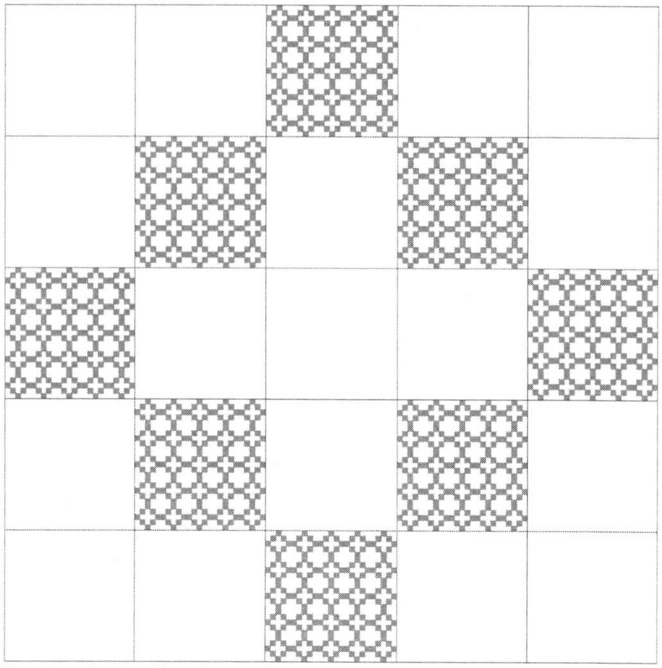

① $\log_5 8 = 1.292$

② $\log_{25} 200 = 1.646$

③ $\log_{125} 1600 = 1.528$

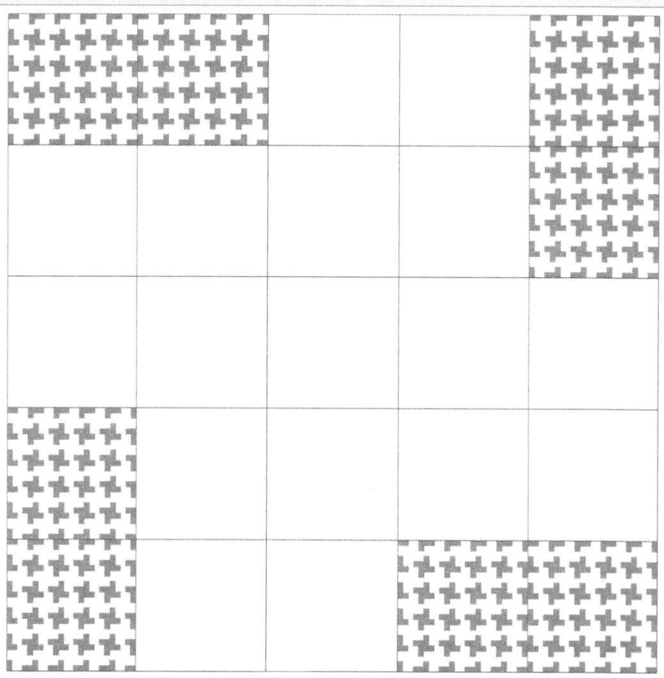

① $\log_5 8 = 1.292$

② $\log_{25} 200 = 1.646$

③ $\log_{125} 1600 = 1.528$

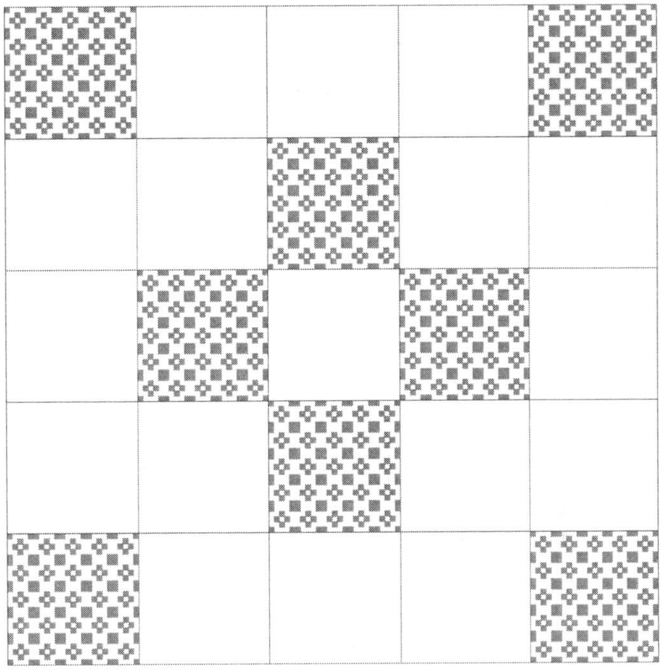

① $\log_5 8 = 1.292$

② $\log_{25} 200 = 1.646$

③ $\log_{125} 1600 = 1.528$

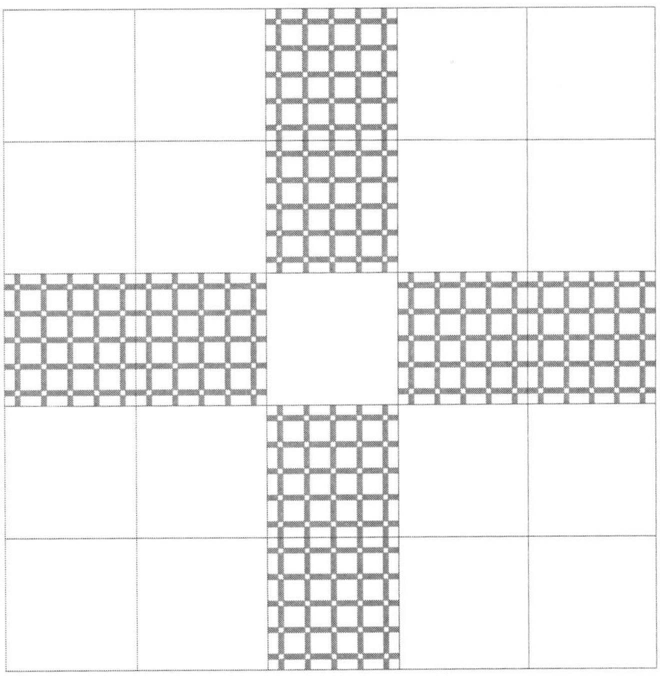

① $\log_5 8 = 1.292$

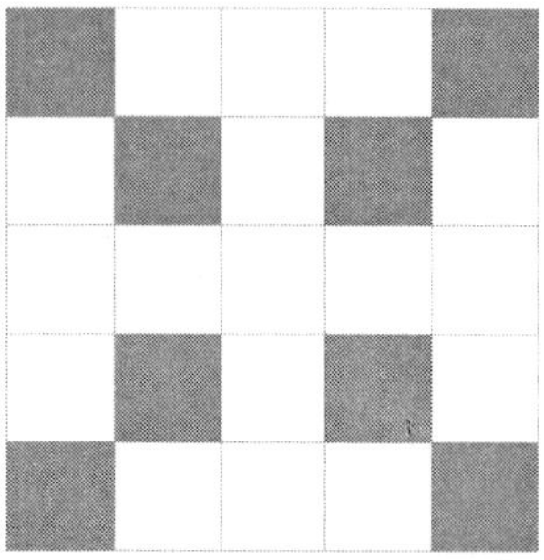

② $\log_{25} 200 = 1.646$

③ $\log_{125} 1600 = 1.528$

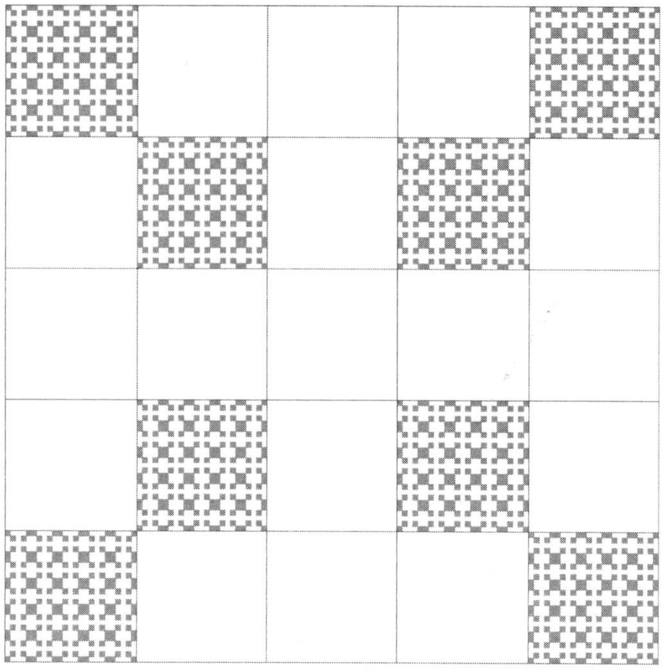

① $\log_5 8 = 1.292$

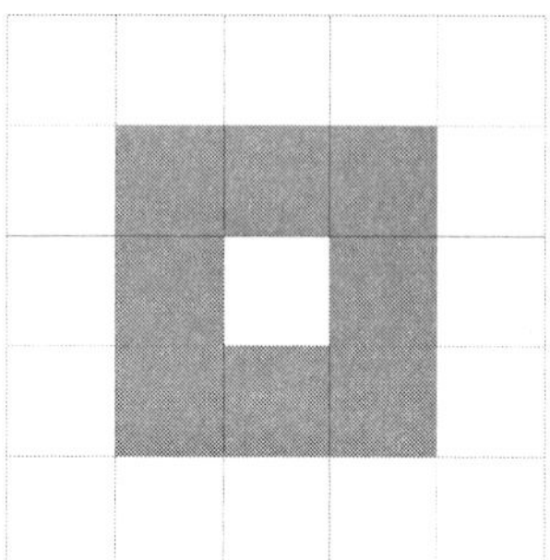

② $\log_{25} 200 = 1.646$

③ $\log_{125} 1600 = 1.528$

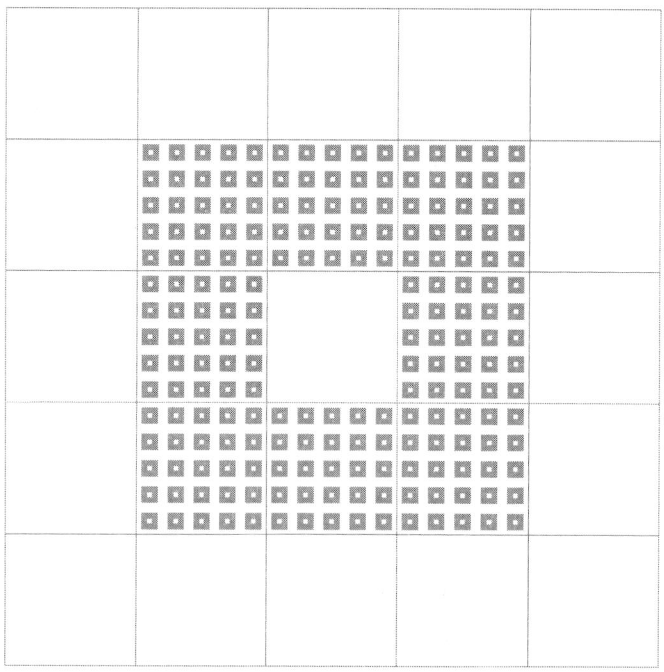

(3) 1단계 9개

① $\log_5 9 = 1.365$

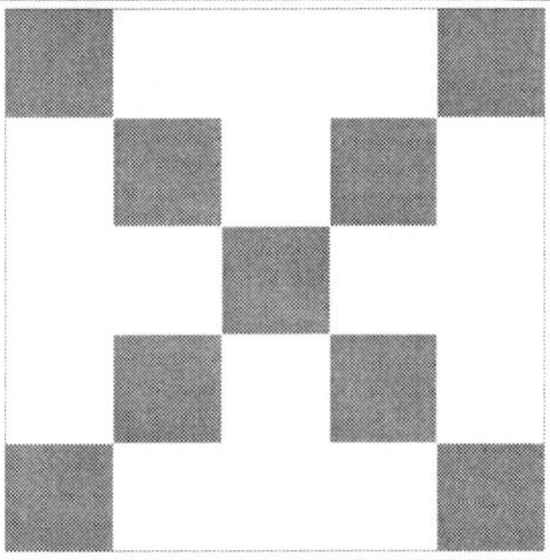

② $\log_{25} 288 = 1.76$

③ $\log_{125} 2025 = 1.577$

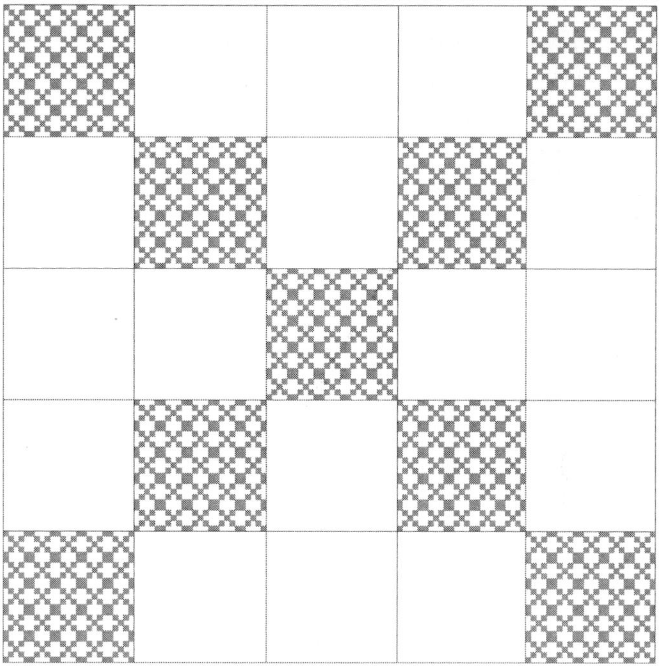

① $\log_5 9 = 1.365$

② $\log_{25} 288 = 1.76$

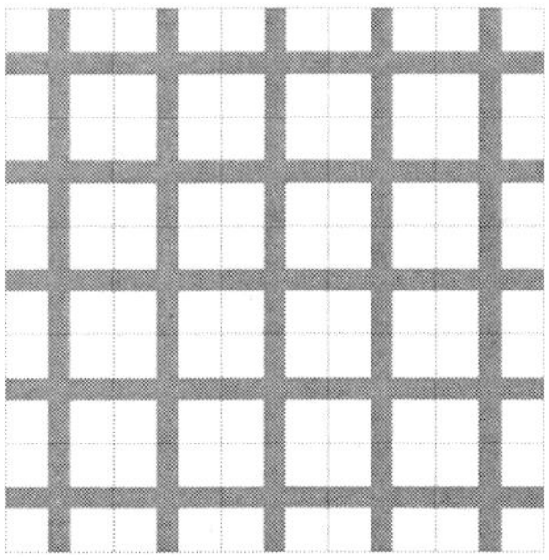

③ $\log_{125} 2025 = 1.577$

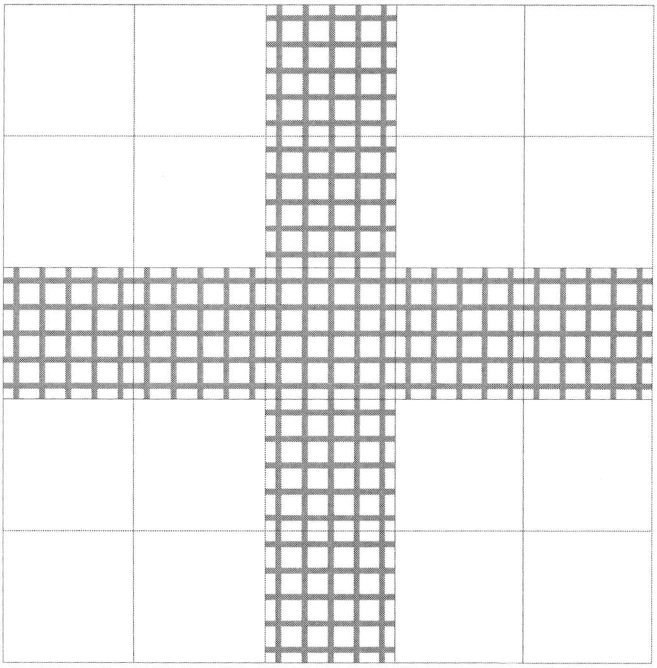

① $\log_5 9 = 1.365$

② $\log_{25} 288 = 1.76$

③ $\log_{125} 2025 = 1.577$

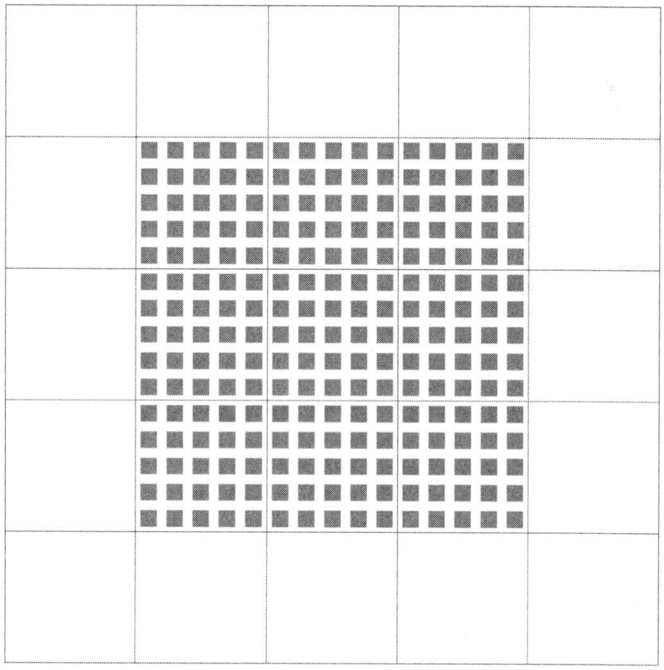

① $\log_5 9 = 1.365$

② $\log_{25} 288 = 1.76$

③ $\log_{125} 2025 = 1.577$

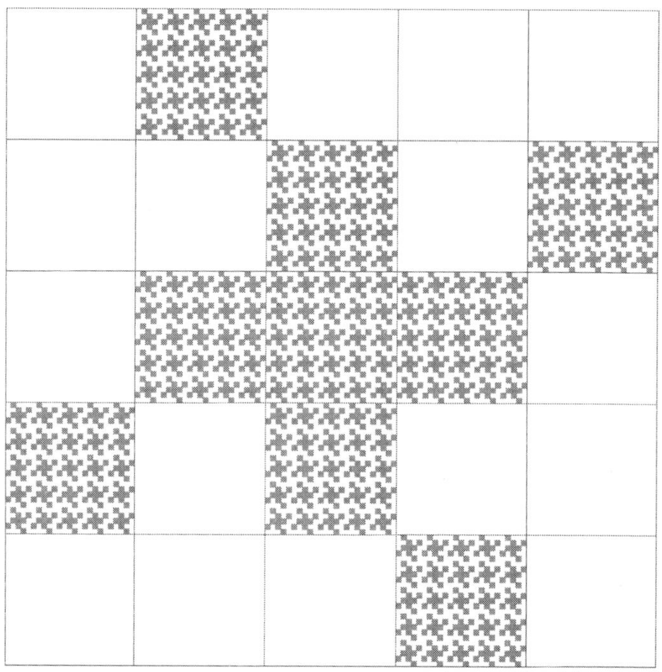

4 6×6 나눗셈-곱셈 프랙탈

(1) 1단계 2개

① $\log_{6}2 = 0.387$

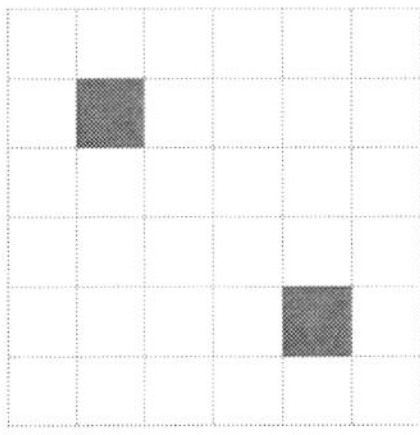

② $\log_{36}136 = 1.371$

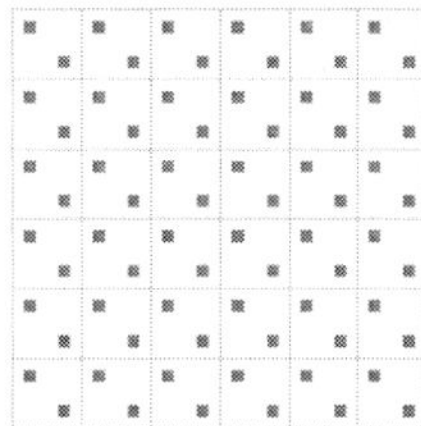

③ $\log_{216}144 = 0.925$

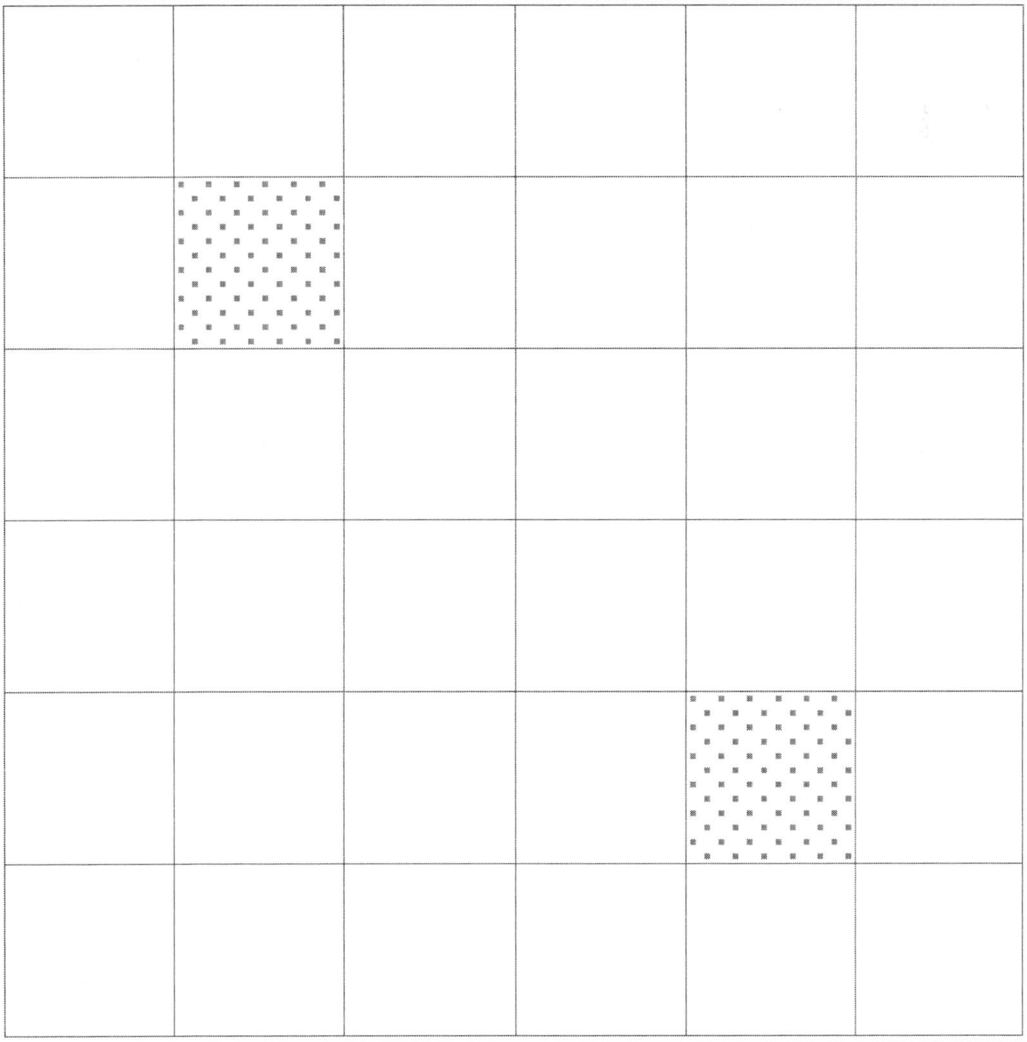

(2) 1단계 4개

① $\log_{6}4 = 0.774$	② $\log_{36}144 = 1.387$
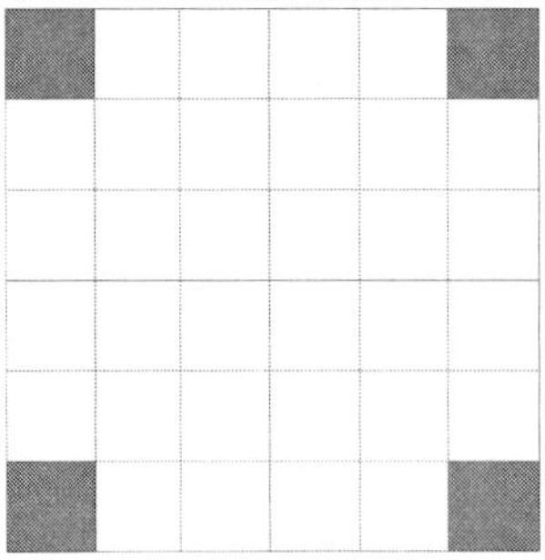	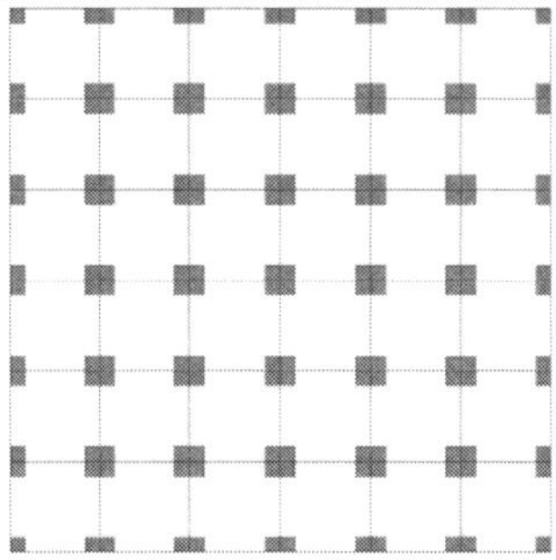

③ $\log_{216}576 = 1.182$

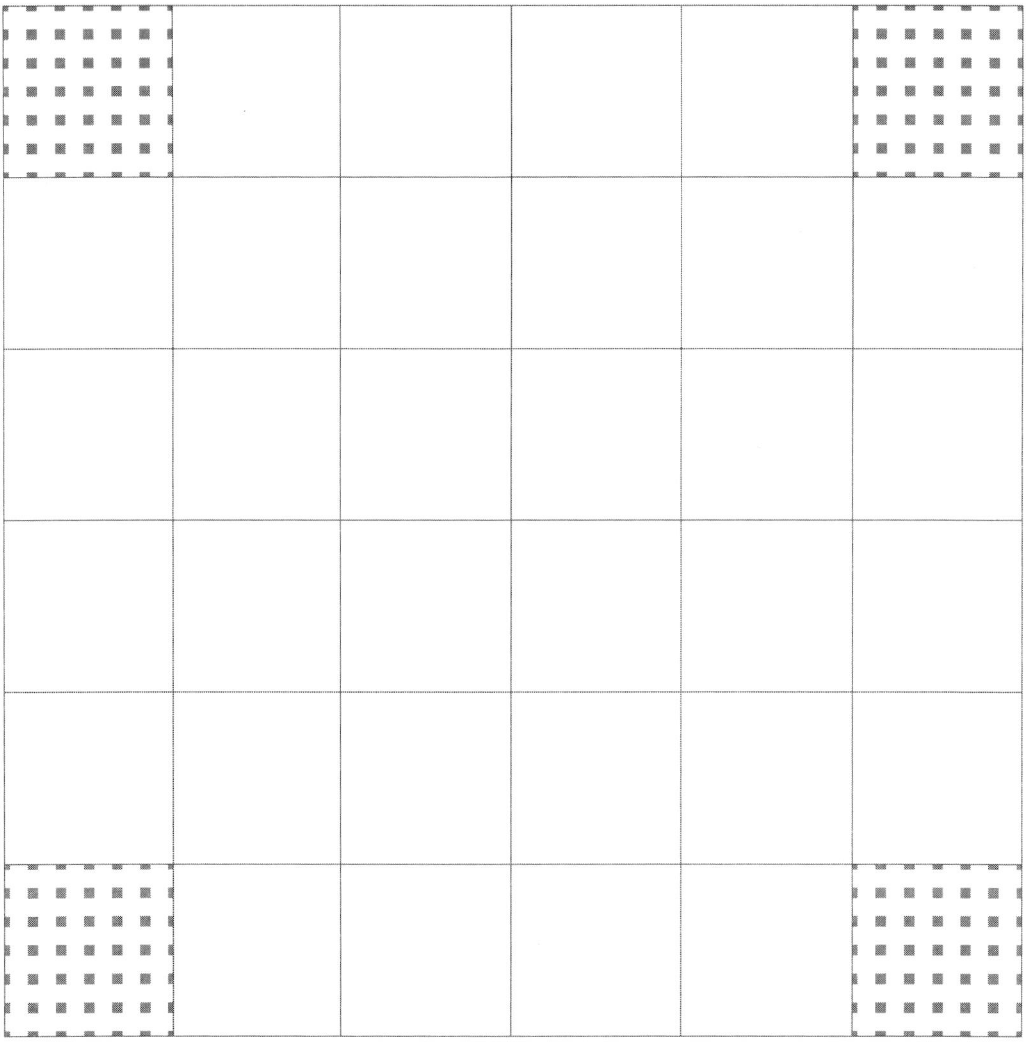

① $\log_6 4 = 0.774$

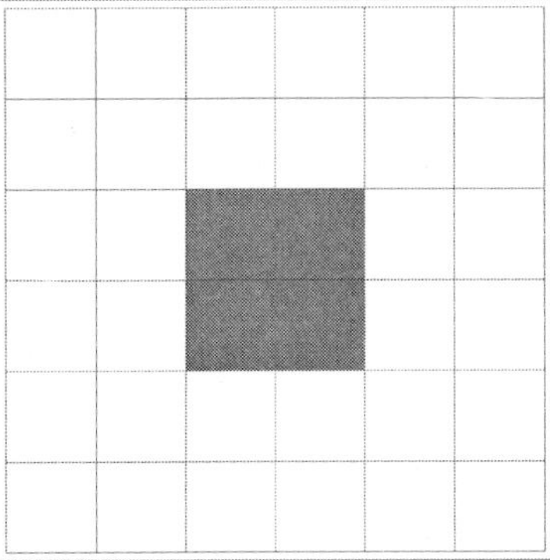

② $\log_{36} 144 = 1.387$

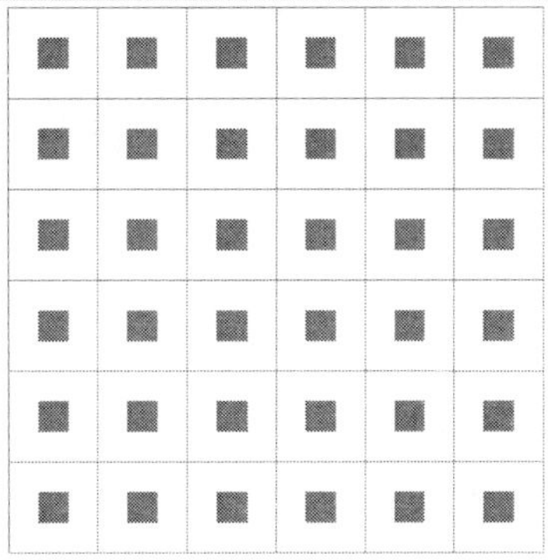

③ $\log_{216} 576 = 1.182$

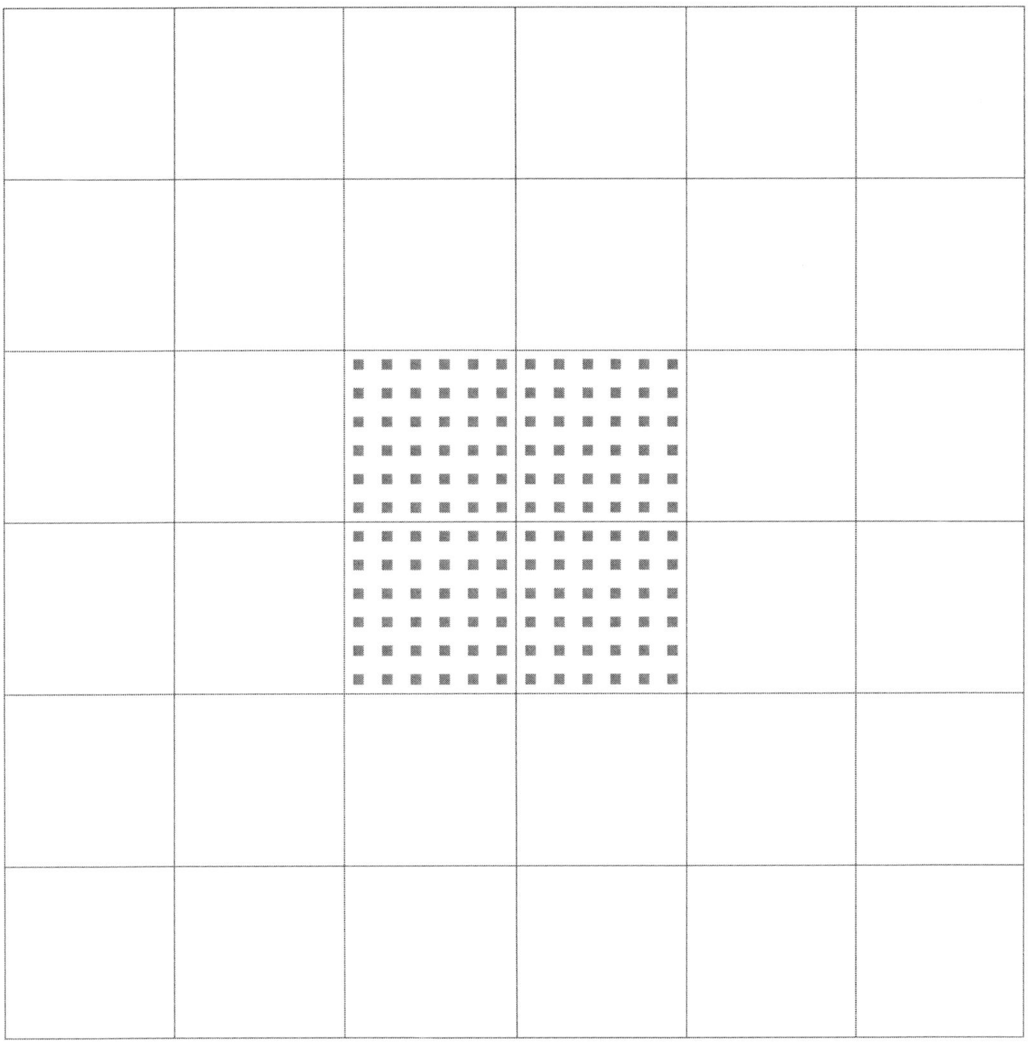

① $\log_6 4 = 0.774$

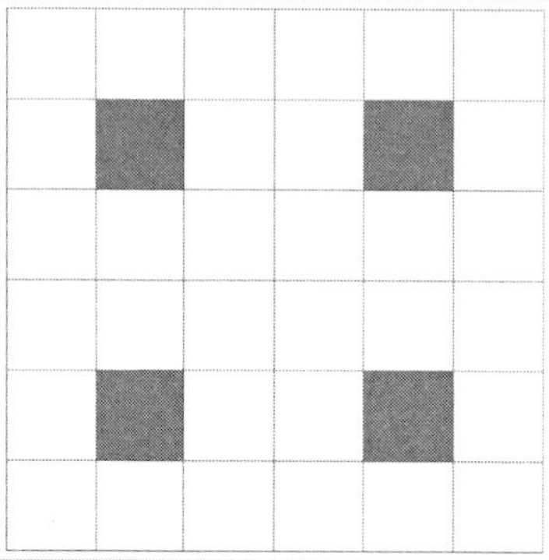

② $\log_{36} 144 = 1.387$

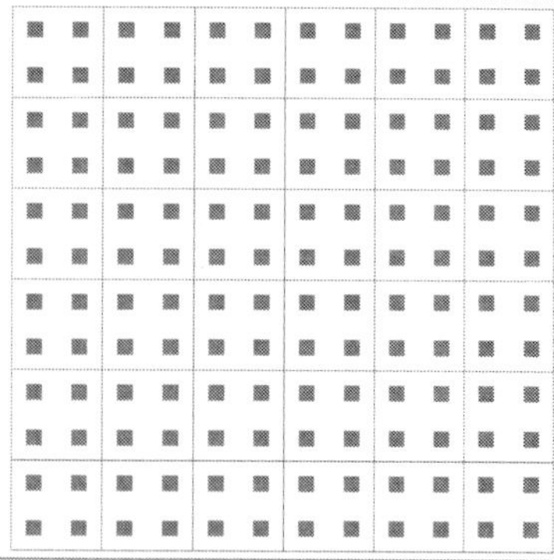

③ $\log_{216} 576 = 1.182$

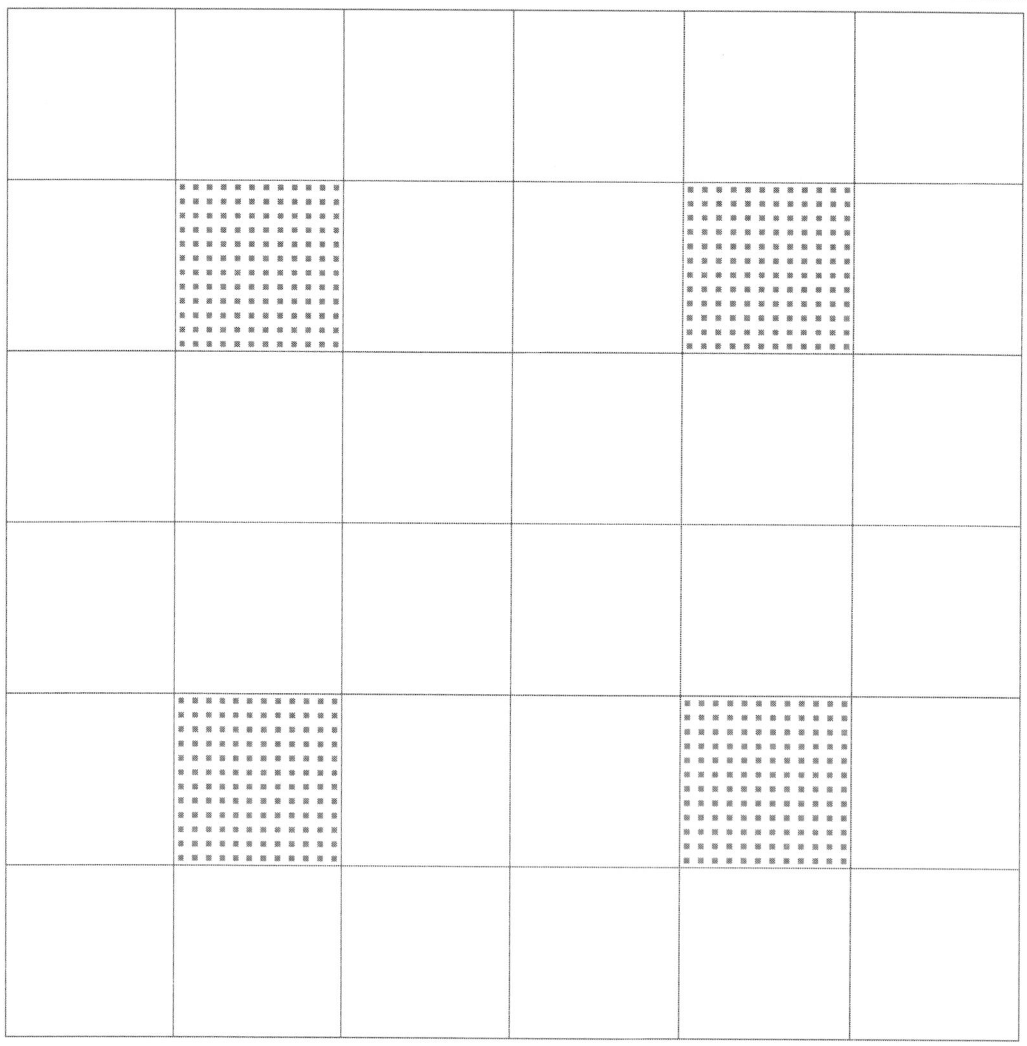

① $\log_6 4 = 0.774$

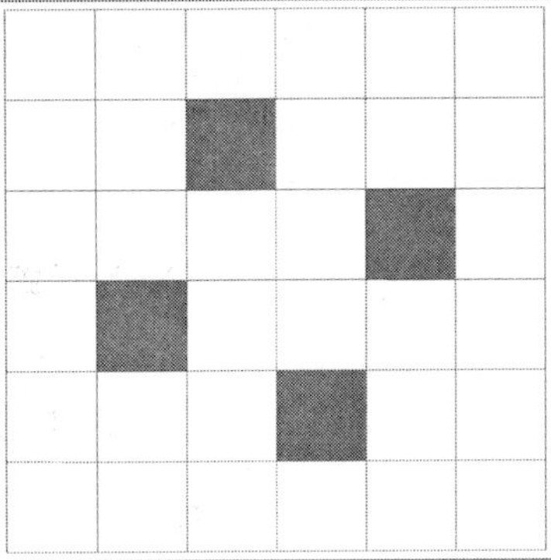

② $\log_{36} 144 = 1.387$

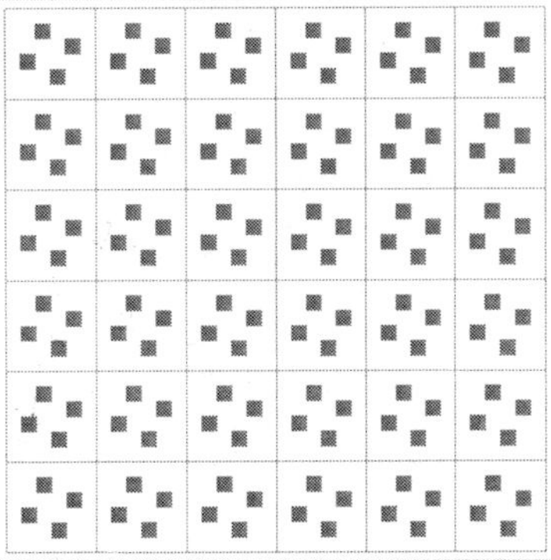

③ $\log_{216} 576 = 1.182$

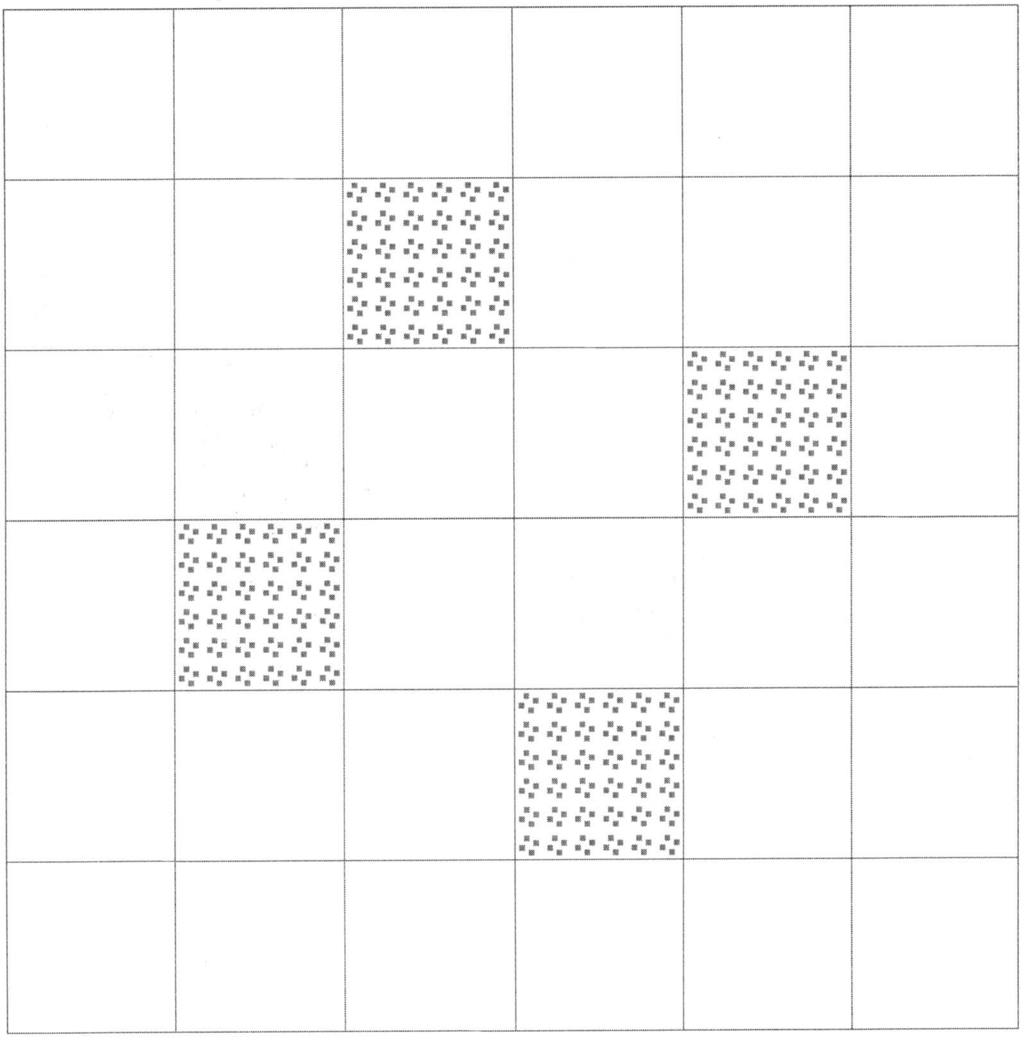

(3) 1단계 8개

① $\log_{6}8 = 1.161$

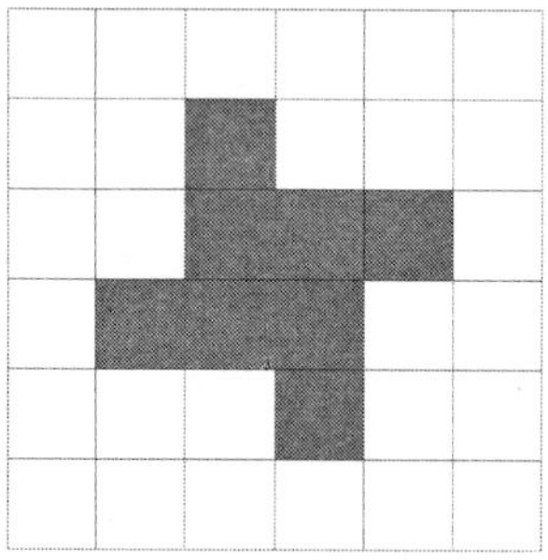

② $\log_{36}288 = 1.58$

③ $\log_{216}2304 = 1.44$

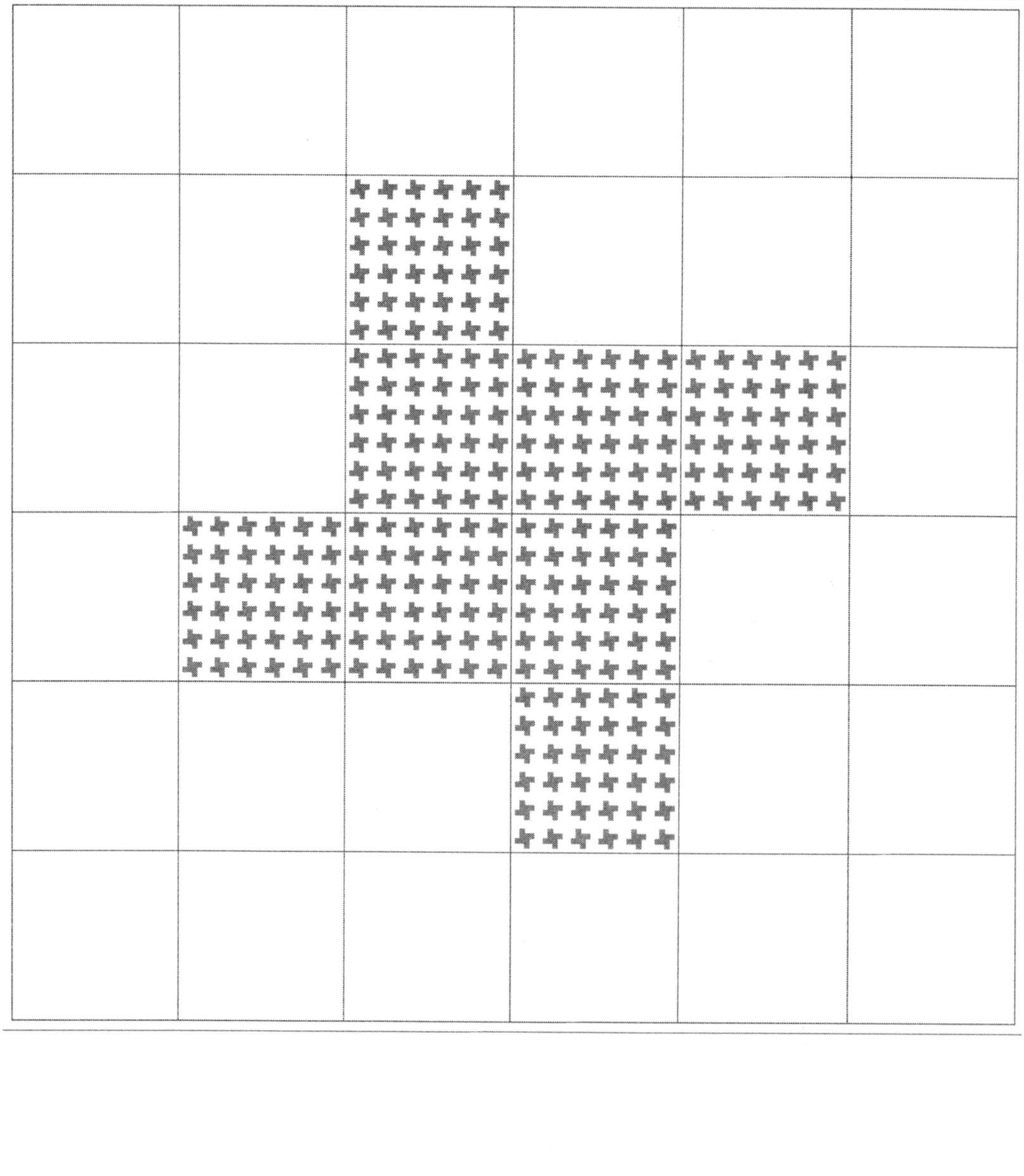

① $\log_6 8 = 1.161$

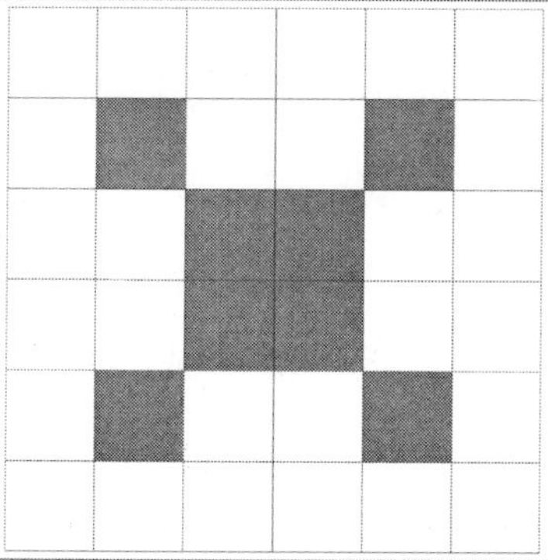

② $\log_{36} 288 = 1.58$

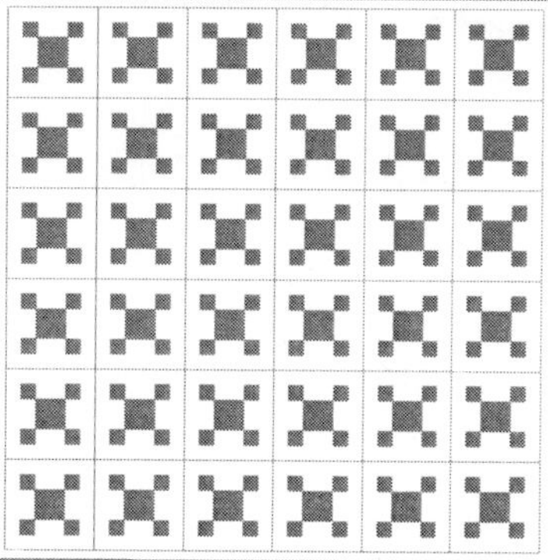

③ $\log_{216} 2304 = 1.44$

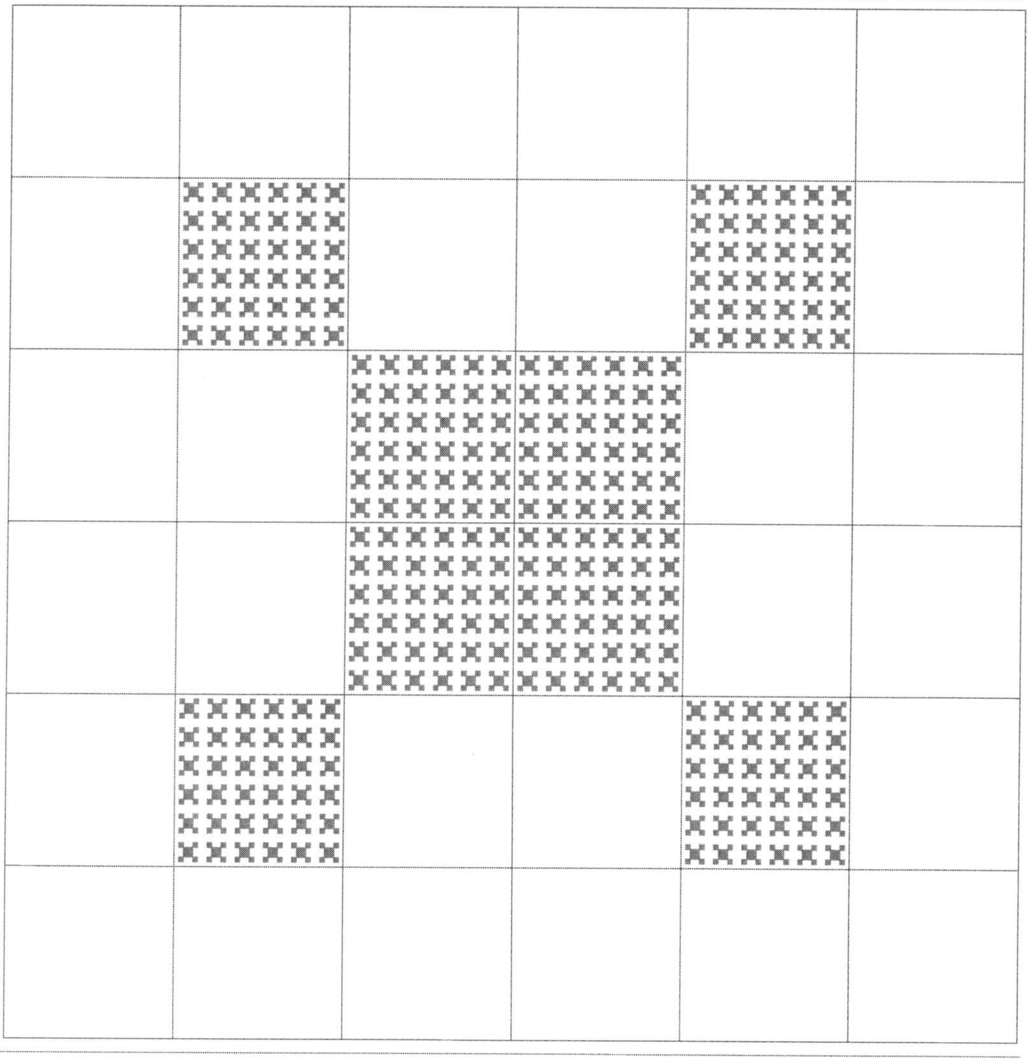

① $\log_6 8 = 1.161$

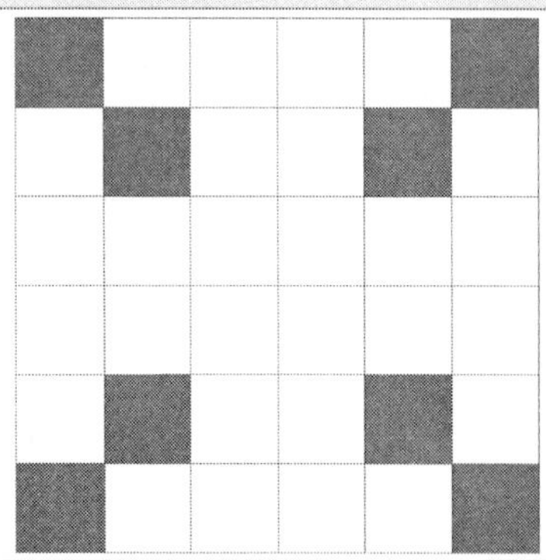

② $\log_{36} 288 = 1.58$

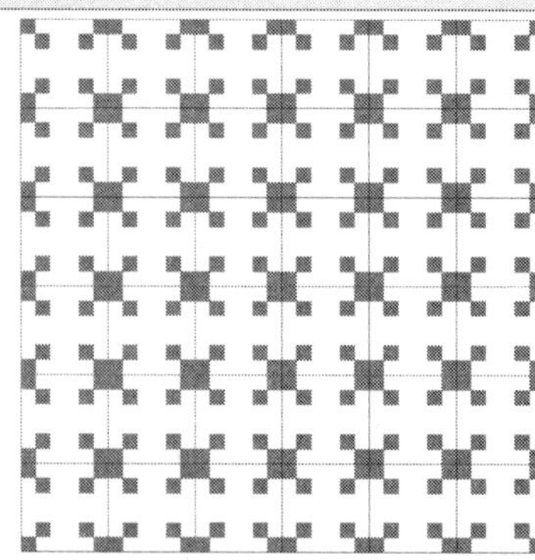

③ $\log_{216} 2304 = 1.44$

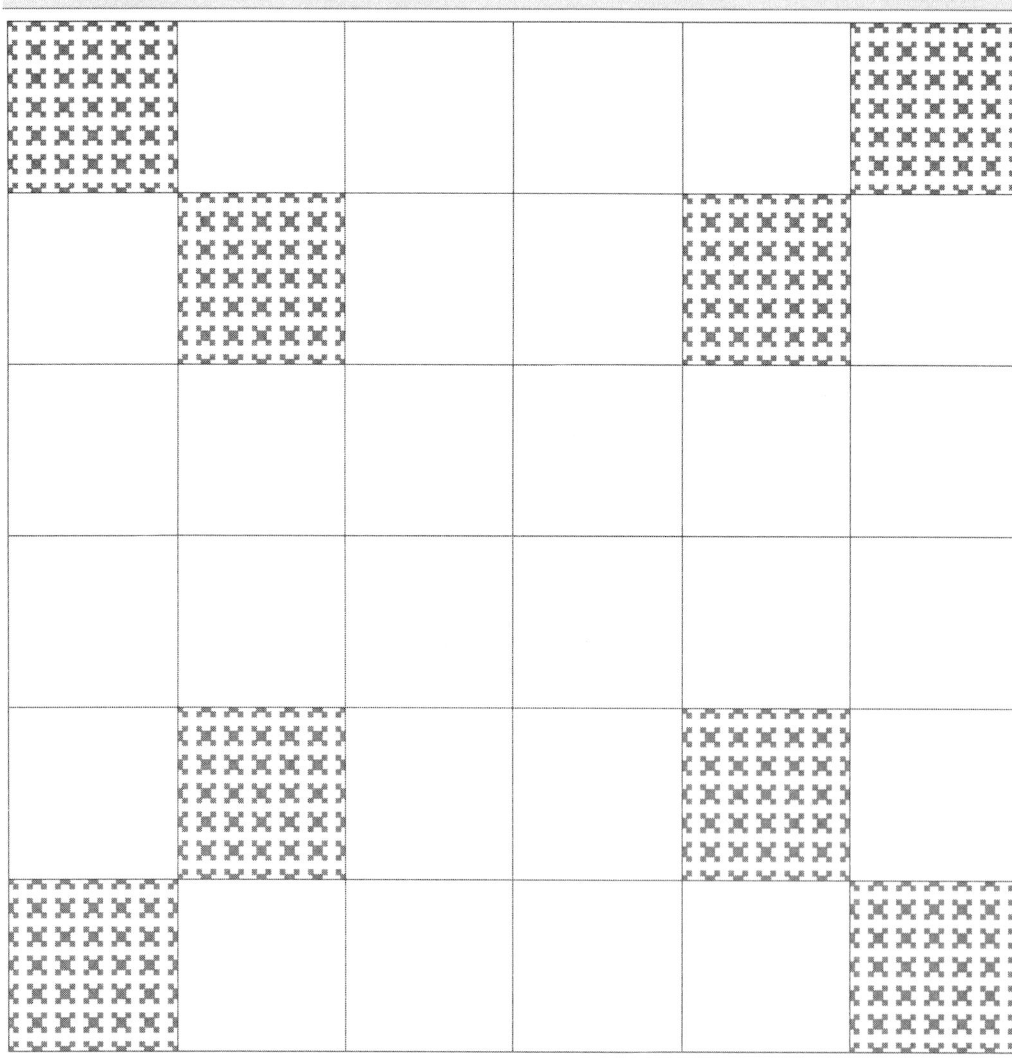

① $\log_6 8 = 1.161$

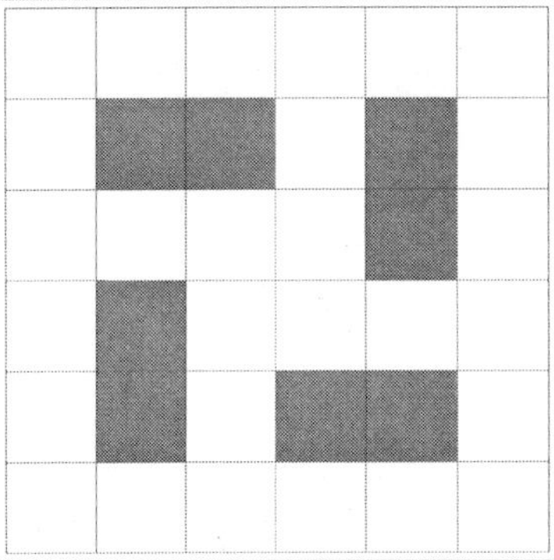

② $\log_{36} 288 = 1.58$

③ $\log_{216} 2304 = 1.44$

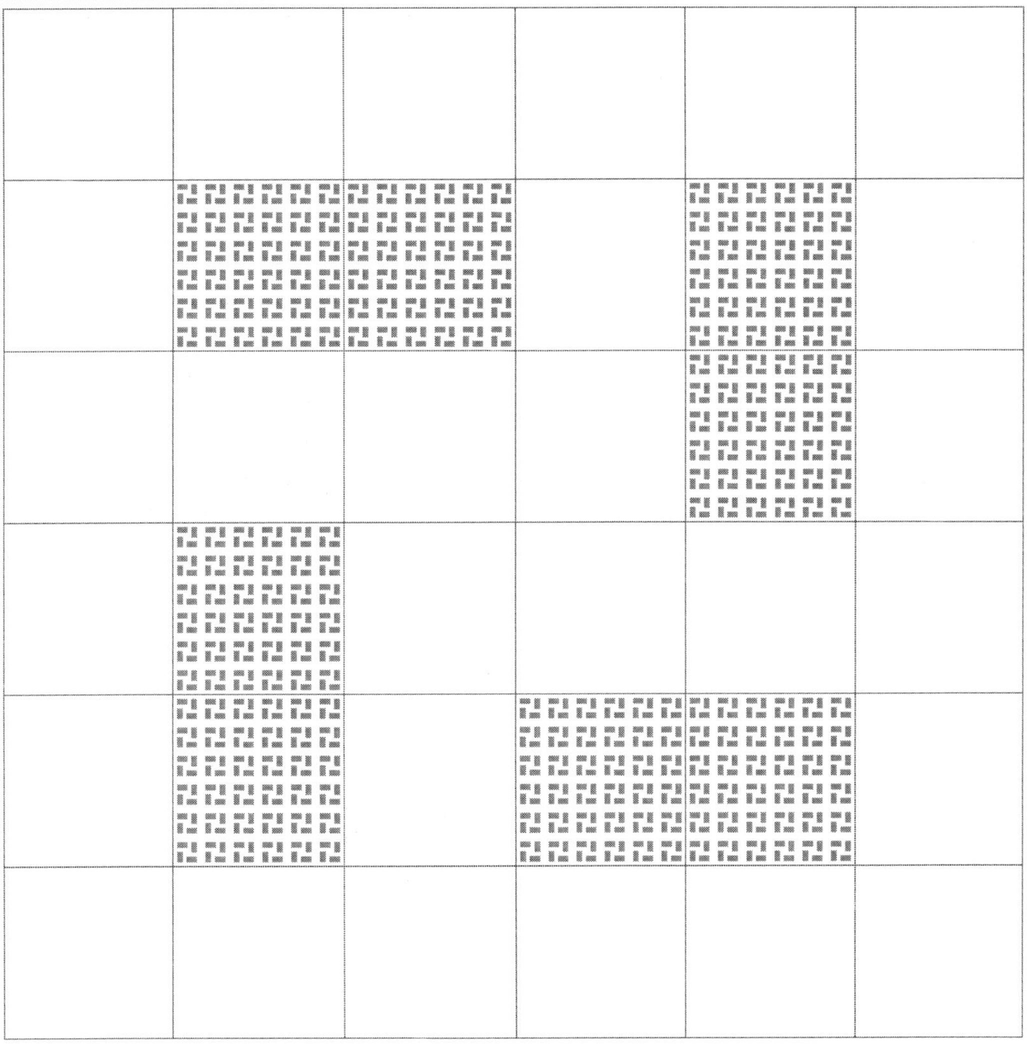

① $\log_6 8 = 1.161$

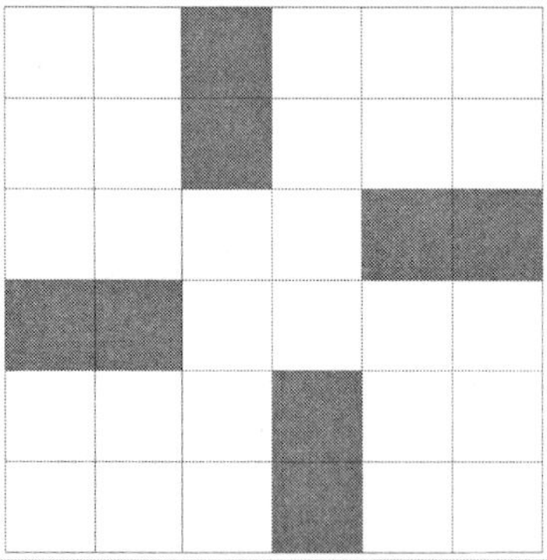

② $\log_{36} 288 = 1.58$

③ $\log_{216} 2304 = 1.44$

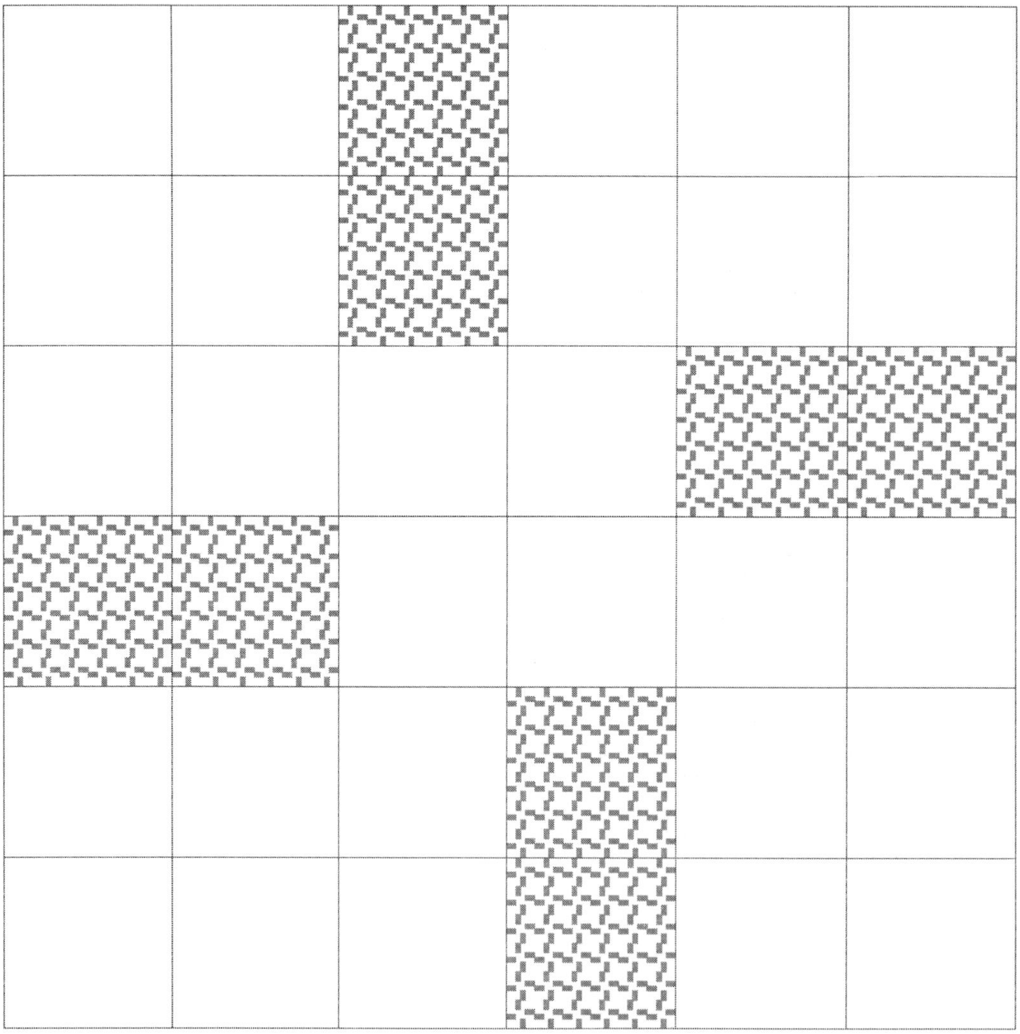

① $\log_6 8 = 1.161$

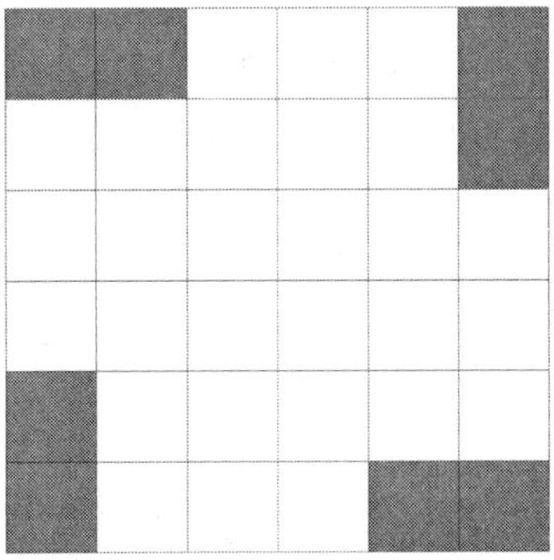

② $\log_{36} 288 = 1.58$

③ $\log_{216} 2304 = 1.44$

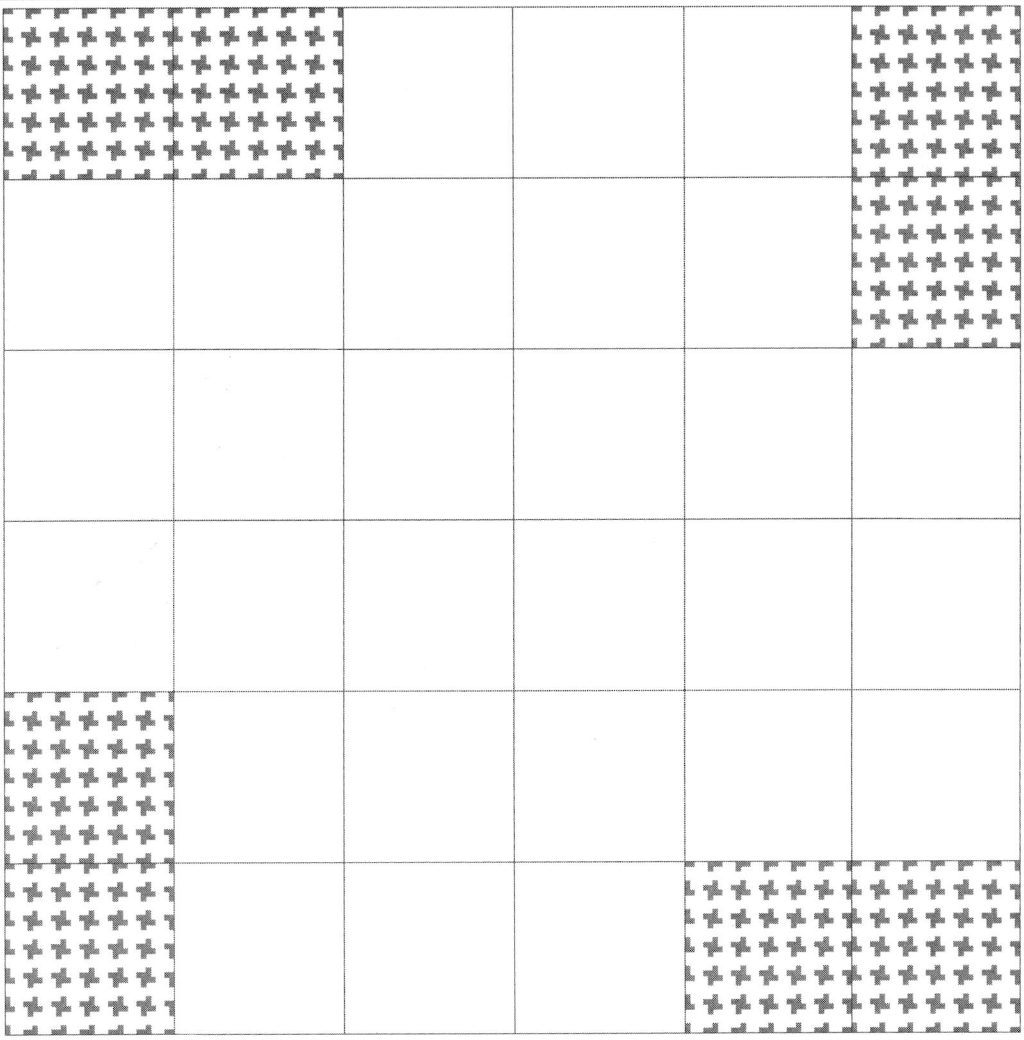

① $\log_6 8 = 1.161$

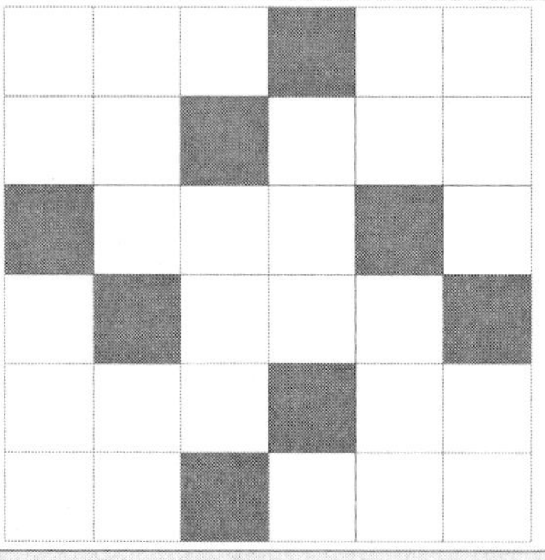

② $\log_{36} 288 = 1.58$

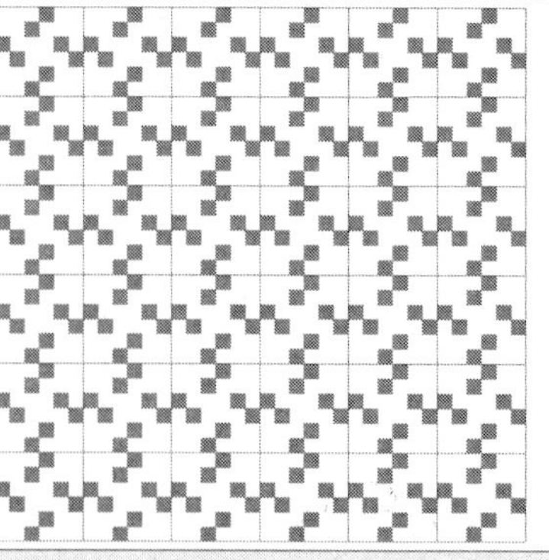

③ $\log_{216} 2304 = 1.44$

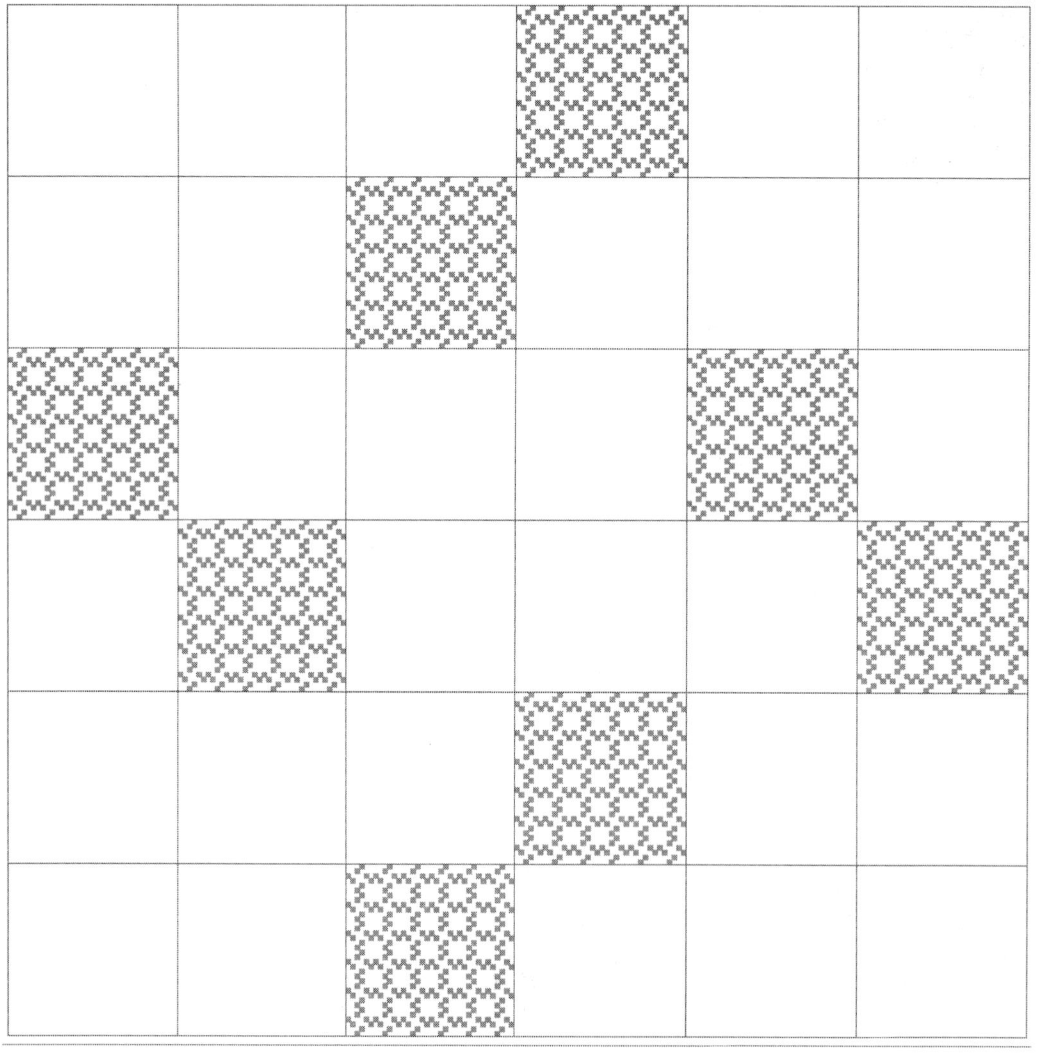

(4) 1단계 12개

① $\log_{6}12 = 1.387$

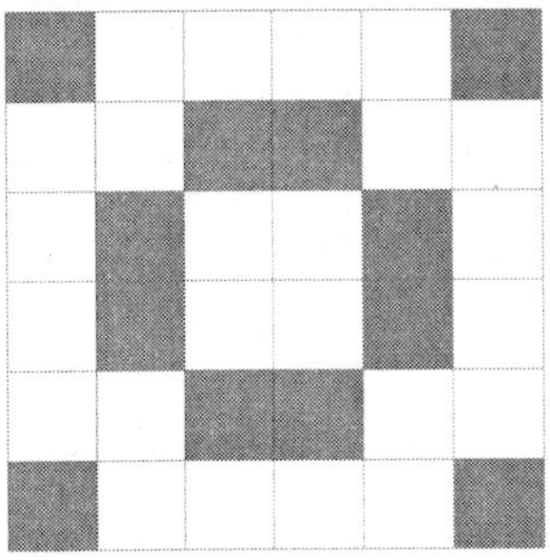

② $\log_{36}432 = 1.693$

③ $\log_{216}5184 = 1.591$

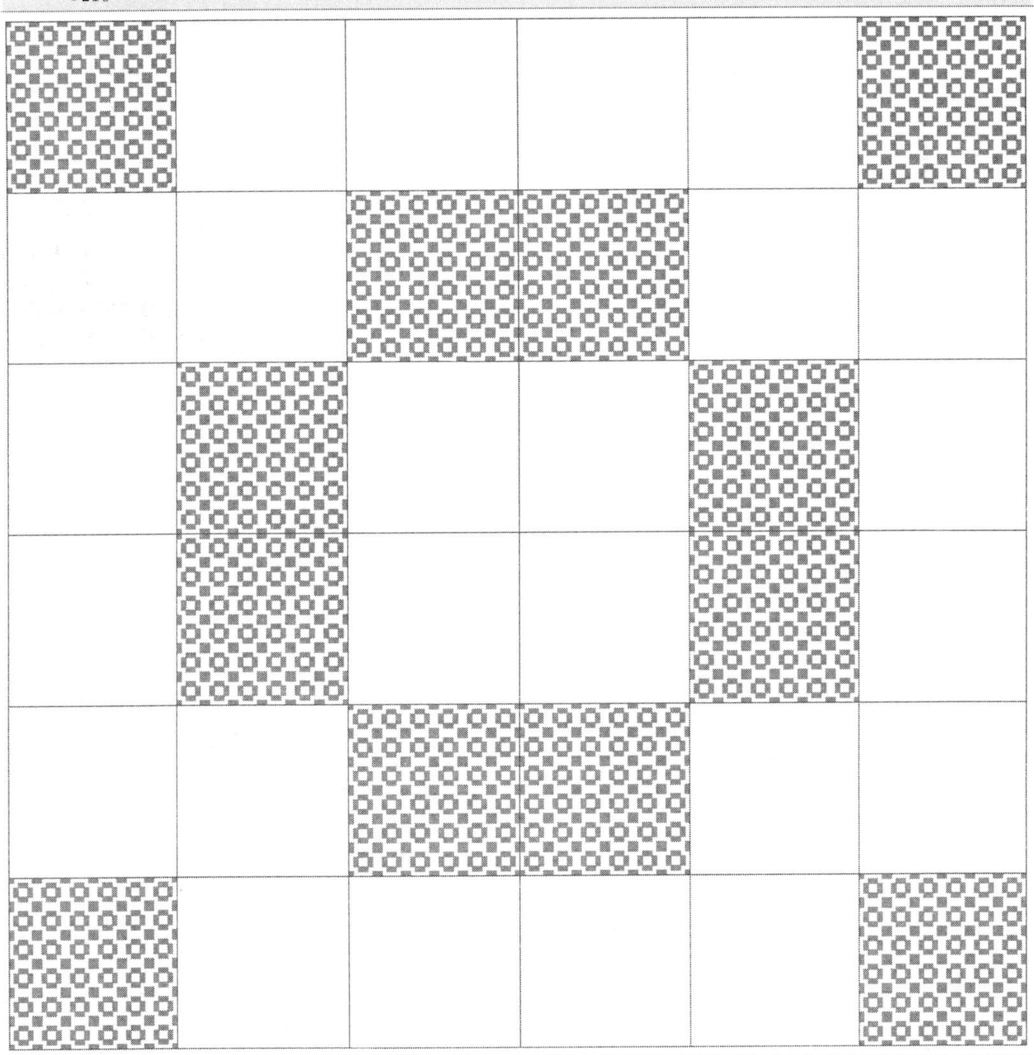

① $\log_6 12 = 1.387$

② $\log_{36} 432 = 1.693$

③ $\log_{216} 5184 = 1.591$

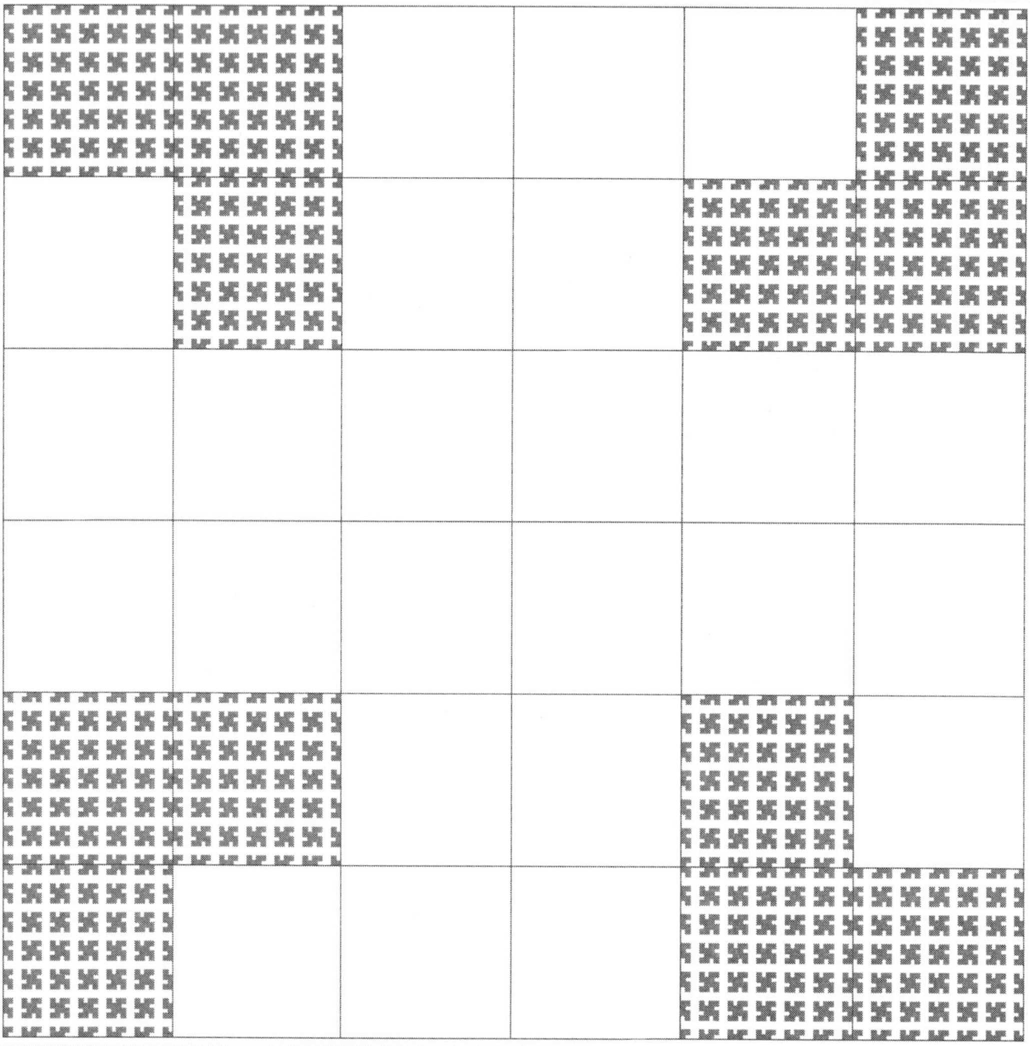

① $\log_6 12 = 1.387$	② $\log_{36} 432 = 1.693$
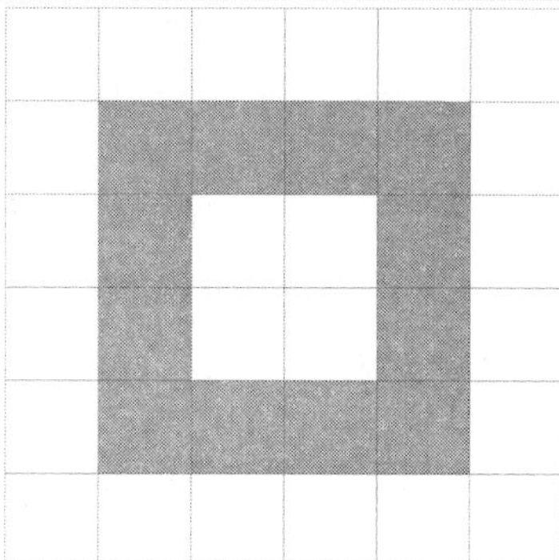	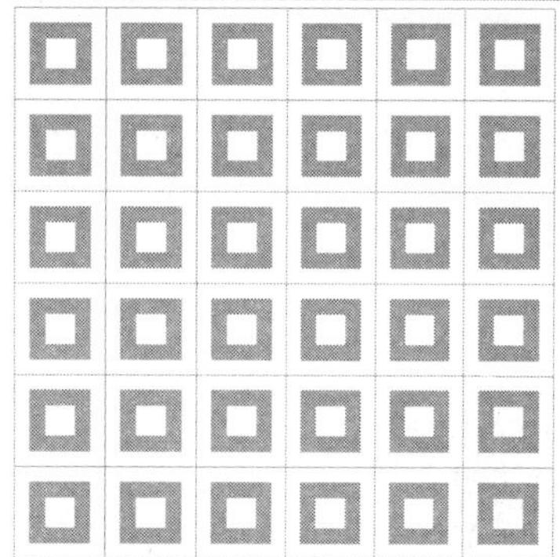

③ $\log_{216} 5184 = 1.591$

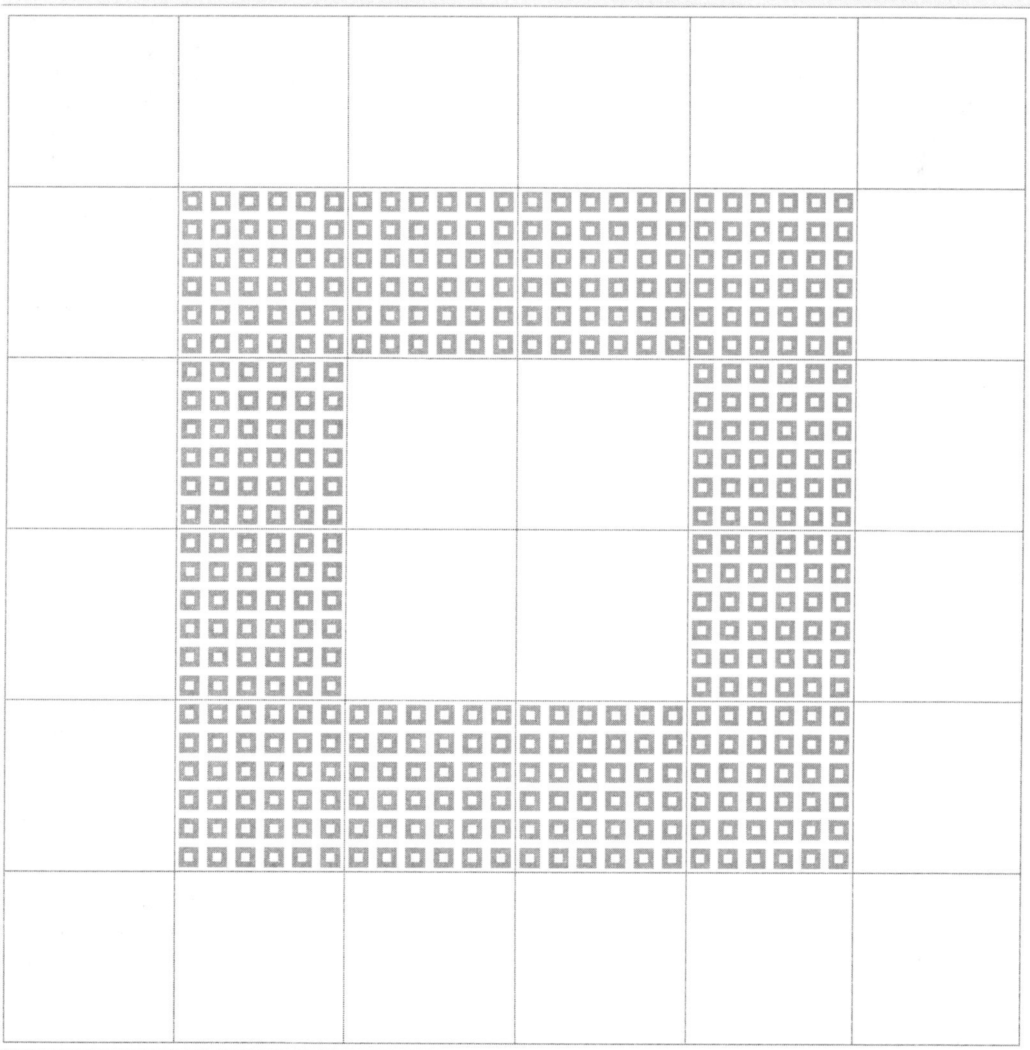

① $\log_6 12 = 1.387$

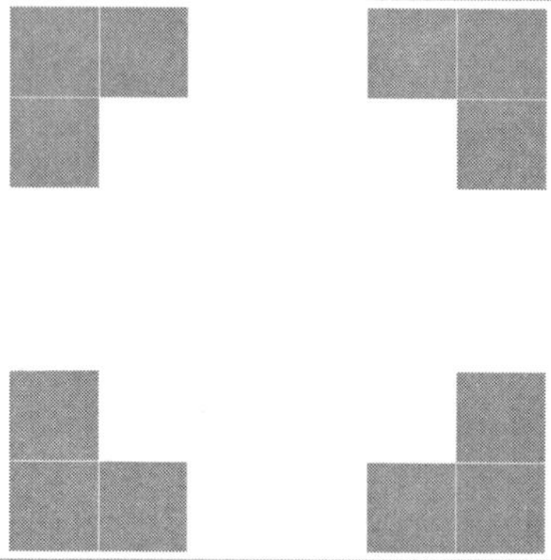

② $\log_{36} 432 = 1.693$

③ $\log_{216} 5184 = 1.591$

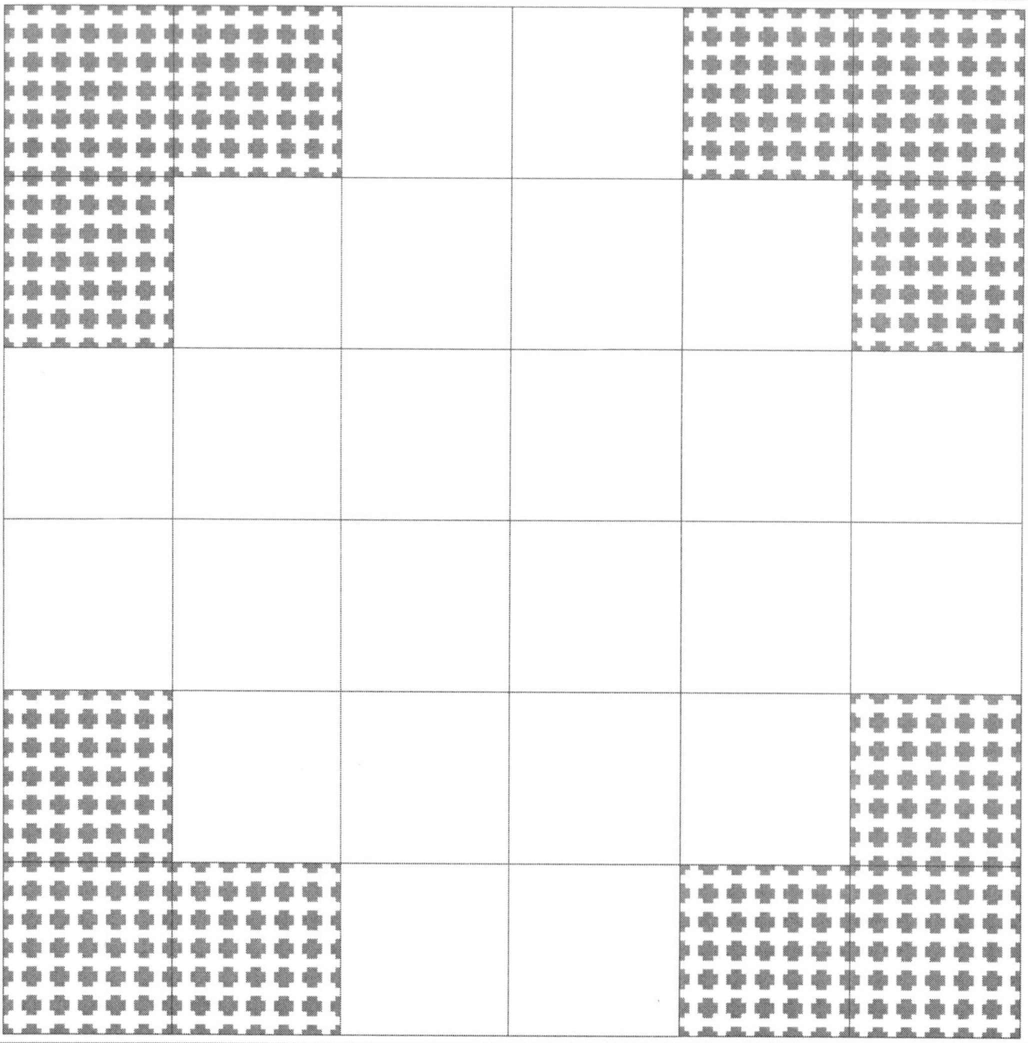

① $\log_6 12 = 1.387$

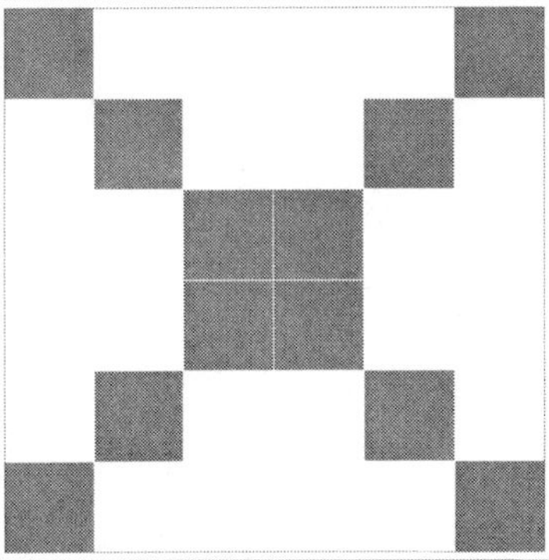

② $\log_{36} 432 = 1.693$

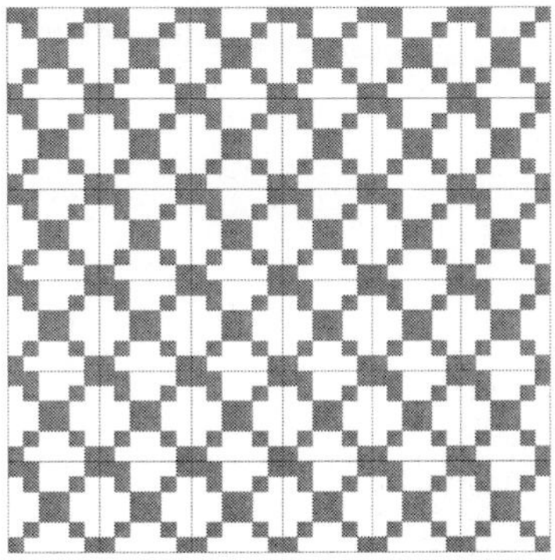

③ $\log_{216} 5184 = 1.591$

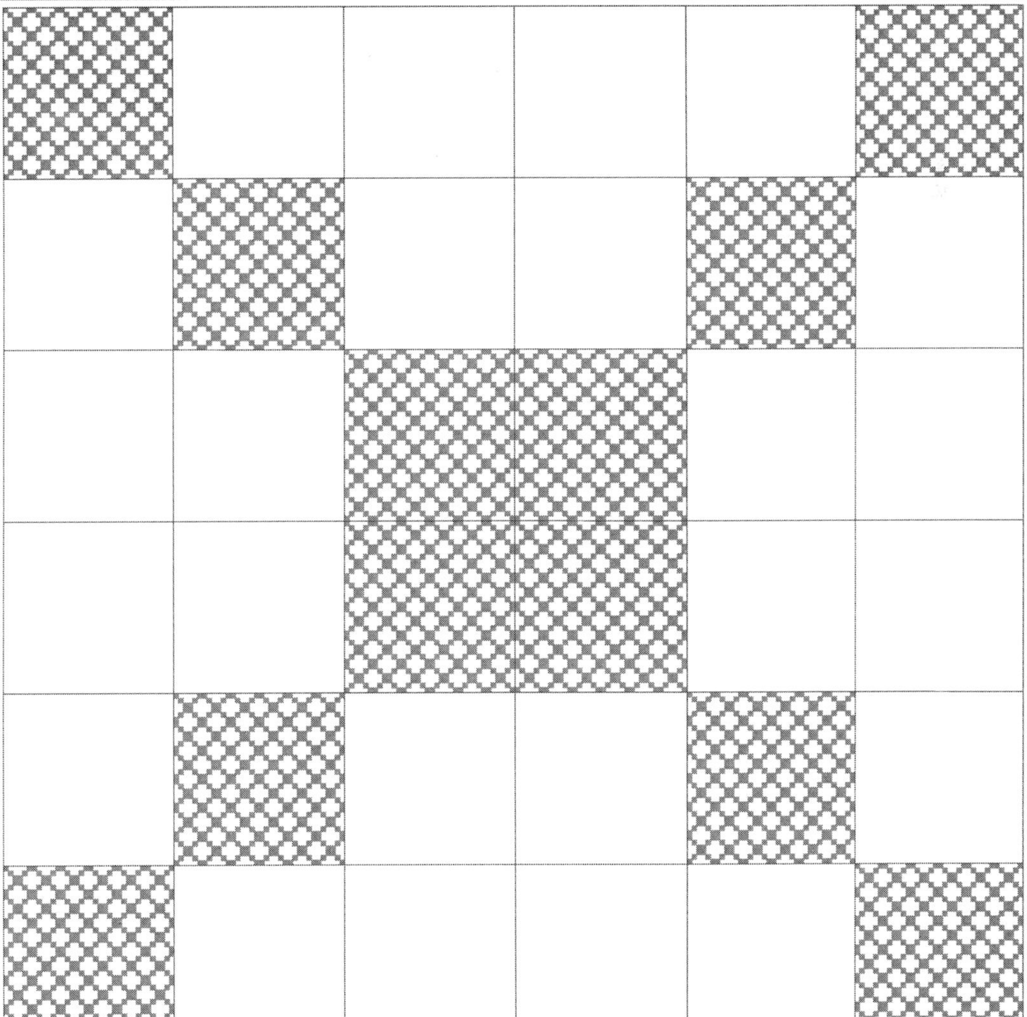

(5) 1단계 16개

① $\log_6 16 = 1.547$

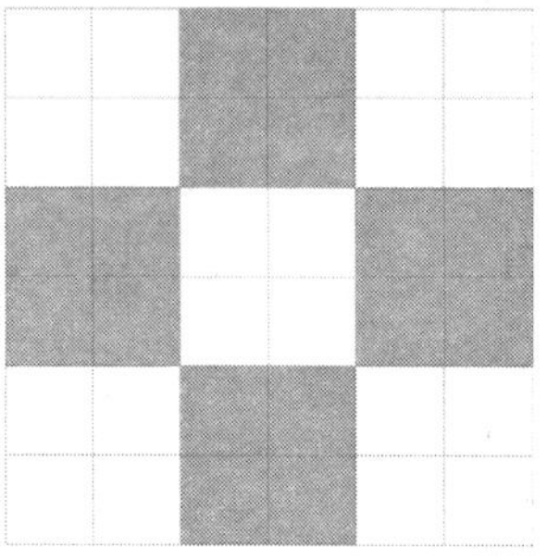

② $\log_{36} 576 = 1.774$

③ $\log_{216} 9216 = 1.698$

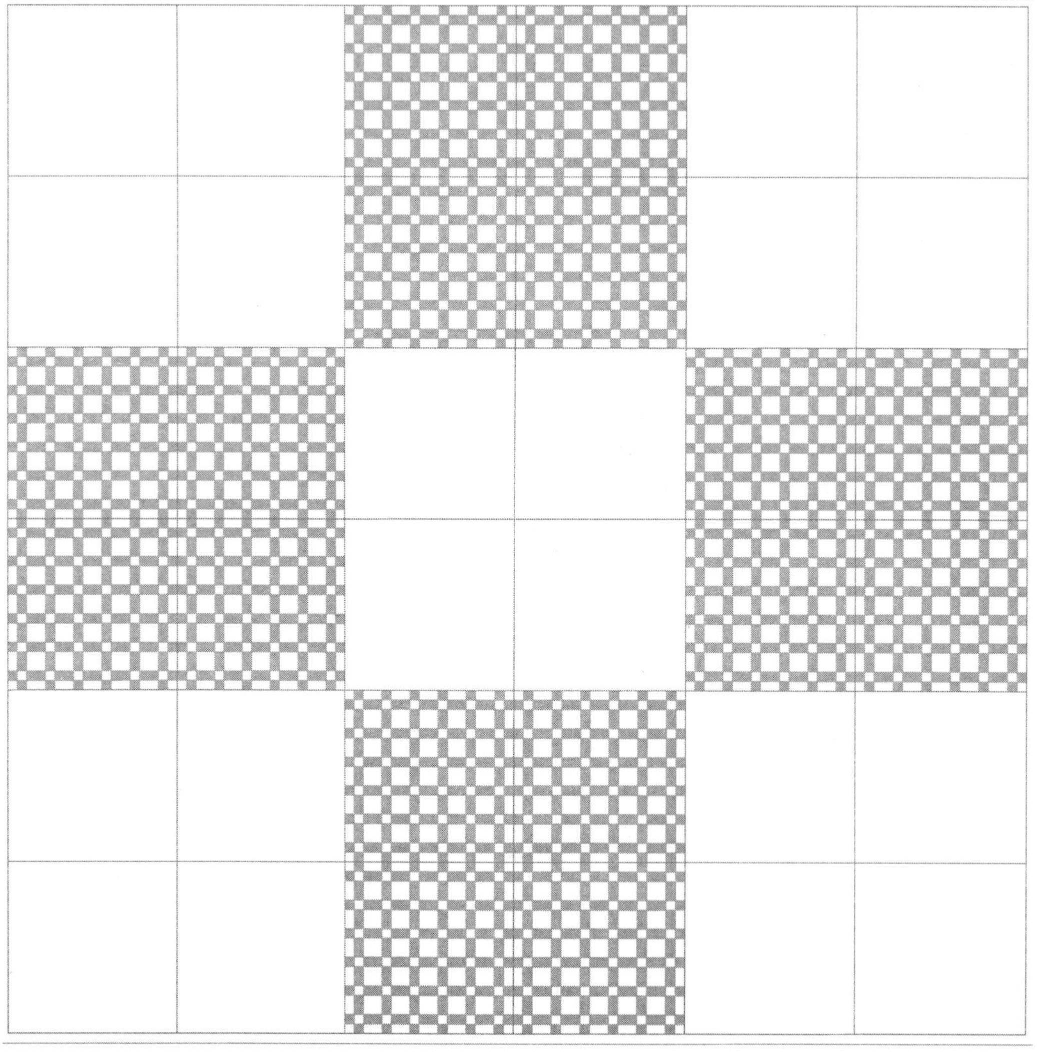

① $\log_6 16 = 1.547$	② $\log_{36} 576 = 1.774$
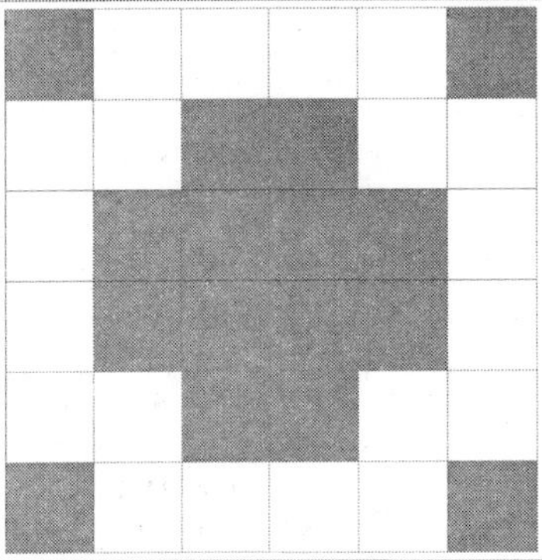	

③ $\log_{216} 9216 = 1.698$

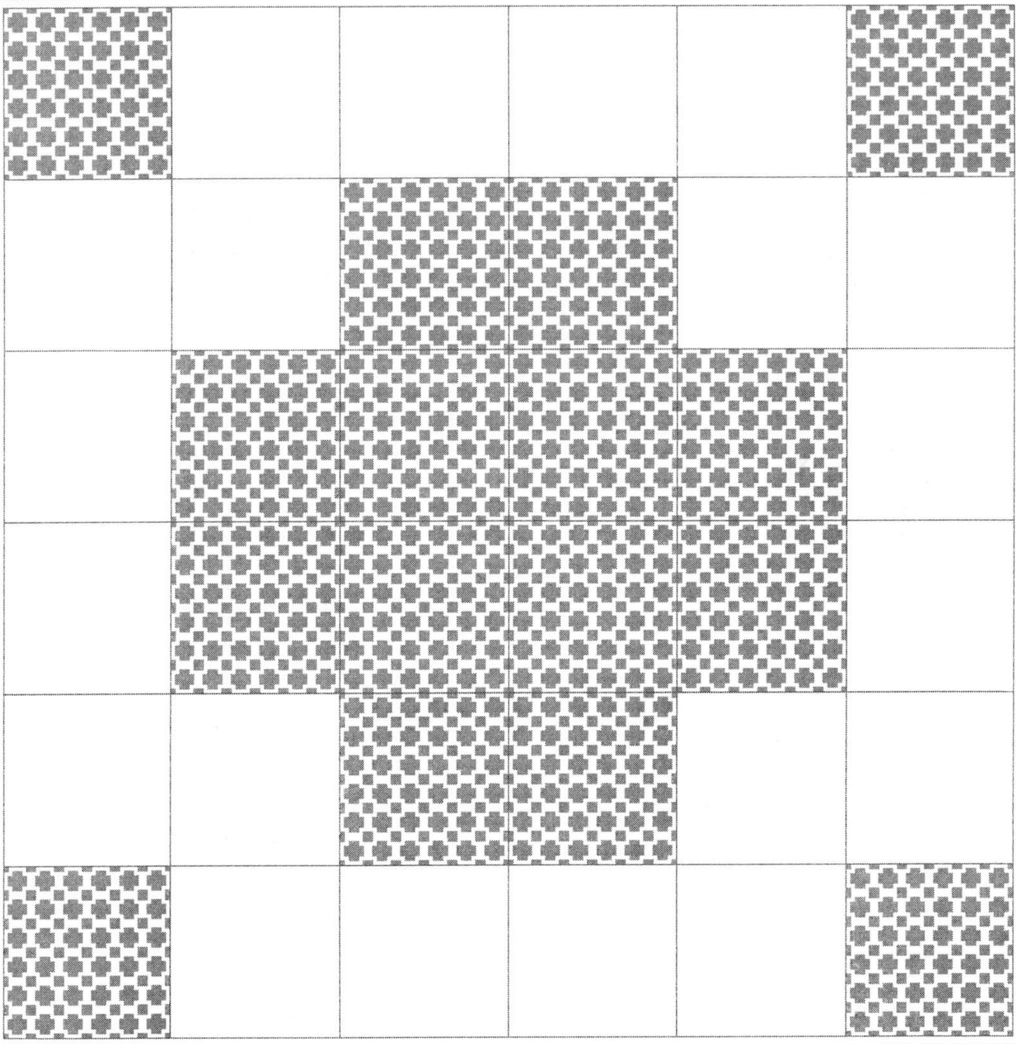

① $\log_{6}16 = 1.547$

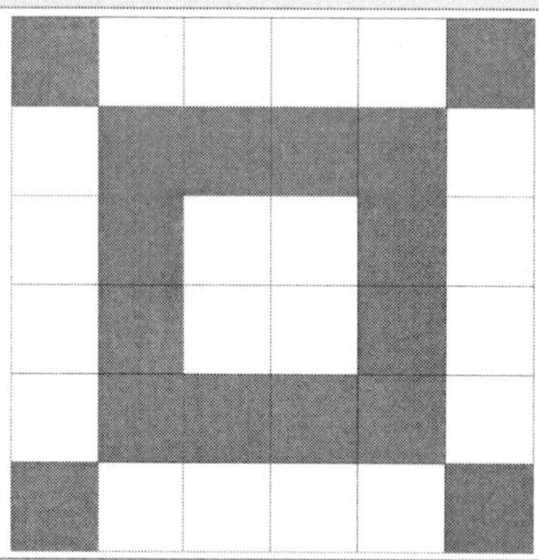

② $\log_{36}576 = 1.774$

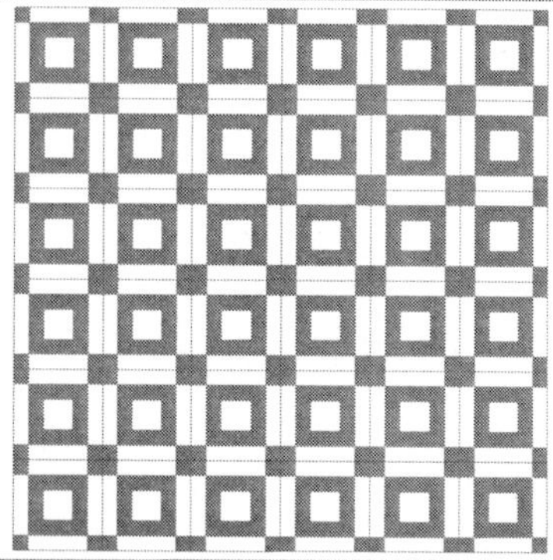

③ $\log_{216}9216 = 1.698$

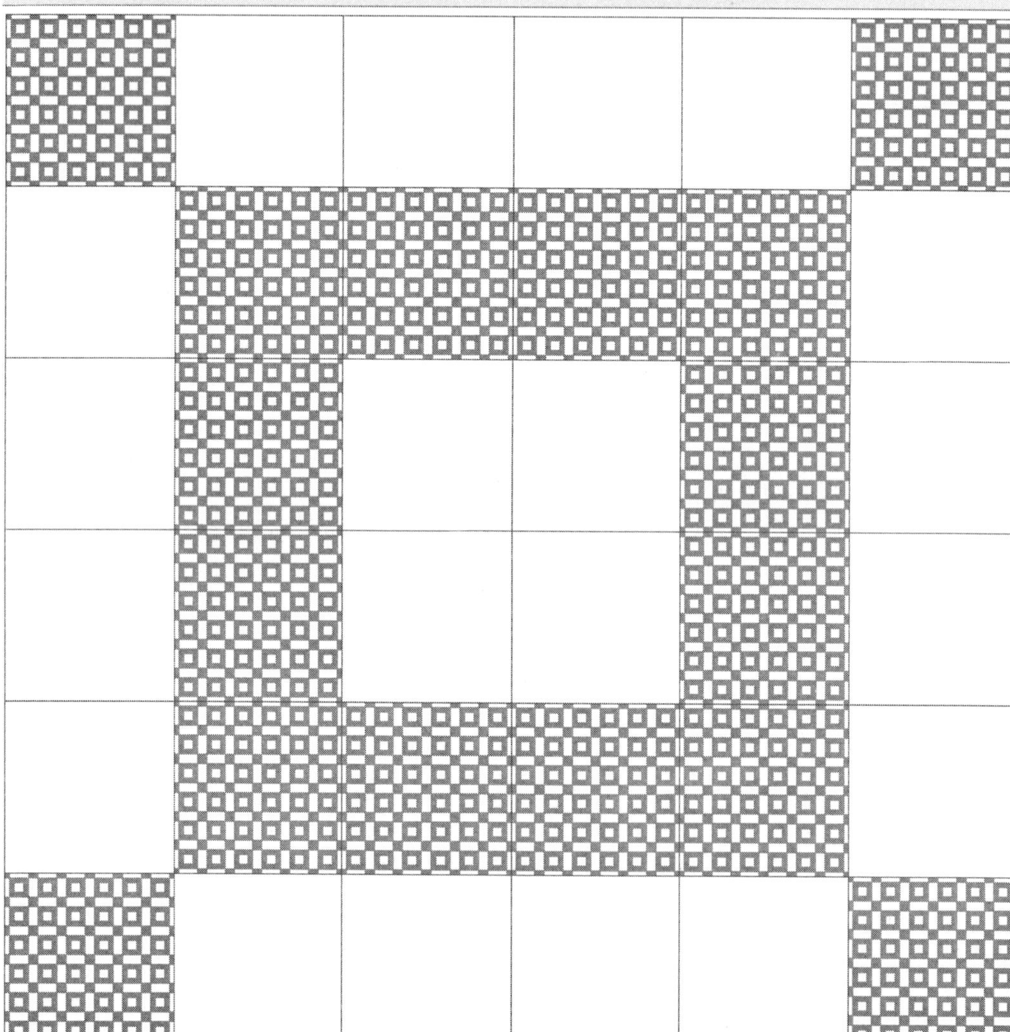

① $\log_6 16 = 1.547$

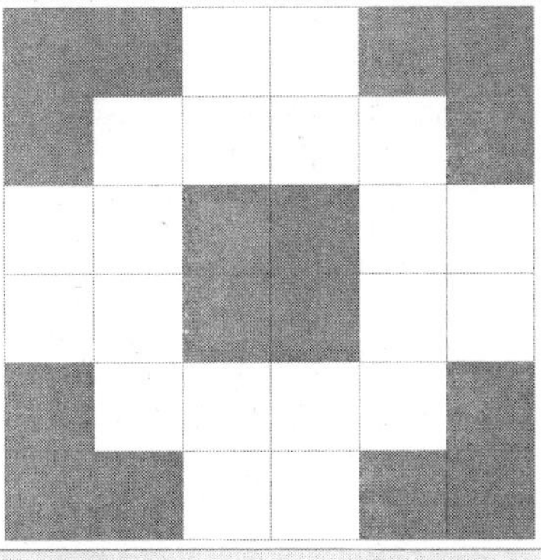

② $\log_{36} 576 = 1.774$

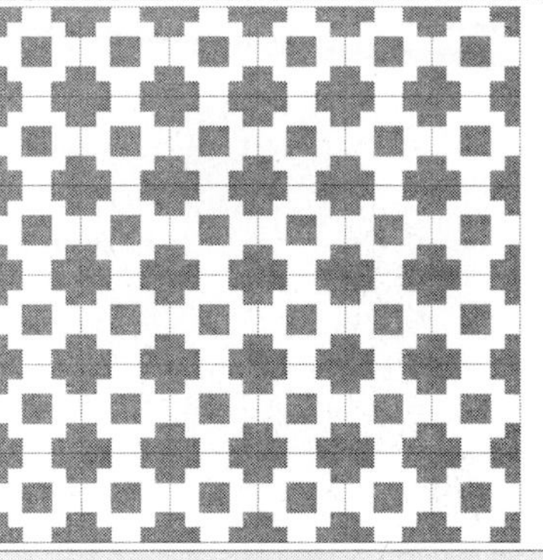

③ $\log_{216} 9216 = 1.698$

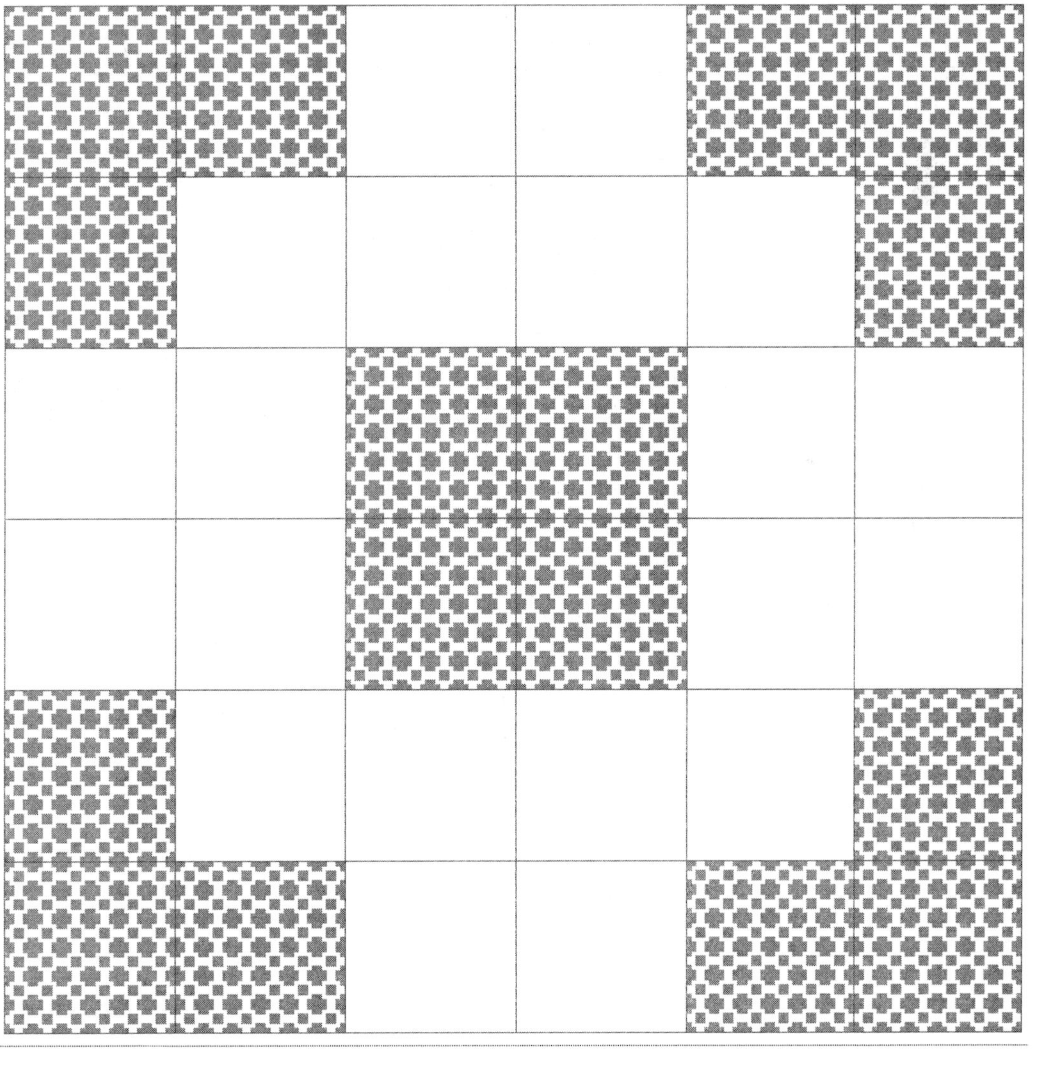

(6) 1단계 20개

① $\log_6 20 = 1.672$

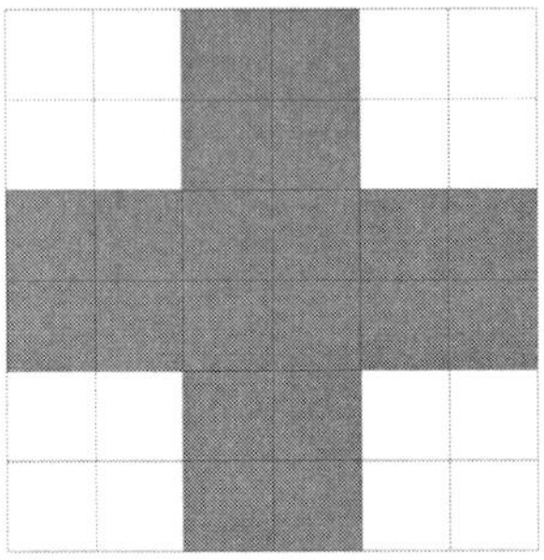

② $\log_{36} 720 = 1.836$

③ $\log_{216} 14400 = 1.781$

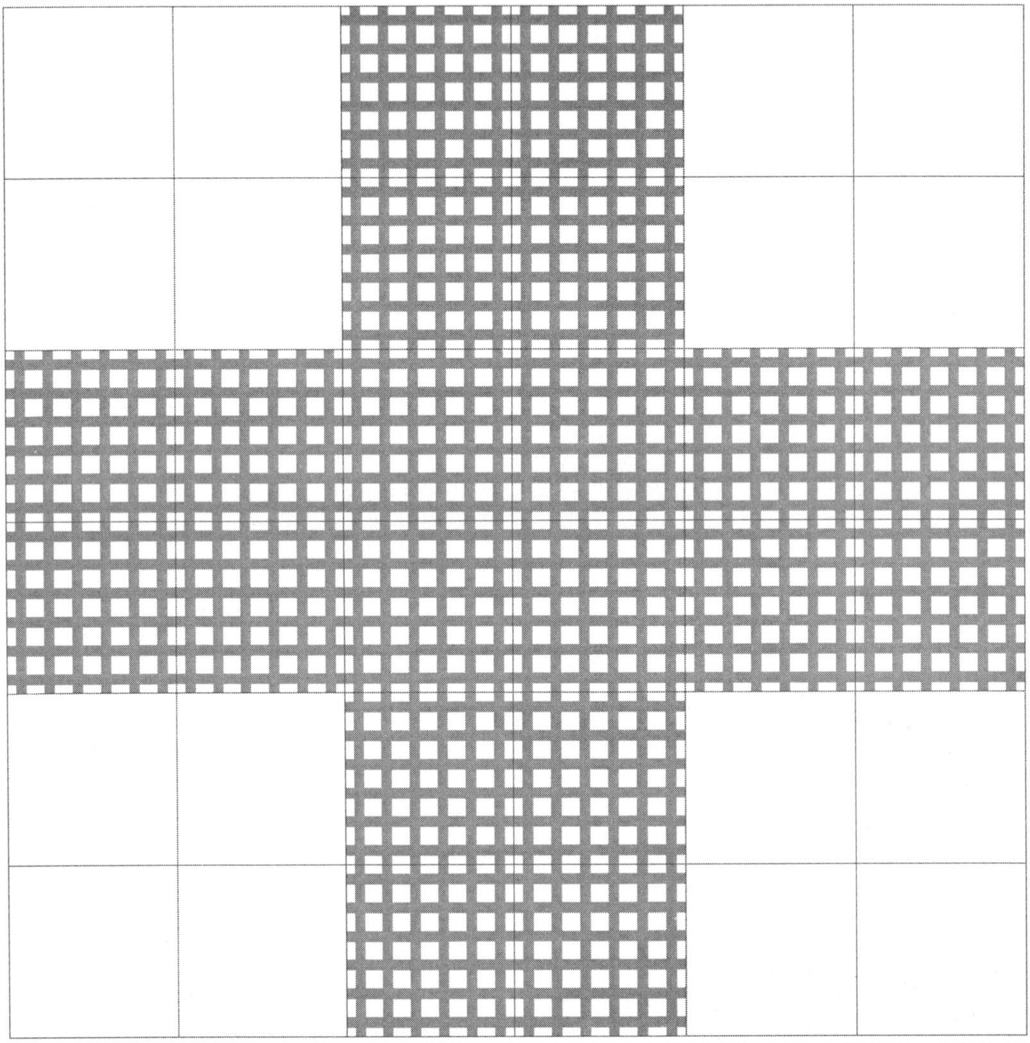

지은이_ 안대영

• 네이버 카페 프랙탈을 찾는 사람들
(http://cafe.naver.com/chaosfractals)
• 한국교원대학교 수학교육 박사
• 충청북도 수석교사

• 저서 〈융합교육시리즈〉
① 프랙탈과 카오스
② 수학에서 느끼는 삶의 지혜
③ 프랙탈 디자인을 유혹하다
④ 수학의 본질은 디자인이다
⑤ 디자인을 사랑한 수학
⑥ 나는 프랙탈 디자이너
⑦ 프랙탈 디자인을 말하다
⑧ 덧셈 프랙탈 디자인을 만나다
⑨ 뺄셈 프랙탈 디자인을 만나다
⑩ 곱셈 프랙탈 디자인을 만나다
⑪ 나눗셈 프랙탈 디자인을 만나다

융합교육 시리즈 ⑪
나눗셈 프랙탈 디자인을 만나다

2016년 1월 11일 초판 발행
2023년 8월 10일 초판 1쇄 발행

저 자 안대영
발행자 오판근
발행처 교우사

주 소 서울특별시 동대문구 제기동 148-19 교우빌딩 2층
전 화 925-2861~2, 편집부 / 925-2825, 홈쇼핑 / 969-5762
팩 스 925-2860

E-mail kyowoo@kyowoo.co.kr
홈페이지 http://www.kyowoo.co.kr
북스토어(쇼핑몰) http://www.kyowoo.co.kr

등 록 1994. 3. 24 제6-0256호

ISBN 979-11-251-0144-4
979-11-251-0028-7(세트)
값 27,000원